Springer-Lehrbuch

Albert Alois Bühlmann
Ernst Rudolf Froesch

Pathophysiologie

Unter Mitarbeit von
Günter Baumgartner · Paul G. Frick
Lukas Kappenberger · Markus Knoblauch
Peter J. Meier · P. Werner Straub

5., überarbeitete Auflage

Mit 100 Abbildungen und 78 Tabellen

Springer-Verlag
Berlin Heidelberg New York
London Paris Tokyo

Professor Dr. med. Albert Alois Bühlmann
Professor Dr. med. Ernst Rudolf Froesch

Departement für Innere Medizin, Universität Zürich
Rämistrasse 100, CH-8091 Zürich

1. Auflage 1972, 2. Auflage 1974, 3. Auflage 1976, 4. Auflage 1981
unter dem Titel „Pathophysiologie",
Heidelberger Taschenbücher, Band 101

ISBN-13:978-3-540-17831-6 e-ISBN-13:978-3-642-72688-0
DOI: 10.1007/978-3-642-72688-0

CIP-Titelaufnahme der Deutschen Bibliothek
Pathophysiologie / Albert Alois Bühlmann ; Ernst Rudolf Froesch. Unter Mitarb. von Günter Baumgartner ... - 5., überarb. Aufl. - Berlin ; Heidelberg ; New York ; London ; Paris ; Tokyo : Springer, 1989
(Springer-Lehrbuch : Medizin)
ISBN-13:978-3-540-17831-6

NE: Bühlmann, Albert A. [Mitverf.]; Froesch, Ernst R. [Mitverf.]

Einbandgestaltung: W. Eisenschink, Heddesheim
Gesamtherstellung: Appl, Wemding
2117/3140-543210 - Gedruckt auf säurefreiem Papier

Vorwort zur fünften Auflage

Die Züricher Tradition wurde auch in der 5. Auflage dieses Taschenbuches aufrechterhalten. Besonders freut es uns, daß es uns gelungen ist, für die Kapitel Herz-Kreislauf und Leber so gute Kenner der Materie wie die Herren Prof. Dr. med. L. Kappenberger und Dr. med. P. Meier zu gewinnen.

Die 5. Auflage ist gründlich revidiert, und einige Kapitel sind neu verfaßt worden. Wir sind unserem Grundsatz treu geblieben, die pathologischen Abweichungen in der Humanphysiologie und Biochemie einfach darzustellen. Dieses Taschenbuch ist als Grundlage zum besseren Verständnis der Krankheitsmechanismen und Krankheiten zu verstehen und soll Denkanstöße geben. Vielleicht wird der Leser gewisse Einzelheiten und Detailfakten vermissen, denen wir jedoch im Rahmen der Darstellung pathophysiologischer Zusammenhänge wenig Gewicht beimessen.

Wir meinen, daß die „Schulmedizin" dann wieder an Ansehen gewinnt, wenn sich die Subspezialisten-Vielfalt des medizinischen Fächerkanons über die wesentlichen Elemente der Ärzteausbildung und des Arztseins einigen kann. In diesem Sinne hoffen wir, mit diesem Pathophysiologie-Taschenbuch einen Beitrag zur Ärzteausbildung zu leisten.

Zürich, Januar 1989

A. A. Bühmann
E. R. Froesch

Vorwort zur ersten Auflage

Das Bestreben, die Symptome organischer Erkrankungen mittels pathophysiologischer Zusammenhänge und Gesetzmäßigkeiten zu erklären, gewinnt mit den Fortschritten der naturwissenschaftlich orientierten Medizin immer größere Bedeutung. Deshalb wurde bei der Reform des Medizinstudiums in der Schweiz im Jahre 1965 die Pathophysiologie als Pflichtvorlesung und als Prüfungsfach eingeführt. Die Pathophysiologie wird seitdem mit den anderen Grundlagenfächern, der Allgemeinen Pathologie, Mikrobiologie, Allgemeinen Pharmakologie und Medizinischen Propädeutik während der ersten zwei klinischen Semester gelesen. In Zürich betreuen dieses Fach während zwei Semestern mit je drei Wochenstunden die Spezialisten der verschiedenen Teilgebiete der Inneren Medizin. Es hat sich gezeigt, daß die heute zur Verfügung stehenden Pathophysiologie-Bücher von Studenten und Ärzten als wertvolle Nachschlagwerke für Detailinformationen benutzt werden, daß diese umfangreichen Werke aber wenig geeignet sind, das für den klinischen Unterricht notwendige Basiswissen zu vermitteln.

Wir haben deshalb mit diesem Taschenbuch versucht, die wichtigsten humanphysiologischen und humanbiochemischen Grundlagen mit ihren pathologischen Abweichungen in ihrer Bedeutung für verschiedene Krankheitsbilder in didaktisch einfacher Weise darzustellen. Diese Grundlage soll auch die Vorlesung zu Gunsten vermehrter Diskussionen neuer Entwicklungen und aktueller Probleme entlasten.

Das seit drei Jahren gemeinsam mit Basel und Bern durchgeführte „Multiple Choice“ Examen zwang die verschiedenen Dozenten, sich an eine gewisse „Unité de doctrine“ über den als Grundlage zu vermittelnden Stoff zu halten und hatte zur Folge, daß jedes Teilgebiet der Pathophysiologie unabhängig von den lokalen Schwerpunk-

ten entsprechend seiner allgemeinen Bedeutung und den gemeinsamen Prüfungsanforderungen vermittelt wird.
Die Autoren hoffen, daß es ihnen mit diesem Taschenbuch gelungen ist, für Studenten und Ärzte die pathophysiologischen Grundlagen zum besseren Verständnis der wichtigsten Krankheiten klar und in knapper Form zusammenzufassen.

A. A. Bühlmann
E. R. Froesch

Inhaltsverzeichnis

Mitarbeiterverzeichnis

Professor Dr. med. Günter Baumgartner
Neurologische Klinik und Poliklinik, Universität Zürich
CH-8091 Zürich

Professor Dr. med. Paul G. Frick
Department für Innere Medizin, Universität Zürich
CH-8091 Zürich

Professor Dr. med. Lukas Kappenberger
Départment de médicine interne
Centre hospitalier, universitaire vaudois
CH-1011 Lausanne

Professor Dr. med. Markus Knoblauch
Medizinische Klinik, Kreisspital Männedorf
CH-8708 Männedorf

Priv.-Doz. Dr. med. Peter J. Meier
Departement für Innere Medizin, Universität Zürich
CH-8091 Zürich

Professor Dr. med. P. Werner Straub
Medizinische Klinik, Universität Bern
CH-3010 Bern

1 Lunge und Atmung

1.1 Physiologische Grundlagen

Venilation und Durchblutung der Lungen ermöglichen die O_2-Aufnahme und CO_2-Abgabe zwischen Atmosphäre und Blut. Mit der CO_2-Abgabe sind die Lungen auch an die Regulation des Säure-Basen-Gleichgewichtes (s. Kap. 7) beteiligt. Bei der Erfüllung dieser Aufgaben lassen sich 5 Größen unterscheiden, von denen jede für sich von der Norm abweichen und deshalb zu einer Störung der Atmung führen kann:

- Atemregulation, Innervation der Atemmuskulatur, Kontraktionsfähigkeit der Atemmuskeln
- Lungenventilation und deren regionäre Verteilung entsprechend Strömungswiderständen in den Atemwegen und Dehnbarkeit von Lungenparenchym und Thoraxwand
- Größe der Gasaustauschfläche
- Diffusionswiderstand zwischen Alveolargasen und Blut
- Lungendurchblutung und deren regionäre Verteilung.

1.1.1 Atemregulation

Bei der Steuerung der Lungenatmung sind 2 Funktionen, deren Regulationszentren und -bahnen z. T. dieselben sind, zu unterscheiden:

- Koordination der Muskelinnervation für eine rhythmische Atmung
- Regulierung der Ventilation.

Der Regelkreis - arterielle Blutgase-Atemzentren-Atemmuskulatur-alveoläre Gasspannungen - steuert mit zusätzlichen afferenten Bahnen die Ventilation der Lungen derart, daß P_{O_2}, P_{CO_2} und pH im arteriellen Blut in einem kleinen Streubereich konstant gehalten werden (Abb. 1). Dabei können O_2-Aufnahme und CO_2-Abgabe entsprechend dem Energieumsatz um ein Vielfaches variieren. Die Atemmuskulatur - Zwerchfell und Intercostalmuskeln - hat im Gegensatz zum Myokard keinen eigenen Rhythmus. Sie wird von extrathorakal gelegenen Zen-

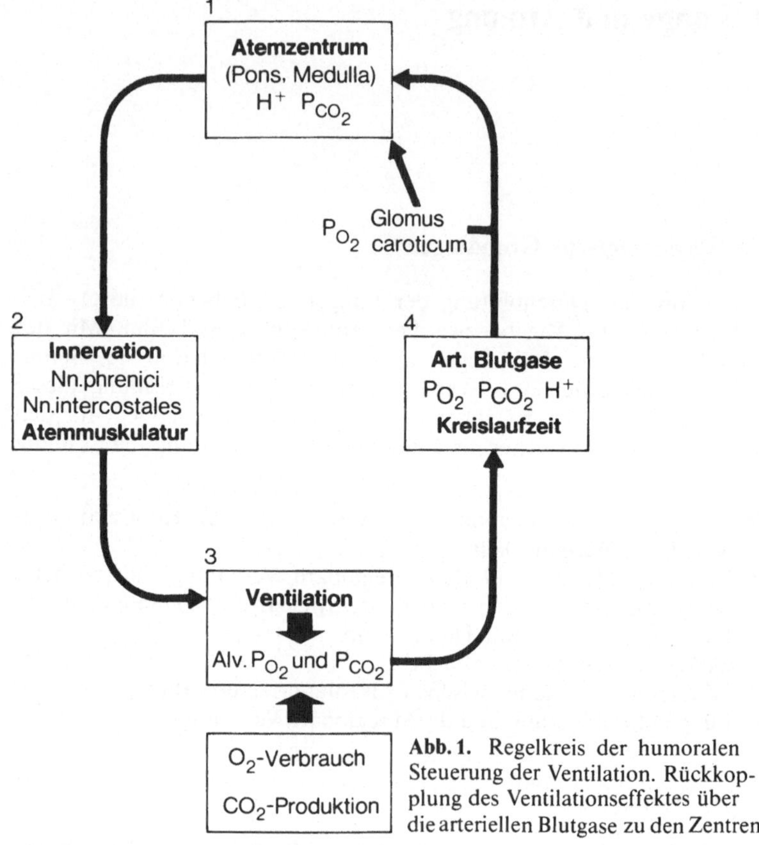

Abb. 1. Regelkreis der humoralen Steuerung der Ventilation. Rückkopplung des Ventilationseffektes über die arteriellen Blutgase zu den Zentren

tren rhythmisch innerviert und durch Substanzen mit Curarewirkung gelähmt. Die Atmung kann willkürlich für kurze Zeit unterbrochen und für längere Zeit unabhängig von der Atemregulation reduziert oder gesteigert werden.

Für die koordinierte periodische Innervation ist das Zusammenspiel verschiedener Zentren notwendig. Das ***bulbäre Atemzentrum*** hat einen inspiratorischen und einen exspiratorischen Teil. Das ***„Apneusis"-Zentrum*** liegt im unteren Ponsgebiet. Es verlängert die Aktivität der inspiratorischen Stimulation des bulbären Zentrums und wird von Dehnungsreceptoren in der Lunge über den N. vagus gehemmt. Auf diese Weise ergibt sich dank Lungen- und Thoraxelastizität eine passive

Exspiration. Das im oberen Ponsgebiet gelegene ***pneumotaktische Zentrum*** wird von zahlreichen Afferenzen beeinflußt, soll den exspiratorischen Teil des bulbären Zentrums reizen und gleichzeitig dessen inspiratorischen Teil hemmen. Bei Ausfall dieses pneumotaktischen Zentrums und gleichzeitiger Durchtrennung der Nn. vagi kommt es zu einem inspiratorischen Atemstillstand. Die pontinen und bulbären Zentren sprechen auf CO_2 und H^+ an. Nimmt die Wasserstoffionenkonzentration im Blut oder nur im Liquor cerebrospinalis wegen Anreicherung nicht-flüchtiger Säuren zu, so wird die Ventilation gesteigert und der P_{CO_2} gesenkt. Bei Atmung von 3% CO_2 in der Inspirationsluft wird die Ventilation ungefähr verdoppelt. Dabei steigt der art. P_{CO_2} lediglich um 2-3 mm Hg an. Wird gleichzeitig eine hohe O_2-Konzentration eingeatmet, so ist die Ventilationssteigerung etwas geringer.
Bei normalem art. P_{O_2} ist der Anteil der O_2-abhängigen Atemstimulation sehr gering. Sinkt der art. P_{O_2} unter 70 mm Hg ***(Hypoxiereizschwelle),*** so wird die Atmung über Receptoren in den beiden Glomera carotica zusätzlich stimuliert. Die Ventilation nimmt zu, und der art. P_{CO_2} wird etwas gesenkt. Bei chronischen Hypoxämiezuständen hypertrophieren die Carotiskörperchen. Die Hypoxiereizschwelle ändert sich unter verschiedenen physiologischen und pathologischen Bedingungen. Fieber, Gravidität und Überfunktion der Schilddrüse sowie körperliche Arbeit erhöhen die Hypoxiereizschwelle. Hypothermie, Myxödem und Fasten haben den gegenteiligen Effekt. Liegt die Hypoxiereizschwelle bei einem art. P_{O_2} von 80 mm Hg, so wird die Ventilation bei Atmung eines O_2-reichen Luftgemisches stärker reduziert als bei einer normalen Schwelle von 70 mm Hg. Bei der Anpassung der Atmung an körperliche Arbeit sind neurale, im einzelnen nicht bekannte Afferenzen von den Muskeln und Gelenken zu den Zentren beteiligt. Bereits bei Arbeitsbeginn, bevor entsprechend den Kreislaufzeiten humorale Faktoren wirksam werden können, wird die Atmung vertieft. Für den relativen Steady state während Arbeit kann die Atemregulation mit annähernd konstanten arteriellen Blutgasen ohne Schwierigkeiten mit den humoralen Faktoren erklärt werden. Die Verkürzung der Kreislaufzeiten und die Abnahme des Bicarbonates im Blut verbessert die Feinregulation. Damit ergibt sich gegenüber dem Ruhezustand eine hinsichtlich Atemfrequenz und -tiefe viel gleichmäßigere Atmung. Empfänger eines Herz-Lungen-Transplantates haben während Arbeit dieselbe Ventilation wie Gesunde, aber eine tiefere Atemfrequenz und ein größeres Atemvolumen. Die beiden von den Cervicalsegmenten II-V ausgehenden Nn. phrenici versorgen das für die Inspiration entscheidende Zwerchfell. Die Intercostalnerven I-XII versorgen die an In- und Exspiration beteiligten Intercostal- und einen Teil der Bauchmuskeln.

1.1.2 Lungenvolumina, Lungen- und Thoraxdehnbarkeit

Die gleichmäßige Entfaltung der Lungen beim Einsetzen der Spontanatmung nach der Geburt wird durch den aus einem Phospholipid bestehendem ***Oberflächenfilm (surfactant)*** erleichtert. Ein Mangel an surfactant, z. B. bei Frühgeburten, begünstigt die Bildung von ***hyalinen Membranen,*** die beim Säugling schwerste respiratorische Störungen verursachen können.

Die ***Vitalkapazität,*** das Volumen zwischen maximaler In- und Exspiration, kann mit einem einfachen Spirometer gemessen werden. Die Kenntnis dieses Meßwertes ist für die Beurteilung der Ventilationsreserven von großer praktischer Bedeutung. Das ***Residualvolumen,*** das nach einer vollständigen Exspiration in den Lungen verbleibende Gasvolumen, wird indirekt, z. B. mit einer Gasmischmethode oder körperplethysmographisch, gemessen. Vitalkapazität und Residualvolumen ergeben zusammen die ***Totalkapazität.*** Die Normalwerte sind in erster Linie von Alter, Körpergröße und Geschlecht, aber nur sehr wenig von der Konstitution abhängig. Frauen haben eine ca. 15% kleinere Total- und Vitalkapazität als gleichgroße und gleichaltrige Männer. Total- und Vitalkapazität nehmen nach Abschluß des Längenwachstums noch zu, erreichen ihr Maximum mit 23–25 Jahren und bleiben bis zum 5. Lebensjahrzehnt annähernd konstant (Abb. 2).

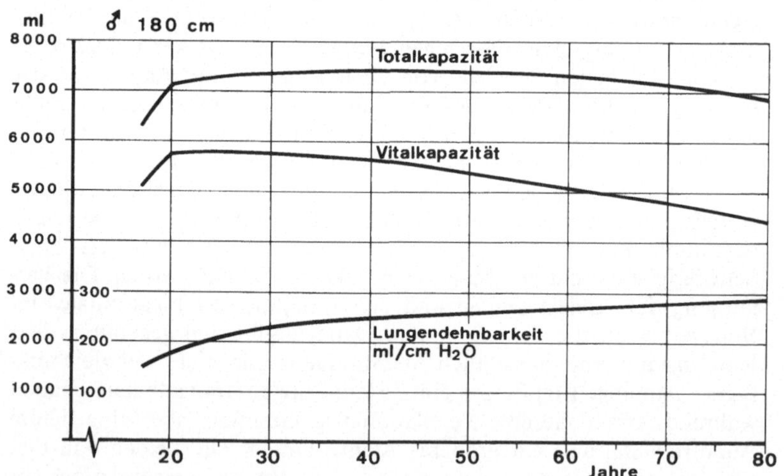

Abb. 2. Altersabhängigkeit der Lungenvolumina und der Lungendehnbarkeit nach Abschluß des Wachstums

Die normale ***Alterung der Lunge*** entspricht einem Parenchymverlust. Die Alveolenzahl, die alveolo-capilläre Oberfläche und die Retraktionskraft des Lungenparenchyms nehmen ab. Die Zunahme der Lungendehnbarkeit bei starrer werdendem Thoraxskelett erklärt die Vergrößerung der funktionellen Residualkapazität und des Residualvolumens mit dem Alter. Damit ergibt sich in Ruhe und liegender Position eine Beeinträchtigung der Gasdurchmischung und Vergrößerung des alveolo-arteriellen PO_2-Gradienten. Während körperlicher Arbeit verbessert sich die Gasdurchmischung, doch ist im Alter die pulmonale Anpassung an körperliche Arbeit im Vergleich zu den Verhältnissen in der Jugend etwas eingeschränkt.
Die Retraktionskraft der Lungen ist immer exspiratorisch, die des Thoraxskeletes bei tiefer Inspiration exspiratorisch, bei tiefer Exspiration aber inspiratorisch gerichtet. Damit ergibt sich eine Ruhelage, die der ***Atemmittellage,*** und ***funktionellen Residualkapazität*** entspricht. Die funktionelle Residualkapazität beträgt normalerweise 40–50% der Totalkapazität und ist im Sitzen und Stehen größer als im Liegen. Sie nimmt bei Zunahme des Abdominalinhaltes, normalerweise z. B. während der Gravidität ab. Die Dehnbarkeit des Lungenparenchyms, ***Compliance,*** wird mit dem Quotienten $dVol/dP_{el}$ beschrieben. Falls kein Gas in den Atemwegen strömt, entspricht der ***Pleuradruck*** dem elastischen Druck, P_{el}. Der Quotient ist nicht über den ganzen Bereich der Vitalkapazität konstant, er nimmt bei zunehmender Lungenblähung ab. Der Oberflächenfilm zwischen Alveolargasen und Lungengewebe beeinflußt die Oberflächenspannung aber in der Weise, daß diese Volumen-Druck-Beziehung für die einzelnen Alveolen und damit für die ganze Lunge im Bereich der funktionellen Residualkapazität mit einem Atemvolumen von weniger als ½ der Vitalkapazität annähernd linear bleibt. Die Lungendehnbarkeit nimmt während des Wachstums parallel mit der Total- und Vitalkapazität zu und wird beim Erwachsenen mit dem Alter etwas größer (Abb. 2).
Die Compliance der Lungen wird auch von ihrem Blutgehalt beeinflußt. Im Stehen haben die blutreichen Lungenabschnitte eine geringere Dehnbarkeit als die apicalen Bezirke, die insbesondere in Ruhe und bei dem normalerweise niedrigen Blutdruck in der A. pulmonalis wenig durchblutet, aber gut ventiliert werden.
Der Pleuradruck entspricht dem ***intrathorakalen Druck*** und zeigt geringe lokale Unterschiede. Er ist basal bei der Inspiration um 1–2 cm H_2O stärker negativ als über dem oberen Lungendrittel. Die respiratorischen Änderungen des intrathorakalen Druckes übertragen sich bei freiem Mediastinum auf den Oesophagus und können hier mit einer Ballonsonde gemessen werden.

Als ***dynamische Compliance*** bezeichnet man das $dVol/dP_{el}$ bei Spontanatmung mit Atemvolumina von ca. 1000 ml bei Erwachsenen. Dabei dauert der Zustand der Stromstärke 0 an den Phasenwechselpunkten von In- und Exspiration jeweils nur Bruchteile von Sekunden. Die ***statische Compliance*** entspricht dem Quotienten bei einem länger dauernden Atemstillstand am Ende der Inspiration. Die statisch gemessene Compliance ist bei einem Nebeneinander erheblich differierender Atemwegwiderstände größer als der dynamisch gemessene Wert. Die Dehnbarkeit des Thoraxskeletes hat dieselbe Größenordnung wie die der Lungen. Ihre Messung ist aber sehr problematisch und hat keine klinische Bedeutung. Bei künstlicher Beatmung wegen Atemlähmung oder bei medikamentöser Erschlaffung der Atem- und Bauchmuskulatur wird die „Thorax"-Dehnbarkeit wesentlich größer.

1.1.3 Strömungswiderstände, Hustenstoß, Atemreserven

Der ***Strömungswiderstand*** (Viscance $= P_{pl} - P_{el}$/Stromstärke) setzt sich aus dem ***aerodynamischen Atemwegwiderstand (Resistance)*** und dem Lungengewebedeformationswiderstand zusammen. Dieser Gewebedeformationswiderstand kann bei normalem Atemvolumen und mittlerer Lungenblähung quantitativ vernachlässigt werden.
Der Atemwegwiderstand (Resistance $= P_{alv}$/Stromstärke) ist eine Funktion der Gasviskosität, der Gasdichte und der Atemwege. Die Beziehung zwischen Alveolardruck und Stromstärke ist nicht linear. Für den turbulenten Anteil der Strömung wächst die Resistance mit dem Quadrat der Stromstärke. Bei hohen Stromstärken wird der turbulente Anteil größer. Für die turbulente Strömung ist das Gasgewicht von Bedeutung. Im Falle einer vorwiegend turbulenten Strömung nimmt die Resistance mit der Senkung des Luftdruckes in der Höhe deutlich ab. Der Ersatz des schweren N_2 durch das leichte He hat denselben Effekt. Durchmesser und Länge der Atemwege sind mit der Körpergröße korreliert. Mit dem Wachstum nimmt die Vitalkapazität zu, die Resistance ab. Bei gegebener Körpergröße werden Durchmesser und Länge der intrathorakalen Atemwege vom Blähungszustand der Lungen beeinflußt. Die Beziehung zwischen Lungenfüllung und Resistance ist aber nicht linear. Zwischen maximaler Exspiration und mittlerer Lungenfüllung nimmt die Resistance erheblich, zwischen mittlerer Lungenfüllung und voller Inspiration nur noch wenig ab. Für Vergleichszwecke wird die Resistance bei ruhiger bis leicht verstärkter Atmung in Atemmittellage gemessen. Der reziproke Wert der Resistance geteilt durch die funktionelle Residualkapazität (FRK) ergibt die „spe-

zifische“ Conductance. Dieser Wert eignet sich für Vergleichszwecke, weil mit Berücksichtigung der FRK die durch die Lungengröße bedingten Unterschiede der Resistance weitgehend eliminiert werden. Bei Mundatmung beträgt der Anteil des Larynx incl. des supra- und sublaryngealen extrathorakalen Atemweges 50–60% der Resistance. Der Strömungswiderstand in den peripheren Bronchiolen ist sehr niedrig. Die im Verhältnis zur Länge des Weges größten Änderungen des intramuralen Druckes erfolgen in der Stimmritze, in den Lappen-, Segment- und Subsegmentbronchien sowie in den anschließenden kleinen Bronchien der 5.–10. Generation. Diese „kleinen Atemwege“ sind reich an Capillaren und haben eine kräftige, zirkulär angeordnete glatte Muskulatur, während die Knorpelelemente und Schleimdrüsen gegen die Peripherie hin immer seltener werden. Unabhängig von der Lungenblähung kann der Strömungswiderstand in diesem Bereich um ein Vielfaches zunehmen und so den Atemwegwiderstand beträchtlich erhöhen. Wahrscheinlich erfüllen diese muskelreichen Abschnitte eine Regelfunktion bei der Optimierung des Verhältnisses zwischen Ventilation und Perfusion der Alveolen (Abb. 3).

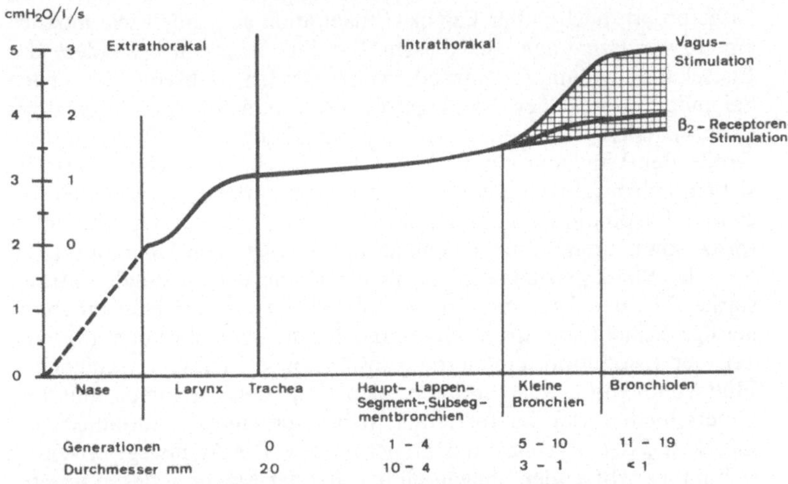

Abb. 3. Verteilung des aerodynamischen Strömungswiderstandes. Bei ruhiger Atmung in Atemmittellage erfolgt der größte Druckabfall in den extrathorakalen Atemwegen. Im Abschnitt der muskelkräftigen kleinen Bronchien („kleine Atemwege“) kann die Resistance durch den Tonus der glatten Muskulatur erheblich beeinflußt werden. (Die Zahlenwerte für $cmH_2O/l/s$ gelten für den Erwachsenen)

Bei ruhiger Atmung in Atemmittellage beträgt die Resistance beim Erwachsenen bei Mundatmung 1,5–2,5 cm H_2O/l/s. Nasenatmung verdoppelt diesen Wert. Wird ein Nasengang verschlossen, so beträgt die Resistance etwas mehr als das Dreifache, was bereits als Behinderung der Atmung empfunden wird.
Bei Spontanatmung ist der Druck in den Alveolen und Atemwegen im Vergleich zum atmosphärischen Druck während der Inspiration negativ, während der Exspiration positiv. Ohne anatomische Stabilisierung würden bei der Einatmung die extrathorakalen Atemwege kollabieren, während die intrathorakal gelegenen Atemwege dank dem noch stärker negativen intrathorakalen (Pleura-) Druck offen bleiben. Der bei stark forcierter Exspiration positive Pleura- und Alveolardruck führt zu einer Kompression der intrathorakalen Atemwege. Aus dieser Kompression kann ein Kollaps werden, falls die anatomische Stabilisierung der Atemwege ungenügend ist oder der hauptsächliche intramurale Druckabfall nicht extrathorakal (Nase, Larynx), sondern bereits intrathorakal erfolgt (s. Obstruktion).
Mit dem Tiffeneau-Test können die Strömungswiderstände bei stark forcierter In- und Exspiration beurteilt werden. Diese Messung ist einfach und auch in der ärztlichen Praxis möglich. Der Explorand wird aufgefordert, nach voller Ex- bzw. Inspiration so schnell wie möglich ein- bzw. auszuatmen. Bei diesem Test interessiert insbesondere das Erstsekundenvolumen. Normalerweise werden während der ersten Sekunde 80–90% der Vitalkapazität ein- und 70–80% ausgeatmet (Abb. 4). Diese relativen Werte sind unabhängig von der absoluten Größe der Vitalkapazität und vom Geschlecht. Sie nehmen erst im siebten Lebensjahrzehnt etwas ab. Die Stromstärke erreicht bei der forcierten Exspiration bereits zu Beginn ein kurzdauerndes Maximum (peak flow), nimmt dann schnell ab und beträgt nach Exspiration von 50% der Vitalkapazität weniger als die Hälfte der maximalen Stromstärke. Bei der forcierten Inspiration wird zwar nur eine erheblich geringere maximale Stromstärke erreicht, die aber über den größeren Teil der Inspiration annähernd konstant bleibt. Diese verschiedenen Fluß-Volumen-Kurven erklären sich mit den atemmechanischen Unterschieden. Bei der forcierten Inspiration sind der intrathorakale Druck und der Alveolardruck immer negativ. Die Atemwege erweitern sich mit zunehmender Lungenfüllung. Bei der Messung des exspiratorischen Erstsekundenvolumens sind die Luftwege nur zu Beginn maximal dilatiert. Zu diesem Zeitpunkt steht auch die Retraktionskraft der maximal geblähten Lunge sowie des maximal erweiterten Thoraxskeletes zur Verfügung. Die muskuläre aktive Exspiration erfordert den Einsatz der Intercostalmuskeln und der Muskulatur der Bauchwand. Der

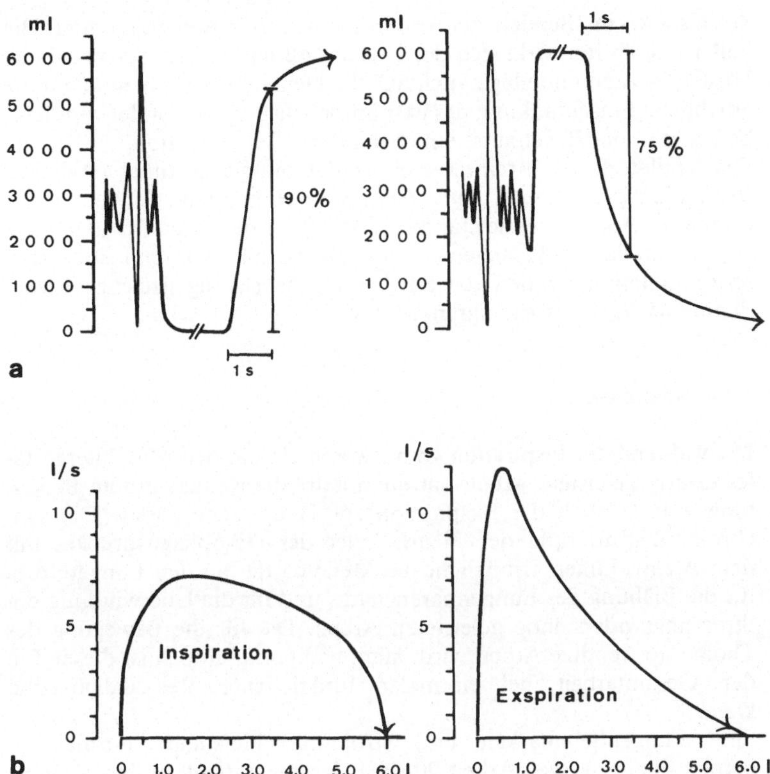

Abb. 4 a, b. Erstsekundenvolumen (**a**) in % der Ist-Vitalkapazität (Tiffeneau-Test) bei maximal forcierter In- und Exspiration sowie Stromstärken (**b**) in Abhängigkeit vom in- bzw. exspirierten Volumen (Fluß-Volumen-Kurve)

intrathorakale Druck und der Alveolardruck sind sofort stark positiv. Damit ergibt sich eine Kompression der Atemwege. Nach voller Inspiration wird bei der forcierten Exspiration zuerst nur die intrathorakale Trachea komprimiert. Abnehmende Blähung und damit Retraktionskraft bewirken, daß zusätzlich auch die Bronchien und schließlich die Bronchiolen komprimiert werden.

Das exspiratorische Erstsekundenvolumen gibt auch einen Hinweis auf die Kraft des ***Hustenstoßes.*** Dabei ist zu berücksichtigen, daß der Hustenstoß weniger als 1 s dauert. Maßgebend für die Mobilisierung des Sekretes ist die Strömungsgeschwindigkeit, die bei gegebener

Stromstärke im Bereich der komprimierten Atemwege zunimmt. Bei voller Inspiration wirkt sich der Hustenstoß nur auf die Trachea, beim Husten in Atemmittellage auch auf die kleineren Bronchien aus. Eine erhebliche Einschränkung des exspiratorischen Erstsekundenvolumens bedeutet in der Regel auch eine behinderte Expektoration.
Die ventilatorischen Atemreserven werden mit der maximal möglichen Ventilation pro Minute, dem ***Atemgrenzwert,*** beurteilt. Er beträgt bei normalen Atemwegwiderständen und bei einer Atemfrequenz von 40-50/min das 25-30fache der Ist-Vitalkapazität. Während einer mehrere Minuten dauernden körperlichen Höchstleistung erreicht die Ventilation 65-75% des Atemgrenzwertes.

1.1.4 Atemarbeit

Die während der Inspiration vom Zwerchfell und den Mm. intercostales externi geleistete Arbeit hat quantitativ die weitaus größte Bedeutung, erfolgt doch die Exspiration zur Hauptsache passiv. Die synchrone Registrierung des Pleura- oder des Oesophagusdruckes mit dem Atemvolumen ermöglicht die Messung der an den Lungen, d.h. für die Blähung des Lungenparenchyms und für die Überwindung der Strömungswiderstände geleisteten Arbeit. Die für die Bewegung des Thorax notwendige Arbeit wird damit nicht erfaßt, doch ist dieser Teil der Gesamtarbeit bei normaler funktioneller Residualkapazität klein.
Sind Lungendehnbarkeit und Strömungswiderstände normal, so beträgt die „resistive" Arbeit 20-30% der Atemarbeit an den Lungen. Vertiefung der Atmung vergrößert den „elastischen" Anteil. Kinder mit ihrer kleinen und weniger dehnbaren Lunge haben eine höhere Atemfrequenz als Erwachsene. Nimmt bei diesen die Lungendehnbarkeit ab, so nimmt die Atemfrequenz zu, damit der Energieaufwand für die Lungendehnung nicht zu groß wird. Bei erhöhten Strömungswiderständen ist eine niedrige Atemfrequenz mit verlangsamter Exspiration und entsprechend niedrigen Stromstärken ökonomischer. So spiegelt die Atemfrequenz in Ruhe eine Optimierung zwischen „elastischer" und „resistiver" Arbeit an den Lungen.
Weder zwischen Pleuradruck und Lungenblähung noch zwischen Alveolardruck und Stromstärke besteht eine lineare Beziehung. Das gilt auch für den Bewegungswiderstand des Thorax, der mit zunehmenden Atemvolumina größer wird. Deshalb ist bei Steigerung der Ventilation mit Vertiefung der Atmung und Erhöhung der Stromstärken keine lineare Beziehung zwischen Atemarbeit und damit auch

Sauerstoffverbrauch der Atemmuskulatur und Ventilation zu erwarten. Beim Erwachsenen beträgt der Sauerstoffbedarf der Atemmuskulatur in Ruhe etwa 1 ml O_2/l ventiliertem Volumen (v. V.). Während leichter Arbeit mit einem Ventilationsvolumen von 30 l/min verbraucht die Atemmuskulatur etwa 2 ml O_2/l v. V., bei schwerer Arbeit mit einem Ventilationsvolumen von 60 l/min bereits 4 ml O_2/l v. V. Werden unter Ruhebedingungen nur 2-3% der Sauerstoffaufnahme für die Atemmuskulatur benötigt, sind es bei schwerer Arbeit 10-12%. Ist die Lungendehnbarkeit erheblich reduziert oder sind die Atemwegwiderstände erhöht, so ist auch der Sauerstoffverbrauch der Atemmuskulatur vergrößert und nimmt dann bereits bei einer mäßigen Ventilationssteigerung stark zu.

1.1.5 Atemmechanik und Kreislauf

Die mit der Atmung auftretenden rhythmischen Änderungen des intrathorakalen, des alveolären und abdominalen Druckes beeinflussen den Kreislauf. Die respiratorischen Änderungen des intrathorakalen Druckes betragen bei normalen Verhältnissen und in Ruhe ca. 5 mmHg. Diese Druckdifferenzen übertragen sich auf das Herz, die V. cava superior, die Aorta und auch die intrapulmonal gelegenen Arterien und Venen. Die Alveolarcapillaren sind dem wechselnd negativen und positiven Alveolardruck ausgesetzt. Der intrathorakale Druck wird nur bei musculär aktiver Exspiration positiv. Der intraabdominale Druck variiert im positiven Bereich, er nimmt während der Inspiration zu und überträgt sich auf die V. cava inferior und ihr Einzugsgebiet.

Der venöse Rückfluß zum rechten Herz wird während der Inspiration durch die im Thorax- und Abdominalraum gegensinnig verlaufenden respiratorischen Druckänderungen gefördert. Der während der Inspiration zunehmende venöse Rückfluß führt, insbesondere beim Jugendlichen, zu einem Anstieg der Pulsfrequenz ***(respiratorische Arrhythmie).***

Nehmen die respiratorischen intrathorakalen Druckänderungen z. B. bei erhöhten Atemwegwiderständen oder verminderter Lungendehnbarkeit zu, so werden auch die respiratorischen Änderungen des Blutdruckes in den entsprechenden Gefäßabschnitten größer. Husten und Pressen erhöhen den intrathorakalen, intraabdominalen und den Alveolardruck gleichsinnig, so daß der venöse Rückfluß erschwert wird. Der Preßdruck, größenordnungsmäßig 50-100 mmHg, überträgt sich auf das Herz und alle Gefäße, so daß der periphere Blutdruck

und die Druckamplitude erst zu Beginn der folgenden Inspiration für einige Herzaktionen stark abfallen.
Bei künstlicher Beatmung durch die oberen Luftwege ist der Druck in den Luftwegen und Alveolen, im Thorakal- und Abdominalraum während In- und Exspiration immer positiv. Damit ergibt sich eine leichte Behinderung des venösen Rückflusses zum Herzen und ein Anstieg des Venendruckes.

1.1.6 Gaswechsel

Alveoläre Ventilation, Totraumventilation

In Ruhe werden für die Aufnahme von 1 ml O_2 STPD (0 °C, 760 mmHg, trocken) 28 ml Luft BTPS (Körpertemperatur, effektiver Luftdruck, H_2O gesättigt bei Körpertemperatur) ventiliert. Als ***alveoläre Ventilation*** ($\dot{V}_A$) wird der Anteil der Gesamtventilation bezeichnet, der mit dem Blut zum Gasaustausch kommt. Die alveoläre Ventilation kann als alveoläre CO_2-Clearance mit der ausgeschiedenen CO_2-Menge ($\dot{V}_{ECO_2}$) und dem art. P_{CO_2}, der dem mittleren alv. P_{CO_2} der am Gasaustausch beteiligten Alveolen entspricht, berechnet werden:

$$\dot{V}_A\,(BTPS) = \frac{\dot{V}_{ECO_2}\,(STPD) \times 863}{P_{aCO_2} - P_{ICO_2}}$$

$(863 = 760 \times \left[\frac{273+37}{273}\right]$ bei einer Körpertemperatur von 37 °C)

Mit dem art. P_{CO_2} und dem respiratorischen Quotienten kann der mittlere alveoläre P_{O_2} berechnet werden:

$$P_{AO_2} = P_{IO_2} - \left[\left(P_{aCO_2} - P_{ICO_2}\right) \times \left(F_{IO_2} + \frac{1-F_{IO_2}}{R}\right)\right]$$

F_{IO_2} = Anteil des O_2 im inspirierten Gas, $P_{ICO_2} = CO_2$-Druck im inspirierten Gas. $P_{IO_2} = F_{IO_2} \times (B-47)$ 47 = H_2O-Druck bei 37 °C, R = Respiratorischer Quotient. B = Luftdruck (mmHg).

Die Differenz zwischen Gesamtventilation und alveolärer Venilation ergibt die ***Totraumventilation*** und unter Berücksichtigung der Atemfrequenz den Totraum. Werden diese Werte mit dem art. P_{CO_2} berechnet, so erhält man funktionelle Werte, die nicht mit den anatomischen Verhältnissen übereinstimmen müssen. Der funktionelle Totraum (VD) ist größer als das Volumen der Atemwege. Das Verhältnis VD/VT beträgt in Ruhe ca. 0,35, während größerer Arbeit 0,20. Die Abnahme erklärt sich mit der Zunahme des Atemvolumens bei einem annähernd konstanten Volumen der Atemwege. Außerdem werden bei Arbeit Alveolen in den Gasaustausch einbezogen, die in Ruhe nicht durchblutet sind, so daß ihre Ventilation einer Totraumventilation entspricht (alveoläre Toträume).

Alveoläre Ventilation und Lungendurchblutung

In der Klinik werden alveoläre Ventilation und Lungendurchblutung meistens im Liegen gemessen. Das Verhältnis zwischen alveolärer Ventilation und Lungendurchblutung ($\dot{V}_A/\dot{Q}$) beträgt liegend in Ruhe ca. 0,8, bei größerer Arbeit 3,5-4,5.
Der Mitteldruck in der A. pulmonalis beträgt normalerweise weniger als 20 mmHg. Deshalb sind die Lungenoberfelder in aufrechter Körperhaltung wegen der Gravitationskraft wenig bis gar nicht, die basalen Partien umso stärker durchblutet. Damit ergeben sich von oben nach unten kleiner werdende $\dot{V}_A/\dot{Q}$-Verhältnisse. Während körperlicher Arbeit nimmt die Durchblutung der Lungenoberfelder mit dem Anstieg des Druckes in der A. pulmonalis zu. Mit der Vertiefung der Atmung werden auch die Unterfelder besser ventiliert. Damit werden die $\dot{V}_A/\dot{Q}$-Verhältnisse homogener.
Der Blähungszustand der Lungen beeinflußt den Querschnitt der Lungengefäße und damit auch deren Strömungswiderstand. Mit zunehmender Blähung werden die Lungencapillaren enger, während der Querschnitt der extracapillären Gefäße zunimmt. Bei unverändertem Tonus der kleinen Lungengefäße ist der Strömungswiderstand bei einer Lungenfüllung mit 50-60% der Totalkapazität am niedrigsten.
Der alv. P_{O_2} beeinflußt im Sinne einer Autoregulation den Tonus der kleinen Lungengefäße. Die alveoläre Hypoxie führt zu einer Vasoconstriction. Die Durchblutung hypoventilierter Abschnitte wird dank diesem ***alveolovasculären Reflex*** zugunsten besser ventilierter Regionen eingeschränkt. Auf diese Weise wird die Zumischung von schlecht arterialisiertem Blut reduziert. Adrenalin und Noradrenalin können die durch eine regionäre alveoläre Hypoxie bewirkte regionäre Vasoconstriction beheben, so daß sich die arterielle Hypoxämie verstärkt.
Die Ventilationszunahme mit Vertiefung der Atmung und Zunahme des respiratorischen Quotienten während körperlicher Arbeit bewirkt eine Erhöhung und Homogenisierung des alv. P_{O_2}, was die Senkung des Lungengefäßwiderstandes während Arbeit teilweise erklärt.
Der alv. P_{CO_2} beeinflußt den Tonus der kleinen Atemwege, die Senkung des alv. P_{CO_2} führt zu einer Engerstellung, die durch β_2-Receptoren-Stimulation behoben wird.

Tabelle 1. Löslichkeitsfaktoren im Blut bei 37 °C

	ml/Liter/mm Hg	
	O_2	CO_2
Plasma	0,0282	0,6921
Vollblut (Hämatokrit 45%)	0,0310	0,6447

Gasdiffusion, alveoloarterieller P_{O_2}-Gradient

Der Gasaustausch in den Lungen erfolgt *passiv* und setzt entsprechende Druckdifferenzen voraus. Bei gegebener Gasdruckdifferenz zwischen Alveolen und Capillaren verhalten sich die pro Zeiteinheit diffundierenden Gasvolumina direkt proportional zu ihren Löslichkeiten in den zu traversierenden Medien. CO_2 ist im Blut und im Gewebe ca. 20mal besser löslich als O_2 (Tabelle 1). Die Diffusionsgeschwindigkeiten zweier Gase verhalten sich bei gleicher Löslichkeit umgekehrt proportional zu den Quadratwurzeln ihrer Molekulargewichte.
Die Gasdruckdifferenz zwischen dem aus der A. pulmonalis in die Lungencapillaren gelangenden venösen Mischblut und den Alveolargasen ist deshalb für O_2 wesentlich größer als für CO_2 (Tabelle 3). Die Diffusionsstrecke setzt sich aus folgenden Medien zusammen:

- Alveolocapilläre Membran (Lipoproteinfilm, Alveolarepithel, 2 Basalmembranen, Capillarendothel)
- Blutplasma
- Erythrocyt (Erythrocytenmembran, Stroma, Geschwindigkeit der chemischen Bindung des O_2 an das Hämoglobin).

Die Fläche der alveolocapillären Membran beträgt beim Erwachsenen ca. 100-200 m^2, die mittlere Dicke der Membran 0,6-0,7 µm. Weil in Ruhe nur ein Teil der Alveolen durchblutet wird, ist die alveolocapilläre Austauschfläche in Ruhe kleiner als bei Arbeit.
Wegen den unterschiedlichen Gaslöslichkeiten in den verschiedenen Medien entspricht die funktionelle Dicke nicht dem anatomischen Weg. Funktionell haben die Membranen den höchsten Diffusionswiderstand. Die maximale Diffusionskapazität für O_2 beträgt beim Erwachsenen 60-100 ml O_2/min/mmHg. Normalerweise besteht bei gesunden Jugendlichen in Ruhe ein alveoloarterieller P_{O_2}-Gradient von 5-10 mmHg. Dieser Gradient ist z.T. diffusionsbedingt, hauptsächlich aber Folge der intrapulmonalen venösen Zumischung und des Neben-

einanders verschiedener Ventilations-Durchblutungs-Verhältnisse. Diese Ventilationsinhomogenitäten in Ruhe nehmen mit dem Alter zu. Im Alter von 60 Jahren ist ein alveoloarterieller P_{O_2}-Gradient von 30 mmHg normal. Bei körperlicher Arbeit wird der diffusionsbedingte alveoloendcapilläre P_{O_2}-Gradient größer, andererseits aber die Gasdurchmischung viel gleichmäßiger. Der alveoloarterielle P_{O_2}-Gradient nimmt deshalb bei Arbeit trotz Vervielfachung der O_2-Diffusion relativ wenig zu (Tabelle 3). Falls in Ruhe eine besonders ungleichmäßige Gasdurchmischung (ventilatorische Verteilungsstörung) vorliegt, die bei Arbeit verschwindet, wird der alveoloarterielle P_{O_2}-Gradient bei Arbeit sogar kleiner.

1.1.7 Gastransport im Blut

Sauerstoff

O_2 wird im Blut mengenmäßig nur zum kleinsten Teil in physikalischer Lösung und zur Hauptsache an das Hämoglobin (Hb) gebunden transportiert. 1 g Hb bindet maximal 1,39 ml O_2 (STPD). Weil immer ein Teil des Hb als Met-Hb und CO-Hb für die O_2-Bindung inaktiv ist, kommt der Faktor 1,34 der Realität viel näher. Die chemische Bindung erfolgt nicht linear. Die Lage der S-förmigen O_2-Dissoziationskurve wird durch Temperatur, pH und Gehalt der Erythrocyten an 2,3-Diphosphorglycerinsäure (2,3-DPG) und Adenosintriphosphat (ATP) beeinflußt. Fieber, Acidose und ATP- sowie DPG-reiche Erythrocyten bewirken eine verminderte Affinität des Hämoglobins zum O_2. Alkalose, Hypothermie sowie Abnahme von 2,3-DPG und ATP haben den gegenteiligen Effekt. Die Verschiebung der ***O_2-Dissoziationskurve*** betrifft insbesondere den steilen Teil, den venösen Bereich der Kurve. Bei einer Rechtsverschiebung ist die O_2-Abgabe an das Gewebe erleichtert, was dort einen etwas höheren P_{O_2} zur Folge hat. Im Bereich eines normalen alv. P_{O_2} ist die Aufsättigung des Hämoglobins mit O_2 im Falle einer verminderten Affinität zum O_2 entsprechend dem flachen Verlauf der Kurve nur wenig behindert (Abb. 5).

Alkalose und Hypothermie erschweren die O_2-Abgabe an die Gewebe. Die Erfrierung ist durch eine Gewebehypoxie bei einem hohen Gehalt an O_2-Hb im venösen Blut gekennzeichnet.

Das fetale Hämoglobin hat eine höhere Affinität zum O_2 als das nach der Geburt gebildete Hämoglobin. Die O_2-Bindung in der Placenta ist erleichtert, die erschwerte Abgabe im Gewebe wird mit einer höheren Hämoglobinkonzentration kompensiert.

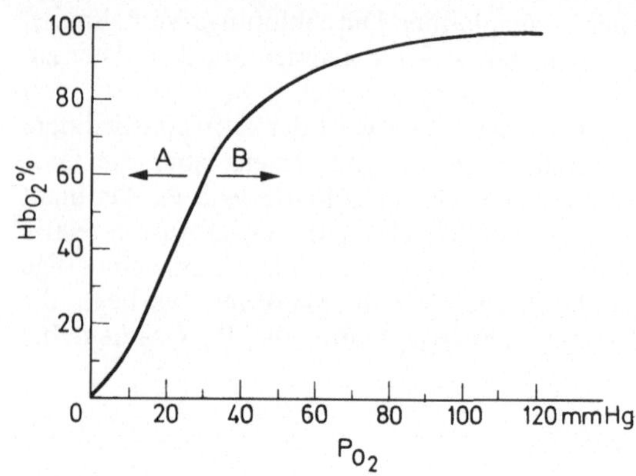

Abb. 5. O_2-Dissoziationskurve des Hämoglobins.

A Erhöhte Affinität
pH > 7,40
Temp. < 37 °C
Abfall von 2,3-DPG
und ATP
Zunahme von CO-Hb oder Met-Hb

B Verminderte Affinität
pH < 7,40
Temp. > 37 °C
Anstieg von 2,3-DPG
und ATP

Kohlenmonoxid hat eine vergleichsweise 220mal größere Affinität zum Hämoglobin als O_2. Bei 0,5% CO in der Atemluft besteht bereits nach einigen Minuten 50% des Hämoglobins aus CO-Hb. Für das verbleibende Hämoglobin ist die O_2-Dissoziationskurve nach links verschoben. Die Gewebehypoxie ist die kombinierte Folge des Ausfalles an O_2-transportierendem Hämoglobin und einer erschwerten Reduktion des noch vorhandenen O_2-Hb im Gewebe. Dieselbe Situation besteht bei der akuten Methämoglobinämie, wie sie z. B. bei der Vergiftung mit Nitrokörpern auftritt.

Kohlensäure

Die normale Inspirationsluft enthält nur ca. 0,03% CO_2. Das CO_2 im Blut stammt somit praktisch ausschließlich aus dem Gewebestoffwechsel. Das CO_2 diffundiert aus dem Gewebe in das Blut. Ein kleiner Teil löst sich im Plasma. Der größte Teil tritt in die Erythrocyten ein, bleibt dort teilweise physikalisch gelöst und wird in Form des Anhydrids an die NH_2-Gruppe des Hb als Carbamino-CO_2 gebunden. Ca. 70% des CO_2 bilden mit H_2O unter Mitwirkung der Carboanhydrase H_2CO_3 (Tabelle 2). Die dabei freiwerdenden H^+ werden von dem durch die

Tabelle 2. CO_2-Transport im Blut. Werte in mmol

	Arterielles Blut		Venöses Blut	
1000 ml Vollblut	22,0		24,0	
als gelöste CO_2		1,0		1,2
als Bicarbonat		20,0		21,3
als Carbamino-CO_2		1,0		1,5
600 ml Plasma	16,3		17,6	
als gelöste CO_2		0,7		0,8
als Bicarbonat		15,6		16,8
400 ml Erythrocyten	5,7		6,4	
als gelöste CO_2		0,3		0,4
als Bicarbonat		4,4		4,5
als Carbamino-CO_2		1,0		1,5

Tabelle 3. Normalwerte der Blutgase

	Ruhe liegend P_{AO_2} 100 mm Hg P_{ACO_2} 38 mm Hg		Schwere Arbeit sitzend[a] P_{AO_2} 110 mm Hg P_{ACO_2} 35 mm Hg	
	A. brachialis	A. pulmonalis	A. brachialis	A. pulmonalis
Hb g/dl	15,5		16,7	
O_2-Hb%	96,0 ± 1,3	76,7 ± 4,0	95,5	34,5
P_{O_2} mmHg	90 ± 8	43 ± 4	90	24
P_{CO_2} mmHg	38,0 ± 2,0	43,5 ± 3,0	35,0	54,0
pH	7,41 ± 0,02	7,39 ± 0,02	7,33	7,26[b]
CO_2 mmol/l (Plasma)	25,4 ± 1,7	27,8 ± 1,5	19,5	25,7

[a] Schwere Arbeit ist relativ zu verstehen. Der trainierte Sportler hat diese Blutgase bei einer größeren körperlichen Leistung als der schlecht trainierte Proband.

[b] Das venöse Mischblut in der A. pulmonalis ist weniger sauer als das venöse Blut der arbeitenden Muskulatur, wo dank dem tieferen pH bei gleichem P_{O_2} mehr O_2 vom Hämoglobin an das Gewebe abgegeben wird.

O_2-Abgabe alkalisch gewordenen Hämoglobin weitgehend neutralisiert. Die Abgabe von 1 Molekül O_2 erlaubt die Bindung von 1 Molekül CO_2. Die meisten H_2CO_3-Ionen diffundieren aus den Erythrocyten in das Plasma und werden als Bicarbonat gebunden.
Die CO_2-Dissoziationskurve ist im Bereich der normalen P_{CO_2}-Werte praktisch linear. Voll oxygeniertes Blut bindet bei einem gegebenen P_{CO_2} weniger CO_2 als venöses Blut. Die Zunahme der Pufferkapazität des Blutes bei Reduktion des Hämoglobins bewirkt, daß auch bei körperlicher Arbeit die Erhöhung der H^+-Konzentration im venösen Blut trotz erheblichem Anstieg des P_{CO_2} relativ gering ist. Das Standardbicarbonat entspricht dem Bicarbonat des Plasmas bei 37 °C mit einem P_{CO_2} von 40 mmHg und voller Oxydation des Hämoglobins (s. Kap. 7, Säure-Basen-Gleichgewicht).

1.2 Pathophysiologie

Definition einiger in der Klinik häufig benutzter Begriffe:

- ***Asphyxie:*** Im heutigen medizinischen Sprachgebrauch Erstickung wegen Störung der äußeren Atmung mit im Verhältnis zum Stoffwechsel mengenmäßig ungenügender O_2-Aufnahme und CO_2-Abgabe. (Ursprüngliche Bedeutung: Pulslosigkeit): Die Asphyxie ist nur kurze Zeit mit dem Leben vereinbar und erfordert eine sofortige Reanimation.
- ***Respiratorische Insuffizienz:*** Einschränkung der Ventilationsreserven und/oder ungenügende Arterialisation des Blutes in den Lungen. Bei der respiratorischen Insuffizienz entsprechen mindestens in Ruhe O_2-Aufnahme und CO_2-Abgabe dem Stoffwechsel.
- ***Arterielle Hypoxämie:*** Senkung des arteriellen P_{O_2} unter 70 mmHg.
- ***Hyper-/Hypokapnie:*** Erhöhung des arteriellen P_{CO_2} über 45 mmHg bzw. Senkung unter 35 mmHg (Tabelle 4).

Tabelle 4. Einteilung der arteriellen Hypoxämie und Hyperkapnie nach Schweregraden

	Hypoxämie P_{O_2} < 70 mm Hg	Hyperkapnie P_{CO_2} < 45 mm Hg
Leicht	69–62	46–49
Mittelschwer	61–51	50–59
Schwer (therapiebedürftig)	50–40	60–70
Sehr schwer (lebensbedrohlich)	< 40	> 70

1.2.1 Abnorme atmosphärische Bedingungen

Hypoxie, Höhe

Die Zusammensetzung der Luft aus 20,93% O_2, 79,04% N_2 (+Edelgase und 0,03% CO_2) ändert sich bis in eine Höhe von 100 km kaum. Mit zunehmender Höhe sinkt aber der Luftdruck und damit der insp. P_{O_2} ab. Durch die Hyperventilation kann der alvoläre P_{O_2} etwas erhöht werden. Während schwerer körperlicher Arbeit ist es aber nicht möglich, den alv. P_{CO_2} durch Hyperventilation auf tiefere Werte als 20-25 mmHg zu senken. Die Möglichkeiten, die höhenbedingte Hypoxie durch Hyperventilation zu kompensieren, sind sehr beschränkt. Während körperlicher Arbeit besteht bereits in mittleren Höhen, in 1600-2000 m ü. M. eine leichte, in 3000 m eine mittelschwere und in 5000 m eine schwere ***arterielle Hypoxämie.*** In 7500 m Höhe wird die Hälfte nicht adaptierter Exploranden innerhalb einiger Minuten bewußtlos. Diese Grenze wird bei Atmung von 100% O_2 bei 15000 m ü. M. erreicht (Tabelle 5).
Die Hypoxie-induzierte ***Hyperventilation*** führt zur respiratorischen Alkalose. Damit ergibt sich eine reduzierte Atemstimulation von den auf CO_2 bzw. H^+ ansprechenden Zentren. Arterielle Hypoxämie und ***respiratorische Alkalose*** führen aber beide zu einer Erhöhung der Lactatkonzentration im Blut und in der interstitiellen Flüssigkeit. Bei einer längerdauernden Hyperventilation scheiden die Nieren vermehrt Bicarbonat aus. Diese Faktoren führen zu einer Senkung des Standardbicarbonats des Blutes und damit zu einer höheren H^+-Konzentration bei gegebenen art. P_{CO_2}. Diese Änderungen im Säure-Basen-Gleichgewicht erklären, daß die Hyperventilation in der Höhe auch nach Adaptation nicht wesentlich abnimmt.

Tabelle 5. Abnorme atmosphärische Bedingungen

Luftatmung						100% O_2
	50 m unter Wasser	0-700 m ü. M.	3500 m ü. M.	5500 m ü. M.	7500 m ü. M.	15000 m ü. M.
mm Hg	4560	735	496	380	280	95
P_{IO_2} mm Hg	945	144	94	69	48	48
P_{AO_2} mm Hg	898	97	53	41	26	24
P_{aO_2} mm Hg	(700)	93	49	37	23	22
P_{aCO_2} mm Hg	40	40	35	25	25	24

Die ***Adaptation*** betrifft zur Hauptsache die Erythropoese mit Ausschwemmen von jungen Erythrocyten und Entwicklung einer Polyglobulie. Mit der gesteigerten Erythropoese und der Anreicherung von 2,3-DPG und ATP ergibt sich eine Rechtsverschiebung der O_2-Dissoziationskurve. Im Vergleich zur Ausgangssituation mit einer normalen Affinität des Hämoglobins zum O_2 nimmt der mittlere P_{O_2} im Gewebe etwas zu. O_2-Aufnahme in der Lunge und O_2-Abgabe im Gewebe erfolgen auf dem steilen Teil der O_2-Dissoziationskurve mit kleinen Druckdifferenzen.
Die alveoläre Hypoxie in größeren Höhen führt über den alveolovasculären Reflex zu einer pulmonalen Hypertonie und im chronischen Falle zu einer Hypertrophie der rechten Herzkammer. Die Bewohner der Anden haben ein Cor pulmonale (siehe Kap. 2.3.5).
Das gelegentliche Auftreten eines ***Lungenödems*** in Höhen über 2500 m bei herz- und lungengesunden Touristen und trainierten Bergsteigern ist ätiologisch noch nicht befriedigend geklärt. Die prompte Besserung bei O_2-Atmung spricht für die Hypoxie als wesentlicher Faktor. Wahrscheinlich ist das Lungenödem die Folge einer erhöhten Capillarpermeabilität bei gesteigerter und ungleich verteilter Perfusion.
Die ***akute Bergkrankheit*** mit Symptomen wie Kopfweh, Übelkeit, Reizhusten, intrathorakale Schmerzen bei tiefer Inspiration und auch das Lungenödem tritt nicht sofort nach Erreichen der kritischen Höhe, sondern erst nach einer Latenz von 1-5 Tagen auf. Werden die kritischen Höhen mit Auto, Eisenbahn oder Flugzeug schnell erreicht, so ist die Bergkrankheit häufiger als bei einem tagelangen Anmarsch. Nach einer Adaptationsphase von einer Woche ist die Bergkrankheit selten.
Der Wassergehalt der Luft sinkt mit abnehmender Temperatur. Er beträgt bei −10 °C noch ca. 10% des Wertes bei einer Außentemperatur von 20-23 °C. Andererseits wird die Atemluft durch die Schleimhäute der Atemwege entsprechend einer Temperatur von 37 °C mit Wasserdampf gesättigt. Damit ergibt sich bei tiefen Temperaturen im Hochgebirge eine Vervielfachung der Wasserabgabe mit der Atmung. Unter den Bedingungen im Himalaya beträgt dieser Wasserverlust ca. 3-4 l/Tag. Wird dieser Verlust von reinem Wasser nicht kompensiert, entsteht eine gefährliche ***Dehydrierung*** und ***Hämokonzentration*** mit dem Risiko von Thrombenbildung im Zentralnervensystem (s. S. 224)

Hyperoxie

Ein gegenüber der Norm erhöhter insp. P_{O_2} kann zu Schäden der Atemwege, des Lungenparenchyms und des Nervensystems führen.

Wesentlich sind nicht nur der Absolutwert des P_{O_2}, sondern auch die Expositionszeit und die körperliche Aktivität. Werden mehr als 6 bar[1] O_2 geatmet, so kommt es bei der Mehrzahl der Probanden schlagartig zu Bewußtlosigkeit mit tonisch-klonischen Krämpfen. Dagegen werden 2,5 bar O_2 unter Ruhebedingungen für 1 bis 2 Stunden gut vertragen. Während körperlicher Arbeit nimmt die Empfindlichkeit des Gehirnes auf Hyperoxie zu. Schon mit 2,0-2,5 bar O_2 kann es innerhalb Minuten zu Verwirrungszuständen kommen, was im Wasser wegen der Ertrinkungsgefahr besonders gefährlich ist. Bei Expositionszeiten von 6 h und länger häufen sich schon in Ruhe mit 1,0-2,0 bar O_2 die Symptome der ***O_2-Intoxikation,*** wie Parästhesien in den Fingerspitzen, zuckende Lippen, Übelkeit und Kopfschmerzen. Dazu kommen häufig Reizsymptome der Schleimhäute der oberen Atemwege mit Hustenreiz und retrosternalen Schmerzen bei tiefer Inspiration. In schweren Fällen können sich eine interstitielle Pneumonie und ein Lungenödem mit blutigem Transsudat wegen einer erhöhten Kapillarpermeabilität entwickeln. Bei Atmung von 100% O_2 unter Normaldruck läßt sich schon nach 24 h eine Abnahme der Lungendehnbarkeit und eine Zunahme des alveoloarteriellen P_{O_2} Gradienten nachweisen.
Bei tage- bis wochenlangen Expositionen sollte der inspiratorische P_{O_2} weniger als 0,5 bar betragen. Die Atemwege, das Lungenparenchym und das zentrale Nervensystem der Neugeborenen und Kleinkinder sind besonders Hyperoxie-empfindlich.

Überdruck

Bei Überdruckexpositionen sind neben der Hyperoxie weitere Gesichtspunkte zu berücksichtigen:

- Druckausgleich mit den gasgefüllten Organen: Lunge, Mittelohr und Nasennebenhöhlen, Magen-Darm
- Erschwerung der Atmung infolge erhöhter Gasdichte
- Narkosewirkung komprimierter Gase
- störungsfreie Abgabe der in Blut und Gewebe zusätzlich gelösten Gase während der Dekompression.

Unter ***Barotrauma*** versteht man mechanische Schädigungen des Mittelohres oder der Lunge infolge eines ungenügenden Druckausgleiches bei Änderungen des Umgebungsdruckes. Barotraumen des Mittelohres mit Trommelfellriß sind bei Anstieg und Abfall des Umgebungs-

---

[1] 1 bar = 100 kPa = 750,06 Torr (mmHg) = 1,01972 $kpcm^{-2}$.

druckes möglich. Das Barotrauma der Lunge mit Lungenriß erfolgt nur während der Dekompression falls ein Überdruck in der ganzen Lunge, z.B. bei einem Verschluß der oberen Atemwege (Glottiskrampf), oder in einem Teil der Lunge, z.B. bei einer regionären Obstruktion der Atemwege, entsteht. Der Riß der Lungenoberfläche, aber auch das Platzen einer Emphysemblase führen zum ***Pneumothorax***, der bei weiterer Dekompression an Volumen zunimmt und sich schließlich zum gefährlichen ***Spannungspneumothorax*** mit Verdrängung des Mediastinums entwickeln kann. Bei einem Lungenriß in zentralen Abschnitten entsteht ein Mediastinalemphysem, und das Gas wandert in die Subcutis des Halses, evtl. sogar des Gesichtes. Beim zentralen Lungenriß kommt es durch Einschwemmen von Gas in die Blutbahn oft zu ***Gasembolien*** im Zentralnervensystem und im Myokard. Barotraumen des Mittelohres und der Lunge können auch beim Auftauchen aus geringen Tiefen von einigen Metern auftreten. Für die Lunge gilt das nur bei Benützung eines Atemgerätes, also nicht für Ab- und Auftauchen in Apnoe.

Die Gasdichte und damit auch das Molekulargewicht der Atemgase beeinflussen den Atemwegwiderstand, sofern eine turbulente Strömung besteht. Der Anteil der turbulenten Strömung wächst mit der Stromstärke. Eine Verdreifachung des Atemwegwiderstandes ergibt sich mit O_2/N_2 bei einem Überdruck von ca. 5 bar und mit O_2/He bei einem Überdruck von ca. 30 bar.

N_2 ist für das Zentralnervensystem nicht inert. Bereits bei einem N_2-Druck von 5-6 bar kann es zu einer euphorischen Verstimmung kommen, die bei höheren Druckwerten bei der Mehrzahl der Exploranden auftritt. Bei N_2-Druckwerten von über 25 bar kommt es schlagartig zu Bewußtlosigkeit. Helium hat beim Menschen bis zu einem Druck von 25-30 bar keinen oder nur einen sehr diskreten Effekt auf die Gehirnfunktionen. Bei schneller Kompression in den Druckbereich über 30 bar treten Symptome wie Zittern, Schwindel, Übelkeit, Schweißausbruch und Apathie (High Pressure Neurological Syndrom, HPNS) auf.

Die Gefahr des ***„Tiefenrausches“*** limitiert den Einsatz von Luft als Atemgas bei 50-60 m Tiefe. Beim Tauchen in grössere Tiefen wird N_2 zum Teil oder ganz durch He ersetzt.

Alle geatmeten Gase werden im Blut und im Gewebe gelöst. Für einen gegebenen Teildruck sind die gelösten, am Stoffwechsel nicht teilnehmenden Gasmengen direkt proportional zu ihren Löslichkeitsfaktoren. In Fett werden 5mal soviel N_2 und ca. 1,7mal soviel He wie im Blut gelöst. Bei gleichem Teildruck enthält das Blut volumenmäßig ca. 1,4mal und das Fettgewebe ca. 4,4mal mehr N_2 als He. Der Druckaus-

gleich für die verschiedenen Gase zwischen Blut und Geweben ist bei gegebener Löslichkeit von der Durchblutung und bei gegebener Durchblutung von der Diffusionsgeschwindigkeit des Gases abhängig. Das leichte He diffundiert ca. 2,6mal schneller als N_2.
Der praktisch volle Druckausgleich in allen Geweben des menschlichen Körpers erfolgt mit He nach ca. 24 h, mit N_2 erst nach ca. 64 h. Die Aufsättigungszeiten der verschiedenen Gewebe und empirisch festgelegte Toleranzgrenzen sind maßgebend für die Dekompression. Für N_2 rechnet man mit Halbwertzeiten von 4-8 min für sehr gut durchblutete Organe, bis 10-11 h für Gewebe wie Knochen und Gelenkkapseln, die sich sehr langsam aufsättigen. Bei der genügenden Dekompression werden die unter Überdruck zusätzlich gelösten Gase aus den Geweben über das Blut wieder in Gasform durch die Lungen mit der Atmung abgegeben, ohne daß in den Geweben oder im Blut gefährliche Gasblasen entstehen. Das Gewebe wird durch Gasblasen, die bei weiterer Dekompression noch an Volumen zunehmen, deformiert und evtl. definitiv geschädigt. In die Blutbahn eingeschwemmte kleine Gasblasen obstruieren die Lungencapillaren, gelangen z.T. in die Lungenvenen und können zur Gasembolie im Körperkreislauf führen.
Bei der ***Dekompressionskrankheit*** sollte möglichst schnell eine therapeutische Rekompression mit hyperbarem O_2 durchgeführt werden, um bleibende Schäden zu vermeiden. Die Dekompressionskrankheit der Sporttaucher betrifft vorwiegend das Zentralnervensystem und die Haut. Bei stunden- bis tagelangen Überdruckexpositionen, wie sie bei Caisson- und Tunnelarbeitern sowie Berufstauchern üblich sind, treten als Folgen einer ungenügenden Dekompression auch Schäden an den Knochen und Gelenken auf.

CO_2-Anreicherung der Inspirationsluft

Bei normalem Luftdruck werden Werte von 1-1,5% CO_2, wie sie in schlecht ventilierten Räumen und auch in Unterseebooten vorkommen, gut ertragen. Die leichte ***Ventilationssteigerung*** wird subjektiv kaum bemerkt. Der art. P_{CO_2} liegt im oberen Normbereich. Bei einer länger dauernden Exposition nimmt der Bicarbonatgehalt im Blut und in der interstitiellen Flüssigkeit zu, damit wird das pH normalisiert.
Mit 5% CO_2 im Atemgas erreicht der art. P_{CO_2} Werte um 50 mmHg, obwohl unter diesen Bedingungen die Ventilation das 2,5-3fache des Ruhewertes beträgt. Bei diesem art. P_{CO_2} kommt es zu einer beträchtlichen Steigerung der Hirndurchblutung und Erhöhung des intrakraniellen Druckes. Bei 8% CO_2 wird die Mehrzahl der Probanden bewußtlos.

Beschleunigung, Schwerelosigkeit

Beim Start einer Weltraumrakete und beim Wiedereintritt in die Atmosphäre werden die Astronauten einer positiven bzw. negativen Beschleunigung von ca. 10 g ausgesetzt. In Rückenlage werden diese Kräfte in ventrodorsaler Richtung hinsichtlich Herz- und Kreislauf toleriert. In den Lungen ergibt sich aber eine Blutverschiebung in die dorsalen Abschnitte, die z.T. atelektatisch werden. Die Beschleunigungskräfte führen auf diese Weise zu einer nach Erreichen der konstanten Geschwindigkeit reversiblen Störung des Ventilations-Perfusions-Verhältnisses mit Absinken des art. P_{O_2}.
Im schwerelosen Zustand nimmt das zentrale Blutvolumen unabhängig von der Körperlage zu. Damit ergibt sich auch eine auf alle Lungenpartien gleichmäßig verteilte Vermehrung der interstitiellen Flüssigkeit. Diese Änderungen werden nach einigen Tagen durch eine vermehrte Diurese z.T. korrigiert. Die Verteilung der Lungendurchblutung wird im schwerelosen Zustand nur noch von regionären Ventilationsunterschieden beeinflußt.

1.2.2 Periodische Atmung, Kussmaul-Atmung

Atemtiefe und -frequenz wechseln normalerweise bei konstantem Metabolismus wenig (Abb. 6). Ein mehr oder weniger regelmäßiger Wechsel der Atemtiefe und/oder der Atemfrequenz sowie eine in Ruhe regelmäßig vertiefte Atmung können am Krankenbett direkt beobachtet werden.
Die regelmäßige und stark vertiefte ***Atmung vom Typ Kussmaul*** weist auf eine kompensatorische Hyperventilation bei metabolischer Acidose hin. Sie ist ein typisches Symptom des ***ketoacidotischen Coma diabeticum.*** Die Ansprechbarkeit der Atemzentren ist normal, der Nachweis eines stark erniedrigten pH-Wertes erklärt die Hyperventilation.
In einem Regelkreis, bestehend aus Regulationszentren, Übermittlung der Steuerimpulse zum regulierten Organ und Rückkopplung zum Zentrum, vergröbert sich die Feinregulierung zu periodischen Schwingungen, falls das Zentrum gedämpft oder die Rückkopplung verzögert wird (Abb. 1). Während des Schlafes und bei pharmakologischer Sedierung wird die Atmung oft leicht reduziert und etwas unregelmäßig indem Amplitude und Frequenz periodisch wechseln. Damit ergibt sich ein Anstieg des art. P_{CO_2} um 2–3 mm Hg und wegen der verschlechterten Gasdurchmischung eine Abnahme des art. P_{O_2}. Bei normalen Lungen ist diese Verschlechterung der Arterialisation des Blutes

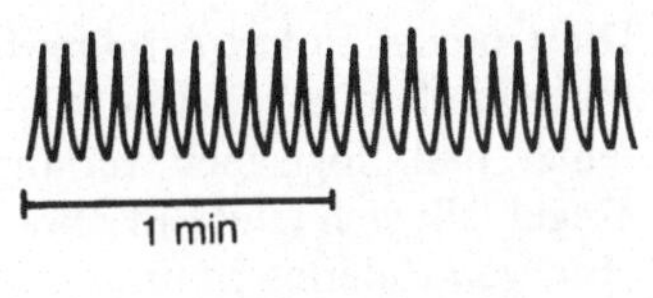

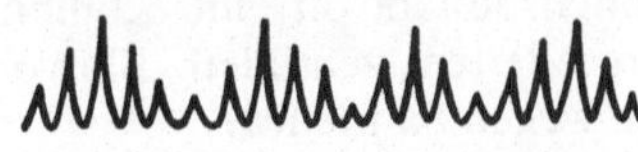

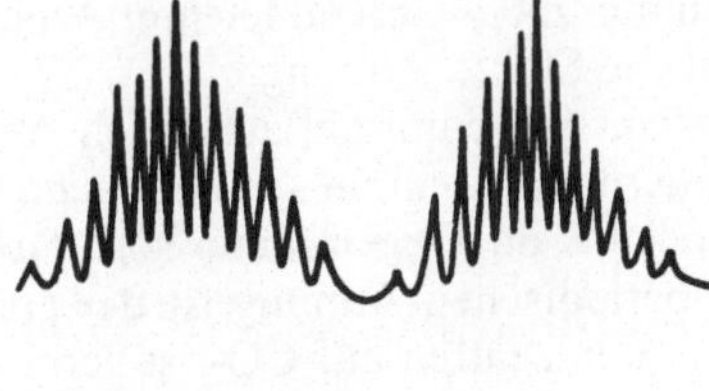

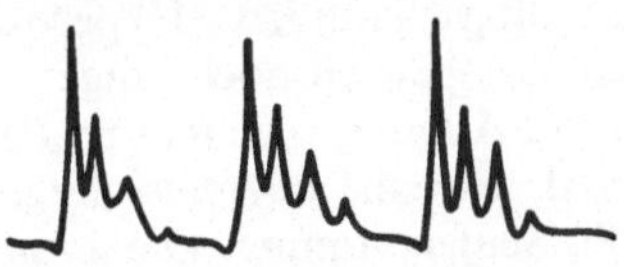

Abb. 6. Spirogramme von am Krankenbett erkennbaren Änderungen der Atemtiefe und -frequenz. *Oben:* Atemzentren und Regelkreis normal. *Unten:* Atemzentren und/oder Regelkreis pathologisch

während des Schlafes ohne Bedeutung. Besteht bereits im Wachzustand z.B. wegen chronisch-obstruktiver Bronchitis und Emphysem eine ventilatorische Verteilungsstörung, so ergibt sich mit der natürlichen Sedierung während des Schlafes eine erhebliche Verschlechterung der Arterialisation des Blutes in den Lungen.

Bei der ***Cheyne-Stokes-Atmung*** wechselt vor allem die Amplitude regelmäßig. Zudem können kurze Atempausen auftreten. Seltener nimmt mit der Atemtiefe auch die -frequenz zu. Über mehrere Minuten gemittelt, entspricht dieser Typ der periodischen Atmung einer Hyperventi-

lation; der art. P_{CO_2} ist erniedrigt. Die Cheyne-Stokes-Atmung beruht auf einer verzögerten Rückkopplung zwischen alveolären Gasspannungen und Atemzentren infolge einer pathologischen verlängerten Kreislaufzeit Lunge-Gehirn. In der Regel läßt sich eine Einschränkung des Herzzeitvolumens nachweisen. Ein vergrößertes zentrales Blutvolumen verzögert ebenfalls die Übertragung geänderter alveolärer Gasspannung zu den Atemzentren. Bei einer Zunahme des Bicarbonatgehaltes des Blutes, z. B. einer metabolischen Alkalose, wie sie auch nach Saluretica auftritt, werden die pH-Änderungen bei einem gegebenen Anstieg des P_{CO_2} geringer. Die Cheyne-Stokes-Atmung wird insbesondere bei Klappenfehlern des linken Herzens und bei Linksherzinsuffizienz beobachtet. Bei diesen Patienten besteht oft eine Kombination von kleinem Herzzeitvolumen, vergrößertem zentralem Blutvolumen und leichter metabolischer Alkalose wegen Saluretica.
Der Periodendauer korreliert mit der verlängerten Kreislaufzeit und ist wesentlich länger als bei der periodischen Atmung bei Sedierung bzw. im Schlaf. Wird das Herzzeitvolumen z. B. während leichter Arbeit vergrößert, so verschwindet die Cheyne-Stokes-Atmung.
Die ***Seufzeratmung*** mit initial tiefen, sich dann abflachenden Atemzügen und mehreren Sekunden dauernden Atempausen beobachtet man bei Patienten mit extremer Adipositas im Liegen, beim sog. ***Pickwick-Syndrom.*** Bei diesem Typ einer periodischen Atmung ist der art. P_{CO_2} erhöht. Die Ansprechbarkeit der Atemzentren auf CO_2 ist vermindert. Die Kreislaufzeiten sind nicht auffällig verändert. Hyperoxie verschlechtert den Zustand, indem die Atempausen noch länger werden. Während körperlicher Arbeit wird die Atmung regelmäßig. Patienten mit einem Pickwick-Syndrom sind extrem übergewichtig. Nach Gewichtsreduktion verschwindet die Seufzeratmung. Die Zusammenhänge zwischen Übergewicht, Schlafneigung und Seufzeratmung sind noch nicht geklärt.

1.2.3 Obstruktion der Atemwege

Erhöhte Strömungswiderstände in den Atemwegen behindern die Atmung subjektiv und können zu Ventilationsstörungen der Lungen führen. Die Unterteilung in extra- und intrathorakale Atemwege ist auch funktionell wichtig. Ohne Wandstabilisierung würden wegen der Richtung der transmuralen Kräfte die extrathorakalen Atemwege während der Inspiration und die intrathorakalen Atemwege während der Exspiration kollabieren. Die Trachea und die Bronchien sind durch Knorpelspangen stabilisiert. Die im Lungenparenchym gelegenen, knorpellosen Bronchiolen werden durch den negativen Pleuradruck offen gehalten. Die Atemwege sind keine starren Röhren. Deshalb ist bei einer Obstruktion der extrathorakalen Atemwege immer die Inspiration stärker behindert als die Exspiration. Umgekehrt ist bei jeder Obstruktion der intrathorakalen Atemwege immer die Exspiration stärker betroffen als die Inspiration. Dieser Unterschied ermöglicht die Lokalisierung der Obstruktion. Er läßt sich sowohl bei der Messung der Atemwegwiderstände während ruhiger und leicht forcierter Atmung als auch bei der Bestimmung des in- und exspiratorischen Erstsekundenvolumens nachweisen.

Einteilung der Obstruktion der Atemwege

anatomisch

- extrathorakale Atemwege } obere Atemwege
- intrathorakale Trachea }
- Hauptbronchien - große Bronchien
- kleine Atemwege - Bronchiolen.

funktionell

- weitgehend fixierte, in- und exspiratorisch wirksame Obstruktion; Ventilationsstörungen der Lungen bereits in Ruhe; Einengung der Atemwege durch Kompression, Tumor, Fremdkörper, Schleim, Spasmen
- Kollaps der Atemwege infolge Wandinstabilität
  - Pharynx; Tonusverlust während des Schlafes, Schnarchen, Schlaf-Apnoe-Syndrom
  - Stimmbandlähmung; Malacie der extrathorakalen Tachea; inspiratorischer Stridor, forcierte Inspiration behindert
  - Malacie der intrathorakalen Trachea
  - Bronchiolarkollaps infolge verminderter Retraktionskraft des Lungenparenchyms beim Emphysem
    Bei Malacie der intrathorakalen Trachea und Bronchiolarkollaps sind die forcierte Exspiration und der Hustenstoß behindert.

Schwere Ventilationsstörungen mit arterieller Hypoxämie und Hyperkapnie beobachtet man insbesondere bei der Obstuktion der kleinen Bronchien durch Spasmen und Schleim sowie beim Schlaf-Apnoe-Syndrom.

Eine weitgehend fixierte Obstruktion erfordert von der Atemmuskulatur, insbesondere vom Zwerchfell für eine gegebene Ventilation eine größere Arbeitsleistung. Diese Mehrarbeit bedeutet einen erhöhten O_2-Verbrauch der Atemmuskulatur. Diese Folge der Obstruktion wird bei körperlicher Arbeit besonders deutlich. Patienten mit erheblicher in- und exspiratorisch wirksamer Obstruktion benötigen für eine bestimmte Arbeitsleistung eine größere O_2-Aufnahme als Gesunde. Sollen die arteriellen Blutgase normal bleiben, so muß mehr ventiliert werden. Damit ergibt sich ein Circulus vitiosus zwischen Atemarbeit, O_2-Verbrauch und Ventilation.

Jede bereits die Ruheatmung behindernde in- und exspiratorisch wirksame Obstruktion bewirkt eine Zunahme der Lungenblähung (FRK), was je nach Lokalisation der Obstruktion die ganze Lunge oder nur einen Teil betrifft. Bei der Obstruktion eines Hauptbronchus und bei der Obstruktion der kleinen Atemwege ergibt sich mit dem Nebeneinander verschiedener Strömungswiderstände auch ein Nebeneinander von hyper- und hypoventilierten Lungenpartien, d.h. eine ventilatorische Verteilungsstörung (Abb. 8a).

Bei Asthma bronchiale, asthmoider Bronchitis und chronisch obstruktiver Bronchitis sind vor allem die Subsegmentbronchien und die kleinen Atemwege der 5.–10. Generation durch Spasmen, Schwellung der Schleimhaut und Schleim eingeengt. Während der Exspiration entsteht eine zusätzliche Obstruktion, weil die Atemwege, in denen der intramurale Druck wegen der Beschleunigung des Luftstromes abfällt, durch den positiven Alveolardruck bis zum Kollaps komprimiert werden (Sheck-valve-Mechanismus).

Im Bereich blendenförmiger Stenosen entstehen hörbare Wirbelströmungen. Bei der Stimmbandlähmung hört man auf Distanz einen inspiratorischen Stridor. Beim Asthma bronchiale und bei der obstruktiven Bronchitis sind über den Lungen während In- und Exspiration pfeifende Geräusche (Giemen) zu hören. Beim ***Asthma bronchiale*** handelt es sich um eine anfallsweise auftretende Obstruktion der kleinen Atemwege. Im Intervall sind die Atemwegwiderstände praktisch normal, doch läßt sich in der Regel eine erhöhte Irritabilität der kleinen Atemwege nachweisen (s. Hyperventilation). Persistiert ein schwerer Asthmaanfall mehrere Stunden, so spricht man von einem ***Status asthmaticus.***

Patienten mit einer ***chronisch obstruktiven Bronchitis*** haben immer eine, wenn auch unter verschiedenen exogenen Einflüssen variable Erhöhung der in- und exspiratorischen Resistance sowie eine Einschränkung des exspiratorischen Erstsekundenvolumens.

Die Überblähung der Lungen beim Asthmaanfall ist mit Beheben der Obstruktion reversibel. Bei der chronisch obstruktiven Bronchitis entwickelt sich im Laufe der Jahre ein ***Lungenemphysem,*** eine definitive Schädigung des Lungenparenchyms. Die Inhalationsnoxen, die zur chronischen Bronchitis führen und die chronische Entzündung der

vom Lungenparenchym umgebenen Bronchien schädigen in der Regel auch das Lungenparenchym.
Die Ganzkörperplethysmographie ermöglicht eine zuverlässige Messung der in- und exspiratorischen Atemwegwiderstände bei ruhiger und forcierter Atmung. Die Messung des Erstsekundenvolumens ist apparativ einfacher, gibt aber nur über die Verhältnisse bei maximal forcierter In- bzw. Exspiration Auskunft (s. Kap. 1.1.3). Bei einer spastischen Obstruktion der kleinen Atemwege ist das exspiratorische Erstsekundenvolumen trotz erheblicher Erhöhung der Resistance oft nur leicht eingeschränkt, sofern Trachea, große Bronchien und Lungenparenchym normal sind. Die Werte normalisieren sich nach Gabe eines β_2-Receptoren-Stimulators. Bei einer ätiologisch komplexen Obstruktion orientiert die Besserung über den Anteil von Spasmen.
Die infolge einer Obstruktion vergrößerten respiratorischen Druckänderungen werden auf die intrathorakal gelegenen Kreislaufabschnitte übertragen. Bei einer schweren Obstruktion kann der arterielle Blutdruck während der Inspiration um mehr als 10 mmHg absinken, was als ***Pulsus paradoxus*** bezeichnet wird. Dabei handelt es sich nicht um ein paradoxes Verhalten, sondern um eine pathologische Vergrößerung der auch normalerweise vorhandenen respiratorischen Blutdruckänderungen. Der bei schwerer Obstruktion während der muskulär aktiven Exspiration positive intrathorakale Druck behindert den venösen Rückfluß zum Herzen, was zum markanten Abfall des Blutdruckes und der Pulsamplitude zu Beginn der folgenden Inspiration wesentlich beiträgt.
Die isolierte Obstruktion eines größeren Bronchus hat regionär hinsichtlich Blähung und Belüftung dieselben Konsequenzen. Wird ein Bronchus z. B. durch einen Tumor vollständig verschlossen, so entwikkelt sich durch Resorption der Alveolargase eine ***Atelektase.*** Die Atelektasenbildung ist beschleunigt, falls die Alveolargase zur Hauptsache aus O_2 und CO_2 bestehen. N_2 wird viel langsamer resorbiert, weil es im Blut nicht chemisch gebunden wird und deshalb nur in geringen Mengen transportiert werden kann.

1.2.4 Einschränkung der Gasaustauschfläche

Fläche und Dicke der durchbluteten und ventilierten alveolocapillären Membran limitieren die O_2-Diffusion. Wegen der ca. 20mal besseren Löslichkeit des CO_2 wirkt sich eine Einschränkung der Gasaustauschfläche oder die Verdickung der Membran auf den art. P_{CO_2} nur sehr wenig, auf den art. P_{O_2} stark aus. Der art. P_{CO_2} repräsentiert auch unter diesen Bedingungen zur Hauptsache die Ventilation der durchbluteten Alveolen. Die Messung der Diffusionskapazität ist oft problematisch. Einfacher ist die Untersuchung der arteriellen Blutgase in Ruhe und während körperlicher Arbeit. Ein pathologisch vergrößerter alveoloendcapillärer P_{O_2}-Gradient hat bei Luftatmung und normalem Luftdruck eine arterielle Hypoxämie zur Folge. Bei gesteigertem Gaswechsel während der Arbeit nimmt diese Hypoxämie zu. Sie läßt sich durch Atmung eines O_2-reichen Gasgemisches beheben, falls nicht gleichzeitig eine vermehrte venöse Zumischung vorliegt, wie sie bei Verdickung der alveolocapillären Membran die Regel ist. Bei vielen Erkrankungen des Lungenparenchyms sind Einschränkung der Gasaustauschfläche und Membranverdickung kombiniert. Klinisch sind reversible und definitive Veränderungen zu unterscheiden:

reversibel

- Ausfall an ventilierter Lungenoberfläche: Atelektase, Pneumonie, interstitielles und alveoläres Lungenödem
- Obstruktion der Lungencapillaren: Fettembolie, Gasembolie, Verunreinigung von Infusionslösungen z. B. mit Talk, Proteinaggregaten,
- Akute interstilielle Pneumopathien: toxisches interstitielles Lungenödem, Strahlenpneumonie, allergische Alveolitiden, sog. Schocklunge;

definitiv

- Lungenresektionen
- Lungenemphysem
- chronische interstitielle Pneumopathien mit Lungenfibrosierung.

Pneumonie, alveoläres Lungenödem und Atelektase sind Beispiele für eine Einschränkung der Gasaustauschfläche infolge eines reversiblen Verlustes an ventilierten Alveolen. Der fehlende Gasgehalt der betroffenen Lungenpartien ist röntgenologisch als Verschattung erkennbar. Die Obstruktion der Lungencapillaren führt zur Einschränkung der Gasaustauschfläche, ohne daß Gasgehalt und Ventilation der Alveolen wesentlich beeinträchtigt sind. Damit ergibt sich besonders in den Frühstadien eine Diskrepanz zwischen arterieller Hypoxämie und unauffälligem Lungenröntgenbefund.

Definitive Einschränkung der Gasaustauschfläche mit normaler alveolocapillärer Membran

Die Lungenresektion (Lobektomie, Pneumonektomie) ist das Beispiel für eine Einschränkung der Gasaustauschfläche mit praktisch normaler alveolocapillärer Membran der verbleibenden Lungenpartien. Diese Partien sind etwas überbläht, doch ist die Membran nicht verdickt. Nach einer Pneumonektomie mit normaler verbleibender Lunge sind Total- und Vitalkapazität um ca. 50% gegenüber den Sollwerten eingeschränkt. Die Atemwegwiderstände liegen mit dem Wegfall der Hälfte des Bronchialbaumes im oberen Normbereich, und die forcierte Exspiration ist nicht behindert. Die arteriellen Blutgase sind in Ruhe normal. Bei größerer Arbeit fällt der art. P_{O_2} trotz normalem oder wegen Hyperventilation sogar erniedrigtem P_{CO_2} leicht ab. Nach einer Pneumonektomie ist auch das Lungengefäßbett um ca. 50% eingeschränkt. Die Gefäße der verbleibenden Lunge sind dilatiert. Bei einer Pneumonektomie besteht in Ruhe keine pulmonale Hypertonie. Weil aber die Fähigkeit, den Lungengefäßwiderstand während körperlicher Arbeit zusätzlich zu senken, limitiert ist, entsteht während körperlicher Arbeit eine pulmonale Hypertonie. Nach einer Lobektomie beträgt der Verlust an Lungenvolumina und an pulmonaler Anpassung an körperlicher Arbeit ca. 20-25%

Definitive Einschränkung der Gasaustauschfläche mit veränderter alveolocapillärer Membran, Emphysem

Das Lungenemphysem ist das Beispiel für eine Einschränkung der Gasaustauschfläche ohne Einschränkung der Totalkapazität. Die Einschränkung der Gasaustauschfläche ist Folge einer Destruktion und eines Schwundes der Alveolarwände. Die ganze Lunge ist überbläht, es bilden sich durch Konfluieren von Alveolen Emphysemblasen ohne Capillaren. Die Dehnbarkeit dieses emphysematösen Lungenparenchyms ist gegenüber der Norm erhöht. Der Verlust an Retraktionskraft des Lungenparenchyms verschlechtert die Stabilisierung der Bronchiolen, die bei forcierter Exspiration kollabieren.
Die *Hauptbefunde* sind normale oder in der Regel vergrößerte Totalkapazität, vergrößertes Residualvolumen auf Kosten der Vitalkapazität und Einschränkung des exspiratorischen Erstsekundenvolumens infolge Bronchiolarkollapses. Die Einschränkung der pulmonalen Anpassungsfähigkeit an körperliche Arbeit korreliert mit der Verkleinerung der Gasaustauschfläche.
Mit der Einschränkung der durchbluteten Lungenoberfläche ergibt sich auch eine Erhöhung des Lungengefäßwiderstandes. Beträgt die Einschränkung mehr als 50%, so besteht in der Regel bereits in Ruhe eine pulmonale Hypertonie. Diese Befunde sind typisch für das ***panlobuläre Emphysem.*** Häufiger ist das Emphysem, das sich bei einer chronisch-obstruktiven Bronchitis entwickelt. Dabei handelt es sich anato-

misch vorwiegend um ein ***centrilobuläres Emphysem.*** Die chronische Obstruktion der kleinen Atemwege mit Erhöhung der in- und exspiratorischen Resistance führt zu Ventilationsstörungen und in schweren Fällen zur Hypoventilation der Mehrzahl der noch durchbluteten Alveolen. Bei diesem „bronchitischen“ Typ des Emphysems stehen die Ventilationsstörungen und deren Folgen im Vordergrund. Diese Ventilationsstörungen bestehen bereits in Ruhe und verstärken sich bei Sedierung, z.B. auch während des Schlafes. Die Einschränkung der Gasaustauschfläche zeigt sich erst bei Arbeit.

1.2.5 Verdickung der alveolocapillären Membran

Diffuse interstitielle Pneumopathien - akute und chronische Erkrankungen des Lungengerüstes - führen zu einer Volumenzunahme des Lungeninterstitiums und damit auch zu einer Verdickung der Membran. Das Resultat ist eine Abnahme der Lungendehnbarkeit und eine Erhöhung des Diffusionswiderstandes. Bei jeder ***diffusen interstitiellen Pneumopathie*** ist mit einem Nebeneinander verschieden hoher Diffusionswiderstände zu rechnen. Bei sehr hohen Widerständen ist der Gasaustausch blockiert, das Blut aus diesen Partien gelangt ohne O_2-Aufnahme in die Lungenvenen. Deshalb ist bei diffusen interstitiellen Pneumopathien auch immer die venöse Zumischung zum arteriellen Blut vergrößert. *Hauptbefunde* sind: deutliche Einschränkung der Lungendehnbarkeit bei mäßiger Abnahme der Lungenvolumina/normale, eventuell leicht erhöhte Atemwegwiderstände bei unbehinderter forcierter Exspiration. Die erhöhte Retraktionskraft des Lungenparenchyms verhindert einen Bronchiolarkollaps. Leichte arterielle Hypoxämie in Ruhe, die während körperlicher Arbeit zunimmt. Die arterielle Hypoxämie läßt sich wegen der vermehrten venösen Zumischung durch O_2-Anreicherung nicht vollständig beheben.
Chronische diffuse interstitielle Pneumopathien führen zur Fibrosierung des Lungeninterstitiums. Damit ergibt sich eine progressive Schrumpfung der Lungen. Bei dieser Stiuation sind Total- und Vitalkapazität deutlich eingeschränkt. Im Gegensatz zur Restlunge nach Pneumonektomie ist aber die Lunge bei einer diffusen Fibrose nicht normal. Es besteht bereits in Ruhe eine mehr oder weniger deutliche arterielle Hypoxämie und eine pulmonale Hypertonie.
Beispiele für ***akute*** diffuse interstitielle Pneumopathien sind die Strahlenpneumonie und die allergischen Alveolitiden. Die Lungenbeteiligung bei der Sklerodermie und die rasch progredient verlaufenden Pneumokoniosen sind Beispiele für chronisch-interstitielle Pneumopathien mit Lungenschrumpfung.

1.2.6 Vermehrte venöse Zumischung, Rechts-links-Shunt

Die venöse Zumischung zum arteriellen Blut beträgt in Ruhe und liegend normalerweise weniger als 10%, während Arbeit im Sitzen weniger als 5% des Herzzeitvolumens. Die arterielle Hypoxämie infolge einer pathologisch vergrößerten venösen Zumischung wird durch O_2-Atmung wenig gebessert. Der Hyperoxieversuch hat deshalb für die Beurteilung, ob eine arterielle Hypoxämie vorwiegend auf einer vermehrten venösen Zumischung beruht, diagnostische Bedeutung. Die ***Berechnung der Shuntgröße*** beruht auf einfachen Modellen, wie sie z. B. für arteriovenöse Lungenaneurysmen und intrakardiale Kurzschlußverbindungen zutreffen (s. S. 86). Bei diesen Situationen kann für die große Mehrzahl der Lungenpartien ein normaler alveoloendcapillärer P_{O_2}-Gradient angenommen werden. Diese Voraussetzung fehlt bei einer akuten oder chronischen, diffusen interstitiellen Pneumopathie, was die genaue Quantifizierung der Anteile - venöse Zumischung, Diffusion, Hypoventilation - problematisch macht. Bei gegebener venöser Zumischung variiert die arterielle Hypoxämie mit dem Anteil an O_2-Hb im venösen Mischblut in der A. pulmonalis. Sinkt die Sättigung des Hb mit O_2 ab, z. B. bei gesteigertem Metabolismus (Fieber, körperlicher Arbeit) oder bei einem im Vergleich zum Metabolismus zu kleinem Herzzeitvolumen, so nimmt die arterielle Hypoxämie zu.
Bei Atmung von 100% O_2 mit normalem Luftdruck erreicht der art. P_{O_2} unter optimalen Bedingungen hinsichtlich Ventilation der Alveolen und Gasdiffusion nach 10 min 500-550 mm Hg. Es entsteht also bereits bei diesen Voraussetzungen ein alveoloarterieller P_{O_2}-Gradient von mehr als 100 mm Hg. Für diffuse interstitielle Pneumopathien darf angenommen werden, daß der alveoloendcapilläre P_{O_2}-Gradient für die Mehrzahl der am Gasaustausch teilnehmenden Lungenpartien noch wesentlich größer ist. Die Berechnungen der Abb. 7 beruhen auf der Annahme, daß der endcapilläre P_{O_2} der am Gasaustausch teilnehmenden Partien nach 10 min Atmung von 100% Sauerstoff 400 mm Hg beträgt. Bei einer venösen Zumischung von 30% liegt der art. P_{O_2} während Hyperoxie in Ruhe zwischen 100 und 200 mm Hg, bei leicht gesteigertem Metabolismus zwischen 80 und 125 mm Hg. Ein art. P_{O_2} von 50 mm Hg bei Atmung von 100% O_2 beweist einen Shuntanteil von mehr als 50%. Derartige Situationen, die eine Dauerbeatmung mit 100% O_2 erfordern, sind prognostisch sehr ungünstig.
Bei angeborenen Herz- und Gefäßmißbildungen sowie bei Lungenparenchymerkrankungen mit vermehrter venöser Zumischung nimmt die arterielle Hypoxämie bei Arbeit zu, weil der Anteil an O_2-Hb im venösen Mischblut abnimmt und der Shuntanteil mehr oder weniger gleich

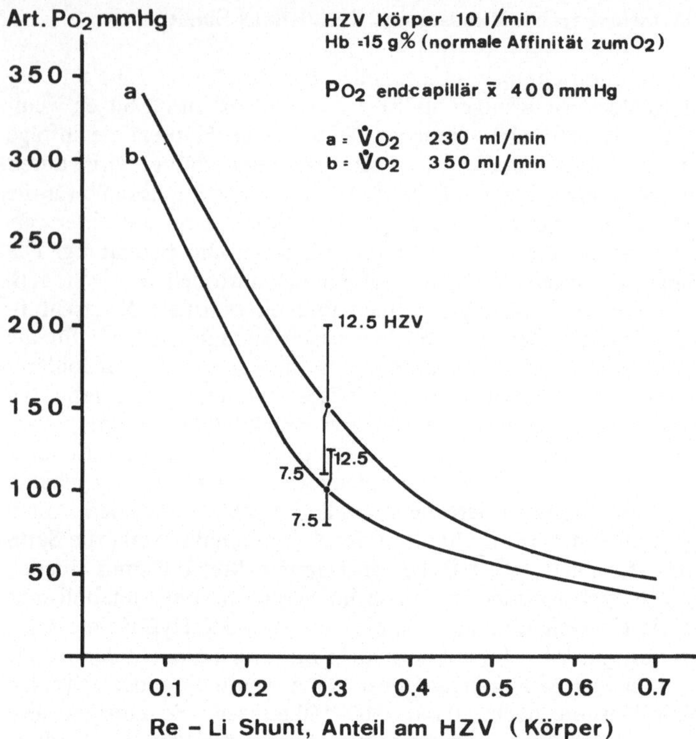

Abb. 7. Vermehrte venöse Zumischung, Rechts-links-Shunt. Art. P_{O_2} bei Atmung von 100% O_2 in Abhängigkeit von der Shuntgröße. Einfluß von O_2-Aufnahme und Herzzeitvolumen

bleibt. Die venöse Zumischung aus Atelektasen nimmt hingegen bei Arbeit in der Regel etwas ab, weil die Steigerung der Lungendurchblutung die gut ventilierten Bezirke betrifft. Adipöse haben im Liegen oft eine deutlich vermehrte venöse Zumischung aus den Zwerchfell-nahen Lungenpartien. Bei diesen Patienten bessert sich die Arterialisation des Blutes während Arbeit im Sitzen, weil dann die basalen Lungenpartien besser belüftet werden.

1.2.7 Ventilationsstörungen

Alveoläre Hyperventilation

Die alveoläre Hyperventilation ist durch eine im Verhältnis zum Gaswechsel gesteigerte Ventilation der am Gasaustausch teilnehmenden Alveolen und damit durch eine Senkung des art. P_{CO_2} unter 35 mm Hg gekennzeichnet. Die Einteilung der wichtigsten Ursachen der Hyperventilation ist der folgenden Übersicht zu entnehmen.

Einteilung der wichtigsten Ursachen der Hyperventilation

I. Kompensatorische Hyperventilation
- Gewebehypoxie
  - Arterielle Hypoxämie (atmosphärisch, pulmonal, kardial)
  - Erniedrigter venöser P_{O_2} (kleines Herzzeitvolumen, Anämie)
- Metabolische Acidose

II. Hyperventilation bei primär normalen O_2- und pH-Werten im Blut
- Direkte Stimulierung der Atemzentren durch lokale Prozesse und über das Blut (Medikamente, Coma hepaticum, Meningitis)
- Psychisch bedingte Hyperventilation (Angst, Spannung)

III. Kombinationen von I und II, z. B. Asthma bronchiale, Myokardinfarkt

Die alveoläre Hyperventilation bei primär normalen Blutgasen führt zu sekundären Veränderungen, die symptomatisch im Vordergrund stehen und das ***Hyperventilationssyndrom*** darstellen. Die schon nach einigen Minuten nachweisbarer Folgen der alveolären Hyperventilation sind:

- respiratorische Alkalose, Abnahme der anorganischen Phosphate und des K^+, Anstieg des Lactats im Blut und im Liquor cerebrospinalis
- neuromusculäre Übererregbarkeit bis zum tetanischen Anfall
- Parästhesien vor allem in den Fingern, Schwindelgefühl, Druck hinter dem Sternum
- Änderungen der regionären Durchblutung; insbesondere Abnahme der Hirn- und Hautdurchblutung, in der Mehrzahl der Fälle auch der Myokard- und der Leberdurchblutung
- Hämokonzentration infolge Flüssigkeitsverschiebung in den extravasalen Raum
- Zunahme der in- und exspiratorischen Resistance.

Die Mehrzahl der Symptome ist direkt auf die ***Alkalose*** zurückzuführen. Die akute alveoläre Hyperventilation bei primär normalen Blutgasen führt nicht nur zu einer Hypokapnie und Alkalose im arteriellen Blut, sondern auch zu parallelen Veränderungen im venösen Blut. Die Alkalose erhöht die Affinität des Hämoglobins zum O_2, was dessen Abgabe an das Gewebe erschwert. Bei akuter Hyperventilation sind die P_{O_2}-Werte im venösen Blut tiefer als bei normaler Ventilation. Die arterielle Hypokapnie bewirkt eine Vasoconstriction. Die arteriovenöse O_2-Differenz wird bei annähernd gleicher O_2-Aufnahme größer. Bei einer Hyperventilation im Liegen ändern Blutdruck und Pulsfrequenz wenig, bei einer Hyperventilation im Sitzen und Stehen fällt der Blutdruck leicht ab, und die Pulsfrequenz nimmt deutlich zu.
Die Engerstellung der kleinen Atemwege ist nicht auf die arteriellen Blutgase, sondern auf die Senkung des alv. P_{CO_2} zurückzuführen. Während der Exspiration entspricht der P_{CO_2} in den Atemwegen dem alv. P_{CO_2}. Bei einem Verschluß eines Hauptastes der A. pulmonalis fällt der P_{CO_2} in der nicht mehr durchbluteten, aber noch ventilierten Lunge ab, während der art. P_{CO_2} dem der durchbluteten Lunge entspricht und normal sein kann. Unter diesen Bedingungen kommt es zu einer Engerstellung der Atemwege der nicht mehr durchbluteten Seite, die deshalb im Vergleich zur Gegenseite weniger ventiliert wird. Bei willkürlicher Hyperventilation läßt sich schon nach wenigen Minuten ein Anstieg der in- und exspiratorischen Resistance um etwa 40% der Ausgangswerte nachweisen. Die leichte Obstruktion überdauert die akute Hyperventilation mehrere Minuten. Die Erhöhung der Atemwegwiderstände während Hyperventilation kann durch Gabe eines β_2-Receptoren-Stimulators vollständig behoben werden. Daraus darf geschlossen werden, daß es sich um eine Tonuserhöhung der Muskulatur der kleinen Atemwege handelt. Die im Vergleich zur Norm erhöhte Irritabilität beim Asthmatiker zeigt sich in einer wesentlich stärkeren Zunahme der Atemwegwiderstände nach willkürlicher Hyperventilation.

Ventilatorische Verteilungsstörung

Ein Nebeneinander verschiedener bronchialer Strömungswiderstände oder unterschiedlicher Dehnbarkeiten des Lungenparenchyms führt zu einer ungleichmäßigen Verteilung des inspirierten Gasvolumens (Abb. 8). Es entsteht ein Nebeneinander von unterschiedlich geblähten und ventilierten Lungenpartien. Die einseitige Zwerchfellähmung und die einseitige Behinderung der Thoraxbeweglichkeit, z. B. infolge Seitenlage oder einer Pleuraschwarte, hat denselben Effekt.

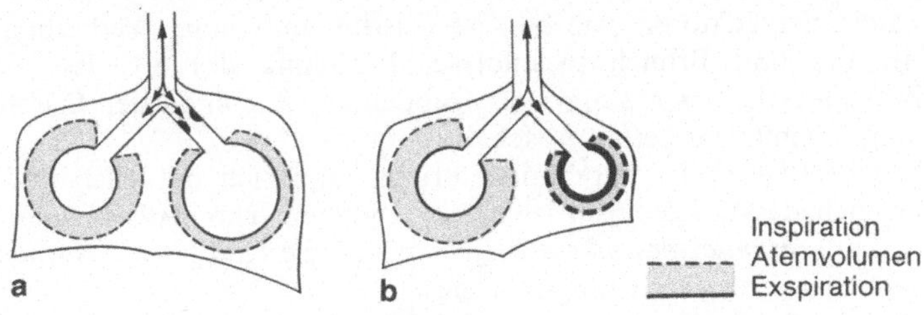

Abb. 8 a b. Ventilatorische Verteilungsstörung. **a** Nebeneinander verschiedener Strömungswiderstände; **b** Nebeneinander verschiedener Lungendehnbarkeiten

Das Nebeneinander von hyper- und hypoventilierten Lungenabschnitten führt bei Luftatmung zu einer ***arteriellen Hypoxämie.*** Der Spannungsgradient zwischen Alveolargasen und venösem Mischblut ist für O_2 viel größer als für CO_2 (s. S. 17). Bereits ein Anstieg des alv. P_{CO_2} in den hypoventilierten Bezirken um wenige mm Hg genügt, um die CO_2-Abgabe stark zu reduzieren oder sogar zu blockieren. Dank dem tiefen P_{O_2} im venösen Mischblut kann auch bei einem erheblichen Abfall des alv. P_{O_2} nach O_2 aufgenommen werden. Damit ergibt sich für die hypoventilierten Bezirke eine starke Abnahme des respiratorischen Quotienten, was den alv. P_{O_2} erniedrigt (s. S. 12).

Dank dem alveolovasculären Reflex wird aber die Durchblutung der hypoventilierten Bezirke eingeschränkt, was den Beimischungseffekt etwas reduziert. Die ventilatorische Verteilungsstörung ist durch folgende Befunde charakterisiert:

- arterielle Hypoxämie bei normalem oder erniedrigtem P_{CO_2}, sofern die Mehrzahl der durchbluteten Alveolen normal oder hyperventiliert wird
- Änderungen der regionären Durchblutung durch Vasoconstriction in den hypoventilierten Partien
- Abnahme der dynamischen Compliance mit zunehmender Atemfrequenz, weil Pendelvolumen und damit Blähungsausgleich abnehmen (Abb. 8 a).

Die arterielle Hypoxämie wird bei der reinen ventilatorischen Verteilungsstörung während Hyperoxie vollständig behoben. Während des Schlafes nimmt die arterielle Hypoxämie zu, weil die Luftdurchmischung mit der natürlichen Sedierung und Abflachung der Atmung noch ungleichmäßig wird.

In der Regel bessert sich die arterielle Hypoxämie während körperlicher Arbeit. Dieser Effekt der körperlichen Arbeit ist das Resultat ver-

schiedener Faktoren, wie bessere Gasdurchmischung, Vertiefung der Atmung und Bronchospasmolyse, Erhöhung des alv. P_{O_2} wegen Zunahme des respiratorischen Quotienten, Zunahme der Durchblutung der gut ventilierten Abschnitte.
Die ventilatorische Verteilungsstörung kann sich mit allen anderen Formen der Lungeninsuffizienz kombinieren. Das ***Asthma bronchiale*** und die ***chronisch-obstruktive Bronchitis*** sind die *häufigsten Ursachen* der ventilatorischen Verteilungsstörung.

Alveoläre Hypoventilation

Die Hypoventilation der Mehrzahl der durchbluteten Alveolen führt zu einer ***arteriellen Hypoxämie und Hyperkapnie.*** Die alveoläre Hypoventilation ist im Falle normaler Lungen und Atemwege entweder die Folge einer direkten Schädigung der Atemzentren oder eine Schwächung bzw. Lähmung der Atemmuskulatur, wobei immer dem Zwerchfell die entscheidende Bedeutung zukommt. Bei doppelseitigen Thoraxverletzungen kann die alveoläre Ventilation auch bei erhaltener Zwerchfellfunktion infolge einer gestörten Thoraxmechanik mit paradoxen Atembewegungen ungenügend werden. Beträgt beim Erwachsenen mit einer schweren Kyphoskoliose die Vitalkapazität weniger als 1 l, so findet man auch bei normalen Atemwegwiderständen gehäuft eine chronische alveoläre Hypoventilation.
Die schwere in- und exspiratorisch wirksame Obstruktion der Atemwege ist für den Pädiater und Internisten die häufigste Ursache einer alveolären Hypoventilation. ***Status asthmaticus, Mucoviscidosis*** und ***chronisch-obstruktive Bronchitis mit Emphysem*** sind die häufigsten Krankheiten, die zu einer akuten bzw. chronischen alveolären Hypoventilation mit allen ihren Konsequenzen führen (Abb. 9).
Die Senkung des alv. P_{O_2} führt über den alveolovasculären Reflex zu einer Erhöhung des Lungengefäßwiderstandes und damit bei normalem oder gesteigertem Herzzeitvolumen zu einer pulmonalen Hypertonie. Die arterielle Hypoxämie und vor allem die Hyperkapnie steigern die Hirndurchblutung. Wegen der damit verbundenen Zunahme des intrakraniellen Blutvolumens steigt der Liquordruck an. Die Besserung der Hypoxämie durch O_2-Atmung hat keine wesentliche Senkung des Liquordruckes zur Folge, falls nicht auch der art. P_{CO_2} durch Verbesserung der alveolären Ventilation gesenkt wird. Die Myokarddurchblutung ist bei arterieller Hypoxämie und Hyperkapnie etwas gesteigert.
Die ***Hyperkapnie*** führt zur respiratorischen Acidose, die im chronischen Falle durch eine Erhöhung des Standardbicarbonates mehr oder weniger kompensiert wird. Die erhöhte Pufferkapazität ergibt sich mit

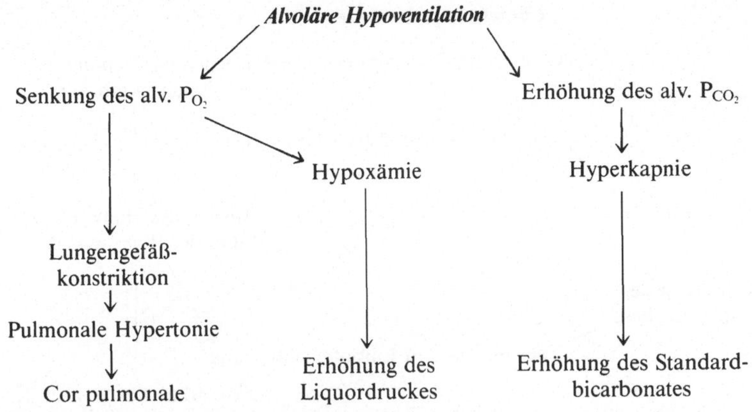

Abb. 9. Folgen der akuten und chronischen alveolären Hypoventilation

einer leichten Hypochlorämie. Die Abnahme der Chloridkonzentration ist in der eiweißarmen interstitiellen Flüssigkeit und im Liquor cerebrospinalis besonder deutlich. Die Erhöhung des Bicarbonatgehaltes im Blut und im Liquor hat zur Folge, daß eine gegebene Änderung des P_{CO_2} zu einer geringeren Änderung des pH führt.

Bei der alveolären Hypoventilation ist der Regulationsanteil der für O_2 sensiblen Receptoren gegenüber der Norm erhöht. Fällt diese Atemstimulation durch Einatmung eines O_2-reichen Atemgemisches weg, so wird die Ventilation stärker reduziert als beim Gesunden. Während körperlicher Arbeit nimmt auch beim Gesunden die vom art. P_{O_2} abhängige Stimulation der Atmung zu. Das gilt auch für Patienten mit einer chronisch-alveolären Hypoventilation. Hyperoxie hat bei Arbeit einen noch größeren sedierenden Effekt auf die Atmung als in Ruhe.

Die normale Sedierung der Atmung im Schlaf, aber auch sedierende Medikamente haben bei Patienten mit einer chronisch-alveolären Hypoventilation einen stärkeren Effekt. ***Beruhigungsmittel*** können in normalen Dosen zu einem ***Atemstillstand*** führen. Die Anwendung von O_2 und von Sedativa erfordert bei diesen Patienten eine regelmäßige Überwachung der Atmung.

Bei normalen Lungen und Atemwegen korreliert die Schwere der arteriellen Hypoxämie mit der der Hyperkapnie. Bei obstruktiven Lungenerkrankungen ist die alveoläre Hypoventilation meist mit einer ventilatorischen Verteilungsstörung kombiniert. Die arterielle Hypoxämie ist deshalb in der Regel viel ausgesprochener als man es nach der Erhöhung des art. P_{CO_2} erwarten würde. Das klinische Bild dieser Patienten

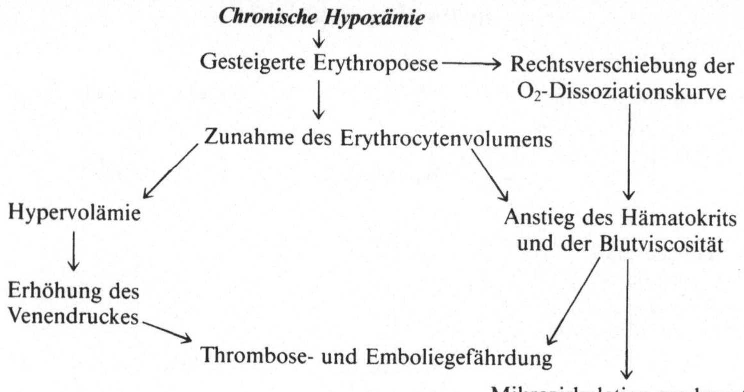

Abb. 10. Folgen der chronischen alveolären Hypoxie

wird auch durch die Wirkungen einer chronischen arteriellen Hypoxämie auf Blutbildung und Blutvolumen beeinflußt (Abb. 10).

Totraumhyperventilation

Der über den art. P_{CO_2} berechnete ***funktionelle Totraum*** beträgt normalerweise in Ruhe 35%, bei größerer Arbeit 20% des Atemzugsvolumens. Er wird durch jede Störung des Ventilations-Durchblutungs-Verhältnisses vergrößert. Pathophysiologisch lassen sich drei Möglichkeiten, die oft kombiniert sind, unterscheiden:

- Alveoläre Toträume:
  - Parallel-Toträume, ventilierte aber nicht durchblutete Alveolen oder venöse Zumischung aus ventilierten Alveolen mit einem wegen sehr hohen Diffusionswiderständen „blockierten" Gasaustausch
  - Serie-Toträume, Erweiterung der Übergangszone (Bronchioli respiratorii und Ductus alveolares) beim centrilobulären Emphysem
- Totraumeffekt der venösen Zumischung aus nicht ventilierten Abschnitten
- Pendelluft in den größeren Bronchien bei ventilatorischer Verteilungsstörung.

Die Totraumhyperventilation ist ein Begleitbefund der meisten pulmonal oder kardial bedingten Atemstörungen.

1.2.8 Störungen der Lungendurchblutung und Atmung

Vermehrte Lungendurchblutung, Links-rechts-Shunt

Eine dauernd gesteigerte Lungendurchblutung, die z. B. bei einem Vorhofseptumdefekt das Dreifache des normalen Ruhewertes betragen kann, beeinflußt die Atmung in Ruhe und bei Arbeit wenig. Der Druck in den Lungengefäßen liegt im oberen Normbereich, sofern keine den Strömungswiderstand erhöhenden Gefäßveränderungen vorliegen. Ein massiver Links-rechts-Shunt ist mit einem vermehrten Blutgehalt der Lungengefäße und der am Shunt beteiligten Herzhöhlen verbunden. Diese Volumenzunahme führt zu einer leichten Einschränkung der Total- und Vitalkapazität.

Lungenstauung, Lungenödem

Die Druckerhöhung in den Lungencapillaren wegen einer akuten oder chronischen Ausflußbehinderung aus dem Lungenkreislauf beeinträchtigt die Atmung in verschiedener Weise. Es ist nicht nur der Blutgehalt in den Lungengefäßen vergrößert, sondern auch der Flüssigkeitsgehalt des Lungeninterstitiums nimmt wegen der Druckerhöhung in den Lungencapillaren zu. Damit ergibt sich eine Abnahme der Lungendehnbarkeit. Für die Verteilung des zusätzlichen Blut- und Flüssigkeitsvolumens ist die Schwerkraft wichtig. Im Sitzen sammeln sich Blut und Flüssigkeit vorwiegend in den basalen Partien. Weil bei einer Lungenstauung immer eine ***pulmonale Hypertonie*** besteht, ist die Durchblutung der oberen, dank dem geringeren Flüssigkeitsvolumen besser ventilierten Partien gewährleistet.
Bei einer Lungenstauung ist auch der Abfluß aus den Bronchialvenen behindert. Die Bronchialschleimhaut schwillt etwas an, und es entsteht ***Hustenreiz.*** Die Atemwegwiderstände sind bei einer chronischen Lungenstauung oft leicht erhöht. Besteht eine erhöhte Reizbarkeit der kleinen Atemwege, so können insbesondere während der Nacht Bronchialspasmen auftreten. Als ***Asthma cardiale*** werden anfallsweise auftretende Dyspnoeanfälle infolge von Bronchialspasmen bei Patienten mit Lungenstauung bezeichnet. Für die Entstehung eines alveolären Lungenödems ist bei gegebenem transmuralen Druck die Permeabilität der alveolocapillären Membran maßgebend. Die Drucksteigerung in den Lungencapillaren bei akuter Linksherzinsuffizienz und initial normalen Lungen führt häufig zum ***Lungenödem.*** Bei chronischer Lungenstauung, z. B. bei einer Mitralstenose ist das alveoläre Lungenödem trotz hohem Lungencapillardruck selten, weil die stauungsbedingten Gefäßveränderungen die Permeabilität herabsetzen.

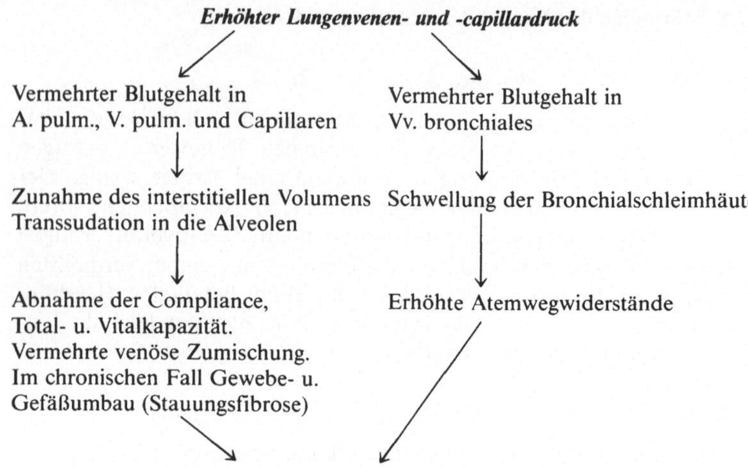

Abb. 11. Lungenstauung

Lungenembolie, Lungengefäßobstruktion

Die Lungenembolie ist ein Ereignis mit einem breiten Spektrum klinischer Symptome. Eine plötzlich auftretende Tachykardie mit Atemnot und Tachypnoe, ein Blutdruckabfall mit Cyanose, aber auch ein plötzlicher Pleuraschmerz lassen an eine Lungenembolie denken, falls die Umstände die Thrombenbildung in einer peripheren Vene sowie einen Thrombusabriß begünstigen.
Die ***zentrale Lungenembolie,*** d.h. die Obstruktion des Stammes der A. pulmonalis, kann für Symptomatik und Verlauf als Modell bezeichnet werden.
Im Vordergrund steht die akute Drucküberlastung des rechten Herzens mit Abnahme der Lungendurchblutung und damit des Herzzeitvolumens. Schließlich entwickelt sich ein kardiogener Schock.
Die Verlegung eines Hauptastes der A. pulmonalis oder peripherer Äste führt ebenfalls zu einer akuten Drucküberlastung des rechten Herzens, bei initial normalen Lungen aber nicht zum kardiogenen Schock.

Entzündliche oder toxische Schädigungen der kleinen Lungengefäße sowie rezidivierende Embolien führen zur multiplen Lungengefäßobstruktion, zur primär vaskulär bedingten pulmonalen Hypertonie. Auch bei dieser Erkrankung steht pathophysiologisch die Einschränkung des Herzzeitvolumens im Vordergrund.

Die Atmung ist sowohl bei der akuten Lungenembolie als auch bei der chronischen Lungengefäßobstruktion in charakteristischer Weise gestört. Ventilierte, aber nicht durchblutete Bezirke vergrößern die Totraumventilation. Die Ventilation dieser alveolären Toträume wird aber etwas eingeschränkt, weil die Dehnbarkeit der nicht mehr perfundierten Abschnitte abnimmt und die kleinen Atemwege zu diesen Bezirken enger gestellt werden. Die Einschränkung der durchbluteten

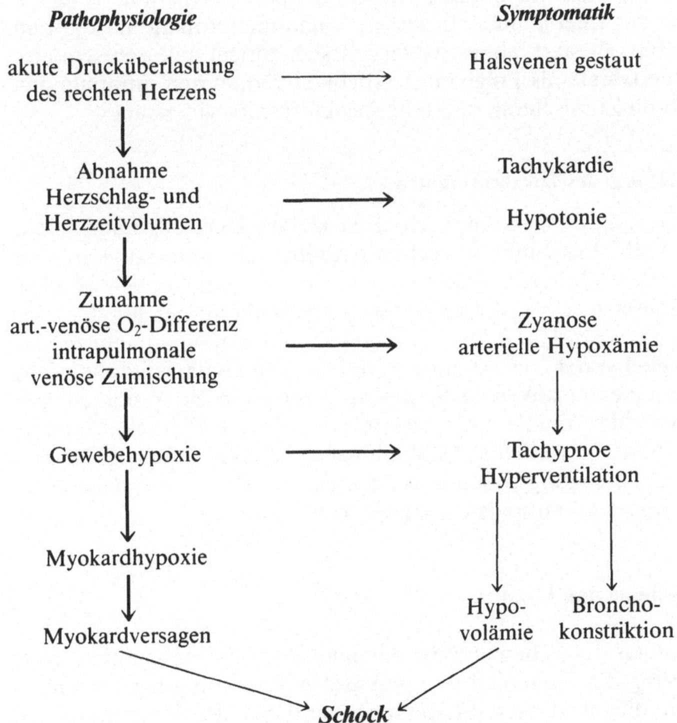

Abb. 12. Zentrale Lungenembolie, Pathophysiologie und Symptomatik

Gasaustauschfläche reduziert die pulmonale Anpassung an körperlicher Arbeit. Sowohl bei akuten als auch bei chronischen Zuständen läßt sich oft eine leichte arterielle Hypoxämie nachweisen, die zur Hauptsache Folge einer vermehrten venösen Zumischung ist. Die Lungenvolumina sind im chronischen Fall meist nur wenig eingeschränkt. Oft sind die Atemwegwiderstände leicht erhöht. Wird ein großer Teil des Lungengefäßbettes obstruiert, so entsteht eine schwere pulmonale Hypertonie. In diesen Fällen ist das Herzzeitvolumen für den Lungen- und Körperkreislauf eingeschränkt. Die Einschränkung des Herzzeitvolumens verschlechtert die O_2-Versorgung der Peripherie, was zur Ventilationssteigerung führt. In der Regel besteht bei einer schweren Lungengefäßobstruktion eine alveoläre Hyperventilation, die während körperlicher Arbeit besonders auffällig ist. Die Anstrengungsdyspnoe dieser Patienten ist zur Hauptsache Folge einer alveolären Hyperventilation. Bei der capillären Lungengefäßobstruktion, z. B. ***Fettembolie,*** kommt es zusätzlich zu einer Schädigung des Lungenparenchyms mit Volumenzunahme des Interstitiums. In diesen Fällen nimmt nicht nur die Lungendehnbarkeit stark ab, es entwickelt sich zudem eine schwere arterielle Hypoxämie als Folge einer erheblich vermehrten intrapulmonalen venösen Zumischung und erhöhter Diffusionswiderstände.

Einschränkung des Herzzeitvolumens

Ein im Verhältnis zum Gaswechsel zu kleines Herzzeitvolumen, d.h. eine im Verhältnis zum Gaswechsel pathologisch vergrößerte art.-ven. O_2-Differenz führt insbesondere unter akuten Bedingungen zu einer Ventilationssteigerung, die nicht mit einer Senkung des art. P_{O_2} oder Erhöhung des art. P_{CO_2} erklärt werden kann. Man muß annehmen, daß die Gewebehypoxie die Atmung stimuliert. Die Hyperventilation fehlt im Falle einer massiven Sedierung und im Falle einer starken Einschränkung der Ventilationsreserven. Die schwere Pulmonalklappenstenose ohne zusätzliche Mißbildungen ist ein Beispiel für eine schwere Anstrengungsdyspnoe bei normalem art. P_{O_2}, normalen Lungenvolumina und normalen Atemwegwiderständen.

1.2.9 Dyspnoe und Cyanose

Die Angaben des Patienten über Atemnot und die Beobachtung einer Blaufärbung der Haut sind von praktischer Bedeutung bei der Einleitung von diagnostischen Maßnahmen und bei der Beurteilung der Therapie.

Tabelle 6. Dyspnoefaktoren

Dyspnoe, subjektiv empfundene Atemnot wegen einer im Verhältnis zum Gaswechsel zu großen Belastung der Atemmuskulatur. Die Ruhe- und Arbeitsdyspnoe kann mit der Feststellung einer pathologisch vergrößerten Atemarbeit objektiviert werden

Ursachen:	***Extrathorakal***	***Kardial***	***Pulmonal***
	Alveoläre Hyperventilation wegen		
Faktoren	• Hypoxie	• Im Verhältnis zum Gaswechsel zu kleines Herzzeitvolumen	• Erhöhte Atemwegwiderstände
	• Anämie	• Schwere arterielle Hypoxämie bei Rechts-links-Shunt	• Verminderte Lungendehnbarkeit
	• Metabolische Acidose		• Totraumhyperventilation • Hyperventilation bei pulmonal bedingter Hypoxämie
Für die Abklärung entscheidende ***Meßwerte:***	Art. P_{O_2} Hb, pH, Standardbicarbonat	Art.-ven. O_2-Differenz bzw. Herzzeitvolumen art. P_{O_2}	Erstsekundenvolumen Resistance, Compliance art. P_{O_2}, P_{CO_2}

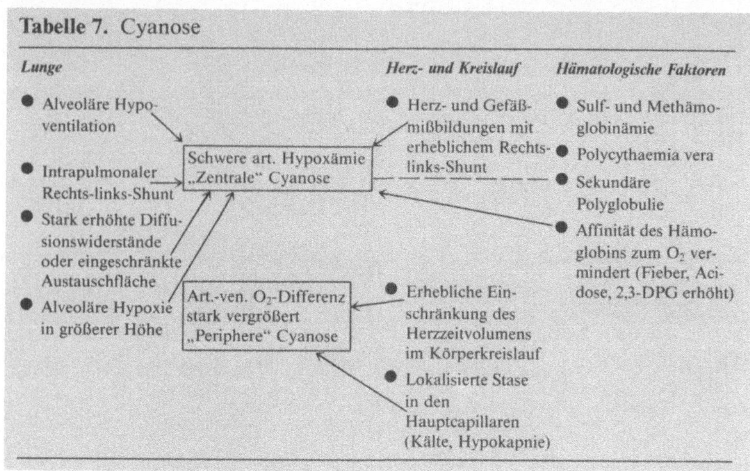

Tabelle 7. Cyanose

Bei der ***Dyspnoe*** handelt es sich um ein subjektives Symptom. Der Patient klagt darüber, daß er in einer bestimmten Situation im Vergleich zu früher Mühe mit der Atmung habe. Die Sachlage ist vergleichbar mit dem Höhenaufenthalt. Auch der Gesunde empfindet in der Höhe bei einer körperlichen Aktivität, die er im Tiefland ohne Atembeschwerden bewältigt, Atemnot. Die vermehrte Belastung der Atemmuskulatur ist der gemeinsame Nenner der großen Mehrzahl aller Dyspnoezustände (Tabelle 6).

Die ***Cyanose,*** die Blaufärbung der Haut und Schleimhäute, ist ein objektives Symptom, das eine im Vergleich zur Norm erhöhte Ansammlung von reduziertem Hämoglobin beweist. Enthält bereits das erterielle Blut vermehrt reduziertes Hämoglobin, so handelt es sich um eine zentral bedingte Cyanose. Bei der peripher bedingten Cyanose ist der Gehalt des arteriellen Blutes an reduziertem Hämoglobin normal. Die Anreicherung an reduziertem Hämoglobin im Capillarbereich ist Folge einer gegenüber der Norm gesteigerten O_2-Ausschöpfung des Blutes. Zentrale und periphere Cyanose können sich kombinieren (Tabelle 7).

Die Lungenfunktionsprüfung soll Atembeschwerden objektivieren und die Einschränkung gegenüber der Norm quantifizieren.

2 Herz und Kreislauf

2.1 Physiologie des Herzens

2.1.1 Regulation der Myokardkontraktion

Das Herz-Kreislauf-System hat die Aufgabe, alle Organe gemäß ihrem Stoffwechsel und ihrer Funktion für den Gesamtorganismus zu durchbluten. Die Organfunktion wird zudem vom art. P_{O_2}, der nur von Umwelt und Lungenfunktion abhängig ist, beeinflußt. Die 3 Faktoren

- Durchblutungsmenge,
- arterieller Blutdruck und
- arterieller P_{O_2}.

haben für verschiedene Organe unterschiedliche Bedeutung. Bei Gehirn, Leber und arbeitendem Muskel ist die funktionelle Leistung ein direktes Produkt des Stoffwechsels und damit auch des O_2-Verbrauches. Mangeldurchblutung oder Abfall des art. P_{O_2} führen zu einer Funktionseinbuße. Ist hingegen der O_2-Verbrauch im Verhältnis zur Durchblutung gering, so ist die Funktion wie z. B. die glomeruläre Filtration oder die Wärmeabgabe durch die Haut vor allem vom Blutdruck bzw. der Durchblutung abhängig und wird von einer arteriellen Hypoxämie nur wenig beeinträchtigt.
Für die ***Regulation der Förderleistung des Herzens*** sind unter allen physiologischen Zuständen 4 Faktoren maßgebend, die unter pathologischen Bedingungen einzeln oder kombiniert Ursache eines ungenügenden Herzzeitvolumens sein können:

- Kontraktilität des Myokards
- Größe des venösen Rückflusses und des enddiastolischen Ventrikelvolumens (preload)
- Höhe des Austreibungswiderstandes (afterload)
- Schlagfrequenz der Ventrikel.

Der Herzmuskel folgt in seiner Funktion denselben Gesetzmäßigkeiten wie der Skelettmuskel. Die Beurteilung der ***Kontraktilität*** des Myokards berücksichtigt die bei der Kontraktion entwickelte Kraft sowie den zeitlichen Ablauf dieser Kraftentwicklung. Die Kraftentwicklung, der Aufbau der Wandspannung, ist abhängig von:

- Neuraler und humoraler Stimulation
- Ausgangsspannung der Myokardfaser.

Die neurale Stimulation des Herzens hat unter physiologischen Bedingungen die größte Bedeutung für die Anpassung der Kontraktilität an die jeweiligen Bedürfnisse hinsichtlich der Förderleistung. Beim transplantierten Herzen wird die neurale Stimulation durch humorale Faktoren ersetzt, die aber z. B. während körperlicher Arbeit erst mit Verzögerung wirksam sind. Die Bedeutung der Ausgangsspannung wurde vor allem am isolierten Herz studiert. Die Beziehung zwischen Ausgangsspannung und Kraftentfaltung der Myokardfaser steht in vivo als Regulationsmechanismus beim geschädigten Myokard im Vordergrund.
Die auch unter klinischen Verhältnissen beim Menschen meßbare Druckanstiegsgeschwindigkeit (dP/dt) gibt einen Hinweis auf den zeitlichen Ablauf der Kraftentwicklung. Der ***Sympathicus*** und Adrenalin fördern die Erregungsbildung und -leitung und erhöhen die Druckanstiegsgeschwindigkeit sowie den systolischen Druck in den Ventrikeln. Die Kraftentwicklung erfolgt schneller, und das erhöhte Spannungsmaximum wird zu einem früheren Zeitpunkt erreicht (Abb. 13 u. 15). Diese Zunahme der Kontraktilität und des dP/dt erfolgt schon zu Beginn einer körperlichen Arbeit, bevor ein Gleichgewichtszustand zwischen gesteigertem Metabolismus und Herzzeitvolumen erreicht ist (Abb. 13 b). Bei Arbeitsbeginn ergibt sich auf diese Weise eine schnellere Entleerung, eine Abnahme des endsystolischen Volumens sowie eine Zunahme des Schlagvolumens. Das größere Schlagvolumen kann aber nur aufrecht erhalten werden, wenn auch der venöse Rückfluß zum Herzen zunimmt.
Das maximale dP/dt beträgt für den linken Ventrikel in Ruhe um 2000 mmHg/s und steigt bei Arbeit auf 5000-6000 mmHg/s an. Die Werte im rechten Ventrikel sind entsprechend den normalerweise viel tieferen systolischen Druckwerten niedriger.
Der *Vagus* und die Blockierung der β_1-Receptoren haben auf die Erregungsbildung, -ausbreitung und Kontraktilität den gegensinnigen Effekt wie der Sympathicus und Adrenalin.
Das ***Frank-Starling-Straub-Herzgesetz*** beschreibt die Abhängigkeit der Kraftentfaltung des Myokards von der Ausgangsspannung der Muskelfasern. Entsprechend Anatomie und Funktion des Herzens als Hohlmuskel ergibt sich eine positive Beziehung zwischen der Ausgangsspannung des Myokards zu Beginn der Systole und dem enddiastolischen Volumen. Mit zunehmender diastolischer Füllung vergrö-

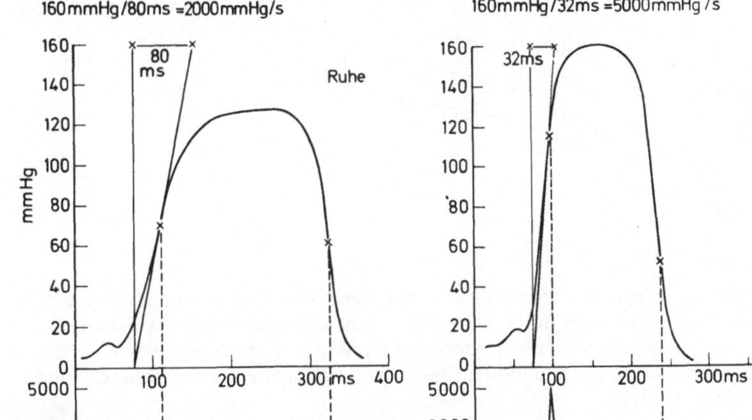

Abb. 13 a, b. Druckanstiegsgeschwindigkeit (dp/dt) in Ruhe (**a**) und bei körperlicher Arbeit (**b**)

ßert sich die pro Systole geleistete Herzarbeit, indem Schlagvolumen und systolischer Druck ansteigen. An Stelle des enddiastolischen Volumens wird oft der gut meßbare enddiastolische Ventrikeldruck berücksichtigt. Die Beziehung zwischen Füllungsdruck und Volumen ist aber nicht linear, weil die Dehnbarkeit des Herzmuskels (dV/dP) vom entleerten Zustand bis zur vollen Füllung abnimmt. Das hypertrophe Myokard benötigt zudem einen höheren Füllungsdruck als der normale Herzmuskel.

Die Beziehung zwischen Schlagarbeit und enddiastolischem Volumen bzw. enddiastolischem Druck variiert unter physiologischen Bedingungen in beide Richtungen. Die Zunahme der Kontraktilität während körperlicher Arbeit bewirkt eine Linksverschiebung der Kurve, die unter dem Einfluß des Vagus, z. B. im Schlaf nach rechts verschoben ist (Abb. 14). Das Schlagvolumen beträgt beim Gesunden im Liegen links etwas mehr als 60%, rechts etwas mehr als 50% des enddiastolischen Volumens. Dieser Anteil wird bei einer Linksverschiebung größer, bei einer Rechtsverschiebung kleiner.

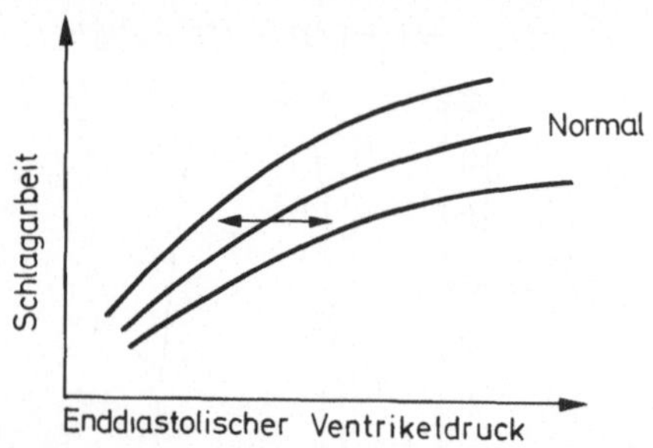

Abb. 14. Schlagarbeit/enddiastolischer Ventrikeldruck, Frank-Starling-Straub. Die echte Zunahme der Kontraktilität z. B. während Arbeit bewirkt, daß bei gleichem enddiastolischen Druck eine größere Schlagarbeit geleistet wird. Das insuffiziente Myokard benötigt für dieselbe Schlagarbeit einen höheren enddiastolischen Druck

Die Rechtsverschiebung besagt, daß für dieselbe Schlagarbeit eine höhere Ausgangsspannung und damit ein höherer enddiastolischer Druck notwendig ist, was ein Charakteristikum des insuffizienten Myokards darstellt. Bei normaler Muskeldehnbarkeit ist eine Zunahme des enddiastolischen Volumens Voraussetzung für einen erhöhten enddiastolischen Druck. Ist die Dehnbarkeit des geschädigten Myokards erhöht, so kann das enddiastolische Volumen ein Mehrfaches der Norm betragen, was sich in einer entsprechenden Dilatation des betreffenden Ventrikels zeigt.
In Abb. 15 sind die primäre Beeinflussung der Kontraktilität durch neurale und humorale Faktoren und die sekundäre Beeinflussung durch die Ausgangsspannung schematisch dargestellt.
In Narkose wird die neurale Regulation gestört, während der humorale Einfluß und die Autoregulation über den venösen Rückfluß, diastolische Ventrikelfüllung und damit Ausgangsspannung erhalten bleiben.

2.1.2 Druckablauf im Herz und in den Gefäßen, Herzklappen

Die Kontraktion des Herzmuskels erfolgt nicht synchron, sondern gestaffelt von der Spitze in Richtung des Ausflußtraktes. Die mechanische Systole beginnt mit dem 1. Herzton, der den Schluß der atrioventriculären Klappen markiert und endet mit dem 2. Herzton, der den Schluß der arteriellen Klappen anzeigt. Der Schluß der Aortenklappen

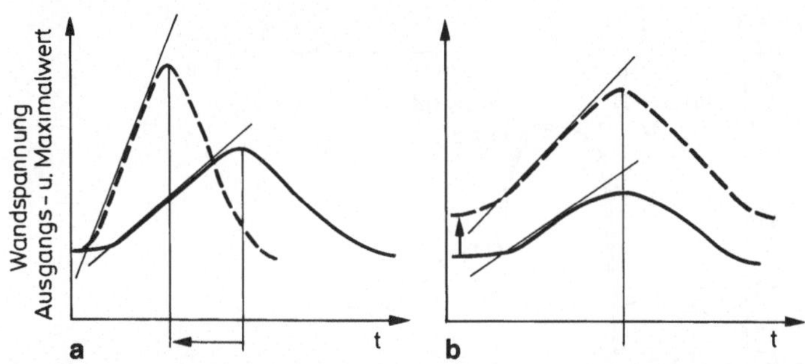

Abb. 15. **a** Zunahme der Kontraktilität bei neuraler und humoraler Stimulation. Bei gleicher Ausgangsspannung wird ein höheres Maximum zu einem früheren Zeitpunkt erreicht. **b** Frank-Starling-Straub. Die Erhöhung der Ausgangsspannung bewirkt ein höheres Maximum, das zum selben Zeitpunkt erreicht wird. Die Geschwindigkeit der Kraftentwicklung nimmt lediglich entsprechend dem höheren Spannungsmaximum zu

zeigt sich deutlich in einer Incisur der Carotispulskurve, die sich deshalb zusammen mit dem Phonokardiogramm gut für die Messung der mechanischen Systolendauer und der Austreibungszeit (mechanischer Systole - isometrische Kontraktion) des linken Ventrikels eignet. Entsprechend dem großen Unterschied der Austreibungswiderstände zwischen rechtem und linkem Ventrikel und den unterschiedlichen Muskelmassen besteht schon normalerweise keine vollständige Synchronisation beider Herzkammern. Der rechte Vorhof kontrahiert sich bereits ca. 20 ms vor dem linken Vorhof. Umgekehrt beginnt der linke Ventrikel seine Kontraktion etwas früher als der rechte Ventrikel, was zur Folge hat, daß sich die Mitralklappen 10-20 ms vor den Tricuspidalklappen schließen. Entsprechend dem niedrigen Druck in der A. pulmonalis öffnen sich die Pulmonalisklappen vor den Aortenklappen, so daß der Auswurf aus dem rechten Ventrikel etwas früher als aus dem linken beginnt und auch etwas länger dauert. Die längere Dauer der isometrischen Kontraktion des linken Ventrikels wird auf diese Weise durch eine etwas kürzere Austreibungszeit kompensiert (Abb. 16). Die Druckkurven in der Aorta und in der A. pulmonalis folgen von der Öffnung bis zum Schluß der Klappen denen der Ventrikel und sinken dann auf den diastolischen Druck ab. Der systolische Mitteldruck in den Herzkammern entspricht bei normalen arteriellen Klappen praktisch dem über Systole und Diastole bestimmten Mitteldruck in der Aorta bzw. in der A. pulmonalis.

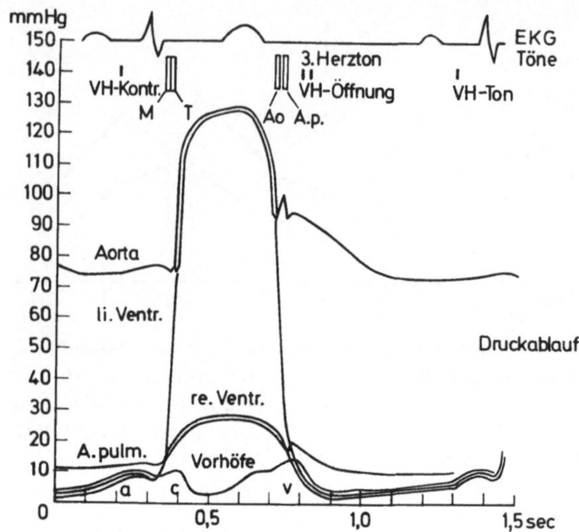

Abb. 16. Synopsis EKG, Herztöne und Druckablauf

Frühdiastolisch fällt der Druck in den Ventrikeln normalerweise auf 0 ab. Die Mitral- und Tricuspidalklappen öffnen sich, sobald der Druck in den Ventrikeln unter den in den Vorhöfen fällt. Die Öffnung dieser Klappen ist nur dann hörbar, falls eine pathologische große Druckdifferenz zwischen Vorhof und Ventrikel besteht, was zur Überwindung einer Stenose notwendig ist.

Nach dem Öffnungston folgt während der Phase der schnellen Ventrikelfüllung ein bei Jugendlichen hörbarer 3. Herzton (Abb. 16). Mit zunehmender diastolischer Füllung steigt der Ventrikeldruck wieder an und erreicht enddiastolisch sein Maximum mit der Vorhofkontraktion (a-Welle), während der gelegentlich ein Vorhofton hörbar ist. Der Druckablauf in den Vorhöfen entspricht formal der Venenpulskurve und zeigt 3 Gipfel: die a-Welle synchron mit dem Maximum der Vorhofkontraktion, die c-Welle nach Beginn der Ventrikelkontraktion mit Schluß der Mitral- und Tricuspidalklappe sowie die während der Austreibungsphase ansteigende und zwischen dem Schluß der arteriellen Klappen und Öffnung der Vorhöfe ihr Maximum erreichende v-Welle. a- und c-Welle können zu einer Welle verschmelzen, die a-Welle fehlt beim Vorhofflimmern. Der Druck ist im linken Vorhof normalerweise 2–3mal höher als im rechten Vorhof. Der während der Inspiration im Thorax abfallende, unterhalb des Zwerchfelles im Abdomen aber ansteigende Druck unterstützt den venösen Rückfluß aus Kopf, Armen und Abdominalorganen. Beim Husten und Pressen steigt der Druck in beiden Räumen gleichsinnig an, womit sich eine Rückflußbehinderung aus Kopf und Extremitäten ergibt. Diese respiratorischen Druckänderungen übertragen sich auf die hämodynamischen Druckwerte. Die Blutdruckwerte beziehen sich unabhängig von der Körperhaltung immer auf die Ebene der Atrioventricularklappen als Nullpunkt für die Lage des Manometers. Bei der Beurteilung des örtlichen Blutdruckes muß in aufrechter Körperhaltung der statische Druck der Blutsäule addiert bzw. subtrahiert werden.

2.1.3 Herzzeitvolumen, Herzarbeit, Gefäßwiderstand, Blutvolumen

Alle hämodynamischen Werte und die regionäre Blutverteilung werden im Lungen- und Körperkreislauf von der Körperhaltung beeinflußt. In der Regel wird das Herzzeitvolumen im Liegen gemessen. Das Herzzeitvolumen in Ruhe korreliert mit dem Grundumsatz. Das Kleinkind hat pro kg Gewicht eine größere Körperoberfläche und damit auch eine größere Wärmeabgabe als der Erwachsene. Beim Neugeborenen beträgt das Herzzeitvolumen ca. 0,2 l/kg/min, beim 10jährigen noch ca. 0,13 l/kg/min und beim Erwachsenen 0,07 l/kg/min.
Zu Vergleichszwecken wird das ***Herzzeitvolumen*** auf die Körperoberfläche (Herzindex) bezogen. Frauen haben einen um ca. 5% kleineren Herzindex als Männer. Die arteriovenöse O_2-Differenz zeigt keinen sicheren Geschlechtsunterschied. Die *Herzzeitvolumenmessung* über O_2-Aufnahme in den Lungen und O_2-Differenz zwischen arteriellem Blut und venösem Mischblut in der A. pulmonalis (Fick-Prinzip) ist trotz Entwicklung anderer Indikatormethoden immer noch eine Standardmethode.
Während körperlicher Arbeit wird die Durchblutung der beteiligten Muskulatur um ein Vielfaches gesteigert. Das Herzzeitvolumen erreicht bei durchschnittlich trainierten Erwachsenen ungefähr das 3fache des Ruhewertes im Liegen. Die Zunahme des Herzzeitvolumens erfolgt zur Hauptsache über die Steigerung der Pulsfrequenz. Das Schlagvolumen ist in Ruhe im Sitzen und Stehen deutlich kleiner als im Liegen, nimmt aber bei Arbeit zu. Diese Zunahme erfordert ein größeres enddiastolisches Volumen der Ventrikel und damit einen leichten Anstieg des enddiastolischen Druckes, insbesondere im wegen der größeren Muskelmasse weniger dehnbaren linken Ventrikel. Der systolische Druck, der Mitteldruck in der Aorta und in der A. pulmonalis steigen nicht proportional zur Vergrößerung des Herzzeitvolu-

mens an. Die Vasodilatation in der arbeitenden Muskulatur ist so stark, daß sich trotz Vasoconstriction in anderen Organen eine Senkung des Strömungswiderstandes im Körperkreislauf ergibt. Der Strömungswiderstand im Lungenkreislauf sinkt bereits bei leichter bis mittelschwerer Arbeit auf einen Minimalwert. Die Senkung ist die kombinierte Folge einer Vasodilatation und einer Öffnung von in Ruhe nicht durchbluteten Kapillaren bei Zunahme des Herzzeitvolumens und Anstieg des Blutdruckes. Aus Herzzeitvolumen und Druckdifferenz kann die ***Herzarbeit*** berechnet werden:

$$\text{Herzarbeit (mkg/min)} = \frac{(\text{HZV (l/min)} \times 13{,}6) \times (\overline{P}_{aor} - \overline{P}_{atrs})}{1000}$$

(linker Ventrikel)

1 mm Hg = 13,6 mmH_2O

Im Falle von Stenosen der Mitral- bzw. Tricuspidalklappe wird der enddiastolische Druck im betreffenden Ventrikel in die Formel eingesetzt. Mit diesen Berechnungen wird das System im Sinne eines konstanten Flusses vereinfacht. Die normalerweise 2-3% betragende, von der Pulsfrequenz abhängige Beschleunigungsarbeit wird nicht berücksichtigt. Beim Menschen sind das Herzzeitvolumen und der Mitteldruck unter verschiedenen Bedingungen mit befriedigender Genauigkeit meßbar, während die Registrierung der wechselnden Strömungsgeschwindigkeit in der Aorta und in der A. pulmonalis noch auf große Schwierigkeiten stößt. Für Vergleichszwecke, z. B. Ruhe, körperliche Arbeit, Effekte von Operationen oder Medikamenten, sind diese Berechnungen trotzdem sinnvoll. Die Arteriolen regulieren die Durchblutungsverteilung und beeinflussen maßgebend den Gefäßwiderstand. Die Venolen variieren zusätzlich den Kapillardruck und damit die Filtration sowie die Füllung der Venen. Aus Herzzeitvolumen und Druckdifferenz können die ***Gefäßwiderstände*** berechnet werden:

$$R_{b\,vasc}\ \text{dyn s cm}^{-5} = \frac{(\overline{P}_{aor} - \overline{P}_{atrd}) \times 80}{\text{HZV (l/min)}}$$

$R_{b\,vasc}$ = Gefäßwiderstand, $\overline{P}$ = Mitteldruck in der Aorta usw.
1 g cm^{-2} = 981 dyn
80 = (1,36 × 0,981 × 60)

Der reziproke Wert dieses Widerstandes für den Körper- oder Lungenkreislauf entspricht der Summe der reziproken Werte vieler parallel geschalteter Teilwiderstände.

Der Reibungswiderstand in den Gefäßen ergibt sich mit der Geometrie des Gefäßsystems und mit der von Hämatokrit, Proteingehalt und

Temperatur abhängigen Viscosität des Blutes. Entsprechend der Formel von Hagen-Poiseuille:

$$\dot{Q} = \frac{dP \times r^4 \times \pi}{8 \times L \times \mu}$$

ist bei konstanter laminärer Störung und gegebener Viscosität μ sowie Länge des Gefäßes L die ***Stromstärke*** $\dot{Q}$ direkt proportional zur Druckdifferenz dP und zum Radius r des Gefäßes in der 4. Potenz.
Unter Ruhebedingungen entfallen etwa 10% des Strömungswiderstandes auf die Arterien, 60% auf die präcapilläre Zone der regulierenden Arteriolen und je 15% auf die Capillaren und die Venolen einschließlich der Venen. Der größte ***Druckabfall*** erfolgt im Bereich der Arteriolen und Capillaren. Die Strömung erfolgt bis zu den Arteriolen mit abnehmender Amplitude pulsatil. Die mittlere Strömungsgeschwindigkeit beträgt in der Aorta 50–100 mm/s, nimmt in den Arterien nur wenig ab, sinkt in den Capillaren auf ca. 1/100, steigt in den Venen wieder an und erreicht in den beiden Hohlvenen ca. ½ der Geschwindigkeit in der Aorta ascendens.
Die dynamische Viscosität nimmt mit sinkender Strömungsgeschwindigkeit zu. Der Faktor ***Viscosität*** ist deshalb für die Mikrozirkulation besonders wichtig. Normales Blut hat im Vergleich zu Wasser eine ca. 3fache Viscosität. Eine Polyglobulie, schlecht deformierbare Erythrocyten und die Zunahme von Makroglobulinen beeinträchtigen die Mikrozirkulation.
Der Gefäßwiderstand der Lungenstrombahn ist pränatal höher als der des peripheren Kreislaufes. Deshalb strömt der größte Teil des venösen Blutes und des in der Placenta mit O_2 angereicherten, in die V. cava inferior gelangenden Blutes durch das Foramen ovale und den Ductus arteriosus direkt in den Körperkreislauf. Die nutritive Versorgung der Lunge erfolgt über die von der Aorta abgehenden Bronchialarterien. Nach der Geburt sinkt der Lungengefäßwiderstand beim Einsetzen der Atmung und Entfaltung der Lungen ab. Infolge Shunt-Umkehr im Ductus arteriosus nimmt die Lungendurchblutung durch die A. pulmonalis schlagartig zu. Damit ergibt sich ein Druckanstieg im linken Vorhof und eine Abnahme des Shuntvolumens durch das Foramen ovale, so daß auch der rechte Ventrikel mehr Blut enthält. Die Serie-Schaltung beider Kreisläufe mit praktisch gleichem Herzzeitvolumen für den rechten und linken Ventrikel wird erst nach einigen Wochen bis Monaten mit Verschluß des Ductus arteriosus erreicht.
Während des Wachstums sinkt der Lungengefäßwiderstand mit der Zunahme der Vitalkapazität noch weiter ab. Die normalen Altersveränderungen der Lungen mit Verlust an Lungencapillaren gehen mit

einer leichten Erhöhung des Lungengefäßwiderstandes einher, der aber auch im höheren Alter 8-10mal niedriger ist als der Strömungswiderstand im Körperkreislauf.

Der alv. P_{O_2} beeinflußt den Tonus der kleinen Lungengefäße. Die alveoläre Hypoxie bewirkt eine Vasoconstriction. Auf diese Weise wird bei einem Nebeneinander unterschiedlich ventilierter Lungenabschnitte die Durchblutung der hypoventilierten Bezirke zugunsten der gut ventilierten Abschnitte gedrosselt. Dieser ***alveolovasculäre Reflex*** spielt auch im Falle einer Hypoxie der Mehrzahl der Alveolen, z. B. in Höhenlagen oder bei einer Hypoventilation der Mehrzahl der vascularisierten Alveolen. In diesen Fällen entsteht eine pulmonale Hypertonie, weil die Lungendurchblutung für die Erhaltung eines normalen Herzzeitvolumens im Körperkreislauf mengenmäßig aufrecht erhalten bleiben muß.

Tabelle 8. Normalwerte

	Kind (10 J.)	Erwachsener Mann		
	KOF 1,11 m²	KOF 1,81 m²		
	Liegen	Liegen	Sitzen	Arbeit sitzend 175 Watt
$\dot{V}_{O_2}$ ml/min	165	245	260	2500
Blutvolumen, ml/kg	73	67	66	62
Hämatokrit %	45	45	46	48
Pulsfrequenz/min	82	60	70	164
Schlagvolumen, ml	50	100	72	110
Herzzeitvolumen, l/min	4,1	6,0	5,0	18,0
Herzindex, l/min/m²	3,70	3,30	3,00	9,95
art-ven. O_2-Diff., ml/l	40	41	52	139
$R_{b\,pulm}$ dyn s cm^{-5}	195	120	160	65
$R_{b\,periph}$ dyn s cm^{-5}	1525	1170	1420	520
$\overline{P}_{a.\,brach}$ mm Hg	80	90	90	120
	100/70	125/70	125/80	185/95
$\overline{P}_{a.\,pulm}$ mm Hg	15	15	14	25
	20/9	20/8	20/8	45/12
$\overline{P}_{atr\,s}$ mm Hg	5 8/9	5 8/9	4 5/6	10 15/17
$\overline{P}_{atr\,d}$ mm Hg	2	2	1	3
Herzarbeit, rechts	0,72	1,06	0,88	5,38
mkg/min, links	4,2	6,95	5,85	26,90

Blutgase s. Tabelle 3.

Tabelle 9. Verteilung des Herzzeitvolumens auf die verschiedenen Organe und O_2-Verbrauch dieser Organe in Ruhe und bei schwerer Arbeit

	Gewicht kg	Durchblutung l/min/kg		O_2-Verbrauch ml/min	
		Ruhe	Arbeit	Ruhe	Arbeit
Gehirn + Rückenmark	1,7	0,50	0,50	40	40
Nieren	0,3	4,00	3,00	20	20
Magen-Darm-Leber[a] 5,5 kg	1,5	0,80	0,60	65	65
Herz	0,3	0,70	2,00	25	165
Skelettmuskulatur	30,0	0,04	0,40	60	2000
Gelenke + Knochen	14,0	0,03	0,06	15	25
Haut + Fettgewebe	12,0	0,04	0,10	15	50
Rest	10,0			10	135
	75,0			250	2500

[a] Die Durchblutung von Magen-Darm und Leber ist zur Hauptsache in Serie geschaltet. Der Wert von 0,8 l/min/kg bezieht sich auf die Leber mit einem Gewicht von 1,5 kg.

Tabelle 10. Normalwerte Hämodynamik in Ruhe

	Mitteldruck mm Hg	Strömungsgeschwindigkeit mm/s	Blutgehalt, % des Gesamtblutes	
Aorta	90	50	15 (Aorta, Kleine Arterien, Arteriolen)	100 (Aorta bis Intrathorakales Blutvolumen)
Kleine Arterien	80	20		
Arteriolen	70	2		
Capillaren, Anfang	45			
Mitte	30	0,5-1,0		
Ende	15			
Venen, extrathorakal	10	10-30	55	
Intrathorakales Blutvolumen			30	
Zentrales Blutvolumen zwischen Pulmonal- und Aortenklappen			20	

Angiotensin II und Noradrenalin erhöhen den peripheren Gefäßwiderstand und damit den systolischen und diastolischen Blutdruck, was Rückwirkungen auf den Lungenkreislauf hat. Der erhöhte Austreibungswiderstand für den linken Ventrikel erfordert eine Zunahme der Ausgangsspannung der Muskelfasern, was sich in einer Erhöhung des enddiastolischen Druckes zeigt und eine Zunahme des enddiastolischen Volumens voraussetzt. Retrograd steigt der Druck im linken Vorhof und über die Lungencapillaren in der A. pulmonalis sowie im rechten Ventrikel an. Die akute Widerstandserhöhung im Körperkreislauf führt auf diese Weise zu einer Blutverschiebung aus dem extra- in den intrathorakalen Raum. Unabhängig von dieser Blutverschiebung bewirkt Noradrenalin im Lungenkreislauf eine Vasodilatation, Angiotensin II hingegen eine leichte Vasoconstriction.
Körperfremde Substanzen wie Nitroprussid und Hydralazin bewirken im Körper- und Lungenkreislauf eine Dilatation der muskelkräftigen Arteriolen. Die gleichzeitige Senkung des Austreibungswiderstandes in beiden Kreisläufen bewirkt eine Zunahme des Herzzeitvolumens, so daß der Blutdruck nur wenig absinkt.
Die Größe des zirkulierenden ***Blutvolumens*** ist unter normalen Verhältnissen ein Maß für die Vascularisation. Der trainierte Sportler mit einer großen und gut vascularisierten Muskelmasse hat ein größeres Blutvolumen als der Untrainierte. Während der Gravidität nimmt mit dem Wachstum des Uterus auch das Blutvolumen zu. Das zirkulierende Blutvolumen beeinflußt über die Gefäßfüllung auch den venösen Rückfluß zum Herzen und damit die Größe des Schlagvolumens. Jede Hypovolämie führt zu einer Abnahme des Schlagvolumens mit kompensatorischem Anstieg der Pulsfrequenz.
In den extrathorakalen Venen befinden sich 50-60% des zirkulierenden Blutvolumens. Die Venen sind im Vergleich zu den Arterien gut dehnbar. Jede chronische Venenstauung im Körperkreislauf geht mit einer Zunahme des zirkulierenden Blutvolumens, mit einer Hypervolämie einher, was initial eine Salz- und Wasserretention erfordert.
Die in den Tabellen 8-10 angegebenen Normalwerte demonstrieren die Größenordnung. Die Standardabweichung beträgt beim Blutvolumen ±10%, beim Herzzeitvolumen ±15%. Bei Frauen beträgt das normale Blutvolumen 62 ml/kg und der Hämatokrit 40%.

2.1.4 Myokardialer Energiestoffwechsel

Bei der Kontraktion der Myokardfaser verschieben sich die beiden parallel gelagerten kontraktilen Proteine Actin und Myosin aufeinander zu. Die Kontraktion setzt Adenosintriphosphat (ATP) und Ca^{2+} voraus. Bei der Membrandepolarisierung tritt K^+ aus den Zellen und Na^+ in die Zellen ein. ATP sorgt für die Aufrechterhaltung des normalen K^+-Gradienten zwischen Zellen und Interstitium. Der eigentliche Energieträger ist das ATP, das bei der Kontraktion in ADP zurückgeführt und im aeroben Krebs-Cyclus wieder in das energiereiche ATP restituiert wird.

Die 4 wichtigsten ***Energielieferanten des Myokards*** sind: freie Fettsäuren, Ketokörper, Lactat und Glucose (Abb. 17). Die freien Fettsäuren liefern bis zu 80% der Energie. Sie treten durch β-Oxydation zu Coenzym A abgebaut in den Krebs-Cyclus ein. Lactat und Glucose sind in Ruhe zu je 10% am Energiestoffwechsel beteiligt. Lactat wird durch die Lactatdehydrogenase, Glucose in der Glykolyse in Pyruvat umgewandelt, das in den Krebs-Cyclus gelangt. Bereits beim Glucoseabbau werden pro Mol Glucose 2 Mol ATP frei, während bei der oxydativen Phosphorylierung pro Mol Pyruvat 15 Mol ADP in das energiereiche ATP überführt werden, das dann als Energieträger wieder für die Kontraktion zur Verfügung steht.

Der Anteil der verschiedenen Energielieferanten ändert sich mit der Herzleistung. Wird diese bei körperlicher Arbeit größer, so nimmt der Lactatanteil zu. Das Myokard verwertet unter diesen Bedingungen auch die von der peripheren Muskulatur vermehrt gelieferte Milchsäure.

Bei Hypoxie des Myokards infolge arterieller Hypoxämie oder einer ungenügenden Coronardurchblutung wird die Milchsäure nicht mehr aus dem Blut zur Energiegewinnung extrahiert, sondern im Myokard produziert und an das Blut abgegeben. Beim Fasten und beim Diabetes mellitus nimmt die Konzentration der Ketokörper im Blut zu. Unter diesen Bedingungen sind sie neben den freien Fettsäuren die wichtigsten Energielieferanten.

Der Nutzeffekt des Myokards beträgt 25–30% und nimmt bei Druckbelastung und hohen Pulsfrequenzen etwas ab.

2.1.5 Herzrhythmus

Zellulärer Vorgang und Erregungsleitung

Das Membrangeschehen. Der elektrischen Erregung des Herzens liegen vier spezifische Eigenschaften der Herzmuskelzellen zu Grunde. Es sind dies: das ***Ruhepotential***, das ***Aktionspotential***, die Selbsterregung oder ***Automatizität*** und die ***Erregungsleitung***. Diese Vorgänge lassen sich

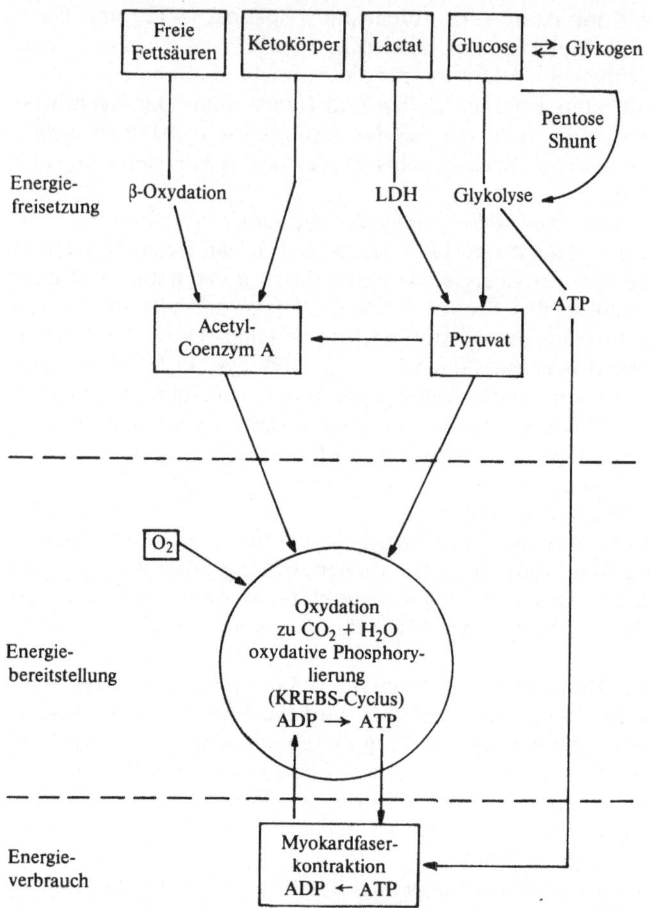

Abb. 17. Myokardialer Energiestoffwechsel

an der Einzelzelle anhand der Änderungen des an der Zellmembran gemessenen Potentials erfassen. Abbildung 18 stellt die elektrochemischen Vorgänge an der Zellmembran im Ablauf eines Herzzyklus dar. In Ruhe besteht ein ***elektrochemischer Gradient (Ruhepotential)*** zwischen dem Zell-Inneren und der Zell-Umgebung. Die hydrophobe Zellmembran verhindert das Eintreten von extrazellulärem Natrium und das Ausfließen von intrazellulärem Kalium und Kalzium. Durch elektrische oder chemische Störung der Integrität der Zellmembran werden Ionenkanäle geöffnet, welche den plötzlichen Einstrom von Natrium (Phase 0) zulassen, das Ruhepotential wird abgebaut, und das ***Aktionspotential*** baut sich auf. Die rasche Ionenverschiebung bedeutet Bewegung elektrischer Ladung und damit Stromfluß. Die plötzliche Veränderung des elektrochemischen Gleichgewichtes in der Zelle löst den mechanischen Vorgang, die Herzmuskelkontraktion, aus. Nach einer kurzen Stabilisierungsphase wird Natrium unter Energieaufwand (ATP) aus der Zelle gepumpt, während das Kalium, dem veränderten elektrischen Gradienten folgend, wieder in die Zelle einfließt. Mit dem Wiedererreichen des Ruhepotentials ist auch das elektrochemische Gleichgewicht wieder hergestellt. Während der Ruhephase ist die intrazelluläre K^+-Konzentration circa 40 Mal höher als die extrazelluläre, während umgekehrt die Na^+-Konzentration intrazellulär circa 14 Mal niedriger ist als extrazellulär. Aus diesen Konzentrationsdifferenzen ergibt sich entsprechend der elektrischen Ladungsdifferenz ein Potential über der Zellmembran, das etwa - 90 mV ausmacht. In der Phase 2 erfolgt ein langsamer, aber länger andauernder ***Ca^{2+}-Einstrom*** ins Zellinnere (slow inward current), welcher das Plateau des Aktionspotentials unterhält und für die Auslösung des Kontraktionsvorganges ***(elektromechanische Koppelung)*** verantwortlich ist. Entlang dem Konzentrationsgefälle setzt nun von innen nach außen ein K^+-Fluß ein, so daß in der folgenden Phase der ***Repolarisation*** (Phase 3 des Aktionspotentials) die Zellmembran außen wieder positiv aufgeladen bzw. das Potential im Inneren wieder negativ wird. Während bis zu diesem Moment sämtliche Ionenverschiebungen passiv entlang dem Konzentrationsgradienten erfolgten, wird in der Ruhephase (Phase 4, durch die ***Na^+-K^+-Pumpe*** unter Energieverbrauch K^+ wieder ins Zellinnere und Na^+ nach außen verschoben und damit die initiale Ionenverteilung und Ladung an der Zellmembran wieder hergestellt. Die dazu notwendige Energie wird aus der Überführung von ATP in ADP gewonnen. Das Erhalten des Ruhepotentials ist also ein energieverbrauchender Prozeß. Entsprechend dem chemischen Gradienten kann in dieser Phase der ***passive Einstrom von Natrium*** die Leistung der Natrium-Kaliumpumpe überschreiten. Es kommt dabei zu einem langsamen Abbau des Ruhepotentials (Phase 5) bis schließlich das Schwellenpotential erreicht wird, die Ionenkanäle der Zellmembran sich wieder öffnen und ein neues Aktionspotential entsteht. Somit kann das Aktionspotential, also die Zellerregung, einerseits spontan durch Potentialverlust in Phase 4 erfolgen, was als ***Automatizität*** bezeichnet wird oder anderseits durch elektrische oder chemische Reizung der Zelle, wie dies bei der ***Erregungsleitung*** normalerweise der

Fall ist. Die Geschwindigkeit der Spontandepolarisation in der Phase 4 des Aktionspotentials definiert die ***Frequenz der Erregungszyklen.*** Die Zellen im Sinusknoten (Abb. 19) haben die höchste Automatizitätsfrequenz, deshalb bestimmen sie normalerweise die Herzfrequenz, die Zellen des A-V-Knotens haben etwas längere Automatizitätsperioden, kommen aber als Ersatzrhythmus-Bildner in Betracht. Die langsamsten Ersatzfrequenzen finden wir in den Zellen des His-Purkinje-Systems, sie werden auch als tertiäre Ersatzzentren bezeichnet. Unter pathologischen Bedingungen, wie Überreizung des Herzmuskels durch Katecholamine, ischämiebedingte oder entzündliche Membrandefekte kann in irgendeinem Bereich des Herzens Spontandepolarisation und damit ektope Reizbildung ***(Extrasystolie)*** auftreten.

Die Erregungsleitung. Die Herzmuskelzellen sind untereinander durch Nexus (Verbindungsplatten) verbunden. Diese Regionen mit hohem elektrischem Widerstand ermöglichen die rasche Beeinflussung der Membran der Nachbarzelle und damit das Auslösen ihres Aktionspotentials. Die ***Geschwindigkeit der Erregungsausbreitung*** steht in direktem Zusammenhang mit der Höhe des Aktionspotentials. Im Bereich von Zellen mit vermindertem Ruhepotential, z. B. in geschädigten Zellen am Rand des Infarktgebietes, ist deshalb die Erregungsausbreitung langsam. Durch in Serie geschaltete Zellen mit verschiedenen Leitungseigenschaften kann eine Verzögerung der Reizleitung erreicht werden, was im A-V Knoten der Fall ist.

Normale Erregung und Erregungsfolge

Der ***Sinusknoten*** (Abb. 19) stellt das normale *Schrittmacherzentrum* dar. In den hier lokalisierten spezifischen Zellen wird das Schwellenpotential (Abb. 18) am frühesten erreicht, und damit erfolgt die *spontane Depolarisation* rasch (rasche Automatizität). Als normaler Sinusrhythmus wird eine Auslösung des Herzzyklus vom Sinusknoten aus mit einer Frequenz von 60–100/min bezeichnet. Eine große Zahl von Nervenendigungen in Bereich des Sinusknoten weist auf die Bedeutung seiner Innervation hin. Die Sinusfrequenz wird von ***Vagus*** (verlangsamend) und ***Sympathicus*** (beschleunigt) gesteuert. *Humorale Faktoren* wie Katecholamine und Schilddrüsenhormon wirken akzelerierend, Steroide und Gallensäuren eher verlangsamend (digitalisähnlicher Effekt). Die im Sinusknoten generierte Erregung gelangt auf drei Wegen, dem vorderen, mittleren und hinteren internodalen Trakt über die Vorhöfe zum atrio-ventrikulären Knoten (Abb. 19). Dabei wird der rechte Vorhof kurz vor dem linken Vorhof aktiviert. Die Erregungswel-

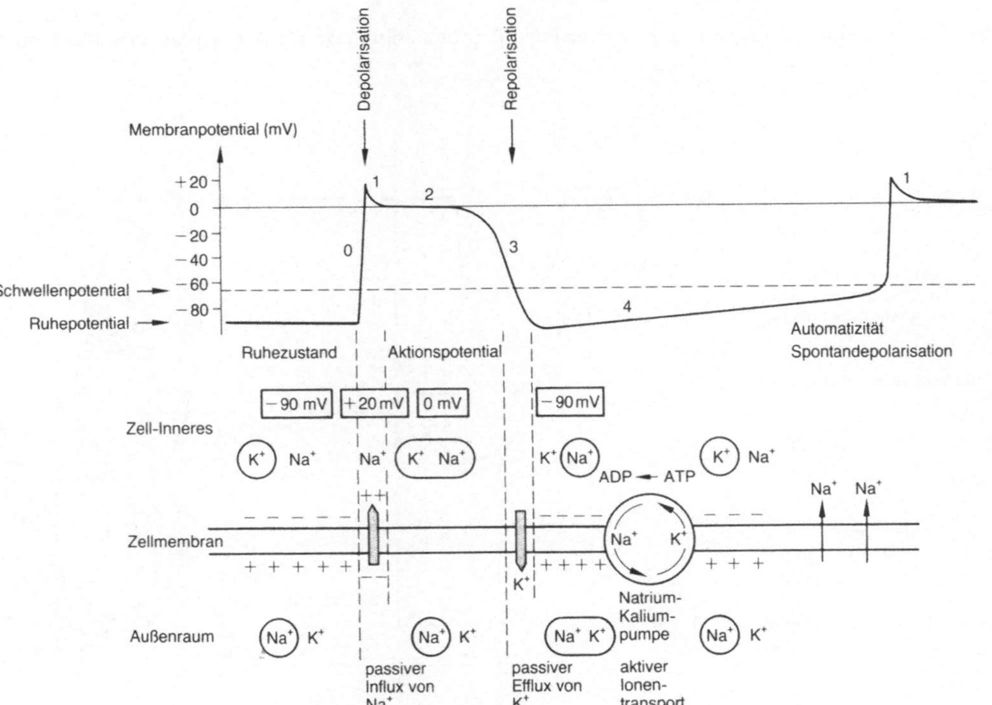

Abb. 18. Ionenverschiebung und Aktionspotential

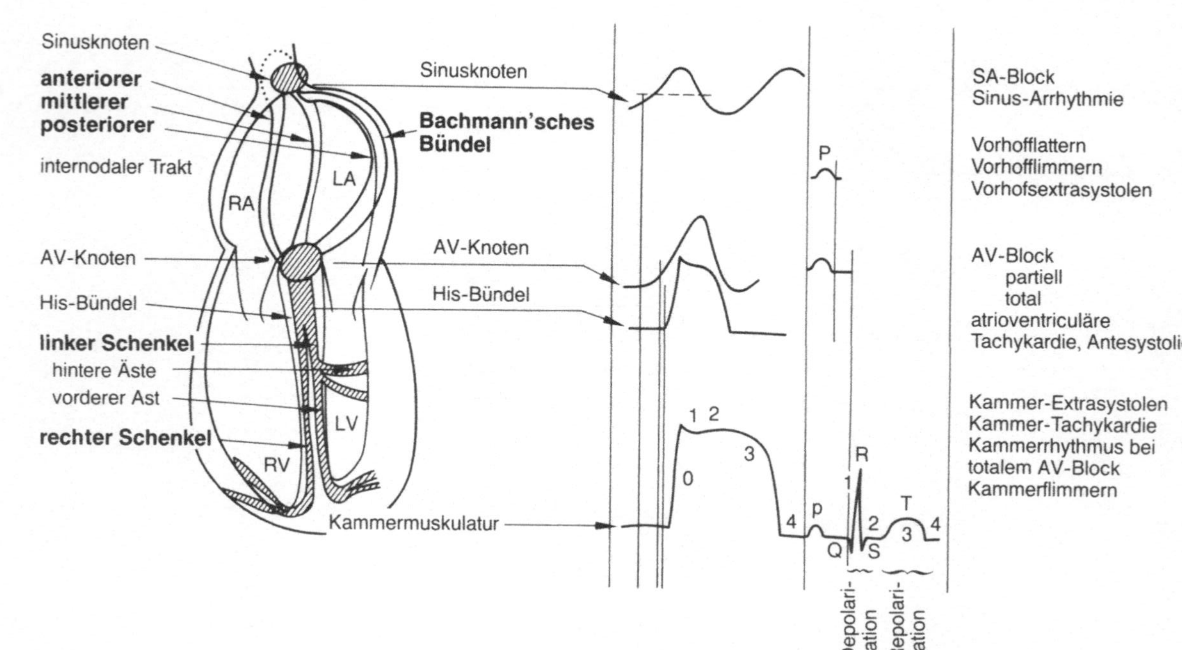

Abb. 19. Aktionsfolge, Aktionspotentiale, EKG und Lokalisation von Arrhythmien (*RA, LA*, rechter bzw. linker Vorhof; *RV, LV*, rechter bzw. linker Ventrikel)

len der Vorhöfe sammeln sich im atrialen Teil des A-V Knotens. Im A-V Knoten findet die erwähnte Reizleitungsverzögerung und gleichzeitig eine Synchronisation statt. Die Erregungswelle wird dann als kurzer Impuls auf das His-Bündel weitergegeben. Der ***A-V Knoten*** hat somit zum Zweck:

- Synchronisation der Vorhofswellen
- Verzögerung der Erregungsleitung und gleichzeitig
- Verhinderung von allzu rascher Überleitung der Vorhofsaktivität auf das His-Purkinje-System,

wie das bei Vorhofextrasystolen, Vorhofflimmern oder Vorhofflattern der Fall sein könnte. Durch diese Verzögerung ist auch die Zeit gegeben, welche zur Kammerfüllung durch die Vorhofsystole benötigt wird. Im ***His-Bündel*** wird die Erregungswelle aufgefangen und über die ***Tawara-Schenkel*** und das ***Purkinje-System*** rasch in das gesamte Kammermyokard ausgebreitet.
Die Summe aller elektrochemischen Vorgänge dieses Erregungsablaufs spiegeln sich im ***Elektrokardiogramm*** (Abb. 19) wieder: die vom Sinus-Knoten ausgelöste P-Welle (Vorhofsaktivation) die PQ-Strecke (Verzögerung in A-V Knoten und His-Bündel), QRS-Komplex (Erregung der Kammermuskulatur) und T (Repolarisationsphase). Abnormalitäten der Erregungsleitung oder Erregungsbildung und Defekte der elektrischen Zellfunktion können also aus dem Elektrokardiogramm ersehen werden.

2.2 Physiologische Grundlagen des peripheren Kreislaufs

2.2.1 Coronarkreislauf

Der Coronarkreislauf weist gegenüber dem übrigen peripheren Kreislauf einige Besonderheiten auf, die die Hämodynamik und die Regulation betreffen. Für die Stromstärke in den im Myokard liegenden Arterien ist die Druckdifferenz zwischen arteriellen und Gewebedruck, der vom Epikard zum Endokard zunimmt, maßgebend. Während der isometrischen Kontraktion sinkt diese Druckdifferenz und damit der Blutfluß auf 0 ab. Während der Austreibungsphase erreicht die Stromstärke in den Coronararterien ein kurzes Maximum, um dann abzusinken und erst wieder während der Diastole auf ein zweites, länger dauerndes Maximum anzusteigen. Während der Diastole fließt etwa 3mal soviel Blut durch die Coronararterien wie während der Systole; der pulsatile Fluß ist somit im Vergleich zu anderen Arterien paradox.

Die ***Myokarddurchblutung*** wird durch 3 Faktoren beeinflußt:

- Aortendruck
- Gefäßwiderstand
- Diastolendauer - Herzfrequenz.

Während körperlicher Arbeit nimmt die Myokarddurchblutung trotz verkürzter Diastolendauer dank Senkung des Gefäßwiderstandes und Erhöhung des Aortendruckes zu.
Beide Ventrikel haben ungefähr dieselbe Anzahl von Muskelfasern und Capillaren. Die Muskelfasern des rechten Ventrikels sind aber dünner und auch lockerer angeordnet als die des linken Ventrikels. Der rechte Ventrikel hat dank der geringeren Muskelmasse und dem etwa 5mal tieferen systolischen Druck bessere Voraussetzungen für eine genügende Durchblutung. Die Mangeldurchblutung bei Coronarinsuffizienz und der Herzinfarkt betreffen deshalb vorwiegend den linken Ventrikel.
Das Coronarblut wird hinsichtlich Sauerstoff bereits in Ruhe stark ausgeschöpft (Tabelle 11). Während schwerer körperlicher Arbeit nimmt die Herzarbeit um das 4-5fache zu, was eine entsprechende Vergrößerung der Sauerstoffaufnahme des Myokards erfordert, die zum kleineren Teil durch eine zusätzliche Sauerstoffextraktion, zur Hauptsache aber nur durch eine gesteigerte Coronardurchblutung ermöglicht werden kann. Der Anstieg des lokalen P_{CO_2} führt zu einer Dilatation der kleinen, im Myokard gelegenen Arterien. Der Abfall des pH fördert die Reduktion des Oxyhämoglobins.
Die schon in Ruhe hohe Sauerstoffausschöpfung des Coronarblutes erklärt, warum bei einer Coronarsklerose und bei einer Anämie insbesondere während körperlicher Arbeit eine Myokardhypoxie entsteht, die zu Schmerzen und zu EKG-Veränderungen führen kann.

Tabelle 11. Normalwerte für die Myokarddurchblutung in Ruhe

	Rechts		Links
Myokarddurchblutung ml/min/100 g	40-50		70-80
art.-ven. O_2-Diff., ml/l		110 - 130	
P_{O_2} (Sinus coronarius), mm Hg		20 - 24	
P_{CO_2} (Sinus coronarius), mm Hg		45 - 55	
pH (Sinus coronarius)		7,34 - 7,40	
Hb-O_2 (Sinus coronarius), %		32 - 42	

2.2.2 Periphere Arterien und Venen

Der Aufbau der Arterienwände variiert in seinen Anteilen entsprechend den unterschiedlichen Funktionen. In der Aorta beträgt das Verhältnis zwischen Durchmesser und Wanddicke etwa 10/1. Bei den Arteriolen sind Durchmesser und Wanddicke etwa gleich. Die ***Windkesselfunktion*** der Aorta und größeren Arterienäste erfordert eine kräftige Schicht von elastischen Fasern, während bei den Widerstands- und Verteilungsgefäßen die Muscularis im Vordergrund steht. Mit der passiven Dehnung der Aorta und großen Arterien während der Systole wird ⅓ bis ½ des Schlagvolumens als Volumenzunahme aufgenommen und damit die pulsatile Blutströmung hinsichtlich positiver und negativer Beschleunigung etwas gedämpft. Nehmen z. B. im Alter die elastischen Fasern zu Gunsten des Bindegewebes ab, so vergrößert sich mit Anstieg des systolischen Druckes die Blutdruckamplitude. Mit den höheren Spitzengeschwindigkeiten ergeben sich auch größere, am Endothel angreifende und dieses schädigende Scherkräfte. Die Verschlechterung der Windkesselfunktion der Aorta fördert so die ***Sklerose*** der Arterien.

Die elastischen Fasern geben den Gefäßen eine passive Wandspannung, zu der der Eigentonus sowie der regulatorische Tonus der Muscularis hinzukommt. Der transmurale Druck entspricht der Druckdifferenz zwischen intravasalem Blutdruck und den extravasalen Gegenkräften, die im Gegensatz zum Blutdruck wenig von der Körperhaltung abhängen. Im Stehen addiert sich zum dynamischen Blutdruck der statische Druck der Blutsäule. Damit ergibt sich für die untere Körperhälfte eine Steigerung des transmuralen Druckes und eine Erweiterung der Gefäße mit Zunahme des Blutvolumens.

Der ***mittlere arterielle Blutdruck*** (Tabelle 10, S. 58) fällt von der Aorta bis zu den kleinen Arterien nur wenig ab. Der Gesamtquerschnitt nimmt postarteriolär in den Capillaren massiv zu und wird dann in den Venen wieder kleiner. Aus der pulsatilen Strömung in den Arterien wird in den Venen eine vorwiegend kontinuierliche Strömung. Am Capillarbeginn beträgt der Blutdruck im Liegen und in Ruhe etwa 45 mm Hg, am Capillarende noch 15 mm Hg. Der mittlere Capillardruck beträgt 30 mm Hg, was dem onkotischen Druck des Blutplasma entspricht. Für den Flüssigkeitsaustausch steht somit im Anfangsteil ein positiver und für den 2. Teil ein negativer Filtrationsdruck in der Größenordnung von 15 mm Hg zur Verfügung. Die Venolen beeinflussen den Druckabfall und damit den mittleren Capillardruck unabhängig vom arteriellen Druck. Bei einer Venendruckerhöhung, gleich welcher Ursache, steigt auch der Capillardruck an, was eine Flüssigkeitsverschiebung in den extravasalen Raum zur Folge hat.

Die gut dehnbaren Venen des Körperkreislaufes enthalten normalerweise etwas mehr als die Hälfte des zirkulierenden Blutvolumens. Ihr Füllungszustand hat für den venösen Rückfluß zum Herzen große Bedeutung. Die wegen der Schwerkraft ungünstigen Voraussetzungen für den venösen Rückfluß aus den Beinvenen in aufrechter Körperhaltung werden durch eine Reihe von bicuspiden Klappen verbessert. Im Zusammenspiel mit der arbeitenden Muskulatur wird eine vom arteriellem Druck unabhängige, zum Herzen gerichtete Strömung ermöglicht, indem die zwischen den Beinmuskeln liegenden Venen durch die beim Laufen wechselnden Muskelkontraktionen fraktioniert ausgepreßt werden. Diese ***Muskelpumpe*** fehlt beim Stehen. Hinsichtlich Entwicklung von Venektasien ist der Koch, nicht aber der Kellner gefährdet.

2.2.3 Kreislaufregulation

Die Kreislaufregulation erfüllt 3 sich gegenseitig beeinflussende Aufgaben:

- Aufrechterhaltung eines normalen arteriellen Blutdruckes
- Anpassung der Organdurchblutung an wechselnde Funktionszustände
- Beeinflussung des Herzens hinsichtlich Schlagfrequenz und Kontraktilität zwecks Anpassung des Herzzeitvolumens an diese 2 Aufgaben.

Die Regulation erfolgt über das vegetative Nervensystem sowie über humorale und lokale Faktoren (Abb. 20 u. 21). Alle Mechanismen beeinflussen direkt den Tonus der Widerstands- und Blutverteilungsgefäße, aber auch die Pulsfrequenz und die Kontraktilität des Myokards.

Die bulbären Kreislaufzentren liegen in der Formatio reticularis der Medulla oblongata sowie im caudalen Ende des 4. Ventrikels, werden vom Großhirn und vom Hypothalamus beeinflußt und stehen in wechselseitiger Beziehung mit dem Atemzentrum (Abb. 20). Die Pressoreceptoren arbeiten als ***Blutdruckzügler,*** indem bei einem Druckanstieg in der Aorta die Impulsfrequenz in den Nn. IX und X zunimmt, so daß der Sympathicus gehemmt und umgekehrt bei einem Blutdruckabfall stimuliert wird. Der ***Gefäßtonus*** ergibt sich, abgesehen von der Eigenerregung der glatten Muskulatur, als Resultat von Nervenstimulation sowie humoralen und lokalen Faktoren. Die Vasoconstriction erfolgt zur Hauptsache über den Sympathicus, die Dilatation über eine Abnahme des Sympathicotonus.

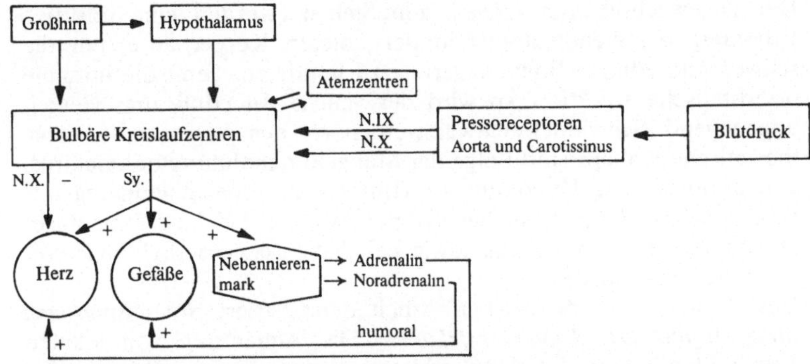

Abb. 20. Regulation des Blutdruckes. Der Druckabfall führt über eine Abnahme der Impulsfrequenz in den Pressoreceptoren zu einer Vasoconstriction sowie zu einer Steigerung der Pulsfrequenz und der Kontraktilität wegen Erhöhung des Sympathicotonus. Die positiv chronotrope und inotrope Wirkung des Sympathicus und des Adrenalins auf das Herz erfolgt über β_1-Receptoren, der pressorische Effekt des Noradrenalins auf die peripheren Gefäße über α-Receptoren

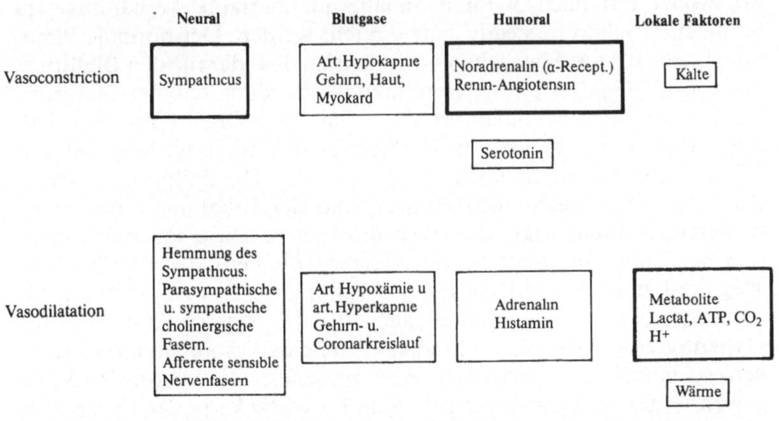

Abb. 21. Regulationen für Blutdruck und Durchblutung. Die für die normale Regulation wichtigen Faktoren sind *fett* eingerahmt. Adrenalin wirkt über β_2-Receptoren auf einen Teil der Arteriolen, z. B. auch in der Lunge dilatierend, auf die Venolen tonisierend

Der Lagewechsel vom Liegen zum Stehen erfordert eine sofortige Erhöhung des Venolentonus in der unteren Körperhälfte, um die schwerkraftbedingte Blutverlagerung zu limitieren. Fehlt die normale orthostatische Reaktion, so wird der venöse Rückfluß zum Herzen ungenügend. Schwindel, Schwarzwerden vor den Augen und der orthostatische Kollaps sind Folge der Mangeldurchblutung des Gehirns. Die orthostatische Hypotonie ist Hinweis auf eine Schädigung des Reflexbogens. Sie tritt auf bei Sympathektomie, bei medikamentöser Hemmung des Sympathicus sowie bei diabetischer, aethylischer und luetischer Neuropathie.

Das Beispiel der körperlichen Arbeit demonstriert ***Synergismus und Antagonismus der Regulationsfaktoren.*** Die Anhäufung von lokalen Metaboliten hat eine lokale Vasodilatation unabhängig vom Sympathicotonus zur Folge. Die sich mit einer Vasodilatation ergebende Senkung des Blutdruckes wird mit einer Stimulierung des Sympathicus vermieden, die auch zu einer Erhöhung der Pulsfrequenz und zu einer Vasoconstriction in den Kreislaufgebieten ohne gesteigerten Anfall von Metaboliten führt. So ergeben sich eine Zunahme des Herzzeitvolumens, eine höhere Pulsfrequenz, ein Anstieg des Blutdruckes trotz Senkung des peripheren Gefäßwiderstandes und vor allem eine Änderung der Durchblutungsanteile zu Gunsten der arbeitenden Muskulatur, wobei erst nach 5-7 min annähernd konstante Verhältnisse im Sinne eines relativen steady state erreicht werden. Der normale Variationsfaktor für das Herzzeitvolumen beträgt 3-4, der für den Blutdruck nur 1,3-1,7. Gehirn- und Nierenfunktion erfordern, daß der Blutdruck nicht unter einen Minimalwert sinkt. Für diese Organe ist die Erhaltung eines wenig ändernden Blutdruckes besonders wichtig. Bei den 2 Regulationszielen, nämlich Anpassung der Durchblutung entsprechend den Stoffwechselbedürfnissen und der Erhaltung eines wenig variierenden Blutdruckes dominiert das letztere. Diese Priorität erklärt, daß bei jeder Vergrößerung des Herzzeitvolumens der Blutdruckanstieg dank einer Vasodilatation relativ gering ist. Das gilt nicht nur für die körperliche Arbeit sondern auch für die Hypervolämie und die Hyperthyreose. Wird durch Medikamente eine Vasodilatation erzwungen, so nimmt das Herzzeitvolumen zu, sofern der venöse Rückfluß gewährleistet ist. Umgekehrt geht jede Einschränkung des Herzzeitvolumens mit einer Vasoconstriction einher.

2.2.4 Kreislauf während der Gravidität

Während der Gravidität nehmen Herzzeitvolumen, zirkulierendes Blutvolumen, Herzschlagvolumen und Pulsfrequenz zu. In der 32. Woche ist das Herzzeitvolumen in Ruhe um ca. ⅓ größer als vor Beginn der Gravidität. Dann wird der venöse Rückfluß durch Kompression der V. cava inferior insbesondere im Liegen, weniger in Seitenlage, behindert, was einen entsprechenden Anstieg des Venendrukkes in den unteren Extremitäten zur Folge hat. Während Preßwehen wird der venöse Rückfluß wie beim Valsalva-Preßdruckversuch zusätzlich beeinträchtigt. Postpartal ist der venöse Rückfluß frei, was eine plötzliche Volumenbelastung des Herzens zur Folge hätte, wenn nicht das Blutvolumen durch den Blutverlust in der Größenordnung von 1 l normalisiert würde. Bei der Sectio caesarea ist der Blutverlust viel geringer, so daß es zu einem Lungenödem kommen kann, falls der linke Ventrikel das plötzlich gesteigerte Blutangebot nicht befördern kann.

2.2.5 Herz und Kreislauf bei regelmäßiger schwerer körperlicher Arbeit („Sportherz")

Das ***Sportherz*** ist kein pathologischer Zustand, sondern eine durch Training erreichbare und reversible Plusvariation des normalen Herz-Kreislauf-Systems. Bei fehlender körperlicher Aktivität entwickelt sich eine entsprechende Minusabweichung.

Große körperliche Leistungen, die über mehrere Minuten vollbracht werden müssen, benötigen eine große Sauerstofftransportkapazität des Kreislaufes, weil der Nutzeffekt der Muskulatur keine wesentlichen individuellen Unterschiede zeigt und auch von der Leistung wenig beeinflußt wird. Eine gegenüber der Norm ***vergrößerte Sauerstofftransportkapazität*** setzt ein größeres maximales Herzzeitvolumen, und da die optimale maximale Pulsfrequenz nicht wesentlich gesteigert werden kann, auch ein größeres Schlagvolumen und damit ein größeres enddiastolisches Ventrikelvolumen voraus. Der gut trainierte Sportler hat, um diese Bedingungen zu erfüllen, ein größeres Blutvolumen, was auch wegen der Zunahme der Muskelmasse mit der Vergrößerung des Gefäßvolumens notwendig ist. Weil der Sportler in Ruhe aber keinen gesteigerten Metabolismus und deshalb ein entsprechend Größe und Gewicht normales Herzzeitvolumen mit einem eher großen Schlagvolumen hat, zeichnet er sich meist durch eine ***Ruhebradykardie*** aus, die im Liegen und im Schlaf besonders auffällig ist. Dank dem gegenüber der Norm vergrößerten Schlagvolumen bewältigt der trainierte Sportler eine gegebene Leistung mit einer geringeren Pulsfrequenz und mit einer kürzeren Erholungszeit als der Untrainierte. Der Nichttrainierte kann sein Herzzeitvolumen während Arbeit um etwa das 3fache, der Leistungssportler um etwa das 4-5fache steigern. Bei länger dauernden Leistungen muß für eine gesteigerte Wärmeabgabe die Hautdurchblutung zunehmen, so daß sich die Durchblutungsverteilung ändert. Körperhaltung und Muskeltonus sind für den venösen Rückfluß und den arteriellen Blutdruck von erheblicher Bedeutung. Die plötzliche Erschlaffung der Beinmuskulatur bei abruptem Beenden der Tretarbeit auf einem Fahrradergometer führt z. B. zu einem sofortigen Abfall des Blutdruckes mit Abnahme der Druckamplitude. Bei Wiedereinsetzen der Tretarbeit oder auch bei willkürlicher isometrischer Muskelanspannung nimmt die Amplitude sofort wieder zu. Werden sofort nach Beenden der Arbeit auf dem Fahrradergometer die Beine horizontal oder hoch gelagert, so erreicht das Herzschlagvolumen für 1-2 min einen Maximalwert. Die Gefäßdilatation in der arbeitenden Muskulatur erhöht den Filtrationsdruck, so daß eiweißfreie Elektrolytlösung in der Größenordnung von 7-8% des Blutvolumens in den extravasalen Raum verschoben wird. Hämatokritwert, Hämoglobin- und Eiweißkonzentration steigen entsprechend an. Diese Hämokonzentration ist bei Arbeitsende reversibel.

Der Flüssigkeitsverlust durch Schweiß und Atmung führt ohne Flüssigkeitssubstitution bei länger dauernden großen Leistungen zu einer Dehydrierung und Hypovolämie, im Extremfall zum hypovolämischen Schock.

Die charakteristischen Zeichen des Herz-Kreislauf-Systems eines Leistungssportlers, wie größeres Blutvolumen, größeres Schlag- und Herzvolumen, größeres maximales Herzzeitvolumen sowie die größere vasomotorische Regulationsbreite und die gegenüber der Norm verkürzte Erholungszeit nach mittleren Belastungen, verlieren sich nach Beenden des regelmäßigen Trainings relativ schnell. Doch ist zu bemerken, daß viele Leistungssportler auch nach dem Ausscheiden aus dem Wettkampfsport noch sportlich aktiv bleiben und deshalb in der Regel funktionell und anatomisch einen besseren Herz-Kreislauf-Zustand aufweisen als die gleichaltrige Durchschnittsbevölkerung (Abb. 22).

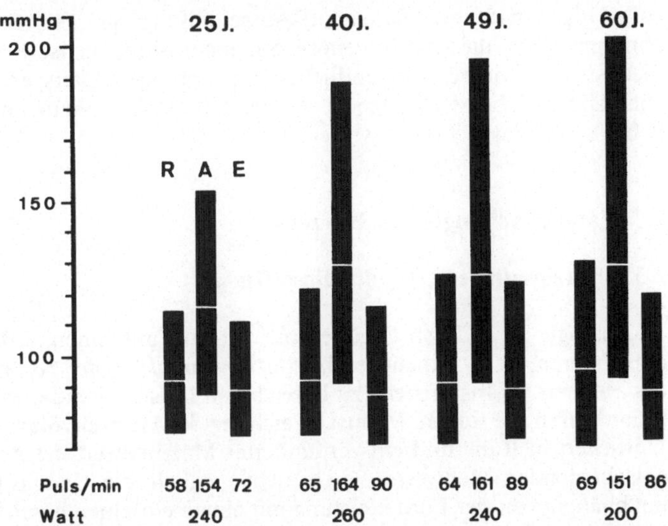

Abb. 22. Arterieller Blutdruck und Pulsfrequenz in Ruhe *(R)*, während schwerer Arbeit *(A)* und nach 15 min Erholung *(E)*. Fahrradergometrie bei aktiven und ehemaligen, sportlich noch überdurchschnittlich trainierten Eliteruderern. Die normale Alterung des Gefäßsystems zeigt sich vor allem in einer Vergrößerung der Druckamplitude in Ruhe und bei Arbeit, während die Mitteldruckwerte mit dem Alter nur leicht ansteigen. Die Minimalwerte für Druckamplitude und Mitteldruck werden in der Erholungsphase gemessen (Mittelwerte von je 7-12 Probanden)

2.2.6 Herz und Kreislauf im Alter

Die normalen Altersveränderungen betreffen vorwiegend:

- Sklerosierung und Kalkeinlagerung der Aorta und großen Arterien
- Zunahme des Herzgewichtes und der Herzwanddicke
- Abnahme der Kapillarisierung der Muskulatur.

Die abnehmende Dehnbarkeit der Aorta (Windkesselfunktion) bedingt eine Zunahme des systolischen Druckes in Ruhe und während Arbeit (Abb. 22). Die zunehmende Wanddicke des Myokards beeinträchtigt die diastolische Füllung. Während Arbeit steigt der diastolische Druck im linken Ventrikel und damit der Druck im linken Vorhof, in den Lungenvenen und -capillaren bei älteren Menschen stärker an als beim Jugendlichen. Die abnehmende Capillarisierung der Muskulatur hat zur Folge, daß die Sauerstoff-Ausschöpfung in der Peripherie abnimmt, d.h. die arterio-venöse Sauerstoffdifferenz ist bei Arbeit nicht so groß wie beim Jugendlichen. Die normalen Altersveränderungen haben wie bei der Lunge zur Folge, daß die Anpassung an körperliche Arbeit eingeschränkt wird.

2.3 Pathophysiologie des Herzens

2.3.1 Herzinsuffizienz, Myokardinsuffizienz

In Analogie zu anderen Organen mit vitalen Funktionen, z.B. Lunge oder Nieren, ist es naheliegend, jede ***Einschränkung der Förderleistung*** des Herzens als Insuffizienz zu bezeichnen. Entsprechend dieser Definition wären die sichere Minusabweichung des Herzzeitvolumens vom Normwert in Ruhe und ein verminderter Maximalwert bei Arbeit die entscheidenden Meßwerte. Es ist nicht möglich, die Herzinsuffizienz unabhängig von der Förderleistung mit einem einzelnen hämodynamischen oder biochemischen Meßwert bzw. mit einem typisch klinischen Symptom zu definieren. Bei normaler Hämoglobinkonzentration hat eine im Verhältnis zum Sauerstoffverbrauch in Ruhe und bei Arbeit ***gesteigerte periphere Sauerstoffausschöpfung,*** d.h. eine vergrößerte arteriovenöse Differenz, die gleiche Bedeutung wie der direkte Nachweis eines gegenüber der Norm ***verminderten Herzzeitvolumens.***
Die Herzinsuffizienz ist als Gleichgewichtszustand während längerer Zeit mit dem Leben vereinbar, weil die Sauerstoffversorgung des Gewebes quantitativ gewährleistet bleibt, obwohl die Gewebe wegen der vergrößerten Sauerstoffausschöpfung unterschiedlich hypoxisch sind.
Man kann unabhängig von der Ätiologie die akute von der chronischen sowie die manifeste von der erst bei Arbeit auftretenden, in Ruhe noch latenten Herzinsuffizienz unterscheiden. Ätiologisch kann die ***Herzinsuffizienz*** in 5 Hauptgruppen unterteilt werden.

Ungenügende Förderleistung in Ruhe oder erst bei Arbeit wegen

- Kardiomyopathie: muskuläre Insuffizienz bei normaler Volumen- und Druckbelastung
  - bei normalen Coronargefäßen
  - bei Coronarinsuffizienz
- erhöhter Volumen- oder Druckbelastung mit und ohne Myokardschädigung
- Einflußbehinderung: erschwerte diastolische Füllung der Ventrikel

- ungenügendem venösem Rückfluß
- gestörter Reizbildung oder -überleitung.

Für die Förderleistung im Körperkreislauf ist von einigen Mißbildungen abgesehen der linke Ventrikel entscheidend. Herzinsuffizienz und Schädigung der linken Herzkammer sind aber keine Synonyma. Die ungenügende Förderleistung im Körperkreislauf ist z.B. bei der Pulmonalstenose die Folge einer verminderten Lungendurchblutung und damit eines ungenügenden venösen Rückflusses zum linken Herzen.
Die Abnahme der maximalen Druckanstiegsgeschwindigkeit (dP/dt) in Ruhe und bei Arbeit weist auf eine verschlechterte Kontraktilität und damit auf eine ***Myokardinsuffizienz*** hin. Dieselbe Bedeutung hat eine im Verhältnis zum enddiastolischen Ventrikeldruck verkleinerte Schlagarbeit (Abb. 14). In diesen Fällen steigt der enddiastolische Ventrikeldruck und damit auch der Mitteldruck im entsprechenden Vorhof und in den Venen während körperlicher Arbeit beträchtlich an. Die Messung des enddiastolischen Ventrikeldruckes während der Arbeit hat insbesondere bei der Coronarinsuffizienz für die Beurteilung des Myokardzustandes praktische Bedeutung.
Die ***Volumenüberlastung*** als Folge eines pathologisch vergrößerten Schlagvolumens führt zu einer Volumenzunahme der betreffenden Herzhöhlen. Das in den Körperkreislauf gelangende Schlagvolumen ist aber bei allen Klappeninsuffizienzen und bei den Mißbildungen mit Links-rechts-Shunt gegenüber der Norm verkleinert oder günstigstenfalls normal. Beim kompletten atrioventriculären Block ist das in die Peripherie gelangende Schlagvolumen vergrößert, das Herzzeitvolumen aber verkleinert. Bei der chronischen Anämie, bei arteriovenösen Anastomosen und bei der Hyperthyreose ist das Herzzeitvolumen gegenüber der Norm vergrößert (high output failure), was z.T. über eine Pulsfrequenzsteigerung, z.T. über eine Schlagvolumenvergrößerung zustande kommt, so daß die Herzhöhlen weniger auffällig vergrößert sind als bei den Shuntvitien, bei Klappeninsuffizienzen und beim vollständigen atrioventriculären Block.
Der Begriff der Volumenüberlastung bezieht sich auf ein gegenüber der Norm vergrößertes Schlagvolumen bzw. Herzzeitvolumen. Dasselbe Wort wird auch verwendet, falls z.B. das geschädigte Myokard des linken Ventrikels eine durch Infusion bedingte plötzliche Erhöhung des Blutvolumens nicht bewältigt, so daß der diastolische Druck massiv ansteigt und ein Lungenödem entsteht. Prinzipiell gilt derselbe Mechanismus bei Zunahme des Blutvolumens auch für das rechte Herz, doch ist das Auftreten von peripheren Ödemen im Gegensatz zum Lungenödem weder dramatisch noch lebensgefährlich.

Die ***Drucküberlastung*** bei Aorten- und Pulmonalstenose sowie bei peripherer und pulmonaler Hypertonie führt zu einer konzentrischen Hypertrophie der betreffenden Ventrikel. Weil das Schlagvolumen und im „kompensierten" Stadium auch das enddiastolische und endsystolische Volumen eher vermindert ist, erscheint das Herz in den Frühstadien nicht auffällig vergrößert, sondern nur anders konfiguriert. Mit der Hypertrophie und dem gesteigerten intramuralen Druck bei erhöhtem systolischem Druck verschlechtern sich aber die Voraussetzungen für eine genügende Coronardurchblutung. Besonders ungünstig sind die Verhältnisse bei der Aortenstenose. Bei jeder chronischen Drucküberlastung kommt es schließlich zu einer sekundären Myokardinsuffizienz mit Anstieg des enddiastolischen Druckes, Zunahme des enddiastolischen und endsystolischen Volumens und damit auch zu einer Dilatation des betreffenden Ventrikels. Die Bezeichnung ***Kompensation*** und ***Dekompensation*** bezieht sich im wesentlichen auf diese Dilatation sowie auf eine beträchtliche Erhöhung des diastolischen Druckes bereits in Ruhe, was retrograd eine Druckerhöhung in den Vorhöfen und Venen, d.h. eine ***Stauung*** voraussetzt.

2.3.2 Stauung im Körper- und Lungenkreislauf

Ein um mehr als das 3fache ***erhöhter Venendruck*** beweist einen erhöhten diastolischen Druck im betreffenden Ventrikel und damit eine Myokardinsuffizienz, sofern eine Einflußbehinderung durch Stenosen im Bereich der atrioventriculären Klappen oder wegen Behinderung der diastolischen Ventrikelerweiterung ausgeschlossen ist. Die Venendruckmessung hat deshalb für die klinische Beurteilung des Herzzustandes eine große praktische Bedeutung. Der Druck in den peripheren Venen kann mit einfachen Methoden am Krankenbett gemessen werden, die genaue Druckmessung in den Lungenvenen ist nur mittels Herzsondierung möglich, doch weisen verschiedene klinische Symptome auf einen erhöhten Lungenvenendruck hin.
Voraussetzung für die Erhöhung des Venendruckes ist die Auffüllung des Venensystems, also eine Zunahme des Blutvolumens vor den entsprechenden Vorhöfen. Wird das Blutvolumen durch Maßnahmen wie Aderlaß, Flüssigkeitseinschränkung und Diuretica vermindert, so sinkt der Venendruck ab, was dann aber nicht als Zeichen einer besseren Myokardfunktion gewertet werden darf. Für das Syndrom der Stauung ist es gleichgültig, ob die Venendruckerhöhung Folge eines erhöhten diastolischen Druckes wegen Myokardinsuffizienz oder einer behinderten Ventrikelfüllung z.B. bei Stenosen der atrioventriculären Klap-

pen ist. Die Stauung betrifft je nach dem zu Grunde liegenden Leiden gleichzeitig den Lungen- und Körperkreislauf oder primär nur den einen und erst sekundär auch den anderen Kreislauf.

Der große Kapazitätsunterschied zwischen Lungenvenen und den Venen im Körperkreislauf erklärt, daß eine schwere Lungenstauung innerhalb Minuten lediglich durch Verschiebung eines kleinen Teils des zirkulierenden Blutvolumens aus dem extra- in den intrathorakalen Raum zustande kommen kann. Die vermehrte Füllung aller Körpervenen setzt hingegen eine Zunahme des zirkulierenden Blutvolumens durch Flüssigkeitsretention voraus, was in der Regel mit einer Zunahme des gesamten Kochsalzgehaltes, d.h. mit einer isotonen Überhydrierung parallel geht.

Mit dem Anstieg des Venendruckes nimmt auch der mittlere Capillardruck zu. Übertrifft der Capillardruck den normalerweise 30–35 mm Hg betragenden onkotischen Druck des Blutplasmas, so kommt es bei normaler Durchlässigkeit der Capillarwände zur Ödembildung. Beim Lungenödem handelt es sich meist um einen dramatisch auftretenden und oft lebensgefährlichen Zustand, weil die Atmung schwer gestört wird. Der Zustand bessert sich rasch bei Verminderung des Blutvolumens um einige 100 ml.

Bei der Stauung im Lungenkreislauf ist für die Atmung die von der Schwerkraft beeinflußte Verteilung des Blutes und der interstitiellen Flüssigkeit wichtig. Im Liegen nimmt das zentrale Blutvolumen zu. Die zusätzliche interstitielle Flüssigkeit verteilt sich ziemlich gleichmäßig auf alle Lungenpartien. In aufrechter Körperhaltung wird das zentrale Blutvolumen kleiner. Insbesondere in den oberen Lungenab-

Tabelle 12. Stauung

	Lungen-kreislauf	Körper-kreislauf
Blutvolumen in den Lungenvenen	↗	–
Blutvolumen in den Körpervenen	–	↗
Gesamtblutvolumen	–	↗
Orthopnoe, Hustenreiz	+	–
Stauungsorgane mit Funktionseinschränkung:		
Lunge	+	–
Leber, Nieren	–	+
Gewichtszunahme	–	+
Transsudat im Pleuraraum und Bauchhöhle	–	+
Gewebsveränderungen bei chron. Stauung	+	+

schnitten, die dank der pulmonalen Hypertonie auch im Sitzen gut durchblutet werden, nimmt der Flüssigkeitsgehalt ab, was den Gasaustausch erleichtert. Deshalb sitzen die Patienten im Bett - *Orthopnoe* - und benötigen zum Schlafen mehrere Kissen. Bei der Lungenstauung ist auch der Abfluß aus den Bronchialvenen behindert, was zu einer Schwellung der Bronchialschleimhäute führt und einen besonders nachts auftretenden, quälenden Husten verursachen kann.

Tabelle 13. Herzinsuffizienz

	Rechtes Herz	Stauung		Linkes Herz
		Körper	Lunge	
Kardiomyopathie				
Herzzeitvolumen normal oder vermindert				
● Diffuse Schädigungen				
- Myokarditis	⊙	+	+	⊙
- Stoffwechsel-, Elektrolyt- u. hormonale Störungen	⊙	+	+	⊙
- Hypoxie	○	(+)	+	○
- Vitamin-B_1- u. B_{12}-Mangel	●	+	+	●
- Einbau von Fremdsubstanzen, Amyloidose, Hämochromatose, Glykogenspeicherkrankheit	⊙	+	+	⊙
- Vergiftungen (Narkose)	○		(+)	○
● Lokalisierte Schädigungen				
- Coronarinsuffizienz	○		(+)	○
- Herzinfarkt u. St. nach	○		+	⊙
- Myokardfibrose	○	+	+	○
Chronisch gesteigerte Herzarbeit				
● Erhöhte Druckbelastung				
- Hypertonie	○		(+)	⊙
- Aortenstenose, Subaortenstenose	○		(+)	⊙
- Pulmonalstenose	⊙	(+)		○
- Pulmonale Hypertonie	⊙	(+)		○
- Mitralstenose	⊙		+	○
● Erhöhte Volumenbelastung Herzzeitvolumen für beide Kreisläufe vergrößert				
- Hyperthyreose	⊙	(+)	(+)	⊙
- Chron. Anämie	⊙	(+)	(+)	⊙
- art.-ven. Aneurysmen	⊙			⊙

Tabelle 13 *(Fortsetzung)*

Schlagvolumen für den betroffenen Ventrikel vergrößert, Herzzeitvolumen für den Körperkreislauf vermindert				
• Aorteninsuffizienz	○		+	●
• Mitralinsuffizienz	⊙		+	●
• Tricuspidalinsuffizienz	●	+		○
• Vorhofseptumdefekt u. Lungenvenentransposition	●			○
• Ventrikelseptumdefekt	⊙			⊙
• Ductus arteriosus	⊙			⊙
Einflußbehinderung Schlagvolumen und Herzzeitvolumen vermindert				
• Herztamponade	○	+	(+)	○
• Pericarditis constrictiva	⊙	+	+	⊙
• Tricuspidalstenose	○	+		○
• Trichterbrust mit Verlagerung des Herzens	○			○
Ungenügender venöser Rückfluß Schlagvolumen und Herzzeitvolumen vermindert				
• Hypovolämie				
– Akute Blutung	○			○
– Plasmaverlust bei großem Flüssigkeitsverlust und bei Verschiebung in den extravasalen Raum	○			○
• Akute Dilatation der Arteriolen und Venolen (Kollaps)	○			○
Störungen der Reizbildung und -überleitung Volumen vermindert				
• Tachykardie	○			○
• Extrasystolie, Kammerflimmern	○			○
• Kompl. atrio-ventr. Block,				
akut (Schlagvolumen vergrößert)	⊙			⊙
chronisch	●	+	+	●

○ klein bis normal groß; ⊙ leicht vergrößert, abnorme Form, Hypertrophie; ● wegen Dilatation stark vergrößert; + praktisch immer nachweisbar; (+) Tendenz.

Der während der Nacht überwiegende Vagotonus, aber auch die Anwendung von β-Receptorenblockern begünstigen das Auftreten von Bronchialspasmen.
Wird die Atmung bei einer Herzinsuffizienz mit Lungenstauung anfallsweise durch Bronchialspasmen erschwert, so spricht man von ***Asthma cardiale.***
Der Mitteldruck in der A. pulmonalis und damit die Drucküberlastung des rechten Ventrikels sind bei der Lungenstauung oft höher als es dem gesteigerten Druck in den Lungencapillaren und -venen entsprechen würde. Die Erhöhung des Lungengefäßwiderstandes ist in diesen Fällen z.T. Folge einer Vasoconstriction, z.T. handelt es sich um irreversible obstruktive Veränderungen in den kleinen Lungenarterien und in den Arteriolen, womit insbesondere bei der chronischen Lungenstauung zu rechnen ist.

2.3.3 Schock

Sinkt die Durchblutung der lebenswichtigen Organe für längere Zeit unter ein kritisches Minimum, so entsteht ein als Schock bezeichneter, das Leben unmittelbar gefährdender Zustand, bei dem sich die Funktionsausfälle mit anoxischen Zellschädigungen kombinieren.
Die vasomotorische Dysregulation des Blutdruckes mit Bewußtseinsverlust, z.B. beim orthostatischen Kollaps, aber auch als Begleitsymptom akuter Infektionskrankheiten oder Magen-Darm-Störungen wird *nicht* als Schock bezeichnet, weil die Durchblutung der vitalen Organe in horizontaler Körperlage nicht so reduziert ist, daß schwere Zellschädigungen entstehen.
Die Diagnose eines Schockzustandes stützt sich auf die Vorgeschichte und die Kombination verschiedener ***Symptome. Hypotonie, Bewußtseinsstörung*** und ***Anurie*** weisen auf ein stark eingeschränktes Herzzeitvolumen mit Mangeldurchblutung des Gehirns bzw. der Nieren hin. Eine gleichzeitig ***kühle und weiße Haut*** spricht für eine periphere Vasoconstriction und zusammen mit ***Tachykardie*** und Hypotonie für ein sehr ***kleines Herzschlagvolumen*** infolge einer ***Hypovolämie.*** Die ***Hyperventilation*** ist ein Hinweis auf die respiratorische Kompensation einer metabolischen Acidose.
Mangeldurchblutung und anoxische Zellschädigung in Nieren und Leber zeigen sich blutchemisch in einem Konzentrationsanstieg für Harnstoff, Lactat (Abnahme des Standardbicarbonates) und Bilirubin sowie in einer verlängerten Thromboplastinzeit. Oft lassen sich auch erhöhte Werte für die Leber- und Pankreasenzyme nachweisen. Bei

einer mehrere Tage dauernden Anurie/Oligurie steigen im Serum auch das K^+ und die anorganischen Phosphate an.

Einteilung des Schocks nach ätiologischen Gesichtspunkten

- Hypovolämischer Schock
  - hämorrhagischer Schock,
  - großer Flüssigkeitsverlust,
  - Flüssigkeitsverschiebung in den extravasalen Raum.
- Kardiogener Schock
  - akute Myokardinsuffizienz, z. B. nach Herzinfarkt und bei Aneurysma dissecans,
  - akute Behinderung der Ventrikelfüllung, z. B. Herztamponade,
  - Kammertachykardie, -arrhythmie, -flimmern.
- Toxischer Schock
  - septischer Schock z. B. bei gramnegativer Sepsis, Endotoxinschock
  - anaphylaktischer Schock, Histaminschock
  - Intoxikation mit direkter Schädigung der Kreislaufzentren und des Myokards.

Endotoxin erhöht die Capillarpermeabilität für Wasser und Eiweiße. Beim ***Endotoxinschock*** kann sich deshalb eine schwere Hypovolämie mit peripheren Ödemen und einem interstitiellen Lungenödem kombinieren. Der Anstieg des Hämatokritwertes ohne entsprechende Zunahme der Eiweißkonzentration im Plasma weist auf den Proteinverlust in den extravasalen Raum hin.

Tabelle 14. Schock und vitale Organe

Gehirn	Bewußtseinstrübung Bewußtseinsverlust	Darm	Abgabe von Endotoxinen an das Blut
Nieren	Anurie	Nebennieren	Gesteigerte Abgabe von Catecholaminen
Herz	Myokardinsuffizienz	Lungen	Interstitielles/ alveoläres Ödem art. Hypoxämie
Leber und reticuloendotheliales System	Störung der Entgiftung, der Phagocytose und der Bildung von Antikörpern		

Beim ***kardiogenen und toxischen Schock*** kann eine behandlungsbedürftige Hypovolämie durch Flüssigkeitsverlust und -verschiebung in den extravasalen Raum auftreten. Die Mikrozirkulation wird nicht nur durch Hypotonie und Hypovolämie, sondern zusätzlich auch durch lokale Faktoren wie Erythrocyten- und Thrombocytenaggregation sowie intravasale Gerinnung beeinträchtigt. Die Ausschüttung von Noradrenalin und Adrenalin erhöht den Tonus der Arteriolen und Venolen auch im Splanchnicusgebiet und beeinträchtigt deshalb die Leberdurchblutung und -funktionen. Mit diesem nachteiligen Effekt muß auch bei der therapeutischen Anwendung von Noradrenalin und Adrenalin gerechnet werden.

2.3.4 Angeborene Herz- und Gefäßmißbildungen

Die zahlreichen Möglichkeiten von Mißbildungen des Herz-Kreislauf-Systems lassen sich ***anatomisch-funktionell*** in 6 Gruppen unterteilen:

- Anomalien des Ausflußtraktes
  - Stenosen der arteriellen Klappen sowie proximal und distal dieser Klappen
    = Drucküberlastung des betreffenden Ventrikels
  - Insuffizienz der arteriellen Klappen
    = Volumenüberlastung des betreffenden Ventrikels
- Insuffizienz der atrioventriculären Klappen
  = Volumenüberlastung des betreffenden Ventrikels und Vorhofes
- Kurzschlußverbindung zwischen Körper- und Lungenkreislauf
  Shuntrichtung und -volumen entsprechend Strömungswiderstand
  - Links-rechts-Shunt = Lungendurchblutung > Körperdurchblutung
  - Rechts-links-Shunt = Lungendurchblutung < Körperdurchblutung
  - Gemischter Shunt
- Transposition der großen Gefäße
  Anomalie der Abgänge und der Einmündung, gemischter Shunt
- Arteriovenöse Kurzschlüsse innerhalb eines Kreislaufes
  = Volumenüberlastung beider Kreisläufe. Arterielle Hypoxämie im Falle von arteriovenösen Kurzschlüssen in der Lunge
- „Kardiomyopathien“
  Endomyokardfibrose, Hypertrophie, Speicherkrankheit = Störung der Kontraktion und Dilatation.

Für das Überleben und für die Chance, das Erwachsenenalter zu erreichen, ist entscheidend, wieviel oxygeniertes Blut in den Körperkreislauf und O_2-armes und mit CO_2 angereichertes Blut aus dem Körper-

kreislauf in den Lungenkreislauf gelangt. Das Spektrum der ***mangelhaften O_2-Versorgung*** kann für dieselbe Mißbildung, z. B. einer Tetralogie von Fallot (schwere Pulmonalstenose und reitende Aorta über einem großen Ventrikelseptumdefekt) sehr groß sein. Es umfaßt im ungünstigsten Fall eine hohe Säuglingssterblichkeit, bei etwas besseren hämodynamischen Bedingungen eine Beeinträchtigung der körperlichen und geistigen Entwicklung und im günstigsten Fall eine verkürzte Lebenserwartung bei eingeschränkter körperlicher Leistungsfähigkeit.
Für das Neugeborene und Kleinkind lassen sich nach funktionellen Gesichtspunkten ***3 Extremsituationen*** unterscheiden, die zu einer ungenügenden Versorgung des Körperkreislaufes mit oxygeniertem Blut führen:

1. ***Massiv gesteigerte Lungendurchblutung zu Lasten der Körperdurchblutung,*** z. B. vollständige Lungenvenentransposition. In die Lungen fließt das Blut aus dem Körper- und Lungenkreislauf = massiver Links-rechts-Shunt. In den Körperkreislauf gelangt lediglich etwas Mischblut, z. B. durch einen Vorhofseptumdefekt.
2. ***Stark verminderte Lungendurchblutung, so daß nur wenig Blut oxygeniert wird;*** z. B. Pulmonalatresie. In die Lungen fließt für den Gasaustausch nur wenig Blut über die Bronchialarterien oder einen engen Ductus arteriosus. In die Aorta gelangt vor allem venöses Blut aus dem Körperkreislauf und wenig oxygeniertes Blut = massiver Rechts-links-Shunt.
3. ***Parallelschaltung des Körper- und Lungenkreislaufes;*** z. B. Transposition der Aorta und der A. pulmonalis. Das venöse Blut gelangt aus dem rechten Ventrikel in die Aorta, das oxygenierte Blut wieder in die Lungen und zu einem kleinen Teil z. B. durch einen Ductus arteriosus in den Körperkreislauf.

Palliativoperationen verfolgen das Ziel, die Versorgung des Körperkreislaufes mit oxygeniertem Blut zu verbessern und damit die Überlebenschancen während der ersten Jahre zu vergrößern, bis eine Totalkorrektur möglich ist.
Die Palliativoperation besteht bei 1. z. B. in einer Widerstandserhöhung im Lungenkreislauf durch Einengung der A. pulmonalis (Banding), bei 2. durch Anlegen einer Anastomose zwischen A. subclavia und A. pulmonalis (künstlicher Links-rechts-Shunt) und bei 3. durch einen künstlichen Vorhofseptumdefekt oder ebenfalls durch eine aortopulmonale Fistel.
Bei allen Mißbildungen mit Rechts-links- und gemischtem Shunt entwickeln sich eine Cyanose und eine Polyglobulie. Bei den cyanoti-

schen Vitien ist meist auch das zirkulierende Blutvolumen vergrößert.
Die Spätprognose bei cyanotischen und acyanotischen angeborenen Herz- und Gefäßmißbildungen mit für das Überleben günstigen hämodynamischen Verhältnissen wird vor allem durch das Auftreten einer ***Myokardinsuffizienz*** als Folge einer Druck- oder Volumenüberlastung bestimmt. Die Indikation für die operative Korrektur wird bei diesen Patienten entscheidend von den hämodynamischen Befunden beeinflußt.

Pulmonalstenose

Bei der infundibulären Pulmonalstenose ist der Ausflußtrakt durch ein Septum oder infolge einer Muskelhypertrophie so eingeengt, daß ein systolischer Druckgradient zwischen Ventrikel und ***zusätzlicher 3. Kammer*** proximal der Pulmonalklappen entsteht. Die Pulmonalklappenstenose verursacht einen systolischen Druckgradient zwischen Ventrikel und A. pulmonalis. Die Größe dieses Gradienten ist bei gegebener Stromstärke proportional zur Schwere der Stenose. Der Druckanstieg ist in der A. pulmonalis nach Öffnung der Klappen verzögert, und die Austreibungsphase ist verlängert. Bei der isolierten Pulmonalstenose kann der systolische Druck im rechten Ventrikel höher als im linken Ventrikel sein. Die Beschleunigung des Blutstromes mit Wirbelbildung im Bereiche der Stenosen verursacht ein Austreibungsgeräusch. Die hohe kinetische Energie des Blutstrahles kann bei der wandschwachen A. pulmonalis zu einer ***poststenotischen Dilatation*** führen. Bei schweren Stenosen sind das Schlagvolumen und das Herzzeitvolumen vermindert. Letzteres kann bei Arbeit nicht adäquat vergrößert werden. Die Pulsfrequenz nimmt schon bei leichter Arbeit erheblich zu, und die Gewebehypoxie als Folge des zu kleinen Herzzeitvolumens provoziert eine Hyperventilation. ***Tachykardie bei Arbeit*** und ***Anstrengungsdyspnoe*** sind Hauptsymptome der schweren isolierten Pulmonalstenose.
Die wegen der Drucküberlastung chronisch gesteigerte Herzarbeit führt zu einer im EKG erkennbaren Myokardhypertrophie des rechten Ventrikels, die wegen der sich damit ergebenden verminderten Dehnbarkeit einen etwas höheren diastolischen Füllungsdruck und damit auch einen erhöhten Druck im rechten Vorhof und in den Körpervenen voraussetzt. Zu einer massiven Venendrucksteigerung mit Bildung von Ödemen kommt es erst im Stadium der Dekompensation mit Dilatation des rechten Ventrikels. Unter diesen Bedingungen kann wegen Wiedereröffnung des Foramen ovale ein beträchtlicher Rechts-links-Shunt auftreten.

Bei ***multiplen peripheren Pulmonalstenosen*** entsteht eine pulmonale Hypertonie und eine sehr ungleichmäßige Lungendurchblutung. Die Symptomatologie hinsichtlich Drucküberlastung des rechten Herzens und Anstrengungsdyspnoe ist von der Schwere und Zahl der peripheren Pulmonalstenosen abhängig. Die Stenose eines Hauptastes der A. pulmonalis, im Extremfall der Verschluß werden bei normalen Verhältnissen auf der Gegenseite gut toleriert. Die Mangeldurchblutung bzw. die fehlende Durchblutung einer Lungenseite zeigen sich im Röntgenbild in einer verminderten Gefäßzeichnung. Die Bronchialdurchblutung ist bei schweren Pulmonalstenosen gegenüber der Norm im Sinne eines Kollateralkreislaufes gesteigert, so daß das Herzzeitvolumen des linken Ventrikels und die Lungendurchblutung beträchtlich größer sein können als das vom rechten Ventrikel geförderte Volumen.

Aortenstenose, Aortenisthmusstenose (Coarktation)

Der infundibulären Pulmonalstenose entspricht im linken Ventrikel die muskuläre ***Subaortenstenose,*** die sich mit zunehmender Muskelhypertrophie sowie unter dem Einfluß des Sympathicus und bei Arbeit verstärkt und damit im Gegensatz zur Klappenstenose ein variables Hindernis darstellt. Bei den schweren Stenosen sind das Schlagvolumen und die Blutdruckamplitude eingeschränkt. Der systolische Druckanstieg ist in der Aorta und in den peripheren Arterien verzögert, desgleichen der Anstieg der Carotispulskurve. Für die schwere Aortenstenose sind Anfälle von Bewußtlosigkeit typisch. Diese ***Synkopen*** treten oft beim Gehen und Treppensteigen auf und sind Folge eines plötzlichen Blutdruckabfalles. Normalerweise sind die Gefäße nur in der arbeitenden Muskulatur dilatiert, in den nicht belasteten Muskeln aber eng gestellt. Bei der schweren Aortenstenose steigt der systolische Druck im linken Ventrikel bei Arbeit massiv an. Dort gelegene Pressoreceptoren können eine Vasodilatation in der nicht belasteten Muskulatur, beim Gehen z. B. in den Armen, hervorrufen, so daß es zu einem Blutdruckabfall kommt.

Häufiger als die angeborene Aortenstenose ist die Einengung des Isthmus distal des Abganges des Truncus arteriosus. Typisch für die Aortenisthmusstenose ***(Coarktation)*** sind die Blutdruckdifferenz zwischen rechtem und linkem Arm bzw. rechtem Arm und Beinen sowie die Ausbildung eines Kollateralkreislaufes über die sich stark erweiternden Intercostalarterien.

Die Dekompensation des chronisch überlasteten linken Ventrikels führt zur Lungenstauung mit den sich daraus ergebenden Folgen für die Atmung.

Shunt-Vitien. Der Druck ist in allen Abschnitten des linken Herzens nach Abschluß der physiologischen Involution höher als in den entsprechenden Teilen des rechten Herzens. Deshalb besteht bei einer Kurzschlußverbindung immer ein Links-rechts-Shunt und damit ein für den Lungenkreislauf größeres Herzzeitvolumen als im Körperkreislauf, sofern im rechten Ventrikel und in den Lungengefäßen keine den Strömungswiderstand erhöhende Veränderungen von Geburt an persistieren oder sich sekundär entwickeln. Wegen der nur einige mmHg betragenden Druckdifferenz zwischen linkem und rechtem Vorhof fließt auch bei einem großen ***Vorhofseptumdefekt (ASD)*** höchstens 60–80% des Blutes aus dem Lungenkreislauf in den rechten Vorhof zurück, so daß der linke Ventrikel noch ein mit dem Leben vereinbares Volumen erhält (Beispiel: Herzzeitvolumen im Lungenkreislauf 16 l/min, im Körperkreislauf 4 l/min = 75% Links-rechts-Shunt).
Der ***Anteil des Shunt-Volumens*** im Lungen- und Körperkreislauf kann aus den Unterschieden des O_2-Gehaltes des Blutes aus den betroffenen Kreislaufabschnitten berechnet werden:

$$\frac{\text{Links-rechts-Shunt}}{\text{HZV Lunge}} = 1 - \left[\frac{O_2\ \text{endcap.} - O_2\ \text{präcap.}}{O_2\ \text{endcap.} - O_2\bar{v}}\right]$$

$$\frac{\text{Rechts-links-Shunt}}{\text{HZV Körper}} = \frac{O_2\ \text{endcap.} - O_2\ \text{art.}}{O_2\ \text{endcap.} - O_2\ \bar{v}}$$

O_2 endcap. = O_2-Gehalt des in der Lunge arterialisierten Blutes,
O_2 präcap. = O_2-Gehalt des in die Lunge fließenden Blutes,
$O_2\ \bar{v}$ = O_2-Gehalt des venösen Mischblutes,
O_2 art. = O_2-Gehalt des peripheren arteriellen Blutes.

Beim einfachen ASD sind beide Vorhöfe, der rechte Ventrikel, die A. pulmonalis und die Lungenvenen volumenüberlastet. Diese Herz- und Gefäßabschnitte bewältigen bei normaler Pulsfrequenz ein um das Shunt-Volumen vergrößertes Schlagvolumen und sind entsprechend dilatiert. Der Lungengefäßwiderstand ist wie bei der normalen, mittels Frequenzsteigerung zustande kommenden Zunahme der Lungendurchblutung während körperlicher Arbeit auf einen Minimalwert gesenkt.
Bei einem großen Shunt-Volumen besteht als Ausdruck einer relativen Pulmonalstenose oft ein systolischer Druckgradient zwischen rechtem Ventrikel und A. pulmonalis. Die partielle Lungenvenentransposition hat dieselben hämodynamischen Konsequenzen wie der ASD.
Der ASD bietet das Musterbeispiel für die Shuntvitien mit den 3 Möglichkeiten:

- großes Shuntvolumen bei niedrigem Lungengefäßwiderstand = reine Volumenüberlastung
- sekundäre pulmonale Hypertonie wegen obstruktiven Lungengefäßveränderungen = Volumen- und Drucküberlastung
- Kombination mit einer schweren Lungengefäßobstruktion und pulmonalen Hypertonie bereits im Kindesalter = vorwiegende Drucküberlastung.

Der rechte Ventrikel toleriert die reine Volumenüberlastung relativ gut. Diese Patienten erreichen nicht selten ohne auffällige Herzbeschwerden das 5. Lebensjahrzehnt. Ein Teil der Patienten mit einem ASD entwickelt sekundäre obstruktive Lungengefäßveränderungen. Mit der sich dabei ergebenden Widerstandserhöhung im Lungenkreislauf und Druckerhöhung im rechten Vorhof nehmen der Links-rechts-Shunt und die Volumenüberlastung ab.

Bei einem kleinen Teil der Patienten mit einem ASD besteht bereits in der Jugend möglicherweise ein Persistieren pränataler Kreislaufverhältnisse, eine schwere Widerstandserhöhung im Lungenkreislauf mit massiver Drucksteigerung im rechten Ventrikel und in der A. pulmonalis. In diesen Fällen ist der Shunt gekreuzt, so daß eine leichte bis mittelschwere, bei Arbeit zunehmende arterielle Hypoxämie entsteht. Für diese Fälle steht die Drucküberlastung des rechten Ventrikels ganz im Vordergrund, was auch für die Kombination des ASD mit einer schweren Pulmonalstenose ***(Trilogie von Fallot)*** gilt.

Beim ***Ventrikelseptumdefekt (VSD)*** wird im Gegensatz zum ASD auch der linke Ventrikel, nicht aber der rechte Vorhof volumenüberlastet. Außerdem ist die Wand des rechten Ventrikels und der A. pulmonalis einer abnorm hohen systolischen Pulswelle und Wirbelbildung (große kinetische Energie, lautes systolisches Geräusch) ausgesetzt. Beide Ventrikel nehmen an Volumen und Muskelmasse zu. Entsprechend der großen systolischen Druckdifferenz zwischen linkem und rechtem Ventrikel entsteht schon bei einem kleinen Septumdefekt ein beträchtlicher Links-rechts-Shunt. Ein großer VSD ist ohne zusätzliche Pulmonalstenose oder Widerstandserhöhung im Lungenkreislauf nicht mit dem Leben vereinbar, weil zu wenig Blut in die Aorta fließen würde.

Bei der Kombination mit einer schweren Pulmonalstenose ***(Tetralogie von Fallot)*** oder mit einer schweren Lungengefäßobstruktion ***(Eisenmenger-Komplex)*** besteht neben dem Druckausgleich zwischen beiden Ventrikeln eine Durchmischung des venösen mit dem arteriellen Blut. Weil in diesen Fällen die Widerstandserhöhung rechts weitgehend fixiert ist, nimmt der Rechts-links-Shunt bei Arbeit wegen der Abnahme des Gefäßwiderstandes im Körperkreislauf zu. Bei diesen

Mißbildungen kann das Herzzeitvolumen im Lungenkreislauf erheblich kleiner als im Körperkreislauf sein. Im Gegensatz zum kleinen VSD mit Links-rechts-Shunt und Volumenüberlastung beider Ventrikel besteht beim VSD mit Pulmonalstenose oder mit Lungengefäßobstruktion vor allem eine Drucküberlastung des rechten Ventrikels.

Der ***offene Ductus arteriosus*** (Ductus Botalli) führt je nach Länge und Durchmesser zu einem mehr oder weniger beträchtlichen Links-rechts-Shunt von der Aorta in die A. pulmonalis und so zu einer Volumenüberlastung des linken Ventrikels. Im Gegensatz zum VSD besteht der Links-rechts-Shunt während Systole und Diastole, so daß auch während beiden Herzphasen ein Strömungsgeräusch entsteht. Bei großem Shuntvolumen ist der diastolische Blutdruck erniedrigt und die Druckamplitude vergrößert. Wie beim ASD kann sich eine sekundäre pulmonale Hypertonie und damit eine zusätzliche Drucküberlastung des rechten Ventrikels entwickeln. Bei einer massiven Widerstandserhöhung im Lungenkreislauf kommt es zu einer Shuntumkehr. Der Rechts-links-Shunt durch einen Ductus arteriosus zeigt sich in einer Differenz des O_2-Gehaltes zwischen dem arteriellen Blut des rechten Armes und der unteren Körperhälfte.

Ähnliche hämodynamische Verhältnisse ergeben sich bei der ***Kombination von Aortenisthmusstenose*** mit einem distal mündenden ***Ductus arteriosus apertus*** und schwerer pulmonaler Hypertonie wegen ***Lungengefäßobstruktion.*** Bei diesen Patienten wird der unter der Coarktation liegenden Körperteil vom rechten Ventrikel mit venösem Blut versorgt. Im Gegensatz zur reinen Aortenisthmusstenose besteht bei dieser Kombination keine sichere Blutdruckdifferenz zwischen rechtem Arm und unterer Körperhälfte.

Die ***Mündung einer Hohlvene in den linken Vorhof*** ohne zusätzliche Mißbildung ist sehr selten, bietet aber das Beispiel eines angeborenen massiven Rechts-links-Shunts bei praktisch normalen Druck- und Widerstandsverhältnissen in allen Herz- und Kreislaufabschnitten. Bei diesem cyanotischen Vitium besteht somit auch keine Volumen- oder Drucküberlastung des Herzens, wenn auch das zirkulierende Blutvolumen wegen der hypoxämiebedingten Polyglobulie etwas vergrößert ist. Mündet eine von nur 2 Hohlvenen in den linken Vorhof, so sind rechter Vorhof und Ventrikel wegen der geringen Volumenbelastung eher klein und evtl. nicht in der Lage, den verdoppelten venösen Rückfluß nach einer operativen Korrektur voll zu übernehmen.

Die ***arteriovenösen Aneurysmen*** im Lungen- oder Körperkreislauf senken den Gefäßwiderstand, was zu einer Steigerung des Herzzeitvolumens zwecks Erhaltung des Blutdruckes und einer genügenden Durchblutung der normalen Gefäßgebiete führt. Die regulatorische Vasocon-

striction allein hätte eine Mangeldurchblutung der betreffenden Organe zur Folge, weil sie nur die Durchblutung der Aneurysmen steigern würde. Die Vergrößerung des Herzzeitvolumens bedeutet für beide Kreislaufabschnitte dieselbe Volumenüberlastung, so daß sich beide Ventrikel im selben Maße vergrößern. Der Anschluß eines Patienten an eine Hämodialyseapparatur (Künstliche Niere) mit einer Vorderarmarterie und -vene hat hinsichtlich Senkung des Teilwiderstandes im betreffenden Arm und Steigerung des Herzzeitvolumens denselben Effekt wie die peripheren arteriovenösen Kurzschlußverbindungen.
Die multiplen arteriovenösen Aneurysmen im Lungenkreislauf haben zusätzlich eine arterielle Hypoxämie zur Folge, weil das durch die Aneurysmen kurzgeschlossene Blut keinen oder nur einen minimen Kontakt mit den Alveolargasen hat.

2.3.5 Erworbene Herzfehler

Herzklappenfehler

Die ***rheumatische Endokarditis*** ist die häufigste Ursache von Herzklappenfehlern und befällt vorwiegend die Aorten- und Mitralklappen, die nicht selten gleichzeitig betroffen sind.
Die Klappen können durch Verwachsung, Schrumpfung und Perforation stenosieren oder insuffizient werden. Eine Klappe kann auch gleichzeitig stenosiert und insuffizient sein. Normale Klappen werden bei einer massiven Dilatation des Klappenringes insuffizient.
Die Hämodynamik der ***erworbenen Aorten- und Pulmonalstenose*** entspricht der der angeborenen Stenosen des Ausflußtraktes des linken bzw. rechten Ventrikels. Die ***Aorteninsuffizienz*** bietet hinsichtlich Blutdruck und Carotispulskurve mit dem raschen systolischen Anstieg und der vergrößerten Druckamplitude mit niedrigerem diastolischen Druck das Kontrastbild zu den Verhältnissen bei der Aortenstenose. Das in die Aorta ausgeworfene Schlagvolumen ist gegenüber der Norm vergrößert und Ursache der Volumenüberlastung und Vergrößerung des linken Ventrikels (Tabelle 15). Die Beurteilung der Schwere der Aorteninsuffizienz berücksichtigt den Anteil des Refluxvolumens am Schlagvolumen. Leichte Aorteninsuffizienzen werden längere Zeit gut toleriert. Die kardiale Anpassung an körperliche Arbeit ist oft bemerkenswert gut, was z.T. damit zusammenhängt, daß das Refluxvolumen bei Verkürzung der Diastolendauer und Abnahme des peripheren Gefäßwiderstandes kleiner wird.

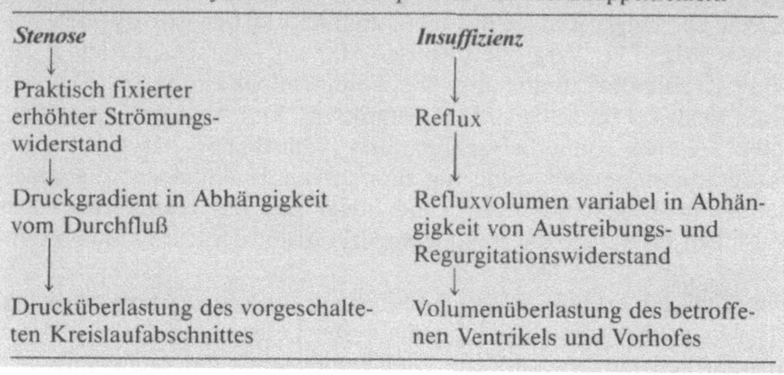

Tabelle 15. Hämodynamische Konsequenzen von Herzklappenfehlern

Stenose	*Insuffizienz*
↓	↓
Praktisch fixierter erhöhter Strömungswiderstand	Reflux
↓	↓
Druckgradient in Abhängigkeit vom Durchfluß	Refluxvolumen variabel in Abhängigkeit von Austreibungs- und Regurgitationswiderstand
↓	↓
Drucküberlastung des vorgeschalteten Kreislaufabschnittes	Volumenüberlastung des betroffenen Ventrikels und Vorhofes

Bei einer schweren Aorteninsuffizienz werden mehr als 50% des in die Aorta gelangenden Schlagvolumen regurgitiert. In diesen Fällen beträgt auch die peripher gemessene Blutdruckamplitude mehr als 50% des systolischen Druckes. Ein sehr großes Refluxvolumen hat eine beträchtliche Dilatation des linken Ventrikels zur Folge und führt auch ohne Myokardinsuffizienz zu einem leichten Anstieg des enddiastolischen Druckes im linken Ventrikel und retrograd des Druckes im linken Vorhof.

Eine ***Myokardinsuffizienz*** kann angenommen werden, falls der diastolische Druck im linken Ventrikel mehr als 15 mm Hg beträgt und bei Arbeit noch deutlich ansteigt. In diesen Fällen besteht auch das Vollbild der Lungenstauung mit feuchten Rasselgeräuschen, Orthopnoe sowie Einschränkung der Total- und Vitalkapazität. Die Aorteninsuffizienz kann sich mit einer Aortenstenose kombinieren. Die Kombination mit einer Hypertonie wegen Erhöhung des peripheren Gefäßwiderstandes ist prognostisch besonders ungünstig. Die ***Mitralstenose*** ist hämodynamisch durch einen diastolischen Druckgradienten zwischen linkem Vorhof und Ventrikel charakterisiert. Bei einer Einengung der Mitralöffnungsfläche auf die Hälfte (ca. 2,0–2,5 cm^2), beträgt dieser Gradient in Ruhe nur wenige mm Hg und erreicht erst bei gesteigertem Durchfluß während Arbeit sicher pathologische Werte. Diese Patienten haben in der Regel auch erst bei größerer Arbeit Anstrengungsdyspnoe. Beträgt die Mitralöffnungsfläche weniger als 1,0 cm^2, so ist der Druck im linken Vorhof bereits in Ruhe beträchtlich erhöht und der Durchfluß und damit auch das Schlagvolumen vermindert. Die schwere Mitralstenose bietet das Musterbeispiel für die Kombination von:

- chronischer Lungenstauung und Drucküberlastung des rechten Ventrikels
- kleinem linkem Ventrikel wegen ungenügender Füllung
- vermindertem Herzzeitvolumen, das bei Arbeit nicht adäquat vergrößert werden kann.

Die „akute" ***Mitralinsuffizienz,*** z. B. infolge eines Sehnenfadenrisses hat ein großes Refluxvolumen in den linken Vorhof zur Folge. Es entwickelt sich oft ein Lungenödem, weil der normal große linke Vorhof die zusätzliche Füllung nur ungenügend „abpuffert".
Bei der Endokarditis der Mitralklappen ist die Entwicklung der Mitralinsuffizienz zeitlich protrahiert, so daß der linke Vorhof sich durch Vergrößerung der zunehmenden Volumenbelastung anpassen kann.
Die Mitralinsuffizienz bewirkt in Abhängigkeit von der Größe des systolischen Refluxvolumens eine Volumenüberlastung des linken Vorhofes und Ventrikels, die sich entsprechend vergrößern. Der Druck im linken Vorhof und in den Lungenvenen ist zwar während der Ventrikelsystole beträchtlich erhöht, während der länger dauernden Diastole hingegen normal oder nur leicht erhöht, so daß der Mitteldruck in den Lungenvenen und -capillaren relativ wenig ansteigt. Wird hingegen das Myokard des linken Ventrikels insuffizient, so steigt der Mitteldruck im linken Vorhof beträchtlich an, und es entwickelt sich eine Lungenstauung sowie retrograd eine Drucküberlastung des rechten Ventrikels.
Die Größe des Refluxvolumens ist nicht konstant, sondern wie bei der Aorteninsuffizienz vom Verhältnis zwischen Austreibungs- und Regurgitationswiderstand abhängig. Während körperlicher Arbeit steigt der systolische Druck an, wegen der Gefäßdilatation sinkt aber der Austreibungswiderstand ab. Mit der Zunahme des Schlagvolumens nimmt der Anteil des Refluxvolumens am Schlagvolumen ab. Diese hämodynamischen Verhältnisse erklären, warum die leichte Mitralinsuffizienz lange Zeit gut toleriert wird. Umgekehrt nimmt das Refluxvolumen bei Erhöhung des peripheren Gefäßwiderstandes zu, was sinngemäß auch für die Kombination der Mitralinsuffizienz mit einer Aortenstenose oder einer Hypertonie gilt.
Mitralstenose und -insuffizienz sind häufig mit einem Vorhofflimmern kombiniert. Die ***Tricuspidalstenose*** führt zu einer Druckerhöhung im rechten Vorhof und in den Körpervenen. In schweren Fällen entwickelt sich das Vollbild der Einflußstauung mit prall gefüllten Venen, Stauungsorganen, Ödemen, Ascites und Hydrothorax.
Die ***Tricuspidalinsuffizienz*** ist meist sekundäre Folge eines dilatierenden rechten Ventrikels. Sie vergrößert dessen Volumenbelastung und zeigt sich im Venenpuls in einer überhöhten v-Welle.

Perikarderkrankungen

Perikarderkrankungen und -ergüsse behindern die diastolische Erweiterung der Ventrikel und führen auf diese Weise zu einer Einflußbehinderung in beide Ventrikel. Die ***Herztamponade*** ist das Extrem einer derartigen Einflußbehinderung. Typisch für die erschwerte diastolische Erweiterung ist der in den Ventrikeln frühdiastolisch normal abfallende - frühdiastolischer ***Dip*** -, dann aber wieder steilansteigende und ein Plateau bildende Druck. Dieser Druckablauf ergibt sich auch bei Endo- und Myokarderkrankungen, die die diastolische Erweiterung der Ventrikel beeinträchtigen. Der während des größten Teiles der Diastole erhöhte Ventrikeldruck erfordert einen entsprechenden Druckanstieg in den Vorhöfen und Venen.

Damit eine hämodynamisch bedeutsame diastolische Behinderung der Ventrikel zustande kommt, muß deren diastolische Erweiterung mehr oder weniger konzentrisch eingeschränkt sein. Deshalb können Endo-Myokard-Veränderungen zu einer nur einen Ventrikel betreffenden Einflußbehinderung führen. Perikarderkrankungen haben nur dann eine Einflußbehinderung zur Folge, falls der größere Teil des Perikards beider Ventrikel beteiligt ist. Typischerweise ist in diesen Fällen das diastolische Druckplateau in beiden Ventrikeln annähernd gleich hoch.

Die ***Pericarditis constrictiva,*** das ***Panzerherz*** als Folge eines verdickten evtl. verkalkten und mit dem Epikard verwachsenen Perikards ist das Musterbeispiel einer chronischen Einflußbehinderung in den rechten und linken Ventrikel mit gleichzeitiger Stauung im Lungen- und Körperkreislauf, wobei klinisch die Folgen der Einflußstauung in den rechten Ventrikel im Vordergrund stehen.

Bei der Herztamponade und beim Panzerherz führt der während der Inspiration zunehmende venöse Rückfluß nicht wie normalerweise zu einer Vergrößerung des Schlagvolumens. Es entsteht ein ***Pulsus paradoxus.*** Die intrathorakalen respiratorischen Druckänderungen sind wegen der Lungenstauung vergrößert, so daß der Blutdruck während der Inspiration um mehr als 10 mm Hg absinkt.

Diffuse Myokarderkrankungen

Akute infektiöse und toxische Myokardschädigungen sowie Stoffwechsel-, Elektrolyt- und hormonale Störungen beeinträchtigen in der Regel die Kontraktilität beider Ventrikel, wenn klinisch auch die Dilatation des linken Ventrikels mit Erhöhung des diastolischen Druckes und Lungenstauung sowie die Einschränkung des Herzzeitvolumens im Vordergrund stehen. In chronischen Fällen wird auch die Stauung im Körperkreislauf klinisch manifest, was insbesondere für Dysproteinämien, den Vitamin-B_1-Mangel (Beri-Beri-Herz), den Vitamin-B_{12}-Mangel ***(Perniziöse Anämie)*** sowie die Einlagerung von Fremdsubstanzen, z.B. ***Amyloidose, Hämochromatose*** und ***Glykogenspeicherkrankheit*** gilt. Bei diesen nicht nur die Kontraktilität, sondern auch die diastolische Erschlaffung des Myokard beeinträchtigenden Einlagerungen entspricht die Ventrikeldruckkurve mit frühdiastolischen Dip und anschließendem Plateau dem Druckablauf beim Panzerherz.

Cor pulmonale (s. auch Kap. Lunge und Atmung)

Die Drucküberlastung des rechten Ventrikels als Folge einer Widerstandserhöhung im Lungenkreislauf bei primär normalen linkem Herzen wird als Cor pulmonale bezeichnet. Man unterscheidet 3 Möglichkeiten:

- Lungengefäßobstruktion (Einengung, Verlegung)
  - präcapillär (primär vaskulär bedingte pulmonale Hypertonie)
  - vorwiegend capillär.

  Die akute Überlastung des rechten Herzens infolge einer Lungengefäßobstruktion (Tabelle 16) ist eine häufige direkte Todesursache bei älteren, wegen anderen Erkrankungen längere Zeit immobilisierten Patienten.

  Die multiple Lungengefäßobstruktion kann zu einer schweren pulmonalen Hypertonie führen. Die auffällige Anstrengungsdyspnoe dieser Patienten ist wie bei der schweren Pulmonalstenose Folge einer Hyperventilation bei Gewebehypoxie wegen ungenügendem Herzzeitvolumen.

Tabelle 16. Lungengefäßobstruktion

	Präcapillär	Vorwiegend capillär
Akut	Embolie	Fett- und Gasembolie, Fruchtwasserembolie
Chronisch	Rezidivierende Embolien, Thrombarteriitiden und ätiologisch unklare Angiopathien (Medikamente)	

- Einschränkung des Lungencapillarbettes bei Verlust von Lungenparenchym
  - Lungenemphysem,
  - Lungenresektionen, diffuse Lungenfibrosen

  Der Verlust einer Lungenhälfte z. B. durch Pneumonektomie führt in Ruhe zu keiner pulmonalen Hypertonie, sofern die verbleibende Hälfte normal ist, doch verringert sich die Anpassungsfähigkeit an Arbeit. Diffuse interstitielle Fibrosen mit Schrumpfung verkleinern das Capillarbett, die Gasaustauschfläche und die Lungenvolumina. Beim centri- und panlobulären Emphysem sind Capillarbett und Gasaustauschfläche ebenfalls eingeschränkt. Im Gegensatz zu den diffusen Lungenfibrosen, den interstitiellen Pneumopathien mit Lungenschrumpfung ist aber die Totalkapazität der Lungen normal oder vergrößert. Insbesondere ist das Residualvolumen stark vermehrt.
- Lungengefäßconstriction bei alveolärer Hypoxie

  Die pulmonale Hypertonie mit Entwicklung eines chronischen Cor pulmonale bei den Bewohnern der Anden ist ein Beispiel für die Hypoxie-bedingte Widerstandserhöhung des Lungenkreislaufes bei primär normalen Atemwegen und Lungen.

Bei lokalisierten Schädigungen im Bereich der Atemzentren kann sich eine chronische alveoläre Hypoventilation bei ebenfalls normalen Atemwegen und Lungen entwickeln, wobei es sich aber um ein sehr seltenes Syndrom handelt.

Patienten mit einer extremen Adipositas zeigen, wenn auch nicht regelmäßig, eine auffällige Schlafneigung mit alveolärer Hypoventilation. Dieses ***Pickwick-Syndrom*** ist mit der Gewichtsreduktion reversibel.

Die chronische alveoläre Hypoventilation ist am häufigsten beim obstruktiven Lungenemphysem und bei schweren Thoraxdeformitäten (Tabelle 17). In diesen Fällen ist die pulmonale Hypertonie und das Cor pulmonale die kombinierte Folge der Engerstellung der Lungenarteriolen und des Capillarverlustes wegen der Parenchymveränderungen. Mit der Behebung der alveolären Hypoxie, z. B. mit Sauerstoffatmung oder künstlicher Beatmung, wird zwar der Lungengefäßwiderstand gesenkt, bei fortgeschrittenen Parenchymveränderungen aber nicht mehr normalisiert.

Bei den restriktiven Lungenerkrankungen und bei der Lungengefäßconstriction wegen alveolärer Hypoxie handelt es sich meist nur um leichte bis mittelschwere pulmonale Hypertonien. Die multiple Lungengefäßobstruktion führt hingegen nicht selten zu einer schweren pulmonalen Hypertonie (Tabelle 18).

Tabelle 17. Alveoläre Hypoxie

	Normale alveoläre Ventilation oder Hyperventilation	Alveoläre Hypoventilation
Akut	Höhe über 3000 m	Atemlähmung, schwere Obstruktion der Luftwege
Chronisch	do.	Obstruktives Lungenemphysem, Kyphoskoliose, zentral bedingte alv. Hypoventilation, Pickwick-Syndrom
Art. Blutgase	Hypoxämie und Normo- bzw. Hypokapnie	Hypoxämie und Hyperkapnie

Tabelle 18. Einteilung der pulmonalen Hypertonie nach Schweregraden

	Lungengefäßwiderstand	Mitteldruck in der A. pulmonalis[a]
	dyn s cm^{-5}	mm Hg
Normal	bis 250	<20
Leicht	251-500	21-36
Mittelschwer	501-1000	37-67
Schwer	>1000	>67

[a] Die Mitteldruckwerte gelten für ein Herzzeitvolumen von 5,0 l/min und für einen Mitteldruck im linken Vorhof von 4-6 mm Hg.

Bei jeder länger bestehenden pulmonalen Hypertonie entwickeln sich im Stamm und in den Hauptästen der A. pulmonalis sklerosierende Wandveränderungen - ***sekundäre Pulmonalsklerose*** -, die aber im Gegensatz zur Aortensklerose, bei der die Windkesselfunktion beeinträchtigt ist, keine größere hämodynamische Bedeutung haben.

2.3.6 Herzrhythmusstörungen

Grundlage der Rhythmusstörungen

Als Rhythmusstörung bezeichnet man eine Unregelmäßigkeit im zeitlichen Ablauf des Erregungsvorgangs des Herzens. Sie kann als singuläres Ereignis oder als repetitive Form in Erscheinung treten. Es kann sich dabei um eine ***Reizbildungsstörung*** oder eine ***Reizleitungsstörung*** handeln. In beiden Fällen kommt eine Beschleunigung oder eine Verlangsamung in Frage.

Als Akzelerationen von Reizbildungsstörungen kommen ***Sinus-Tachykardie, Vorhofextrasystolen*** und ***Kammerextrasystolen*** in Betracht, als Akzelerationen im Sinne einer Reizleitungsstörung die ***Antesystolie*** (beschleunigte atrio-ventrikuläre Reizleitung in akzessorischen Bahnen).

Als Folge der verlangsamten Reizbildung sind ***Sinus-Bradykardie, Sinus-Stillstand*** sowie ***fehlender nodaler oder ventrikulärer Ersatzrhythmus*** zu interpretieren. Als Verlangsamung der Reizleitung kommen ***sinoatrialer Block, A-V-Block*** und ***Schenkelblock*** in Betracht. Im Einzelfall ist es schwer zu entscheiden, ob eine Bildungs- oder Leitungsstörung vorliegt. Extrasystolen können z.B. durch ***Automatizität*** entstehen oder aber durch verlangsamte Reizleitung. Dabei ist die Reizleitung in einem Myokardbezirk derart verzögert, daß beim Austritt der Erregungswelle aus dem betreffenden Bereich die Umgebung schon wieder depolarisierbar ist. Man spricht hier von einem ***Reentry*** (Wiedereintritts)-Phänomen. Wenn sich dieses wiederholt, ergibt sich eine rasche Pulsfolge, man spricht von einer Reentry-Tachykardie. Neben Automatizität und Reentry kommt als dritter pathophysiologischer Mechanismus die ***getriggerte Aktivität*** in Betracht. Oszillationen im Übergang der Phase 3 zur Phase 4 des Aktionspotentials (Abb. 18) können das Schwellenpotential überschreiten und so die erneute Zelldepolarisation provozieren.

Asystolie besagt Erregungsstillstand. Unter starker vagaler Stimulation kann es zum Sinus- und A-V-Knoten-Stillstand kommen. Bei Störungen der Sinusknotenfunktion fällt die Vorhofserregung aus, der Kammerstillstand wird im allgemeinen durch den einspringenden Knotenersatzrhythmus verhindert. Die ***Kammerasystolie*** ist Folge eines Versagens des primären (Sinus), sekundären (A-V Knoten) oder tertiären (His-Purkinje-System) Ersatzschrittmachers und tritt meist in Folge einer Schädigung der Reizleitung im His-Bündel, seltener im A-V Knoten und ganz selten im Vorhof und Sinusknoten auf.

Die ***Extrasystole*** ist definiert als eine zu früh einsetzende spontane Aktivität. Sie ist oft von einer ***kompensatorischen Pause*** gefolgt, d.h. die der Extrasystole folgende Diastole dauert gegenüber dem normalen Intervall länger. Dieses Phänomen erklärt sich daraus, daß der nach der ventrikulären Extrasystole vom Sinus-Knoten propagierte normale Impuls auf einen als Folge der Extrasystole refraktären Vorhof, AV-Knoten oder Ventrikel trifft und somit erst der übernächste Sinusimpuls wieder auf die Kammer übergeleitet werden kann. Bei sehr

früh einsetzenden Kammerextrasystolen kann die kompensatorische Pause fehlen, der normal einfallende erste Sinus-Impuls wird auf die Kammer übergeleitet, die Extrasystole ist „interponiert". Supraventrikuläre Extrasystolen depolarisieren im allgemeinen den Sinusknoten und führen zu einem „reset-Phänomen", d.h. der Sinusgrundzyklus startet mit der Extrasystole neu.
Bei erheblicher Schädigung größerer Myokardbezirke können Reizbildung- und Reizleitungsstörungen gleichzeitig vorkommen und zu chaotischen Rhythmen führen. Aus dem Koordinationsverlust resultiert Vorhofflimmern oder Kammerflimmern und dadurch mechanischer Herzstillstand.

Arrhythmien

Supraventrikuläre Arrhythmien

- ***Sinusarrhythmie.*** Die durch Atmung und Wechsel der vegetativen Einflüsse auf das Herz bedingte Sinusarrhythmie ist ein physiologischer Vorgang. Das Fehlen einer respiratorischen Arrhythmie weist auf eine Denervation des Herzens (diabetische Neuropathie, nach Herztransplantation) hin. Eine ***Sinustachykardie*** (Frequenz über 100min.) ist bei physischer und psychischer Belastung physiologisch, bei Persistieren muß an eine Herzinsuffizienz oder endokrine Störung gedacht werden. Die ***Sinusbradykardie*** (unter 60/min) ist physiologisch beim trainierten Sportler und in vagaler Reizphase, aber pathologisch, wenn inadäquat, d.h. unter adrenerger Stimulation oder Vagolyse nicht beschleunigend. Man spricht dann von chronotroper Insuffizienz. Pathologische Sinusbradykardien sind beim kranken Sinusknoten (arteriosklerotisch, medikamentös, nach Myokarditis insbesondere Diphterie) zu beobachten. Ein Stillstand über 3 Sekunden und eine Sinusbradykardie unter 30, inadäquater Frequenzanstieg unter Belastung oder Vagolyse mit Atropin (Anstieg der Herzfrequenz nicht über 90/min) sind pathognomonisch für die Sinusknotenkrankheit. Ein sino-atrialer Block manifestiert sich durch plötzlichen Ausfall einer oder mehrerer sinusinduzierter Vorhofsystolen.
- ***Vorhoftachykardie.*** Vorhofrhythmus nichtsinusoidalen Ursprungs mit einer Frequenz von 150 bis 220 pro Minute. Überleitung auf die Kammer variabel, oft kombiniert mit A-V-Überleitungsstörungen als Ausdruck einer Digitalisintoxikation.
- ***Vorhofflattern.*** Vorhoffrequenz zwischen 220 und 350 pro Minute. Durch ein Reentryphänomen in den Vorhöfen bedingt, wodurch diese in regelmäßigem Rhythmus und rascher Folge stets neu depo-

larisiert werden. Meist besteht eine wechselnde Blockierung der Überleitung auf die Kammer. (1:1, 2:1, 3:1, usw.)

- ***Vorhofflimmern.*** Vorhoffrequenz 350 und mehr pro Minute. Verursacht durch das Nebeneinanderbestehen zahlreicher Bezirke mit unterschiedlichem refraktärem Zustand und Leitungsgeschwindigkeit, weshalb sich die Vorhofdepolarisation unregelmäßig ausbreitet. Zusätzlich besteht für die Überleitung durch den A-V-Knoten eine physiologische Blockierung wechselnden Grades, so daß eine unregelmäßige Kammeraktivierung resultiert (absolute Arrhythmie).

Atrio-ventrikuläre Arrhythmien (Abb. 23)

Knotenrhythmus. Vom Vorhof unabhängige (dissoziierte) regelmäßige Kammeraktivierung, als nodal gekennzeichnet durch den schlanken QRS-Komplex, Frequenz zwischen 40 und 60 pro Minute, unter Umständen bis 90 pro Minute. Ist physiologisch unter Vagotonie; als Ersatzrhythmus zu interpretieren bei Sinusstillstand und intranodalen atrio-ventrikulärem Überleitungsblock.

A-V-Block. Die Erregung kann nur verzögert oder gar nicht von den Vorhöfen auf das His-Bündel übergeleitet werden. Die normale Überleitung im A-V-Knoten beträgt weniger als 0,2 Sekunden. Längere PQ-Zeiten mit regelmäßiger Überleitung sind Zeichen einer Behinderung im A-V-System und werden als A-V-Block 1. Grades (PQ größer als 0,2 Sekunden) bezeichnet. Ein A-V-Block 2. Grades liegt dann vor, wenn partielle Überleitungsstörungen mit totalen abwechseln. Bei konstanter totaler Blockierung spricht man von einem A-V-Block 3. Grades. Der die Kammerasystolie verhindernde Ersatzrhythmus kann sowohl im A-V-Knoten selbst als auch in der Kammer generiert werden.

Die Differenzierung eines A-V-Knotens in ***intranodalen Block*** und ***intra-His-Block*** ist von Bedeutung. Der intranodale Block (Typ Wenckebach oder Mobitz I) tritt unter Vagotonie, Digitalis-, β-Blokker- oder Verapamilbehandlung auf, sowie gelegentlich in der Folge eines inferioren Myokardinfarktes und wird behoben durch die Gabe von Atropin; die Prognose ist gut. Der Ersatzrhythmus zeigt schlanken QRS-Komplex und Frequenzen von 40–60 Min. Ein im His-Bündel situierter A-V-Block manifestiert sich durch plötzliches Auftreten, Fehlen einer progressiven PQ-Verlängerung, führt häufig zur Synkope, hat eine infauste Prognose, tritt in der Folge eines Vorderwandinfarktes auf und wird durch Atropin nicht beeinflußt. Ein allfälliger ventrikulärer Ersatzrhythmus ist gekennzeichnet durch bizzarren, breiten QRS-Komplex und langsame Frequenz (20–30 pro Minute).

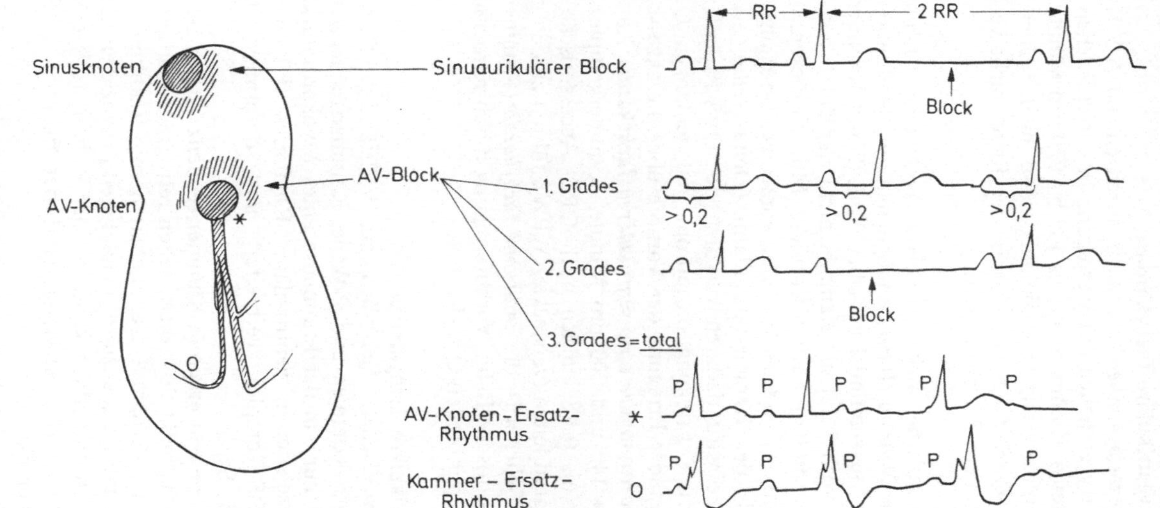

Abb. 23. Überleitungsstörungen und EKG

Atrioventrikuläre Tachykardien

Knotentachykardie. Verursacht durch ein im A-V-Knoten lokalisiertes Reentrygeschehen (Kreiserregung in verschiedenen Bahnen des A-V-Knotens), Kammerfrequenz 130 bis 220 pro Minute, P-Welle im QRS-Komplex versteckt beziehungsweise nicht später als 0,1 Sekunden nach QRS. QRS-Komplex in der Regel nicht verbreitert und nicht deformiert, P-Welle negativ.

Akzessorische atrioventrikuläre Verbindung. Beim ***Wolff-Parkinson-White-Syndrom (WPW)*** ermöglichen aus der Embryonalphase verbliebene Muskelbündel zwischen Vorhof und Kammer eine Überleitung vom Vorhof auf die Kammer nicht nur durch den A-V-Knoten, sondern simultan auch über diese Muskelbrücken. Im Elektrokardiogramm als ***Antesystolie,*** d.h. vorzeitige Erregung eines bestimmten Areals der Kammermuskulatur (Delta-Welle), erkennbar. Die PQ-Strecke wird dadurch verkürzt, der QRS-Komplex verbreitet. Eine kreisende Erregung orthodrom, mit schlanken QRS-Komplex und retrograder Erregung der Vorhöfe über die akzessorische Bahn führt zur ***paroxysmalen atrio-ventrikulären Tachykardie.*** Kammerfrequenz zwischen 140 und 200 pro Minute, Kammerkomplex schlank, P-Welle mehr als 0,1 Sekunden nach QRS. Accessorische Bahnen, die nur retrograd leiten (verstecktes WPW), führen zu den gleichen Tachykardien. Seltener ist die ***antidrome Tachykardie*** (Kammererregung über die akzessorische Bahn, Vorhoferregung durch retrograde A-V-Knotenleitung) mit breiten QRS-Komplex.

Ventrikuläre Arrhythmien

- ***Ventrikulärer Ersatzrhythmus.*** Vollständige Dissoziation zwischen QRS-Komplex und P-Welle, Kammerfrequenz in der Regel unter 40/min., in der Frühphase eines Myokardinfarkts gelegentlich als akzelerierter, ventrikulärer Rhythmus (Frequenz bis 100/min.), QRS-Komplex verbreitert und deformiert, QRS-Dauer über 0,12 Sekunde.
- ***Kammertachykardie.*** Kammerfrequenz 120 bis 240 pro Minute, Vorhofaktivität dissoziiert, selten retrograde Vorhoferregung, gelegentlich anterograde Kammeraktivierung (capture beats), welche eine leichte Frequenzunregelmäßigkeit provozieren können. Im EKG ist die Kammertachykardie an der Verbreiterung des QRS-Komplexes (über 0,12 s) sowie anhand der bizarren QRS-Konfigurationen erkennbar.
- ***Kammerflattern.*** Frequenz >240 pro Min., sonst analog Kammertachykardie.

- ***Kammerflimmern.*** Vollständige Anarchie der Kammerdepolarisation, indem kleinere Muskelbezirke autonom und in rascher Folge (über 350/min.) depolarisieren, im EKG in Amplitude und Intervall unregelmäßige Potentiale.
- ***Atypische Kammertachykardie*** (torsade de pointe). Meist im Gefolge einer QT-Verlängerung (über 500 ms) auftretende, kurz dauernde (10 bis 20 Komplexe) Tachykardie mit einer Frequenz von 180 akzelerierend bis 260/min. Elektrokardiographisch gekennzeichnet durch stetig wechselnde Konfiguration des QRS-Komplexes, was das Bild einer Spitzenkrause (torsade de pointe) ergibt. Diese Arrhythmie kommt beim kongenitalen QT-Syndrom (Romano-Ward oder Jervell-Lange-Nielsen) vor, zumeist aber als Folge der QT-Verlängerung durch antiarrhythmische Medikamente.

Hämodynamische Folgen der Rhythmusstörungen

Die Aufrechterhaltung einer normalen Hämodynamik bzw. der Förderleistung des Herzens basiert auf einer normalen Folge von Vorhof- und Kammerkontraktion sowie einer entsprechend langen Diastolendauer zur Gewährleistung einer genügenden Ventrikelfüllung. Über die hämodynamischen Folgen der Arrhythmien orientiert Tabelle 19.

Obwohl bei allen AV-Dissoziationen bzw. bei allen Typen eines totalen AV-Blocks die normale Kammerfüllung durch die Vorhofaktion nicht gewährleistet ist, resultieren hier in der Regel keine gravierenden hämodynamische Konsequenzen, da die relativ lange Diastolendauer eine gute Kammerfüllung ermöglicht.

Bei totalem AV-Block mit AV-Knoten - oder Kammerersatzrhythmus ist bei guter Myokardfunktion damit eine genügende Förderleistung gewährleistet, es besteht jedoch ein sehr großes Schlagvolumen und eine große Pulsamplitude mit hohem systolischem Blutdruck. Bei eingeschränkter Kammerfunktion ist aber eine akute Links-Herzinsuffizienz zu befürchten.

Bei supraventrikulären oder ventrikulären Tachykardien hängt das Herzminutenvolumen von der Beziehung von Vorhof zur Kammersystole, von der Myokardfunktion und von der Kammerfrequenz ab. Kammertachykardien und Tachykardien bei WPW-Syndrom bis Frequenzen zu 170/min. werden relativ gut ertragen, Knotentachykardien ab Frequenzen von 140/min. im allgemeinen schlecht. Bei eingeschränkter Kammerfunktion kommen Schwindel und Angina pectoris vor, weil der Blutdruck abfällt, die myokardiale Wandspannung ansteigt und das Herzminutenvolumen rasch ungenügend wird.

Tabelle 19. Hämodynamische Folgen der Arrhythmien

Rhythmus	***Pathophysiologie der Hämodynamik***		***Hämodynamische Folgen***
Sinusrhythmus	Vorhofs- und Ventrikelkontraktion koordiniert	Gute diastolische Füllung des linken Ventrikels	Normale Hämodynamik
Vorhofflimmern Vorhofflattern	Fehlende Vorhofkontraktionen, unregelmäßige Diastolendauer	Diastolische Füllung nur passiv abhängig von Diastolendauer, wechselnder Füllungszustand	Bei Tachykardie diast. Füllung behindert → Hypotonie, bei Normokardie Blutdruck syst. und diast. schwankend
AV-Knoten-Tachykardie	Ungenügende Diastolendauer → ungenügende Ventrikelfüllung	Reduziertes Vorwärtsvolumen → Linksinsuffizienz	Herzzeitvolumen anfangs noch normal, später Hypotonie → Schock, kleine Pulsamplitude
AV-Tachykardie bei WPW-Syndrom	Verminderte Diastolendauer	Herzzeitvolumen normal oder gesteigert	Leichte Hypotonie
Kammertachykardie	Dissoziation zwischen Vorhofs- und Kammeraktivierung, Diastolendauer kritisch verkürzt → Coronarinsuffizienz → Linksinsuffizienz	Passive Ventrikelfüllung, ungenügendes Vorwärtsvolumen → Linksinsuffizienz	Hypotonie und Schock möglich, Herzzeitvolumen vermindert, kleine Pulsamplitude, Gefahr des Kammerflimmerns bei Coronarinsuffizienz
Kammerflimmern	Keine koordinierte Ventrikelaktion → keine effektive Ventrikelentleerung → Linksinsuffizienz	Kein Vorwärtsvolumen → Linksinsuffizienz, Coronarinsuffizienz	Sofortiger Blutdruckabfall, Schock
Totaler AV-Block	Dissoziation zwischen Vorhof- und Kammeraktivierung, lange Diastolendauer wegen Bradykardie → gute Ventrikelfüllung, gute Coronardurchblutung, leichte Mitralinsuffizienz wegen unkoordinierter Vorhofkontraktion, hämodynamisch eher harmlos	Passive Ventrikelfüllung, verlängerte Diastole, großes Schlagvolumen, große Pulsamplitude	Hoher systolischer Blutdruck, lange Zeit kompensiert

Subjektiv machen sich die Rhythmusstörungen durch die Unregelmäßigkeit des Herzschlages und deren hämodynamischen Folgen, Palpitationen, Schwindel, Angina pectoris und Synkope bemerkbar. Von der Symptomatik auf die Art der zu Grunde liegenden Rhythmusstörungen zu schließen, ist nicht immer zulässig, denn eine Asystolie, eine kurzdauernde Knotentachykardie oder ein paroxysmales Vorhofflimmern kann sich ganz ähnlich manifestieren.

2.4 Pathophysiologie des Kreislaufs

2.4.1 Myokardischämie und Coronarinsuffizienz

Ein myokardialer Sauerstoffmangel ***(Myokardhypoxie)*** führt auf Grund der mangelhaften O_2-Zufuhr zu temporären, vor allem funktionellen und meist reversiblen, oder zu dauernden, vor allem anatomisch irreversiblen Schädigungen. Es besteht ein Mißverhältnis zwischen O_2-Bedarf des Gewebes und O_2-Zufuhr. Wesentlich ist es, zwischen Coronarinsuffizienz, Hypoxämie und Anämie zu unterscheiden, welche alle mit Zeichen der Myokardhypoxie einhergehen können (Tabelle 20).
Der Zustand der ***Ischämie*** (kritischer, flußabhängiger O_2-Mangel des Gewebes) wird dann erreicht, wenn die O_2-Zufuhr gegenüber dem Bedarf soweit abgesunken ist, daß der Stoffwechsel nicht mehr aerob sondern *anaerob* abläuft (siehe: Myokardialer Energiestoffwechsel). Der Coronarfluß hat dann für die betreffende Muskelregion stets sein (limitiertes) Maximum erreicht, die Arteriolen sind in diesem Bereich maximal dilatiert. Mehrere Faktoren „begünstigen" die ***Entstehung der myokardialen Ischämie*** bzw. sind mitzuberücksichtigen:

- Die O_2-Ausschöpfung des Blutes ist im Herzmuskel bereits während körperlicher Ruhe mit entsprechend niedriger Herzarbeit hoch. Die Sättigung des Hämoglobins mit O_2 beträgt im coronarvenösen Blut (Coronarsinus) in Ruhe 30–40% (s. S. 66).

Tabelle 20. Unterscheidung von Ischämie, Hypoxämie und Anämie

	Coronarfluß	Art. P_{O_2}	Hämoglobin
Ischämie	↓ ↓	+ +	+ +
Hypoxämie	= ↑	↓ ↓	+ +
Anämie	↑	+ +	↓ ↓

- Wie in jedem anderen Organ ist auch im Herzen der Fluß (F) direkt proportional zum myokardialen O_2-Verbrauch (MVO_2) und umgekehrt proportional zur O_2-Ausschöpfung bzw. zur arteriovenösen O_2-Differenz (AVD) (Fick-Prinzip) $F = MVO_2/AVD$. Ist die AVD wie im Herzen weitgehend konstant, da sie ihr Maximum schon in Ruhe erreicht, so muß jede Erhöhung des O_2-Verbrauches (MVO_2) mit einer entsprechenden Zunahme des Flusses einhergehen.
- Die für den myokardialen O_2-Verbrauch bestimmenden Faktoren sind ***Kontraktilität*** (Faserverkürzungsgeschwindigkeit), ***Wandspannung*** (systolischer Blutdruck) und ***Herzfrequenz*** (für praktische Zwecke weitgehend dem Produkt aus systolischem Druck und Frequenz = „Frequenz-Druck-Produkt“, entsprechend). Alle 3 Faktoren nehmen bei körperlicher Belastung erheblich zu und bewirken eine Steigerung des Coronarflusses auf das 3-4fache. Dies wird vor allem durch maximale arterioläre Dilatation des coronaren Strombettes erreicht, vorwiegend durch Freisetzung von Adenosin (stärkste dilatierende körpereigene Substanz) und auf neuralem Weg durch β-Stimulation.
- Bei massiv ***erhöhtem proximalen Coronarwiderstand*** bzw. bei hochgradigen Stenosen eines extramuralen Coronarastes genügt die Durchblutung noch in Ruhe, sie ist jedoch bei gesteigertem O_2-Bedarf limitiert bzw. auch durch maximale arterioläre Dilatation kann die Entstehung der Ischämie nicht verhindert werden (Abb. 24); es besteht eine Coronarinsuffizienz.

Ursachen der Coronarinsuffizienz

- ***Coronarsklerose, fixierter Widerstand, Belastungsinsuffizienz.*** Die Ischämie wird hier primär bei ***gesteigertem Sauerstoffbedarf*** manifest. Experimente beim Tier wie beim Menschen in Ruhe und unter Belastungsbedingungen bzw. bei erhöhtem O_2-Bedarf durchgeführte Flußmessungen haben gezeigt, daß in Ruhe Stenosierungen der extramuralen, epikardialen großen Coronaräste von mehr als 80% des Gefäßdurchmessers, unter Belastung bereits von mehr als 50% zu einer Abnahme des Ruheflusses bzw. zu einer ungenügenden Steigerung des Belastungscoronarflusses führen. Bei hochgradigen Stenosierungen ist beim Menschen die ***Coronarreserve*** (= maximaler Flußanstieg in einem normalen oder stenosierten Coronargefäß, z. B. bei Belastung oder pharmakologischer arteriolärer Dilatation) auf ca. 30% der Norm eingeschränkt; dies gilt sowohl für die noch antegrade Durchblutung bei subtotaler wie auch für die kollaterale Durchblutung des poststenotischen Abschnittes bei vollständiger

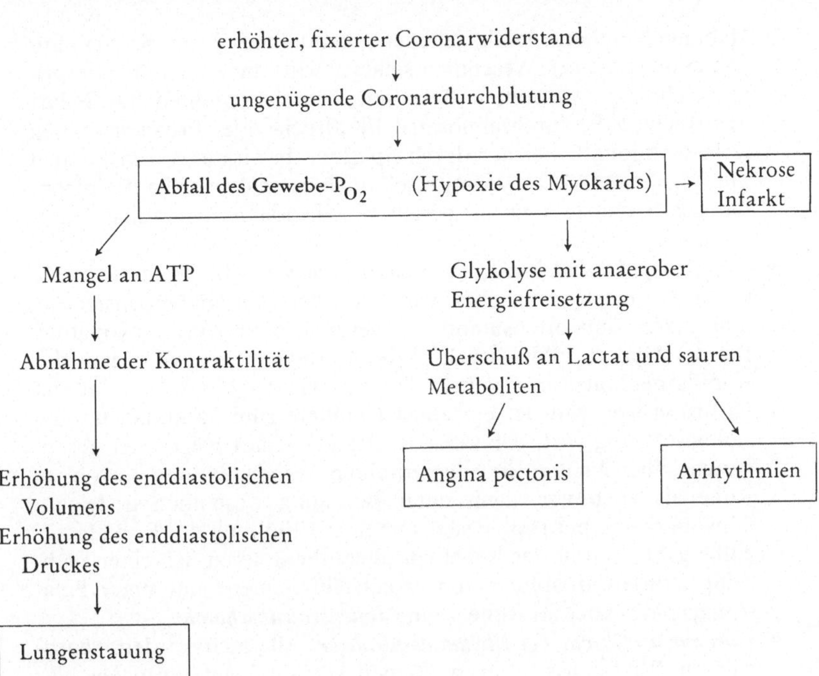

Abb. 24. Coronarinsuffizienz

proximaler Stenosierung. Je nach Belastungsgrad resultiert deshalb bei fixiertem, massiv erhöhtem Widerstand eine myokardiale Primärischämie der inneren, subendokardialen Schichten (Innenschichtischämie, im EKG mit ST-Senkung einhergehend), welche wegen der transmuralen Fluß-„Behinderung" als erste minderdurchblutet werden. Bei massiver Reduktion der Coronarreserve resultiert eine transmurale Ischämie (im EKG mit ST-Hebungen einhergehend); letztere findet sich in der Regel auch bei vollständigem Gefäßverschluß bzw. bei Infarkt.

- ***Coronarspasmus, Prinzmetal-Angina, Ruheinsuffizienz.*** Die Ischämie ist hier primär durch eine ***ungenügende bis fehlende O_2-Zufuhr*** bei noch normalem (Ruhe), also nicht erhöhtem Bedarf bedingt. Eine häufige Ursache der Ruheinsuffizienz sind ***Spasmen*** der großen extramuralen Äste, vor allem der rechten Coronararterie, des Ramus interventricularis anterior und Ramus circumflexus. Die daraus resultierende ***Ischämie*** ist in der Regel ***transmural*** (mit ST-

Hebungen einhergehend), seltener subendokardial (mit ST-Senkungen einhergehend). Wesentlich seltener wird die Ruheischämie primär, ähnlich wie unter Belastung, durch erhöhten O_2-Bedarf verursacht, z.B. durch abnormen Blutdruck- oder Frequenzanstieg (z.B. emotional). Bei der durch Spasmen bewirkten Form können die Coronargefäße angiographisch noch normal sein; häufig pfropfen sich Spasmen aber auf bereits bestehende geringgradige Stenosen auf.

- ***Primär myokardial bedingte Coronarinsuffizienz.*** Hier liegt stets eine massive Linkshypertrophie vor, z.B. bei Aortenklappenstenose, muskulärer Subaortenstenose, Hypertonie oder Kardiomyopathie. Bei der Hypertrophie „wächst" das Coronarsystem, vor allem das Kapillarnetz nicht in gleichem Ausmaß wie der Muskel, so daß der Diffusionsweg von der einzelnen Capillare zum Sarkomer unphysiologisch lang wird. Überdies ist der O_2-Bedarf wegen der gesteigerten Muskelmasse und der erhöhten Wandspannung sowohl in Ruhe als auch vor allem unter Belastung wesentlich gesteigert. Obwohl die Hypertrophie stets mit einer Erhöhung des Ruheflusses einhergeht, sind in der Regel vor allem die inneren Schichten frühzeitig minderdurchblutet und es entsteht - zuerst nur unter Belastung, später auch in Ruhe - eine ***Innenschichtischämie.***
- ***Coronarinsuffizienz bei Rhythmusstörungen.*** Alle tachykarden, ventriculären Rhythmusstörungen können sowohl beim normalen, vor allem aber beim geschädigten Myokard rasch zur Coronarinsuffizienz führen. Ursachen sind die starke Verkürzung der Diastolendauer einerseits sowie die Erhöhung der Herzfrequenz und Kontraktilität andererseits, häufig verbunden mit einer Zunahme des enddiastolischen Volumens und der Herzgröße, alles Faktoren, welche den O_2-Bedarf erheblich erhöhen. Als erstes resultiert wiederum eine Innenschichtischämie, die nicht zuletzt durch die Erhöhung des enddiastolischen Ventrikeldruckes bei erhöhtem enddiastolischen Volumen mitbedingt ist.
- ***Anämie.*** Anämie, wenn sie erhebliche Ausmaße annimmt (weniger als 6 g Hb/dl) oder akut auftritt, kann - wegen ungenügender O_2-Transportkapazität - ebenfalls zu Innenschichtischämie führen, obwohl in der Regel der Coronarfluß deutlich erhöht ist. Dies gilt insbesondere für die akute, weniger für die chronische Anämie, welche über erhebliche Kompensationsmechanismen verfügt.

Folgen der Myokardischämie

Die akute Ischämie des Myokardes kann - vor allem bei vollständigem Coronarverschluß durch einen Plättchenthrombus bei vorbestehender hochgradiger Stenose - zum Herzinfarkt bzw. zur Myokardnekrose führen; dies ist in der Regel der Fall, wenn der vollständige Verschluß länger als 1 h andauert und sich keine kollaterale poststenotische Durchblutung ausgebildet hat bzw. der vollständige Verschluß rasch entstanden ist. Häufig sind die akute Ischämie und deren Folgen jedoch reversibel.
Die wesentlichsten Folgen der akuten und chronischen Myokardischämie sind Rhythmusstörungen, Reduktion der Kontraktionskraft und anginöser Herzschmerz (Abb. 24).

Rhythmusstörungen. Die akute schwere Myokardischämie mit oder ohne Ausbildung eines Infarktes stellt heute beim Erwachsenen die häufigste Ursache des ***plötzlichen Herztodes*** (sudden cardiac death) dar. Bei normalem Myokard und His-Purkinje-System führt die akute Ischämie zu massiven elektrophysiologischen Veränderungen, vor allem zur Verkürzung des Aktionspotentials, zur Verlangsamung der Depolarisationsgeschwindigkeit der Zellen und damit zur Verminderung der Leitungsgeschwindigkeit im Gewebe. Überdies sind die diastolischen Nachschwankungen ausgeprägt (Oszillationen der Phase 4), wodurch die Automatizität gesteigert wird. Das Substrat zur Entstehung von Extrasystolen und des „Reentrymechanismus" ist damit gegeben. Kammertachykardie und Kammerflimmern können aus diesen Gegebenheiten entstehen. Analoge Verhältnisse finden sich auch beim chronischen Infarkt, beziehungsweise bei Vorhandensein größerer Narbenbezirke. Hier führen überlebende Purkinje-Zellen über ähnliche Mechanismen wie bei der akuten Ischämie, vor allem im Randbereich des Infarktareales, wiederum zu Extrasystolie, Kammertachykardie und Kammerflimmern.

Reduktion der Kontraktionskraft

- ***Akute Ischämie.*** Als Folge der mangelnden O_2-Zufuhr kann nicht mehr genügend ATP für den Kontraktionsmechanismus bereitgestellt werden; gleichzeitig werden aufgrund des anaeroben Metabolismus und der dadurch bedingten überschießenden Produktion von Milchsäure H^+-Ionen in großer Menge freigesetzt, welche das Calcium am Troponin-Tropomyosin-Komplex bzw. an der Kontaktstelle zwischen Myosin und Aktin verdrängen und damit ebenfalls die Kontraktion unmöglich machen. Die ischämische Muskelregion fällt deshalb sehr schnell, innerhalb von Minuten, für die Kontraktion aus und wird akinetisch oder sogar dyskinetisch (systolische Ausbuchtung, paradoxe Bewegung). Global resultiert in der Regel - je nach Größe des ischämischen Areales und seines Anteils an der Gesamtkontraktion (vor allem bei Vorderwandischämie) - eine abnorme Zunahme des enddiastolischen Volumens und in der Folge vor allem des enddiastolischen Druckes, der unter Belastung in der Regel auf Werte von 20-30 mmHg und mehr ansteigt. Gleichzeitig resultiert eine Abnahme der Auswurffraktion (Relation zwischen Schlagvolumen und enddiastolischem Volumen (SV/EDV)). Damit einhergehend findet sich eine Zunahme der enddiastolischen Faserspannung und Versteifung des gesamten linken Ventrikels (Abnahme der diastolischen Compliance bzw. starke Druckerhöhung bei geringer Volumenzunahme). Die Erhöhung des linksventriculären, enddiastolischen und damit des linken Vorhofdruckes führt zu Lungenstauung und Dyspnoe, nicht selten ein erstes klinisches Zeichen der Ischämie.

- ***Chronische Ischämie, chronischer Infarkt, Narbe.*** Bei ausgedehnter Myokardnarbe kann unter Belastung, auch ohne zusätzliche Ischämie, ebenfalls eine massive Erhöhung des enddiastolischen Druckes resultieren, vor allem wenn das restliche, noch normale Myokard nicht in der Lage ist, eine abnorme Erhöhung des enddiastolischen Volumens zu vermeiden bzw. das Schlagvolumen aufrecht zu erhalten. Auch hier erfolgt dann eine abnorme Zunahme des enddiastolischen Druckes und Abnahme der Auswurffraktion. Der Belastungstest vermag somit lediglich aufgrund der hämodynamischen Befunde nicht zwischen Myokardnarbe und Ischämie zu unterscheiden.

Angina pectoris. Der Herzschmerz - lokalisiert retrosternal, in der linken Schulter, ausstrahlend in den linken Arm, in den Rücken, in den Oberbauch - tritt in der Regel 1-2 Minuten nach Ischämiebeginn auf. Er wird ausgelöst durch die erhöhte Konzentration saurer Metabolite, welche die intrakardialen sensiblen Nervenendigungen reizen. Wichtig ist festzuhalten, daß Angina pectoris während Belastung stets Ausdruck einer bereits schweren und länger dauernden Ischämie ist. In der Regel liegt bereits eine deutliche abnorme Erhöhung des enddiastolischen Druckes und eine Innenschichtischämie vor. Die typische Belastungsabhängigkeit, der rasche Rückgang in Ruhe und das häufige Auftreten von Angina pectoris bei gleichstarker Belastung (gleiches Frequenz-Druck-Produkt) sind deutliche Hinweise auf Myokardischämie. Oft ist die Myokardischämie aber schmerzlos („stumm“).

2.4.2 Hypertonie im Körperkreislauf

Die Hypertonie ist definiert als ein Zustand dauernder, abnormer Blutdruckerhöhung. Die Grenzen gegenüber dem normotonen Bereich basieren auf statistischen Untersuchungen, welche vor allem die altersabhängige, durch progressive Arteriosklerose bedingte Blutdruckzunahme mitberücksichtigen. Die Blutdruckmessungen sind deshalb nicht nur liegend, sondern vor allem auch stehend zu überprüfen (orthostatische Hypotonie). Wesentlich für Pathophysiologie und Diagnostik ist vor allem die Erhöhung des diastolischen Aortendruckes; als oberer Grenzwert werden allgemein 95 mm Hg angenommen. Die obere Grenze des für die Diagnose weniger entscheidenden systolischen Druckes liegt bei 150 mm Hg.

Einteilung der Hypertonien

Hämodynamisch lassen sich 2 Typen unterscheiden (Tabelle 21):

- ***Widerstandshochdruck***, gekennzeichnet vor allem durch dauernde Erhöhung des diastolischen Druckes (über 95 mm Hg) sowie des

Tabelle 21. Einteilung der Hypertonien (Werte in Ruhe)

	Widerstandshochdruck	Volumenhochdruck
Diastolischer Druck	Erhöht (über 95 mm Hg)	Normal, evtl. erniedrigt
Systolischer Druck	Normal oder erhöht (über 150 mm Hg)	Erhöht (über 150 mm Hg)
Pulsamplitude	Normal	Vergrößert
Peripherer Widerstand	Erhöht (über 2000 dyn s cm^{-5})	
Herzzeitvolumen	Normal	Erhöht
	Essentielle Hypertonie Renale Hypertonie Coarctatio aortae Arteriosklerose[a] Erkrankungen des ZNS (erhöhter intrakranieller Druck) Phäochromocytom Schwangerschaftstoxikose Porphyrie	Hyperthyreose Aorteninsuffizienz Arteriovenöse Fisteln Primärer Aldosteronismus[a] Morbus Cushing

[a] z. T. auch Volumen- bzw. Widerstandshochdruck.

peripheren Widerstandes (über 2000 dyn s cm^{-5}) bei normalem Herzzeitvolumen,

- ***Volumenhochdruck,*** charakterisiert durch systolische Druckerhöhung (über 150 mm Hg), oft einhergehend mit erhöhtem Herzzeitvolumen und Blutvolumen bei normalem oder erniedrigtem peripheren Gefäßwiderstand. Der „Volumenhochdruck" ist - da der periphere Widerstand normal ist - *nicht* zur eigentlichen Hypertoniekrankheit zu rechnen und bedarf in der Regel auch keiner drucksenkenden Therapie.

Essentielle (primäre) Hypertonie (Abb. 25). Die spezifische Ursache dieser Hypertonieform konnte bisher nicht geklärt werden. Es ist anzunehmen, daß der Entwicklung der essentiellen Hypertonie ein multifaktorieller Prozeß zugrunde liegt. Veränderungen im sympathischen System und im Renin-Angiotensin-Aldosteronsystem spielen eine wesentliche Rolle. Als begünstigende Faktoren wirken genetische Prädisposition, Arteriosklerose, Ernährungsgewohnheiten (Natriumaufnahme, Fettzufuhr, Überernährung) sowie der Lebensrhythmus. Über noch nicht genau geklärte Mechanismen, Hemmung der Natriumausscheidung durch den atrialen natriuretischen Faktor oder durch einen Defekt im Natriumtransport durch die Zellmembran, kommt es bei der essentiellen Hypertonie zu einer ***Zunahme des intrazellulären Natriums.*** Zusammen mit einer gleichzeitigen Zunahme der intrazellulären Ca^{2+}-Konzentration kommt es zum Anstieg von Tonus und Reaktionsbereitschaft der glatten Gefäßmuskulatur und damit zum ***erhöhten Widerstand in den peripheren Gefäßen,*** welcher als hämodynamische Hauptveränderung der manifesten Hypertonie zu beschreiben ist. Die Diagnose einer essentiellen Hypertonie wird durch Ausschluß einer sekundären Hypertonie gestellt.

Sekundäre Hypertonie. Als sekundäre Hypertonie werden all jene Formen des Widerstandhochdrucks oder des Volumenhochdrucks bezeichnet, deren Ursache bekannt ist. Zu beachten sind renale Hypertonie, Coarktation, Arteriosklerose insbesondere bei Nierenarterienstenose, Phächromozytom, Schwangerschaftstoxikose, Porphyrie, primärer Aldosteronismus, Morbus Cushing, kardialer Schlagvolumenhochdruck (Aorten-Insuffizienz, extreme Bradykardie) und Erkrankungen des zentralen Nervensystems (erhöhter intrakranialer Druck).

Auswirkungen auf das Herz. Mit der chronischen Steigerung des peripheren Gefäßwiderstandes ist auch der Widerstand gegenüber der systolischen Austreibung dauernd erhöht (Erhöhung des afterload). Dies bedingt eine chronische Erhöhung des systolischen und enddia-

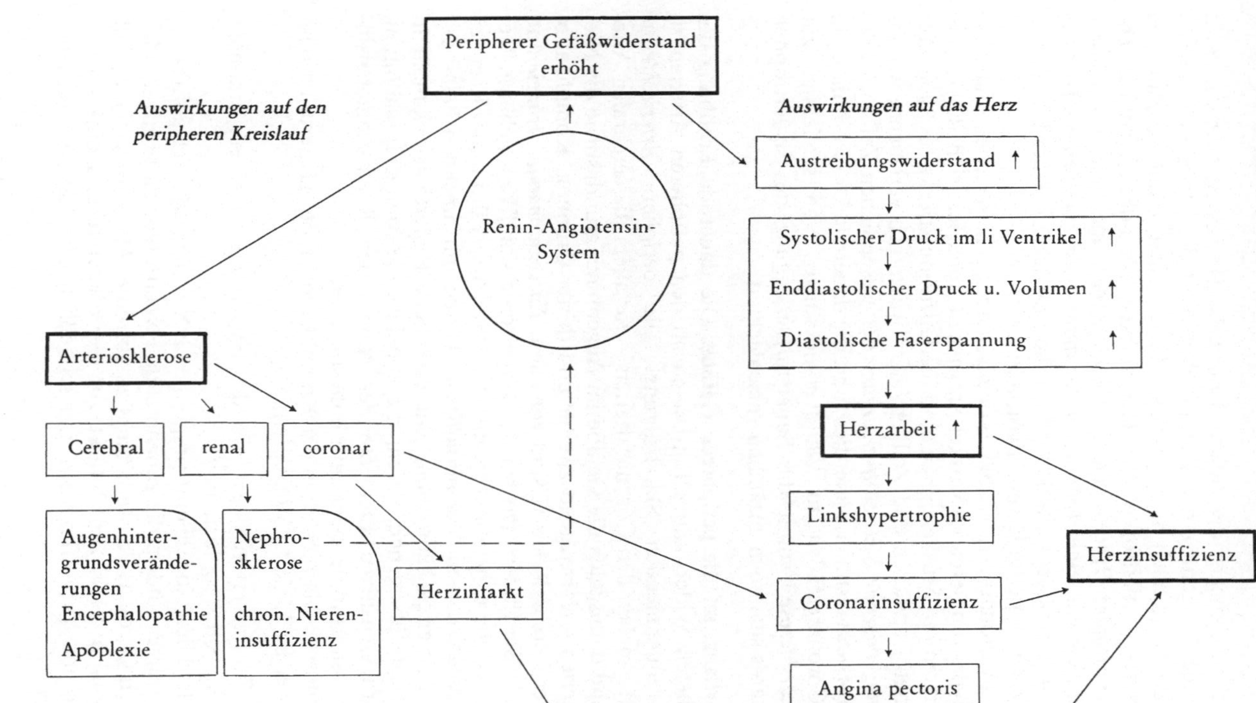

Abb. 25. Essentielle Hypertonie

stolischen Druckes des linken Ventrikels. Die damit einhergehende dauernde Steigerung der Kontraktilität und der Herzarbeit führt - über bis heute noch nicht geklärte Mechanismen - mit zunehmender Dauer zur Hypertrophie des Herzmuskels der linken Kammer. Die ***linksventriculäre Hypertrophie*** ist bei längerer Dauer und erheblichem Grade stets von einer (latenten oder manifesten) ***Insuffizienz des Myokards*** gefolgt. Zwei Gründe sind für die Entwicklung einer Linksinsuffizienz bei Hypertonie verantwortlich:
Da das Coronar- resp. Capillarsystem sich nicht im gleichen Maße wie der hypertrophierende Muskel entwickelt, reduziert sich die Anzahl Capillaren pro Muskeleinheit, und die Diffusionsstrecke für Sauerstoff zwischen Capillaren und Zellkern wird wesentlich verlängert, woraus eine ***ungenügende Sauerstoffversorgung*** der wesentlichen Zellstrukturen ***des Myokards*** resultiert; überdies führt die dauernde Druckerhöhung in den Coronargefäßen zu Wandveränderungen und schließlich zur ***Coronarsklerose,*** womit die Sauerstoffversorgung des hypertrophen Myokards sich noch zusätzlich verschlechtert.

Auswirkung auf die peripheren Gefäße. Die dauernde Erhöhung des peripheren Widerstandes führt auch an den peripheren Arterien zu einer zunehmenden Sklerosierung. Die periphere ***Arteriosklerose*** betrifft - neben den Coronararterien - vor allem die cerebralen Arterien und damit auch die Gefäße im Augenhintergrund, sowie die Nierenarterien - vorwiegend zweiter und dritter Ordnung. Komplikationen der Cerebralsklerose sind vor allem ***Encephalopathie, -rrhagie*** und ***-malacie.*** Sie finden sich bei der Hypertonie signifikant gehäuft. Der Befall der Nierengefäße resp. die Nephrosklerose führt in der Regel zu einer progredienten ***Niereninsuffizienz.*** Durch zunehmenden Befall der renalen Arterien kann somit eine essentielle Hypertonie sekundär in eine renale übergehen, indem die zunehmende Mangeldurchblutung der drucksensitiven Elemente der Nieren den Renin-Angiotensin-Mechanismus in vermehrtem Maße stimuliert.
Die klinische Manifestation der Komplikationen der Hypertonie zeigt sich in erster Linie an 3 Organen:

- am Zentralnervensystem, wo die Hypertonie zu einem erhöhten Risiko von Apoplexie führt
- an der Niere, indem eine progrediente Niereninsuffizienz auftritt
- am Herzen, indem die zunehmende Hypertrophie zu relativer, oder durch Coronarsklerose bedingt zu absoluter Myokardischämie und Angina pectoris, zum Infarkt, zur Herzdilatation und Linksinsuffizienz mit Vorhofflimmern und schließlich zum Linksherzversagen führt.

3 Wärmehaushalt und Temperaturregulation

3.1 Physiologische Grundlagen

Die normalen Funktionen homöothermer Lebewesen sind an eine konstante Temperatur des Körperkernes gebunden. Die normale Temperatur des Menschen beträgt 36,5-37,5 °C. Der Wärmefluß erfolgt vom Kern nach außen und in den Extremitäten von oben nach unten. Das Blut ist das Transportmedium für die Wärme. Die Temperatur der Vorderarme und Unterschenkel sinkt bei tiefen Außentemperaturen unter 30°. Bei hoher Außentemperatur sind die rumpfnahen Teile der Extremitäten praktisch gleich warm wie der Rumpf. Die Kerntemperatur wird axillär, zuverlässiger oral oder rectal gemessen.
Die ***Wärmeproduktion*** des nüchternen Menschen entspricht bei indifferenter Außentemperatur von 30 °C und einer Körpertemperatur von 37 °C dem ***Grundumsatz.*** Die Wärmeproduktion korreliert mit der Körperoberfläche, nimmt mit zunehmendem Alter ab und ist bei Frauen ca. 5% kleiner als bei gleich großen und gleich schweren Männern. Der Grundumsatz beträgt beim Kleinkind 5000 kJ/m^2/24 h (1 kJ = 0,239 kcal) und beim Erwachsenen 3350-4190 kJ/m^2/24 h. Mit dem Wachstum nehmen Volumen und Gewicht stärker zu als die Körperoberfläche, womit sich die Wärmeabgabe pro kg Körpergewicht beträchtlich vermindert. Diese Wärmeabgabe beträgt beim Neugeborenen ca. 250 kJ/kg/24 h, beim Erwachsenen noch ca. 105 kJ/kg/24 h. Neugeborene und Kleinkinder unterkühlen bei tiefen Außentemperaturen schneller als Erwachsene.
Die Wärme entsteht beim Stoffwechsel vor allem in der Leber- und Muskelzelle. Werden, wie unter Grundumsatzbedingungen, Kohlenhydrate, Fett und Eiweiß verbrannt, so entspricht die Aufnahme von 1 Liter O_2 der Produktion von 20,56 kJ. Adrenalin und Thyroxin erhöhten die Wärmeproduktion unter Ruhebedingungen. Die Muskulatur hat einen thermomechanischen Wirkungsgrad von ca. 20%. Bei körperlicher Arbeit nimmt die Wärmeproduktion beträchtlich zu.
Die ***Temperatur des Körperkernes*** zeigt einen ***Tagesrhythmus*** mit einem Minimalwert morgens 6.00-7.00 Uhr und einen um 1,0-1,5 °C höheren Maximalwert abends zwischen 18.00-19.00 Uhr, weshalb für die Beur-

teilung des Temperaturverlaufes immer die Morgen- und Abendtemperaturen registriert werden. Bei Frauen variiert die Körpertemperatur zusätzlich mit dem Menstruationszyklus. Mit der Ovulation steigt die Temperatur plötzlich um 0,5 °C an und sinkt nach der Menstruation wieder langsam ab, bleibt aber bei der Gravidität auf dem höheren Niveau der Ovulation einreguliert. Im Verlaufe der Schwangerschaft nimmt der Grundumsatz zu und ist am Ende der Gravidität gegenüber dem Beginn um ca. 20% erhöht.

Fasten und Hungern führen zu einer leichten Senkung der Körpertemperatur und damit zu einer Verminderung des Grundumsatzes. Dieser Effekt erklärt, weshalb die Gewichtsabnahme bei kalorienfreier oder kalorienarmer Diät geringer ist als es dem Defizit an zugeführten Kalorien entsprechen würde.

Beträgt die Lufttemperatur weniger als 35 °C, so wird von der nicht durch Kleidung isolierten Körperoberfläche Wärme abgegeben. Diese Abgabe erfolgt an der ruhenden Grenzschicht durch Wärmeleitung, bei bewegter Luft durch Wärmekonvektion und unahängig von der Luft durch langwellige Wärmestrahlung. Eine erhebliche Wärmeabgabe erfolgt durch ***Verdunstung.*** Unter Ruhebedingungen werden durch die Haut (Perspiratio insensibilis) ca. 500 ml H_2O/24 h und mit der Atmung ebenfalls 500 ml H_2O/24 h abgegeben. Diese Verdunstung entspricht einer Wärmeabgabe von 2428 kJ/24 h. Mit sinkendem Siedepunkt in der Höhe nimmt die Wärmeabgabe durch Verdunstung zu.

Unter direkter Sonnenbestrahlung nimmt die Haut auch bei niedriger Lufttemperatur Wärme auf. Der ***Regelkreis*** für die Erhaltung einer konstanten Kerntemperatur besteht aus einem im Hypothalamus gelegenen ***Zentrum*** mit Verbindung zur Formatio reticularis, das auf die Bluttemperatur anspricht sowie auf in der Haut gelegenen ***peripheren Thermorezeptoren,*** die den Wärmeverlust anzeigen. Die Regulation erfolgt über die ***Hautdurchblutung,*** die ***Schweißproduktion*** und die ***Stimulation der quergestreiften Muskulatur*** (Tabelle 22).

Solange die Hauttemperatur etwas höher als die der umgebenden Luft ist, kann Wärme durch Verdunsten von Schweiß abgegeben werden. Mit der Produktion von Schweiß kann die Wärmeabgabe durch Verdunstung und Konvektion um ein Vielfaches vergrößert werden, was für die Erhaltung der Kerntemperatur bei schwerer Arbeit entscheidend ist. Die Schweißproduktion kann unter diesen Bedingungen mehrere Liter pro Stunde betragen, was ohne Flüssigkeitsersatz zu einer Dehydrierung führt. Die körperliche Arbeit ist das Beispiel einer ***physiologischen Wärmebelastung.*** Die Kerntemperatur steigt trotz Vervielfachung des Energieumsatzes nur leicht an. Im Zielkonflikt zwi-

Tabelle 22

Wärmebelastung	Kältebelastung
Vermehrte Wärmeabgabe durch:	Einschränkung der Wärmeabgabe durch:
Zunahme der Hautdurchblutung	Reduktion der Hautdurchblutung
Produktion von Schweiß	Vermehrte Wärmeproduktion durch:
	Erhöhter Muskeltonus und
	„Kältezittern"

schen Hautdurchblutung und Durchblutung der Muskulatur dominiert normalerweise die Temperaturregulation. Zwecks Erhaltung der Körpertemperatur nimmt schließlich die Perfusion der arbeitenden Muskulatur und damit ihre Leistungsfähigkeit zugunsten einer gesteigerten Hautdurchblutung ab.

Die ***Schweißdrüsen*** werden vom Sympathicus stimuliert, doch sind die postganglionären Fasern cholinergisch. Atropin hemmt die Schweißproduktion. Ein Überschuß an Thyroxin erhöht die Hautfeuchtigkeit und damit die Wärmeabgabe durch Verdunstung, während die Haut bei der Hypothyreose ausgesprochen trocken ist.

Die wesentlichen, das Klima beeinflussenden ***Umweltfaktoren*** sind: Lufttemperatur, Luftbewegung, Luftfeuchtigkeit, Sonnenscheindauer im Freien sowie Wandtemperaturen in den Räumen. Die feuchte und warme Luft in den Tropen erfordert gegenüber kalten Zonen eine stärkere Hautdurchblutung. Die dauernde Vasodilatation der Hautgefäße setzt eine Zunahme des Blutvolumens voraus, die durch eine gesteigerte Aldosteronausschüttung und damit vermehrte Na^+- und H_2O-Retention zustandekommt. Im Falle einer Venendruckerhöhung, z.B. wegen Rechtsherzinsuffizienz, treten in den Tropen früher und vermehrt Ödeme auf als in kalten Zonen.

3.2 Pathophysiologie

3.2.1 Hyperthermie

Fieber. Exogene „Pyrogene", z.B. bakterielle Endotoxine und endogene Pyrogene aus Leukozyten oder dem Eiweißabbau stammend, bewirken eine Erhöhung des Regulationspegels für die Kerntemperatur. Die normale Außentemperatur löst die Reaktion der Kältebelastung - ***Schüttelfrost*** - aus. Die zur Entfieberung führende vermehrte

Wärmeabgabe durch eine gesteigerte Hautdurchblutung mit ***Schweißausbruch*** entspricht der Reaktion auf eine Wärmebelastung.
Fieber bedeutet auch eine ***Erhöhung des Grundumsatzes,*** der um ca. 12% pro 1 °C Temperaturerhöhung zunimmt. Sind Appetit und Nahrungsaufnahme gestört, so führt jede febrile Erkrankung zu einem beträchtlichen Gewichtsverlust.
Bei jeder Hyper- und Hypothermie sind im Blut Veränderungen zu beobachten (Tabelle 23).
Die Malaria ist ein Beispiel, daß Kerntemperaturen von 41-42 °C unter Ruhebedingungen hinsichtlich Kreislauf und Wasserhaushalt gut toleriert werden. Bei derartigen Temperaturen entstehen auch noch keine definitiven Zellschäden.
Man unterscheidet nach dem Tagesablauf der Temperatur verschiedene ***Fiebertypen:***

- ***Continua:*** Erhöhung des Pegels mit normalen Differenzen von ca. 1 °C zwischen Morgen und Abend, z. B. beim Typhus abdominalis.
- ***Remittierend:*** Temperaturdifferenzen zwischen Morgen und Abend 2 °C, aber auch morgens febril, z. B. Tuberkulose.
- ***Intermittierend:*** Temperaturdifferenzen zwischen Morgen und Abend größer als 2 °C, morgens afebril, z. B. bei Sepsis.
- ***Periodisch:*** Afebrile Tage wechseln mit febrilen Tagen, regelmäßig bei Malaria, unregelmäßig mit mehreren Tagen bis Wochen dauernden febrilen und afebrilen Perioden, z. B. beim Morbus Bang.

Maligne Hyperthermie. Sehr selten steigt die Körpertemperatur während einer Narkose mit ca. 2 °C/h an. Diese ätiologisch noch unklare maligne Hyperthermie (Hyperpyrexie) hat eine sehr hohe Letalität, falls die Narkose nicht sofort abgebrochen und eine Abkühlung eingeleitet wird. Schwere Muskelarbeit unmittelbar vor der Narkose (Sport-

Tabelle 23. Veränderte Blutparameter bei Hyper- und Hypothermie

	Hyperthermie	Hypothermie
Affinität des Hb zum O_2	↘	↗
pH	↘	↗
Kalium	↗	↘
Glucose	↘	↗
Viscosität	↘	↗
Hämatokrit	↘	↗
Leukozyten	↗	↘

verletzungen, Unfälle am Arbeitsplatz) scheint das Auftreten der malignen Hyperthermie zu begünstigen.

Verbrennung. Steigt die Temperatur über 42 °C, ist mit Zellschädigungen und Nekrosen zu rechnen. Bei erhöhter Capillardurchlässigkeit entwickeln sich ein interstitielles Ödem und Mikroblutungen. Ausgedehnte Ödeme führen ohne Plasmaersatz zum hypovolämischen Schock. Hämolyse und in das Blut eingeschwemmte Zellpartikel bzw. Eiweißabbauprodukte gefährden die Nierenfunktion. Bei lokalen Verbrennungen bleibt die Körpertemperatur normal.

Wärmestauung bei besonderen klimatischen Verhältnissen. Überschreitet die Eigenproduktion von Wärme oder die Wärmezufuhr von außen die Möglichkeiten der Wärmeabgabe, so steigt die Temperatur je nach Bedingungen lokal oder allgemein an. Maximale Hautdurchblutung und Schweißproduktion unterscheiden diese mit den Umweltbedingungen zusammenhängende Hyperthermie vom endogenen Fieber (Abb. 26).

Sonnenbrand und ***Sonnenstich*** sind Beispiele für lokale Wärmestauungen mit Gewebsnekrosen im Bereich der Haut bzw. der Meningen und des Gehirns. Die durch Strahlung zugeführte Energie trifft das Gewebe direkt. Lufttemperatur und -feuchtigkeit spielen keine Rolle. Die Durchblutung der betroffenen Gebiete wird massiv gesteigert.

Schwere körperliche Arbeit geht immer mit einer Steigerung der Hautdurchblutung zwecks Erhaltung der Körpertemperatur einher. Hohe Lufttemperatur und -feuchtigkeit steigern die regulatorische Hautdurchblutung und Schweißproduktion. Damit erhöht sich das Risiko für Kreislaufzusammenbrüche. Beim ***Hitzekollaps*** nach einer mehrere Minuten dauernden körperlichen Leistung handelt es sich um die Kombination der sich aus der Muskelerschlaffung resultierenden Dilatation der Venen mit einer leichten Hypovolämie wegen Dehydrierung. Bei fortgeschrittener Dehydrierung entwickelt sich ein ***hypovolämischer Schock mit Anurie,*** der eine Substitution mit Plasmaexpandern erfordert. Der Schock mit Mangeldurchblutung der lebenswichtigen Organe produziert aber eine „Zentralisation" des Kreislaufes, d. h. eine Vasoconstriction im Bereich der Haut. Der ***„Hitzschlag"*** entspricht etwa diesem Circulus vitiosus: gefährlicher Anstieg der Kerntemperatur wegen gesteigerter Wärmeproduktion und verminderter Wärmeabgabe durch die Haut infolge Zentralisation des Kreislaufes bei Hypovolämie. Die Therapie erfordert nicht nur eine intravenöse Flüssigkeitssubstitution, sondern auch eine Abkühlung des ganzen Körpers.

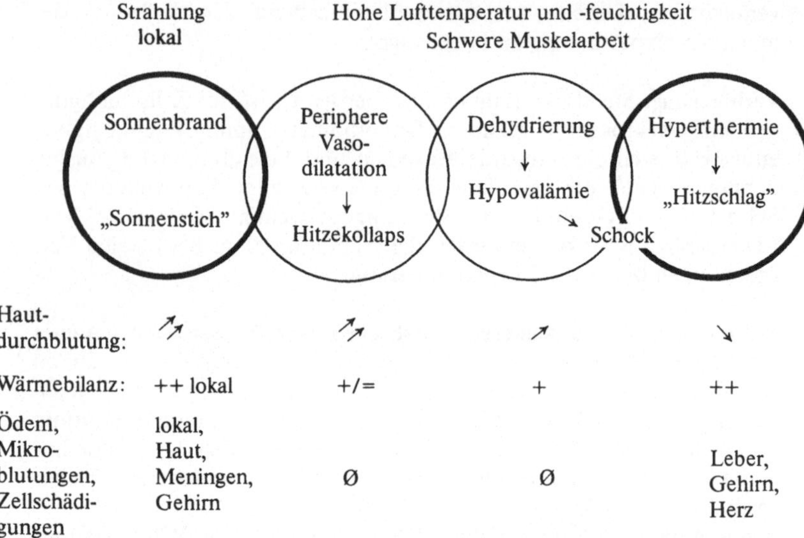

Abb. 26. Wärmebelastung und Klima. Sonnenbrand und Wärmestauung führen zu Zellschädigungen. Der Hitzekollaps ist harmlos. Der hypovolämische Schock infolge Dehydrierung kann wegen der peripheren Vasoconstriction eine gefährliche Wärmestauung einleiten. Die Grenzen der 4 Situationen überschneiden sich

3.2.2 Hypothermie

Erfrieren. Sinkt die Kerntemperatur unter 35 °C, so spricht man von Hypothermie, die nur durch Unterkühlung, also durch entsprechende ***Umweltfaktoren*** erreicht wird. Bei 32 °C ist der Unterkühlte noch ansprechbar, kann sich aber später nicht mehr an dieses Ereignis erinnern. Ungefähr ab 28–25 °C kommt es zu ***Areflexie, Atemstillstand*** und ***Asystolie*** oder ***Kammerflimmern.*** Bei jeder Hypothermie wird der Metabolismus der unterkühlten Gewebe reduziert. Der O_2-Verbrauch beträgt bei 30 °C noch ca. ½, bei 25 °C noch ca. ⅓ des normalen Ruhewertes. Damit ergibt sich eine erhöhte Toleranz der Organe gegenüber einer Hypoxie.

Die Pulsfrequenz nimmt schon bei mäßiger Hypothermie deutlich ab, während der periphere Blutdruck erst bei tiefer Hypothermie absinkt.

Die ***lokale Kälteeinwirkung*** bewirkt durch Gefäßconstriction und wegen der erhöhten Affinität des Hb zum O_2 eine lokale Anoxie. Die anoxische Zellschädigung führt zu Ödem, Blasenbildung und Nekrosen.
Muskelarbeit mit einem Wirkungsgrad von ca. 20% schützt wegen der großen Wärmeproduktion vor der Unterkühlung. Die gefährliche Hypothermie des Körperkernes entwickelt sich während körperlicher Ruhe, z.B. während des Schlafes. Dem ***Erfrierungstod*** bei tiefen Lufttemperaturen geht in der Regel eine Erschöpfung als Folge großer körperlicher Leistungen oder eine durch Verletzungen erzwungene Inaktivität voraus. Die zum Erfrierungstod führende Inaktivität kann auch durch Alkohol und Sedativa provoziert werden.
Wegen der im Vergleich zur Luft sehr großen Wärmeleitfähigkeit des Wassers ist die ***Wärmeabgabe*** durch Konvektion ***beim Schwimmen*** sehr groß. Ein dickes subcutanes Fettpolster verzögert die Unterkühlung. Das Schwimmen in sehr kaltem Wasser erfordert einen größeren Kraftaufwand als in warmem Wasser, weil die Viscosität des Wassers mit sinkender Temperatur zunimmt. Die dynamische Viscosität beträgt bei 0 °C das 1,8fache des Wertes bei 20 °C. Wegen der in sehr kaltem Wasser ohnehin beeinträchtigten O_2-Versorgung der Extremitäten kann der Ertrinkungstod infolge Erschöpfung der lebensgefährlichen Hypothermie vorausgehen.
Das warme Bad ermöglicht die wirksamste und schonendste Wiedererwärmung.

Künstliche Hypothermie. Bei der künstlichen Hypothermie zwecks Vermeidung irreversibler Schäden des Gehirns und des Myokards während einer Kreislaufunterbrechung wird die Körperwärme von außen durch ein Eisbad oder auch von innen durch Perfusion mit kaltem Blut entzogen. Narcotica unterdrücken die zentrale Stimulation der Temperaturregulation. Muskelrelaxantien verhindern die Wärmeproduktion durch Muskelzittern. Bei mäßiger Hypothermie von 28–30 °C beträgt die Toleranz des Gehirns gegenüber einer Unterbrechung der Durchblutung 10 min, bei tiefer Hypothermie von 18–20 °C ca. 20 min.

4 Blut

4.1 Physiologie der Erythrocyten, Hämoglobin

Der Erythrocyt ist eine annähernd runde, bikonkave Scheibe von 7,0–7,8 μm (Mittel 7,4 μm) Durchmesser und 2,5 μm Maximaldicke. Die Gesamtoberfläche aller zirkulierenden Erythrocyten, welche beim Erwachsenen zum Gasaustausch zur Verfügung steht, beträgt etwa 3500 m^2. Das Hämoglobin macht als wichtigstes Element 95% der Trockensubstanz der Zelle aus. Es ist der eigentliche Träger des Sauerstoffs und des Hauptanteils der Kohlensäure. Zudem wirkt es als Puffer. Die wichtigsten ***Bestandteile des Erythrocyten*** sind:

- Hämoglobin
- Zellstroma
- Zellmembran
- Enzyme und Energieüberträger der anaeroben und oxidativen Glykolyse von der Glucose bis zur Milchsäure nebst reduziertem und oxydiertem Glutathion
- Blutgruppenantigene.

Am Aufbau dieser Bestandteile sind folgende Substanzen beteiligt:

- Eisen
- Vitamin B_{12}
- Folsäure
- Pyridoxin (Vitamin B_6)
- Vitamin C
- Aminosäuren
- Essigsäure und Glycin
- Lipide

Beim erwachsenen Mann beträgt der tägliche Eisenbedarf 1 mg (18 μmol), bei der Frau 3 mg (54 μmol), während der Bedarf an Vitamin B_{12} lediglich 1 μg (0.74 nmol) und derjenige an Folsäure 25–50 μg (57–114 nmol) pro Tag ausmachen.
Das Hämoglobin besteht aus dem eisenhaltigen Häm und dem Globin. Jedes ***Hämoglobinmolekül*** umfaßt 4 Häm-Gruppen. Das Eisen

liegt im Protoporphyrinring des Häms in 2wertiger Form vor. Das Globin besteht aus 4 Polypeptid-Ketten: 2 α-Ketten mit je 141 Aminosäuren und 2 β-Ketten mit je 146 Aminosäuren. Die Sequenz der beiden Ketten ist bekannt. Das Molekulargewicht des Hämoglobins beträgt 67000 D.

Der Erythrocyt enthält kein Glykogen und ist für die Aufrechterhaltung des ***Energiestoffwechsels*** auf die Zufuhr von Glucose angewiesen. Der Abbau derselben erfolgt zu etwa 90% über den anaeroben und zu etwa 10% über den oxidativen Weg. Die täglich von der Erythrocytenmasse eines Erwachsenen verbrauchte Glucosemenge ist klein und beträgt lediglich 15-20 g (83-111 mmol). Endprodukt der Glykolyse ist die Milchsäure, welche aus den Erythrocyten diffundiert. Die auf dem Wege der Glykolyse gewonnene Energie dient 2 Hauptzwecken:

- Aufrechterhaltung der funktionellen Integrität der Zellmembran, welche ihrerseits die Konstanz des intrazellulären Elektrolytmilieus gewährleistet und die Konstanz der Zellform sichert.
- Reduktion des dauernd aus Hämoglobin (Fe^{2+}-Hb) entstehenden Met-Hämoglobins (Fe^{3+}-Hb).

Die Energie zur Sicherung der zellulären Integrität und der intrazellulären Elektrolytkonstanz stammt vorwiegend aus der anaeroben Glykolyse, diejenige zur Reduktion von Met-Hb zu Hämoglobin aus dem oxidativen Pentosephosphatcyclus.

Für die Sauerstoffversorgung der Gewebe ist der Verlauf der ***Sauerstoffdissoziationskurve*** (Abb. 5, Kap. 1) bestimmend. Dieselbe wird durch pH und Temperatur beeinflußt. Als zusätzliches Regulationssystem der Sauerstoffaffinität des Hämoglobins wirkt das an der intraerythrocytären anaeroben Glykolyse beteiligte 2,3-Diphosphoglycerat ***(2,3-DPG).*** Sauerstoffbindungsvermögen des Hämoglobins und Konzentration des 2,3-DPG in den Erythrocyten verhalten sich umgekehrt proportional, d.h.: Hohe Konzentrationen von 2,3-DPG senken die Sauerstoffaffinität, führen zu einer Verschiebung der Sauerstoffdissoziationskurve nach rechts und erleichtern die Sauerstoffabgabe an das Gewebe; tiefe Werte von 2,3-DPG erhöhen die Affinität, verschieben die Sauerstoffdissoziationskurve nach links und erschweren die Sauerstoffabgabe. Die Zweckmäßigkeit dieser Relation läßt sich am besten bei Gewebshypoxien verschiedenster Genese illustrieren: Bei Höhenaufenthalt, bei Anämien, bei Hyperthyreose steigt die 2,3-DPG-Konzentration in den Erythrocyten merklich an, die Sauerstoffdissoziationskurve wird nach rechts verschoben und damit wird die Sauerstoffabgabe an das Gewebe erleichtert. Tiefe Plasma-Phosphat-Konzentrationen gehen mit einer Verminderung des 2,3-DPG-Gehaltes der

Erythrozyten einher und erhöhen damit die Sauerstoff-Affinität des Hämoglobins; dementsprechend ist die Sauerstoffabgabe an das Gewebe beeinträchtigt. Die mittlere Überlebensdauer der Erythrocyten beträgt 120 Tage. Der Abbau der roten Blutzelle erfolgt im reticuloendothelialen System der Milz, Leber und des Knochenmarkes.

4.2 Pathophysiologie der Erythrocyten. Anämien, Polyglobulie und Polycythämie

4.2.1 Definition und Einteilung der Anämien

Die Normalwerte für das Hämoglobin sind 16 ± 2 g/dl (9.9 ± 1.2 mmol/l) Blut für Männer und 14 ± 2 g/dl (8.7 ± 1.2 mmol/l) für Frauen. Eine Anämie liegt vor, wenn beim Manne das Hämoglobin unter 14 g/dl (8.7 mmol/l) und bei der Frau unter 12 g/dl (7.5 mmol/l) abfällt. Die genaue Charakterisierung der einzelnen Anämieformen bedingt eine gleichzeitige Bestimmung des Hämoglobingehaltes, der Erythrocytenzahl und des Hämatokrits. Aus diesen 3 Werten lassen sich wichtige Indices berechnen (Tabelle 24). Die Einteilung der Anämien nach Zellindices und Morphologie ist aus Tabelle 25 ersichtlich. Diese labortechnische Einteilung vermittelt dem Kliniker wichtige diagnostische Hinweise.
Von den verschiedenen Einteilungsmöglichkeiten der Anämien erscheint diejenige, welche auf der Kinetik der Erythroblasten und Erythrocyten basiert, für die Klinik am zweckmäßigsten.

Einteilung der Anämien auf pathophysiologischer Grundlage

- Hypoproliferative Formen (Kap. 4.2.3)
  - Hypoproliferative Anämien
  - Pancytopenien (Aplastische Anämien)
- Anämien infolge Mangel an Bau- und Wirkstoffen:
  - Eisenmangelanämie (Kap. 4.2.4)
  - Vitamin B_{12}-Mangel-Anämie (Kap. 4.2.6)
  - Folsäure-Mangel-Anämie (Kap. 4.2.6)
- Hämolytische Anämien (Kap. 4.2.7) infolge
  - zellulärer Störungen
  - extrazellulärer Störungen
  - Kombination zellulärer und extrazellulärer Störungen
- Anämien infolge multipler, pathogenetischer Störungen (Kap. 4.2.8)

Tabelle 24. Zellindices der Erythrocyten (Normwerte)

Mittlerer Hämoglobingehalt der Einzelerythrocyten

$$MCH = \frac{Hb\ (g/dl) \times 10}{Erythroc.\ (10^6)/mm^3} = 30 \pm 3\ pg$$

Mittlere Hämoglobinkonzentration in den Erythrocyten

$$MCHC = \frac{Hb\ (g/dl) \times 100}{Hämatokrit} = 33 \pm 2\ g/dl$$

Durchschnittliches Erythrocytenvolumen

$$MCV = \frac{Hämatokrit \times 10}{Erythroc.\ (10^6)/mm^3} = 90 \pm 8\ fl$$

MCH, mean corpuscular hemoglobin; *MCHC*, mean corpuscular hemoglobin concent; *MCV*, mean cell volume.

Tabelle 25. Einteilung der Anämien auf Grund von Morphologie und Zellindices

	Hämoglobin g/dl	Erythrocyten $10^6/mm^3$	Hämatokrit %	MCH pg	MCHC g/dl	MCV fl
Normwerte						
Mann	16 ± 2	5 ± 0.5	48 ± 4	30 ± 3	33 ± 2	90 ± 8
Frau	14 ± 2	4.5 ± 0.5	42 ± 4			
Normozytär normochrom (z. B. hypoproliferative Anämie)	↓	↓	↓	n	n	n
Mikrozytär hypochrom (z. B. Eisenmangel-Anämie)	↓	↓	↓	↓	↓	↓
Makrozytär normochrom (z. B. Anaemia perniciosa)	↓	↓	↓	↑	n	↑

4.2.2 Anämiesymptome

Die Symptomatologie der Anämien wird von folgenden Faktoren beeinflußt:

1. Grad der Anämie
2. Zeit der Entwicklung der Anämie
3. Art der Anämie.

Die Faktoren 1 und 2 bestimmen die allgemeinen *anämieunspezifischen* Symptome, der Faktor 3 die diagnostisch wichtigen *anämiespezifischen* Symptome.

Zu 1. Die Abhängigkeit der Symptomatologie vom Grad der Anämie ist klar.

Zu 2. Ein sehr langsam, über Monate abfallender Hämoglobinwert wird auffallend gut ertragen, weil der Organismus Zeit hat, sich daran zu adaptieren und das totale Blutvolumen dank der Erhöhung des Plasmavolumens nicht abfällt. Dies im Gegensatz zur Symptomatologie eines akuten oder subakuten Blutverlustes, der besonders wegen der Hypovolämie viel rascher Symptome verursacht.

Zu 3. Die anämiespezifischen Symptome, d.h. Symptome, die nur bei besonderen Arten von Anämien beobachtet werden, haben eine eminente differentialdiagnostische Bedeutung.

Im folgenden werden die ***anämieunspezifischen Symptome*** nach Organsystemen besprochen:

Haut und Schleimhäute. ***Blässe.*** Die Farbe der Schleimhäute ist informativer als diejenige der Haut, weil die Eigenfarbe des Integumentes erhebliche Anämiegrade kaschieren kann. Dies gilt insbesondere bei schwarzen und dunkelpigmentierten Individuen.
Zirkulationssystem. ***Tachykardie,*** als Herzklopfen empfunden, tritt besonders bei körperlicher Belastung auf und ist die Folge der Erhöhung des Herzzeitvolumens. Die ***Verbreiterung der Blutdruckamplitude*** ist Ausdruck der Vergrößerung des Schlagvolumens. Das vom Patienten empfundene ***Ohrensausen*** ist ebenfalls Ausdruck des gesteigerten Herzzeitvolumens. Langdauernde Anämien belasten das Myokard erheblich und bedingen eine ***Herzerweiterung.*** Mit der Zeit kommt es zur ***Herzinsuffizienz*** und zur Entwicklung ***peripherer Ödeme.*** Das häufig beobachtete ***akzidentelle systolische Geräusch*** ist die Folge des erhöhten Herzzeitvolumens.

Respirationssystem. Die besonders bei körperlicher Belastung empfundene ***Dyspnoe*** ist Ausdruck einer Hyperventilation wahrscheinlich als Folge einer zentralen Hypoxie.
Neuromuskuläres System. ***Schwindel*** und ***Schwarzwerden vor den Augen,*** insbesondere bei raschem Lagewechsel vom Liegen ins Stehen sind Ausdruck einer temporären ungenügenden cerebralen Durchblutung. Die ***auffallende Ermüdbarkeit*** bis zum Muskelschmerz bei körperlicher Belastung ist auf eine lokale Hypoxie zurückzuführen. Die ***Kälteempfindlichkeit*** rührt wahrscheinlich von der ungenügenden peripheren Sauerstoffversorgung her.

Die anämiespezifischen Symptome werden bei den einzelnen Anämieformen besprochen.

4.2.3 Hypoproliferative Anämien und Pancytopenien

Bei diesen Krankheitsbildern ist das Knochenmark, trotz adäquater Zufuhr aller für die Blutbildung notwendigen Elemente, nicht in der Lage, genügend Zellen zu bilden.

Hypoproliferative Anämien im engeren Sinne

Die Störung ist auf die Erythropoese beschränkt. Im Knochenmark ist die Zahl der Erythroblasten deutlich vermindert und im peripheren Blut diejenige der Reticulocyten entsprechend tief. Hypoproliferative Anämien können congenital (Typ Diamond-Blackfan und Typ Fanconi) oder erworben sein. Die Ursache der erworbenen Formen ist z.T. immunologisch, wie der Nachweis von Antikörpern gegen Erythroblasten hinweist; einzelne sind mit Thymomen oder Splenomegalie assoziiert.

Pancytopenien (Aplastische Anämien)

Sie sind viel häufiger als die hyporegenerativen Anämien und zeichnen sich durch eine ***simultane Verminderung von Erythrocyten, Granulocyten und Thrombocyten*** aus. Als Ursache kommen folgende knochenmarksschädigende Noxen in Frage: Totalkörperbestrahlung (Atombombe, Nuklearzwischenfälle), ausgedehnte Röntgentherapie und Radioisotopenbehandlung, Cytostatica, Benzol, Cloramphenicol, Phenylbutazon, Hydantoine und Goldpräparate. In seltenen Fällen führt die Virus-Hepatitis und die Miliartuberkulose zur Pancytopenie. Eine Invasion des Knochenmarkes mit malignen Elementen führt ebenfalls zur Pancytopenie durch Verdrängung der normalen Blutbildung. Die Marmorknochenkrankheit (Osteopetrose) führt infolge Verdrängung des Markraumes zu einer Pancytopenie. Splenomegalien benigner Natur (Lebercirrhose, Thrombose der Vena portae oder lienalis, Morbus Boeck, Morbus Gaucher, Morbus Felty) können durch Hemmung der Blutbildung wie auch durch lienale Sequestration der Blutzellen zu einer Pancytopenie führen. Pathogenetisch nicht klare Pancytopenien bezeichnet man als idiopathisch.

4.2.4 Eisenmangelanämie

Normaler Eisenstoffwechsel

Das Hämoglobin enthält den größten Teil des Gesamtkörpereisens (Tabelle 26). Neugeborene besitzen ca. 300 mg (5,4 mmol) Eisen. Die Steigerung auf 3-5 g (54-90 mmol) beim Erwachsenen und die Erhaltung dieses Wertes erfolgt durch enterale Resorption aus der Nahrung. Diese geht vorwiegend im Duodenum und obersten Dünndarm vor sich. Sie ist grundsätzlich unabhängig von der Anwesenheit freier Salzsäure. Das Eisen, das in Nahrungsmitteln vorhanden ist, wird sowohl als Eisensalz wie auch als Eisen innerhalb des Porphyrins von der Dünndarmmucosa aufgenommen. Die Entbehrbarkeit der Salzsäure wird in eindrücklicher Weise vom Patienten mit Anaemia perniciosa illustriert, der unter adäquater Substitutionstherapie mit Vitamin B_{12} auch ohne Salzsäure keine Eisenmangelanämie entwickelt. Die Salzsäure hat hingegen einen positiven Einfluß auf die Eisenresorption bei der Verabreichung von Eisensalzen in medikamentöser Form. Dies gilt nur bei 3wertigen Eisenkombinationen und insbesondere beim anämischen Patienten. Von der in der Nahrung enthaltenen Eisenmenge werden lediglich 10-15% resorbiert. Die ***Eisenbilanz*** ist im Gleichgewicht, wenn beim Manne täglich 1 mg (18 umol) und bei der Frau im gebärfähigen Alter 3 mg (54 umol) resorbiert werden. Im Plasma wird

Tabelle 26. Eisenverteilung im menschlichen Körper

Hämoglobin	2,0-3,0 g	(36-54 mmol/l)
Myoglobin und Zellfermente	0,5 g	(9 mmol)
Eisendepot	0,5-1,5 g	(9-27 mmol)
Total	3,0-5,0 g	(54-90 mmol)

das Eisen an das Transferrin (oder Siderophilin) gebunden und transportiert. Dieses Protein ist ein β_1-Globulin. Die maximale Transportfähigkeit beträgt 300 ± 60 µg/dl (55 ± 10 µmol/l) Plasma. Dieser Wert entspricht der totalen Eisenbindungskapazität (= Transferrin). Normalerweise wird dieselbe ungefähr zu einem Drittel ausgenützt. Diese Größe entspricht der normalen Plasmaeisenkonzentration. Sie beträgt beim Manne 120 ± 30 µg (22 ± 5 µmol/l), bei der Frau 100 ± 30 µg/dl (18 ± 5 µmol/l) Plasma. Der Unterschied zwischen totaler Eisenbindungskapazität und Plasmaeisenkonzentration wird als ungesättigte oder freie Eisenbindungskapazität bezeichnet.

Der Hauptanteil des resorbierten Eisens (70-90%) wird im Knochenmark zur Hämoglobinsynthese verwertet. Der Rest wird zum Aufbau von Myoglobin und Enzymen benützt oder als Eisendepot im RES der Leber, Milz und Knochenmark abgelagert. Der ***Verlust von Eisen*** ist normalerweise minimal. Beim Manne beträgt er maximal 1 mg (18 µmol)/Tag und ist das Resultat der Desquamation von Darm und Hautepithelien sowie Ausscheidung in Urin, Galle und Schweiß. Bei der Frau kommen die menstruellen Blutverluste dazu. Der menschliche Organismus hat keinerlei Möglichkeiten, die Eisenbilanz durch Steigerung oder Drosselung der Eisenelimination zu regulieren. Die Regulation der Eisenbilanz erfolgt ausschließlich durch die Eisenresorption. Aus Abb. 27 geht klar hervor, daß quantitativ die externe

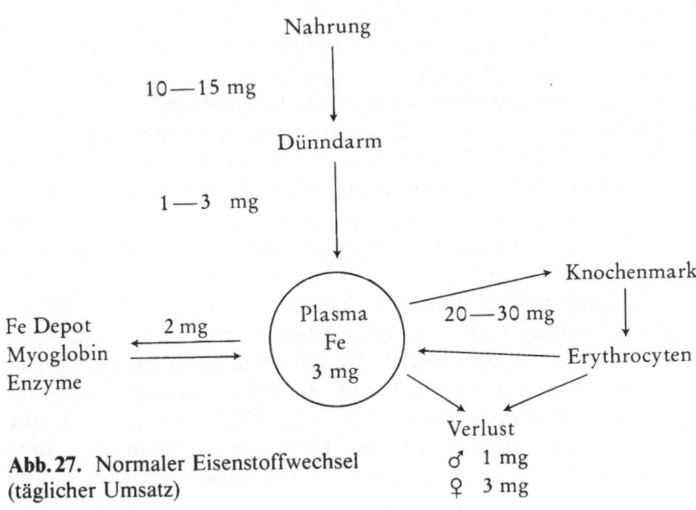

Abb. 27. Normaler Eisenstoffwechsel (täglicher Umsatz)

Eisenbilanz (Eisenresorption und Eisenverlust) im Gegensatz zum inneren Umsatz recht klein ist. Zur Hämoglobinsynthese allein werden täglich 20-30 mg (0.36-0.54 mmol) Eisen benötigt. Von dieser Menge werden höchstens 1-3 mg (18-54 μmol) mit der Außenwelt ausgetauscht. Der Hauptanteil stammt aus dem täglichen Erythrocytenabbau. Es ist dies ein eindrückliches Beispiel der Wiederverwertung des aus dem Hämoglobinkatabolismus frei werdenden Eisens.

Ursachen von Eisenmangel

Die Eisenbilanz wird negativ, wenn der physiologische Bedarf oder Blutverluste nicht durch entsprechende Eisenresorption gedeckt werden.

- ***Ungenügender Eisengehalt der Nahrung.*** Wird am häufigsten beim Säugling und Kleinkind beobachtet. Das Wachstum geht mit einer Vermehrung des Blutvolumens und der Muskelmasse einher und bedingt eine entsprechende Hämoglobin- und Myoglobinsynthese. Bei relativ eisenarmer Ernährung (vorwiegend Milch- und Kohlenhydrate) tritt meist in der zweiten Hälfte des ersten Lebensjahres eine Eisenmangelanämie ein. Beim Erwachsenen ist diese Ursache der Anämie relativ selten und nur bei äußerst einseitiger Ernährung zu erwarten (z. B. Milchkaffee plus Brot).
- ***Ungenügende Eisenresorption.*** Es sei vorausgeschickt, daß ein Mangel an Salzsäure nie Ursache einer ungenügenden Eisenresorption aus der Nahrung ist. Grund für mangelhafte Eisenresorption ist das ***Malabsorptionssyndrom (Sprue).*** Die bei der Sprue beobachtete Anämie ist jedoch selten die Folge reinen Eisenmangels, sondern eine komplexe Anämie, bei welcher auch ungenügende Vitamin-B_{12}- und Folsäureresorption kausal beteiligt sind.
- ***Blutverlust.*** Chronische Blutungen sind bei weitem die wichtigsten Ursachen einer Eisenmangelanämie. In der täglichen Praxis ist diese Form bei Frauen recht häufig infolge Menorrhagien, Metrorrhagien oder wiederholten Geburten. An zweiter Stelle stehen Blutverluste aus dem Gastrointestinaltrakt, sowohl beim Manne wie bei der Frau.

  Die Quellen sind multipel: Oesophagusvaricen, Oesophaguscarcinom; Mallory-Weiss-Syndrom; Hiatushernie; Ulcus pepticum ventriculi, duodeni oder jejuni; Magencarcinom; gutartige Magen- und Dünndarmtumoren; Meckel-Divertikel; Coloncarcinom; Angiodysplasien; Colon-Polypen und -divertikel sowie Hämorrhoiden. Magenblutungen können auch Folge der Einnahme von Steroiden, nicht steroidalen Antirheumatika und Salicylaten sein. Chronische

Blutungen aus anderen Organen (Nase, Mund und Harnwege) sind seltener und werden vom Patienten - im Gegensatz zu den okkulten gastrointestinalen Blutungen - rasch erkannt.

- ***Erhöhter Bedarf.*** Schwangerschaft; meist nur bei vorbestehenden knappen Depots oder einseitiger Ernährung.

Symptome

Neben den anämieunspezifischen Symptomen zeigt die Eisenmangelanämie relativ selten anämiespezifische Symptome. Man beobachtet gelegentlich dünne, brüchige, flache Nägel, die zum Teil konkav sind (Koilonychie). Seltener sind Mundwinkelrhagaden und als Rarität sei die sideropenische Dysphagie (sog. Plummer-Vinson-Syndrom) erwähnt.

Laborbefunde

Typischer Ausdruck der ungenügenden Hämoglobinsynthese bei weitgehend aufrecht erhaltener Blutkörperchenbildung ist das mikrozytäre, hypochrome Blutbild. Das MCV ist tief. Das divergierende Verhalten zwischen Zellzahl und Farbstoffkonzentration führt zu einer Verminderung des MCH und des MCHC. Das Serumeisen und das Ferritin sind tief, im Knochenmark fehlen die eisenhaltigen RES-Zellen. Da die verminderte Hämoglobinproduktion auch zu einer Reduktion des Hämoglobinabbaus führt, ist der Bilirubinanfall klein und das Serum entsprechend hell (beachte Serumfarbe bei der Blutsenkungsreaktion!).

4.2.5 Sideroachrestische Anämien

Sideroachrestische Anämien sind gekennzeichnet durch eine ***Einbaustörung*** des Eisens in das Hämoglobin. Ein eigentlicher Eisenmangel besteht nicht, das Eisen ist sogar in erhöhter Menge im RES anzutreffen; es wird auch von den Normoblasten aufgenommen, aber in ungenügender Menge in das Hämoglobin eingebaut. Das im Cytoplasma der Normoblasten vorhandene Nicht-Hämoglobineisen ist mit der Berlinerblaufärbung darstellbar und entspricht mit Eisen überladenen Mitochondrien die oft ringförmig um den Kern gelagert sind (Ringsideroblasten). Siderocyten sind Erythrocyten, welche Nicht-Hämoglobineisen enthalten. Die hyperplastische Erythropoese im Knochenmark enthält 90% und mehr Sideroblasten. Die Reticulumzellen enthalten ebenfalls reichlich Eisen. Das Serumeisen ist erhöht. Diese

Gruppe von Anämien umfaßt folgende Formen: Anaemia sideroachrestica hereditaria, die Anämie bei schwerem Alkoholismus, die Bleianämie, die Thalassämie, die auf Pyridoxin (Vitamin B_6) ansprechende Anämie und die idiopathische, erworbene sideroachrestische Anämie.

Plasmaeisen, totale Eisenbindungskapazität und Ferritin bei verschiedenen Anämien

Die Resultate der zur Differentialdiagnose der Anämien bestimmten obigen Parameter müssen nach pathophysiologischen Gesichtspunkten interpretiert werden, um Fehlschlüsse zu vermeiden. Die Plasmaeisenkonzentration ist das Nettoresultat von Eisenresorption, Eisentransport in und aus den Depots, Eisenverwertung zur Hämoglobinsynthese und Freisetzung aus dem Hämoglobinabbau. Die in Tab. 27 aufgeführten Resultate zeigen, daß ein tiefes Plasmaeisen mit verschiedenen Anämieformen assoziiert sein kann: typischerweise mit der chronischen Eisenmangelanämie, aber auch mit sekundären Anämien bei chronischen Infekten, Urämie und Tumoren, weil bei letzteren das Eisen aus unerklärten Gründen aus dem Plasma in die Depots abwandert. Der beschleunigte Hämoglobinabbau bei hämolytischen und bei megaloblastären Anämien erhöht das Plasmaeisen, ebenso die Nichtverwertung des Eisens bei hypoproliferativen und sideroachrestischen Anämien. Das Serum-Ferritin ist ein guter Index der Eisendepots, weil seine Konzentration im Serum direkt mit dem Speichereisen korreliert.

Tabelle 27. Plasmaeisen, totale Eisenbindungskapazität und Ferritin bei Anämien

	Plasma-eisen	Totale Eisen-Bindungs-kapazität	Serum-Ferritin
Fe-Mangel-Anämie	↓	↑	↓
megaloblastäre Anämien	↑	–↓	–
hämolytische Anämien	↑	–	–↑
hypoproliferative und sideroachrestische Anämien	↑	–	↑
Anämien bei chronischen Infekten, Urämie und Tumoren	↓	↓	–↑

– normal; ↑ vermehrt; ↓ vermindert.

Tiefe Werte erwartet man bei typischen chronischen Eisenmangelanämien, normale oder hohe Werte bei hypoproliferativen und sideroachrestischen Anämien wie auch bei sekundären Anämien infolge chronischer Infekte, Niereninsuffizienz und Tumoren.

4.2.6 Megaloblastäre Anämien

Die megaloblastären Anämien sind die Folge von

- Vitamin-B_{12}-Mangel
- Folsäuremangel.

Der Mangel des einen oder anderen Vitamins führt zu folgenden hämatologischen Störungen:

- Megaloblastäre Erythropoese
- Riesenformen der Myelopoese
- Hyperchrome megalocytäre Anämie mit leichter hämolytischer Komponente
- Leukopenie, Neutropenie mit großen, übersegmentierten Formen
- Thrombopenie.

Die gemeinsamen Veränderungen sind auf die Tatsache zurückzuführen, daß beide Vitamine eine essentielle Rolle bei der Synthese der Desoxyribonucleinsäure unreifer Knochenmarkzellen einnehmen. Das Vitamin B_{12} katalysiert die Umwandlung von Thymidylsäure zu Thymidin, einem für die Desoxyribonucleinsäuren spezifischen Nucleosid. Es beeinflußt die Übertragung von Methylgruppen von 5-Methyltetrahydrofolsäure auf Homocystein, wobei Tetrahydrofolsäure frei wird. Die Tetrahydrofolsäure ist für die Aktivierung von C_1-Einheiten und deren Übertragung auf Purinnucleotide verantwortlich. Bei Mangel an Vitamin B_{12} oder Folsäure tritt eine ***Verzögerung der Zellteilung*** auf, ohne daß das Wachstum der Zellen beeinträchtigt wird. Dies erklärt die verschiedenen ***Riesenformen*** der hämatologischen Zellreihen. Die verzögerte Teilung hat zudem eine ***Verminderung der Zellzahl*** (Erythrocyten, Granulocyten und Thrombocyten) zur Folge. Zudem ist das Vitamin B_{12} essentiell für die Myelinisierung der zentralen Nervenbahnen.

Vitamin-B_{12}-Mangel

Einzige Quellen für das Vitamin B_{12} sind Nahrungsmittel *tierischen* Ursprungs. Das Vitamin wird von verschiedensten Bakterien im Darm oder Rumen herbivorer Tiere synthetisiert und vom Tier resorbiert. Das Vitamin ist daher in tierischen Muskeln, in den Eiern und in Milch und Käse zu erwarten. Beim Menschen erfolgt die Resorption des Vitamins im Ileum. Vorbedingung für die Aufnahme durch die Dünndarmmucosa ist das Vorhandensein eines von den Belegzellen der Magenschleimhaut sezernierten Glykoproteins, dem sog. intrinsic factor. Das Vitamin B_{12} ist der sog. extrinsic factor. Im Plasma wird das Vitamin an das Transcobalamin II gebunden. Es gelangt zum Teil in das Knochenmark für die Synthese hämatologischer Zellen, zum Teil in die Leber, wo es als Depot gestapelt wird, sowie in die verschiedensten Organe inklusive das Nervensystem. Der tägliche Bedarf von Vitamin B_{12} beträgt lediglich 1 μg (0.74 nmol), die Leber enthält zwischen 1000 und 2000 μg (0.74–1.48 μmol). Dieses reichliche Depot erklärt die interessante Beobachtung, daß nach Versiegen der Vitamin B_{12}-Resorption (spontan oder nach totaler Magenresektion) 2–5 Jahre bis zur Entwicklung einer megaloblastären Anämie vergehen müssen.

Ursachen von Vitamin-B_{12}-Mangel

- ***Ungenügende orale Zufuhr.*** Dieser Extremzustand wird nur bei strengsten Vegetariern beobachtet, welche nicht nur Fleisch, sondern auch Eier- und Milchprodukte meiden.
- ***Fehlende Produktion an intrinsic factor.*** Sie ist die häufigste Ursache und der pathogenetische Faktor der klassischen ***Anaemia perniciosa.*** Bei letzterer ist die Magenschleimhaut atrophisch und sezerniert weder Salzsäure noch intrinsic factor. Bei ungefähr 70% der Patienten mit Anaemia perniciosa konnten Antikörper gegen intrinsic factor oder gegen Magenschleimhautzellen nachgewiesen werden. Die pathogenetische Bedeutung dieser Antikörper ist noch unklar. Andere Ursachen für das Fehlen von intrinsic factor sind die totale Magenresektion und eine seltene, congenitale, autosomal rezessiv vererbte selektive Unfähigkeit der Bildung des intrinsic factor.
- ***Resorptionsstörung im Dünndarm.*** Sie wird beim erworbenen Malabsorptionssyndrom beobachtet. Auch kommt sie als seltene, autosomal rezessiv vererbte, selektive congenitale Störung vor.
- ***Interferenz mit der intestinalen Resorption.*** Dieselbe wird bei Infektion mit Fischbandwurm (Diphyllobothrium latum) oder Überwucherung höherer Darmabschnitte mit enteralen Bakterien beobachtet. Letztere Situation tritt besonders bei blinden Darmschlingen und Dünndarmdivertikulose auf. Der Fischbandwurm und die Bakterien treten mit dem Wirtsorganismus in bezug auf Vitamin-B_{12}-Bedarf in Konkurrenz und nehmen das Vitamin auf, bevor es im Ileum zur Resorption gelangen kann.

Die Resultate des zur Differenzierung der verschiedenen Vitamin-B_{12}-Mangelzustände angewandten Vitamin-B_{12}-Resorptionstests nach Schilling sind in Tabelle 28 dargestellt.

Symptome. Der Vitamin-B_{12}-Mangel führt zu verschiedenen anämiespezifischen Symptomen, welche von eminenter diagnostischer Wichtigkeit sind.
Infolge leichter Begleithämolyse besteht eine Hyperbilirubinämie, welche die blaßgelbliche Verfärbung der Haut (Café-au-lait - Farbe) und einen leichten skleralen Ikterus erklärt. Die Zellteilungsstörung wirkt sich auch auf nichthämopoetische Organe aus. Betroffen ist zum Beispiel die Zungenschleimhaut, welche atrophisch erscheint und von lästigen Zungenbrennen begleitet ist (Hunter-Glossitis). Besonders wichtig ist die Beteiligung des zentralen Nervensystems in Form der funiculären Myelose. Die fleckförmige Demyelinisierung verursacht sensorische und motorische Ausfälle (Kribbeln, Gefühllosigkeit, Schwäche, Lähmungen, besonders der unteren Extremitäten) wie auch psychische Veränderungen.

Tabelle 28. Resultate des Vitamin B_{12}-Resorptionstests nach Schilling bei den verschiedenen Ursachen von Vitamin B_{12}-Mangel

Ursachen von Vitamin-B_{12}-Mangel	Resorptionstest mit			
	Vitamin B_{12} allein	Vitamin B_{12} + intrinsic factor	Vitamin B_{12} nach Antibiotica	Vitamin B_{12} nach Anthelminthica
• Vitamin-B_{12}-Mangel in der Nahrung	+	+	+	+
• Intrinsic factor-Mangel	–	+	–	–
• Intestinale Resorptionsstörung	–	–	–	–
• Bakterielle Interferenz	–	–	+	–
• Parasitäre Interferenz	–	–	–	+

+ normale Resorption; – mangelhafte Resorption (Radiaktivität im Urin unterhalb 5% der peroralen Dosis).

Laborbefunde. Neben den eingehend erwähnten hämatologischen Charakteristika megaloblastärer Anämien besteht infolge vorzeitigen Abbaus der Erythrocyten eine Hyperbilirubinämie (beachte gelbes Plasma bei der Blutsenkungsreaktion!) und ein erhöhtes Serumeisen. Im Urin sind die Urobilinogen- und Urobilinproben positiv. Die Vitamin-B_{12}-Konzentrationen im Serum ist extrem niedrig.

Folsäure-Mangel

Der Mensch ist auch in bezug auf Folsäure auf die orale Zufuhr des Vitamins angewiesen. Die Folsäure (folium = Blatt) findet sich in ***Nahrungsmitteln vegetarischen Ursprungs*** und in der ***Leber.*** Leider ist sie sehr thermolabil, was ihren niedrigen Gehalt in Nahrungsmitteln, die in Büchsen konserviert werden, erklärt. Durchgekochtes Gemüse ist ebenfalls praktisch Folsäure-frei. Die in der Nahrung vorkommenden Folsäure-Polyglutamate werden im Dünndarm zur resorbierbaren Monoglutamatform hydrolisiert. Der größte Anteil des Vitamins wird durch Reductasen via Dihydrofolsäure zum aktiven Prinzip Tetrahydrofolsäure umgewandelt und in der Blutbildung verwertet. Kleinere Mengen gelangen in die Leber, wo sie als Depot gestapelt werden. Der tägliche Bedarf beträgt 25-50 µg (57-114 nmol). Das Depot in der Leber reicht für 2-4 Monate.

Ursachen von Folsäuremangel

- ***Ungenügende Zufuhr in der Nahrung.*** Sie wird bei schweren Alkoholikern und auch bei Nichtalkoholikern beobachtet, welche weder frische Früchte noch Gemüse essen. Es sei an dieser Stelle nochmals vermerkt, daß durchgekochte Speisen und Konservenprodukte praktisch Folsäure-frei sind.
- ***Resorptionsstörung im Dünndarm.*** Sie kommt bei der klassischen ***Sprue*** und gelegentlich bei Morbus Crohn vor.
- ***Vermehrter Bedarf.*** Dieser tritt bei Gravidität (Bedarf des Fetus!) und bei hämolytischen Anämien ein.
- ***Medikamentös durch Folsäureantagonisten.*** Cytostatica (Methotrexate), Anticonvulsiva (Dilantin, Phenytoin-Na^+), Daraprim (bei der Toxoplasmosebehandlung).

Die verschiedenen ursächlichen Faktoren kommen nicht selten in Kombination vor. In der Schwangerschaft kann zum Beispiel neben dem erhöhten Bedarf eine inadäquate Diät eine zusätzliche pathogenetische Rolle spielen. Bei Epileptikern führt die anticonvulsive Therapie eher zu Anämien, wenn dieselben sich inadäquat ernähren. Der biochemische Nachweis des Folsäuremangels im Serum ist an Speziallaboratorien gebunden. Indirekter Beweis für den Folsäuremangel ist eine hämatologische Remission nach Verabreichung physiologischer parenteraler Dosen (50-100 μg/Tag) (114-228 nmol). Höhere Folsäuredosen (5 mg/Tag) (11.4 mmol) sind differentialdiagnostisch nicht verwertbar, weil sie auch Vitamin-B_{12}-Mangelzustände korrigieren.

Symptome. Im Gegensatz zum Vitamin-B_{12}-Mangel zeigt der Patient mit Folsäuremangel, mit Ausnahme der blaßgelblichen Hautfarbe infolge leicht gesteigerter Hämolyse, keine anämiespezifischen Symptome.

Laborbefunde. Sie entsprechen denjenigen des Vitamin-B_{12}-Mangels. Im Serum ist die Folsäurekonzentration vermindert.

4.2.7 Hämolytische Anämien

Hämolytische Anämien sind die Folge einer erheblichen ***Verkürzung der Lebensdauer der Erythrocyten.*** Mäßige Grade gesteigerter Hämolyse werden durch Mehrproduktion im Knochenmark wettgemacht und führen nicht zur Anämie (kompensierte Hämolyse). Bei Bedarf ist das menschliche Knochenmark in der Lage, seine Produktion um das 6-7fache der Norm zu steigern. Eine Anämie tritt erst ein, wenn der erhöhte Blutzerfall nicht mehr durch gesteigerte Blutbildung kompensiert werden kann (dekompensierte Hämolyse).

Physiologie und Pathophysiologie des Erythrocyten- und Hämoglobinabbaus. Die Erythrocyten werden nach einer durchschnittlichen Lebensdauer von 120 Tagen normalerweise im reticuloendothelialen System von Leber, Milz und Knochenmark abgebaut. Die biochemischen Stufen dieses Prozesses sind in Abb. 28 dargestellt. Aus diesem Schema können die bei gesteigerter Hämolyse zu erwartenden ***biochemischen Veränderungen*** abgeleitet werden:

- Anstieg des Bilirubins im Serum: Indirekt reagierende Bilirubinfraktion im Van den Bergh-Test über 1 mg/dl (>15 μmol/l), totales Bilirubin über 1,3 mg/dl (>22 μmol/l)
- Anstieg des Serumeisens
- Erhöhte Ausscheidung von Stercobilinogen und Stercobilin im Stuhl
- Erhöhte Ausscheidung von Urobilinogen und Urobilin im Urin

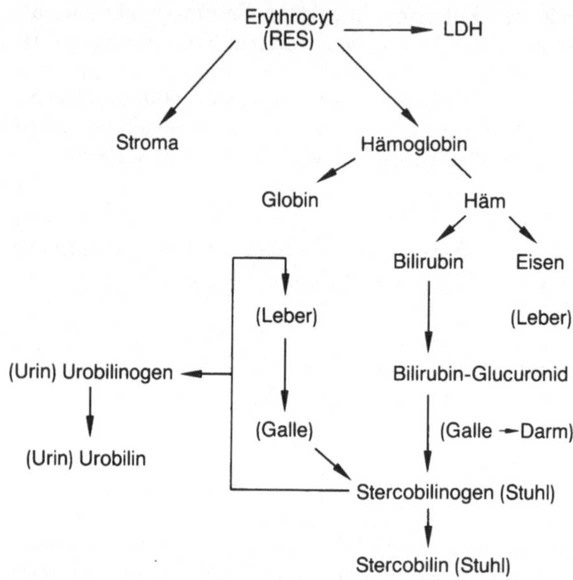

Abb. 28. Erythrocytenabbau

- Anstieg der Serumlactat-Dehydrogenase in Abhängigkeit vom Grad der Hämolyse
- Abfall des Plasma-Haptoglobinwertes bis auf Null.

Die ***Steigerung der Blutneubildung*** äußert sich in einer peripheren Reticulocytose. Im Knochenmark beobachtet man gleichzeitig eine Hyperplasie der Erythropoese. Letztere kann durch Auflockerung der Trabekularstruktur und sekundärer periostaler Verdickung zu Knochendeformationen wie Turm- und Bürstenschädel führen. Das bei gesteigerter Hämolyse freigesetzte Hämoglobin wird an das Plasmahaptoglobin im Verhältnis 1:1 zum Hämoglobin-Haptoglobin-Komplex gebunden und der Komplex im reticuloendothelialen System abgebaut. Bei Sättigung der Haptoglobinbindungsfähigkeit (bis 190 mg/dl) tritt freies Hämoglobin in den Urin über. Vermindertes oder fehlendes Plasmahaptoglobin ist ein äußerst empfindlicher Hämolyseparameter.
Der gesteigerte Erythrocytenabbau erfolgt bei den meisten hämolytischen Anämien auf dem physiologischen Wege. Bei einzelnen Formen ist die Hämolyse intravasal mit folglicher Hämoglobinämie und Hämoglobinurie.

Tabelle 29. Einteilung hämolytischer Anämien

Zellulär bedingte hämolytische Anämien
Congenitale Sphärocytose
Congenitale Ovalocytose
Sichelzellanämie
Hämoglobin C und andere Hämoglobinopathien
Thalassämie
Paroxysmale nächtliche Hämoglobinurie
Enzymopenische Anämien infolge Störungen der anaeroben erythrocytären Glykolyse

Extrazellulär bedingte hämolytische Anämien
Durch Infekterreger (Plasmodium malariae, Bartonella bacilliformis)
Durch chemische Noxen (Blei, Nitrokörper, Benzol, Phenylhydrazin, phenacetinhaltige Medikamente)
Autoimmune hämolytische Anämien
Mechanisch ausgelöste hämolytische Anämien
Paroxysmale Kältehämoglobinurie

Zellulär und extrazellulär bedingte hämolytische Anämien
Störungen der oxydativen erythrocytären Glykolyse und medikamentöse Einwirkung
Hämoglobin Zürich und andere medikamentenempfindliche Hämoglobinopathien

Die in Tabelle 29 dargestellte ***Einteilung*** stützt sich auf pathophysiologische Grundlagen. Die zellulär bedingten Formen sind mit Ausnahme der paroxysmalen, nächtlichen Hämoglobinurie congenitaler Genese, während die extrazellulär bedingten Formen erworben sind.

Zellulär bedingte hämolytische Anämien

Congenitale Sphärocytose, Kugelzellanämie. Charakteristisch sind die kleinen Erythrocyten (sog. Kugelzellen), die in variabler Zahl in den Blutausstrichen zu sehen sind. Bei den Kugelzellen vermißt man die zentrale Eindellung. Die Kugelzelle hat eine verminderte osmotische Resistenz. Die Formanomalie ist Folge einer Abnormität des in der Zellmembran vorhandenen Spectrins. Die verkürzte Lebensdauer der Kugelzellen beruht auf der formbedingten Behinderung des Durchtrittes der Zelle durch die Milzsinus. Die Stase in der Milz bewirkt eine metabolische Schädigung der Zelle, weil lokal ein Mangel an Glucose eintritt. Wiederholte Schädigungen führen schließlich zum Tode der

Kugelzelle, welcher meist in der Milz erfolgt und zur Splenomegalie führt. Dies erklärt die Tatsache, daß durch Splenektomie die Anämie behoben wird, obwohl die Kugelzellen weiter zirkulieren. Sie haben nach der Splenektomie jedoch eine normale Lebensdauer. Bei der Sphärocytose wird oft eine gleichzeitige Cholelithiasis festgestellt, welche einem Überangebot an Bilirubin in der Galle zuzuschreiben ist. Bei Überschreitung einer kritischen Konzentration in der Gallenblase kommt es zum Ausfall des Pigmentes und zur Bildung von Konkrementen. Die Sphärocytose wird autosomal dominant vererbt.

Congenitale Ovalocytose. Die congenitalen Ovalocytosen verlaufen zum Teil mit und zum Teil ohne Hämolyse. Bei den hämolytischen Formen ist die Milz vergrößert. Dem gesteigerten Abbau der Erythrocyten liegt der gleiche Mechanismus wie bei der Kugelzellanämie zugrunde. Daher wirkt die Splenektomie kurativ. Auch hier wurden Abnormitäten der Zellmembran-Proteine (Spectrin, Protein 4.1) ermittelt.

Sichelzellanämie. Diese bei Schwarzen verbreitete Anämie ist das Paradebeispiel der Hämoglobinopathien. Das anomale Hämoglobin (Hämoglobin S) ist durch die Substitution des Glutamins in Stellung 6 der β-Kette durch Valin gekennzeichnet. Die abnorme Globinstruktur bedingt eine veränderte elektrophoretische Beweglichkeit des Hämoglobins. Dadurch ist es möglich, das Hämoglobin S vom normalen Hämoglobin A zu trennen und quantitativ zu erfassen. Bei der homozygoten Form der Sichelzellanämie beträgt der Anteil Hämoglobin S 75-100% des totalen Hämoglobins, bei den heterozygoten Sichelzellträgern liegt der Anteil Hämoglobin S zwischen 22 und 45%. Das Hämoglobin S ist die Ursache der Umwandlung der Erythrocyten in Sichelzellen bei Abfall des pH oder Verminderung der O_2-Spannung. Im gewöhnlichen Blutausstrich sind die Zellen meist rund. Der Prozeß der Sichelung hat weitreichende klinische Auswirkungen. Sie erhöht die Viscosität des Blutes, verlangsamt die capilläre Zirkulation und führt schließlich zur Bildung eines Propfes ineinander verhakter Sichelzellen mit thrombotischem Verschluß der Gefäße. Die ***Symptome*** der *homozygoten* Sichelzellanämie sind Ausdruck multipler Verschlüsse kleiner Gefäße mit folglicher Organinfarktbildung (Hirn, Nieren, Darm, Milz, Haut in Form von Ulcera cruris, Knochen und Herz). Diese Komplikationen bestimmen die Prognose. Patienten mit Sichelzellanämie erreichen selten das Erwachsenenalter. Die *heterozygoten* Sichelzellträger haben hingegen eine praktisch normale Lebenserwartung.

Hämoglobin C und andere Hämoglobinopathien. Abnorme Sequenzen der Aminosäuren des Globins sind die Grundlage einer Vielfalt von Hämoglobinopathien (über 250!), welche entweder mit großen Alphabetbuchstaben, Eigennamen des erstbeschriebenen Patienten oder Ort der Entdeckung bezeichnet werden, zum Beispiel Hämoglobin C, D, E, G, H, Hb Lepore, Singapore, Stanleyville, usw. Diese Hämoglobinopathien kommen bei Weißen äußerst selten vor. Hämoglobin C ist bei Schwarzen am häufigsten, Hämoglobin E findet sich vorwiegend in Südostasien. Zudem sind Kombinationen von Hämoglobinopathien im selben Individuum bekannt.

Thalassämie, Mittelmeeranämie, Cooley-Anämie. Diese Anämie wird vorwiegend bei Einwohnern der Mittelmeerregion (Italiener, Griechen, Syrer, Türken, Araber) wie auch in Indien und Thailand beobachtet. Die konjunkturbedingte Auswanderung der südländischen Population nach Mittel- und Nordeuropa hat dazu geführt, daß die Thalassämie die heute in Mitteleuropa häufigst beobachtete hämolytische Anämieform ist. Die primäre Störung liegt in einer ***genetischen Fehlregulation der Globinsynthese.*** Bei der häufigsten β-Thalassämie ist die Bildung von β-Ketten beeinträchtigt, bei der seltenen α-Thalassämie betrifft die Störung die α-Ketten. Die beeinträchtigte Produktion von β-Ketten wird zum Teil durch vermehrte Synthese von γ- und δ-Ketten kompensiert. Die Konstellation 2 α- plus 2 γ-Ketten entspricht dem Hämoglobin F (fetales Hämoglobin) und die Konstellation 2 α- plus 2 δ-Ketten dem Hämoglobin A_2. Diese beiden Hämoglobine sind physiologischerweise in kleinen Mengen auch beim Normalen vorhanden (maximal 0,75% HbF und 3% HbA_2). Die Thalassaemia minor weist vermehrt Hämoglobin A_2 (über 3% des totalen Hb), während die Thalassaemia major einen erhöhten Hämoglobin F-Anteil aufweist. Die gestörte Globinsynthese bei normaler oder hyperaktiver Zellproduktion führt zwangsweise zur Hypochromasie der Erythrocyten mit Mikrocyten und Targetzellen. Das Serumeisen ist erhöht. Die auf den ersten Blick paradoxe Assoziation von ***hypochromem Blutbild*** und ***hohem Serumeisen*** ist charakteristisch für die Thalassämie; sie ist typischer Ausdruck der 2fachen **Pathogenese** der Thalassämie:

- verminderte Hb-Synthese bei gesteigerter Zellproliferation und
- erhöhter Zellabbau.

Die Hämolyse erfolgt im ganzen RES und führt damit auch zu einem gewissen Grade von Splenomegalie. Diese ist besonders bei der Thalassaemia major ausgeprägt. Die Thalassaemia minor verläuft meist symptomfrei, weil die Patienten von der Geburt weg an mehr oder weniger verminderte Hämoglobinwerte adaptiert sind. Die Thalassaemia major mit schwerer Anämie hatte trotz Transfusion eine schlechte Prognose: selten wurde die Pubertät überschritten. Der hohe Transfusionsbedarf führte zur sekundären Hämochromatose mit Herzinsuffizienz, Leberzirrhose und Diabetes. Die regelmäßige Verabreichung des Eisen-bindenden und die Eisenausscheidung fördernden Desferrioxamins hat die Prognose wesentlich verbessert.

Paroxysmale nächtliche Hämoglobinurie (PNH). Es ist dies die einzige bisher bekannte nicht congenitale, zellulär bedingte hämolytische Anämie. Der Abbau der Erythrocyten erfolgt intravasal während des Schlafes. Der Nachturin kann in extremen Schüben braunschwarz aussehen. Bei milden Fällen hat er eine normale Farbe, enthält aber im Sediment eisenhaltige Epithelien. Wahrscheinlich beruht die auffallende Neigung der Erythrocyten zur Hämolyse auf einem Defekt der Zellmembran. Die PNH-Zellen sind vermehrt wärme- und säureempfindlich. Diese Eigenschaften ermöglichen eine einfache Diagnosestellung: im Säureresistenztest nach Ham und im Wärmeresistenztest nach Maier/Hegglin tritt das Hämoglobin bei PNH-Zellen aus den Erythrocyten aus, während normale Zellen resistent sind. Die erhöhte Lyse beobachtet man auch in Lösungen mit tiefer Ionenstärke (z.B. im Wasser-Saccharose-Test). Neben der Anämie ist oft eine Leukopenie oder Thrombopenie vorhanden, was für eine klonale Erkrankung infolge Transformation der hämopoietischen Stammzelle spricht. Alle Pancytopenien sollten auf die Möglichkeit einer PNH untersucht werden. Die Tendenz der Patienten mit PNH trotz bestehender Thrombopenie Thrombosen zu entwickeln, beruht wahrscheinlich auf der Freisetzung einer aktiven Thrombokinaseähnlichen Substanz aus dem Stroma intravasal abgebauter Erythrocyten.

Enzymopenische hämolytische Anämien bei Störungen der anaeroben-erythrocytären Glykolyse. Die bis heute bekannten Störungen sind in Abb. 29 schematisch unter Ziffer 1–9 eingezeichnet. Am häufigsten ist der Pyruvatkinasemangel. Die anderen Störungen sind äußerst selten. Sie illustrieren jedoch als Experimente der Natur in ausdrücklicher Weise die Notwendigkeit einer intakten anaeroben Glykolyse für die Aufrechterhaltung der zellulären Integrität.

Abb. 29. Intraerythrocytäre Glykolyse und entsprechende Störungen ▷

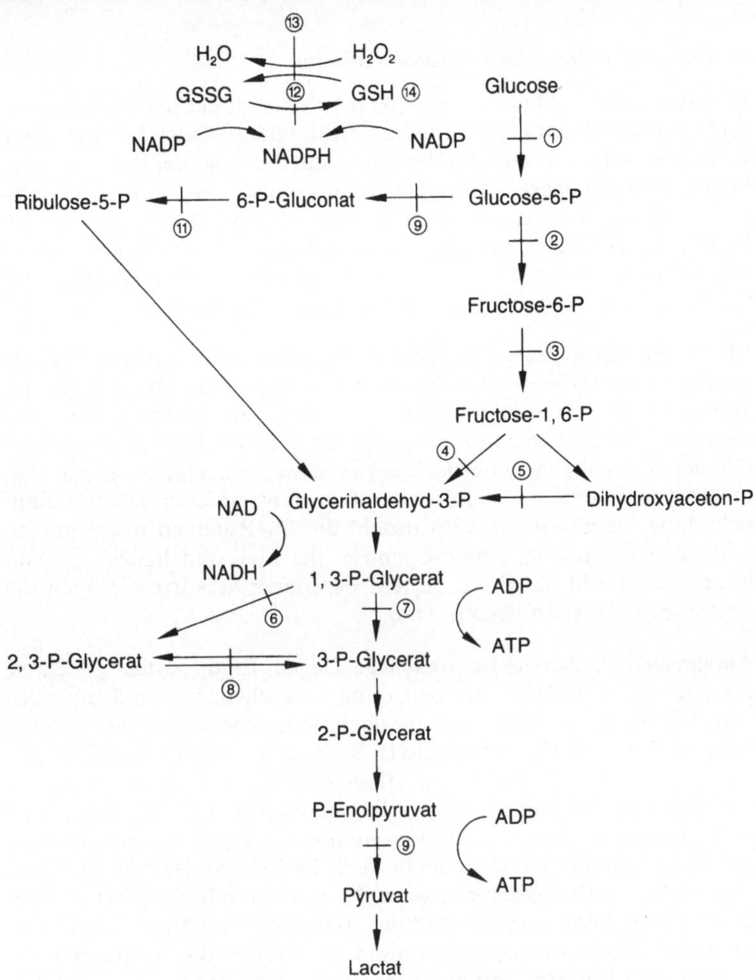

Störungen der anaeroben Glykolyse

1 Hexokinasemangel
2 Hexose-P-Isomerasemangel
3 Phosphofructokinasemangel
4 Fructoaldolasemangel
5 Triose-P-Isomerasemangel
6 2,3-P-Glyceromutasemangel
7 P-Glyceratkinasemangel
8 2,3-Di-P-Glycerat-Phosphatase-Mangel
9 Pyruvatkinasemangel

Störungen der oxydativen Glykolyse

10 Glucose-6-phosphatdehydrogenasemangel
11 6-Phosphogluconatdehydrogenasemangel
12 Glutathionreductasemangel
13 Glutathionperoxydasemangel
14 Glutathionmangel

Extrazellulär bedingte hämolytische Anämien

Infektionserreger. Malariaplasmodien befallen direkt die Erythrocyten und bedingen deren Untergang im reticuloendothelialen System. Ganz selten tritt eine intravasale Hämolyse mit Hämoglobinurie auf (sog. Schwarzwasserfieber). Bartonella bacilliformis, Erreger des Oroyafiebers in Südamerika, ist ebenfalls ein intraerythrocytärer Parasit, der zu beschleunigter Hämolyse führt. Gewisse Erreger führen indirekt durch humorale Stoffe zur Hämolyse, z. B. Streptokokken (Hämolysine) und Clostridium perfringens (α-Lecithinase).

Chemische Substanzen. Phenylhydrazin, Phenacetin, gewisse Sulfonamide, usw. bewirken in hoher Konzentration eine Oxydierung des Hämoglobins zu Met-Hämoglobin, evtl. Sulf-Hämoglobin und denaturieren das Globin. Denaturiertes Met-Hb kann als Heinz-Innenkörper mit der Supravitalfärbung nachgewiesen werden. Das oxydierte Pigment ist nicht in der Lage, Sauerstoff zu transportieren, hat eine dunkelbraune Eigenfarbe und verursacht die für Patienten mit Schmerzmittelabusus typische, blasse Cyanose. Bei Blei- und Benzolintoxikationen ist sowohl die Erythrocytenlebensdauer verkürzt wie auch die Erythropoese toxisch beeinträchtigt.

Autoimmune hämolytische Anämien. Gegen Erythrocyten gerichtete inkomplette Antikörper können ohne ersichtlichen Grund auftreten (sog. idiopathische Formen) oder auch Teilerscheinung einer anderen immunologischen Krankheit sein (z. B. disseminierter Lupus erythematodes). Gelegentlich findet man diese Antikörper auch bei malignen, proliferativen Erkrankungen des lymphatischen Systems (chronische lymphatische Leukämie und Non-Hodgkin Lymphome). Bei der letzten Gruppe muß man annehmen, daß die Zellproliferation in einem Organ, das physiologischerweise an der Antikörperbildung beteiligt ist, bei maligner Entartung zur Bildung abnormer Antikörper geführt hat. Je nach Temperaturwirkungsoptimum werden die Antikörper in Wärme- und Kälteantikörper eingeteilt. Die Kälteantikörper, insbesondere die Hälteagglutinine können neben der hämolytischen Anämie auch Akrocyanose, Raynaud-Phänomen und in gewissen Fällen intravasale Hämolysen bei Kälteexposition auslösen. Die inkompletten Antikörper werden mit dem Coombs-Test nachgewiesen.

Mechanisch ausgelöste hämolytische Anämien. Mechanisch geschädigte Erythrocyten erscheinen im Blutausstrich als Fragmentocyten. Bei intensiver und langdauernder Schädigung kann eine Anämie auftreten. Als Ursache sind bekannt: die Mikroangiopathien (thrombotischthrombocytopenische Purpura, hämolytisch-urämisches Syndrom) und mechanische Herzklappen besonders in Aortenposition. Auch die Marschhämoglobinurie gehört zu den Ursachen mechanischer Hämolyse. Die Erythrocyten bestimmter Individuen werden bei längeren Märschen oder Rennen im Bereiche der Fußsohle so traumatisiert, daß sie intravasal aufgelöst werden. Der Prozeß ist gutartig, kommt meist bei Männern zwischen 20 und 40 Jahren vor und hat eine Tendenz zur Spontanremission.

Paroxysmale Kältehämoglobinurie. Dieses Zustandsbild, das meist bei Lues beobachtet wird, ist dem Auftreten von sog. Kälte/Wärmehämolysinen zuzuschreiben. Wird auch nur ein kleiner Körperteil der Kälte ausgesetzt, so tritt die Lyse innerhalb Minuten nach Kälteexposition ein, wenn die mit Antikörpern beladenen Zellen im Körperinneren bei 37° C aufgelöst werden. In dieser Phase empfindet der Patient Muskelschmerzen und Krämpfe im Rücken, in den Beinen und im Abdomen. Der Nachweis der Antikörper erfolgt mit dem Donath-Landsteiner-Test.

Hämolytische Anämien als Folge einer Kombination zellulärer und extrazellulärer Störungen

Störungen der oxidativen erythrocytären Glykolyse und medikamentöse Einwirkung. Diese Gruppe umfaßt die in Abb. 29 unter Ziffer 10–14 angeführten Defekte. Normalerweise schützt die intakte oxidative Glykolyse das Hämoglobin vor oxydativer Denaturierung. Bei Enzymdefekten dieses Zyklus ist der entsprechende Schutz beeinträchtigt. Die Träger dieser Mängel haben jedoch meist keine Anämie, solange sie nicht einer oxydierenden Noxe ausgesetzt sind. Bei Exposition hingegen kommt es zur Bildung von Met-Hämoglobin, von Heinz-Innenkörpern und zur hämolytischen Anämie. Die häufigsten Formen sind der Glucose-6-phosphat-dehydrogenase-(G-6-PD-)Mangel und der Favismus. G-6-PD-Mangel wird bei 15% der Schwarzen in USA, bei 11% der sephardischen Juden und viel seltener bei anderen ethnischen Gruppen angetroffen. Präcipitierende Medikamente sind: Primaquin, Plasmochin, Salicylate, Furadantin usw. Dem vorwiegend in Sardinien vorkommenden Favismus liegt eine Enzymvariante der bei den Schwarzen beobachteten Störung zu Grunde. Die Hämolyse wird durch Genuß von Favabohnen oder lediglich Inhalation des Pollens von Favablüten ausgelöst.

Hämoglobin Zürich. Es handelt sich um die erstbeschriebene Hämoglobinopathie, die an sich selbst asymptomatisch verläuft, jedoch nach Einnahme von Sulfonamiden, Primaquin, usw. zu einer äußerst schweren, lebensbedrohlichen, intravasalen Hämolyse führt. Diese geht mit der Bildung ungewöhnlich großer Heinz-Innenkörper einher, die schon bei gewöhnlicher Giemsa-Färbung darstellbar sind. Das autosomal dominant vererbte Leiden beruht auf dem Austausch des Histidins in Stellung 63 der β-Kette durch Arginin. Weitere ***medikamentenempfindliche, instabile Hämoglobine*** sind das Hämoglobin Ube I, das Hämoglobin Köln, das Hämoglobin Genova usw. Gemeinsame Störung dieser instabilen Hämoglobine ist die Substitution von spezifischen Aminosäuren der α- und β-Kette, welche das Fe^{++}-Häm vor der Oxydation schützen.

4.2.8 Anämien infolge multipler pathogenetischer Störungen

Die sog. therapierefraktären Anämien bei chronischen Infekten, bei Urämie, bei primär-chronischer Polyarthritis, bei nicht hämatologischen Tumoren und bei Lebercirrhose haben eine doppelte Genese. Meist liegt sowohl eine verminderte Erythrocytenproduktion wie ein beschleunigter Abbau der roten Blutzellen vor. Die Bedeutung der beiden pathogenetischen Komponenten variiert von Fall zu Fall. Die Anämie ist meist normochrom und normocytär. Das rote Blutbild bei Leberzirrhose ist durch Macrocytose gekennzeichnet.

4.2.9 Polycythämie und Polyglobulie

Eine Polycythämie bzw. Polyglobulie liegt vor, wenn Hämoglobin- oder Erythrocytenwerte die obere Grenze der Norm überschritten haben. Die Pathogenese einer solchen Veränderung ist vielfältig (s. Tabelle 30).

Die ***Polycythaemia vera*** ist der Ausdruck einer klonalen Proliferation der hämopoetischen Stammzellen, wobei neben den Erythrocyten oft auch Granulocyten und Thrombocyten betroffen sind. Diese Hyperplasie dehnt sich meist über die Knochenmarksgrenze auf die Milz und Leber aus. Die Splenomegalie ist charakteristisch für die Polycythaemia vera. Das Blutvolumen ist bei Polycythaemia vera vermehrt.

Bei den ***hypoxämischen Polyglobulien*** bedingt ein äußerer (Höhenpolyglobulie) oder innerer Sauerstoffmangel eine selektive Hyperplasie der Erythropoese. Charakteristisch ist die arterielle Sauerstoffuntersätti-

Tabelle 30. Ursachen der Polyglobulien

- ***Hypoxämische Polyglobulie***
  - Kardial (meist congenitale cyanotische Vitien, seltener erworbene Kardiopathien)
  - Pulmonal (obstruktives Emphysem, Lungenfibrose, Pickwick-Syndrom)
  - Co-Hb bei Rauchern
  - Höhenaufenthalt
  - Abnorme Hämoglobinpigmente (Met-Hb und Hb-M)
- ***Nicht hypoxämische Polyglobulie***
  - Hormonal (Morbus Cushing, maskulinisierende Tumoren)
  - Renal (Hypernephrom, Nierencyste, Nierenadenom, Hydronephrose)
  - Varia (cerebelläres Hämangiom, Hepatom, Phäochromocytom, Uterus myomatosus)
- ***Relative Polyglobulie***
  - Hämokonzentration

gung bei dieser Gruppe. Die Genese kann kardial, pulmonal, durch Co-Hb wie auch pigmentbedingt sein. Die ***nicht hypoxämische Gruppe der Polyglobulien*** ist recht heterogen. Bei den renalen Formen scheint das in der Niere produzierte oder aktivierte Erythropoetin, welches selektiv die Erythropoese steigert, eine pathogenetische Rolle zu spielen. Die hormonellen Formen beruhen auf der Erythropoese-stimulierenden Wirkung überphysiologischer Konzentrationen von Cortisol oder Testosteron.

Die ***relative Polyglobulie*** ist lediglich Ausdruck einer Hämokonzentration durch Verminderung des Plasmavolumens (bei massivem Durchfall, langdauerndem Erbrechen, massivem Schwitzen und Polyurie).

Die klinische Symptomatologie hängt von der Grundkrankheit ab. Gemeinsame Symptome sind die tiefdunkelrote Farbe der Haut und Schleimhäute mit Begleitcyanose und die Häufung von Thrombosen. Letztere sind besonders bei Polycythaemia vera ein prognosebestimmender Faktor, weil neben dem hohen Hämatokrit die erhöhte Thrombocytenzahl die Tendenz zur Thrombenbildung im arteriellen und venösen System begünstigt. Bei Polycythaemia vera führt der erhöhte Zellumsatz zum Anstieg der Harnsäure im Serum und im Urin mit eventueller sekundärer Gicht und Nephrolithiasis.

4.3 Leukocyten

4.3.1 Physiologie

Die weißen Blutzellen spielen eine eminente Rolle in der Abwehr gegen Infektionserreger. ***Granulocyten*** und ***Monocyten*** verrichten diese Funktion dank ihrer Chemotaxis und phagocytierenden Eigenschaft. Bei bakteriellen Infekten spielt die granulocytäre Abwehr die Hauptrolle. Zur Überwindung der Infektion müssen die Mikroorganismen nach der Phagocytose durch intrazelluläre Lyse zerstört werden. ***B-Lymphocyten*** und ***Plasmazellen*** produzieren Antikörper. ***T-Lymphocyten*** vermitteln die zelluläre Immunität. Spezifische Funktionen der eosinophilen und basophilen Granulocyten sind bis heute nicht bekannt. Ein Anstieg der eosinophilen Granulocyten (Eosinophilie) wird in erster Linie bei Erkrankungen allergischer Natur und bei Infestationen mit Parasiten beobachtet. Ein Anstieg der basophilen Granulocyten (Basophilie) ist am ehesten Teilerscheinung von myeloproliferativen Erkrankungen wie chronisch-myeloischer Leukämie, Osteomyelosklerose und Polycythaemia vera. Die Bedeutung der in den basophilen Granula vorhandenen Histamins und Heparins ist unklar; theoretisch könnte deren vasodilatierende und gerinnungshemmende Aktivität die Heilung entzündlicher Prozesse beschleunigen.

Kinetik der neutrophilen Granulocyten. Die Untersuchungen mit markierten Granulocyten unter Benützung von Diisopropylfluorphosphat ($DF^{32}P$) hat folgende Resultate ergeben: Reife und unreife Granulocyten verteilen sich auf 3 Räume: das Knochenmark, das Blut und das Gewebe. Das Knochenmark enthält je zur Hälfte unreife und reife Granulocyten. Das Verhältnis Knochenmarks- zu Blutgranulocyten beträgt ungefähr 25-30:1. Im Blut sind die Granulocyten auf 2 Pools verteilt: den zirkulierenden und den marginalen oder Randpool. Bei der Leukocytenzählung erfassen wir lediglich den zirkulierenden Pool. Die beiden Blutpools haben ungefähr gleiche Größe. Die Granulocyten, welche aus der Blutbahn ins Gewebe austreten, können nie mehr zurückwandern. Die Halbwertszeit der Granulocyten im Blut beträgt lediglich 6,6 h (Abb. 30).

Physiologische Leukocytose. Ein rascher, wenn auch kurzfristiger Anstieg der Leukocytenzahl im Sinne einer neutrophilen Leukocytose wird nach abrupter, starker körperlicher oder psychischer Belastung beobachtet. Das Reservoir, welches diesen prompten Anstieg ermöglicht, ist in erster Linie der marginale Blutpool und in zweiter Linie das

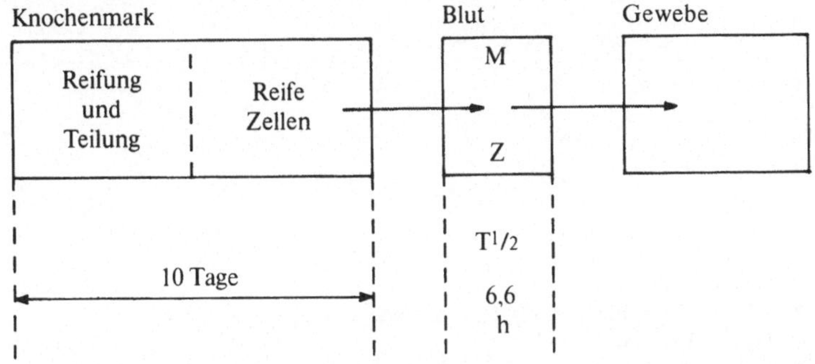

Abb. 30. Granulocytenkinetik. *M*, marginaler; *Z*, zentraler Pool

Knochenmarksreservoir an reifen Zellen. Da Adrenalin eine ähnliche Reaktion auslöst, nimmt man an, es sei der Vermittler der Leukocytose unter akutem „Streß".

4.3.2 Pathophysiologie

Leukocytose und Leukopenie

Neutrophile Leukocytose. Der weitaus größte Teil bakterieller Infekte löst eine spezifische neutrophile Leukocytose aus. Es ist dies der erste Ausdruck der prompt einsetzenden Abwehrmechanismen. Unspezifische neutrophile Leukocytosen beobachtet man bei schweren Intoxikationen, diabetischem oder urämischem Koma, Zuständen mit akuten Schmerzereignissen (Herzinfarkt, Nierenkoliken), epileptischen Anfällen usw. (s. Übersicht).

Leukopenie und Agranulocytose (s. Übersicht). Ein Abfall der absoluten Granulocytenzahl ist entweder Ausdruck einer verminderten Ausschwemmung aus dem Knochenmark oder einer beschleunigten Zerstörung in der Blutbahn. Ionisierende Strahlen, Cytostatica und Benzol führen bei genügender Dosierung bei allen Individuen zur Markhypoplasie oder -aplasie mit nachfolgender Leukopenie. Gewisse Medikamente wirken selektiv, bei individueller Überempfindlichkeit, leukopenisch (z. B. Pyrazolonderivate, Anticonvulsiva, Thyreostatica). Hier ist der periphere Abbau beschleunigt und die zentrale Produktion verzögert oder aufgehoben. Der beschleunigte periphere Abbau ist Leukocytenagglutininen zuzuschreiben, welche als inkomplette Antikörper

Ursachen neutrophiler Leukocytose

- Akute bakterielle Infektionen, insbesondere durch Kokken bedingte Formen
- Akute Intoxikationen
- Coma diabeticum, Coma uraemicum
- Plötzliche Schmerzereignisse (Herzinfarkt, Ureterenkolik, Trauma, Gichtanfall usw.)
- Akute Blutung, akute Hämolyse
- Epileptische Anfälle
- Rasch progrediente maligne Tumoren
- Verbrennungen

Ursachen von Leukopenien

- Physikalische oder chemische Knochenmarksschädigung (ionisierende Strahlen, Cytostatica, Benzol)
- Medikamente (Pyrazolonderivate, Anticonvulsiva, Thyreostatica, usw.)
- Infekte (Sepsis, Miliar-Tbc, Malaria und manche Viruserkrankungen: Masern, Röteln, Grippe, usw.)
- Splenomegalie (Leberzirrhose, Thrombose der Vena lienalis oder Vena portae, Morbus Boeck, Morbus Gaucher, Morbus Felty, usw.)

Ursachen von Eosinophilie

- Allergische Störungen (Asthma bronchiale, Rhinitis allergica, Urticaria usw.)
- Parasitäre Infestationen, insbesondere bei Lokalisation im Gewebe (Trichinose, Echinococcus, Filariose, Bilharziose) seltener bei rein intestinalem Befall
- Chronische Hauterkrankungen (Ekzem, Pemphigus, Dermatitis herpetiformis, usw.)
- Periarteriitis nodosa, Endocarditis parietalis fibroplastica, eosinophile Lungeninfiltrate
- Nach Streptokokken-bedingten Infekten (Scharlach, Chorea, Erythema multiforme)
- Chronische myeloische Leukämie

nur in Anwesenheit des Medikamentes wirken. Der Mechanismus der Leukopenie bei perakuten Infekten, Sepsis und Miliartuberkulose ist unbekannt. Die bei Splenomegalie beobachtete Leukopenie scheint in erster Linie durch eine lienale Hemmung der Myelopoese bedingt zu sein. Die Agranulocytose als Extremzustand der Leukopenie ist praktisch immer medikamentös bedingt. Als seltene Form unbekannter Genese sei die zyklische Agranulocytose erwähnt.

Eosinophilie. Der Anstieg eosinophiler Leukocyten bei den in der vorgehenden Übersicht aufgezählten Krankheiten ist pathogenetisch unklar. Auffallend ist die Korrelation der Eosinophilie mit Erkrankungen allergischer Natur und bei Infestationen mit Parasiten, wobei auch hier die allergische Reaktion des Organismus auf die Parasiten von Bedeutung ist.

Lymphocytose. Entzündliche Affektionen der Lymphknoten, die meist viralen Ursprungs sind (Mononucleosis infectiosa, Cytomegalievirus, infektiöse Lymphocytose) und die Toxoplasmose sind von einem Anstieg der Lymphocyten im peripheren Blut begleitet. Oft beobachtet man dabei junge, reaktive Formen (sog. monocytoide Lymphocyten). Gewisse bakterielle Infekte (Salmonellosen, Brucellosen, Pertussis) gehen in der Phase der maximalen Antikörperbildung ebenfalls mit einem Anstieg der Lymphocyten einher.

Leukämie

Leukämien sind Folge einer Mutation der primitiven hämopoetischen Stammzelle (myeloische Formen) oder der lymphopoetischen Zellen (lymphatische Formen). Die maligne Proliferation unreifer und reifer Blutzellen erfolgt im Knochenmark wie auch in den extramedullären hämopoetischen Organen. Dieser Prozeß ist meist, aber nicht immer, vom Auftreten unreifer Zellen im peripheren Blut begleitet.
Die Ätiologie der menschlichen Leukämien ist noch unklar. Bekannt ist, daß bei Individuen, die massiven Dosen ionisierender Strahlen exponiert waren (Atombombenexplosionen) und bei Patienten, die wegen maligner Lymphome oder multiplen Myeloms sehr lange zytostatisch behandelt wurden, eine erhöhte Leukämieinzidenz besteht. Zudem sind Leukämien bei Mongolismus (Trisomie des Chromosoms 21 = Down-Syndrom) gehäuft. Die einzige durch Viren verursachte Form scheint die adulte T-Zell-Leukämie zu sein (Erreger: Das Retrovirus HTLV-1). Die ***Einteilung der Leukämien*** (s. Übersicht) erfolgt nach Zelltyp, Zellreife und Krankheitsverlauf.

Akute Leukämien. Bei den akuten Leukämien stehen die *hämatologischen Auswirkungen* gegenüber den Organmanifestationen im Vordergrund. Die Proliferation abnormer atypischer unreifster Zellelemente ersetzt in diesen Fällen die normale Hämopoese fast vollständig.

Einteilung der Leukämien

Akute Formen

- Nicht lymphatische Leukämien[a]
  - Myeloblastenleukämie (M 1)
  - Myeloblasten-Promyelozyten-Leukämie (M 2)
  - Promyelozytenleukämie (M 3)
  - Myelomonozytenleukämie (M 4)
  - Monozytenleukämie (M 5)
  - Erythroblastenleukämie (M 6)
- Lymphoblastenleukämie

Chronische Formen

- myeloische Leukämie
- Monozytenleukämie
- lymphatische Leukämie
- Haarzelleukämie

[a] Einteilung nach FAB (französisch-amerikanisch-britische Klassifikation).

Dabei sind initial die extramedullären Zentren kaum beteiligt; daher besteht keine wesentliche Vergrößerung von Milz, Leber und Lymphknoten. Der Befall der Meningen führt zu Meningosis leucaemica, derjenige der Gingiva zu einer z.T. grotesken Hyperplasie des Zahnfleisches. Die auf wenige Elemente reduzierte normale Hämopoese ist Ursache der Anämie, Thrombopenie und Granulocytopenie. Die absolute periphere weiße Zellzahl kann niedrig oder hoch sein, besteht aber fast ausschließlich aus unreifen, funktionsuntüchtigen Elementen (Myeloblasten, Lymphoblasten). Typisch für die akuten myeloischen Leukämien ist der „Hiatus leucaemicus" mit vielen Myeloblasten, praktisch keinen Ausreifungsformen und wenigen reifen Granulozyten im peripheren Blut. Bei unbehandelten oder therapieresistenten Fällen ist der rasche, letale Verlauf Folge der Thrombo- und Granulocytopenie, welche zu cerebralen Blutungen, bzw. therapierefraktärer Sepsis führen.

Chronische Leukämien. Der langsame Verlauf erklärt die Beobachtung, daß die *Organmanifestationen* infolge der zellulären Proliferation sehr ausgeprägt sind. Bei ***chronisch-myeloischen Leukämien*** steht die Splenomegalie und die Hepatomegalie im Vordergrund, bei ***chronisch-lymphatischen Leukämien*** sind Lymphknoten und Milz vergrößert. Die abnorme, zelluläre Proliferation im Knochenmark verdrängt die Erythropoese und führt zur Anämie. Dies gilt besonders für die myeloischen Formen. Ein Abfall der Thrombocyten infolge Verdrängung der Megakaryocyten wird meist erst in der terminalen Phase der chronischen Leukämien beobachtet. Die Leukocytenzahl ist meist erheblich vermehrt. Bei den chronisch-myeloischen Formen erscheinen typischerweise alle Reifungsstufen der Myelopoese vom Myeloblasten bis zum segmentkernigen Granulocyten im peripheren Blut. In der terminalen Phase nimmt die Zahl der unreifsten Zellen progressiv zu (sog. Blastenschub). Charakteristisches Merkmal der chronisch-myeloischen Leukämie ist das Philadelphia-Chromosom, welches in 90% der Fälle beobachtet wird. Patienten ohne Philadelphia-Chromosom haben eine schlechtere Prognose. Die Prognose der chronischen Leukämien wird bestimmt durch

- schwere Infekte mangels einer genügenden Zahl reifer phagocytosefähiger Granulocyten
- cerebrale Blutungen infolge Thrombopenie.

Bei lymphatischen Leukämien kann zudem ein erworbenes Antikörpermangelsyndrom auftreten, weil die normalen Antikörper-bildenden Zellen durch die Proliferation der leukämischen Formen verdrängt werden. Die Harnsäure ist als metabolisches Endprodukt des Nukleinsäurestoffwechsels bei Leukämien sowohl im Serum wie im Urin wegen des absolut gesteigerten Zellumsatzes vermehrt. Dies kann von Gichtanfällen und Niereninsuffizienz begleitet sein.

Haarzell-Leukämie. Diese besondere Leukämieform ist gekennzeichnet durch abnorme lymphatische Elemente mit feinen cytoplasmatischen Ausläufern in Knochenmark, Milz und peripherem Blut. Die dichte Vernetzung der leukämischen Zellen im Knochenmark erklärt die „punctio sicca“ bei der Knochenmark-Aspiration. Zudem besteht Splenomegalie und Pancytopenie. Es handelt sich um die einzige Leukämieform, deren Pancytopenie durch die Splenektomie deutlich gebessert wird und die eindeutig auf Interferon anspricht.

Osteomyelofibrose und Osteomyelosklerose

Man nimmt an, daß bei obigen Erkrankungen die abnorme Proliferation der Hämopoese mit einer massiven Proliferation der Fibroblasten einhergeht, die zu einer progressiven Fibrosierung (Osteomyelofibrose), seltener zu einer Verknöcherung (Osteomyelosklerose) des Knochenmarks führt. Parallel dazu kommt es zu einer deutlichen Splenomegalie und weniger ausgesprochenen Hepatomegalie mit extramedullärer Blutbildung. Das periphere Blutbild ist gekennzeichnet durch einen variablen Anteil an unreifen Granulocyten, wenigen Erythroblasten und nicht selten einer Vermehrung der Thrombocyten. Da bei der Knochenmarkpunktion kein Material aspiriert werden kann, muß die Diagnose mittels Knochenmarksbiopsie gesichert werden. Der Verlauf ist chronisch.

Essentielle Thrombocythämie

Diese primäre myeloproliferative Erkrankung, bei welcher die Thrombopoese im Vordergrund steht, muß von den temporären, zeitlich befristeten, sekundären Thrombocytosen (nach Splenektomie, bei chronischen Infekten, Malignomen usw.) abgegrenzt werden. Die Megakaryocyten und Thrombocyten sind massiv vermehrt. Die Thrombocytenzahl liegt oft über 1 Million/mm^3. Gelegentlich sind auch die neutrophilen und basophilen Granulozyten leicht erhöht. Komplikationen sind thromboembolische Geschehen und Blutungen vorwiegend aus Schleimhäuten. Letztere sind auf funktionelle Plättchenstörungen zurückzuführen.

Plasmocytom und Multiples Myelom

Es handelt sich um eine maligne Proliferation abnormer Plasmazellen, welche im Gegensatzt zu den Leukämien zu einer herdförmigen Zerstörung der Knochenstruktur führt. Diese ist radiologisch besonders leicht am Schädel festzustellen. Der Befall anderer Knochen, insbesondere der Wirbelsäule, erklärt die typischen Skelettschmerzen beim Myelom. Die Zellproliferation geht praktisch immer ohne Ausschwemmung von Plasmazellen ins Blut einher. Plasmazell-Leukämien sind äußerst selten.
Die abnormen Plasmazellen sind befähigt, Paraproteine (IgG-, IgA-, IgM-, IgD- und IgE-Immunglobuline) und L-Ketten zu synthetisieren. Die kleinmolekularen L-Ketten werden im Urin als Bence-Jones-Proteine ausgeschieden. Die Paraproteine sind einheitlich strukturierte, funktionell bedeutungslose Proteine, welche in der Elektrophorese als spitze, schmalbasige Zacken erscheinen. Diese metabolische Aktivität der abnormen Plasmazellen erklärt die oft beobachtete Hyperproteinämie des Myeloms. Die Paraproteine sind Ursache der massiv erhöhten Blutsenkung. Extrem hohe Serumproteinwerte können zum Hyperviskositätssyndrom mit cerebralen Auswirkungen führen (psychische Verlangsamung, Sopor bis Koma). Langdauernde Bence-Jones-Proteinurie führt zur Schädigung der Nieren, Niereninsuffizienz und Urämie. Die Skelettzerstörung und zum Teil die abnorme Bindungsfä-

higkeit gewisser Paraproteine für Calcium führt bei gewissen Patienten zur lebensbedrohlichen Hypercalcämie. Mäßige Grade von Hypercalcämie werden sehr oft beobachtet. Die renale Insuffizienz beim Myelom kann daher sowohl auf die Paraproteinurie wie auch auf die Hypercalcämie zurückgeführt werden. Erstere ist irreversibel, während die zweite durch adäquate Therapie positiv beeinflußt werden kann. Die Verdrängung des normalen Knochenmarkes durch das Myelom führt in erster Linie zur Anämie. Seltener werden Leukopenien und ganz selten Thrombopenien beobachtet.

Makroglobulinämie (Morbus Waldenström)

Das Krankheitsbild ist die Folge der Proliferation abnormer lymphoider Elemente in Knochenmark, Lymphknoten, Milz und Leber mit sekundärer Lymphadenopathie, Splenomegalie und eventuell Hepatomegalie. Diese Zellen sind metabolisch ebenfalls aktiv und produzieren Paraproteine, die meist Immunglobuline vom Typ IgM sind und ein Molekulargewicht von 900 KD haben. Die Skelettstruktur wird grundsätzlich nicht befallen. Die Auswirkungen der Paraproteinämie und Paraproteinurie in hämatologischer wie in klinischer Hinsicht entsprechen denjenigen des Myeloms. Zusätzlich wird eine auffallende hämorrhagische Diathese beobachtet, deren Genese nicht klar ist. Sie manifestiert sich in erster Linie in den Augenfundi (Retinablutungen) und an den Schleimhäuten des Magen-Darm-Traktes (Gingiva- und Magenblutungen).

Benigne monoklonale Gammopathie

Mit diesem Begriff wird eine schmalbasige, spitze elektrophoretische Zacke bezeichnet, die meist per Zufall bei älteren Patienten anläßlich der Abklärung einer erhöhten Senkung gefunden wird. Man deutet diese exzessive Produktion eines Paraproteins als Wucherung eines einzelnen Klonus Immunglobulin-produzierender Zellen. Die meisten Fälle verlaufen gutartig, ein Teil ist jedoch Vorgänger eines sich erst nach Jahren manifestierenden multiplen Myeloms, einer Makroglobulinämie oder eines malignen Lymphoms. Die Häufigkeit der monoklonalen Gammopathie bei „Gesunden“ beträgt 1% bei Individuen mit 60 Jahren; bei 70–80-jährigen liegt sie um 3%.

Maligne Lymphome

Maligne Lymphome sind bösartige Erkrankungen der Lymphknoten und der Milz, die sekundär auch Leber, Skelett und Knochenmark befallen können. Die ***Einteilung der malignen Lymphome*** erfolgt nach rein histologischen Kriterien. In Tabelle 31 sind die histologischen Typen des Morbus Hodgkin und die verschiedenen Formen der Non-Hodgkin-Lymphome aufgeführt. Als Grundlage für eine differenzierte Therapie werden die malignen Lymphome in ***Stadien*** eingeteilt (s. Übersicht). Bisher hat die Strahlenbehandlung in den Stadien I und II, die Chemotherapie in den Stadien III und IV die besten Resultate ergeben.

Ätiologie. Bisher konnte keine sichere Ursache für die malignen Lymphome ermittelt werden. Die erhöhte Inzidenz dieser Malignome bei immundefizienten Individuen (AIDS) und nach langdauernder Immunsuppression (Nierentransplantierte) deutet darauf hin, daß eine gestörte zelluläre immunologische Abwehr die Entstehung maligner Lymphome begünstigt. Beim Burkitt-Lymphom, das besonders in

Tabelle 31. Histologische Einteilung maligner Lymphome

Morbus Hodgkin (malignes Lymphogranulom)
- lymphocytenreicher Typ
- noduläre Sklerose
- Mischzelltyp
- lymphocytenarmer Typ

Non-Hodgkin-Lymphome

Klassifikation nach Rappaport	Klassifikation nach Lennert (Kiel)
• *Nodulär/follikulär:*	
- lymphocytär	lymphocytär
- lymphoblastär - gemischtzellig - histiocytär	zentrocytisch-zentroblastisch
• *Diffus:*	
- lymphocytär	lymphocytär lymphoplasmocytoid
- lymphoblastär	zentrocytisch
- gemischtzellig	zentrocytisch-zentroblastisch
- histiocytär	zentroblastisch immunoblastisches Sarkom
- undifferenziert	lymphoblastisch

Stadieneinteilung maligner Lymphome	
Stadium I:	Krankheit beschränkt auf eine Lymphknotenregion
Stadium II:	Krankheit beschränkt auf zwei oder mehr Lymphknotenregionen auf der gleichen Seite des Zwerchfells
Stadium III:	Krankheitsbefall von Lymphknotenregionen beiderseits des Zwerchfells sowie der Milz
Stadium IV:	Krankheitsbefall extralymphatischer Organe (Skelett, Knochenmark, Leber, Lungen, Haut usw.)
Untergruppe A:	Ohne Allgemeinsymptome
Untergruppe B:	Mit Allgemeinsymptomen: Fieber, erheblicher Gewichtsverlust, Nachtschweiß
Jedes Stadium (I, II, III, IV) wird in A und B unterteilt	

Afrika vorkommt, scheint das Epstein-Barr-Virus (EBV) eine kausale Rolle zu spielen. Da jedoch auch die Mononucleosis infectiosa durch das gleiche Virus verursacht wird, müssen zusätzliche Faktoren, wie z. B. die chronische Stimulation des lymphatischen Systems durch die Malaria, eine kausale Rolle spielen.

Symptome. Im Vordergrund stehen Lymphknotenschwellungen und Splenomegalie, wobei die tumorbefallenen Organe derb und nicht schmerzhaft sind. Sie können jedoch durch Druck auf umgebendes Gewebe Sekundärsymptome auslösen wie Husten bei paratrachealem Befall, Ödeme bei inguinaler Lokalisation und hartnäckige Schmerzen bei meningealer und epiduraler Invasion. Allgemeinsymptome sind beim Morbus Hodgkin am häufigsten. Sie umfassen Temperaturanstieg (Pel-Epstein Fieber), Pruritus und ganz selten den sog. Alkoholschmerz am Ort des neoplastischen Befalls unmittelbar nach Genuß auch nur kleiner Mengen Alkohol.

Laborbefunde. Im Gegensatz zu den Leukämien gibt es bei malignen Lymphomen im Frühstadium und initialen Verlauf keine Befunde von spezifischer diagnostischer Bedeutung. In fortgeschrittenen Stadien kann das Knochenmark beim Morbus Hodgkin typische Reed-Sternberg-Zellen enthalten, bei anderen Lymphomen vermehrt lymphatische und reticuläre Zellen. In gewissen Fällen werden bei den Nicht-Hodgkin-Lymphomen die abnormen Zellelemente auch ins periphere Blut ausgeschwemmt (sog. leukämischer Verlauf maligner Nicht-Hodgkin-Lymphome). Es sei jedoch nochmals hervorgehoben, daß in den wichtigsten ersten Stadien der Erkrankung die Diagnose nur mittels Histologie bioptisch entfernter Lymphknoten gestellt werden kann. Maligne Lymphome, insbesondere im III. und IV. Krankheitsstadium, können mit Störungen der zellulären Immunität einhergehen; die Störung äußert sich in der Negativierung vorgängig positiver Mantoux-Proben und besonderer Anfälligkeit für Tuberkulose, virale Erkrankungen (Herpes zoster) und Organmykosen.

4.4 Das Immunsystem

Wir beschränken uns auf die zellulären Grundlagen der Immunologie und auf eine geraffte Zusammenstellung immunologischer Abwehrstörungen. Für die anderen Aspekte der Immunologie muß die Fachliteratur konsultiert werden.

4.4.1 Physiologie

Zelluläre Grundlagen immunologischer Vorgänge

Das lymphatische System ist die essentielle anatomische Grundlage des immunologischen Systems. Sowohl funktionell wie anatomisch müssen zweierlei lymphatische Gewebe unterschieden werden:

- Lymphatisches Gewebe, welches für die ***zelluläre Immunität*** verantwortlich ist (kleine T-Lymphocyten im Cortex der Lymphknoten)
- Lymphatisches Gewebe, welches für die ***humorale Immunität*** verantwortlich ist (B-Lymphocyten und Plasmazellen in der Medulla der Lymphknoten und in den Keimzentren der Lymphfollikel der Milz sowie Plasmazellen in Leber und Knochenmark).

Die Lymphocyten im peripheren Blut sind auch an diesen Geschehnissen beteiligt, weil sie rezirkulieren: Lymphatische Zellen verlassen das lymphatische Gewebe, gelangen in die Blutbahn und kehren in das lymphatische Gewebe zurück. Dieses Verhalten ist absolut verschieden von demjenigen der Granulocyten und Monocyten, welche nach Verlassen der Blutbahn nie mehr zurückkehren können. Der Anteil zirkulierender Lymphocyten ist äußerst klein: Er liegt unterhalb 5% des gesamten lymphocytären Körperpools. Der weitaus größte Teil der lymphatischen Zellelemente ist sessil. Von den Blutlymphocyten sind 55-75% T-Zellen und 15-30% B-Zellen.

4.4.2 Pathophysiologie

Störungen der immunologischen Abwehr

- Simultaner Mangel der humoralen und zellulären Immunität: Congenitaler Stammzelldefekt (severe combined immunodeficiency, swiss type): Dieses autosomal oder x-chromosomal rezessiv vererbte Leiden ist das einzige klassische Beispiel des kompletten immunologischen Versagens, welches auf das Fehlen von Plasmazellen und von lymphatischem Parenchym zurückzuführen ist. Dementsprechend besteht eine Agammaglobulinämie und eine extreme Lymphopenie.
- Störungen der humoralen Immunität (sog. Antikörpermangelsyndrom):
  - Congenitale Form:
    a) Rezessiv geschlechtsgebundene Form bei Knaben (Agammaglobulinämie ohne B-Lymphocyten und ohne Plasmazellen),
  - Erworbene Formen:
    a) Idiopathische Form bei Männern und Frauen,
    b) Sekundäre Form bei chronisch lymphatischer Leukämie, beim multiplen Myelom und Morbus Waldenström.
- Störungen der zellulären Immunität:
  - Congenital:
    Thymusaplasie (sog. Nezelof und DiGeorges-Syndrom). Der isolierte Ausfall der zellulären Immunität ist die Folge der fehlenden Anlage des Thymus, ein Organ, das im Embryo und in der neonatalen Periode eine Schlüsselstellung in der Reifung der T-Zellen einnimmt.
  - Erworben:
    Beim Morbus Hodgkin ist das lymphatische Gewebe weitgehend durch das maligne Lymphogranulom ersetzt. Dieser Prozeß ist in erster Linie von einer Störung der zellulären Immunität begleitet. Ein sekundärer Mangel von Antikörpern wird beim Lymphogranulom höchst selten beobachtet.

4.5 Plasmaproteine

4.5.1 Physiologie und Biochemie

Die Einteilung der Plasmaproteine erfolgt nach ihrem physikalisch-chemischen Verhalten (z. B. in der Elektrophorese [Abb. 31] und Immunelektrophorese [Abb. 32]) und nach ihrer Funktion (z. B. Gerinnungsfaktoren).

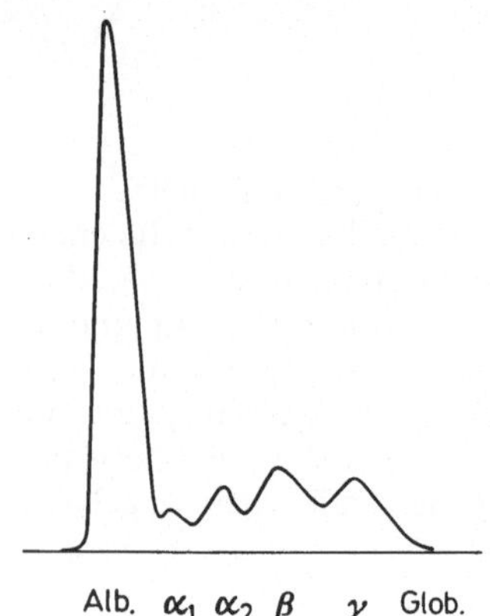

Abb. 31. Normale Serumelektrophorese

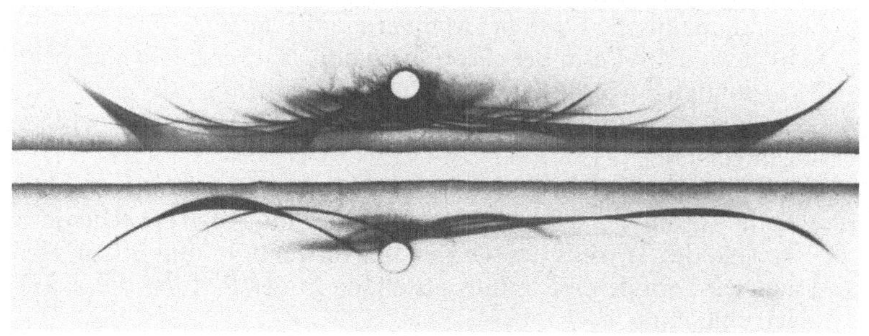

Abb. 32. Immunelektrophorese von Normalserum

Der ***Syntheseort*** der Albumine, α- und β-Globuline ist die Leber. Die γ-Globuline werden von Plasmazellen und B-Lymphocyten im RES der Leber, Milz, Lymphknoten und Knochenmark gebildet. Die in der Blutbahn vorhandenen Proteine (Zusammensetzung s. Tabelle 32) stehen mit den Proteinen im extravasculären, interstitiellen Raum in konstantem Austausch. Die Eiweißkonzentration im Interstitium ist jedoch erheblich kleiner als im Plasma und beträgt etwa 1 g/dl.

Wichtige gemeinsame ***Funktion der Bluteiweißkörper***, insbesondere der Albumine ist die Aufrechterhaltung des onkotischen Druckes. Eine weitere wesentliche Funktion ist die Pufferwirkung.

Tabelle 32. Normale elektrophoretische Verteilung der Serumeiweiße

	Prozentualer Anteil	Absolute Menge (g/dl)	
Albumine	55	4	
α_1-Globuline	5	0,4	1,1
α_2-Globuline	10	0,7	
β-Globuline	12	0,9	
γ-Globuline	18	1,3	
Total	100	7,3	

Die Transportfunktion der Serumproteine ist äußerst vielfältig: Albumin dient als Vehikel für Bilirubin, Gallensäuren, Hämatin, usw., das α_1-Globulin für Cortisol, Trijodthyronin und Thyroxin, das α_2-Globulin für Kupfer (Coeruloplasmin) und das β-Globulin für Eisen (Transferrin) und für Vitamin B_{12} (Transcobalamin). Die Fette werden hauptsächlich als α- und β-Lipoproteine transportiert. Die γ-Globuline bestehen fast ausschließlich aus Antikörpern. Die Immunelektrophorese erlaubt die Differenzierung derselben in Immunglobuline (IgG, IgM, IgA, IgD, und IgE).

4.5.2 Pathophysiologie

Hypoproteinämie

Der Serumeiweißgehalt wird von folgenden Prozessen beeinflußt:

a) orale Eiweißzufuhr
b) intestinale Aufnahme der zur Eiweißsynthese benötigten Aminosäuren
c) Eiweißsynthese aus resorbierten Aminosäuren
d) Eiweißkatabolismus
e) Eiweißverlust.

Hypoproteinämien lassen sich systematisch wie folgt ableiten:

Zu a) Der exogene Eiweißmangel ist die Ursache der Hypoproteinämie bei Hungersnot, Anorexia mentalis und Vegetariern mit sehr einseitiger Ernährung.

Zu b) Eine gestörte Aufnahme der für die Eiweißsynthese notwendigen Aminosäuren beobachtet man beim Malabsorptionssyndrom, bei chronischer Pankreatitis und nach ausgedehnten Dünndarmresektionen.

Zu c) Typisches Beispiel für eine gestörte Synthese von Plasmaproteinen ist die Leberzirrhose. Die Störung betrifft in erster Linie die Produktion von Albuminen. Paradoxerweise besteht gleichzeitig fast regelmäßig eine absolute Hypergammaglobulinämie als Ausdruck der histologisch nachweisbaren hepatischen Infiltraten von Lymphocyten und Plasmazellen, welche bekanntlich γ-Globuline bilden. Dies erklärt die Tatsache, daß trotz Hypalbuminämie der totale Eiweißgehalt im Serum bei Leberzirrhose nicht vermindert ist.

Zu d) Der Eiweißkatabolismus ist bei Hypercorticismus (Morbus Cushing) gesteigert.

Zu e) Häufige Ursachen von Hypoproteinämie sind exogene Eiweißverluste. Erhebliche renale Verluste führen zum nephrotischen Syndrom. Im Urin lassen sich in variablen Mengen alle Serumeiweißfraktionen elektrophoretisch nachweisen. Im Serum hingegen steht der Albumin- und γ-Globulinabfall im Vordergrund, während die im α- und β-Bereich wandernden Lipoproteine normal oder sogar erhöht sind, weil der renale Verlust dieser großmolekularen Elemente spärlich ist und gleichzeitig die Syntheserate gesteigert wird (Abb. 33). Enterale Verluste werden bei chronischer Pankreatitis infolge ungenügender enzymatischer Eiweißaufspaltung im Darm und beim Syndrom

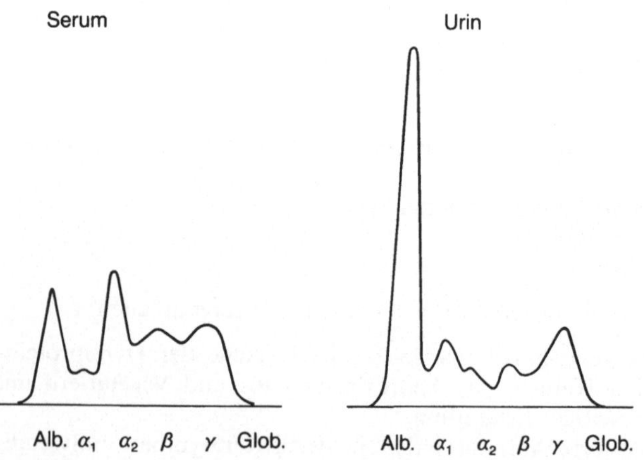

Abb. 33. Serum- u. Urinelektrophorese bei nephrotischem Syndrom

der Gastroenteropathie mit Proteinverlust (protein loosing gastroenteropathy) beobachtet. Letzterer kann eine massive hypertrophische Gastritis (Menétrier-Syndrom), eine Enteritis regionalis, eine Colitis ulcerosa oder ein Carcinom des Magen-Darm-Traktes zugrunde liegen. Die Behinderung des intestinalen Lymphabflusses durch entzündliche (z. B. Tbc) oder tumorale (z. B. maligne Lymphome) Prozesse wie auch intestinale Lymphangiektasien kann ebenfalls zu enteralem Proteinverlust führen.
Cutane Eiweißverluste entstehen bei Verbrennungen und bei diffusen, nässenden Ekzemen und Dermatosen.

Klinische Auswirkungen. Schwere Hypoproteinämien, insbesondere Hypalbuminämien, sind Ursache von Ödemen wegen Verminderung des intravasalen onkotischen Druckes.

Dysproteinämien

Unter Dysproteinämien versteht man eine Verschiebung der normalen proportionalen Verteilung der elektrophoretischen Eiweißanteile. Es handelt sich immer um die Vermehrung einer oder mehrerer Globulinfraktionen, die von einem relativen oder absoluten Abfall des Albuminanteils begleitet ist.
Erhöhte α-Globuline beobachtet man bei akut-entzündlichen Prozessen und bei Gewebsnekrosen. Der Mechanismus dieses Vorganges ist nicht geklärt.
Die γ-Globuline steigen bei chronisch-entzündlichen Erkrankungen, bei Immunisierungsprozessen und bei chronischen Lebererkrankungen an. Es ist einleuchtend, daß bei den ersten beiden Krankheitsgruppen eine erhöhte Antikörperbildung (Antikörper sind γ-Globuline) im RES mit Vermehrung der darin enthaltenen Plasmazellen und B-Lymphocyten vor sich gehen muß. Dieser Vorgang hat eine eminente Bedeutung in der Abwehr gegen Infektionserreger, kann aber in anderen Situationen, wie bei Autoaggressionskrankheiten (z. B. disseminierter Lupus erythematodes), für den Organismus nachteilig sein. Die Bedeutung der oft erheblichen Hypergammaglobulinämie bei chronischen Lebererkrankungen ist hingegen nicht geklärt. Bei allen o. g. Zuständen erscheint der γ-Globulingradient in der Elektrophorese breitbasig und rundgipfelig (Abb. 34), ein Befund der für die Heterogenität der γ-Globuline spricht (sog. polyklonale Proteine). Dies im Gegensatz zu den später zu besprechenden monoklonalen Paraproteinen, welche als schmalbasiger spitzer Gradient erscheinen.

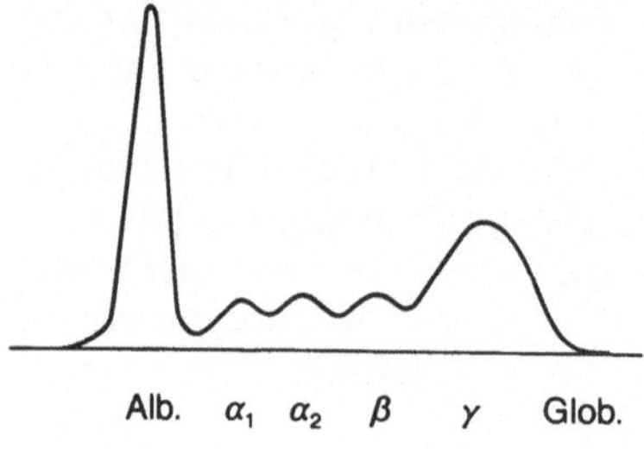

Abb. 34. Serumelektrophorese bei Leberzirrhose

Beim Übergang einer akuten Entzündung in eine subakute oder chronische Phase wie auch im Stadium der maximalen Antikörperabwehr nach akuten Entzündungen liegt oft eine gleichzeitige Vermehrung der α- und γ-Globuline vor.

Paraproteinämien

Paraproteine sind einheitlich strukturierte Immunglobuline ohne funktionelle Bedeutung. Sie bestehen wie die Immunglobuline aus 2 Arten von Polypeptidketten, d.h. aus H-Ketten (heavy chains) und L-Ketten (light chains). Einzig die Bence-Jones-Proteine bestehen nur aus L-Ketten; es handelt sich um Dimere leichter Ketten. Bis heute steht nicht fest, ob Paraproteine abnorme Elemente sind, die nur bei besonderen Erkrankungen de novo gebildet werden, oder ob es sich um normale Eiweiße handelt, die physiologischerweise nur in kleinster Konzentration vorliegen und bei spezifischen Krankheiten selektiv in großen Mengen produziert werden. Trotzdem soll vorläufig die Bezeichnung „Paraprotein" für diejenigen Eiweißkörper aufrechterhalten werden, die sich qualitativ mit den zur Verfügung stehenden Methoden von den normalen trennen lassen. In der Elektrophorese erscheinen Paraproteine als schmalbasige spitzgipfelige Gradienten (Abb. 35). Die Konfiguration spricht für eine relativ homogene Struktur der Paraproteine (sog. monoklonale Proteine). Sie liegen meist im Bereiche der γ-Globuline, können aber auch die Motilität der α- und β-Globuline besitzen. Die Bence-Jones-Proteine erscheinen in der Urinelektrophorese ebenfalls als isolierte, schmale Gipfel (Abb. 35). Paraproteine beobachtet man beim multiplen Myelom, beim Morbus Waldenström, bei der benignen monoklonalen Gammopathie und gelegentlich bei chronisch-lymphatischen Leukämien und Non-Hodgkin-Lymphomen. Da bekanntlich normale Plasmazellen γ-Globuline bilden, ist es kaum verwunderlich, daß die massiv proliferieren-

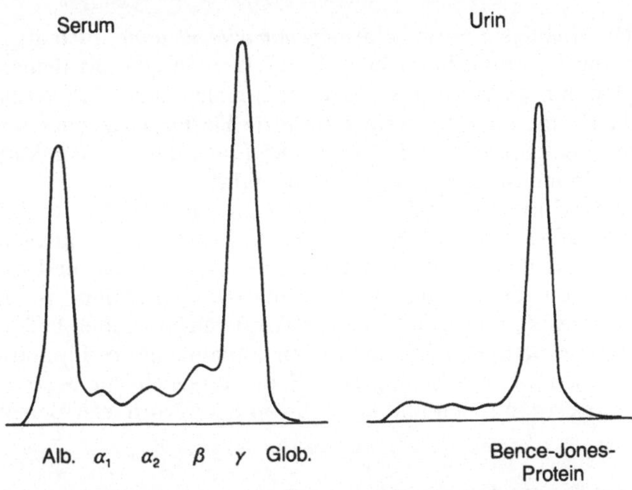

Abb. 35. Serum- und Urinelektrophorese bei multiplem Myelom

den neoplastischen Plasmazellen beim multiplen Myelom Paraproteine wie auch Bence-Jones-Proteine synthetisieren. Beim Morbus Waldenström sind es lymphoide Zellen, welche IgM-Paraproteine mit Molekulargewichten von 900 Kilo-Dalton bilden (sog. Makroglobuline). Die oft beträchtliche Menge von Paraproteinen im Serum führt zu einem Anstieg des totalen Serumeiweißspiegels. Dieser kann durch seine onkotische Wirkung zu einer Erhöhung des Plasmavolumens mit sekundärer Hämodilution und Abfall des Hämoglobins ohne Änderung des totalen Erythrocytenvolumens führen.

Klinische Auswirkungen. Extreme Paraproteinämien mit Gesamteiweißwerten über 12 g/dl können zu Stupor und Koma führen. Wenn auch die erhöhte Plasmaviscosität zu capillaren Zirkulationsstörungen führen kann, so bleibt der wahre Grund der cerebralen Symptomatologie ungeklärt. Eine langdauernde Paraproteinurie führt zur Niereninsuffizienz.

Mangelproteinämien

Einzelne elektrophoretische Eiweißfraktionen können selektiv fehlen, oder so stark vermindert sein, daß es zu klinischen Symptomen kommt.

Die wichtigste Form ist die ***Agammaglobulinämie***, auch als Antikörpermangelsyndrom bezeichnet. Dabei können eine bis mehrere Immunglobulinfraktionen (IgG, IgA, IgM) fehlen oder stark vermindert sein, weil keine oder nur wenige normale Plasmazellen oder B-Lymphocyten im RES anzutreffen sind. Die Einteilung der Antikörpermangelsyndrome ist in Kapitel 4.4.2 aufgeführt.
Die γ-Globuline fehlen in der Elektrophorese der congenitalen und idiopathischen Formen und sind bei chronisch-lymphatischer Leukämie oft wesentlich vermindert. Die beim Myelom und Morbus Waldenström beobachtete Vermehrung der γ-Globuline ist durch funktionslose Paraproteine ohne Antikörpereigenschaften bedingt.
Andere Mangelproteinämien (Analbuminämie, α_1-Lipoproteinmangel und β-Lipoproteinmangel) sind im Vergleich zur Agammaglobulinämie extrem selten und klinisch von untergeordneter Bedeutung.

4.6 Porphyrien

4.6.1 Physiologie und Biochemie

Die Biosynthese der Porphyrine ist in Abb. 36 dargestellt. Lediglich Porphyrine vom Typ III haben physiologische Funktionen, während diejenigen vom Typ I bedeutungslose Nebenprodukte sind. Porphyrine sind in allen Körperzellen anzutreffen, welche hämhaltige Elemente besitzen; am wichtigsten sind die erythropoetischen Zellen des Knochenmarks, die Muskel- und die Leberzellen. Die Normalwerte der Porphyrine und ihrer Vorstufen in Blut, Urin und Stuhl sind in Tabelle 33 a aufgezeichnet.

4.6.2 Pathophysiologie

Die ***photosensibilisierende Wirkung*** der Porphyrine ist sehr wahrscheinlich Folge ihrer intensiven Fluoreszenz unter Einwirkung von ultraviolettem Licht mit einer Wellenlänge um 400 nm. Die stärkste photosensibilisierende Wirkung besitzen Protoporphyrine, Uroporphyrine und Koproporphyrine, während Porphobilinogen inert ist. Klinische Manifestationen sind Hautrötung, Juckreiz und kutane Blasenbildung bei Sonnenexposition. Die bei gewissen Porphyrieformen beobachteten neurologischen Ausfälle sind wahrscheinlich auf hohe Konzentrationen von δ-ALS zurückzuführen. Hingegen fehlt bislang eine pathophysiologische Erklärung für die Spasmen der glatten Darmmuskulatur, welche Obstipation und abdominelle Schmerzen verursachen.

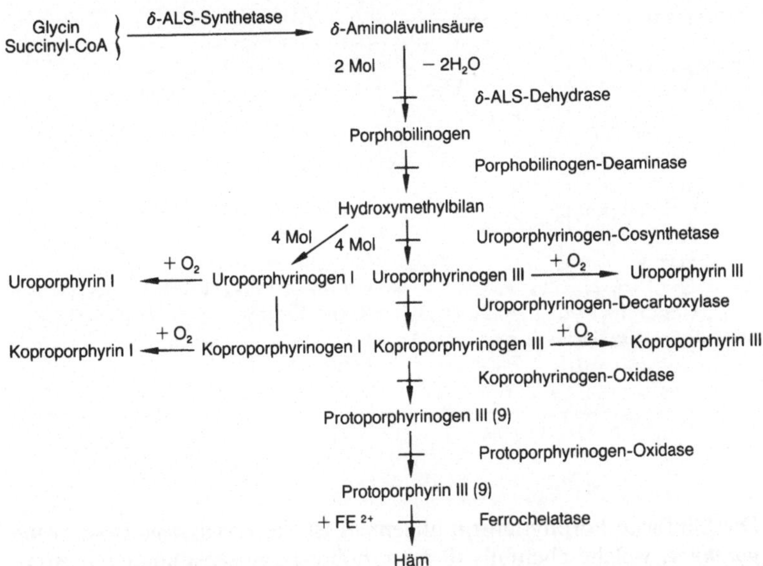

Abb. 36. Biosynthese der Porphyrine

Tabelle 33a. Normalwerte der Porphyrine und ihrer Vorstufen

	δ-ALS	PBG	Uro.	Kopro.	Proto.
Erythrocyten/100 ml				1-2 μg	15-60 μg
Urin/24 h	3 mg	1,5 mg	30 μg	300 μg	
Stuhl/g Trockensubstanz				15-40 μg	30-100 μg

Die ***Einteilung der Porphyrien*** nimmt Bezug auf die Hauptlokalisation der Fermentdefekte (Tabelle 33b).

Die seltene ***erythropoetische Form*** weist massive Porphyrinmengen im Knochenmark auf, wobei wegen Mangel an Uroporphyrinogen III-Cosynthetase die Umwandlung von PBG in Uroporphyrin III vermindert, während diejenige in Uroporphyrin I erheblich gesteigert ist. Dieses ausgesprochen photosensibilisierende Porphyrin führt zu Bildung von Hautblasen, die sich leicht infizieren und Narben hinterlassen können.

Tabelle 33b. Einteilung der Porphyrien

Porphyrie-Form	*Zugrundeliegender Enzym-Mangel*
● Erythropoetische Porphyrie	
- Porphyria erythropoietica congenita	Uroporphyrinogen-Cosynthetase
● Hepatische Porphyrien	
- akut intermittierende Porphyrie	Porphobilinogen-Deaminase
- Porphyria variegata	Protoporphyrinogen-Oxidase
- Porphyria cutanea tarda	Uroporphyrinogen-Decarboxylase
- Coproporphyria hereditaria	Koproporphyrinogen-Oxidase
● Erythrohepatische Form	
- Erythrohepatische Protoporphyrie	Ferrochelatase

Die häufigste Porphyrieform allgemein ist die ***erythrohepatische Protoporphyrie,*** welche ebenfalls durch erhöhte Photosensibilität mit Brennen, Jucken und Ödem der Haut gekennzeichnet ist, jedoch weniger häufig zu Blasenbildung führt. Der zugrundeliegende Ferrochelatasemangel ist sowohl im erythropoetischen Knochenmark, wie in den Leberparenchymzellen nachweisbar.

Bei den ***hepatischen Formen*** steht die ***akut intermittierende Porphyrie*** im Vordergrund; sie wird autosomal-dominant vererbt. Ihre Symptomatologie umfaßt Abdominalschmerzen und hartnäckige Obstipation infolge Darmspasmen, Hypertonie, Tachykardie und neurologische Ausfälle (Parästhesien, Sensibilitätsstörungen und Lähmungen bis zur Tetraplegie). Diese Patienten sind nicht selten wiederholten, ergebnislosen abdominellen Laparotomien unterzogen worden, bevor die korrekte Diagnose gestellt wurde. Die Porphyrinstoffwechselstörung infolge Mangel an Porphobilinogen-Deaminase kann bei Familienangehörigen absolut symptomfrei verlaufen; es besteht jedoch die Gefahr der Symptomauslösung durch die Einnahme gewisser Pharmaka wie Barbiturate und Sulfonamide.

Bei der ***Porphyria variegata*** und der ***Porphyria cutanea tarda*** liegt die Hauptsymptomatologie bei der kutanen Lichtüberempfindlichkeit und der erhöhten Lädierbarkeit der Haut nach kleinsten Traumen. Lediglich bei der Porphyria variegata können gelegentlich abdominelle Beschwerden und neurologische Ausfälle, wie bei der akut intermittierenden Porphyrie, auftreten.

4.7 Blutgerinnung und Blutstillung

4.7.1 Normale Blutstillung

Sie soll nach Gefäßläsionen die Integrität der Strombahn wiederherstellen, ohne die Flüssigkeit des Blutes zu beeinträchtigen. Voraussetzungen sind die Gefäße selber, die Blutplättchen und das plasmatische Blutgerinnungssytem (Abb. 37). Läsionen von Capillaren und kleinen Venulen werden fast ausschließlich durch Adhäsion von Plättchen gestillt. Je größer das Gefäß, desto mehr ist ein intaktes Gerinnungssystem nötig. Bei arteriellen Blutungen erfolgt die Blutstillung hauptsächlich durch Gefäßkontraktion, da das Druckgefälle den Verschluß durch Plättchen und Gerinnung stört.

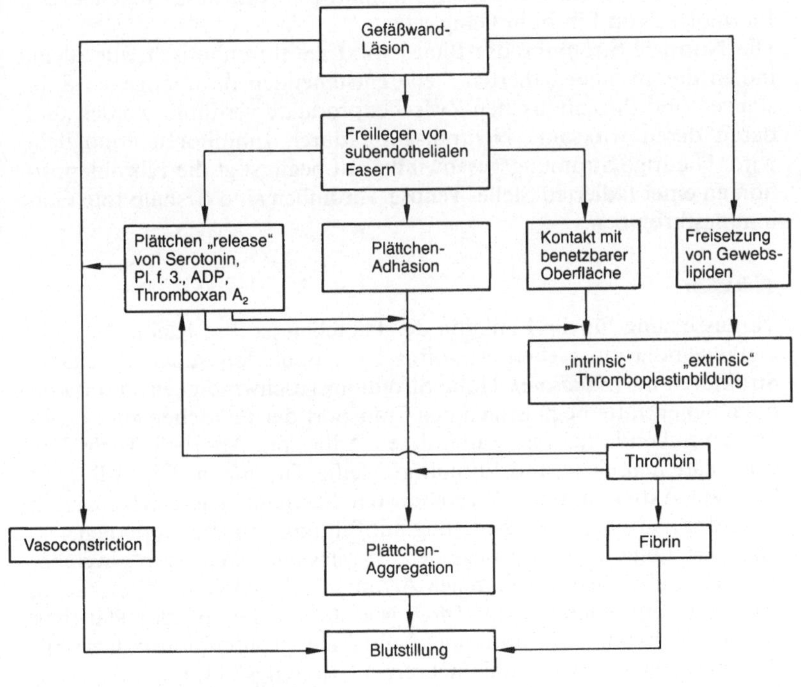

Abb. 37. Schema der Blutstillung

Vasculäre und rheologische Faktoren

Das Gefäß reagiert durch ***Vasokonstriktion.*** Neben neuralen Mechanismen spielen dabei vasoaktive Amine eine Rolle, welche aus aggregierten Plättchen freigesetzt werden. Zum Stillstand der Blutung kommt es nicht nur, wenn die Läsion oder das Gefäßlumen verschlossen sind, sondern auch, wenn es bei der Bildung eines Blutergusses zum Druckausgleich kommt.

Wenn Blut in ein Gefäß entnommen wird, gerinnt es. Daß es in der normalen Blutbahn flüssig bleibt, ist vor allem Folge der ***thrombosehindernden Eigenschaften des Gefäßendothels.*** Das Endothel ist negativ geladen und hindert damit das Anhaften der ebenfalls negativ geladenen Plättchen. Endothelzellen synthetisieren Prostacyclin, welches vasodilatierend und auf die Plättchen antiaggregierend wirkt. Endothelzellen binden und inaktivieren thrombogene Substanzen und sie bilden und sezernieren einen Plasminogen-Aktivator, welcher die Fibrinolyse von Fibrin in Gang setzt.

Die Normale Strömung des Blutes wirkt antithrombotisch, vor allem, indem die an einer lädierten Stelle entstehenden thrombogenen Substanzen und thrombotischen Zwischenprodukte verdünnt werden und damit deren wirksame Neutralisation durch Inhibitoren ermöglicht wird. Niedrige Strömungsgeschwindigkeit begünstigt die Fibrindeposition an einer lädierten Stelle. Venöse Thromben sind deshalb rote Gerinnungsthromben.

Plättchen

Voraussetzung für die Funktion der Plättchen ist ihre Klebrigkeit. Bei Gefäßwandläsion kleben sie sofort an exponierten subendothelialen Strukturen an ***(Adhäsion).*** Hohe Strömungsgeschwindigkeit und damit hohe Scherkräfte begünstigen den Transport der Plätttchen zum exponierten Subendothel und damit deren Adhäsion. Arterielle Thromben sind plättchenreiche und fibrinarme weiße Thromben. Die Adhäsion führt zur Aktivierung der Thrombocyten. Sie manifestiert sich zuerst in einer dramatischen Formänderung mit Bildung von Pseudopodien.

Diese ist Folge eines Anstiegs des cytoplasmatischen Ca^{++}, welcher das Thrombosthenin (Plättchen-Actomyosin) aktiviert. Gleichzeitig kommt es zur ***Freisetzungsreaktion.*** Aus den α-Granula der Plättchen werden Serotonin, β-Thromboglobulin, ein proliferationsinduzierender, mitogener Faktor und mehrere Gerinnungsfaktoren freigesetzt, aus den Serotonin-Speicherorganellen Serotonin und aus den Lysosomen saure Hydrolasen. Der vom zytoplasmatischen Ca^{++}-Gehalt abhängige Gehalt der Plättchen an zyklischem AMP (cAMP) steuert die Aktivität der Phospholipase A_2, welche im Plättchen für das Auftreten freier Arachidonsäure verantwortlich ist, des Ausgangsmaterials für die Prostaglandinsynthese (Abb. 38). Durch Einwirkung der durch Aspirin hemmbaren Cyclooxygenase (Prostaglandinsynthetase) kommt es zur Bildung labiler Prostaglandinendoperoxyde, welche ihrerseits in Thromboxan A_2 umgewandelt werden. Thromboxan A_2 stimuliert die Plättchenaggregation und auch die Freisetzungsreaktion (release) von ADP, welches seinerseits eine starke aggregierende Wirkung auf weitere Plättchen hat, so daß es zur ***Bildung eines Plättchenpfropfes*** kommt. Zur Konsolidierung des Pfropfes kommt es erst durch die eigentliche Gerinnung. Die Plättchen steuern dazu das für die plasmatische Gerinnung unentbehrliche Phospholipid, den ***Plättchenfaktor*** *3* (Pl.f.3), sowie die an ihrer Oberfläche adsorbierten plasmatischen Gerinnungsfaktoren bei. Das Endprodukt der Gerinnungsaktivierung, ***Thrombin,*** führt nicht nur das lösliche Fibrinogen in den unlöslichen Faserstoff Fibrin über, es aggregiert Plättchen, es ist der wichtigste physiologische Induktor der Plättchen-Freisetzungs-Reaktion und es bringt die aggregierten Plättchen zur irreversiblen Fusion. Sie platzen, geben weiteres ADP sowie vasoaktive Amine wie Serotonin, Adrenalin und Histamin frei. Das ***Fibrin*** verankert den Plättchenpfropf an der Gefäßwand und strukturiert ihn. Schließlich führt die Kontraktion des Actomyosin-

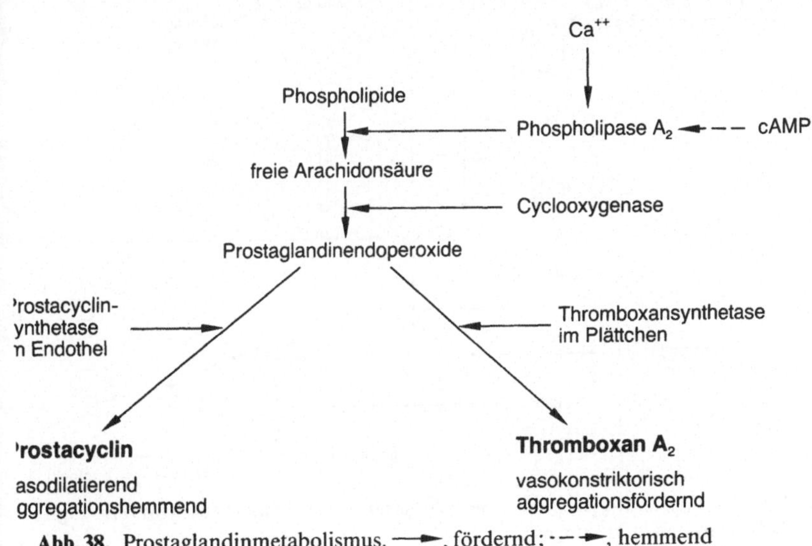

Abb. 38. Prostaglandinmetabolismus. ——▶, fördernd; - — ▶, hemmend

ähnlichen Plättchenproteins Thrombosthenin zur Retraktion und damit zur weiteren Verstärkung des Pfropfes.
Thrombocytenzahl, Adhäsivität, Aggregationsfähigkeit, Plättchenfaktor 3 und Gerinnselretraktion können in vitro gemessen werden. Der klinisch wichtigste Test für die Plättchenfunktion ist die Blutungszeit.

Blutgerinnung und Fibrinolyse

Neben der Konsolidierung des Plättchenpfropfes führt die Blutgerinnung in größeren Gefäßen zur Bildung eigentlicher Gerinnsel, dem Endprodukt der Fibrinogen-Fibrin-Umwandlung. Die enzymatische Reaktionskette vieler Gerinnungsfaktoren, welche zur Thrombinbildung und damit zu dieser Umwandlung führt, kann über 2 Mechanismen in Gang gesetzt werden (Abb. 39): beim sog. ***intrinsic system*** erfolgt die Aktivierung durch Kontakt mit einer blutfremden Oberfläche (z.B. Glas in vitro) oder mit Kollagen bzw. freiliegender Endothelbasal-

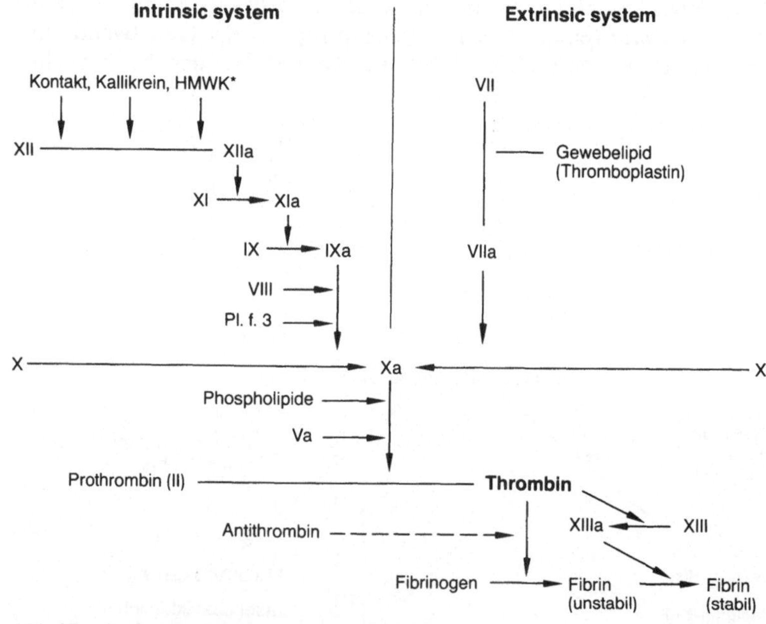

Abb. 39. Gerinnungsschema. ⟶, fördernd; - -⟶, hemmend; *HMWK*, high molecular weight kininogen

membran. Dabei wird Faktor XII in Gegenwart von Kallikrein und HMWK (high molecular weight kininogen) zu Faktor XIIa aktiviert. Bei der Aktivierung des sog. ***extrinsic system*** wird der Faktor VII durch ein Gewebelipid (Thromboplastin), welches bei jeder Gewebeläsion freigesetzt wird, zu Faktor VIIa aktiviert. Die Faktoren XII und XI, die bei Hämophilen fehlenden Faktoren VIII oder IX sowie Plättchenfaktor 3 sind nur für die Aktivierung im intrinsic system nötig, Faktor VII nur für die Aktivierung des extrinsic system, die Faktoren V und X in beiden Systemen. Daß für die normale Blutstillung *beide* Systeme intakt sein müssen, ist dadurch belegt, daß z.B. nicht nur ein Mangel von Faktor VIII, sondern auch ein angeborener Mangel von Faktor VII zu schweren Blutungen führt. Während des Gerinnungsablaufes werden die einzelnen Gerinnungsfaktoren aus inaktiven Vorstufen in die aktive Form - z.B. X→Xa - übergeführt, wobei die aktivierte Form jeweils die inaktive Form des in der Gerinnungssequenz nächstfolgenden Faktors aktiviert ***(Kaskadentheorie der Blutgerinnung).*** Bei vielen Schritten ist Ca^{++} essentiell. Es bestehen ***3 Sicherungen gegenüber einer unkontrollierten Ausdehnung*** der für Blutstillungszwecke ausgelösten Gerinnung:

- Wirksame ***physiologische Inhibitoren*** neutralisieren Überschüsse an aktivierten Faktoren, z.B. Thrombin und Faktor Xa. Die Wirkung dieser Inhibitoren wird durch Heparin potenziert.
- Zwischenprodukte der Gerinnung wie Thromboplastin und Fibrin können sehr rasch phagocytotisch durch das RES und die Leukocyten aus der Zirkulation eliminiert werden.
- Es steht ein ***fibrinolytisches System*** bereit (Abb. 40), welches überflüssiges Fibrin durch das proteolytische Enzym Plasmin rasch eliminieren kann. Auch dieses System ist durch normalerweise vorhandene Inhibitoren (Antiplasmin, Antiaktivator) vor unerwünscht rascher Ingangsetzung gesichert. Exogene, z.B. medikamentöse Inhibitoren sind die ε-Aminocapronsäure (ε-ACS) und das Trasylol. Proteolyse von Fibrin führt zur Bildung ungerinnbarer Fibrinspaltprodukte, welche mit der Polymerisation des Fibrins interferieren und damit die weitere Fibrinbildung behindern.

Die 3 wichtigsten Methoden zur ***Prüfung der Blutgerinnung*** sind:

- Die ***Gerinnungszeit*** ohne Zusatz zum Blut, welche von der Integrität des intrinsic systems abhängig ist, wobei die Aktivierung durch Glaskontakt erfolgt.
- Der ***Quick-Test*** unter Zusatz von Gewebefaktor (Prothrombinzeit), welcher von der Integrität des extrinsic systems abhängig ist.

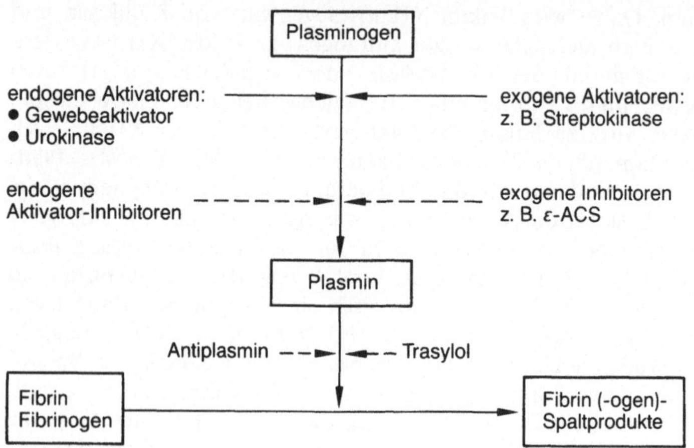

Abb. 40. Fibrinolyse. →, fördernd; - →, hemmend; *ε-ACS*, ε-Aminocapronsäure

- Die ***Thrombinzeit,*** welche die Fibrinogen-Fibrin-Umwandlung testet und bei Gegenwart von Antithrombinen wie Heparin oder Fibrin-Spaltprodukten verlängert ist. Bei gesteigerter Fibrinolyse lösen sich in vitro gebildete Gerinnsel beschleunigt auf.

4.7.2 Pathophysiologie

Störungen der Blutstillung

Tabelle 34 zeigt die Befunde bei den wichtigsten Blutstillungsstörungen.

Vasculäre Störungen. Vasculäre Störungen können familiär vorkommen, z. B. die hereditäre Teleangiektasie (M. Osler) oder Bindegewebsstörungen wie das Ehlers-Danlos-Syndrom. Sie können aber auch durch Vitamin C-Mangel und bakteriell oder immunologisch bedingte Entzündungen der Gefäße bedingt sein. Bei rein vasculären Störungen sind meist alle Blutstillungsuntersuchungen normal.

Plättchen. Störungen sind entweder quantitativer oder qualitativer Art. Eine durch überschießende Produktion bedingte ***Thrombocytose*** begünstigt Blutungen durch die Neigung zur Bildung von Mikroaggregaten,

Tabelle 34. Die wesentlichen angeborenen und erworbenen Blutstillungsstörungen und die für den Nachweis wichtigen Laboratoriumsbefunde

	Blutungszeit	Gerinnungszeit	Quick-Test	Thrombinzeit	Fibrinolysetest
• Hämophilien	n	p	n	n	n
• Vitamin-K-Mangel, Leberschaden	n	n-p	p	n	n
• Heparintherapie	n	p	p	p	n
• Intravasale Gerinnung	n-p	p	p	p	n
• Fibrinolyse	n	p	p	p	p
• Thrombocytopenie	p	p	n	n	n

n, normal; *p*, pathologisch.

welche durch arterioläre Verstopfung zur Mikroinfarzierung und damit zu Blutaustritt aus nekrotischen Gefäßen führen kann. Bei ***Thrombocytopenien*** kommt es bei Traumatisierung (z. B. bei Bestimmung der Blutungszeit mit Lanzette) zu einer Störung der Plättchenpfropfbildung, aber auch ohne Trauma zu punktförmigen Blutaustritten. Auch eine intakte plasmatische Gerinnung kann in diesem Fall diese Mikroblutungen nicht verhindern. Bei schwerer ***Thrombocytopenie*** ist wegen Mangels an Plättchenfaktor 3 auch die Blutgerinnung gestört, so daß es zu großen Blutergüssen kommen kann.

Thrombocytopenien sind bedingt entweder durch ungenügende Produktion im Knochenmark, durch Sequestration großer Plättchenmassen in der Milz bei gewissen Krankheiten oder durch einen gesteigerten Abbau in der Peripherie oder in der Milz. Die Plättchen leben normalerweise 8-10 Tage. Da ihre Produktion durch die Megakaryocyten des Knochenmarkes auf das Mehrfache gesteigert werden kann, muß die Destruktion beträchtlich sein, um zur Thrombocytopenie zu führen. Ist die Blutungszeit trotz normaler Plättchenzahl verlängert, kommen qualitative Plättchendefekte in Frage. Die ***familiäre Thrombasthenie*** ist gekennzeichnet durch abnorme Plättchenaggregation und fehlende Gerinnselretraktion. Verschiedene hereditäre Abnormitäten wurden als ***Thrombopathien*** bezeichnet. Erworbene Störungen finden sich unter Behandlung mit nichtsteroidalen Entzündungshemmern wie Aspirin, bei Alkoholabusus und in der Urämie.

Gerinnung und Fibrinolyse. Die Gerinnungsfaktoren werden mit Ausnahme von Faktor VIII in der Leber gebildet, vier davon nur in Gegenwart von Vitamin K (Tabelle 35).

- Bei ***angeborenen Gerinnungsstörungen*** (Tabelle 35) fehlt nur ein einzelner Gerinnungsfaktor, bei erworbenen in der Regel mehrere. Musterbeispiel der angeborenen Störung ist die ***Hämophilie,*** bedingt durch Mangel entweder an Faktor VIII oder an Faktor IX. Beide sind im intrinsic system nötig, ihr Fehlen führt deshalb zur Verlängerung der Gerinnungszeit bei normalem Quick-Test. Mikroläsionen können durch die Plättchen allein abgedichtet werden, so daß bei der Hämophilie die Blutungszeit normal ist.
- Die häufigste ***erworbene Gerinnungsstörung*** ist bedingt durch ***Vitamin-K-Mangel,*** sei es durch therapeutische Antikoagulation mit Vitamin-K-Antagonisten wie Dicumarole, sei es durch verminderte Resorption bei Malabsorptionssyndromen oder bei Verschlußikterus. Hier ist der Quick-Test pathologisch, wird aber durch Vitamin-K-Zufuhr innerhalb 24 h normalisiert. Auch bei Leberschaden wird zuerst die Synthese dieser vier Faktoren beeinträchtigt. In diesem Fall erfolgt durch parenterale Vitamin-K-Zufuhr aber keine Normalisierung. Erst bei sehr schwerer Leberinsuffizienz werden auch andere Gerinnungsfaktoren wie das Fibrinogen, erniedrigt gefunden.
- ***Freisetzung thromboplastischer Substanzen*** bei schwerer Hämolyse, Sepsis, geburtshilflichen Komplikationen oder Krebs kann zur Auslösung einer disseminierten intravasalen Gerinnung mit meist deletären ischämischen Komplikationen führen. Paradoxerweise kommt es dabei auch zu schweren Blutungen, weil die Gerinnungskomponenten verbraucht werden, namentlich das Fibrinogen und die Thrombocyten (Tabelle 35). Bei gesteigerter Fibrinolyse kommt es zum Fibrinogenmangel, weil Plasmin auch Fibrinogen proteolysiert.
- Hemmkörper der Blutgerinnung können spontan im Rahmen von ***Autoimmunisierungsprozessen*** beobachtet werden. Heparin kommt endogen nie in gerinnungshemmender Konzentration vor. Therapeutisch ist es infolge seiner potenzierenden Wirkung auf endogene Inhibitoren wie Antithrombin und Antifaktor Xa ein außerordentlich wirksames gerinnungshemmendes Mittel.

Klinische Symptomatologie der Gerinnungsstörungen. Thrombocytopenie führt zu punktförmigen, sog. petechialen Blutungen sowie zu flächenförmig ausgedehnten Hautblutungen ***(Suffusionen).*** Die plasmatischen Gerinnungsstörungen führen viel eher zu eigentlichen Blutergüs-

Tabelle 35. Nomenklatur, Eigenschaften der einzelnen Gerinnungsfaktoren. Angeborene Mangelzustände

Faktor	Synonyma	Lagerungs-eigenschaft	Bei Gerinnung verbraucht	Synthese Vitamin-K-abhängig	Isolierter congenitaler Mangel	Laborbefunde bei isoliertem Mangel	
						Gerinnungszeit Recalc.-Zeit Restprothrombin im Serum	Quick-Test
I	Fibrinogen	Stabil	+	–	Afibrinogenämie	p	p
II	Prothrombin	Stabil	+	+	Hypoprothrombinämie	p	p
V	Proaccelerin (labiler Faktor)	Labil	+	–	Parahämophilie	p	p
VII	Proconvertin (stabiler Faktor)	Stabil	–	+	F. VII-Mangel	n	p
VIII	Antihämophiler Faktor A	Labil	+	–	Hämophilie A	p	n
IX	Antihämophiler Faktor B plasma thromboplastin component (PTC) *Christmas*-Factor	Stabil	–	+	Hämophilie B	p	n
X	*Stuart-Prower*-Faktor	Stabil	–	+	F. X-Mangel	p	p
XI	plasma thromboplastin antecedent (PTA) Antihämophiler Faktor C	Stabil	–	–	F. XI-Mangel	p	n
XII	*Hageman*-Faktor	Stabil	–	–	F. XII.Mangel	p	n
XIII	Fibrin-stabilisierender Faktor (FSF)	Stabil	–	–	F. XIII-Mangel	n	n

p, pathologisch; *n*, normal.

sen *(Hämatome).* Bei der Hämophilie finden sich charakteristischerweise auch Blutungen in die Gelenke. Schleimhautblutungen, z.B. Hämaturie, werden sowohl bei Thrombopenie wie bei Gerinnungsstörungen beobachtet.

Thrombose

Die Thrombose ist definiert als ***Gefäßverschluß durch blutstillendes Material,*** also durch den Thrombus. Sie ist somit Folge der Überreaktion eines an sich physiologischen Prozesses. Ist der Prozeß nicht lokalisiert, sondern generalisiert, spricht man von ***disseminierter intravasaler Gerinnung.*** Wesentliche pathogenetische Faktoren sind Schädigung der Gefäßwand, Verminderung des Blutflusses (Stase) sowie Störungen des Blutstillungssystems, selten auch eine familiäre Disposition. Da die Strömungsgeschwindigkeit in den Venen am kleinsten ist, sind dort Thrombosen am häufigsten und am größten. In Arterien kommt es gewöhnlich nur zu kleineren „weißen“ Plättchenthromben. Erst im stagnierenden Blut bildet sich der rote, dem in-vitro-Gerinnsel entsprechende Thrombus.

Vasculärer Faktor. Wahrscheinlich ist jede Thrombose primär ein vasculärer Prozeß. Chemischer (bakterielle Toxine) oder mechanischer Schaden führt zu Abschilferung von Endothelzellen. An freiliegenden Basalmembranen und kollagenen Fasern kleben Plättchen an, Kollagen aktiviert das intrinsic system, Gewebesaft das extrinsic system der Blutgerinnung.

Stase. Thrombose-begünstigend sind eine hohe Viscosität des Blutes, z.B. bei Polycythämie, bei Vermehrung pathologischer Bluteiweiße (Paraproteine) sowie Übergewicht, Trägheit und Bettlägrigkeit. Lokal wird die Stase durch Varicen sowie durch Gewebstrauma (Unfall, Operationen) begünstigt.

Blutstillungssystem. Vermehrung der Thrombocyten, wie sie z.B. nach Milzexstirpation beobachtet wird, begünstigt die Thrombosebildung. Vermehrung der Gerinnungsfaktoren, wie in der Schwangerschaft, hat wahrscheinlich keine Bedeutung. Möglicherweise haben Zwischenprodukte des Gerinnungsprozesses eine Thrombose-fördernde Wirkung. Klinisch führen Thrombosen gewöhnlich erst zu Symptomen bei vollständigem Verschluß des Lumens. Bei Arterien ist die Thrombose meist nur letzter Akt eines Grundleidens, der Arteriosklerose; die Gefahr liegt im Falle von Endarterien in ischämischen Nekrosen

(Herzinfarkt, Hirnschlag). Die Großzahl der ***venösen Thrombosen*** verursacht keine Symptome, da Collateralen reichlich sind. Andernfalls kommt es zum Ödem. Die Gefahr liegt hier in der Möglichkeit der Lungenembolie, langfristig in der Entwicklung venöser Zirkulationsstörungen (postthrombotisches Syndrom).

Familiäre Faktoren. In gewissen Familien kommen Thrombo-Embolien gehäuft vor. Mögliche Ursachen sind ein angeborener Mangel eines physiologischen Inhibitors der Gerinnung wie Antithrombin III oder der Vitamin-K-abhängigen Inhibitoren Protein C oder Protein S oder eine angeborene Störung der Aktivierung des fibrinolytischen Systems.

5 Niere und ableitende Harnwege

5.1 Physiologische Grundlagen

Die Nieren erfüllen im Interesse des Gesamtorganismus als exokrines und endokrines Organ 4 Aufgaben:

- ***Ausscheidung von wasserlöslichen Stoffwechselprodukten und körperfremden Substanzen.*** Die aus dem Eiweißstoffwechsel anfallenden N_2-haltigen Endprodukte werden nur durch die Nieren ausgeschieden.
- ***Regulation des Elektrolyt- und Wasserhaushaltes.*** Die Nieren variieren die Elektrolyt- und Wasserausscheidung zwecks Erhaltung einer ausgeglichenen Bilanz sowie der extra- und intrazellulären Isotonie und Isovolämie. Die Steuerung erfolgt durch extrarenal sezernierte Hormone. Dabei besteht eine Koppelung mit intrarenal produzierten Hormonen.
- ***Regulation des Säure-Basen-Gleichgewichts.*** Ausscheidung von H^+-Ionen durch Ansäuerung des Urins und Produktion von Ammoniak. Die Regulation des Elektrolythaushaltes beeinflußt mit der selektiven Ausscheidung bzw. Rückresorption von Na^+, K^+, Cl^-, HPO_4^{2-}, SO_4^{2-} und HCO_3^- das Säure-Basen-Gleichgewicht.
- ***Bildung von Hormonen.*** Das Renin-Angiotensin-System steuert die Autoregulation der Nierenrindendurchblutung und ist an der Regulation des Blutdruckes beteiligt. Dabei besteht eine Koppelung mit der Aldosteronsekretion. Die Nieren bilden aus Vitamin D_3 das aktive Vitamin D_3 (1,25-Dihydroxy-cholecalciferol), das für die Ca^{2+}-Resorption im Darm notwendig ist. Die Nieren beeinflussen mit der Bildung oder Aktivierung von Erythropoetin die Erythropoese.

5.1.1 Nierendurchblutung

Die Nierendurchblutung beträgt beim Erwachsenen ca. 1200 ml/min (700 ml/min/m^2). Das ungefähr 300 g schwere Doppelorgan erhält in Ruhe ⅕–¼ des Herzzeitvolumens. Der größte Durchblutungsanteil betrifft die Nierenrinde mit den Glomeruli sowie dem proximalen und dem distalen Konvolut der Tubuli. Die innere Markzone mit dem Bogen der Henle-Schleife und mit den Papillenspitzen erhält nur ca. 1% der Nierendurchblutung.

Der Anteil des inneren Markes an der Nierendurchblutung variiert mit dem arteriellen Blutdruck. Bei einem Blutdruckanstieg nimmt die Durchblutung des inneren Markes im Bereiche der Papillen zu. Die Durchblutung der Filterzone ändert bei Schwankungen des Blutdrukkes im physiologischen Bereich wenig. Bleibt auch der Filtrationsanteil (GFR/RPF) konstant, so gilt das auch für das Volumen des Ultrafiltrates, des Primärharnes. Diese Anpassungsfähigkeit bleibt bei transplantierten und denervierten Nieren erhalten, was auf eine vom Nervensystem unabhängige ***Autoregulation*** der Nierenrindendurchblutung hinweist (Abb. 41 und 42, Tabelle 36).

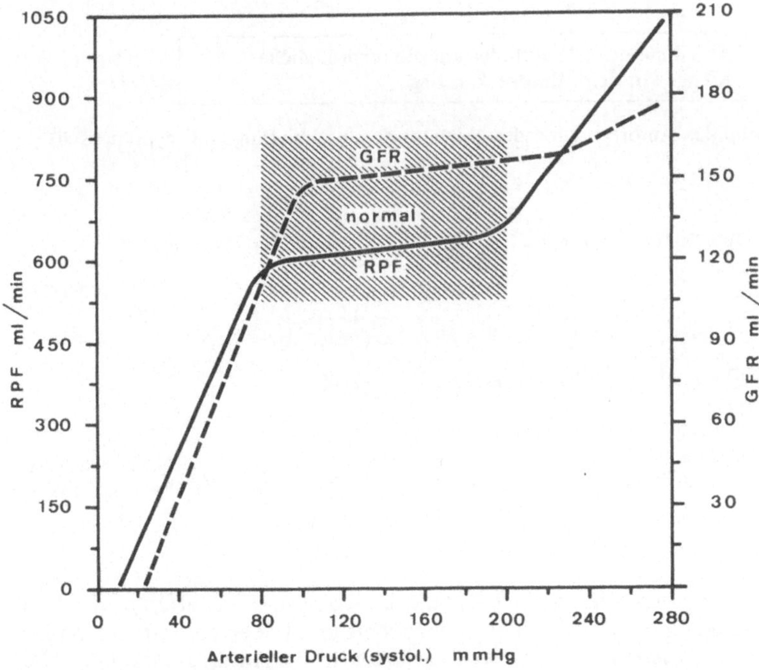

Abb. 41. Nierendurchblutung (Plasma, *RPF*) und glomeruläre Filtration *(GFR)* in Abhängigkeit vom arteriellen Blutdruck

Blutdruckanstieg = Erhöhung des Filtrationsdruckes

Initial Zunahme der:

↓

- Glomerulären Filtration
- Flußgeschwindigkeit in der Henle-Schleife
- Na^+-Konzentration im distalen Konvolut ↗

↓

Die Zellen der Macula densa stimulieren die epitheloiden Zellen im Vas afferens zur Abgabe von Renin → lokale Zunahme von Angiotensin II

↓

Konstriktion des Vas afferens
Senkung des Filtrationsdruckes

↓

Abnahme des Ultrafiltrates auf die ursprüngliche Menge vor dem Blutdruckanstieg

Abb. 42. Autoregulation der Nierenrindendurchblutung (z. T. hypothetisch)

Tabelle 36. Extrarenale Einflüsse auf die Nierendurchblutung

	Nierenrinde, äußeres Mark (Anteil ca. 99%)	Inneres Mark
Blutdruckanstieg bei körperlicher Arbeit	~	↗
Catecholamine	~	↗
Hypotonie, Hypovolämie	↘	↘

Macula densa im distalen Tubuluskonvolut und Vas afferens der Glomeruli sind anatomisch eng benachbart und bilden zusammen den ***juxtaglomerulären Apparat.*** Der Regelkreis für die Autoregulation der Nierenrindendurchblutung benutzt das Renin-Angiotensinsystem, ohne daß Renin in den Kreislauf gelangt und den Tonus der peripheren

Gefäße beeinflußt. Dieser Regelkreis ist noch teilweise hypothetisch. Es werden Rezeptoren postuliert, die auf die Na^+-Konzentration des normalerweise hypotonen Urins im distalen Konvolut ansprechen und die epitheloiden Zellen zur Reninabgabe stimulieren. Die Konstriktion des Vas afferens führt zu einer Senkung des Filtrationsdruckes in der Glomeruluscapillare. Auf diese Weise bleibt der Filtrationsdruck mit 25-35 mmHg auch bei erheblichen Änderungen des arteriellen Blutdruckes konstant. Die Autoregulation der Nierendurchblutung stabilisiert die glomeruläre Filtration bei Blutdruckänderungen im normo- und hypertonen Bereich.
Während der Gravidität nimmt die Nierendurchblutung mit der Vergrößerung des Blut- und des Herzzeitvolumens um 30-50% zu. Damit ergibt sich auch eine Erhöhung der glomerulären Filtration.
Die Nierendurchblutung kann mit der ***Paraaminohippursäure-(PAH-)*** Clearance gemessen werden. Die Methode beruht auf der Annahme, daß bei niedriger PAH-Konzentration im arteriellen Blut die gesamte PAH bei der Nierenpassage aus dem Blut entfernt wird. Ist diese Voraussetzung erfüllt, so entspricht die PAH-Konzentration im arteriellen Plasma der arteriovenösen PAH-Differenz.

Beispiel. PAH-Ausscheidung mit dem Urin 6,0 mg/min.
PAH-Konzentration im arteriellen Plasma 1,0 mg/100 ml.
Renaler Plasmafluß (RPF) = 6,0 × 100/1 = 600 ml/min.

5.1.2 Glomeruläre Filtration

Durch die ca. 1,2 Millionen Glomeruli werden 120-150 ml/min ***Primärharn (Ultrafiltrat)*** abgepreßt. Capillarendothel, Basalmembran und Epithel der Bowman-Kapsel bilden den 3stufigen Filter, der keine corpusculären Elemente durchläßt. Die chemische Zusammensetzung des Ultrafiltrates entspricht der des Plasmas mit Ausnahme der Eiweiße. Die Eiweiße bis zu einem Molekulargewicht von 60000 werden filtriert. Albumin (Molekulargewicht 69000) gelangt nur in sehr kleinen Mengen in das Ultrafiltrat, dessen Eiweißkonzentration 200-250 mg/100 ml beträgt. Diese geringen Mengen werden tubulär praktisch vollständig rückresorbiert. Im eiweißfreien Primärharn ist die Konzentration der gelösten Substanzen ca. 5% höher als im Plasma.
Besteht im Blut eine Ansammlung von niedermolekularen Proteinen, z. B. Bence-Jones-Protein beim Plasmocytom, Molekulargewicht 44000, so erscheinen diese Eiweiße im Urin, falls die Fähigkeit der tubulären Rückresorption quantitativ überschritten wird.

Bei einer „orthostatischen" Albuminurie werden in aufrechter Körperhaltung geringe Mengen von Eiweiß ausgeschieden, ohne daß eine andere Störung der Nierenfunktion von klinischer Bedeutung nachweisbar wäre. Die ***Menge des Primärharns*** wird vor allem durch 3 Faktoren beeinflußt:

- Größe der Filteroberfläche
- Effektiver Filtrationsdruck in den Glomeruluscapillaren
- Filterpermeabilität.

Ein Ausfall von 50% der gesamten filtrierenden Oberfläche kann innerhalb von Tagen bis Wochen durch Hypertrophie der verbleibenden Glomeruli kompensiert werden. Nach einseitiger Nephrektomie nehmen Durchblutung und glomeruläre Filtration der verbleibenden gesunden Niere zu, so daß dieselben Volumina erreicht werden wie normalerweise in beiden Nieren zusammen.
Der effektive Filtrationsdruck in den Glomeruluscapillaren beträgt normalerweise 25-35 mm Hg.

Eff. Filtrationsdruck = hydrost. Druck - (onkot. Druck + Kapseldruck)
30 mmHg = 80 mmHg - (30 mmHg + 20 mmHg)

Der hydrostatische Druck entspricht dem postarteriolären Blutdruck in der Glomeruluscapillare.
Der onkotische Druck des Plasmas weicht bei Hypo- und Hyperproteinämien von der Norm ab. Gelangen größere Mengen von onkotisch wirksamen Proteinen in den Primärharn, so wird der effektive Filtrationsdruck bei konstantem hydrostatischem Druck erhöht, weil die onkotische Druckdifferenz zwischen Plasma und Primärharn kleiner wird.
Der Kapseldruck der Nieren variiert etwas mit der Durchblutung bzw. dem Blutgehalt der Nieren und steigt bei einer Abflußbehinderung an.
Das Kreatinin ist ein Endprodukt des Muskelstoffwechsels. Sehr muskulöse Individuen haben ein relativ hohes, Kinder und Patienten mit einer atrophischen Muskulatur ein eher tiefes Serumkreatinin. Bei normaler Nierenfunktion erfolgt die Kreatininausscheidung mit dem Urin ausschließlich durch glomeruläre Filtration. Erst bei schwer eingeschränkter Nierenfunktion und bei sehr hohen Kreatininkonzentrationen im Plasma wird Kreatinin auch tubulär sezerniert. Die klinische Beurteilung der glomerulären Filtration stützt sich zur Hauptsache auf die Kreatininkonzentration im Plasma und die Kreatininausscheidung mit dem Urin (Tabelle 37).

Tabelle 37. Nierendurchblutung, glomeruläre Filtration, Kreatininausscheidung. Filtrationsfraktion *(GFR/RPF)* = 0,20

	Minute	24 h
Durchblutung		
- Vollblut	1200 ml	1700 l
- Plasma (RPF) (Hct. 50%)	600 ml	850 l
Ultrafiltrat (GFR)	120 ml	170 l
Urin	1,0 ml	1,4 l
Kreatininausscheidung	1,2 mg	1,7 g
Kreatininkonzentration in Plasma und Ultrafiltrat	1,0 mg/dl (88,4 μmol/l)	

$$\text{GFR} = \frac{\text{Kreatininausscheidung} \times 100}{\text{Kreatinin im Plasma mg/100 ml}}$$

5.1.3 Tubuläre Funktionen

Im proximalen und distalen Konvolut, in der Henle-Schleife und in den Sammelrohren wird aus dem glomerulären Filtrat der Urin bereitet. Etwa 99% des mit dem Primärharn filtrierten Wassers werden rückresorbiert, damit dem Gesamtorganismus mit dem Urin nicht mehr als 1-2 l Wasser/24 h verloren gehen. Zwecks Erhaltung der extra- und intrazellulären Isotonie können die Nieren einen im Vergleich zum Blutplasma hypo- oder hypertonen Urin ausscheiden. Die Extremwerte für die Urinosmolalität betragen 40-1200 mosmol/kg H_2O.

Die sehr große Anpassungsfähigkeit der tubulären Funktionen ergibt sich aus einem Nebeneinander von passiver Diffusion und aktiver Sekretion. Abb. 43 orientiert über die hauptsächliche Lokalisation der verschiedenen Transportvorgänge. Die in normalen Mengen filtrierte Glucose, die Proteine und Aminosäuren werden bereits im proximalen Konvolut fast vollständig rückresorbiert. Parathormon hemmt die Phosphatrückresorption im proximalen Konvolut. Der Hyperparathyreodismus führt zur Hyperphosphaturie und Hypophosphatämie. Bilirubin und körperfremde Substanzen, z. B. Medikamente, werden hauptsächlich im proximalen Konvolut ausgeschieden. Bis zu 90% der Harnsäure und 40-70% des Harnstoffes werden in den Tubuli und Sammelrohren wieder resorbiert.

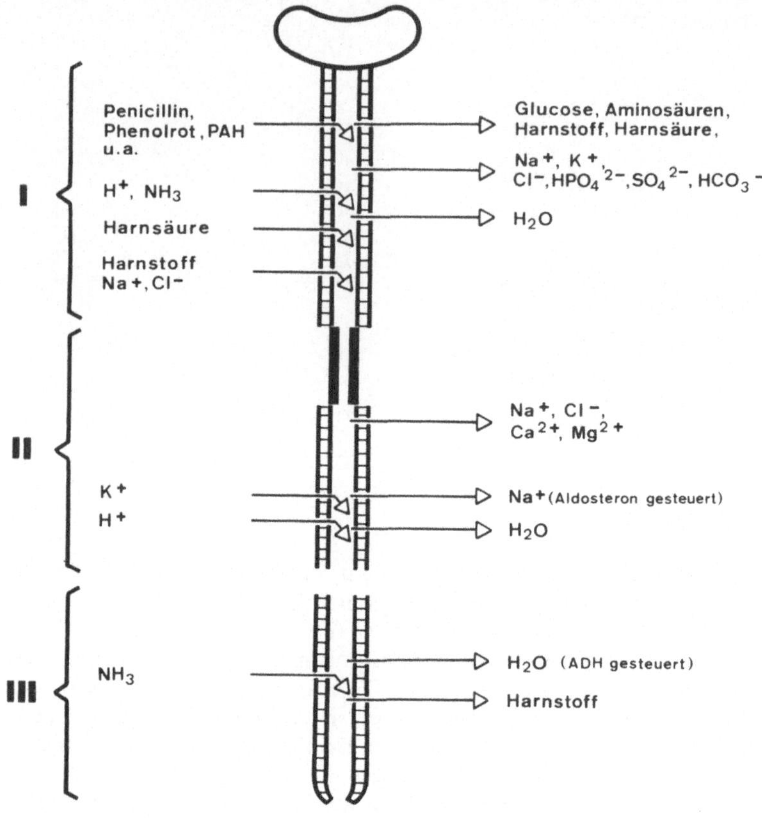

Abb. 43. Lokalisation der tubulären Transportvorgänge.
I Proximaler Tubulus: Proximales Konvolut und absteigender Teil der Henle-Schleife
II Distaler Tubulus: Aufsteigender dünner und dicker Teil der Schleife sowie distales Konvolut
III Sammelrohr

Urinkonzentrierung

Der Anteil der Natriumsalze NaCl und $NaHCO_3$ an den im Ultrafiltrat gelösten Substanzen beträgt ca. 80%. Urinkonzentrierung und Regulation des Säure-Basen-Gleichgewichtes sind mengenmäßig eng an diese Elektrolyte gebunden. Im proximalen Tubulus werden bis zu

Tabelle 38. Urinkonzentrierung, Wasserrückresorption

	Volumen ml/min	in %
Ultrafiltrat		
Bowman-Kapsel	120	100
Proximales Konvolut		
Diffusion, isotoner Urin	24	20
Henle-Schleife		
Absteigender Schenkel: Diffusion von NaCl u. Harnstoff in den Urin, hypotoner Urin	22	18
Aufsteigender Schenkel: für H_2O undurchlässig, aktiver NaCl-Transport in das Interstitium, hypotoner Urin	22	18
Distales Konvolut		
Diffusion von H_2O, aktiver Na^+-Transport, isotoner Urin	6	5
Sammelrohr		
Diffusion von H_2O und Harnstoff in das Interstitium, ADH steuert die Wasserdurchlässigkeit, hypertoner Urin	1	0,8

80% des Ultrafiltrates resorbiert (Tabelle 38). Der Prozeß ist nur zu ca. ⅓ stoffwechselaktiv. Mit der Spaltung von ATP wird Energie frei für den Austausch von Na^+ und K^+. Die Carboanhydrase fördert die Resorption von Bicarbonat zu Gunsten einer Anreicherung von Chlorid in der Tubulusflüssigkeit. Die Wasserresorption ist osmotisch bedingt. Aus der Henle-Schleife gelangt hingegen nur sehr wenig Wasser in das Interstitium. Ihre Funktion ist die Erhöhung der Osmolalität in Richtung des inneren Nierenmarkes und der Papillen. Im aufsteigenden Schenkel, insbesondere in dessen dickem Teil werden Na^+ bzw. Cl^- aus dem Urin in das Interstitium transportiert. Der Transport erfolgt gegen eine Potentialdifferenz in der Größenordnung von 15–100 mV und erfordert Glucose und Sauerstoff. Dieser ***NaCl-Transfer aus dem*** für Wasser undurchlässigen ***aufsteigenden Schenkel*** ist der entscheidende Faktor für die Urinkonzentrierung. Auf jedem Niveau der Schleife ist die Osmolalität im aufsteigenden Schenkel niedriger als im absteigenden Teil der Schleife. Dank dem ***Gegenstrom*** addieren sich die bezüglich den Niveaus kleinen und konstanten Differenzen von

z. B. 200 mosmol/kg H_2O. Im absteigenden Schenkel diffundieren Harnstoff und NaCl aus dem Interstitium in das Lumen, die Isotonie zwischen Urin und Interstitium bleibt erhalten. Auf diese Weise ergibt sich eine Vervielfachung der Osmolalität zwischen Nierenrinde und innerem Nierenmark (Abb. 44).

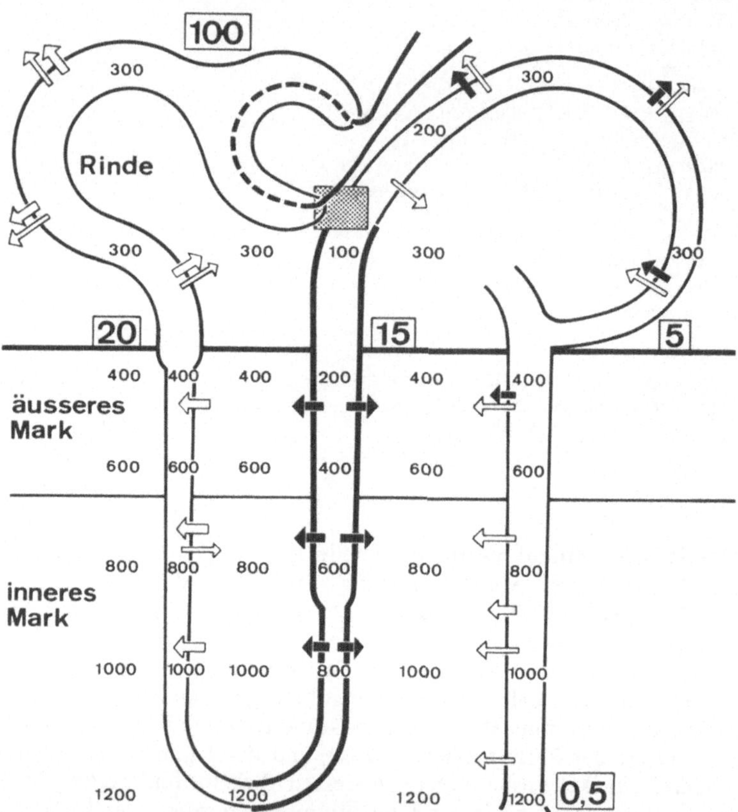

Abb. 44. Urinkonzentrierung im Gegenstromprinzip. *Kleine Zahlen,* Konzentration der intra- bzw. extratubulären Flüssigkeit in mosmol/kg H_2O; *große, eingerahmte Zahlen,* prozentualer Volumenanteil des noch verbliebenen Glomerulusfiltrates; ⬅ aktiver Transport von Na^+, Cl^-; ⇦ Diffusion von NaCl und Harnstoff im proximalen Konvolut und im absteigenden Teil der Schleife, Diffusion von Harnstoff im Sammelrohr; ⇦ Diffusion von Wasser; ▩ juxtaglomerulärer Apparat, Verbindung zwischen dem Anfang des distalen Konvoluts und dem Vas afferens

Der in das distale Konvolut einfließende Urin ist gegenüber dem Interstitium hypoton; er enthält „freies“ Wasser. Seine Na^+-Konzentration beträgt ca. 10–60% der des Plasmas. Das ***distale Konvolut*** ist unter dem Einfluß des antidiuretischen Hormons (ADH) durchlässig für Wasser, aber wenig durchlässig für Harnstoff. Mit der Wiederherstellung der Isotonie resultieren in diesem Abschnitt eine beträchtliche weitere ***Rückresorption von Wasser*** und im Urin eine hohe Harnstoffkonzentration.
Im distalen Konvolut wird unter dem Einfluß von Aldosteron Na^+ aktiv rückresorbiert und z.T. im Austausch K^+ und H^+ sezerniert. Bei ***Aldosteronismus*** und salzfreier Diät wird ein Urin mit minimaler Na^+-Konzentration ausgeschieden. Mit dieser hormonal gesteuerten Na^+-Rückresorption ergibt sich im distalen Konvolut eine zusätzliche Wasserrückresorption. Bei fehlendem ADH und erhaltener Aldosteronaktivität gelangt ein hypotoner Urin in die Sammelrohre.
Mehrere Nephrone (Nephron = Glomerulus + Tubulus) münden in ein ***Sammelrohr.*** Hier wird die definitive Konzentrierung des Urins im Rahmen der Regulation des Wasserhaushaltes bestimmt (Tabelle 39). Der entscheidende Faktor ist das ***ADH,*** das die Durchlässigkeit für Wasser zwecks Erhaltung einer normalen Osmolalität des Plasma steu-

Tabelle 39. Konzentrationen im Ultrafiltrat und im Harn (Erwachsener, Normalkost mit 10 g Kochsalz; Wasserrückresorption 99,2%, keine Sekretion und keine Rückresorption von Kreatinin)

	Ultrafiltrat	Urin
Volumen (l/24 h)	170	1,4
Na^+ (mmol/l)	140	120
K^+ (mmol/l)	4	50
Ca^{2+} (mmol/l)	1,5	4
NH_4^+ (mmol/l)	0	25
Cl^- (mmol/l)	105	120
HPO_4^{2-} (mmol/l)	1	14
SO_4^{2-} (mmol/l)	0,5	14
HCO_3^- (mmol/l)	25	1
Kreatinin (µmol/l)	88	10608
Harnsäure (µmol/l)	178	2380
Harnstoff (mmol/l)	5	365
Glucose (mmol/l)	5	0
Osmolalität (mosmol/kg H_2O)	310	ca. 800
pH	7,4	5,5

ert. Im Extremfall diffundiert Wasser bis zur Isotonie in das Interstitium, so daß ein Urin mit der maximalen Osmolalität von ca. 1200 mosmol/kg H_2O ausgeschieden wird. Fehlt ADH (Diabetes insipidus) oder wird die ADH-Ausschüttung z. B. nach Trinken großer Wassermengen blockiert, sind die Sammelrohre für Wasser undurchlässig, so daß ein wenig konzentrierter Urin ausgeschieden wird. Falls im distalen Konvolut Na^+ rückresorbiert wird, kann der Urin im Vergleich zu Plasma sogar hypoton sein.
Die Sammelrohre geben Harnstoff an das Interstitium ab, von wo es in den absteigenden Schenkel der Henle-Schleife diffundiert. Dieser Harnstoffkreislauf trägt zum Aufbau einer hohen Osmolalität im Nierenmark bei.
In der von den Aa. arcuatae sehr gut durchbluteten Nierenrinde werden ca. 95% des in den Glomeruli filtrierten Wassers rückresorbiert und vom Blut abtransportiert, ohne daß sich dessen Osmolalität ändert. Zwischen dem Interstitium und dem Blut in den mit der Schleife ab- und aufsteigenden Vasa recta besteht ebenfalls Isotonie. Das Blut des inneren Nierenmarkes ist hyperton. Im absteigenden Ast wird Wasser abgegeben, im aufsteigenden Ast wieder aufgenommen. Die normalerweise minime Durchblutung des inneren Nierenmarkes begünstigt den Aufbau einer hohen Osmolalität. Nimmt die Nierenmarkdurchblutung z. B. unter dem Einfluß von Catecholaminen oder bei einer Pyelonephritis zu, wird infolge eines erhöhten Abtransportes von Salz nur eine geringere Osmolalität aufgebaut.

Urinansäuerung

Der Erwachsene scheidet bei normaler Ernährung täglich 60-100 mmol nichtflüchtige Säuren mit dem Urin aus. Die Zellen des proximalen Konvoluts und der Sammelrohre bilden mit Hilfe der Glutaminase aus Glutamin NH_3. NH_3 nimmt bereits in einem leicht sauren Milieu H^+ auf. Mit NH_4^+ können z. B. Cl^- und SO_4^{2-} als Neutralsalz ausgeschieden werden. Die Ansäuerung des Urins ist für die Bildung des NH_4^+ und des sauren Phosphats wichtig. Bei einem minimalen Urin-pH von 4,5 beträgt das Verhältnis NaH_2PO_4/Na_2HPO_4 200/1. Von den nichtflüchtigen Säuren werden 30-60 mmol in Verbindung mit NH_4^+, 20-40 mmol hauptsächlich als saures Phosphat ausgeschieden. Auf diese Weise ist es möglich, praktisch das gesamte glomerulär filtrierte Bicarbonat durch Rückresorption dem Organismus zu erhalten. Bei einem erhöhten Anfall von Säuren, z. B. während der Stoffwechselentgleisung beim Diabetes mellitus, wird die NH_3-Produktion in den Nieren beträchtlich gesteigert. Eine

Hyperkaliämie beeinträchtigt die NH_3-Bildung und damit die Ausscheidung von H^+.
Im distalen Konvolut werden unter dem Einfluß von Aldosteron K^+ und H^+ sezerniert. Bei einem K^+-Mangel, z.B. bei gesteigerter K^+-Diurese infolge Saluretica, überwiegt bei gesteigerter Aldosteronaktivität die H^+-Abgabe, was zur Entwicklung einer metabolischen Alkalose beiträgt.

Diuretica

Wird die Rückresorption von Na^+ gehemmt, nimmt die Diurese zu. Stark wirksame Substanzen wie Furosemid hemmen den Transport von Na^+, K^+ und damit auch Cl^- vor allem im dickwandigen Teil des aufsteigenden Schenkels der Schleife. Daraus folgt eine verminderte Wasserrückresorption im absteigenden Schenkel und im distalen Konvolut. Die Flußgeschwindigkeit im Tubulus nimmt zu. Hydrochlorothiazide hemmen die Rückresorption von NaCl insbesondere im distalen Konvolut. Diese Substanzen begünstigen die Entwicklung einer Hypokaliämie und Hypochlorämie. Aldosteronantagonisten (z.B. Spironolactone) vergrößern die Diurese, indem der aktive Na^+-Rücktransport im distalen Konvolut eingeschränkt wird. Gleichzeitig wird die K^+-Sekretion wie beim Hypoaldosteronismus gehemmt. Damit ergibt sich trotz gesteigerter Diurese ein geringerer renaler K^+-Verlust, Hypokaliämie und Hypochlorämie werden vermieden.
Die Tubuluszellen sind reich an Carboanhydrase. Inhibitoren hemmen die Bildung von $H^+HCO_3^-$ mit dem Resultat, daß anstelle von H^+ vermehrt $NaHCO_3$ und damit auch Wasser ausgeschieden wird. Der Urin wird alkalisch, während das Bicarbonat im Blut etwas absinkt. Alle Substanzen, die das Urinvolumen über die Änderung der tubulären Rückresorption von Na^+, Cl^- und HCO_3^- erhöhen oder vermindern, beeinflussen auch das Säure-Basen-Gleichgewicht (s. Kapitel 7, Säure-Basen-Gleichgewicht).
Osmotisch wirksame Diuretica, z.B. eine pathologisch hohe Glucosekonzentration im Blut und im Primärharn, binden Wasser, so daß im proximalen Konvolut unabhängig von der NaCl-Rückresorption weniger Wasser in das Interstitium zurückdiffundiert. Es gelangt ein größeres Volumen in die Henle-Schleife. Die sich damit ergebende höhere Flußgeschwindigkeit beeinträchtigt den Aufbau einer hohen Osmolalität im inneren Nierenmark. Denselben Effekt hat eine akute Erhöhung der Harnstoffkonzentration im Blut sowie die Infusion von Mannitol.

5.1.4 Niere im Alter

Mit dem Alter nimmt die Zahl der Glomeruli zunehmend ab. Damit verkleinert sich die Filteroberfläche. Mit 80 Jahren beträgt das Ultrafiltrat noch rund die Hälfte des Normalwertes, nämlich 50-70 ml/min. Die Zusammensetzung bleibt praktisch konstant. Damit sinken die Anforderungen an die Rückresorption in den Tubuli.
Werden die Glomeruli für Albumine durchlässig, so ergibt sich bei der jugendlichen Niere mit einer entsprechend großen Zahl von Glomeruli eine beträchtliche Albuminurie. Ist die Zahl der Glomeruli erheblich reduziert, so entsteht bei derselben Schädigung des Filters nur eine leichte Albuminurie. Die diabetische Schädigung der Nieren führt beim Jugendlichen zu einem nephrotischen Syndrom. Tritt der Diabetes mellitus erst im Alter auf, so hat die Nierenschädigung nur eine quantitativ unbedeutende Albuminurie zur Folge.

5.1.5 Funktionsprüfungen

Urin. Die Messung der pro 24 h ausgeschiedenen Urinmenge und die Aufstellung einer ***Flüssigkeitsbilanz*** ist beim akuten Nierenversagen mit Oligurie und Anurie wichtig. Die Messung des ***spezifischen Gewichtes*** oder der ***Osmolalität*** orientiert über die Fähigkeit der Nieren zu verdünnen bzw. zu konzentrieren. Beträgt das spezifische Gewicht des Morgenurins bei fehlender Flüssigkeitszufuhr während der Nacht 1020, so kann eine schwere Konzentrierungsschwäche der Nieren ausgeschlossen werden. Die maximale Urinkonzentration wird erst nach 24-36stündigem Wasserentzug erreicht.
Eine ***Proteinurie*** von mehr als 150 mg/24 h weist bei normaler Konzentration und Zusammensetzung der Bluteiweiße auf eine erhöhte Permeabilität der Glomeruli, eine verminderte Rückresorption im proximalen Konvolut oder auf eine Entzündung des inneren Markes hin. Bei schwerer körperlicher Arbeit, Fieber und bei erhöhtem Filtrationsdruck infolge Venendruckerhöhung werden vermehrt Proteine glomerulär filtriert, so daß eine leichte Proteinurie entsteht. Proteinurien von mehr als 2 g/24 h sind immer Folge einer pathologischen Permeabilität der Glomeruli.
Normalerweise enthält das ***Urinsediment*** nur vereinzelt Erythrocyten und wenige Leukocyten, jedoch keine Zylinder. Zylinder sind Ausgüsse aus den Tubuli und beweisen einen Nierenparenchymschaden. Die Herkunft von Erythrocyten und Leukocyten muß differenziert werden.

Blutuntersuchungen. Im Blut interessieren insbesondere die Konzentrationen von ***Kreatinin*** und ***Harnstoff*** (Abb. 45 u. 46). Erhöhte Werte weisen auf eine ungenügende glomeruläre Filtration hin. Die endogene Kreatininclearance entspricht der glomerulären Filtration (s. S. 183). Eine relative Erhöhung von Harnstoff wird beobachtet bei eiweißreicher Diät, bei Fieber und bei Erhöhung des Eiweißabbaus, z. B. bei der Resorption von Hämatomen oder nekrotischem Gewebe. Bei Magen-Darm-Blutungen entsteht aus dem denaturierten Blut im Colon durch bakterielle Einwirkung Ammoniak, das resorbiert und, nachdem es in die Leber gelangt ist, dort mit CO_2 zu Harnstoff umgesetzt wird. Bei einer schweren Leberfunktionsstörung, z. B. bei der Leberzirrhose, gelangt vermehrt Ammoniak in den Kreislauf. Die eiweißarme Ernährung führt zu einer Senkung der Harnstoffkonzentration im Blut (Abb. 46).

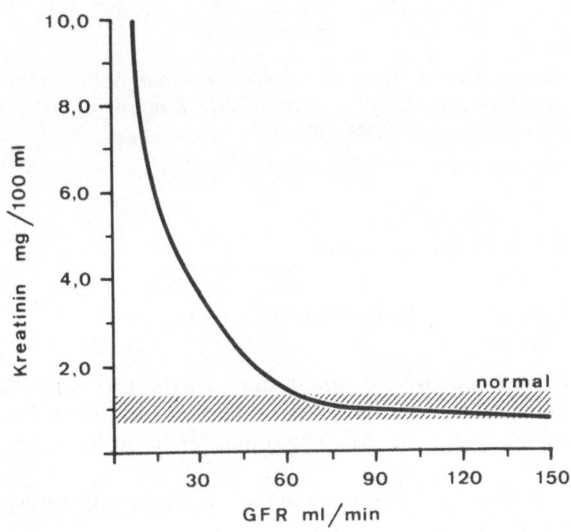

Abb. 45. Kreatininkonzentration im Serum in Abhängigkeit von der glomerulären Filtration *(GFR)* (1 mg/dl = 88,4 μmol/l)

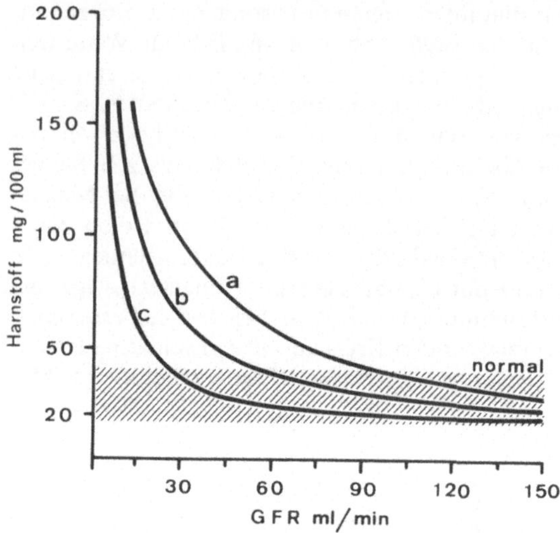

Abb. 46. Harnstoffkonzentration im Serum in Abhängigkeit von der glomerulären Filtration *(GFR)* bei *a* reichlicher, *b* normaler und *c* geringer Eiweißaufnahme (1 mg/dl = 0,166 mmol/l)

5.2 Pathophysiologie

5.2.1 Akutes Nierenversagen

Beim Erwachsenen genügt ein Urinvolumen von 500–600 ml/24 h für die Aufrechterhaltung des Elektrolyt- und Säure-Basen-Gleichgewichtes sowie für die Ausscheidung der harnpflichtigen stickstoffhaltigen Stoffwechselprodukte. Wird die Trinkmenge entsprechend angepaßt, genügt dieses Urinvolumen auch für einen ausgeglichenen Wasserhaushalt.

Das akute Nierenversagen ist klinisch mit der Unterschreitung dieser Werte definiert:

Oligurie = < 400 ml/24 h,
Anurie = < 100 ml/24 h.

Die folgende Übersicht bringt eine ***Einteilung der Ursachen*** einer Oligurie bzw. Anurie.

Ursachen für akutes Nierenversagen

- Nierenischämie
  - Hypovolämischer Schock (Blutung, Salz- und Wasserverlust)
  - Verschluß der Nierenarterien (Embolien, Aneurysma dissecans der Aorta, Thrombosen von intrarenalen Arterien)
- Läsionen des Nierenparenchyms
  - Akute Glomerulonephritis, Schwangerschaftsnephropathie
  - Nephrotoxine (z. B. Hg^{2+}, Tetrachlorkohlenstoff, Butazolidin)
- Kombination von Nierenischämie und Nephrotoxinen
- Anurie infolge Abflußbehinderung

Infolge des ungenügenden Urinvolumens kommt es zu einer ***Azotämie*** und ***Hyperkaliämie,*** die fakultativ neurologische, gastrointestinale und kardiale Symptome verursachen.

Nierenischämie

Die plötzliche Abnahme des Blutvolumens mit Abfall des systolischen Blutdruckes auf Werte unter 80 mmHg bzw. des Mitteldruckes auf Werte unter 60 mmHg hat ein Versiegen der glomerulären Filtration zur Folge. Der ***hypovolämische Schock*** führt in der Regel zu einer Vasoconstriction im Bereich der Arteriolen und des Vas afferens. Damit kann sich eine erhebliche Einschränkung der Nierendurchblutung und der glomerulären Filtration bei nur geringer Senkung des peripheren arteriellen Druckes ergeben. Bei der prärenal bedingten Oligurie bzw. Anurie bleiben die tubulären Funktionen primär intakt. Hypovolämie und Hypotonie führen zu einer gesteigerten Rückresorption von Na^+. Deshalb nimmt im Urin die Natriumkonzentration deutlich ab, während die Kaliumkonzentration normal bleibt. Das Verhältnis beträgt normalerweise 2,4:1 (Tabelle 39) und sinkt beim prärenal bedingtem akuten Nierenversagen gegen 1 ab. Eine zusätzliche Tubulusschädigung zeigt sich in einem Absinken der Kaliumkonzentration im Urin, so daß der Quotient wieder größer als 2 wird.
Falls die Nierenischämie nur wenige Tage gedauert hat, führen Rehydrierung bzw. Blutersatz zu einer raschen Normalisierung der Nierenfunktion (Niere im Schock). Eine länger dauernde schwere Nierenischämie beeinträchtigt auch die Tubulusfunktion. Auf diesem Wege ist über eine Stimulation des Renin-Angiotensin-Systems eine persistierende Konstriktion des Vas afferens und deshalb ungenügende glomeruläre Filtration möglich. (Abb. 47). Bei jedem Schockzustand ist die Mikro-

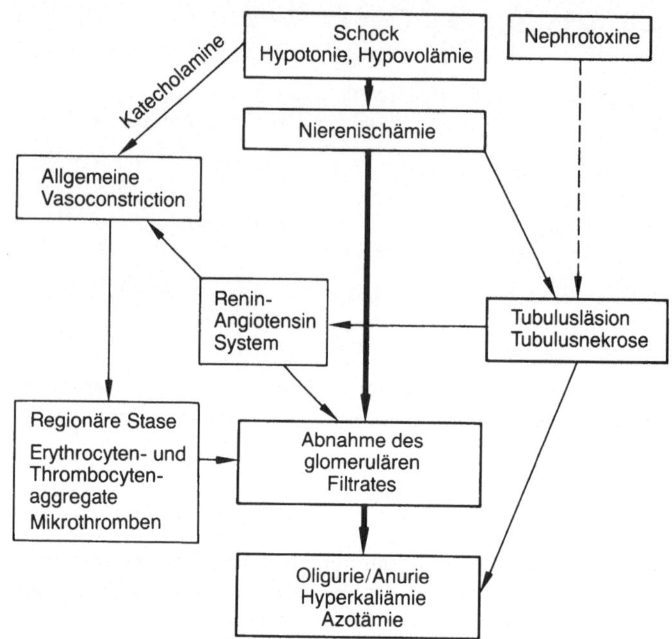

Abb.47. Akutes Nierenversagen. ***Niere im Schock*** *(dicker Pfeil).* Oligurie/Anurie sind Folge der Hypotonie und Hypovolämie, nach deren Behebung die glomeruläre Filtration und Diurese schnell wieder einsetzen. ***Schockniere*** *(dünne Pfeile).* Eine nach Normalisierung des Kreislaufes andauernde Oligurie/Anurie kann Folge einer Konstriktion des Vas afferens sein. Ischämisch und toxisch bedingte Tubulusläsionen können zu einer Stimulation des juxtaglomerulären Apparates führen. Die Verlegung zahlreicher Gefäße durch Erythrocyten- und Thrombocytenaggregate führt ebenfalls zu einer Einschränkung der glomerulären Filtration. ***Nephrotoxine*** *(gestrichelter Pfeil)* führen in Kombination mit einer Nierenischämie aber auch bei primär normaler Nierendurchblutung wegen einer diffusen Schädigung der Tubuli zu einer Oligurie/Anurie infolge Tubulusobstruktion durch nekrotisches Gewebe

zirkulation verschlechtert, was Erythrocyten- und Thrombocytenaggregationen begünstigt. Sind zahlreiche Gefäße der Nierenrinde durch Mikrothromben verlegt, so persistiert die Oligurie trotz Behebung der Hypovolämie und Hypotonie (Schockniere, Nierenrindennekrose).
Die Empfindlichkeit der Nieren gegenüber einer Ischämie ist temperaturabhängig. Die für Transplantationszwecke entnommene Niere erträgt die fehlende Durchblutung dank Hypothermie ca. 12 h.

Läsionen des Nierenparenchyms

Entzündliche Nierenerkrankungen. Bei der ***akuten Glomerulonephritis*** kann bei ausreichender Nierendurchblutung eine Anurie/Oligurie als Folge der glomerulären Läsion auftreten. Es handelt sich um eine Capillaritis, die auch die peripheren kleinen Gefäße betrifft und in der Regel auf eine Antigen-Antikörper-Reaktion zurückzuführen ist. Die Capillarläsion erhöht die Permeabilität für Eiweiße, so daß sowohl eine Albuminurie als auch eiweißreiche Ödeme entstehen. Hypoalbuminämie und initiale Hypovolämie stimulieren eine Wasserretention (s. 5.2.2 nephrotisches Syndrom). Die geschädigten Capillaren werden auch für Erythrocyten durchlässig, so daß eine Hämaturie auftritt. Bei der akuten Glomerulonephritis besteht in der Regel eine Hypertonie als Folge einer peripheren Vasoconstriction und Hypervolämie wegen Wasserretention. Das Renin-Angiotensin-System ist bei der Entwicklung dieser Hypertonie unbeteiligt.

Schwangerschaftsnephropathie. Die Hauptsymptome - Hypertonie, Proteinurie, Ödeme - entsprechen denen der akuten Glomerulonephritis. Bei dieser Nephropathie handelt es sich ebenfalls um eine Allgemeinerkrankung der kleinen Gefäße, die auf normale Noradrenalin- und Angiotensinkonzentrationen im Blut mit einer stärkeren Konstriktion reagieren. Die Hypertonie ist die Folge von Gefäßspasmen, die sich auch in der Retina nachweisen lassen. Die glomeruläre Filtration ist vermindert, die Glomeruli werden aber für Proteine, insbesondere Albumin, vermehrt durchlässig. Die Ödeme sind wie beim nephrotischen Syndrom Folge der Senkung des onkotischen Druckes des Blutes und einer sekundären Na^+- und Wasserretention. Die Schwangerschaftsnephropathie bildet sich nach der Entbindung sehr schnell zurück. Die von der Gravidität abhängige Noxe ist noch nicht exakt definiert. In schweren Fällen führt diese Nephropathie zum akuten Nierenversagen.

Nephrotoxine. Nephrotoxische Substanzen führen bei entsprechenden Konzentrationen im Blut zu einer Nierenschädigung. Dabei werden vor allem die proximalen Tubuli betroffen. ***Körpereigene Nephrotoxine*** sind z.B. freies Hämoglobin und Myoglobin. Auch Paraproteine können als Nephrotoxine wirken. Das Bence-Jones-Protein wird in den Tubuli resorbiert und z.T. metabolisiert. Dabei entstehen nierenschädliche Metaboliten.

Exogene Nephrotoxine, die zu einem akuten Nierenversagen führen können, sind z.B. Quecksilber, Tetrachlorkohlenstoff und nach Sensibilisierung auch Medikamente wie Butazolidin und Sulfonamide.

Die *Pathogenese* der Oligurie/Anurie ist komplex. Wahrscheinlich ist eine Abnahme der glomerulären Filtration infolge Konstriktion des Vas afferens durch Stimulation des juxtaglomerulären Apparates. Bei diesem Konzept ist in Analogie zur Autoregulation der Nierendurchblutung eine erhöhte Na^+-Konzentration im distalen Konvolut der auslösende Faktor. Die Oligurie kann bei normaler glomerulärer Filtration aber auch die Folge einer wegen Tubulusschädigung vermehrten, gewissermaßen unkontrollierten Rückdiffusion von Wasser sein. Schließlich ist als Ursache der Oligurie auch die Obstruktion der Tubuli bzw. Sammelrohre durch nekrotisches Material möglich.

Die Phase der Oligurie/Anurie kann bis zu 3 Wochen dauern. Wird diese Phase überstanden und erholen sich die Nieren, so entsteht zuerst eine Polyurie mit Ausscheidung eines wenig konzentrierten Harnes. Der Harnstoff im Blut sinkt erst bei Urinvolumina von mehr als 2 Liter pro 24 h ab. Über längere Zeit läßt sich noch eine Konzentrierungsschwäche nachweisen. Die Wiederherstellung der vollen Anpassungsfähigkeit benötigt mehrere Wochen bis Monate. Gelegentlich entwickelt sich ein Salzverlustsyndrom.

Kombination von Nierenischämie und Nephrotoxinen

Oligurie/Anurie bei Nierenischämie infolge Dehydrierung und Hypovolämie sind mit adäquater Flüssigkeitssubstitution schnell reversibel. Zusätzliche Nephrotoxine beeinträchtigen die Reversibilität. Bei ***Verbrennungen,*** bei ausgedehnten ***Muskelverletzungen,*** z. B. bei Verschütteten (Crush-Niere), bei ausgedehnten ***Muskelnekrosen*** infolge arterieller Durchblutungsstörungen kombinieren sich Hypotonie und Anhäufung von nephrotoxischen Substanzen im Blut, z. B. Myoglobin, bzw. durch Verbrennung oder Nekrose denaturierte Proteine. Auch Hämoglobin in höheren Konzentrationen im Plasma ist nephrotoxisch. Eine schwere ***Hämolyse*** kann zusammen mit einer vorübergehenden Hypotonie zu einem akuten Nierenversagen führen. Beispiele sind die Transfusion einer inkompatiblen oder infizierten Blutkonserve, die medikamentös-toxische Hämolyse, das Schwarzwasserfieber bei Malaria und die Clostridium perfringens-Sepsis bei septischem Abort.

Hämoglobin und Myoglobin werden mit einem Glykoprotein filtriert. Es bilden sich hochmolekulare Komplexe, die in einem sauren Urin ausgefällt werden und zu einer Tubulusobstruktion führen. Im Urin sind Hämoglobin- bzw. Myoglobinzylinder nachweisbar.

Bei jeder Zellzerstörung werden reichlich Kalium und Phosphat frei. Charakteristisch für eine Muskelzellnekrose sind inadäquat hohe Blutwerte für Kalium, Phosphat, Kreatinin und Harnsäure.

Bei der Schlafmittel- und Alkoholvergiftung kann eine Crush-Niere ohne äußere Verletzung entstehen, weil sich Hypotonie mit Drucknekrose größerer Muskelpartien infolge bewegungslosen Liegens während Stunden kombinieren.

Anurie infolge Abflußbehinderung

Bei Verschluß der Tubuli oder der Ureteren steigt der glomeruläre Kapseldruck an, so daß die glomeruläre Filtration abnimmt. Akute Anurien werden bei massiver Harnsäureausscheidung im konzentrierten Urin durch Bildung von ***Harnsäurekristallen*** beobachtet. Mit dieser Komplikation ist bei der Behandlung der Gicht mit Butazolidin zu rechnen.
Beidseitige Nierensteine, abgestoßene Papillennekrosen und ***Tumoren*** im kleinen Becken können zur Obstruktion beider Harnleiter, zur postrenal bedingten Anurie führen. Nach Behebung einer nur wenige Tage dauernden Obstruktion der Ureteren erholt sich die Nierenfunktion rasch. Die Obstruktion eines Ureters führt nur zur Anurie, falls die andere Niere bereits ausgefallen ist. Ist die andere Niere normal, so kann sich die Funktion der betroffenen Niere auch nach einer mehrere Wochen dauernden vollständigen Verlegung des Ureters erholen.

Therapie des akuten Nierenversagens

Bei jedem akuten Nierenversagen steht therapeutisch die Überbrükkung der oligurischen Phase bis zum Wiedereinsetzen einer genügenden Nierenfunktion im Vordergrund. Bei anurischen Patienten dürfen nach Beheben einer Hypovolämie nur der extrarenale Wasserverlust und zusätzliche gastrointestinale Flüssigkeitsverluste kompensiert werden. Eine Überhydrierung mit elektrolytfreier Flüssigkeit führt zum Bild der Wasserintoxikation mit Hirnödem, Krämpfen und Bewußtlosigkeit. Bei Überhydrierung mit isotoner NaCl-Lösung besteht die Gefahr einer Linksherzinsuffizienz mit Lungenödem infolge Hypervolämie. Mit dem wiederholten Einsatz der ***Peritonealdialyse*** bzw. der ***Hämodialyse*** kann die Ausscheidungsfunktion der Nieren ersetzt werden.
Mit der Hämodialyse wird der Bluthamstoff schnell gesenkt. Dabei entsteht ein osmotischer Gradient zwischen Zellen, interstitieller Flüssigkeit und Blut. Symptome wie Erbrechen, Muskelkrämpfe, Zuckungen, Somnolenz und eventuell Bewußtlosigkeit weisen auf ein Hirnödem als Folge einer Wasserverschiebung in den extravasalen Raum hin. Dieses Disäquilibriumsyndrom tritt bei der Peritonealdialyse mit

einer viel langsameren Senkung des Blutharnstoffes nicht auf. Bei der Hämodialyse kann das Syndrom vermieden werden, falls der im Blut absinkende Harnstoff z. B. durch Glucose ersetzt oder gleichzeitig Wasser entzogen wird.

5.2.2 Chronische Niereninsuffizienz

Klinisch lassen sich unterscheiden:

- Stabiler Zustand
- Dekompensation.

Die ***chronische Niereninsuffizienz*** ist über Jahre mit dem Leben vereinbar. Das Urinvolumen kann normal oder sogar vergrößert sein. Bei der chronischen Niereninsuffizienz werden trotz erheblicher Einschränkung der glomerulären Filtration die harnpflichtigen Substanzen im „stabilen" Stadium entsprechend ihrem Anfall aus dem Stoffwechsel mengenmäßig ausgeschieden. Es entwickelt sich ein neues Gleichgewicht zwischen erhöhter Konzentration im Plasma, verminderter glomerulärer Filtration und verminderter tubulärer Rückresorption. Dieses Gleichgewicht ist aber sehr labil, weil die Anpassungsfähigkeit der chronisch insuffizienten Niere stark eingeschränkt ist. Bei der ***Dekompensation*** kommt es zur progredienten Retention der harnpflichtigen Substanzen, es entwickelt sich eine Oligurie und schließlich eine Anurie.

Die Einschränkung der glomerulären Filtration ist mit selektiven Störungen der Tubulusfunktionen kombiniert.

Verschiedene tubuläre Teilfunktionen können aber auch von extrarenalen oder angeborenen Störungen betroffen sein, ohne daß primär eine erhebliche Einschränkung der glomerulären Filtration vorliegt.

Die häufigsten ***Ursachen*** der chronischen Niereninsuffizienz sind:

- Chronische Glomerulonephritis, chronische interstitielle Nephritis, chronische Pyelonephritis
- Zystennieren infolge Mißbildungen
- Allgemeinerkrankungen wie Diabetes mellitus (Kimmelstiel-Wilson-Syndrom), Periateriitis nodosa, Lupus erythematodes, allgemeine Arteriosklerose (arteriosklerotische Schrumpfniere)
- Multiples Myelom.

Einschränkung der glomerulären Filtration, Azotämie, Urämie

Die Zerstörung oder der Ausfall von mehr als 60% der Filteroberfläche führt zu einer Einschränkung der Nierendurchblutung und der glomerulären Filtration. Dabei bleibt die Filtrationsfraktion (GFR/RPF) mit 0,20-0,25 normal. Man nimmt an, daß bei einem Nebeneinander von zerstörten und noch funktionsfähigen Nephronen die letzteren normal auf die intra- und extrarenalen Regulationsmechanismen und -stimulationen reagieren.

Azotämie. Sinkt die glomeruläre Filtration unter 50 ml/min, so liegt die Kreatininkonzentration im Blutplasma über 110 µmol/l (über 1.2 mg/dl). Die Harnstoffkonzentration beträgt dann bei normaler Eiweißzufuhr mehr als 8 mmol/l (über 48 mg/dl). Kreatinin wird bei hohen Konzentrationen im Plasma nicht nur glomerulär filtriert, sondern zusätzlich auch tubulär sezerniert. Bei dieser Situation ist die glomeruläre Filtration effektiv geringer, als sie mit der Clearanceformel (S. 183) berechnet wird. Beträgt die glomeruläre Filtration weniger als 25 ml/min, d.h. weniger als 20% des Normalwertes, so sind im Blut auch die Werte für Harnsäure und anorganische Phosphate deutlich erhöht.

Die Retention von N_2-haltigen Stoffwechselprodukten, die Azotämie, erhöht die Konzentration dieser Substanzen im Ultrafiltrat. Die hohe Harnstoffkonzentration führt zu einer verminderten Rückresorption des osmotisch gebundenen Wassers. Damit erreicht ein größeres Volumen die Henle-Schleife, und die Harnkonzentrierung nimmt ab. Dank der verminderten tubulären Rückresorption von Na^+, K^+ und Mg^{2+} werden diese Elektrolyte auch bei stark reduzierter glomerulärer Filtration mengenmäßig normal ausgeschieden. Die Hyperkaliämie tritt bei chronischer Niereninsuffizienz erst im oligurischen Stadium auf.

Hämodialyse und Nierentransplantation beheben mit der Normalisierung des Blutharnstoffes die osmotische Diurese. Nach einer Hämodialyse nimmt das Urinvolumen bei konstanter glomerulärer Filtration ab. Wegen der niedrigen Harnstoffkonzentration im Ultrafiltrat wird weniger Harnstoff ausgeschieden, bis sich mit dem ansteigenden Blutharnstoff auch das Gleichgewicht zwischen Azotämie, Harnstoffausscheidung und Urinvolumen wieder einstellt. Die höhere Harnkonzentrierung bei Wegfall der osmotischen Diurese betrifft auch die Ausscheidung von Röntgenkontrastmitteln bei der intravenösen Pyelographie. Nach einer erfolgreichen Nierentransplantation wird die verbliebene insuffiziente Niere röntgenologisch wieder dargestellt, weil das Kontrastmittel in den noch funktionstüchtigen Nephronen stärker konzentriert wird als im Zustand der Azotämie vor der Transplantation.

Urämie. Bei der chronischen Niereninsuffizienz treten Komplikationen anderer Organsysteme auf. Die Toxizität des Harnstoffes ist sehr gering. Die urämischen Symptome können nicht mit der Azotämie erklärt werden. Möglicherweise sind die Guanidine von großer Bedeutung. Mit der in regelmäßigen Abständen durchgeführten Hämodialyse wird lediglich eine Milderung der urämischen Symptome erreicht. Die geglückte Nierentransplantation führt hingegen zu einer Heilung der ***extrarenalen Komplikationen:***

- *Anämie.* Wenn ein großer Teil des Nierenparenchyms zerstört ist, wird auch weniger Erythropoetin produziert. Dieser Mangel beeinträchtigt die Erythropoese. Außerdem bewirkt auch die Azotämie eine Hemmung der Knochenmarkfunktion. Die chronische Niereninsuffizienz verkürzt die Überlebenszeit der Erythrocyten. Damit ergibt sich eine leichte Hämolyse, die auf extrazelluläre Faktoren zurückgeführt werden muß. Transfundierte Erythrocyten haben im urämischen Empfänger eine bis auf ⅓ der Norm verkürzte Überlebenszeit. Erythrocyten eines Urämikers überleben hingegen im gesunden Empfänger normal.
  Gastrointestinale Blutungen sowie chronische Infekte, z.B. Pyelonephritis, sind Zusatzfaktoren.
  Patienten mit einer chronischen Niereninsuffizienz tolerieren auch eine schwere Anämie auffallend gut.
- *Gastrointestinale Symptome.* Im Vordergrund stehen Übelkeit und Erbrechen. Diese Symptome erschweren eine adäquate Ernährung. Häufig entwickeln sich Ulcerationen der Magenschleimhaut. Die Parotitis häuft sich im terminalen Stadium.
- *Neurologische Symptome.* Urämische Patienten klagen häufig über „Unruhe" in beiden Beinen und über Wadenkrämpfe. Daneben entwickelt sich nicht selten eine periphere Neuropathie mit Parästhesien und Lähmungen der unteren Extremitäten. Die Symptomatik erinnert an einen Pyridoxinmangel (Vitamin B_6). Dieses Vitamin verhindert aber nicht die Entwicklung der urämischen Neuropathie. Oft läßt sich auch eine alle Frequenzen betreffende Abnahme der Hörfähigkeit nachweisen, die nach Hämodialyse wieder zunimmt.
- *Dermatologische Symptome.* Der Pruritus ist Folge einer Mikroangiopathie, die durch Hämodialyse nicht gebessert, mit der Nierentransplantation geheilt wird. Kratzeffekte heilen langsam und nei-

gen zu Infektionen. Blutsuffusionen weisen auf eine erhöhte Gefäßfragilität hin.

- *Pericarditis.* Die Entwicklung einer fibrösen Pericarditis ist beim akuten Nierenversagen und bei der chronischen Niereninsuffizienz relativ häufig. Die Genese dieser auskultatorisch gut diagnostizierbaren Pericarditis ist unklar. Die Pericarditis kann zur lebensbedrohlichen Herztamponade führen.
- *Störungen des Ca^{2+}-Stoffwechsels, renale Osteopathie.* Ist ein großer Teil des Nierenparenchyms zerstört, wird auch zu wenig 1,25-Dihydroxy-cholecalciferol aus Vitamin-D_3 gebildet. Damit ergibt sich unabhängig von der Vitamin-D_3-Zufuhr eine verminderte intestinale Ca^{2+}-Resorption. Die auf diese Weise entstehende ***Hypocalcämie*** kann durch eine Einschränkung der renalen Ca^{2+}-Ausscheidung nicht voll korrigiert werden. Der ionisierte Anteil des Serum-Ca^{2+} reguliert die Parathormonausschüttung. Fällt im Blut Ca^{2+} ab, wird Parathormon ausgeschüttet, das Calcium aus dem Knochen mobilisiert. Dank dieser Mobilisierung kann Ca^{2+} im Blut im Normbereich gehalten werden. Bei der chronischen Niereninsuffizienz besteht in der Regel während Jahren ein ***normocalcämischer Hyperparathyreodismus.*** In den Spätstadien kann der sekundäre Hyperparathyreodismus zur Hypercalcämie führen. Der sekundäre Hyperparathyreodismus hemmt die tubuläre Rückresorption von Phosphat und stabilisiert so die Phosphatwerte im Blut.

Nephrotisches Syndrom

Schädigungen der Basalmembran können unabhängig von einer allfälligen Einschränkung der glomerulären Filtration zu einer pathologisch erhöhten Durchlässigkeit für Proteine führen. Bei einer unselektiven Proteinurie entsprechen die Konzentrationen der verschiedenen Fraktionen denen im Serum. Häufiger ist die ***selektive Proteinurie,*** bei der insbesondere Albumine, α_1- und γ-Globuline ausgeschieden werden, nicht aber die hochmolekularen α_2- und β-Globuline, die eine Transportfunktion für die Fette erfüllen (α_2- und β-Lipoproteine).
Das nephrotische Syndrom ist gekennzeichnet durch:

- Proteinurie über 3,5 g/24 h
- Hypoproteinämie, Dysproteinämie
- Hyperlipoproteinämie, Hypercholesterinämie.

Die Serumelektrophorese zeigt typischerweise eine ***Hypoalbuminämie*** (<30 g/l) und eine Zunahme der α_2- und β-Globuline (>10 g/l). (Abb. 33, Kap. 4.5.2)

Im Urinsediment können Eiweißzylinder und im polarisierten Licht das Cholesterin als Malteserkreuze nachgewiesen werden.
Die Hypoalbuminämie stimuliert die Eiweißsynthese, was die Dysproteinämie erklärt und die Hyperlipoproteinämie begünstigt. Bei einer Erhöhung der Blutalbumine durch Infusion wird die Konzentration an Lipoproteinen etwas geringer, doch nimmt die Albuminurie zu. Im Verlaufe des nephrotischen Syndroms nimmt die Albuminurie quantitativ ab, wenn ein großer Teil der Glomeruli zerstört ist.
Die ***Ödeme*** beim nephrotischen Syndrom sind Folge der Hypoalbuminämie. Die Globuline sind onkotisch nur ca. halb so wirksam wie die Albumine. Die Hypoalbuminämie führt zu einer Senkung des onkotischen Druckes des Plasmas. Damit ergibt sich eine Flüssigkeitsverschiebung in den extravasalen Raum. Im Gegensatz zur akuten Glomerulonephritis ist diese Ödemflüssigkeit eiweißarm. Die Flüssigkeitsverschiebung in den extravasalen Raum führt zur Hypovolämie, die eine Aldosteronausschüttung stimuliert. Dieser sekundäre Aldosteronismus erhöht die tubuläre Na^{+}-Rückresorption. Eine Zunahme der Osmolalität stimuliert die ADH-Ausschüttung. Mit der Wasserretention ergibt sich durch Verdünnung eine zusätzliche Senkung der Albuminkonzentration. Die Ödemflüssigkeit kann beim nephrotischen Syndrom mehrere Liter betragen. Sie sammelt sich in den tief liegenden Körperpartien, typischerweise aber auch im Bereiche des lockeren, gut verschiebbaren Bindegewebes wie im Scrotum und in den Augenlidern.
Die Flüssigkeitsverschiebung in das Lungenparenchym ist hingegen eher gering. In der Regel entsteht kein Lungenödem. Die Patienten können trotz ausgedehnter Ödeme ohne Atemnot flach im Bett liegen.
Die Grundkrankheit des nephrotischen Syndroms ist in der Mehrzahl der Fälle eine ***chronisch verlaufende Glomerulonephritis.*** Die Nierenveränderungen beim Diabetes mellitus, Lupus erythematodes und multiplen Myelom sowie die Nierenamyloidose können ebenfalls zum nephrotischen Syndrom führen.
Voraussetzung für eine massive Proteinurie und die Entwicklung eines nephrotischen Syndroms ist, daß eine große Zahl von Glomeruli für Proteine pathologisch durchlässig wird. Solange die Zahl der Glomeruli gegenüber der Norm nicht erheblich eingeschränkt ist, bleibt die glomeruläre Filtration normal. In einer erheblich geschrumpften Niere nimmt die glomeruläre Filtration ab. Dieselbe Durchlässigkeit für Proteine führt aber nicht zu einer Hypoalbuminämie, weil der Eiweißverlust an den Urin geringer ist.
Patienten mit einem nephrotischen Syndrom haben gehäuft eine Hypertonie. Die Coronarinsuffizienz und der Herzinfarkt sind aber

trotz Hyperlipämie und -cholesterinämie nicht häufiger als bei Vergleichsgruppen mit normalen Blutlipiden.
Bei vielen Patienten besteht hingegen eine ***Thromboseneigung.*** Das hochmolekulare Fibrinogen passiert den glomerulären Filter nicht, während das Antithrombin III mit dem Albumin ausgeschieden wird. Der Mangel an diesem das Thrombin inhibierenden Faktor kann zusammen mit einer Hyperfibrinogenämie die Thromboseneigung erklären. Die Nierenvenenthrombose, früher oft als Ursache eines nephrotischen Syndroms bezeichnet, dürfte häufiger eine Komplikation sein.

Gestörte Teilfunktionen der Tubuli und Sammelrohre

Verschiedene Teilfunktionen können congenital gestört sein. Dabei entwickeln sich umschriebene klinische Syndrome, die zum Teil auch bei erworbenen Nierenerkrankungen als reversible Störung auftreten können.

Störung der Glucoserückresorption (renale Glucosurie). Die Glucoserückresorption kann unvollständig sein. Dann wird bei normaler Blutzuckerkonzentration Glucose mit dem Urin ausgeschieden. Bei der congenitalen Form handelt es sich um eine harmlose familiäre Krankheit.
Bei verschiedenen erworbenen Nierenerkrankungen kann eine renale Glucosurie auftreten.

Störung der Aminosäurenrückresorption. Die Aminosäuren werden ebenfalls im proximalen Konvolut rückresorbiert. Bei der ***familiären Cystinurie*** wird ohne Störung des Cystinstoffwechsel mit dem Urin vermehrt Cystin ausgeschieden. Das Cystin im Urin kann Nierensteine bilden.
Bei der ***Cystinose*** handelt es sich um eine angeborene Störung des Aminosäurenstoffwechsels. Es wird vermehrt Cystin gebildet und in verschiedenen Geweben abgelagert. Die Ablagerung in den Nieren führt bereits im Kindesalter zu einer komplexen, tubulären Funktionsstörung, dem ***Fanconi-Syndrom.*** Bei diesem Syndrom ist die erhöhte Ausscheidung von Aminosäuren mit einer renalen Glucosurie kombiniert. Außerdem ist die Phosphat- und Bicarbonatrückresorption vermindert, was eine Hypophosphatämie und metabolische Acidose verursacht.
Dasselbe Syndrom tritt im Erwachsenenalter beim multiplen Myelom und bei Schwermetallvergiftungen auf.

Störung der Phosphatrückresorption. Die familiäre Hyperphosphaturie mit Hypophosphatämie manifestiert sich im Kindesalter durch eine Vitamin-D-resistente Rachitis und Zwergwuchs. Möglicherweise beruht diese Störung auf einer ungenügenden Bildung von 1,25-Dihydroxy-cholecalciferol in den Nieren.

Störungen der Wasserrückresorption. Bei einem Mangel an antidiuretischem Hormon (ADH) oder bei einem ungenügenden Ansprechen der Sammelrohre auf ADH entsteht eine Polyurie. Es wird ein im Vergleich zum Serum hypotoner Urin ausgeschieden, so daß kein Salzverlust entsteht. Wird der Wasserverlust nicht durch Trinken kompensiert, entsteht eine hypertone Dehydrierung.
Ein nephrogener Diabetes insipidus kann als Phase im Ablauf verschiedener Nierenkrankheiten, z. B. in der Erholungsphase nach akuter Tubulusnekrose und nach Behebung einer Ureterobstruktion auftreten.

Störung der H^+-Ausscheidung. Bei der chronischen Niereninsuffizienz infolge erheblicher Einschränkung der glomerulären Filtration besteht im Blut oft nur eine leichte Acidose infolge einer relativen Hyperchlorämie, weil Cl^- vermehrt, HCO_3^- vermindert rückresorbiert wird. Erst im Zustand der Dekompensation mit Serumkreatininwerten über 500 µmol/l (über 6 mg/dl) nimmt die Konzentration an organischen Säuren erheblich zu („Säurerest" bzw. „Anionendefizit", s. Seite 216).
Bei der ***renal-tubulären Acidose*** wird der Urin infolge einer genetisch bedingten oder erworbenen tubulären Läsion nicht normal angesäuert. Solange die glomeruläre Filtration nicht wesentlich eingeschränkt ist, besteht eine Acidose ohne Azotämie. Ursache der Acidose ist eine verminderte Rückresorption von Bicarbonat, z. B. bei Hemmung der Carboanhydrase, oder eine verminderte Bildung von H^+ und NH_3. In beiden Fällen ist die K^+-Ausscheidung erhöht, so daß sich Acidose und Hypokaliämie kombinieren können. Eine gleichzeitig erhöhte Ca^{2+}-Konzentration im Urin kann zu einer Verkalkung der Nierenpapillen führen. Bei den Läsionen mit renal-tubulärer Acidose ist oft die Konzentrierungsfähigkeit der Nieren eingeschränkt, so daß auch eine Polyurie besteht. Die renal-tubuläre Acidose ohne Azotämie wird durch Zufuhr von $NaHCO_3$ korrigiert.

Salzverlustsyndrom. Beträgt die Salzausscheidung mit dem Urin mehr als 15 g/24 h, so entsteht bei normaler NaCl-Zufuhr ein Salzverlust. Dieser Verlust begünstigt eine Hyponatriämie. Damit ergibt sich eine Senkung der Serumosmolalität, was die Freisetzung von ADH hemmt.

Bei schwerer Hyponatriämie steigt die Harnstoffkonzentration im Blut infolge einer vermehrten Rückresorption in den Tubuli an. Diese „Salzmangelazotämie“ wird mit der Substitution von NaCl behoben.

Beim Salzverlustsyndrom entwickeln sich ohne genügende Flüssigkeitszufuhr eine Dehydrierung und Hypovolämie. Die Hypovolämie stimuliert das Renin-Aldosteron-System.

Die folgenden Störungen können Salzverluste verursachen:

- ***Hypoaldosteronismus.*** Der Salzverlust kann Folge einer Nebennierenrindeninsuffizienz sein. In diesem Fall besteht im Blut auch eine Hyperkaliämie und eine leichte metabolische Acidose. Die vermehrte Hautpigmentation ist ein klinischer Hinweis auf einen Hypoaldosteronismus.
- ***ADH-Überproduktion.*** Bei einer ungeregelten ADH-Produktion oder überdosierten ADH-Substitution entsteht, falls genügend getrunken wird, eine Überhydrierung. Die Hypervolämie hemmt die Aldosteronproduktion. Der sekundäre Hypoaldosteronismus erklärt die vermehrte Salzausscheidung mit dem Urin. Die Hyponatriämie ist die kombinierte Folge des Salzverlustes und der Verdünnung durch Wasserretention. Die K^+-Werte bleiben im Normbereich.
- ***Diuretica.*** Werden Diuretica, die die Diurese durch eine Hemmung der Rückresorption von Na^+ und Cl^- steigern, dauernd eingenommen, so kann sich ein Salzverlustsyndrom entwickeln. Weil die vermehrte Ausschüttung von Renin und Aldosteron nach Absetzen des Diureticums noch einige Tage anhält, kommt es zu einer Wasserretention mit Gewichtszunahme und gelegentlich zur Bildung von Ödemen. Es wäre in dieser Situation falsch, wieder Diuretica zu geben. Salzausscheidung und Diurese normalisieren sich ungefähr 10 Tage nach Absetzen des Diureticums.
- ***Chronische Niereninsuffizienz mit Azotämie.*** Hohe Harnstoffwerte bewirken eine osmotische Diurese. Falls sich die Polyurie mit einer gestörten tubulären Na^+-Rückresorption kombiniert, entsteht ein Salzverlust. Eine Hyperpigmentation der Haut weist auf einen Aldosteronmangel hin. Bei einer chronischen Niereninsuffizienz ist es aber auch denkbar, daß die Tubuluszellen auf Aldosteron vermindert ansprechen.
- ***Porphyrie.*** Die akute Porphyrie führt zu ADH-Ausschüttung, renalem Salzverlust und Hyponatriämie.

5.2.3 Niere und Hypertonie

Zahlreiche Nierenerkrankungen gehen mit einer Hypertonie einher. Bei der Genese der Hypertonie sind verschiedene Mechanismen möglich.

Blutdruckerhöhend sind 3 voneinander unabhängige, sich aber gegenseitig hinsichtlich Gefäßtonus und Nierenfunktion beeinflußende Systeme:

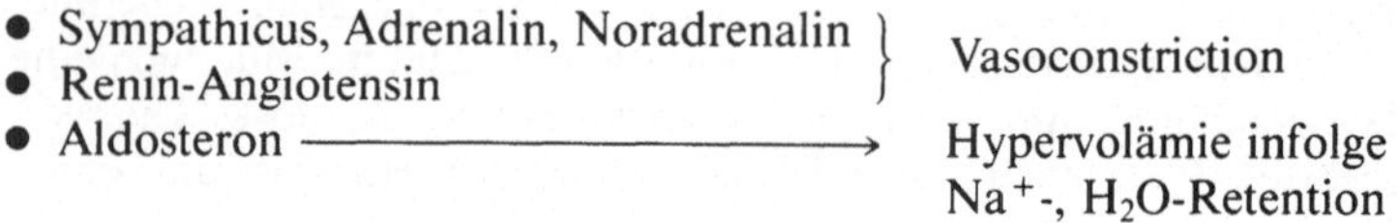

Blutdrucksenkend wirken neben dem Parasympathicus und den lokalen Metaboliten Substanzen, die das Renin inhibieren oder die Ansprechbarkeit der Gefäße auf Angiotensin II reduzieren. Zu diesen Substanzen gehören Kallikrein-Kinin, Prostaglandin E und Lipide im Nierenmark. Diese Substanzen werden zum Teil in der Niere gebildet, gespeichert und mit dem Urin ausgeschieden.

Die Einengung der Aorta oberhalb der Nierenarterien führt unabhängig von einer allfälligen Mangeldurchblutung der Nieren zu einer bleibenden Hypertonie proximal der Stenose. In diesem Bereich besteht eine vom Renin-Angiotensin-System unabhängige Vasoconstriction (Abb. 48 a).

Renovasculäre Hypertonie

Bei experimenteller Stenosierung einer Nierenarterie steigt der Blutdruck sofort infolge einer peripheren Vasoconstriction an. Wird die Stenose beseitigt, fällt der Blutdruck sofort wieder auf normale Werte ab (akuter Goldblatt-Versuch). Die epitheloiden Zellen des juxtaglomerulären Apparates schütten vermehrt Renin aus, welches das im Plasma befindliche Angiotensinogen in Angiotensin I umwandelt. Dieses wird durch ein im Plasma vorhandenes Converting-Enzym in Angiotensin II überführt, das eine Konstriktion der peripheren Arteriolen bewirkt. Das Angiotensin II stimuliert auch eine Aldosteronausschüttung, die in beiden Nieren eine vermehrte Na^+- und H_2O-Rückresorption bewirkt. Der Aldosteronismus hat aber für die renovasculäre Hypertonie nur eine untergeordnete Bedeutung. Die Hemmung des Aldosterons bewirkt lediglich eine geringe Senkung des Blutdrukkes.

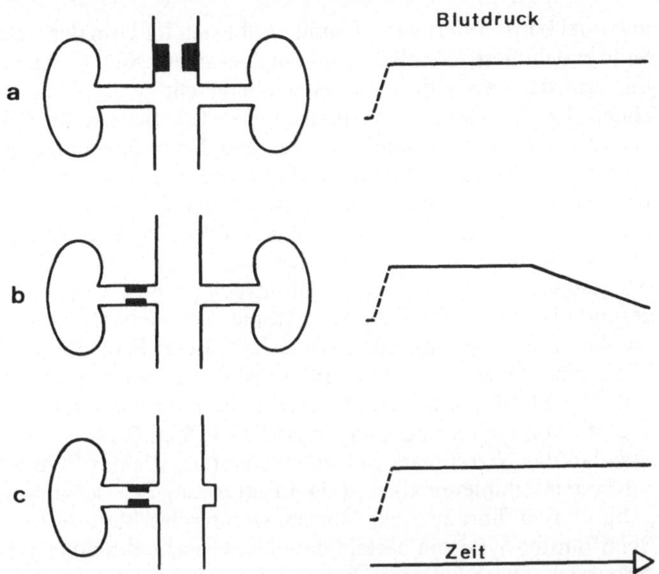

Abb. 48 a–c. Niere und Hypertonie. **a** Einengung der Aorta proximal der Nierenarterien führt unabhängig von einer Reninausschüttung zu einer bleibenden Hypertonie proximal der Einengung. **b, c** Renovasculäre Hypertonie. Die Einengung der Nierenarterie führt über eine Reninausschüttung zur Hypertonie. Besteht auf der Gegenseite eine normale Niere mit unbehinderter Durchblutung, kann der Blutdruck nach einiger Zeit wieder absinken

Das ***Renin-Angiotensin-System*** ist als Ursache für die renovasculäre Hypertonie gesichert. Die Reninkonzentration ist im Nierenvenenblut der betroffenen Seite erhöht. Der Stimulus für die vermehrte Reninausschüttung ist wahrscheinlich die verminderte systolische Dehnung des Vas afferens bei Abnahme der Blutdruckamplitude infolge der Stenosierung.
Auf welcher Seite die Nierenarterienstenose liegt, kann auch mit der Untersuchung der Kreatinin- und Na^+-Konzentration im Separatharn untersucht werden:

$$\frac{\text{Kreatinin rechts} \times \text{Na}^+ \text{ links}}{\text{Kreatinin links} \times \text{Na}^+ \text{ rechts}} \approx 1$$

Kreatinin wird filtriert und im Gegensatz zum Na^+ nicht rückresorbiert. Die ischämische Niere hat ein vermindertes glomeruläres Filtrat, das maximal konzentriert wird. Damit ergibt sich im Urin der ischämischen Seite eine höhere Kreatinin- und eine geringere Na^+-Konzentration als im Urin der besser durchbluteten Niere. Die Multiplikation entsprechend der Formel ergibt normalerweise ca. 1. Beträgt der Faktor mehr als 1,6, kann eine Ischämie der rechten Niere angenommen werden. Weniger als 0,6 spricht für eine Ischämie der linken Niere.

Im Tierexperiment konnte gezeigt werden, daß bei länger bestehender Stenosierung einer Nierenarterie der Blutdruck wieder absinkt, obwohl die ischämische Niere unverändert Renin ausschüttet. Entfernt man die gesunde Niere, so steigt der Blutdruck prompt wieder an. Fehlt die gesunde Niere, so bleibt die Hypertonie bestehen (Abb. 48). Wird nach Nephrektomie der gesunden Niere bzw. beim Fehlen einer gesunden Niere eine denervierte, aber funktionstüchtige Niere transplantiert, so sinkt der Blutdruck wieder ab. Transplantation von Nierenmark, nicht aber die von Nierenrinde, hat denselben Effekt. Diese Versuche beweisen, daß das Nierenmark Substanzen enthält, die das Renin-Angiotensin-System inhibieren können. Die Entfernung der ischämischen Niere (Abb. 48 a–c) führt zu einer Normalisierung des Blutdruckes.

Beim Bartter-Syndrom besteht eine Hyperplasie des juxtaglomerulären Apparates. Diese Patienten haben trotz erhöhten Renin- und Aldosteronwerten im Blut keine Hypertonie, aber eine Hypokaliämie und hypochlorämische Alkalose. Die Prostaglandin-E-Ausscheidung mit dem Urin ist erhöht. Die Infusion von Angiotensin II führt bei diesen Patienten zu keinem Blutdruckanstieg.

Diese komplexen Beziehungen erklären auch Diskrepanzen zwischen angiographisch nachgewiesener Nierenarterienstenose, Blutdruck und Reninwerten im Blut. Gelegentlich ergibt sich die Diagnose mit dem Verlauf. Führt die Nephrektomie bzw. die gefäßchirurgische Korrektur der Stenose zur Normalisierung des Blutdruckes, so handelte es sich um eine renovasculäre Hypertonie.

Bei jeder länger dauernden schweren Hypertonie entwickeln sich sekundäre Gefäßveränderungen, was auch für die Nierengefäße gilt. Bei der renovasculären Hypertonie können sich in der primär gesunden Niere durch derartige Gefäßveränderungen Stenosen in der A. renalis und in den intrarenalen Gefäßen bilden. Auf diesem Weg kann das Renin-Angiotensin-System auch in dieser Niere aktiviert werden. Bei einer derartigen Situation führt nur die beidseitige Nephrektomie zur Blutdrucksenkung.

Bei der primär nicht renovasculär bedingten ***essentiellen Hypertonie*** lassen sich oft erhöhte Reninkonzentrationen im peripheren Blut nachweisen, was möglicherweise auf sekundär gebildete Gefäßstenosen zurückzuführen ist.

Eine Auflistung morphologischer Grundlagen für eine behebbare renovasculäre Hypertonie zeigt die folgende Übersicht:

Morphologische Grundlagen für eine behebbare renovasculäre Hypertonie
Atheromatöse Plaques
Fibromuskuläre Hyperplasie
Aneurysmata, Angiome, arteriovenöse Fisteln
Embolien, Thrombosen
Kompression der Nierenarterie durch Nervenstränge, Muskelfasern, Tumoren und Hämatome
Angeborene Stenosen
Arteriitis und Aneurysmata der Aorta
Pyelonephritis und Hydronephrose
Nierentuberkulose
Strahlennephritis

Hypertonie bei Nierenerkrankungen ohne vermehrte Reninausschüttung

Die Hypertonie bei der akuten Glomerulonephritis ist auf entzündliche Veränderungen in den peripheren, kleinen Gefäßen und Gefäßspasmen zurückzuführen. Außerdem besteht in der Regel eine Hypervolämie. Zu den ***chronischen Nierenerkrankungen mit Hypertonie*** gehören:

- Stoffwechselerkrankungen mit Beteiligung der Gefäße und der Nieren, z. B. Diabetes mellitus und Gicht
- Autoimmunerkrankungen mit Beteiligung der Gefäße und der Nieren, z. B. Periarteriitis nodosa und Lupus erythematodes
- Systemerkrankungen der Arterien wie allgemeine Arteriosklerose mit Entwicklung von arteriolosklerotischen Schrumpfnieren.

Bei jeder chronischen Niereninsuffizienz infolge eines fortgeschrittenen Verlustes an Nierenparenchym kann eine Hypertonie wegen Salzretention auftreten. Bei diesen Patienten führt die salzarme Diät zu einer deutlichen Blutdrucksenkung.

5.2.4 Ableitende Harnwege

Die Hohlorgane Nierenbecken, Harnleiter, Harnblase und Harnröhre sind mit einer Schleimhaut ausgekleidet, haben eine kräftige glatte Muskulatur und sind reichlich mit vegetativen und sensiblen Nerven

versorgt. Nierenbecken und Harnleiter unterstützen den Urinfluß zur Harnblase mit peristaltischen Kontraktionen. Bei einer Obstruktion treten kolikartige Schmerzen auf. Die Schleimhaut gibt Schleim und im Falle einer Verletzung Blut an den Urin ab.
Die Miktion ist das Resultat eines komplizierten Zusammenspiels willkürlicher und unwillkürlicher Funktionen. Der Sympathicus erhöht, der Parasympathicus vermindert den Tonus des M. sphincter internus. Der M. sphincter externus ist quergestreift und wird aus dem Plexus sacralis innerviert. Mit zunehmender Füllung wird der „Füllungsreiz" bewußt. Die Miktion wird willkürlich ausgelöst, läuft automatisch ab und kann willkürlich unterbrochen werden. Die Bauchpresse verstärkt den Urinstrahl.

Harnverhaltung und Blasenlähmung

Die Blase des Erwachsenen faßt maximal 300-600 ml. Leer liegt sie hinter der Symphyse, voll ist sie 2-3 Querfinger unter dem Nabel palpabel. Bei einer akuten Harnverhaltung infolge Obstruktion der Nierenbecken oder der Ureter ist die Harnblase leer. Ist die Obstruktion einseitig, so kommt es nur zur Harnverhaltung, falls die andere Niere fehlt oder funktionsuntüchtig ist. Die chronische Obstruktion der Urethra infolge Strictur oder Prostatahypertrophie führt zu einer Volumenzunahme der Blase und Hypertrophie der Muskulatur (Balkenblase). Zu einer Blasenlähmung mit Überdehnung der Blase kommt es bei Bewußtlosigkeit und bei Rückenmarksläsionen unterhalb der Segmente Th X-XII. Wird die Blase überfüllt, tritt Harnträufeln auf (Ischuria paradoxa). Die Entleerung ist aber nur durch Katheterisierung möglich.

Urethritis, Cystitis, Pyelitis

Die Harnröhre ist bereits normalerweise mit Keimen, hauptsächlich E. coli besiedelt. Jede Harnverhaltung begünstigt die Keimvermehrung, das Aszendieren der Keime und damit die Entwicklung einer Cystitis. Der vesicoureterale Reflux führt schließlich zur Pyelitis. Das Brennen beim Wasserlösen (Dysurie) ist typisch für die Urethritis. Die gehäufte, auch nächtliche Miktion in kleinen Portionen (Pollakisurie) weist auf eine Cystitis hin. Bei akuter Pyelitis sind die Patienten febril und klagen über Schmerzen in der Flanke. Gravidität und Nephrolithiasis disponieren wegen der Kompression bzw. Obstruktion der Ureter zur Pyelitis. Die Infektanfälligkeit des Zuckerkranken begünstigt zusammen mit neuropathisch bedingten Miktionsstörungen eine Entzündung der ableitenden Harnwege.

Nephrolithiasis, Ureterenobstruktion

Nierensteine entstehen durch eine Ausfällung von Salzen aus einer übersättigten Lösung. Voraussetzung ist eine hohe Salzkonzentration im Urin. Urinstase, Mangel an stabilisierend wirkenden Substanzen, Gegenwart von Fremdkörpern wie z. B. Bakterien fördern die Steinbildung.

Weitaus am häufigsten bestehen die Steine aus Calcium-Oxalaten. Ein alkalischer Urin begünstigt die Ausfällung von Calcium-Phosphat und Magnesium-Ammonium-Phosphat. Cystinsteine bilden sich bei mangelnder Cystinrückresorption im proximalen Konvolut (familiäre Cystinurie). Die Harnsäure, eine schwache Säure, ist im sauren Milieu schlecht löslich. Ein stark saurer Urin ($pH < 5,5$) begünstigt die Bildung von Uratsteinen.

Bei Dehydrierung, z. B. infolge mangelndem Durstgefühl oder nach wiederholtem großem Flüssigkeitsverlust z. B. durch Schwitzen, wird der Urin stark konzentriert, was die Ausfällung von Calciumoxalat begünstigt. Die Häufung von Nierensteinen in den Tropen kann auf diese Weise erklärt werden. Die Calcium- und Phosphatwerte im Serum sind bei Dehydrierung normal.

Bei normalem Flüssigkeitshaushalt begünstigt eine Hypercalcämie die Hypercalciurie, eine Nephrocalcinose und die Bildung von Nierensteinen. Eine ***Hypercalcämie*** besteht bei:

- Primärem Hyperparathyreodismus
- Immobilisationsosteoporose (Tetra- und Paraplegie)
- Vitamin-D-Überdosierung
- einseitiger Ernährung mit Milch (Milch-Alkali-Syndrom).

Gicht und Leukämien begünstigen eine Hyperuricämie. Wird gleichzeitig ein stark saurer Urin ausgeschieden, so können sich Uratsteine bilden.

Die ***Obstruktion des Ureters*** verursacht auf der betreffenden Seite kolikartige Schmerzen und eine Hämaturie. Das Nierenbecken und der Ureter proximal der Obstruktion dilatieren. Der Nierenkapseldruck steigt an, und die glomeruläre Filtration nimmt ab. Solange neben dem Hindernis noch etwas Urin abfließen kann, entwickelt sich wegen der Obstruktion allein keine definitive Nierenschädigung. Abgestoßene Nierenpapillennekrosen z. B. bei der chronischen Pyelonephritis oder bei Durchblutungsstörungen des inneren Nierenmarkes können wie Harnsteine zu einer Ureterenobstruktion führen.

6 Wasser- und Elektrolythaushalt

6.1 Physiologische Grundlagen

6.1.1 Wasserhaushalt

Der Wassergehalt des Erwachsenen beträgt je nach Anteil des Fettgewebes 50-60% des Körpergewichtes. Normalerweise verteilt sich das Gewicht wie in Tabelle 40 gezeigt.
Es lassen sich somit 3 volumenmäßig und in ihrer Funktion sowie Zusammensetzung sehr unterschiedliche Flüssigkeitsräume unterscheiden: Der ***intrazelluläre,*** der ***interstitielle*** und der ***intravasale Raum.***
Das zirkulierende Plasmavolumen entspricht mit 4% des Körpergewichtes praktisch dem extrazellulären, intravasalen Wassergehalt und stellt zusammen mit dem Erythrocytenvolumen, das ca. 3% des Körpergewichtes beträgt, das Transportmedium zwischen Verdauungstrakt und Interstitium einerseits sowie Nieren und Lungen andererseits dar. Der Wassergehalt der Erythrocyten gehört zum intrazellulären Körperwasser.
Die serösen Körperhöhlen enthalten normalerweise sehr wenig Flüssigkeit, können aber viele Liter aufnehmen. Unter pathologischen Bedingungen kann auch das Flüssigkeitsvolumen der Hohlorgane wie Magen-Darm-Trakt, Urogenitaltrakt, Gefäße und Liquorraum um ein Mehrfaches zunehmen. Beim Säugling beträgt das interstitielle Flüssigkeitsvolumen 30%, womit sich ein Wasseranteil am Körpergewicht von ca. 75% ergibt.

Tabelle 40. Verteilung des Körpergewichtes

Feste Substanz	40-50%	
Körperwasser	60-50%	
Körperwasser intrazellulär	40-30%	
Körperwasser extrazellulär	20%	ca. 200 ml/kg
Extrazelluläres Wasser interstitiell	16%	ca. 160 ml/kg
Extrazelluläres Wasser intravasal	4%	ca. 40 ml/kg

Tabelle 41. Wasseraufnahme, -bildung und -abgabe während 24 h

Aufnahme/Bildung		Abgabe	
Trinkmenge	1000-1500 ml	Urin	1000-1500 ml
Wasser in		Atmung, 37 °C[a]	400 ml
Nahrungsmitteln	700 ml	Haut (ohne Schweiß)	500 ml
Oxydationswasser	300 ml	Stuhl	100 ml
Total	2000-2500 ml		2000-2500 ml

[a] Fieber + 1 °C = + 300-400 ml/24 h.

Der gesunde 70-80 kg schwere Erwachsene nimmt pro 24 h bei normalen Eß- und Trinkgewohnheiten 2000-2500 ml Wasser auf und scheidet gleich viel aus (Tabelle 41). Trinkmenge und Urinvolumen sind die großen Variablen. In den Glomeruli wird pro Tag mit 170 l ein Mehrfaches des Körperwassers als Primärharn filtriert. Für die ***Regulation des Wasserhaushaltes*** sind einerseits das Durstgefühl, andererseits die Wasserrückresorption in den Nieren von zentraler Bedeutung.

Die ***Wasserabgabe*** durch Atmung und Haut beträgt in Ruhe mindestens 900 ml/24 h, dazu kommen 100 ml/24 h mit dem Stuhl. Dieser Wasserverlust erhöht sich bei Fieber, Schwitzen und Durchfällen. Andererseits entstehen mit dem Stoffwechsel ca. 15 ml/400 kJ, unter Ruhebedingungen ca. 300 ml/24 h Oxydationswasser. Bei einer Anurie muß die Differenz zwischen Wasserabgabe durch Atmung, Haut, Stuhl und dem Oxydationswasser durch Wasserzufuhr ersetzt werden, damit keine Dehydrierung entsteht. Bei normaler Nierenfunktion genügt ein Urinvolumen von 500-600 ml/24 h, damit die mit der Nahrung zugeführten Salze ausgeschieden werden und der Bluthanstoff konstant bleibt. Bei dieser Situation müssen mindestens (1000 − 300) + 500, also 1200 ml/24 h Flüssigkeit zugeführt werden, um eine normale Hydrierung zu erhalten.

Die Produktion von Verdauungssäften beträgt 5-10 l/24 h. Im Magen-Darm-Trakt findet ein intensiver Flüssigkeitsaustausch durch Sekretion und Resorption statt.

6.1.2 Elektrolythaushalt

Die Ausscheidung mit dem Urin beträgt für Na^+ und Cl^- ca. 95%, für K^+ 80-90%. Ca^{2+} und Mg^{2+} werden zu mehr als 50% mit dem Stuhl ausgeschieden.

Tabelle 42. Elektrolythaushalt

	Tägliche Aufnahme und Ausscheidung mmol	g	Gesamtgehalt des Körpers mmol/kg	Davon extrazellulär %
Na^+	130-260	3-6	58	97
K^+	50-150	2-6	50	2
Ca^{2+}	12- 40	0,5-1,5	350	1
Mg^{2+}	10- 25	0,2-0,6	15	1
Cl^-	110-260	4-9	33	88

Die extrazelluläre Na^+- und K^+-Konzentration wird durch Niere und Nebennierenrinde auch bei mengenmäßig sehr unterschiedlicher Aufnahme und Ausscheidung genau reguliert. In den Nierentubuli und Sammelröhren werden bis zu 99,5% des Na^+ und des Cl^- rückresorbiert. Diese Rückresorption erfolgt jedoch nicht in äquivalenten Mengen, weil Cl^- durch HCO_3^- ersetzt werden kann und auch in Verbindung mit K^+, Ca^{2+} und NH_4^+ ausgeschieden wird, was für die renale Regulation des Säure-Basen-Gleichgewichtes große Bedeutung hat (s. Abb. 43, Kapitel 5.1.3). Die ***hormonale Regulation der Elektrolyt- und Wasserausscheidung*** erfolgt zur Hauptsache über das distale Konvolut und die Sammelrohre. Aldosteron fördert im distalen Konvolut die aktive Rückresorption von Na^+ im Austausch mit K^+ und H^+. Das antidiuretische Hormon (ADH) beeinflußt die Wasserdurchlässigkeit des distalen Konvolutes und vor allem der Sammelrohre und reguliert auf diese Weise unabhängig von der Elektrolytausscheidung die Urinkonzentrierung und den Wasserhaushalt. K^+ wird im proximalen Konvolut rückresorbiert und im distalen Konvolut unter Einwirkung des Aldosterons sezerniert.

Die ***Elektrolytkonzentrationen*** unterscheiden sich in den 3 Flüssigkeitsräumen z.T. erheblich. Na^+, K^+, Ca^{2+}, Mg^{2+}, HPO_4^{2-}, SO_4^{2-}, Harnstoff und Glucose diffundieren mit dem Wasser frei durch die Capillarmembran. Im Gehirnkreislauf ist allerdings die Glucosediffusion limitiert. Die Capillarmembran ist aber für Proteine wenig durchlässig. Die geringe Albuminkonzentration in der interstitiellen Flüssigkeit von 2,0-2,5 g/l wird durch eine höhere Cl^--Konzentration ausgeglichen. Die normalen Plasmaproteine verhalten sich wie Anionen. Bei einer Hyperproteinämie, z. B. beim multiplen Myelom, hat ein Teil der Paraproteine eine positive Ladung und verdrängt Na^+, so daß eine Hyponatriämie entsteht.

Durch die Zellmembran können nur Wasser und Harnstoff frei diffundieren. Alle anderen Substanzen werden aktiv ausgetauscht. Damit ergeben sich sehr große Konzentrationsdifferenzen zur extrazellulären Flüssigkeit und auch erhebliche Unterschiede zwischen den verschiedenen Geweben, z. B. zwischen Muskulatur und Knochen. Die intrazellulären Konzentrationen an K^+, Mg^{2+}, PO_4^{2-}, SO_4^{2-} und Protein sind wesentlich höher, die an Na^+ und HCO_3 bedeutend niedriger als im Blutplasma und im Interstitium. Die Konzentrationen an Kationen und Anionen sind intrazellulär mit je 180-210 mmol/kg H_2O bedeutend höher als in der extrazellulären Flüssigkeit (Tabelle 43). Diese Differenzen bedingen aber keine osmotischen Gradienten, weil die Elektrolyte intrazellulär nur z. T. dissoziiert sind. Die in die Struktur eingebauten, z. B. mit Eiweiß oder Glykogen verbundenen Elektrolyte, sind osmotisch nicht wirksam.

K^+ und HPO_4^{2-} sind intrazellulär mit ca. 160 bzw. 100 mval/kg H_2O das mengenmäßig wichtigste Kation bzw. Anion. Für den Aufbau von Zellen muß K^+ retiniert werden, während bei Zellabbau K^+ frei wird und aus den Zellen in die extrazelluläre Flüssigkeit gelangt, was bei gestörter Nierenfunktion zu einer Hyperkaliämie führen kann. Der größere Teil des intrazellulären K^+ ist dissoziiert und in dieser Form für die Elektrostabilität, für die Isotonie und für die Enzymaktivität sehr wichtig.

Während der Nerventätigkeit und der Muskelkontraktion tritt K^+ im Austausch gegen Na^+ und H^+ aus der Zelle unter Freigabe von Energie aus. Dabei nimmt die intrazelluläre H^+-Konzentration zu. In der Erholungsphase erfolgt der Vorgang in umgekehrter Richtung. Es werden jeweils 3 K^+ gegen 2 $Na^+ + 1\ H^+$ durch die Zellmembran ausgetauscht, was auch eine Verschiebung von Wasser bedeutet, weil sich mit dem Austausch von 3 K^+ gegen 2 Na^+ die intrazelluläre Molalität leicht ändert. Die Erholungsphase erfordert O_2. Der Austausch von K^+ gegen Na^+ und H^+ durch die Zellmembran ist auch bei Störungen des Säure-Basen-Gleichgewichtes von Bedeutung. Bei Abnahme der H^+-Konzentration in der extrazellulären Flüssigkeit tritt K^+ in die Zellen ein, und umgekehrt geben die Zellen bei einer extrazellulären Acidose K^+ an das Interstitium und das Blut ab.

Der Erwachsene produziert bei normaler Ernährung 5-10 l/24 h ***Verdauungssekrete*** mit unterschiedlichen Elektrolytkonzentrationen (Tabelle 44). Im Magen-Darm-Trakt erfolgt deshalb zusätzlich zu den Nahrungsmitteln ein beträchtlicher interner Wasser- und Elektrolytumsatz, was zu entsprechenden Störungen führt, falls diese Sekrete nicht normal resorbiert, sondern z. B. durch Erbrechen, Durchfälle oder äußere Fisteln verloren gehen.

Tabelle 43. Elektrolytkonzentrationen in den Körperflüssigkeiten

	Extrazelluläre Flüssigkeit		*Intrazelluläre Flüssigkeit*
	Blutplasma[c] (Art. Blut)	Liquor cerebrospinalis (Zusammensetzung entspricht der interstitiellen Flüssigkeit)	Skelettmuskel
Kationen:	*mmol/l*	*mmol/l*	*mmol/kg H_2O*
Na^+	138	144	10
K^+	4,5	4,0	160
Ca^{2+}	5,0[a]	3,0	2
Mg^{2+}	1,5	1,0	25
Total	149	152	197
Anionen:	*mmol/l*	*mmol/l*	*mmol/kg H_2O*
Cl^-	103	123	3
HCO_3^-	24	25	10
HPO_4^{2-}	2	2	100
SO_4^{2-}	1	1	20
org. Säuren	2	1	2
Proteine	17	<1	62
Total	149	152	197
pH	7,40	7,30	6,90
nicht ionisiert:			
Harnstoff mmol/l	4,0	4,0	4,0
Glucose mmol/l	5,5	5,0	-
Molalität[b] mosmol/kg H_2O	318	317	(317)

[a] Gesamt-Ca^{2+} incl. der an Eiweiß gebundenen Fraktion.
[b] Ideale Molalität bei vollständiger Dissoziation. NaCl Molgewicht 58,45 1 g NaCl/l $H_2O = 34{,}22$ mosmol/kg H_2O.
[c] Wasser/l Plasma $= 984 - (0{,}718 \times$ Prot. in g/l Plasma ≈ 935 g H_2O/l.

Speichel und Magensaft sind gegenüber dem Serum hypoton. Die angegebenen Werte orientieren über die Größenordnung, sie variieren mit dem Funktionszustand. Im Dünndarm beträgt die Wasserverschiebung zwischen Lumen und Schleimhaut ein Mehrfaches des in das Jejunum gelangenden Flüssigkeitsvolumens, von dem im Dünndarm schließlich ca. 93% und im Colon weitere 5-6% resorbiert werden.

Tabelle 44. Elektrolytkonzentrationen in den Verdauungssekreten

		Speichel	Magensaft	Pankreassaft	Galle	Duodenum
Menge	ml/24 h	1500	1500	1500	1000	500
Na^+	mmol/l	20	20	140	140	140
K^+	mmol/l	20	10	5	5	5
Ca^{2+}	mmol/l	1,5	1,5	1,5	1,5	1,0
Cl^-	mmol/l	30	140	35	100	100
HCO_3^-	mmol/l	10	5	120	40	40
pH		6	2	8	7	7

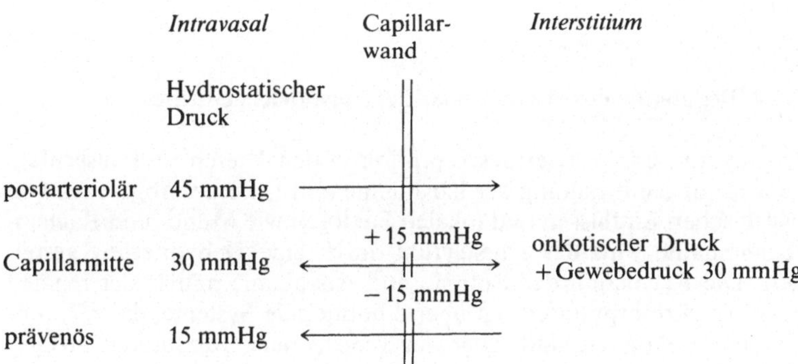

Abb. 49. Druckwerte zwischen Capillare und Interstitium

6.1.3 Flüssigkeitsverschiebung zwischen Capillaren und Interstitium

Bei Isotonie zwischen intravasaler und interstitieller Flüssigkeit sowie normaler Permeabilität der Capillarwände besteht ein Gleichgewicht zwischen Flüssigkeitsaustritt in das Interstitium und -rückfluß in die Capillaren. Die ausgeglichene Bilanz beruht auf den lokal unterschiedlichen, sich über die ganze Capillare aber gegenseitig aufhebenden Kräften des hydrostatischen Druckes einerseits und des onkotischen Druckes des Blutplasmas sowie des Gewebedruckes andererseits (Abb. 49). Der onkotische Druck beträgt ohne das osmotisch kaum wirksame Fibrinogen bei normaler Eiweißkonzentration 28–35 mmHg, der Gewebedruck ca. 2 mmHg. Die Summe entspricht dem hydrostatischen Druck in der Mitte der Capillaren.

Diese Werte gelten für Ruhe und im Liegen. Im Stehen addiert sich zum dynamischen Blutdruck die Höhe der Blutsäule bis zum rechten Vorhof, während der onkotische Druck praktisch gleich bleibt. Damit kommt es zu einer quantitativ allerdings geringen Flüssigkeitsverschiebung in das Interstitium der unteren Extremitäten. Mit dieser Flüssigkeitsverschiebung steigt der Gewebedruck als limitierende und die Ödembildung verhindernde Gegenkraft an. Die Wirksamkeit des Gummistrumpfes beruht darauf, daß der Gewebedruck schon bei relativ kleinen Flüssigkeitsverschiebungen kräftig erhöht wird.
Während körperlicher Arbeit steigt mit dem arteriellen Blutdruck auch der mittlere Capillardruck an. Diese Änderung des Gleichgewichtes führt zu einer bei Arbeitsende reversiblen Flüssigkeitsverschiebung in den extravasalen Raum in der Größenordnung von 7–8% des Plasmavolumens.

6.1.4 Regulation des Wasser- und Elektrolytgleichgewichtes

Durstgefühl und Wasserrückresorption in den Nieren sind ausschlaggebend für die Erhaltung der Isovolämie und Isotonie. Abgesehen von psychischen Einflüssen und lokalen Faktoren wie Mund- und Rachenschleimhäute wird das Durstgefühl durch eine Dehydrierung gesteigert. Die Regulation der Isotonie und Isovolämie mittels der renalen Wasserrückresorption erfolgt über 2 hormonale Systeme, die z.T. miteinander gekoppelt sind, aber auf verschiedene Rezeptoren ansprechen.
Das ***antidiuretische Hormon (ADH),*** wird im Bereich des Hypothalamus gebildet, in der Neurohypophyse gespeichert und durch eine Erhöhung der Serumosmolalität freigesetzt. Dieses über Osmorezeptoren gesteuerte System dient vorwiegend der ***Erhaltung der Isotonie.*** ADH (=Vasopressin) bewirkt in höheren Konzentrationen eine Konstriktion der Arteriolen. Die ***Volumenregulation*** erfolgt in erster Linie über das ***Renin-Angiotensin-Aldosteron System.*** Die Senkung des arteriellen Blutdrucks wie auch eine Abnahme der Nierendurchblutung führt über Angiotensin II zu einer Vasoconstriction und stimuliert in den Nebennieren die Aldosteronausschüttung, die über eine vermehrte Na^+-Rückresorption eine gesteigerte Wasserrückresorption bewirkt. Umgekehrt steigert eine Hypervolämie die Natriumbicarbonat- und Kochsalzausscheidung.
Bei der „osmotischen“ Diurese wegen Erhöhung der Harnstoff- oder Glucosekonzentration im Plasma wird das ADH-System in dem Sinne „überfahren“, daß es trotz erhöhter Osmolalität zu einer Polyurie

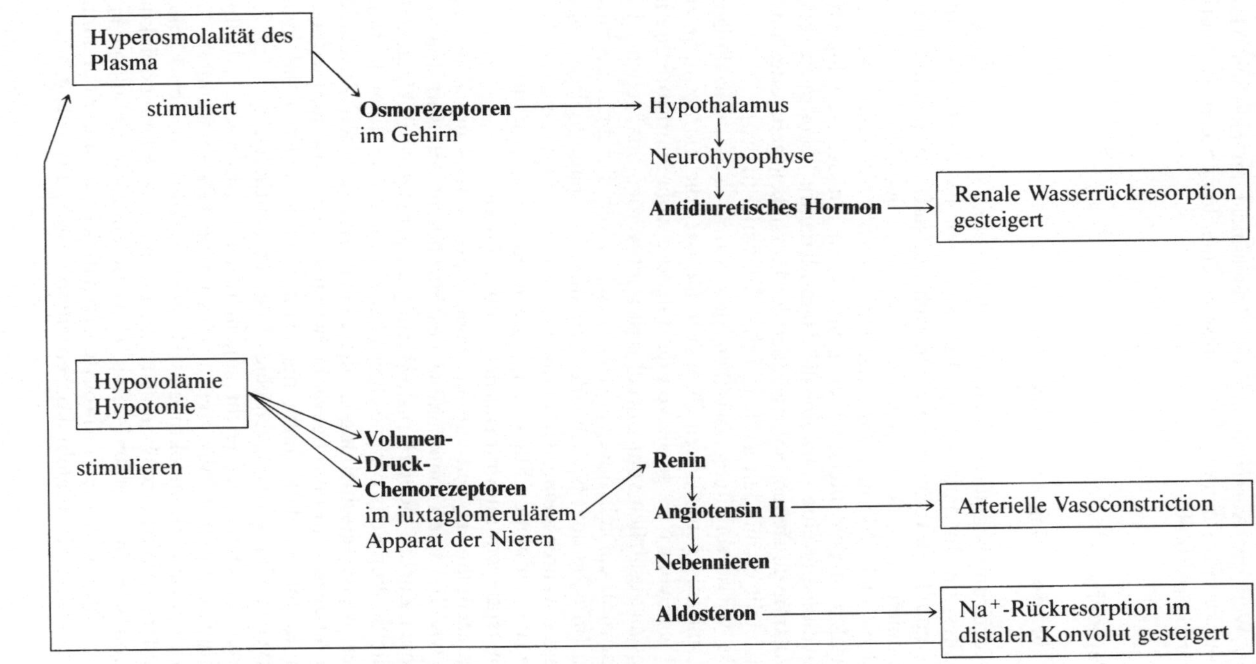

Abb. 50. Schematische Darstellung der hormonalen Regulation des Flüssigkeitshaushaltes

kommt. Weil die Ausscheidung von NaCl nicht im gleichen Maße zunimmt, kann die osmotische Diurese zu einer hypertonen Dehydrierung führen (Abb. 50).

6.2 Pathophysiologie

6.2.1 Überhydrierung und Dehydrierung

Überhydrierung bedeutet Zunahme, Dehydrierung Abnahme des Wassergehaltes im Interstitium im Vergleich zur Norm. Die Begriffe Hyper- und Hypovolämie beziehen sich nur auf Abweichungen des Blutvolumens von der Norm und sind nicht gleichbedeutend mit Über- bzw. Dehydrierung. Bei einer Flüssigkeitsverschiebung aus dem intravasalen in den interstitiellen Raum kann mit der Abnahme des Plasmavolumens eine schwere, die Hämodynamik beeinträchtigende Hypovolämie entstehen. Solange aber der Flüssigkeitsgehalt des Interstitiums nicht vermindert ist, liegt keine Dehydrierung vor.
Für die Wasserverteilung zwischen dem extra- und intrazellulären Raum sind die osmotischen Druckverhältnisse, die extrazellulär zur Hauptsache vom Na^+ sowie von der Glucose, vom Harnstoff und im Blutplasma zusätzlich vom Eiweiß bestimmt werden, maßgebend. Für den Harnstoff entstehen wegen seiner raschen Verteilung nur bei intravenöser Infusion oder bei schneller Senkung eines pathologisch erhöhten Wertes während einer Hämodialyse osmotisch wirksame Gradienten, die zu einer akuten Flüssigkeitsverschiebung zwischen intrazellulärem, interstitiellem und intravasalem Raum führen.
Die extrazelluläre Hypertonie hat einen Wasserverlust der Zellen zur Folge, was bei der Osmotherapie des Hirnödems mit Infusion von hypertoner Zucker- oder Harnstofflösung ausgenützt wird. Umgekehrt führt die Senkung des osmotischen Druckes im extrazellulären Raum zu einer Wasserverschiebung in die Zellen. Bei isotonen Zuständen besteht hingegen ein Gleichgewicht zwischen dem intra- und extrazellulären Raum, so daß unabhängig vom Hydrierungszustand keine Wasserverschiebung zugunsten eines Raumes stattfindet.
Die einer Untersuchung leicht zugänglichen Erythrocyten erlauben Rückschlüsse auf den Wassergehalt des intrazellulären Raumes. Aus Erythrocytenzahl, Hämatokrit und Hämoglobinkonzentration können das mittlere Erythrocytenvolumen und die mittlere Hämoglobinkonzentration berechnet werden (s. Kap. 4.2.1). Bei einer extrazellulären Hypertonie schrumpfen die Erythrocyten, so daß der Hämatokrit abnimmt und die mittlere Hämoglobinkonzentration ansteigt (Tabelle 45).

Tabelle 45. Über- und Dehydrierung, Meßwerte. ↗ erhöht, ↘ erniedrigt, ~ unverändert

	Über-	*De-hydrierung*		Normalwerte
Isoton	~	~	Serum-Na^+, Glucose	140 mmol/l, 5,5 mmol/l
	~	~	mittl. Hb-Konzentration der Erythrocyten	31-36 g/dl
	~	~	mittl. Erythrocytenvol.	80-100 fl
Hyperton (Exsiccose der Zellen)	↗	↗	Serum-Na^+ oder Glucose	
	↗	↗	mittl. Hb-Konzentration der Erythrocyten	
	↘	↘	mittl. Erythrocytenvol.	
Hypoton (Ödem der Zellen)	↘	↘	Serum-Na^+	
	↘	↘	mittl. Hb-Konzentration der Erythrocyten	
	↗	↗	mittl. Erythrocytenvol.	

Isotone Überhydrierung, Überschuß an extrazellulärem Wasser und Na^+

Die isotone Retention von Na^+ und Wasser führt zu einer isotonen Überhydrierung, was bei normaler Nierenfunktion eine erhöhte Aldosteronaktivität voraussetzt. Eine isotone Überhydrierung mit Ödemen entsteht, falls das Gleichgewicht zwischen Capillarpermeabilität, hydrostatischem Druck sowie onkotischem Druck und Gewebedruck dauernd schwer gestört ist. Somit können 3 ***Ursachen der Bildung eines interstitiellen Ödems*** unterschieden werden:

- Erhöhter Venendruck
- Verminderter kolloidosmotischer (onkotischer) Druck des Blutplasmas
- Erhöhte Capillarpermeabilität für Proteine.

Bei der kardialen ***Rechtsinsuffizienz*** und auch bei einer lokalen Behinderung des venösen Abflusses steht die Erhöhung des mittleren kapillären hydrostatischen Druckes als Folge der Stauung in den Venen im Vordergrund. Die Venenstauung setzt eine Zunahme des Blutvolumens voraus. Bei der Rechtsherzinsuffizienz gehen isotone Überhydrierung und Hypervolämie parallel.

Die Hypoalbuminämie ist die primäre Ursache der Ödeme bei ungenügender Eiweißzufuhr (***Hunger*** oder ***Malabsorption),*** beim ***nephrotischen Syndrom*** und bei der ***Leberzirrhose.***

Bei primär normalem hydrostatischem und onkotischem Druck führt eine infektiös oder toxisch bedingte Capillarschädigung mit erhöhter Durchlässigkeit zu lokalen oder generalisierten Ödemen, wofür als Beispiel die ***akute Glomerulonephritis*** angeführt werden kann. Dieses infektiös oder toxisch verursachte Ödem ist im Gegensatz zum hydrostatisch oder hypoproteinämisch bedingten Ödem eiweißreich, weil die Capillarwände für Proteine durchlässig werden.
Der behinderte Lymphabfluß, z. B. bei Lymphknotenmetastasen, führt unabhängig von den Druckverhältnissen, von der Capillarpermeabilität und von der Aldosteronaktivität zu einem regionären Lymphödem.
Bei einem Nierenversagen mit Oligurie und bei Anurie hat die Zufuhr großer Mengen isotoner Flüssigkeit eine isotone Überhydrierung mit generalisierten Ödemen zur Folge. Unter diesen Bedingungen steigt auch der Venendruck an und das Blutvolumen nimmt zu, während der onkotische Druck des Blutplasmas als Folge der Verdünnungshypoproteinämie abnimmt.

Isotone Dehydrierung, Mangel an extrazellulärem Wasser und Na^+

Jeder größere Verlust an isotonen Flüssigkeiten wie Blut, Plasma, interstitielle Flüssigkeit und Verdauungssekrete führt ohne Ersatz zur isotonen Dehydrierung, was auch für den Verlust *nach innen* gilt, sofern die Flüssigkeit wie z. B. beim Ileus, dem extrazellulären Raum entzogen bleibt.
Der Verlust an Verdauungssäften geht entsprechend ihren vom Serum abweichenden Elektrolytzusammensetzungen mit Störungen des Elektrolyt- und Säure-Basen-Gleichgewichtes einher. Chronisches Erbrechen oder Absaugen von sauren Magensaft führt zu einer Hypochlorämie und Alkalose mit Hypokaliämie. Der Verlust an Bicarbonatreichen Sekreten wie Pankreassaft und Galle hat eine relative Hyperchlorämie und Acidose zur Folge.

Hypertone Überhydrierung, Na^+-Überschuß

Bei Schiffbrüchigen, die gezwungen sind Meerwasser zu trinken, entwickeln sich generalisierte Ödeme. Meerwasser enthält 30–40 g NaCl/l, was einer Molalität von 1030–1380 mosmol/kg H_2O entspricht. Die gesunden Nieren erreichen bei maximaler Urinkonzentrierung eine Molalität von ca. 1200 mosmol/kg H_2O, an der aber auch andere gelöste Substanzen, insbesondere Harnstoff beteiligt sind. Mit der Atmung und der Haut wird salzfreies Wasser abgegeben. Das Trinken von Meerwasser bedeutet eine im Verhältnis zum Wasser zu große

Na^+-Zufuhr mit Anstieg der extrazellulären Osmolalität. Mit den großen Trinkmengen ergibt sich auch eine Flüssigkeitsretention, eine hypertone Überhydrierung. Wird nicht mehr getrunken, entwickelt sich mit der Diurese eine hypertone Dehydrierung. Die intravenöse Zufuhr von hypertonen Kochsalzlösungen hat denselben Effekt. Falls die Konzentrierungsfähigkeit der Nieren stark eingeschränkt ist, können auch isotone Kochsalzlösungen zu einem Anstieg der Serumosmolalität führen, sofern der Wasserverlust durch Haut und Lungen nicht durch salzfreies Wasser ersetzt wird. Die hormonal bedingte renale Na^+-Retention beim ***primären Aldosteronismus*** (Conn-Syndrom) bewirkt eine leichte hypertone Überhydrierung.
Bei der Osmotherapie mit hypertoner Zucker- oder Harnstofflösung kommt es kurzfristig zu einer beträchtlichen Wasserverschiebung aus den Zellen über das Interstitium in die Blutbahn mit Hypervolämie und Vergrößerung der Blutdruckamplitude. Es entwickelt sich jedoch keine hypertone Überhydrierung, weil das osmotische Gleichgewicht wegen der einsetzenden osmotischen Diurese sowie der relativ raschen Diffusion des Harnstoffes bzw. des Abbaus des Zuckers schnell wiederhergestellt ist.

Hypertone Dehydrierung, Wassermangel

Ungenügende Wasserzufuhr bei Durst bzw. mangelndes Durstgefühl, z.B. nach Hirnverletzungen oder großem Wasserverlust, z.B. wegen starken Schwitzens und bei protrahierter osmotischer Diurese, führen zur hypertonen Dehydrierung.
Beim ***Coma diabeticum*** ist die Hyperosmolalität primär Folge des stark erhöhten Blutzuckers. Zur Erhöhung der Na^+-Konzentration im Serum kommt es sekundär, falls der renale Wasserverlust wegen der osmotisch bedingten Polyurie nicht durch Trinken ersetzt wird. Das gesamte extrazelluläre Na^+ kann vermindert sein. Die Behandlung mit Insulin führt zu einer raschen Senkung des Blutzuckers, weil die Zellen wieder Glucose aufnehmen. Mit der sinkenden Molalität des Plasmas wird Wasser frei, das ebenfalls in die Zellen diffundiert. Falls nicht genügend Wasser zugeführt wird, verstärkt sich die Hypovolämie.
Beim ***Diabetes insipidus*** führt der Mangel an antidiuretischem Hormon bzw. das ungenügende Ansprechen der Nieren ebenfalls zu einem Wasserverlust mit Anstieg der Na^+-Konzentration im extrazellulären Raum und damit zu einer Exsiccose der Zellen.
Die ***Schweißproduktion*** dient der Erhaltung der normalen Körpertemperatur und kann bei schwerer Arbeit innerhalb weniger Stunden mehrere Liter betragen. Da der Schweiß hypoton ist, entsteht ohne Wasser-

substitution eine hypertone Dehydrierung. Weil aber das gesamte extrazelluläre Na^+ abnimmt, muß über längere Perioden auch NaCl substituiert werden.

Der ***Wasserverlust mit der Atmung*** kann unter extremen Bedingungen ebenfalls zu einer hypertonen Dehydrierung führen. Die Exspirationsluft ist immer entsprechend der Körpertemperatur mit Wasserdampf gesättigt. Bei 37 °C enthält das ausgeatmete Gasvolumen 0,05012 ml H_2O/l. Der Wassergehalt der atmosphärischen Luft nimmt mit sinkender Temperatur ab. Er beträgt bei voller Sättigung bei 20 °C 0,01857, bei 0 °C noch 0,00484 und bei −40 °C nur noch 0,00010 ml H_2O/l. Für den Wasserverlust mit der Atmung wird der Sättigungsgrad der inspirierten Luft mit Wasser mit sinkender Außentemperatur von immer geringerer Bedeutung.

Ein Langstreckenläufer mit einer Ventilation von 30 l/min verliert mit seiner Atmung bei einer Umgebungstemperatur um sowohl 0 °C als auch bei −40 °C ca. 80-90 ml H_2O/h. In größeren Höhen ist die Ventilation wegen der Hypoxie (s. Kap. 1.2.1) dauernd erheblich gesteigert. Damit ergibt sich allein mit der Atmung ein Wasserverlust von mehreren Litern pro 24 h. Dieser Verlust muß durch Schneeschmelzen und -trinken substituiert werden. In größeren Höhen entwickelt sich wegen der Hypoxie eine Polyglobulie. Eine zusätzliche Dehydrierung und Hämokonzentration infolge einer ungenügenden Wassersubstitution kann zu einer fatalen Beeinträchtigung der Mikrozirkulation mit Thrombenbildung im Zentralnervensystem führen. Ein Teil der schweren Zwischenfälle bei Himalayaexpeditionen mit Erblindung und Hirnödem sind auf eine ungenügende Wassersubstitution zurückzuführen.

Hypotone Überhydrierung, Wasserüberschuß

Die vermehrte Sekretion von ADH bzw. die Überdosierung von Hypophysenhinterlappenhormon beim Diabetes insipidus kann zu einer ***Wasserintoxikation*** mit Hirnödem führen. Die Senkung der Na^+-Konzentration im Blut und in der interstitiellen Flüssigkeit ist die kombinierte Folge der Verdünnung durch Wasserretention und eines renalen Salzverlustes. Die Überhydrierung mit Hypervolämie hemmt die Ausschüttung von Renin-Angiotensin-Aldosteron und damit die Na^+-Rückresorption. Es wird ein im Vergleich zum Plasma hypertoner Urin ausgeschieden. Die gleichzeitige Hypourikämie beruht ebenfalls auf einer erhöhten renalen Harnsäureclearance und auf der Verdünnung. Die Senkung der Eiweißkonzentration im Plasma gibt einen Hinweis auf die Verdünnung.

Die unkontrollierte ADH-Überproduktion, z. B. nach Schädelunfällen und -operationen sowie bei ADH-produzierenden Tumoren führt ebenfalls zu einer hypotonen Überhydrierung, falls die Wasserzufuhr nicht eingeschränkt wird (***cerebrales Salzverlustsyndrom***).

Hypotone Dehydrierung, Na^+- und Wassermangel

Bei Nierenerkrankungen mit Polyurie und gestörter Na^+-Rückresorption wird im Verhältnis zum Wasser vermehrt Na^+ ausgeschieden, so daß ein Na^+-Mangel mit extrazellulärem Flüssigkeitsverlust, d. h. eine ***Kochsalzexsiccose*** entsteht, die durch die Wasserverschiebung in den intrazellulären Raum verstärkt wird. Bei chronischer und unkontrollierter Anwendung von Diuretica ergibt sich dieselbe Situation.
Der Mangel an Aldosteron bei der Nebennierenrindeninsuffizienz führt mit der vermehrten renalen Wasser- und Na^+-Ausscheidung ebenfalls zu einer hypotonen Dehydrierung. Wie bei der hypotonen Überhydrierung können cerebrale Symptome z. B. Übelkeit und Koma, mit der Wasserverschiebung in den intrazellulären Raum erklärt werden. Im Gegensatz zur Überhydrierung liegt aber bei der hypotonen Dehydrierung oft eine beträchtliche Hypovolämie vor, auf die ein niedriger Blutdruck und eine Tachykardie hinweisen. Die Dehydrierung bedeutet, daß sich der anfallende Harnstoff auf ein kleineres Flüssigkeitsvolumen verteilt. Die Harnstoffkonzentration steigt bei annähernd normalen Kreatininwerten an.
Wird bei gastrointestinalen Salz- und Wasserverlusten, z. B. wegen Erbrechen und Durchfällen, nur das Wasser, nicht aber das Na^+ ersetzt, so entsteht ebenfalls ein Na^+- und Wassermangel, sofern entsprechend den normalen Regulationsmechanismen die Wasserrückresorption bei niedriger Serumosmolalität vermindert wird. Das zu ersetzende Defizit an isotoner Kochsalzlösung beträgt beim Na^+-Mangelsyndrom bis zu mehreren Litern.

6.2.2 Störungen des Elektrolythaushaltes

Na^+, K^+, Chloride, anorganische Phosphate

Die renale Na^+-Ausscheidung ist für die Erhaltung des normalen Hydrierungszustandes des Organismus sehr genau reguliert. Die wichtigsten pathophysiologischen Folgen eines Na^+-Verlustes oder einer Na^+-Retention sowie der Hypo- und Hypernatriämie betreffen den Wasserhaushalt mit Störungen der Isotonie zwischen intra- und extra-

zellulärem Raum sowie den Kreislauf wegen Zu- oder Abnahme des Plasmavolumens (Tabellen 46 u. 47).
Die mengenmäßig wichtigsten Anionen in der extrazellulären Flüssigkeit sind Cl^- und HCO_3^-. Ihre Aufnahme und Ausscheidung ist weitgehend an die des Na^+ und K^+ gebunden. Die Differenz zwischen Na^+ und Cl^- beträgt im arteriellen Plasma ca. 35 mmol/l. Bei einem Verlust von H^+ und Cl^- mit saurem Magensaft (Erbrechen, Absaugen) entsteht eine ***Alkalose*** und eine ***Hypochlorämie*** (Tabelle 46). Die fehlenden Cl^- werden bei unveränderter Na^+-Konzentration durch HCO_3^- ersetzt. Damit ergeben sich eine Erhöhung des Standardbicarbonates und bei normalem P_{CO_2} eine Verschiebung des pH zur alkalischen Seite. Umgekehrt führt die Zufuhr von Cl^-, z.B. mit NH_4Cl zur ***Hyperchlorämie*** und ***Acidose*** mit Abnahme der Differenz zwischen Na^+ und Cl^- im Plasma. Bei Störungen des K^+-Haushaltes können Veränderungen der neuromuskulären Erregbarkeit und der Kontraktilität auftreten. Dabei sind vor allem das Herz und die quergestreifte Muskulatur betroffen (Tabellen 46 u. 48). Das Membranruhepotential beträgt bei normalen Konzentrationen für das intra- und extrazelluläre K^+ (160/4,5) ca. 90 mV. Bei einer ***Hyperkaliämie*** ergibt sich mit einer Abnahme des Gradienten eine Verminderung des Ruhepotentials und damit eine Übererregbarkeit und Hyperreflexie. Hyponatriämie, Hypocalcämie und Acidose potenzieren den Effekt der Hyperkaliämie, was z.T. erklärt, warum keine engen quantitativen Beziehungen zwischen Erhöhung der K^+-Werte im Plasma und Schwere der muskulären Symptome bestehen. Bei schweren Hyperkaliämien kann die Reizschwelle soweit absinken, daß wegen einer Dauerdepolarisierung eine Lähmung auftritt.
Die ***Hypokaliämie*** mit Zunahme des Gradienten erhöht das Ruhepotential. Die deshalb verminderte Erregbarkeit erklärt Hyporeflexie, Tonusverlust und Adynamie. In schweren Fällen kommt es zu einer

Tabelle 46. Grenzwerte der Elektrolytkonzentrationen mmol/l

	Hyper-	Hypo-	Die Störungen betreffen in erster Linie:
Na^+	>145	<135	Wasserhaushalt und Isotonie zwischen extra- und intrazellulärem Raum
K^+	> 5,5	< 3,5	Myokard, quergestreifte und glatte Muskulatur, Niere
Cl^-	>105	< 90	Säure-Basen-Gleichgewicht
HPO_4^{2-}	> 2	< 0,7	Nervensystem, Myokard, Muskulatur, Hb

Tabelle 47. Störungen des Na^+-Haushaltes

	Gesamt-Na^+	Serum-Na^+	Überhydrierung	Dehydrierung
Gastrointestinale Verluste Renale Verluste bei Niereninsuffizienz Diuretica Verlust durch die Haut (Schwitzen, Verbrennung) Nebennierenrindeninsuffizienz	↘	↘		+
Hyperaldosteronismus	↗	↗	+	
Wasserverlust z. B. bei verminderter ADH-Aktivität	(↘)	↗		+
Übermäßige Wasserzufuhr, erhöhte ADH-Aktivität	~	↘	+	
Generalisierte Ödeme bei Herzinsuffizienz, Lebercirrhose, Schwangerschaftstoxicose	(↗)	(↗)	+	
Paraproteine als Kationen, Hyperproteinämie beim multiplen Myelom	~	↘		+

schlaffen Lähmung. Schwere Hypokaliämien können auch zur Blasen- und Darmlähmung mit Ileus führen.

Die Störungen des Herzens bei Hyper- und Hypokaliämie sind unmittelbar lebensgefährlich. Das Elektrokardiogramm spiegelt die Veränderungen der Reizbildung und der Repolarisation. Die Hyperkaliämie vermindert die Reizbildung im Vorhof, verzögert die Reizausbreitung

Tabelle 48. Störungen des K^+-Haushaltes

	Gesamt-K^+	Serum-K^+	Alkalose	Acidose
Gastrointestinale Verluste (Erbrechen, Durchfall, Laxantien)	↘	↘	+	(+)
Renal-tubuläre Acidose mit Polyurie	↘	↘		+
Diuretica	↘	↘	+	
Bartter-Syndrom	↘	↘	+	
Renale Retention bei verminderter glomerulärer Filtration	~	↗		+
Aldosteronismus	↘	↘	+	
Nebennierenrinden-insuffizienz (Aldosteron, Cortisol	(↗)	↗		+
Diabetische Ketoacidose	↘	↗		+
Ausgedehnte Nekrosen oder Hämolyse (Quetschungen, Verbrennungen, Pankreatitis)	↘	↗		+

in den Kammern und kann zum plötzlichen Herztod wegen Kammerflimmern oder -stillstand führen. Der QRS-Komplex ist verbreitert, die QT-Zeit verkürzt und die T-Zacke spitz-zeltförmig ausgezogen.
Bei Hypokaliämie besteht eine Tendenz zur Vorhofstachykardie und Extrasystolie. Die QT-Zeit ist eher verlängert, die T-Zacke abgeflacht. Die Störung der Repolarisation zeigt sich auch im Auftreten einer normalerweise kaum vorhandenen U-Welle, die in schweren Fällen mit der T-Welle verschmilzt.
Bei einem alimentär, gastrointestinal oder durch Diuretica bedingten K^+-Mangel ist die Hypokaliämie mit einer Alkalose kombiniert. Es besteht eine relative Hypochlorämie, und H^+ wandert in die Zellen. Erbrechen, Durchfälle (Laxantienabusus) und die Überdosierung von Diuretica können über die Dehydrierung und Hypovolämie einen sekundären Aldosteronismus provozieren, der die K^+-Sekretion im distalen Konvolut und damit die Hypokaliämie verstärkt.

Die anorganischen Phosphate nehmen im Plasma bei einer Alkalose etwas ab, während sie bei einer Acidose leicht zunehmen. Die erhebliche Zunahme beim akuten Nierenversagen und bei der chronischen Niereninsuffizienz ist zur Hauptsache Folge der Retention bei ungenügender glomerulärer Filtration.
Bei parenteraler Hyperalimentation kann ohne genügende Zufuhr von Phosphor eine ***Hypophosphatämie*** auftreten. Kommt es zu einer Verarmung an ATP, so treten Störungen des Energieumsatzes und der Membranfunktionen auf. Die klinischen Symptome sind: Paraesthesien, Krämpfe, Koma, Muskelschwäche und -schmerzen, Kammerflimmern und Asystolie, Affinität des Hb zum O_2 erhöht (Tabelle 46). Diese lebensgefährliche Hypophosphatämie wird durch die Zufuhr von 5-10 mmol/24 h Phosphaten vermieden.
Hyper- und ***Hypocalcämie*** s. Kap. 8, Calciumstoffwechsel.

7 Säure-Basen-Gleichgewicht

7.1 Physiologische Grundlagen

Ein Molekül oder ein Ion, das ein Proton und damit auch H^+ abgibt, wird als Protonendonator, als Säure bezeichnet. Eine Base nimmt H^+ auf.

Der menschliche Organismus enthält eine Vielzahl von wäßrigen Lösungen. Seine normale Funktion ist an eine annähernd konstante H^+-Konzentration gebunden (Tabelle 49), weshalb die beim Stoffwechsel entstehenden H^+ ausgeschieden werden müssen:

Kohlehydrat- und Fett-Stoffwechsel $\rightarrow CO_2 \approx 20000$ mmol/24 h
Eiweiß-Stoffwechsel $\rightarrow$ Phosphate, Sulfate ≈ 100 mmol/24 h

Der pH-Wert im venösen Blut variiert mit den regionär unterschiedlichen Verhältnissen zwischen Stoffwechsel und Durchblutung. Während körperlicher Arbeit sinkt der pH-Wert im venösen Blut aus der arbeitenden Muskulatur wesentlich stärker ab als in dem aus nicht belasteten Gebieten. Der pH-Wert der interstitiellen Flüssigkeit entspricht dem des venösen Blutes der betreffenden Region. Für die Beurteilung ist der pH des arteriellen Blutes maßgebend.

Bei normaler Kost und körperlicher Tätigkeit entstehen bei der Verbrennung von Zucker und Triglyceriden pro 24 h ca. 20000 mmol CO_2, was einem Gasvolumen von 445 Litern entspricht. Das in den Zellen entstehende CO_2 diffundiert in das Interstitium und in das Blut. Es bildet mit Wasser unter Mitwirkung des Fermentes Carboanhydrase

Tabelle 49. Normalwerte

	pH
Arterielles Blut	7,35–7,45
Venöses Blut und interstielle Flüssigkeit (regionäre Unterschiede)	7,30–7,40
Intrazelluläre Flüssigkeit	7,00–7,10

H_2CO_3 (Kohlensäure). In den Lungen diffundiert das CO_2 aus dem Blut in die Alveolen. Die Konzentration an H_2CO_3 ist im arteriellen Blut vom P_{CO_2} der durchbluteten und ventilierten Alveolen abhängig. Es ist deshalb üblich, die H_2CO_3 als P_{CO_2} anzugeben (s. Formel von Hasselbalch-Henderson).
Die zugeführten und beim Stoffwechsel sowie Zellabbau entstehenden nichtflüchtigen Säuren, z.B. Harn-, Oxal-, Phosphor- und Schwefelsäure müssen mit dem Urin ausgeschieden werden. Die Nieren des Erwachsenen eliminieren bei normaler Kost 1,0–1,5 mmol H^+/kg/24 h. H_3PO_4, H_2SO_4 und auch von außen zugeführte HCl werden im Interstitium und im Blut durch $NaHCO_3$ gepuffert. Dabei entsteht Wasser und CO_2, letzteres wird abgeatmet. In den Primärharn gelangen NaCl, Na_2HPO_4, Na_2SO_4 und das für die Pufferung nicht beanspruchte $NaHCO_3$. Damit die Pufferkapazität des Blutes und der interstitiellen Flüssigkeit erhalten bleibt, muß in der Niere mehr Na^+ als Cl^- rückresorbiert werden. Die Tubuluszellen bilden aus Glutamin NH_3, das im sauren Milieu H^+ aufnimmt. NH_4^+ kann Na^+ ersetzen. Mit der Umwandlung von alkalischem zu saurem Phosphat wird ebenfalls Na^+ für die Rückresorption frei. Dank Urinansäuerung und der Bildung von NH_3 wird das in den Glomeruli filtrierte $NaHCO_3$ fast vollständig zurückgewonnen, indem das während der Tubuluspassage rückresorbierte und nicht an Cl^- gebundene Na^+ in das Interstitium und Blut gelangt, wo es für die Bildung von $NaHCO_3$ zur Verfügung steht.
Bei Hemmung der Carboanhydrase scheiden die Nieren einen Bicarbonatreichen, alkalischen Urin aus. Mit dem Verlust von $NaHCO_3$ wird die Rückresorption von NaCl anteilsmäßig größer, und es entwikkelt sich eine relative Hyperchlorämie.
Die 4 wichtigsten ***Puffersysteme*** im menschlichen Organismus sind das ***Hämoglobin*** (1 g Oxy-Hb bindet 0,18 mmol H^+), die ***Proteine*** (1 g Serumproteine binden 0,11 mmol H^+), das ***Bicarbonat*** und das ***Phosphat.*** In den Zellen stehen für die Pufferung vor allem Phosphat und Proteine, in der interstitiellen Flüssigkeit hauptsächlich Bicarbonat und im Blut Hämoglobin, Bicarbonat und Proteine zur Verfügung. Reduziertes Hämoglobin bindet etwas mehr H^+ als Oxyhämoglobin, die Ansäuerung des Blutes im Gewebe infolge CO_2-Aufnahme wird durch die gleichzeitige Reduktion eines Teiles des Hämoglobins weitgehend kompensiert. Bei der Bildung von Oxyhämoglobin und Senkung des P_{CO_2} in der Lunge geben die Erythrocyten Cl^- ab, was zu einem geringen, aber meßbaren Unterschied im Chloridgehalt zwischen arteriellem und venösem Plasma führt. Im Gegensatz zum Vollblut gibt die eiweißarme und Erythrocyten-freie interstitielle Flüssigkeit beim Äqui-

librieren mit einem CO_2-freien Gasgemisch nicht das gesamte CO_2 ab, d.h. die CO_2-Dissoziationskurve geht nicht wie die des Blutes durch den 0-Punkt, was die Pufferwirkung des Hämoglobins eindrücklich illustriert.
Die Pufferung wird mathematisch mit der ***Formel von Hasselbalch-Henderson*** dargestellt:

$$pH = pk + \log \frac{\text{Salz}}{\text{Säure}}$$

für CO_2:

$$pH = pk' + \log \frac{(HCO_3^-)}{H^+HCO_3^-)}$$

oder entsprechend den Meßwerten im Blut:

$$pH = pk'_1 + \log \left[\frac{CO_2 \text{ mmol/l}}{\alpha \times P_{CO_2} \text{ mmHg}} - 1 \right]$$

pk'_1 = 1. Dissoziationskonstante der CO_2 bei 37 °C = 6,10,
α = Löslichkeit der CO_2 im Plasma bei 37 °C = 0,0308 mmol/l/mmHg.

Mit der Messung von 2 Werten dieser Gleichung im arteriellen Plasma kann jede Störung des Säure-Basen-Gleichgewichtes in ihrer Auswirkung auf das Blut und die aktuelle Kompensation definiert werden. Der Zähler der Formel wird durch die Nierenfunktion, der Nenner nur durch die Ventilation der Lungen beeinflußt. Änderungen des art. P_{CO_2} bei Apnoe oder willkürlicher Hyperventilation bewirken schon innerhalb Sekunden eine beträchtliche pH-Verschiebung. Die Beeinflussung des Zählers durch die Nieren, z. B. über eine vermehrte oder verminderte Bicarbonatausscheidung oder eine ungenügende Filtration von nichtflüchtigen Säuren z. B. bei Mangeldurchblutung, benötigt Stunden bis Tage. Bei der vermehrten Produktion von sauren Metaboliten, z. B. Milchsäure während schwerer körperlicher Arbeit oder Ketosäuren bei der Entgleisung des Fettstoffwechsels während des diabetischen Komas, wird auch der Zähler dieser Formel kurzfristig stark beeinflußt. Mit der intravenösen Infusion von Bicarbonat wird der Zähler schnell vergrößert, mit der Infusion von verdünnter Salzsäure schnell verkleinert. Bei einem pH-Wert von 7,40 beträgt das Verhältnis von Bicarbonat zu freier CO_2 20/1.
Wird das Vollblut bei 37 °C mit einem P_{CO_2} von 40 mmHg und einem hohen P_{O_2} zwecks voller Sättigung des Hämoglobins mit O_2 ausgeglichen, so entspricht der Bicarbonatgehalt im Plasma dem ***Standardbicar-***

bonat. Die „Anionenlücke“ (anion gap) entspricht der Differenz zwischen Na^+ und der Summe von Cl^- u. HCO_3^- im Plasma und beträgt 10–15 mmol/l. Bei einer Acidose infolge Lactat oder Hydroxybutyrat nimmt HCO_3^- ab, während Cl^- normal bleibt ***(normochlorämische Acidose).*** Die Zunahme der „Lücke“ ist ein Hinweis auf die Konzentration der anderen nichtflüchtigen Säuren. Bei einem Verlust an Bicarbonat z. B. durch die Niere bei Hemmung der Carboanhydrase steigt Cl^- etwas an, so daß trotz Abnahme von HCO_3^- die „Anionenlücke“ normal bleibt.

7.2 Störungen des Säure-Basen-Gleichgewichtes

Die Abweichung des arteriellen pH nach oben wird als ***Alkalose,*** nach unten als ***Acidose*** bezeichnet. Der Zustand wird nach den Blutwerten beurteilt. Dabei ist aber zu berücksichtigen, daß bei schnell ändernden Störungen erhebliche Differenzen zwischen arteriellem Blut und interstitieller Flüssigkeit auftreten. Wird neben dem pH auch der P_{CO_2} gemessen, kann der CO_2-Gehalt im Plasma berechnet werden. Handelt es sich primär um eine Änderung des von der Lungenatmung abhängigen P_{CO_2}, so spricht man von einer ***respiratorischen*** Acidose bzw. Alkalose. Betrifft die primäre Störung den Zähler der Formel von Hasselbalch-Henderson, so handelt es sich um einen Überschuß bzw. ein Defizit an nicht-flüchtigen Säuren. Diese Störungen werden als ***metabolische*** Acidose bzw. Alkalose bezeichnet (Tabelle 50). Das Wort metabolisch beinhaltet Stoffwechselstörungen mit Anhäufung von nicht-flüchtigen Säuren, aber unabhängig vom Metabolismus auch

Tabelle 50. Metabolische und respiratorische Acidose bzw. Alkalose

	Arterielles Blut pH	Acidose $<7{,}35$	Alkalose $>7{,}45$
Metabolisch	CO_2-Gehalt (normal 24–27 mmol/l)	↘	↗
	P_{CO_2} (normal: 35–45 mm Hg)	↘	↗
Respiratorisch	CO_2-Gehalt (normal 24–27 mmol/l)	↗	↘
	P_{CO_2}	↗	↘

deren Retention bei einer Niereninsuffizienz. Eine Alkalose infolge eines Defizites an nicht-flüchtigen Säuren ist nur bei einer Hypochlorämie möglich. Die Änderungen des Säure-Basen-Gleichgewichtes bei Zufuhr oder Verlust von HCl gehören zu den „metabolischen" Störungen, obwohl sie mit dem Stoffwechsel nichts zu tun haben.
Der Austausch von 3 K^+ gegen 2 Na^+ + 1 H^+ durch die Zellmembran ist auch bei Störungen des Säure-Basen-Gleichgewichtes wichtig. Bei der Acidose tritt K^+ aus den Zellen in den extrazellulären Raum aus. Es entsteht eine Hyperkaliämie, die aber bei normaler Nierenfunktion wegen einer gesteigerten K^+-Diurese keine hohen Werte erreicht. Eine Hyperkaliämie beeinträchtigt in der Niere die NH_4^+-Bildung und begünstigt damit die Acidose. Bei jeder Alkalose besteht die Tendenz zu einer Hypokaliämie, weil K^+ in den intrazellulären Raum verschoben wird. Die Alkalose begünstigt auch eine Hypophosphatämie. Bei respiratorischer Alkalose infolge willkürlicher Hyperventilation sinken die anorganischen Phosphate im Plasma innerhalb von Minuten ab. Alkalose und Hypophosphatämie erhöhten die Affinität des Hämoglobins zum O_2 und erschweren deshalb die O_2-Abgabe im Gewebe.
Diese Beziehungen sind auch therapeutisch von Bedeutung. Bei der ***diabetischen Ketoacidose*** besteht eine Hyperkaliämie und eine Hyperphosphatämie. Die renale K^+-Ausscheidung ist erhöht, so daß eine negative Bilanz vorliegt. Wird die Ketoacidose durch Insulin- und Bicarbonatzufuhr behoben, so entsteht eine Hypokaliämie und Hypophosphatämie, die in schweren Fällen eine Substitution erfordern.
Die ***Acidität des Blutes*** und der interstitiellen Flüssigkeit wird unabhängig von der Ansammlung anderer nichtflüchtiger Säuren von der Relation zwischen Na^+ und Cl^- beeinflußt. Deshalb ist bei Störungen des Säure-Basen-Gleichgewichtes auch die Cl^--Ausscheidung und -Rückresorption in den Nieren zu beachten. Salzsäure (HCl) wird der Niere als NaCl angeboten, das bereits im proximalen Konvolut und in der Henle-Schleife weitgehend rückresorbiert wird. Es gelangt weniger Na^+ in das distale Konvolut, so daß die Ansäuerung des Urins mit dem Austausch von Na^+ gegen H^+ beeinträchtigt wird. So entstehen eine Hyperchlorämie bei normaler Na^+-Konzentration sowie eine Senkung des HCO_3^- und eine Acidose. Bei einem Verlust von saurem Magensaft entwickelt sich eine Hypochlorämie. Es gelangt genügend Na^+ für die Ansäuerung des Urins in das distale Konvulat. Die Alkalose wird durch Zufuhr von NaCl korrigiert, doch persistiert die Hypokaliämie, falls nicht K^+ substituiert wird. Der art. P_{CO_2} beeinflußt direkt die renale Cl^--Ausscheidung. Bei einer Erhöhung des P_{CO_2} wird vermehrt Cl^- ausgeschieden, so daß eine relative Hypochlorämie ent-

steht, die die Pufferkapazität des Blutes erhöht. Die Senkung des art. P_{CO_2} begünstigt die Cl^--Rückresorption. Die Hyperventilation bei einer metabolischen Acidose kompensiert zwar den pH-Wert, ist aber insofern kontraproduktiv, als die renale Cl^--Ausscheidung gehemmt und damit eine relative Hyperchlorämie begünstigt wird.

Respiratorische Acidose und Alkalose

Jede Hypoventilation der Mehrzahl der durchbluteten Alveolen hat einen Anstieg des art. P_{CO_2} und damit bei normalem Standardbicarbonat innerhalb von Minuten eine Verschiebung des pH zur sauren Seite, und jede alveoläre Hyperventilation eine Alkalose zur Folge. Die chronische respiratorische Acidose gleich welcher Genese wird renal durch eine vermehrte Chloridausscheidung und damit durch eine Erhöhung des CO_2-Gehaltes mehr oder weniger kompensiert, doch bleibt der pH

Tabelle 51. Metabolische Acidose und Alkalose

Acidose	Alkalose
• *Milchsäureacidose* Muskelarbeit Gewebehypoxie (Höhe, Mangeldurchblutung, CO-Intoxikation) Biguanidtherapie Leberfunktionsstörungen Malignome	• *Verlust von HCl, NaCl, KCl* Erbrechen, Absaugen von Magensaft Diuretica mit Hemmung der tubulären Salzrückresorption Laxantienabusus
• *Ketoacidose* Diabetes mellitus	• *Aldosteronismus*
• *Retention von verschiedenen Anionen* Akutes Nierenversagen	• *Zufuhr von Na^+* (insbesondere bei Niereninsuffizienz) $NaHCO_3$, Na-lactat, Medikamente mit Na^+
• *Verlust von Bicarbonat* Renal-tubuläre Acidose Carboanhydraseblockierung Chron. Niereninsuffizienz Nebennierenrindenunterfunktion	
• *Zufuhr von Cl^-* HCl, NH_4Cl	

meist im unteren Normbereich. Umgekehrt wird die respiratorische Alkalose durch eine vermehrte renale Chloridrückresorption und Bicarbonatausscheidung mit einer Senkung des CO_2-Gehaltes teilweise kompensiert. Die renale Kompensation benötigt immer Stunden bis Tage.

Metabolische Acidose und Alkalose (Tabelle 51)

Eine massive Erhöhung des CO_2-Gehaltes ist nur bei einer absoluten oder relativen Hypochlorämie möglich. Die metabolische Acidose hingegen kann Folge einer absoluten oder relativen Hyperchlorämie oder der Ansammlung von normalerweise nicht oder nur in geringen Konzentrationen vorhandenen nicht-flüchtigen Säuren sein. Bei jeder schweren metabolischen Acidose wird die Atmung, sofern Atemregulation und Lungen nicht schwer gestört sind, gesteigert. Diese kompensatorische Hyperventilation (Kussmaul-Atmung, s. Abb. 6) ist ein klinisch auffälliges Symptom, während die kompensatorische Hypoventilation bei einer metabolischen Alkalose meist übersehen und nur mit der Messung des art. P_{CO_2} erfaßt wird.

8 Knochen-, Calcium- und Phosphatstoffwechsel

8.1 Physiologische und pathophysiologische Grundlagen

Die Regulation des Calcium- und Phosphatstoffwechsels ist sehr komplex. Die Calcium- und Phosphatkonzentration im Blut wird trotz stark wechselnder Zufuhr dieser beiden Ionen konstant gehalten. Die beiden wichtigsten Hormone für die Homöostase des Calciums und des Phosphates sind das ***Parathormon*** der Nebenschilddrüsen und das in den medullären Zellen der Schilddrüse gebildete ***Calcitonin.*** Die physiologische Bedeutung des Calcitonins beim Menschen ist nicht bekannt. Die Entfernung der Schilddrüse führt zu keinen wesentlichen Störungen des Calciumstoffwechsels, wenn Schilddrüsenhormone substituiert werden. Das Plasma enthält nur einen ganz kleinen Bruchteil des Gesamtkörpercalciums, das zu mehr als 98% im Knochen deponiert ist. Die normale Calciumkonzentration im Plasma liegt zwischen 2,3 und 2,8 mmol/l. Die Gesamtkonzentration an Calcium sagt relativ wenig über das aktiv in das Stoffwechselgeschehen eingreifende ionisierte Calcium aus. Ungefähr 50% des gesamten Calciums liegt im Serum ionisiert, 15% mit Bicarbonat, Phosphat und Citrat komplexiert und der Rest in eiweißgebundener Form vor. Die Calciumkonzentration des Plasmas nimmt bei niedrigem Proteingehalt ab und bei hohem Proteingehalt zu. Die Calciumkonzentration beträgt in der interstitiellen Flüssigkeit nur 1,75 mmol/l, im Liquor cerebrospinalis, der weniger Eiweiß enthält, 1,5 mmol/l. Calcium wird im Dünndarm resorbiert und im Dickdarm, Urin und Schweiß ausgeschieden. Das wachsende Kind und die schwangere Frau benötigen bis zu 1, resp. 1,5 g Calcium/Tag, der erwachsene Mensch 0,5 g/Tag, um nicht in eine negative Calciumbilanz zu geraten. Wenn die Calciumaufnahme mit der Nahrung steigt, sinkt die prozentuale Calciumresorption im Dünndarm. Vitamin D ist ebenso wie das Wachstumshormon ein Wirkstoff, welcher die Calciumresorption im Darm fördert, während Cortisol sie vermindert. ***Parathormon*** fördert die Calciumresorption über eine vermehrte Bildung von 1,25-Dihydroxycholecalziferol (aktives Vitamin D_3). Eine verminderte Calciumresorption aus dem Darm finden wir unter pharmakologischen Dosen von Glucocorticoiden, bei Vitamin-D-Mangel, Rachitis, intestinaler Malabsorption mit Steatorrhoe, Hypoparathyreoidismus und nach Verabreichung von Alkali, Oxalat, Phytat und Phosphat. Letzteres ist auch in der Therapie der Hypercalcämie sehr wirksam. Die Plasmacalciumkonzentration wird jedoch vorwiegend durch die Resorption im Darm, Mobilisierung aus dem Knochen und durch die Ausscheidung von Calcium im Urin reguliert. Das Calcium im Glomerulumfiltrat wird zu 99% tubulär rückresorbiert. Nur das ionisierte und komplexgebundene Calcium wird filtriert.

Calcium ist als Apatit an Phosphat gebunden im Knochen eingelagert. Ca. 80% des gesamten Körperphosphats findet sich im Knochen und in den Zähnen. Während die Calciumkonzentration im Serum von Kindern, Erwachsenen und alten Menschen gleich ist, ändert sich die ***Phosphatkonzentration im Blut*** mit dem Alter. Sie beträgt bei wachsenden Kindern 1,3-2,3 mmol/l, beim Erwachsenen 0,8-1,3 mmol/l. Das Phosphat im Plasma wirkt als Puffer und macht ca. 5% der gesamten Plasmapufferkapazität aus. Die Phosphatkonzentration variiert je nach Tageszeit und ist abhängig vom Phosphatgehalt der Nahrung im Gegensatz zum Calcium, dessen Schwankungen engere Grenzen gesetzt sind. Die Resorption von Phosphat im Darm wird weniger ausgeprägt endokrin gesteuert als die von Calcium. Hingegen wird die Phosphatausscheidung im Urin vor allem von *Parathormon* beeinflußt. Parathormon hemmt die tubuläre Phosphatrückresorption und fördert damit die renale Ausscheidung von Phosphat.

Knochen besteht aus der Knochenmatrix, in welche Calcium und Phosphat als Apatit eingelagert werden. Die Mechanismen, welche zur Bildung bzw. Abbau von Knochenmatrix und zur Verkalkung, bzw. Entkalkung der Knochenmatrix führen, sind noch wenig bekannt. Die Knochenneubildung wird durch Osteoblasten gesteuert, die Resorption des Knochens vor allem durch die Osteoklasten. Die Bildung von Knochenmatrix wird u.a. von den sog. ***Somatomedinen*** gefördert. Diese Insulin-ähnlichen Wachstumsfaktoren haben eigene Rezeptoren an allen für Wachstum und Regenerationsprozesse verantwortlichen Zellen. Diese Wachstumsfaktoren lösen nach der Bindung an die Zellmembran eine sog. pleiotrope Antwort aus, d.h. Eiweiß-, RNS-, DNS-Synthese und Zellteilung werden stimuliert. Die Bildung der Somatomedine wird vom Wachstumshormon, Insulin, Schilddrüsenhormonen und der Ernährung positiv beeinflußt. Voraussetzung für eine regelrechte ***Verkalkung der Knochenmatrix*** sind: ein physiologischer Calcium- und Phosphatgehalt des Serums, 1,25-Dihydroxycholecalciferol ($1{,}25\,(OH)_2\,D_3$), während die Funktion von Calcitonin und Parathormon nicht gesichert ist.

Der Abbau des Knochens erfolgt „physiologischerweise" im Alter (senile Osteoporose) auf bisher unbekannte Weise. Fallen Zug und Druck auf den Knochen plötzlich aus (Lähmung, schwereloser Zustand), so werden die Osteoklasten aktiviert, Calcium mobilisiert und im Urin ausgeschieden sowie gleichzeitig Knochenmatrix abgebaut. Das prekäre und quantitativ nicht erfaßbare Gleichgewicht zwischen Knochenbildung und -abbau wird von vielen Hormonen, 1,25 $(OH)_2$ D_3 und mechanischen Faktoren beeinflußt. Einfache Erklärungen für diese komplexen Vorgänge gibt es bislang nicht.
Die hauptsächliche ***endokrine Regulation des Calcium- und Phosphatstoffwechsels*** erfolgt durch die beiden Hormone Parathormon und Calcitonin sowie 1,25 $(OH)_2$ D_3. ***Parathormon*** führt zu einem akuten Anstieg des ionisierten Calciums im Plasma, während eine Calciumerhöhung im Plasma die Parathormonsekretion akut senkt. Umgekehrt führt eine Erhöhung der Calciumkonzentration zu einer Ausschüttung von ***Calcitonin*** und eine Calcitoninerhöhung umgekehrt zu einer Erniedrigung der Calciumkonzentration im Plasma. Parathormon bewirkt akut eine Mobilisierung von Calcium aus dem Knochen durch Aktivierung der Adenylcyclase und einen Anstieg des cAMPs. Auch die verminderte Phosphatrückresorption durch den Tubulus wird auf cAMP zurückgeführt. In vitro ahmt ***cAMP*** die Wirkungen des Parathormons auf Knochen und Tubulus nach. Der Aktivierung der Osteoklasten folgt eine vermehrte Synthese lysosomaler und anderer Enzyme der Osteoklasten, die sich schließlich vermehren und den Knochen diffus und in richtigen Ballungen von Osteoklasten „zernagen". Die erhöhte Resorption von Calcium und Phosphat durch die Dünndarmschleimhaut erfolgt via 1,25 $(OH)_2$ D_3.
1,25 $(OH)_2$ D_3 ist eine einmalige Substanz im menschlichen Körper. Der Vorläufer dieses „Hormons", Cholecalciferol, entsteht unter dem Einfluß von UV-Strahlen (Sonne) in der Haut aus 7-Dehydrocholesterol. Vitamin D_3 wird zur Hauptsache jedoch im Fleisch (Fett) der Nahrung aufgenommen. Das ***Vitamin D_3*** ist also kein eigentliches Vitamin, da es im Organismus selbst gebildet werden kann und müßte zu den Hormonen gerechnet werden, da es erst nach der doppelten Hydroxylierung voll aktiv wird. Der entscheidende Schritt der Aktivierung von Vitamin D_3 erfolgt offenbar in der Niere als endokrinem Organ, welches je nach Bedarf (Calciumgehalt der Nahrung) mehr oder weniger Vitamin D_3 in Stellung 1 hydroxyliert. Der Phosphatspiegel im Blut wirkt sich über noch unbekannte Mechanismen auf das Calcium aus. Bei hoher Phosphatkonzentration, wie z. B. beim Pseudohypoparathyreoidismus, ist die Kalkablagerung im Knochen und anderen Geweben erhöht und die Knochenresorption vermindert. Um den Vitamin-

D-Status zu ermitteln, kann heute das 25 (OH) D_3 im Serum direkt gemessen werden.

Knochenmatrix wird dauernd ab-, auf- und umgebaut; man spricht vom sog. ***„Remodeling" des Knochens.*** Die an diesem Umbau beteiligten Zellen sind einerseits die aufbauenden Osteoblasten, andererseits die abbauenden Osteoklasten. ***Osteoblasten*** synthetisieren Knochenmatrix und bauen neuen Knochen auf, ***Osteoklasten*** fressen die alte Knochenmatrix auf. Alle Hormone, die am Knochenaufbau beteiligt sind, besitzen spezifische Rezeptoren an den Osteoblasten, insbesondere die folgenden: Parathormon, Trijodthyronin, Östradiol, Wachstumshormon, IGF, 1,25 $(OH)_2$ Vitamin D_3. Letzteres ist entscheidend für die Kalzifizierung der Knochenmatrix. Auch ***Cortisol*** hat Rezeptoren an den Osteoblasten und *hemmt,* wenn in hoher Konzentration vorhanden, die Matrixsynthese und Zellteilung. Ein Teil der Wirkungen von Östradiol und Wachstumshormon führt über die Synthese von IGF durch die Osteoblasten selbst, die sich somit mit einem eigens fabrizierten Hormon selbst stimulieren (autokriner Mechanismus). Osteoblasten produzieren außer IGF noch andere lokal wirkende bzw. parakrine Faktoren (transforming growth factors, Interleukine, Prostaglandine, u. a.). Die Osteoklasten verfügen über Calcitonin-Rezeptoren. Kompliziert wird das System des Knochenauf- und -abbaus dadurch, daß Osteoblasten und Osteoklasten intensiv miteinander kommunizieren. So wirkt Parathormon primär auf den Osteoblasten, der dem Osteoklasten eine Botschaft weiterleitet. Beim ***primären Hyperparathyreoidismus*** ist das Resultat dann eine starke Vermehrung der Osteoklasten sowie der Osteoklastenaktivität, so daß Löcher aus dem Skelett herausgefressen werden und eine Hyperkalzämie entsteht. Die Schilddrüsenhormone stimulieren primär auch die Osteoblasten, regen sie zu vermehrter Tätigkeit an und erhöhen ihre Ansprechbarkeit auf Parathormon. So erklärt sich auch die (eher seltene) Hyperkalzämie bei der Hyperthyreose. Die vermehrte Osteoblastentätigkeit kann biochemisch im Blut durch eine gesteigerte Aktivität der alkalischen Phosphatase nachgewiesen werden sowie durch eine erhöhte Hydroxyprolinausscheidung im Urin. Klassische Beispiele für einen erhöhten Knochenumsatz sind Hyperparathyreoidismus, ***Hyperthyreose*** und ***Akromegalie.*** Bei diesen drei Krankheiten sind primär die Osteoblasten überstimuliert und sekundär die Osteoklasten via Osteoblasten zu vermehrtem Knochenabbau gezwungen. Das klassische Beispiel, bei dem primär die Osteoklasten aktiviert sind und sekundär die Osteoblasten versuchen, die Knochenmatrix zu reparieren, ist die ***Ostitis deformans*** oder ***Morbus Paget.*** Bei dieser häufigen Knochenkrankheit werden die Osteoklasten nicht durch ein Hormon stimuliert, sondern wahrscheinlich durch

einen Virus, der spezifisch Osteoklasten befällt. Es könnte sich um eine Spätmanifestation des Masernvirus handeln, um einen sog. „slow virus“. Die Ostitis deformans tritt erst nach dem 40. Lebensjahr auf und ist regional verschieden häufig. Bei der generalisierten Ostitis deformans ist die alkalische Phosphatase im Serum extrem hoch, ebenso die Hydroxyprolinausscheidung im Urin, die Calcium- und Phosphatkonzentration im Serum in der Regel jedoch normal, weil Parathormon und Calcitonin geregelt sezerniert werden.
Das klassische Beispiel einer Krankheit, wo das Remodeling des Knochens nicht funktioniert, ist die ***Osteopetrosis***, bei der die Osteoklasten fehlen bzw. in ihrer Funktion gestört sind. Weil hier die Knochenmatrix nicht aufgefressen werden kann, kommt es zu einer völlig pathologischen Knochenstruktur.

8.2 Störungen des Knochenstoffwechsels

8.2.1 Osteoporose

Die häufigste Knochenkrankheit ist die Osteoporose (Tabelle 52). Eine „physiologische“ Demineralisation des Knochens tritt bei der Frau anfangs der Menopause im Alter von 45-50 Jahren auf und nimmt im Alter ihren Fortgang. Beim Manne scheint dieser Prozeß erst später, zwischen 60 und 75 Jahren, einzusetzen. Wir sprechen von der ***postmenopausischen*** bzw. ***senilen Osteoporose***, die bei 20-30% der Frauen zu pathologischen Fisch- und Keilwirbelbildungen, Rundrücken und pathologischen Frakturen führen kann. Die Pathogenese der postmenopausischen und senilen Osteoporose ist nicht geklärt. Sie scheint mit dem Erlöschen der endokrinen Funktion der Ovarien zusammenzuhängen. Der Grund, weshalb 20-30% sonst gesunder Frauen im Alter schwere klinische, auf die Osteoporose zurückzuführende Beschwerden haben, wird heute damit erklärt, daß die Dicke des Knochencortex, der Knochenbälkchen und deren Mineralisation im besten Alter individuell sehr verschieden ist. Nur bei Frauen, die eine relativ geringe Dichte und Mineralisation des Knochens nach der Pubertät erreichen, scheint der Substanzverlust im Alter zu Osteoporose, klinischen Symptomen und Frakturen zu führen. Östrogensubstitution in der Menopause verhindert den Knochenabbau. *Östrogene* wirken über Rezeptoren im Kern der Osteoblasten auf die Matrixsynthese und Zellteilung.
Es ist schon lange bekannt, daß bei der Poliomyelitis mit bleibenden Lähmungen eine rasch einsetzende ***Inaktivitätsosteoporose*** häufig mit

Tabelle 52. Synopsis der wichtigsten Störungen des Knochenstoffwechsels sowie des Ca^{2+}- und P-Haushaltes (*n*, normal)

	Genese	Ca^{2+}	P	Parathormon	Calciurie	Symptome	Therapie
Hypoparathyreoidismus	„Idiopathisch“, erworben (Strumektomie)	↓	↑	↓	↓	Tetanie	Vitamin D
Pseudohypoparathyreoidismus	Vererbte Stoffwechselkrankheit (Receptor für Parathormon?)	↓	↑	Normal	↓	Tetanie + angeb. Knochenmißbildungen, Haut	1,25 $(OH)_2$ D_3 oder hohe Dosen Vitamin D_3 und Calcium
Primärer Hyperparathyreoidismus	„Autonomes“ Adenom(e) der Parathyreoidea	↑	↓	↑	↑	Nierensteine, Adynamie, Polyurie u. Polydipsie, Hypercalcämie-Syndrom, Knochenveränderungen	Exstirpation des Adenoms
Sekundärer Hyperparathyreoidismus	1. Hypocalcämie/Osteomalazie (Malabsorption, chron. Niereninsuff.) 2. Hyperplasie der Parathyreoideae	↓ – n	↑ od. n	↑	Nicht einheitlich	Primärkrankheit; Knochenschmerzen	Vitamin D per os oder parenteral, bei Niereninsuffizienz 1,25 (OH_2) D_3
Osteomalazie	Vitamin-D-Mangel	n – ↓	n – ↑	↑	↓	Knochenschmerzen	Vitamin D
	Malabsorption	n – ↓	n – ↑	↑	↓	Knochenschmerzen	Vitamin D parenteral
	Phosphatdiabetes	n – ↓	↓	↑	↑	Knochenschmerzen	Vitamin D hochdosiert
Osteoporose	Alter	n	n	n	↓	Knochenschmerzen	Physikalische Therapie
	Menopause				↓ – n – ↑		Calcium
	Inaktivität				↑		Oestrogene
	Glucocorticoidtherapie				↑		Fluor

(In der Zeile Osteoporose gelten n bei Ca^{2+}, P und Parathormon sowie Knochenschmerzen durch Klammern für alle vier Genesen.)

Nierensteinbildung eintritt. Aktueller ist heute der Calciumverlust und die rasch auftretende Osteoporose der Astronauten im schwerelosen Zustand. Fehlender Zug und Druck auf den Knochen führt zu einer akuten Osteoporose und der massive Calciumverlust durch die Nieren zu Nierensteinen.

Unter hohen Dosen von Glucocorticoiden ist die Proteinsynthese und die Synthese der Knochenmatrix vermindert, und zudem hemmt Cortisol die Calciumresorption aus dem Darm. Durch diese verschiedenen Wirkungen führt Cortisol in pharmakologischer Dosis zur Osteoporose, welche ein Kardinalsymptom des Cushing-Syndroms ist. Zuviel Thyroxin bewirkt einen gesteigerten Knochenumbau und kann zu Hyperkalzämie und zu Osteoporose führen.

8.2.2 Hypoparathyreoidismus

Der ***idiopathische Hypoparathyreoidismus*** (Tabelle 52) ist sehr selten und manifestiert sich schon in der Jugend. Zu den klassischen Symptomen des erworbenen Hypoparathyreoidismus gesellen sich bei der idiopathischen Form deshalb noch Entwicklungsstörungen des Knochens (osteoartikuläres Syndrom), der Haut und Anhangsgebilde (trockene, rissige Haut; Nagelfalz- und Nagelverhornungsstörungen; Schmelzdefekte der Zähne).

Klassisch für jede Form des Hypoparathyreoidismus ist die Trias von Hypokalzämie, Hyperphosphatämie und Hypokalziurie. Wichtigstes Symptom der Hypokalzämie ist die Tetanie. Die Tetanie kann latent bleiben oder aber zu tödlichen Krämpfen führen. Die Hypokalzämie ist verantwortlich für eine Übererregbarkeit des ZNS (Epilepsie), des Rückenmarks wie auch der peripheren Nerven. Klassische Zeichen sind die Pfötchenstellung der Hand (Karpalkrampf, vor allem bei venöser Stauung, Zeichen von Trousseau) und das Zucken des Mundwinkels bei Schlag auf den übererregbaren N. facialis (Chvostek).

Die *Behandlung* des Hypoparathyreoidismus ist dankbar, da Vitamin D die wesentlichen Wirkungen des Parathormons nachahmt. Calcium und Phosphat im Serum lassen sich mit der regelmäßigen Einnahme von *Vitamin D* normalisieren und die Patienten fühlen sich in jeder Beziehung vollständig gesund (eine der wenigen echten Indikationen für ein Vitamin!).

Die häufigste Form der Tetanie ist die ***psychisch bedingte Hyperventilationstetanie,*** die nichts mit den Parathyreoideae zu tun hat. Bei inadäquater Hyperventilation sinkt das P_{CO_2}, steigt der pH, und es kommt zu einer akuten Verminderung des ionisierten Calciums zugunsten von komplex- und proteingebundenem Calcium und damit zur Tetanie. Der ***Pseudohypoparathyreoidismus*** gehört wahrscheinlich zu den Endorgandefekten, bei denen das Hormon (Parathormon) vorhanden ist, das Endorgan aber nicht normal ansprechen kann (Anomalie des Rezeptors oder irgendeines Schrittes zwischen der Hormonwirkung auf den Rezeptor und den Auswirkungen davon auf die Zelle). Die Reaktion des Knochens auf Parathormon ist vermindert, so daß Calcium kaum in die extrazelluläre Flüssigkeit gelangt. Auch die Calciumresorption aus dem Darm funktioniert nicht normal. Da Parathormon hier via 1,25 $(OH)_2$ D_3 wirkt, scheinen auch die Parathormonrezeptoren der Niere, die die l-Hydroxylierung von 25 (OH) D_3 vermitteln, defekt zu sein. Neben der klassischen Trias des Hypoparathyreoidismus zeigen diese Patienten zusätzliche angeborene „Mißbildungen" vor allem des Skeletts (Habitus, rundes Gesicht, Brachydactylie etc.).

8.2.3 Primärer Hyperparathyreoidismus

Beim primären Hyperparathyreoidismus (Tabelle 52) handelt es sich meistens um Adenome eines oder mehrerer Nebenschilddrüsenkörperchen, welche autonom und teils unabhängig von der Calciumkonzentration zu viel Parathormon sezernieren. Eine vollständige Unabhängigkeit von der Calciumkonzentration besteht allerdings meistens nicht. Eine Erniedrigung des Calciums im Plasma führt auch beim primären Hyperparathyreoidismus noch zu einer zusätzlichen Parathormonsekretion. Das Resultat der erhöhten Parathormonkonzentration ist eine erhöhte Calciumkonzentration und eine relativ erniedrigte Phosphatkonzentration im Serum. Sobald die Hypercalcämie die Nierenfunktion beeinträchtigt (akute Tubulusschädigung, chronische Nephrocalcinose), steigt die Phosphatkonzentration im Serum trotz hoher Parathormonkonzentration an. Die Calciumresorption aus den Knochen (Vermehrung der Osteoklasten) und die Calciumausscheidung sind erhöht, ebenso die Phosphatclearance im Urin, weil Parathormon die tubuläre Phosphatrückresorption hemmt. Die oft diskreten *klinischen Symptome* von Adynamie, Nykturie und Polyurie (Hemmung der Wasserrückresorption im distalen Tubulus durch Calcium), Obstipation und Erbrechen sind auf die Hypercalcämie zurückzuführen. Häufig verläuft der primäre Hyperparathyreoidismus oligosymptomatisch mit rezidivierenden Calciumphosphatnierensteinen. Jeder Patient mit rezidivierenden Nierensteinen sollte auf einen Hyperparathyreoidismus abgeklärt werden. *Charakteristisch* für den Hyperparathyreoidismus sind die *Hypercalcämie bei gleichzeitig bestehender*

Hypophosphatämie und Hypercalciurie. Die Phosphatrückresorption beträgt weniger als 75% der filtrierten Phosphatmenge und eine Parathormoninfusion führt zu keiner weiteren Verminderung der Phosphatrückresorption, die bereits durch die endogene Parathormonsekretion maximal eingeschränkt ist. Eine erhöhte Parathormonkonzentration im Serum bei gleichzeitiger Hypercalcämie beweist den primären Hyperparathyreoidismus. Seltener sind die klinisch als Osteoporose imponierenden Hyperparathyreoidismusfälle. Differentialdiagnostisch muß bei jeder Hypercalcämie an eine Vitamin-D-Intoxikation und eine Tumorhypercalcämie gedacht werden. Vitamin-D-Intoxikation und Knochenmetastasen von Tumoren führen zur Hypercalcämie und Hyperphosphatämie, die sich im Gegensatz zum Hyperparathyreoidismus durch hohe Dosen Cortisol erfolgreich senken lassen.

8.2.4 Sekundärer Hyperparathyreoidismus

Der auf *Osteomalazie* beruhende sekundäre Hyperparathyreoidismus (Tabelle 52) erklärt sich zwanglos durch die allen Formen der Osteomalazie gemeinsame ***Hypocalcämie.*** Es findet sich hier fast immer eine Parathyreoideahyperplasie und als Ausdruck erhöhter Parathyreoideaaktivität eine verminderte tubuläre Phosphatrückresorption und eine Vermehrung der Osteoklasten. Eine Korrektur der Hypocalcämie durch die erhöhte Parathormonsekretion kommt besonders bei schwerem Vitamin-D-Mangel nicht zustande, da Vitamin D für die Parathormonwirkung am Knochen eine permissive Rolle spielt. Hingegen bleibt die Wirkung des Parathormons auf die Phosphatrückresorption bestehen.

Bei der chronischen Niereninsuffizienz ist das Serumcalcium wegen einer gestörten Calciumresorption aus dem Darm vermindert, wodurch es wiederum zu einer dauernden Stimulation der Parathyreoidea, zum sog. ***renalen sekundären Hyperparathyreoidismus*** kommt. Primär verantwortlich für die verminderte Calciumresorption aus dem Darm ist die fehlende Hydroxylierung von 25 (OH) Vit. D_3 in Stellung 1, weil das „endokrine" Organ, die Niere, funktionsuntüchtig geworden ist. Heute leben niereninsuffiziente Menschen, die früher in der Urämie verstarben, u. a. dank der chronischen Dialyse, viele Jahre, ja jahrzehntelang. Bei allen kommt es zu einer schweren Knochenkrankheit (Mischbild zwischen renaler Osteomalazie und sekundärem Hyperparathyreoidismus). Vitamin D_3 hilft nicht, hingegen scheint 1,25 $(OH)_2$ D_3 die invalidisierende Knochenkrankheit dieser Patienten zu bessern.

8.2.5 Osteomalazie

Typisch für die Osteomalazie jeder Ätiologie ist ein *verbreiterter, nicht verkalkter Osteoidsaum bei verminderter Verkalkung des Knochens* (Tabelle 52). Die klassische Osteomalazie beruht auf einem *Vitamin-D-Mangel.* Der Vitamin-D-Mangel kann alimentär oder durch eine Malabsorption mit Steatorrhoe bedingt sein. Vitamin D als fettlösliches Hormon kann nicht resorbiert werden, wenn nicht gleichzeitig Fett von der Darmschleimhaut resorbiert wird. Zudem kommt es bei der Steatorrhoe zu einem Calciumverlust durch den Darm als Calciumseifen. Der *renale Phosphatdiabetes* führt ebenfalls zum Bild der Osteomalazie u.a. durch chronisch gesteigerten renalen Calciumverlust. Bei der Vitamin-D-resistenten Rachitis handelt es sich wahrscheinlich um einen Enzymdefekt in der Niere. Vitamin D kann nicht in das aktive 1,25 $(OH)_2$ D_3 umgewandelt werden und deshalb seine Wirkung auf den Darm und/oder Knochen nicht entfalten. Die Krankheit ist pathogenetisch wahrscheinlich nicht einheitlich.
Seltene angeborene Störungen des Knochenstoffwechsels bzw. der Knochenbildung und Verkalkung s. Literaturhinweise.

8.2.6 Hyperkalzämie

Die Hyperkalzämie hat häufig eine *endokrine Ursache* und kann mit Hypophosphatämie, normalen Phosphatspiegeln oder mit Hyperphosphatämie einhergehen. Letztere gibt einen starken Hinweis darauf, welches Hormon für die Hyperkalzämie verantwortlich ist. Bei erniedrigtem Serumphosphat ist die Hyperkalzämie fast beweisend für einen primären Hyperparathyreoidismus. Im Verlaufe des Hyperparathyreoidismus kann eine ***Nephrokalzinose*** auftreten, welche die Nierenfunktion derart einschränkt, daß sich das anorganische Phosphat zuerst auf normale, später auf pathologische Werte erhöht. Bösartige Tumoren produzieren ein Parathormon-ähnliches paraneoplastisches Hormon, das die Osteoblasten stimuliert, welche ihrerseits die Osteoklasten aktivieren, so daß es zu einer Serumkonstellation kommen kann mit erhöhtem Calcium und erniedrigtem Phosphat wie beim echten primären Hyperparathyreoidismus. Es handelt sich um ein ***paraneoplastisches Syndrom,*** indem ein Peptidhormon von Tumorzellen gebildet wird, das dann ähnlich wie das Parathormon Osteoblasten stimuliert. Bei der Sarkoidose (Morbus Boeck), anderen Granulomatosen und gewissen Lymphomen kommt es zum gleichen Bild der Hypercalcämie mit Hyperphosphatämie, wie bei der Vit D-Intoxikation, weil diese krankhaften Gewebe 25 (OH) D_3 vermehrt zu 1,25 $(OH)_2$ D_3 hydroxylieren.

Das ***Hyperkalzämie-Syndrom*** geht einher mit Appetitverlust, Nausea, Erbrechen, Obstipation, Polydipsie und Polyurie sowie Muskelschwäche und Bradykardie und ist oft begleitet von neurologischen und psychischen Veränderungen im Rahmen des endokrinen Psychosyndroms (Apathie, Depression, Erregtheit). Die erste therapeutische Maßnahme beim Hyperkalzämie-Syndrom ist die Rehydrierung. Patienten mit schwerer Hyperkalzämie sind dehydriert wegen Nausea, Erbrechen und Polyurie. Durch eine großzügige parenterale Rehydrierung kann das Serumcalcium schon wesentlich gesenkt werden. Wenn die Hyperkalzämie trotz Rehydrierung bedrohlich bleibt, kommen weitere Maßnahmen in Frage, in erster Linie die Infusion von Furosemid, Glucocorticoiden, Bisphosphonaten und eventuell 100 mM neutraler Na_2HPO_4/NaH_2PO_4-Lösung.

9 Innere Sekretion

9.1 Physiologische Grundlagen

9.1.1 Der Begriff der Hormone

Die Information für die Erhaltung der Spezies ist in der DNS des Zellkerns enthalten und wird im Ei und den Spermien von Generation zu Generation übertragen. Das einzelne Lebewesen verfügt über 2 Informationssysteme, die ihm das Überleben in einer sich dauernd wandelnden Umwelt ermöglichen: die Sinnesorgane und das Nervensystem einerseits, mit deren Hilfe es sich orientiert und reagiert, und das endokrine System andererseits, welches den Stoffwechsel so einrichtet, daß es reaktionsfähig bleibt. Übermittlersubstanzen und Informationsträger sind in beiden Systemen Hormone und Neurotransmitter. ***Hormone*** werden von innersekretorischen Drüsenzellen gebildet und in kleinen Mengen ins Blut abgegeben, binden an spezifische Rezeptoren der Zellen der Erfolgsorgane und können auf diese Weise Information von der Drüse via Blut in die Peripherie übermitteln. In dieser Rolle werden die Hormone auch als ***„first messenger“*** (1. Bote) bezeichnet. Sie vermitteln der Zelle Information, welche zum Teil durch *intrazelluläre* Boten, sog. ***„second messengers“*** weitergeleitet wird. Die andere Informationsübermittlung erfolgt auf neuronalem Wege. Die neuronalen Impulse gelangen über Nervenbahnen in die Peripherie oder zum Zentralnervensystem, wobei an den Schaltstellen (Synapsen) zwischen den verschiedenen Nervenzellen ebenfalls eine chemische Signal-Übertragung (durch Neurotransmitter) stattfindet.

9.1.2 Gewebehormone

Gewebehormone übermitteln Information *direkt* von einer Zelle an eine benachbarte Zelle ***(parakrin)*** oder an Rezeptoren derselben Zelle ***(autokrin)***. ***Klassische endokrine Hormone*** können auch autokrine bzw. parakrine Funktionen übernehmen. So ist das im fetalen Hoden gebildete Testosteron für die Ausbildung der männlichen Geschlechtsorgane verantwortlich. Der insulinähnliche Wachstumsfaktor IGF I wird von der Leber produziert, an das Blut abgegeben und stimuliert als echtes endokrines Hormon die Matrixsynthese und Zellreplikation im Knorpel und Knochen. Daneben wird IGF von verschiedenen anderen Zellen gebildet, z. B. von Knochenzellen, die sich vom eigens hergestellten Hormon autokrin stimulieren lassen. Viele ***Peptidhormone*** werden auch im zentralen Nervensystem gefunden, wo sie wahrscheinlich lokale Wirkungen als Differenzierungsfaktoren oder Neurotransmitter ausüben. Mit Hilfe der Immunfluoreszenz entstehen heute topographische Atlanten über das Vorkommen von Peptidhormonen im zentralen Nervensystem und im Gastrointestinaltrakt. Nur von wenigen dieser Hormone sind allerdings umschriebene Funktionen bekannt. Ebenso kann mit der in situ-Hybridisierung die für Hormone kodierende messenger-RNS nachgewiesen werden. Auch diese Resultate lassen darauf schließen, daß viele Peptidhormone von verschiedenen Zellen im Körper synthetisiert werden.

Katecholamine haben endokrine (Nebennierenmark) und parakrine Funktionen als Neurotransmitter. Prostaglandine sind wahrscheinlich vor allem parakrin von Bedeutung.

Die Grenze zwischen Endokrinologie und Para/Autokrinologie verschwimmt immer mehr. Dies sollte aber nicht darüber hinwegtäuschen, daß die ***„klassischen" Hormone*** vorwiegend ***endokrine*** Funktionen ausüben.

9.1.3 Biosynthese, Speicherung und Sekretion von Hormonen

In der Regel werden Hormone, die von einer Drüse sezerniert werden, auch in dieser Drüse synthetisiert. Die klassische Ausnahme von dieser Regel ist der Hypophysenhinterlappen, der nur als Reservoir und Sekretionsorgan des im Hypothalamus gebildeten antidiuretischen Hormons ADH dient. In einigen endokrinen Drüsen ohne ausgeprägte Speicherfunktion wird die ***Biosynthese*** der Hormone gesteuert, in anderen endokrinen Drüsen, die Hormone speichern können, vor allem ihre ***Sekretion.***

In der Nebennierenrinde, im Ovar und im Testis liegen praktisch keine Steroide in gespeicherter Form vor. Alle Hypophysenhormone sowie Angiotensin und andere Stoffe, welche die Sekretion von Cortisol, Sexualhormonen und Aldosteron kontrollieren, greifen deshalb an den ersten Schritten der Biosynthese dieser Hormone aus Cholesterin an. Im Gegensatz dazu liegen alle von der Hypophyse sezernierten Hormone dort in größerer Menge gespeichert vor, so daß primär der

Sekretionsprozeß und nicht die Biosynthese gesteuert wird. Dies gilt für alle Peptidhormone, die rasch wirken und deren Synthese ein zeitraubender Prozeß ist. Die Bauchspeicheldrüse enthält im Durchschnitt 20 mg Insulin, eine Menge, die für mindestens 10 Tage ausreicht. Noch größer ist die Hormonreserve der Thyreoidea, welche in den Follikeln Thyroxin und Trijodthyronin (an Thyreoglobulin gebunden) speichert. Die Schilddrüse nimmt eine Sonderstellung ein, indem das Hormon hier nicht in der Zelle selbst, sondern im Follikel, also in Drüsenschläuchen an ein besonderes Trägereiweiß gebunden, gespeichert wird.
Die ***Regulation der Hormonsynthese, Speicherung und Sekretion*** ist sehr komplex. ACTH z.B. fördert die Umwandlung von Cholesterin zu Pregnenolon, ein Enzymschritt, der in der Regel limitierend für die Steroidsynthese überhaupt ist. TSH andererseits wirkt in einer viel komplexeren Art und Weise. Es führt zu einer vermehrten Aufnahme von Follikelsekret in die Drüsenzelle hinein durch Pinozytose oder Phagozytose, worauf dann die Spaltung des Thyroxins vom Thyreoglobulin sowie die Sekretion von Thyroxin von der Drüsenzelle ins Blut ohne TSH-Einwirkung erfolgt. Andererseits bewirkt TSH aber auch eine Aktivierung der Jodidpumpe der Schilddrüse, so daß einige Zeit nach TSH-Applikation oder -Sekretion vermehrt Jodid in die Schilddrüse aufgenommen wird. Alle endokrinen Drüsen ***hypertrophieren,*** wenn sie übermäßig stimuliert werden und vermehrt Hormon synthetisieren und sezernieren müssen. In der Bauchspeicheldrüse liegt Insulin in Granula gespeichert vor. Wenn die Blutglucose ansteigt oder ein anderer Reiz die B-Inselzellen trifft, werden die nahe der Zellmembran gelegenen Granula durch den Prozeß der ***Emeiozytose*** oder ***Exozytose,*** die Umkehrung der Phagozytose oder Pinozytose, aus der Zelle in das Interstitium ausgestoßen, so daß Insulin sofort ins Blut gelangt. Noch völlig ungeklärt ist die Regulation der Synthese und Sekretion der hypothalamischen Hormone, welche die Hypophyse zur Hormonsekretion anregen. Es scheint, daß diese kurzkettigen Peptide im Hypothalamus ebenfalls gespeichert sind und deren Sekretion, nicht aber deren Synthese reguliert wird. Der molekulare Mechanismus, der zur Hormonproduktion oder -sekretion führt, ist noch bei keinem Hormon vollständig aufgeklärt. Es ist naheliegend, im Falle der Phagozytose bei der Schilddrüse oder der Emeiozytose bei den B-Inselzellen an einen Membranprozeß zu denken. Da kontraktile Elemente (das mikrotubuläre und mikrofilamentöse System) in der Nähe der Zellmembran Hormongranula ausstoßen helfen, ist der ***Sekretionsmechanismus*** mit rasch ablaufenden Verschiebungen intrazellulären Calciums verknüpft.

9.1.4 Transport der Hormone im Blut

Steroid- und Schilddrüsenhormone sind wenig wasserlöslich und zirkulieren im Blut zum größten Teil gebunden an spezifische ***Trägerproteine.*** Nur das frei zirkulierende Hormon kann sich indessen an den Zellrezeptor binden und auf die Zelle wirken. Andererseits wird die Synthese der Trägerproteine von verschiedenen nicht-endokrinen Einflüssen auf die Leber bestimmt. Neuerdings wird für die Erfassung des endokrinen Zustands immer mehr die freie Hormonfraktion der Steroid- und Schilddrüsenhormone bestimmt. Während diese kleinmolekularen, schwerlöslichen Hormone im Blut einen spezifischen „carrier“ benötigen, zirkulieren die Peptidhormone in freier Form oder nur ganz lose gebunden an Bluteiweiß. Für Insulin, Glucagon, Parathormon, Calcitonin und alle Hormone des Hypophysenvorderlappens sind keine spezifischen Carrier-Proteine bekannt.

Veränderungen, die mit einer Erniedrigung des transportierenden Eiweißes einhergehen, führen nicht zu Krankheitserscheinungen. Es ist z. B. bekannt, daß gewisse Menschen kein Thyroxin-bindendes Globulin produzieren können und trotzdem keine Hypothyreose aufweisen. Der Thyroxingehalt des Blutes ist zwar stark erniedrigt, das aktive freie Thyroxin jedoch im Bereich der Norm. Dasselbe gilt für Krankheiten, welche mit schwerem Eiweißmanko einhergehen, z. B. Nephrose, Leberzirrhose. Bei der Nephrose und der Leberzirrhose sind sowohl Albumin wie Thyroxin-bindendes Globulin stark vermindert. Damit ist auch der Thyroxingehalt des Serums vermindert, nicht aber der Anteil des freien Thyroxins, welcher für die Wirkung auf die Zelle maßgebend ist. In der Schwangerschaft und unter dem Einfluß von Ovulationshemmern nimmt die Konzentration von Thyroxin-bindendem Globulin und auch von Steroid-bindenden Globulinen im Plasma zu, und wir finden regelmäßig erhöhte Werte von Thyroxin und Cortisol im Blut. Diese erhöhten Konzentrationen wirken sich aber in der Peripherie nicht aus, da nur mehr gebundenes Hormon zirkuliert, die Konzentration des aktiven, freien Hormons aber nicht erhöht ist.

9.1.5 Hormonrezeptoren

Um intrazellulär Wirkungen auslösen zu können, muß ein Hormon mit der Zelle Kontakt aufnehmen. Dies geschieht über sehr spezifische Hormonrezeptoren, die häufig in die Zellmembran integriert sind. Diese Hormonbindungsstellen haben folgende *Eigenschaften:*

- Sie verfügen über eine sehr hohe Bindungsaffinität für das Hormon.
- Die Bindung mit stereospezifischen Strukturen des Hormons ist hochspezifisch.
- Die Hormonbindung erfolgt über Wasserstoffbrücken und ist in der Regel reversibel.
- Der Rezeptor als Schloß „erkennt" das Hormon bzw. den Schlüssel und muß nach erfolgter Bindung ein Signal in die Zelle hinein auslösen, um die Botschaft weiterzugeben. Diesen intrazellulären Boten nennt man „second messenger" und den extrazellulären, das Hormon, „first messenger".
- Die spezifische Hormonbindung an einen Hormonrezeptor ist sättigbar, während die unspezifische Hormonbindung an andere Zellstrukturen nicht sättigbar ist.
- Nicht alle Wirkungen des Hormons werden direkt von der Plasmamembran bzw. vom Hormonrezeptor ausgelöst, sondern der ***Hormonrezeptor-Komplex*** kann in die Zelle aufgenommen, d.h. internalisiert werden und dort weitere Wirkungen ausüben.
- Jede Zelle verfügt über eine gewisse Anzahl spezifischer Hormonrezeptoren, die jedoch nicht konstant ist. Die Internalisierung von Rezeptoren bei hoher Hormonkonzentration führt zu einer Verminderung der Hormonrezeptoranzahl auf der Plasmamembran. Diese „up"- und „down"-Regulation der Rezeptorenanzahl kann von physiologischer Bedeutung sein.
- Während die Anzahl der Hormonrezeptoren pro Zelle variiert, ist die *Affinität* des Hormonrezeptors zum Hormon relativ konstant. Es kann jedoch vorkommen, daß durch die Bindung des Hormons Rezeptoren kooperativ beeinflußt werden, d.h. eine höhere Affinität für das Hormon erfahren.
- Hormonrezeptoren können als ***Enzyme*** funktionieren. So sind z.B. der Insulinrezeptor und der Typ-I IGF-Rezeptor Tyrosinkinasen, wobei sich der Rezeptor nach der Bindung des Hormons unmittelbar selbst phosphoryliert und damit eine Kettenreaktion von Phosphorylierungsreaktionen in der Zelle auslösen kann.

Die Struktur vieler Rezeptoren ist bekannt, und einige Rezeptoren sind schon kloniert worden. Der ***Insulinrezeptor*** ist ein Glykoprotein, bestehend aus 2 α- und 2 β-Ketten, die über Disulfidbrücken verbunden sind. Das Molekulargewicht des Rezeptors beträgt 350000. Die β-Kette ist gleichzeitig eine selbstphosphorylierende Tyrosinkinase. Die Bindung von Insulin an den Insulinrezeptor führt zu einer sofortigen Autophosphorylierung des Rezeptors. Phylogenetisch ist es von großem Interesse, daß der dem Insulin nahe verwandte IGF I (insulinlike

growth factor I) auch einen Rezeptor besitzt, der genauso groß wie der Insulinrezeptor ist und aus je 2 α- und β-Ketten und einer biologisch aktiven Bindungsstelle besteht, die mit Insulin kreuzreagiert. Gleichzeitig mit der Entstehung von Insulin und insulinähnlichen Wachstumsfaktoren aus einem Vorläufermolekül muß sich also auch ein Vorläuferrezeptor durch Genduplikation in einen Insulinrezeptor einerseits und einen Typ I-Rezeptor für die insulinähnlichen Wachstumsfaktoren andererseits aufgespalten haben.
Steroid- und Schilddrüsenhormonrezeptoren sind nicht auf der Plasmamembran, sondern im Zytoplasma oder am Kern auf dem Chromatin vorhanden. Es sind ebenfalls Eiweißstrukturen, welche das Hormon im Zytoplasma binden und auf eine noch unbekannte Art und Weise zur DNS hinführen, an die der Rezeptor mitsamt dem Hormon bindet. Durch die Bindung des Hormonkomplexes an Chromatin werden Gene aktiviert oder inaktiviert und auf diese Art und Weise reguliert das entsprechende Hormon dann wichtige Prozesse in der Zelle.

9.1.6 Postrezeptor-Effekte in der Zelle

Wie oben gesagt, hat der Hormonrezeptor zwei Funktionen. Er erkennt und bindet das Hormon und muß dann ein Signal erzeugen, das die Botschaft des Hormons intrazellulär weiterleitet. Der bekannteste zweite Bote ist das zyklische Adenosin-Monophosphat ***(cAMP)***, das von der Adenylatcyclase gebildet und von der Phosphodiesterase abgebaut wird. Viele Hormone führen akut zu einem Anstieg oder Abfall der cAMP-Konzentration in der Zelle durch Stimulierung oder Hemmung der Cyclase, bzw. Phosphodiesterase. Hormonrezeptor und Adenylatcyclase sind voneinander verschiedene Membrankomponenten, die sich durch laterale Diffusion in der Membran begegnen und ankoppeln können. Ein klassisches Beispiel der Wirkung des cAMP betrifft die Aktivierung der Glykogenolyse durch Epinephrin und Glucagon, welche beide die Adenylcyclase aktivieren. Das cAMP führt zu einer Aktivierung einer cAMP-abhängigen Proteinkinase. Katalytische Untereinheiten des Enzyms phosphorylieren dann verschiedene Proteine und Enzyme, so daß es zu einer ganzen Kaskade von Enzymaktivierungen bzw. -inaktivierungen kommt.
Ca^{2+}-Ionen sind an den meisten intrazellulären Signalübermittlungen mitbeteiligt. Die Liste von Substanzen, die Ca^{2+}-Bewegungen in der Zelle auslösen, wird immer länger. Es sei hier lediglich darauf hingewiesen, daß Inositol-triphosphat dabei eine entscheidende Rolle zu spielen scheint. Bestimmte Hormone scheinen durch die Bindung an

den Rezeptor die Phospholipase-C zu aktivieren. Dieses Enzym spaltet Phosphoinositol-triphosphat, ein Bestandteil der Zellmembran, zu Inositol-triphosphat und Diacylglycerol. ***Inositol-triphosphat*** mobilisiert Ca^{2+} aus einem zellulären Ca^{2+}-Pool, erhöht die Ca^{2+}-Konzentration im Zellplasma, wodurch verschiedenste Wirkungen ausgelöst werden.
Kleinmolekulare Hormone und in geringem Maße auch Peptidhormone können in die Zelle eindringen und dort ihre Wirkung auf gewisse Enzyme, die ***Transkription*** oder ***Translation*** ausüben. Insulin z.B. fördert die Eiweißsynthese nicht nur durch den vermehrten Membrantransport von Aminosäuren in die Zelle hinein, sondern sehr wahrscheinlich auch durch Beeinflussung der ***Ribosomen.*** Wachstumshormon fördert die Synthese bestimmter Enzyme. Wachstumshormon stimuliert die ***Lipolyse*** nicht wie alle anderen lipolytischen Hormone via cAMP über eine Aktivierung der Adenylcyclase, sondern indem es die Synthese der Triglyceridlipase fördert. Die Hormonwirkungen auf die Eiweißsynthese erfolgen *langsam* im Gegensatz zu den raschen Hormonwirkungen auf die Membran und die membrangebundenen Enzyme. Die Wachstumshormonwirkungen erfolgen innerhalb von Stunden im Gegensatz zu den rasch einsetzenden und kurzdauernden Wirkungen der lipolytischen Hormone und des Insulins. Die Eiweißsynthese an den Ribosomen wird durch Puromycin und Cycloheximid spezifisch unterdrückt. Hormonwirkungen auf Ribosomen können deshalb durch die Unterdrückbarkeit durch Cycloheximid oder Puromycin von Membranwirkungen eindeutig unterschieden werden.
Thyroxin und die Steroidhormone dringen im Gegensatz zu den wasserlöslichen Hormonen ohne weiteres durch die Membran in die Zelle ein. Sie werden im Cytoplasma von spezifischen Rezeptorproteinen gebunden. Das Rezeptormolekül verändert dabei seine physikalisch-chemischen Eigenschaften und wandert mit dem Steroid in den Zellkern. Dort beschleunigt der Steroid-Rezeptor-Komplex die Synthese bestimmter Messenger-Ribonucleinsäuren (Transkription), die an Ribosomen im Cytoplasma in Proteine translatiert werden. ***Steroidhormonwirkungen*** lassen sich nicht nur mit Puromycin und Cycloheximid unterdrücken, sondern auch durch Actinomycin D, welches den Vorgang der Transkription von DNS auf RNS unterbindet. Jedes einzelne Steroid wird von einem spezifischen Rezeptor gebunden und bewirkt die Synthese spezifischer RNS-Moleküle, welche dann wiederum spezifische Enzyme entstehen lassen. Cortisol, ein antianaboles oder kataboles Hormon, hemmt die Synthese von Struktureiweiß. Die anabolen männlichen Sexualhormone haben neben ihren geschlechtsspezifischen Wirkungen eine generell eiweißaufbauende Wirkung besonders auf Knochenmatrix und Muskulatur.

9.1.7 Abbau, Halbwertszeit und Ausscheidung von Hormonen

Hormone sind in der Regel nur Katalysatoren für bestimmte chemische Reaktionen in der Zelle. Sie fördern oder hemmen gewisse enzymatische Reaktionen, wobei sie bei der Reaktion nur reversibel verändert, nicht aber inaktiviert werden. Dies gilt sicher für die Hormone, welche vorwiegend auf die Membran der Zelle wirken. Sie binden sich reversibel an Rezeptoren der Membran, lösen sich dann wieder von der Membran und gelangen ins Blut zurück. Insulin wird zur Hauptsache nicht am Wirkungsort (Muskulatur, Fettgewebe) inaktiviert, sondern vorwiegend in der Leber und in der Niere.
Es ist nicht bekannt, ob Insulin während der Wirkung auf die Leber inaktiviert wird oder, was wahrscheinlicher ist, durch einen von der Wirkung vollständig unabhängigen Vorgang. Peptidhormone werden nur in kleinen Mengen im Urin unverändert ausgeschieden. So erscheint nur ca. 1‰ des täglich sezernierten Insulins im 24-h-Urin.
Die ***Halbwertszeit eines Hormons*** ist die Zeit, in der sich dessen Konzentration nach einmaliger Injektion auf die Hälfte reduziert. Sie beträgt für die meisten Peptidhormone weniger als 15 min. Davon zu unterscheiden ist die ***Wirkungszeit eines Hormons.***
Intravenös injiziertes Insulin z.B. wirkt etwa 20–30 min. lang, weil es ja in erster Linie einen Transportmechanismus an der Membran beschleunigt. Es wirkt so lange, wie es an die Membran der betreffenden Zellen reversibel gebunden ist. Wenn sich das Insulin von der Membran löst, wird es in der Leber inaktiviert. Die Wirkungszeit der Peptidhormone ist wegen der relativ langsamen Dissoziation vom Rezeptor $\left(\frac{T}{2} \sim 10\text{–}40\ \text{min.}\right)$ wesentlich länger als die Halbwertszeit im Blut. Beim Wachstumshormon verhält es sich ganz anders. Es hat ebenfalls eine extrem kurze Halbwertszeit. Die Wirkungen einer einmaligen intravenösen Injektion von Wachstumshormon treten aber erst innerhalb von Stunden auf. Obschon das Wachstumshormon wegen seines hohen Molekulargewichts wahrscheinlich nicht in das Zellinnere eindringt, scheint es doch über die Membran Wirkungen auf den Zellkern und die Ribosomen auszuüben. Die Steroidhormone und das Thyroxin haben eine viel längere Halbwertszeit. Dies ist wahrscheinlich darauf zurückzuführen, daß die spezifischen Hormoneiweißträger im Blut, Transcortin und Thyroxin-bindendes Globulin, einen großen Teil des Hormons binden und vor der Inaktivierung schützen. Dasselbe finden wir im Falle von Insulin und Wachstumshormon nach längerer Therapie mit diesen Hormonen bei Menschen, welche Antikörper gegen diese Hormone gebildet haben. Hier bindet

sich injiziertes Insulin an den Insulin-Antikörper und wird dementsprechend viel langsamer inaktiviert.
Nur der Teil des Insulins, welcher aus dem Insulin-Antikörperkomplex dissoziiert und damit frei wird, kann von der Leber inaktiviert werden.
Die Peptidhormone werden wahrscheinlich von spezifischen Proteasen zu kleineren Peptiden und schließlich zu Aminosäuren abgebaut, welche dann dem Organismus wieder für die Eiweißsynthese zur Verfügung stehen.
Die aktiven Steroide werden nur zu einem kleinen Teil als solche in freier Form im Urin ausgeschieden. Die Doppelbindungen in den Steroidverbindungen werden meist hydriert, diese dann mit Glucuronsäure oder Schwefelsäure verestert und die Hormone in dieser wasserlöslichen Form im Urin ausgeschieden. Steroide und Catecholamine können vom Organismus nicht für andere Zwecke verwendet werden.

9.1.8 Regulation der Hormonsekretion

Die Sekretion von Hormonen wird durch ***Regelsysteme mit*** meistens ***negativer Rückkoppelung*** gesteuert. Als Beispiel dafür dienen die Hypophysenvorderlappenhormone. Der Hypothalamus sezerniert das den Hypophysenvorderlappen stimulierende Hormon (releasing hormone, releasing factor) in den Pfortaderkreis, und die Hypophyse reagiert darauf mit erhöhter Sekretion des Hypophysenvorderlappenhormons (Tropin). Die periphere Drüse sezerniert nun viel Hormon, welches seinerseits den Hypothalamus und/oder die Hypophyse bremst (vgl. Abb. 51).
Wenn umgekehrt die Konzentration des peripheren Hormons absinkt, wird kompensatorisch mehr hypothalamisch-hypophysäres Hormon gebildet. Für jedes hypothalamisch bzw. hypophysär gebildete Hormon scheint es einen gewissen Schwellenwert des peripher sezernierten Hormons zu geben, unter dem der Hypothalamus bzw. die Hypophyse stimuliert und über dem sie gehemmt werden. Diesen Schwellenwert, auch ***„set point“*** genannt, darf man sich nicht als einen absolut feststehenden Fixpunkt vorstellen. Vielmehr wird er unter anderem von der Tageszeit, äußeren Einflüssen wie Streß, Kälte, Wärme, Licht, metabolischen Prozessen und psychischen Einflüssen stark beeinflußt.
Außer den negativen Rückkoppelungsmechanismen, welche für die Regulation der meisten Hormone zutreffen, gibt es auch ***positive Rückkoppelungsmechanismen.*** Nur mit einem positiven Reiz durch Testosteron auf den Hypothalamus läßt sich erklären, daß durch die Injektion

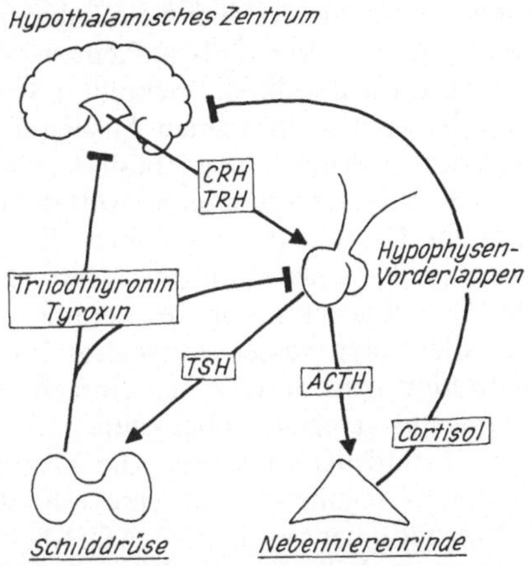

Abb. 51. Negativer Feedback-Mechanismus. Hypothalamus - Hypophysen-Vorderlappen - periphere Drüse

von männlichem Geschlechtshormon eine echte Pubertät ausgelöst werden kann. Bei einem negativen Rückkoppelungsmechanismus wäre ein Stillstand der Pubertät zu erwarten. Komplexe Vorgänge, wie z.B. der Menstruationszyklus der Frau, können durch negative Rückkoppelungsmechanismen allein nicht erklärt werden. Es scheint vielmehr ein komplexes Zusammenspiel von positiven und negativen Rückkoppelungsmechanismen zwischen verschiedenen peripheren Hormonen und hypothalamisch-hypophysären Hormonen diese Vorgänge zu steuern. Es ist denkbar, daß der langsame Reifungsprozeß des Follikels u.a. für die langsamen Schwingungen und die Periodizität dieses Systems mitverantwortlich ist.

Einfache negative Rückkoppelungsmechanismen erklären zwanglos die Regulation der Sekretion verschiedener peripher wirksamer Hormone. Die Einnahme von Zucker führt zu einem akuten Glucoseanstieg im Blut und damit zu einem Sekretionsreiz auf die Inselzellen, die jetzt mehr Insulin sezernieren. Glucose wird nun unter der Wirkung des Insulins von den Zellen aufgenommen, und die Blutzuckerkonzentration fällt ab. Dadurch kommt es zu Schwingungen zwischen Hyperglykämie und Hypoglykämie, welche durch Signalverstärkung mehr oder weniger wirkungsvoll gedämpft werden. Kompliziert wird die Regulation der *Insulinsekretion* dadurch, daß nicht nur Glucose, sondern auch Aminosäuren und andere Metaboliten die Insulinsekretion stimulieren und andererseits verschiedene gastrointestinale Hormone ganz unabhängig vom Glucosespiegel die Insulinsekretion fördern. Somit wird auch der Vorgang der Insulinsekretion zu einem sehr kom-

plexen Vorgang, bei dem viele Faktoren außer der Glucose zu berücksichtigen sind. Ebenfalls auf einem ähnlichen negativen Rückkoppelungsprinzip beruht die Sekretion von Parathormon und Calcitonin. Parathormon bewirkt einen Anstieg der Calciumkonzentration im Blut und deren Anstieg einen Abfall der Parathormonsekretion. Umgekehrt verhält sich das Calcitonin. Auffallend konstant ist bei Mensch und Tier die Osmolalität des Blutes, die von einem Hormon, dem ADH abhängt. Es scheint, daß der Aufrechterhaltung der Osmolalität und der Na^+-Konzentration des Serums gegenüber allen anderen Größen des Elektrolyt-Wasser-Haushaltes Priorität zukommt. Die Na^+-Konzentration wird durch einen einfachen negativen Rückkoppelungsmechanismus geregelt, wobei keine anderen Faktoren berücksichtigt werden. Tatsächlich reagieren die Osmorezeptoren, welche die ADH-Sekretion regulieren, auf eine erhöhte Na^+-Konzentration im Blut sofort mit einer vermehrten ADH-Sekretion, wodurch Wasser rückresorbiert und die Osmolalität von 300 mosm/l wieder erreicht wird. Andrerseits bewirkt jede Verdünnung des Serums durch Wasser via Osmorezeptoren einen Stillstand der ADH-Sekretion, wodurch es zu einer Wasserdiurese kommt. Dieser Reglermechanismus scheint kaum beeinflußt zu werden durch die Psyche und andere Faktoren.
Die Abb. 51-54 zeigen einige Beispiele von negativen Rückkoppe lungsmechanismen. Abb. 51 verdeutlicht die ***zentrale Rolle des Hypothalamus,*** der die sog. Releasing-Hormone abgibt, die den Hypophysenvorderlappen stimulieren. Der Rückkoppelungsmechanismus erfolgt durch Hemmung des hypothalamischen Zentrums (Cortisol)

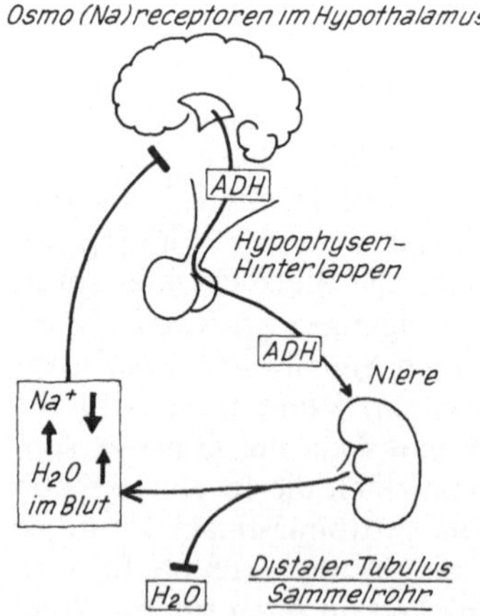

Abb. 52. Negativer Feedback-Mechanismus. Hypothalamus - [Hypophysen-Hinterlappen] - Endorgan

oder des Hypophysenvorderlappens [Thyroxin (T_4), Trijodthyronin (T_3)] durch die von der peripheren Drüse sezernierten Hormone. Abb. 53 veranschaulicht die Bedeutung der Osmo- bzw. Na^+-Rezeptoren für den Na^+- bzw. Wasserhaushalt. Die Na^+-Rezeptoren nehmen zwar die Na^+-Konzentration wahr und führen zu einer ADH-Sekre-

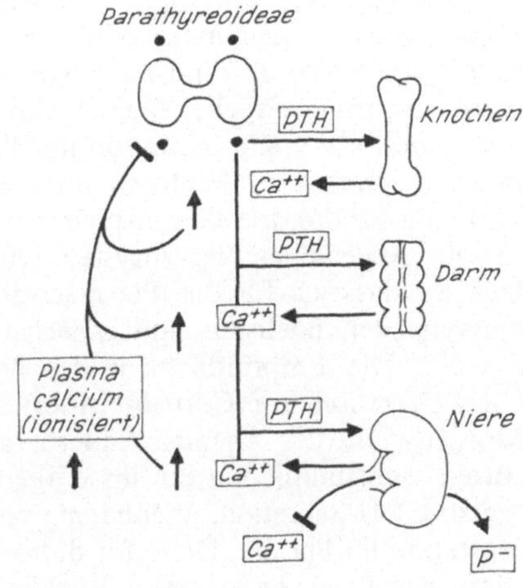

Abb. 53. Direkter Feedback-Mechanismus. Parathyreoidea - Knochen - Darm - Niere - Ca^{++}

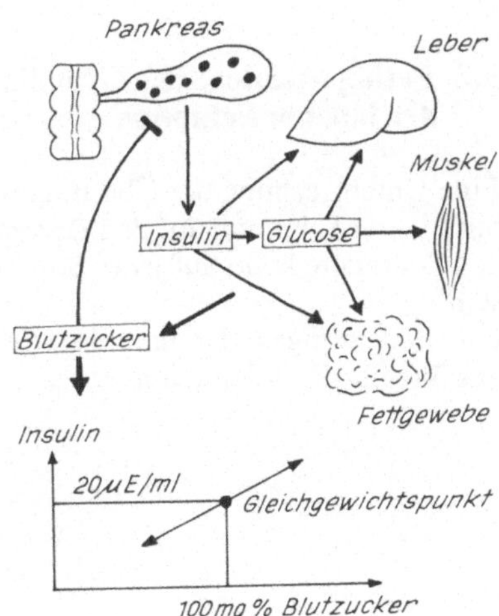

Abb. 54. Direkter Feedback-Mechanismus. β-Inselzellen - insulinabhängige Gewebe - Blutzucker

tion, die indirekt zu einer Veränderung der Na^+-Konzentration via vermehrter Rückresorption von H_2O führt.
Die Abb. 53 und 54 sind 2 Beispiele für direkte Feedback-Mechanismen zwischen einer peripheren Drüse und einer lebenswichtigen Substanz (Ion bzw. Substrat) im Blut. Man beachte die Komplexität der Wirkungsweise des Hormons auf mehrere Gewebe, die in einem derart vereinfachten Schema nicht verdeutlicht werden kann. Durch Signalverstärkung und gedämpfte Schwingungen erreicht jedes dieser Reglersysteme einen mehr oder weniger gut eingestellten Gleichgewichtspunkt. Dieser kann fix eingestellt sein und durch äußere Einflüsse (Nahrung, Psyche, Tagesrhythmus etc.) kaum verändert werden (Na^+- und Ca^{2+}-Konzentration im Blut). Größere Variationen finden in der vielen anderen Faktoren unterliegenden Regulation des Blutzukkers statt (endokrine Gegenspieler des Insulins, Nahrungsaufnahme, „Streß", vegetatives Nervensystem, etc.). Ein eigentlicher Tagesrhythmus ist klassisch für das Plasmacortisol, das zwischen 4 und 6 Uhr morgens den höchsten und zwischen 16-20 Uhr den tiefsten Wert erreicht. Die Empfindlichkeit des hypothalamischen Zentrums der CRH-Sekretion auf Cortisol ist offenbar verschieden während des Morgens und des Abends. Außerdem wirken alle unter dem Aspekt „Streß" subsummierten Einflüsse irgendwie auf das Zentrum und führen zu CRH-Sekretion, unabhängig von der bestehenden Cortisolkonzentration im Plasma. Diese für didaktische Zwecke bestechend einfachen negativen endokrinen Rückkoppelungsmechanismen sind in Wirklichkeit äußerst komplex!

9.2 Pathophysiologische Grundlagen von Störungen der inneren Sekretion

Eine Unterbrechung der Übertragung der Information von einer Drüse mit innerer Sekretion auf den Rezeptor des Endorgans und von dort in das Zellinnere kann auf jeder Stufe Ursache einer endokrinen Störung sein.
Die Bedeutungen der im folgenden gebrauchten Abkürzungen sind aus Tabelle 53 zu entnehmen.

Tabelle 53. Abkürzungen

ACTH	Adrenocorticotropin
ADH	Antidiuretic hormone, Antidiuretisches Hormon
ADP	Adenosindiphosphat
AMP	Adenosinmonophosphat
ATP	Adenosintriphosphat
cAMP	cyclisches Adenosinmonophosphat
CRH	ACTH-releasing hormone bzw. (adreno-)corticotropin releasing hormone
DNA	Deoxyribonucleic acid
FSH	Follicle-stimulating hormone, Follikel-stimulierendes Hormon
fT3	freies Trijodthyronin
fT4	freies Thyroxin
GHRH	GH-releasing hormone
HCG	Humanes Choriongonadotropin
HGH	Wachstumshormon, human growth hormone
IGF I/SMC	Insulin-like growth factor I = somatomedin C
LH	Luteinizing hormone, luteinisierendes Hormon
LHRH	Luteinizing hormone-releasing hormone
MSH	Melanophoren-stimulierendes Hormon
NNR	Nebennierenrinde(n)
1,25 $(OH)_2D_3$	1,25-Dihydroxycholecalciferol
PTH	Parathormon
RNA	Ribonucleic acid
T3	Trijodthyronin
T4	Thyroxin
TRH	TSH-Releasing Hormon
TSH	Thyroid-stimulating hormone, Thyreoidea-stimulierendes Hormon
TSI = LATS	Thyreoidea-stimulierende Immunglobuline bzw. long-acting thyroid stimulator

9.2.1 Angeborene Störungen der Biosynthese und Sekretion von Hormonen

Bei den ***angeborenen Endokrinopathien*** handelt es sich meistens, aber nicht immer, um Krankheiten des Formenkreises der *angeborenen, vererbten Stoffwechselkrankheiten* („inborn errors of metabolism"). Typisch für diesen Formenkreis sind gewisse Krankheiten der NNR und der Schilddrüse. Jede Störung der Cortisolsynthese mit verminderter Cortisolkonzentration im Serum bedingt eine vermehrte Sekretion des hypothalamischen CRH, bzw. des hypophysären ACTH. Diese stimulieren die Umwandlung von Cholesterin in Pregnenolon und damit auch die darauffolgenden chemischen Prozesse, welche wegen der Cortisolsynthesestörung zur Bildung pathologischer Steroide mit meist androgenen Eigenschaften führen. Es kommt zu einer Hyperplasie der NNR, da ja die Hypophyse bestrebt ist, einen normalen Cortisolwert im Blut zu erreichen, ganz unabhängig davon, ob falsche androgene NNR-Hormone sezerniert werden, auf die das hypothalamische Zentrum nicht anspricht. Das ***adrenogenitale Syndrom*** in seinen verschiedenen Formen, je nach dem angeborenen Enzymdefekt der Cortisolsynthese, ist das Resultat.

Der früher häufige endemische Kretinismus in den Kropfgebieten als Folge des Jodmangels in der Nahrung ist dem ***familiären Kretinismus*** gewichen. Es handelt sich um angeborene, vererbte Stoffwechselkrankheiten, welche auf einer Thyroxinsynthesestörung beruhen. Bei allen Kindern mit angeborenem Mangel an Thyroxin wird die Hypophyse versuchen, die Thyroxinkonzentration im Blut zu normalisieren. Das vermehrt sezernierte TSH führt zur Vergrößerung der Schilddrüse, zur Struma. Je nach dem, wieviel Thyroxin von der vergrößerten Schilddrüse gebildet werden kann, wird sich der Mangel an Thyroxin mehr oder weniger schwer auswirken. Es gibt mindestens 5 verschiedene angeborene Störungen der Schilddrüsenhormonbildung und -sekretion.

Die angeborenen Störungen der Synthese von Peptidhormonen der Hypophyse und des Pankreas sind seltener. Der Diabetes insipidus kommt als vererbte hypothalamische Störung vor. Am häufigsten ist der Diabetes mellitus mit Insulinmangel, seltener die verminderte Sekretion von Wachstumshormon und/oder FSH und LH sowie Störungen der Parathormonbildung.

Von diesen „inborn errors of metabolism“ prinzipiell zu unterscheiden sind die ***chromosomalen Aberrationen,*** welche oft die Geschlechtschromosomen X und Y betreffen. Diese Krankheiten werden nicht als genetische Merkmale von den Eltern auf die Kinder übertragen, sie treten vielmehr sporadisch als Folge einer falsch ablaufenden Teilung des Eies nach dessen Befruchtung auf. Dabei kommt es zu einem falschen Chromosomensatz, beim Mann häufig zu XXY. Das als ***Klinefelter-Syndrom*** bezeichnete Krankheitsbild geht mit Sterilität und mehr oder weniger stark verminderter Intelligenz einher. Das chromosomale Geschlecht dieser phänotypisch männlichen Personen ist weiblich, da 2 X-Chromosomen im Kern vorhanden sind, die als „drumstick“ sichtbar sind. Die häufigste chromosomale Aberration beim Mädchen ist die XO-Variante, das ***Turner-Syndrom,*** wobei ein X-Chromosom wäh-

rend der Eiteilung verlorengegangen ist. Diese äußerlich weiblichen Individuen haben ein männliches Kerngeschlecht, da ja ein X-Chromosom fehlt. Vagina und Uterus sind vorhanden, die Ovarien sind hypoplastisch oder fehlen, und als Ausdruck der fehlenden Hormonproduktion bilden sich die Mammae nicht aus, und es besteht eine primäre Amenorrhoe. Die Patientinnen sind klein und von normaler Intelligenz.
Wenn nach der falsch ablaufenden Eiteilung beide Zelltypen weiterleben, entsteht ein sog. Mosaik, z. B. mit XO-Zellen einerseits und XXX-Zellen andererseits.

9.2.2 Störungen der Speicherung und Sekretion

Dieser pathophysiologische Aspekt endokriner Krankheiten ist bisher wenig beachtet worden. Er gelangt jetzt in den Brennpunkt der Diabetesforschung, da beim ***Typ-2-Diabetiker*** nachgewiesen ist, daß die Speicherung von Insulin in den Granula der Inselzellen noch normal ist, der Sekretionsprozeß jedoch nicht richtig abläuft.

9.2.3 Störungen des Hormontransports

Die wenig wasserlöslichen Steroidhormone und die Schilddrüsenhormone benötigen Eiweiße als Träger für den Transport im Blut. Es ist interessant, daß ein Mangel an Transcortin oder Thyroxin-bindendem Globulin (angeboren, Eiweißverlust) oder eine Erhöhung dieser Transportproteine (Schwangerschaft, Ovulationshemmer) zu keinen Endokrinopathien führen, also keine pathophysiologischen Konsequenzen haben, da diese Hormone ohnehin nur in freier Form zur Wirkung gelangen.

9.2.4 Störungen der Wirkung von Hormonen

Es gibt verschiedene Möglichkeiten für die Unwirksamkeit in der Peripherie eines von einer innersekretorischen Drüse normal gebildeten Hormons:

- ***Fehlende Umwandlung eines Prohormons in das aktive Hormon durch das Effektorgan.*** Die meisten innersekretorischen Drüsen sezernieren keine Prohormone. Eine Ausnahme scheint das Testosteron zu machen. *Testosteron* wird durch gewisse Effektorgane zu Dihydrotestosteron umgewandelt. Bei einer angeborenen Stoffwechselstörung, dem Testosteron-5α-Reductase-Mangel, entwickelt sich bei Knaben das äußere Genitale zuerst weiblich. Erst bei der Pubertät tritt eine weitgehende Virilisierung auf. Bei diesen Individuen wird Testosteron nicht zu Dihydrotestosteron umgewandelt, so daß das Hormon an vielen Endorganen unwirksam ist. Ein analoges Beispiel finden wir bei den Avitaminosen. Es gibt eine Form der *Rachitis*, die *Vitamin-D-resistent* ist, weil in der Leber oder in den Nieren das Vitamin D_3 nicht in die aktive 1,25-Dihydroxy-Form umgewandelt werden kann. Es nützt nichts, solche Patienten mit Vitamin D zu behandeln. Sie benötigen 1,25 $(OH)_2$ D_3, die aktive Form des Vitamin D_3.

- ***Rezeptorendefekte.*** Bei normalem Hormonhaushalt kann ein *Fehlen oder Nichtansprechen der Rezeptoren* auf ein bestimmtes Hormon eine endokrine Störung nachahmen: Solche Rezeptorendefekte sind besonders in bezug auf Wachstumshormon, Parathormon, Testosteron und Insulin bekannt. Die Pygmäen z. B. haben normale Mengen Wachstumshormon im Blut, bleiben aber klein, weil die Synthese von IGF I/Somatomedin C in der Leber ungenügend ist. Bei den sog. ***Laron-Zwergen*** ist das Wachstumshormon im Blut immunochemisch gemessen normal oder sogar erhöht, die Wachstumshormonrezeptoren sind indessen nicht funktionstüchtig, so daß das Wachstumshormon die IGF I-Synthese nicht anregen kann. Neben dem echten Hypoparathyreoidismus gibt es den ***Pseudo-Hypoparathyreoidismus.*** Bei dieser Krankheit ist das Parathormon im Blut vorhanden, aber die Rezeptoren des Knochens sprechen auf das Parathormon nicht an. Die Krankheit der testikulären Feminisierung beruht wahrscheinlich auf einem totalen Fehlen von Androgenrezeptoren bei genetisch männlichen Individuen. Bei der Geburt ist das äußere Genitale weiblich, so daß diese Individuen richtigerweise wie normale Mädchen aufgezogen werden. Die Menarche bleibt aus, und bei der Exploration der Gonaden findet man Hoden anstelle von Ovarien. Die Testosteronsekretion entspricht derjenigen eines Mannes, doch ist dieses Hormon völlig wirkungslos. Vermehrtes oder vermindertes Ansprechen der peripheren Rezeptoren auf Androgene führt entweder zu Hirsutismus (Tabelle 54) oder zu schwacher sekundärer Körperbehaarung, wie dies bei vielen östlichen Völkern die Regel ist.
- ***Fehlen intrazellulärer Trägersubstanzen für Hormone.*** Diejenigen Hormone, welche nicht auf die Membran oder Membran-gebundene Enzyme wirken, sondern vom Kern gebunden werden, müssen durch das Cytoplasma zum Kern gelangen. Es ist denkbar, aber

Tabelle 54. „Pseudoendokrinopathien" nach ihrer Häufigkeit in der Praxis

Adipositas simplex: Familiäre Häufung (deshalb genaue Familienanamnese), genetische und/oder Milieufaktoren; gehäuft bei Familien mit Diabetesanamnese (fast jeder Altersdiabetiker ist übergewichtig). Sekundäre endokrine Veränderungen sind reversibel, u.a. erhöhte Insulinämie, erhöhte Ausscheidung von 17-Hydroxycorticosteroiden, hemmbar durch Dexamethason.

Hirsutismus simplex: Übermäßiges Ansprechen der Haarfollikel auf Androgene.

Sekundäre Amenorrhoe: Wenn Endokrinopathie ausgeschlossen, ist nach psychischen Gründen zu forschen: Angst, Milieuwechsel etc. weit häufiger ursächlich beteiligt als primär endokrine Störung.

Störung der Libido und Potentia coeundi: Primären und sekundären Hypogonadismus ausschließen, an Neuropathie des Diabetikers denken: Viel häufiger psychogen.

Frigidität der Frau: Die Libido der Frau ist mehr oder weniger unabhängig von Sexualhormonen, die Frigidität in der Regel psychogen.

Andere Störungen der Sexualität: Bis heute keine endokrine Ursachen bekannt.

Anorexia mentalis: Psychiatrische Krankheit, meist einhergehend mit mehr oder weniger schwer gestörten Beziehungen zu Vater und/oder Mutter. DD: Patienten mit Panhypopituitarismus sind in der Regel nicht kachektisch wie Patienten mit Anorexie.

Gynäkomastie beim Mann: Physiologisch während Pubertät; Klinefelter-Syndrom (kleine Hoden, pos. Kerngeschlecht); Chorionepitheliom; Medikamente: Ganglienblocker, Antihypertensiva, Sedativa, Digitalis u.a.; meist keine endokrine Ursache eruierbar.

noch für keine Krankheit bewiesen, daß die Trägersubstanzen fehlen, welche unlösliche Steroide in den Kern transportieren. Diese Pathogenese wird heute z.B. für die testiculäre Feminisierung in Erwägung gezogen.

9.2.5 Störungen des Abbaus und der Ausscheidung von Hormonen

Ein *beschleunigter* Abbau aller Steroidhormone ist typisch für die ***Hyperthyreose:*** Bei der Hyperthyreose werden vermehrt Cortisolabbauprodukte im Urin ausgeschieden. Die im Blut wirksame Cortisolkonzentration, das freie Cortisol, ist indessen vollständig normal, da ja der

Rückkoppelungsmechanismus der Hypothalamus-Hypophysen-Achse nicht gestört ist. Ein *verlangsamter* Abbau der Steroide ist typisch für die ***Hypothyreose,*** bei der die Halbwertszeit des Cortisols im Blut verlängert ist und weniger Cortisolabbauprodukte im Urin ausgeschieden werden. Auch hier finden wir keine Störung der NNR-Funktion, da die Konzentration des freien Cortisols im Blut normal ist. Schwere Störungen der Leberfunktion führen ebenfalls zu verminderter Cortisolausscheidung im Urin, weil Cortisol verlangsamt abgebaut wird. Auch bei der Leberinsuffizienz spielt jedoch der Rückkoppelungsmechanismus vollständig normal. Bei renalem oder anderem Eiweißverlust ist auch die Konzentration des Thyroxin-bindenden Globulins und damit des gesamten Thyroxins im Blut vermindert. Auch hier bleiben Konsequenzen endokriner Art aus, da der Rückkoppelungsmechanismus normal bleibt und die Konzentration des freien Thyroxins im Blut normal ist.

9.2.6 Störungen des Regelsystems

Endokrine Krankheiten können durch eine Störung des hypothalamisch-hypophysär-peripheren Rückkoppelungsmechanismus entstehen. Das klassische Beispiel ist das ***hypothalamisch-hypophysäre Cushing-Syndrom*** mit beidseitiger Nebennierenrindenhyperplasie. Diese Krankheit beruht auf einer Fehleinstellung des hypothalamischen Zentrums für das CRH. Das CRH-Zentrum im Hypothalamus läßt sich durch normale Cortisolmengen nicht hemmen, produziert weiter CRH, so daß durch eine vermehrte ACTH-Ausschüttung die Cortisolsekretion auf abnorm hohen Werten bleibt. Der Rückkoppelungsmechanismus funktioniert zwar immer noch, aber nun auf einer viel höheren Stufe. Wenn wir solchen Patienten sehr viel, etwa das 5fache der physiologischen Cortisoldosis verabreichen, kommt es oft zu einer Hemmung des Hypothalamus. Neuerdings wird das Cushing-Syndrom wieder vermehrt auf ein primäres basophiles Hypophysenadenom zurückgeführt, dessen Zellen mehr oder weniger autonom ACTH sezernieren.

9.2.7 Autonome Hormonproduktion durch benigne und maligne Tumoren endokriner Drüsen

Hormon-aktive Tumoren produzieren Hormone häufig ganz unabhängig von übergeordneten Hormonsystemen. Die übergeordnete endokrine Drüse ist durch das Hormon zwar gehemmt, der Tumor kümmert sich jedoch nicht um das stimulierende Hormon. Die meisten endokrinen Überfunktionssyndrome, wie das Cushing-Adenom der NNR, Phäochromocytom, das autonome Adenom der Schilddrüse, der Hyperparathyreoidismus, das aquirierte adrenogenitale Syndrom, Tumoren der Hypophyse (eosinophiles und basophiles Adenom, Prolactinom) und der Gonaden gehören dazu.

9.2.8 Autonome ektopische Hormonproduktion

Nicht nur Tumoren endokriner Drüsen sind befähigt, Hormone zu produzieren, sondern gelegentlich auch maligne Tumoren, die nicht von endokrinen Organen ausgehen. Verschiedene endokrine Überfunktionssyndrome werden durch ektopische Hormonbildungen nachgeahmt, so vor allem das Cushing-Syndrom bei Bronchus- und anderen Carcinomen, dann die ektopische ADH-Sekretion, welche zu einer Wasserintoxikation führt und vor allem die Tumorhypoglykämie. Es handelt sich um große Tumoren, die die Hypoglykämie nicht via Insulin, sondern auf eine Insulin-unabhängige Art auslösen.

9.2.9 Endokrine Unterfunktionssyndrome durch Zerstörung der endokrinen Drüse

Die Pathogenese des Untergangs einer endokrinen Drüse kann ganz verschieden sein. Beim ***Panhypopituiarismus*** handelt es sich häufig um *Tumoren* der Hypophyse, welche das hormonell aktive Gewebe verdrängen, oder aber um eine *Apoplexie der Hypophyse* nach dem Partus bei großem Blutverlust (Sheehan-Syndrom). ***Die Hypothyreose*** ist oft die Folge einer chronisch ablaufenden lymphocytären Entzündung (Strumitis Hashimoto), heute vielleicht häufiger die Folge der Radiojodbehandlung bei Hyperthyreose. Der Diabetes mellitus infolge von Pankreatitis ist bei uns relativ selten, in den Tropen eine häufige Komplikation. Die Tuberkulose war früher häufig die Ursache einer Verkäsung und Verkalkung der NNR und damit die Ursache einer NNR-Insuffizienz, während heute eine Autoimmunentzündung für die meisten Fälle von NNR-Insuffizienz verantwortlich gemacht wird. Während die Mumpsorchitis nur die Hodentubuli und damit die Spermatogenese betrifft, die Leydig-Zellen aber verschont, so daß es zu einer Infertilität, aber zu keiner Potenzstörung kommt, führt z.B. die ***Hodentorsion*** beidseits zum Eunuchoidismus, d.h. zum Untergang sowohl der Hodentubuli wie der Leydig-Zellen. Bei der Frau ist die

Östrogen- und Progesteronbildung an die Follikel der Ovarien gebunden, welche im Alter von ca. 50 Jahren aufhören zu funktionieren. Dort ist der Untergang einer endokrinen Drüse, nämlich des Ovars, als physiologisch zu bezeichnen. Im Gegensatz zum Mann, dessen Libido und Potenz von den männlichen Geschlechtshormonen abhängen, tritt bei der Frau in der Menopause kein Libidoverlust ein, nur eine Infertilität.

9.2.10 Das endokrine Psychosyndrom

Bleuler hat bei endokrinen Krankheiten ein gehäuft vorkommendes psychisches Syndrom beschrieben. Vor allem Krankheiten der Hypophyse, Schilddrüse, Nebennieren, Nebenschilddrüsen und Gonaden gehen mit dem endokrinen Psychosyndrom einher. Typisch sind *Antriebsstörungen*, seltener Störungen der mnestischen Funktionen wie beim organischen Psychosyndrom.
Bei Hypophysen-, Schilddrüsen- und NNR-Insuffizienz stehen häufig Apathie, Lustlosigkeit, Müdigkeit, Resignation, Konzentrationsunfähigkeit und eine depressive Verstimmung im Vordergrund, bei der Hyperthyreose eher Nervosität, Schlaflosigkeit und Erregungszustände. Beim Cushing-Syndrom (Überproduktion von Glucocortikoiden) ist alles möglich bis zum Bild schwerer paranoider oder mutistischer Schizophrenie, die sich nach erfolgreicher Behandlung meist vollständig normalisiert. Wesentlich scheint uns, daß bei Patienten, die eine ***Wesensveränderung*** angeben und darunter leiden oder bei denen nahestehende Mitmenschen eine solche angeben, nach einer Endokrinopathie gesucht wird, bevor eine tiefschürfende psychiatrische Exploration vorgenommen wird.

9.3 Spezielle Pathophysiologie der endokrinen Drüsen

9.3.1 Wachstum und Entwicklung

Für ein normales Wachstum sind notwendig:

- eine in bezug auf Gesamtkalorien, essentielle Aminosäuren, Fettsäuren und Vitamine vollwertige Ernährung
- Wachstumshormon
- insulinähnliche Wachstumsfaktoren (Somatomedine)
- Insulin

- Thyroxin
- Testosteron bzw. Östrogene

Das Fehlen eines oder mehrerer dieser Faktoren führt zu einem Kleinwuchs oder Zwergwuchs.

9.3.2 Hypophysärer Zwergwuchs (Tabelle 55)

Primärer Mangel an Wachstumshormon. Ein *angeborener* isolierter Mangel an Wachstumshormon führt zum hypophysären Zwergwuchs. Von Zwergwuchs spricht man bei einer Erwachsenengröße unter 140 cm. Kinder und Erwachsene mit angeborenem Wachstumshormonmangel sind sog. ***proportionierte Zwerge,*** d.h. ihre Körpermaße sind klein, die Proportionen untereinander aber unauffällig. Bei dem seltenen isolierten Mangel an Wachstumshormonen fehlen andere krankhafte Symptome außer dem Zwergwuchs und einer Tendenz zu Hypoglykämien. Hypophysäre Zwerge können heute, rechtzeitig mit menschlichem Wachstumshormon behandelt, über 30 cm wachsen.

Sekundärer Mangel an Wachstumshormon. Hypothyreote Kinder bleiben klein. Die Ursachen des Kleinwuchses bei ***Schilddrüsenunterfunktion*** sind komplex. Sicher ist die Wachstumshormonsekretion vermindert und damit auch die der Somatomedine bzw. IGF I. Hypothyreose führt indessen auch zu Eß- und Trinkfaulheit, so daß die Verminderung von IGF I auch durch eine Unterernährung mitbedingt sein könnte. Substitution der hypothyreoten Kinder mit T4 normalisiert Eßverhalten, Wachstumshormonsekretion, IGF I im Serum und damit auch das Wachstum.

Zwergwuchs bei Mangel an IGF I/SMC. Der direkte Stimulus zur Replikation und Matrixsynthese von Knorpelzellen wird durch die Bindung von IGF I an den IGF I-Rezeptor ausgelöst. Zwergwuchs ist somit immer durch einen IGF I-Mangel bedingt bei intaktem Endorgan. Der IGF I-Mangel ist meist *sekundär* (HGH-Defizit, Hypothyreose, Diabetes mellitus oder Unterernährung), kann aber auch primär sein.

Von Laron sind Zwerge beschrieben worden, die ähnlich wie hypophysäre Zwerge aussehen, bei denen aber die im Radioimmunoassay gemessene Wachstumshormonkonzentration im Blut normal ist. Hingegen fehlen diesen Zwergen die sog. ***Somatomedine,*** ohne die das Wachstumshormon seine Wirkung nicht ausüben kann. Somatomedine sind insulinähnliche Wachstumsfaktoren. Es sind Polypeptidhormone

Tabelle 55. Einige endokrine Unterfunktionssyndrome des Hypothalamus bzw. der Hypophyse

Angeborene Störungen					
Krankheit	Pathogenetische Faktoren	Diagnostische Funktionstests	Pathologische Testergebnisse	Wichtigste Symptome	Therapie
Diabetes insipidus (idiopathisch, erworben)	ADH-Mangel, hypothalamische Störung	Konzentrationsfähigkeit der Niere, Durstversuch, NaCl-Infusion	Fehlender Anstieg der Osmolalität (spez. Gewicht) des Urins, leicht erhöhte Na^+-Konzentration im Serum	Polydipsie, Polyurie	ADH-Substitution bzw. Analog von ADH, Desamido-D-Arginin-Vasopressin (DDAVP)
Diabetes insipidus occultus	ADH-Mangel + Störung des Durstzentrums	Konzentrationsfähigkeit der Niere, Durstversuch, NaCl-Infusion	Fehlender Anstieg der Osmolalität (spez. Gewicht) des Urins, fehlender Durst	Hypernatriämie, hypertone Dehydrierung, hyperosmolares Koma	ADH-Substitution bzw. ADH-Analog (DDAVP), 2-3 Liter vorgeschriebene Trinkmenge
Hypophysärer Zwergwuchs (isolierter HGH-Mangel)	Ausfall der Wachstumshormonproduktion der Hypophyse	HGH-Provokationstest mit GHRH, Hypoglykämie, Arginin etc.	Fehlender Anstieg des HGH im Blut auf GHRH, Hypoglykämie, Arginin u.a. Stimuli	Zwergwuchs, gelegentlich Hypoglykämien	Substitution mit menschlichem HGH vor der Pubertät (Epiphysenfugenschluß)
Hypogonadotroper Hypogonadismus ♂	Ausfall von LH und FSH	Familienanamnese (DD: Verzögerte Pubertät), LH, FSH, LHRH-Test	LH, FSH erniedrigt, fehlender Anstieg auf LHRH	Kleine Hoden, fehlende sek. Geschlechtsmerkmale, fehlende Libido, Impotenz	Substitution mit Testosteron (Normalisierung von Libido, Potentia coeundi, sek. Geschlechtsmerkmalen)

Hypophysärer Zwergwuchs und hypogonadotroper Hypogonadismus ♂, ♀	Ausfall von HGH, LH, FSH	GHRH, Hypoglykämie, Arginintest, LHRH-Test	Fehlender Anstieg des HGH, fehlender Anstieg von LH, FSH	Zwergwuchs, fehlende sek. Geschlechtsmerkmale, kleine Hoden, primäre Amenorrhoe, fehlende Libido, Impotenz	evtl. LH, FSH bei Kinderwunsch, HGH, später Testosteron, evtl. LH, FSH oder LHRH
Erworbene Störungen					
Krankheit	Pathogenetische Faktoren	Diagnostische Funktionstests	Pathologische Testergebnisse	Wichtigste Symptome	Therapie
Tumoren des Hypophysenstiels und der Hypophyse im Kindesalter	Tumoren	HGRH-Test, Hypoglykämie, Arginintest, LH, FSH, LHRH-Test	Fehlender HGH-Anstieg, LH-, FSH-Anstieg auf LHRH evtl. Plasmacortisol↓ T3 und T4↓	Gesichtsfeldeinschränkung (Druck auf Chiasma), Knick in der Wachstumskurve, fehlende Pubertät, sek. Hypothyreose, sek. NNR-Insuffizienz	Operation und Substitution der Hormone der peripheren Drüsen
Tumoren des Hypophysenstiels und der Hypophyse beim Erwachsenen (Apoplexie der Hypophyse nach Geburt, Sheehan-Syndrom)	Tumoren Nekrose der Hypophyse	HGRH-Test, Hypoglykämie, Arginintest, LHRH-Test, T3 und T4, TRH-Test, Plasmacortisol	Fehlender HGH-Anstieg, bzw. LH-, FSH-Anstieg auf LHRH, Plasmacortisol↓ T3 und T4↓ Testosteron↓	Potenz↓ Libido↓ Amenorrhoe, sek. Geschlechtsmerkmale vermindert, sek. NNR-Insuffizienz, sek. Hypothyreose	Operation und Substitution der Hormone der peripheren Drüsen

mit einem MG von 7500, die strukturell mit Insulin verwandt sind und entwicklungsgeschichtlich einen gemeinsamen Vorläufer haben. Diese Wachstumsfaktoren werden unter anderem in der Leber gebildet, und es ist unbekannt, weshalb diese Laron-Zwerge unter dem Einfluß von Wachstumshormon kein Somatomedin produzieren können. Auch die kleinwüchsigen *Pygmäen* haben normale Wachstumshormonkonzentrationen im Blut bei relativ niedrigen IGF I-Konzentrationen. Die Größenunterschiede innerhalb ein- und derselben Spezies können durch verschiedene IGF I-Konzentrationen im Serum bedingt sein. Beim Hund ist dies bewiesen und beim Pudel korreliert die Körpergröße sehr gut mit der Serum-IGF I-Konzentration.

Zwerg- oder Kleinwuchs infolge erworbenen Wachstumshormonmangels. Wenn eine vorerst normale Wachstumskurve durch einen plötzlichen oder allmählich eintretenden Wachstumsstillstand einen Knick erfährt, ist oft ein während des Lebens erworbener Wachstumshormonmangel dafür verantwortlich. Ein Tumor des Hypophysenstieles, das ***Craniopharyngeom,*** und Tumoren der Hypophyse, insbesondere das ***chromophobe Adenom,*** verdrängen normales Hypophysengewebe. Bei den meisten Kindern kommt es dabei zuerst zu einem Ausfall des Wachstumshormons, dann der Gonadotropine und des TSH und schließlich des ACTH. Bei einem Knick in der Wachstumskurve ist es häufig schwierig, zwischen erworbenem Wachstumshormonmangel und einer verspäteten Pubertät zu unterscheiden. Als zuverlässiger differentialdiagnostischer Test kann ein HGRH-Test mit Bestimmung des Wachstumshormons durchgeführt werden. Dieses steigt bei normalen Versuchspersonen und auch bei der Pubertas tarda während und nach der Hypoglykämie an, während bei einem Hypophysentumor mit Ausfall des Wachstumshormons kein Anstieg erfolgt. Im LHRH-Test steigen LH und FSH bei der Pubertas tarda normal an, beim Hypophysentumor nur dann, wenn die LH- und FSH-produzierenden Zellen noch nicht betroffen sind. Ein isolierter Ausfall des Wachstumshormons im Erwachsenenalter verursacht keinerlei klinische Symptome.

Nicht proportionierter Zwergwuchs. Endorganstörungen bzw. -defekte sind für den nicht proportionierten Zwergwuchs verantwortlich. Bei den ***chondrodystrophen Zwergen*** sind die Hormone in Ordnung, die Epiphysenfuge der langen Röhrenknochen jedoch defekt. Kleinwuchs mit Dysmorphien ist charakteristisch für chromosomale Störungen.

9.3.3 **Hypogonadotroper Hypogonadismus** (Tabelle 55)

Kinder mit angeborenem Mangel an Gonadotropinen wachsen vorerst normal. Knaben wie Mädchen treten nicht in die Pubertät ein. Es stellt sich wiederum die Frage, ob ein hypogonadotroper Hypogonadismus oder nur eine verspätete Pubertät vorliegt. Die Differentialdiagnose kann mit dem LHRH-Test gestellt werden. Bei der ***Pubertas tarda*** führt LHRH zu einem Anstieg des LH, beim hypogonadotropen Hypogonadismus bleibt er aus. Bei Knaben ist der hypogonadotrope Hypogonadismus gelegentlich kombiniert mit einem Fehlen des Geruchsinns, ein Syndrom, das von Kallmann beschrieben wurde. Dieser *kombinierte Ausfall von Geruchsinn und Gonadotropinen* bzw. Sexualität ist phylogenetisch interessant (Insekten, Hund). *Mädchen* mit hypogonadotropem Hypogonadismus können *mit FSH und LH behandelt* werden und unter dieser Behandlung eine Menarche mit ovulatorischen Zyklen durchmachen. Es sind bereits mehrere Schwangerschaften bei Individuen mit hypogonadotropem Hypogonadismus unter dieser Behandlung beschrieben worden. Beim *Knaben* mit hypogonadotropem Hypogonadismus wird eine Fertilität mit LH- und FSH-Behandlung in der Regel nicht erreicht, weshalb die *Behandlung mit Testosteron* oft vorgezogen wird. Damit tritt der Knabe rasch in die Pubertät ein und die Potentia coeundi wird erreicht, nicht aber die Potentia generandi (normale Sexualität, fehlende Zeugungsfähigkeit).

9.3.4 **Kombinierter Ausfall verschiedener Hypophysenvorderlappen-Hormone** (Tabelle 55)

Die häufigsten Ursachen des Ausfalls des Hypophysenvorderlappens sind Tumoren im Bereiche des Hypophysenstiels und der Hypophyse selbst und ischämische Nekrosen der Hypophyse bei Partus mit schwerem Blutverlust. Meistens verdrängen Craniopharyngeome oder hormonell inaktive chromophobe Adenome mit der Zeit die normalen Hypophysenzellen. Der ***Panhypopituitarismus*** wird auch als ***Simmond'sche Krankheit*** bezeichnet. Simmond war der Ansicht, daß alle Patienten mit Hypophyseninsuffizienz mager seien und beschrieb die Krankheit als Simmondsche Kachexie. Heute wissen wir, daß die beschriebenen Patienten gar keinen Panhypopituitarismus im heutigen Sinne hatten, sondern vielmehr eine ***Anorexia nervosa,*** ein psychisches Leiden mit Appetitverlust und Erbrechen, ohne ursächliche Beteiligung des endokrinen Systems. Eine *ischämische Nekrose der Hypophyse nach Partus* tritt nur bei massivem Blutverlust ein. Die Symptome können je nach Vollständigkeit des Untergangs der Hypophysenzellen kurz nach dem Partus oder aber erst nach Jahren in Erscheinung treten. Die Reihenfolge des Ausfalls der hypophysären Hormone ist recht typisch. Zuerst fällt die Menstruation aus (FSH und LH), dann das TSH und schließlich das ACTH. Da nur ACTH, bzw. das Cortisol ein absolut lebenswichtiges und notwendiges Hormon ist, wird eine langsam auftretende Hypophyseninsuffizienz gut toleriert, bis es schließlich zur NNR-Insuffizienz kommt. Auch dann wird der Ausfall multipler Hormone oft noch relativ gut ertragen, da viele vitale Funktionen wegen der niedrigen Thyroxinkonzentration verlangsamt ablaufen, so daß diese Menschen mit wenig Cortisol auskommen können. Außerdem verfügen Patienten mit Panhypopituitarismus immer noch über Aldosteron, dessen Sekretion nicht durch ACTH, sondern durch das Angiotensin-Renin-System reguliert wird. Bei *Kindern* mit Panhypopituitarismus bleibt das Wachstum zurück und auch die intellektuelle Entwicklung steht still (Schilddrüsenhormone!). *Erwachsene* verlieren Libido und Potenz, die Menstruation bleibt aus, und die Hoden werden kleiner. Die Geschlechtsbehaarung verschwindet allmählich und die Haut wird dünn, trocken, pergamentartig und weiß. Die Patienten neigen zu Hypoglykämien, da alle Insulinantagonisten fehlen. Nicht selten führt eine schwere Hypoglykämie Patienten mit Panhypopituitarismus in die Klinik. Dieses klassische klinische Bild erlaubt meistens eine Blickdiagnose, welche durch die Messung der Schilddrüsen- und Nebennierenrindenfunktion bestätigt wird. 17-Hydroxy- und 17-Ketosteroide im Urin sowie Plasmacortisol sind vermindert und sprechen auf „Streß" nicht mehr an (Hypoglykämie, Fieber, Vasopressinprovokationstest). Bei langdauernder Hypophyseninsuffizienz kommt es zur ***NNR-Hypoplasie,*** so daß mehrere Tage lang dauernde ACTH-Stimulation nötig ist, um die NNR zu normaler Funktion zu stimulieren. Die *sekundäre Schilddrüseninsuffizienz* kann mit einem TSH-Stimulationstest bewiesen werden. Thyroxin im Blut sowie Radiojodaufnahme sind bei Panhypopituitarismus vermindert, steigen aber nach Gabe von TSH an. Im Gegensatz dazu führt die Verabreichung des hypothalamischen TSH-Releasing-Hormones (TRH) zu keinem Anstieg des TSH und dieser beiden metabolischen Indices, da ja das Substrat des TRH, die Hypophyse, fehlt. Patienten mit Hypophyseninsuffizienz benötigen eine *Therapie* mit Cortisol, bzw. Cortison und Thyroxin, ersteres in einer Dosierung von 25-50 mg täglich, Thyroxin in einer Dosierung von 0,1-0,2 mg/Tag. Libido und Potenz werden beim Mann durch Gabe von Testosteron (z. B. Triolandren, 250 mg/Monat i. m.) wieder erreicht. Bei der Frau kann ein anovulatorischer Zyklus (Abbruchblutungen) durch aufeinanderfolgende Verabreichung von Östrogen und Progesteron oder Ovulationshemmern erzeugt werden. Wachstumshormon ist therapeutisch nur bei hypophysärem Zwergwuchs indiziert, beim Erwachsenen sinnlos.

9.3.5 Diabetes insipidus (Tabelle 55)

Im Gegensatz zu Hormonen des Hypophysenvorderlappens wird das Hypophysenhinterlappenhormon, das ***antidiuretische Hormon (ADH),*** im Hypothalamus gebildet und im Hypophysenhinterlappen nur gespeichert. Der Ausfall des Hypophysenhinterlappens führt deshalb nur *vorübergehend* zum Diabetes insipidus, bis der Hypothalamus die ADH-Sekretion übernimmt.

Beim Diabetes insipidus *fehlt ADH*. Von den ca. 150 l Primärharn werden 90% im proximalen Tubulus ohne Einwirkung von ADH rückresorbiert und 10–15 l als Urin gelöst. Patienten mit Diabetes insipidus müssen die gelöste Menge Urin durch Wasser ersetzen, weil sie sonst sofort in eine hypertone Dehydrierung geraten.

Der ***vererbte angeborene Diabetes insipidus*** ist selten. Er beruht auf einer Störung der ADH-Bildung und muß von einer ebenfalls vererbt vorkommenden Endorganstörung, dem ***Diabetes insipidus renalis*** unterschieden werden. Hier fehlt es nicht an ADH, sondern an den Rezeptoren im distalen Tubulus und den Sammelrohren, die nicht auf ADH ansprechen.

Häufiger ist der Diabetes insipidus die *Folge von Hirntumoren, Hypophysenoperationen und Hypophysentumoren*. Nach der Hypophysektomie ohne Durchtrennung des Hypophysenstiels kommt es zu einem vorübergehenden Diabetes insipidus, der einige Tage dauert. Bei suprasellären Tumoren kann der Hypothalamus mitbetroffen sein und die ADH-Sekretion dauernd gestört bleiben.

Der Urin hat beim Diabetes insipidus ein spezifisches Gewicht von weniger als 1005. Eine Infusion von hypertoner NaCl-Lösung (500 ml 2,5%iges NaCl) führt beim Gesunden zu einer akuten Stimulation der Osmorezeptoren, ADH-Sekretion, Antidiurese und Anstieg des spezifischen Gewichts bzw. der Osmolalität des Harns.

Beim Diabetes insipidus geht die Diurese unverändert weiter. Der ***Durstversuch*** führt innerhalb von 12 h zu einem Gewichtsverlust von mehreren kg, zu einem Anstieg von Hämoglobin, Eiweiß und Na^+ im Blut ohne wesentlichen Rückgang der Diurese, so daß der Patient unter schwerstem Durst leidet und der Versuch abgebrochen werden muß. Selten ist nach einer Operation (Hypophyse und Hypothalamus) das neben den Osmorezeptoren liegende Durstzentrum mitbetroffen ***(Dia-***

betes insipidus occultus). Solche Patienten haben einen Diabetes insipidus und verspüren beim Anstieg des Na^+ im Plasma und hypertoner Dehydrierung keinen Durst. Sie sind durch die Hypernatriämie und Dehydrierung schwer gefährdet.
Differentialdiagnostisch muß beim Diabetes insipidus immer an eine ***psychogene Polydipsie*** gedacht werden. Der Durstversuch ist negativ, und solche Patienten sprechen auf hypertone NaCl-Lösung mit einer Antidiurese an. Dadurch ist das normale Ansprechen der Osmorezeptoren auf Na^+ mit vermehrter ADH-Sekretion bewiesen (Polyurie beim Hyperkalzämie-Syndrom s. S. 247, bei Hypokaliämie s. S. 280, bei Diabetes mellitus s. S. 313).
Die *Therapie* der Wahl beim Diabetes insipidus ist heute die Substitution mit einem synthetischen ADH-Analog, dem Desamido-D-Arginin-Vasopressin (DDAVP), das 1–2mal täglich mittels Nasenspray verabreicht wird und die Urinvolumina normalisiert.

9.3.6 Unterfunktionssyndrome der Schilddrüse (Tabelle 56)

Endemischer Kretinismus und Jodmangelstruma. Thyroxin und Jod scheinen für die Entwicklung des Fetus von entscheidender Bedeutung zu sein. Früher gab es in der Schweiz den endemischen Kretinismus mit Kropf in Gebieten, wo das Trinkwasser besonders jodarm ist und mit der Nahrung wenig Jod eingenommen wurde. Ein Großteil der Bevölkerung hatte eine mehr oder weniger stark vergrößerte Schilddrüse. Frauen mit Jodmangelstrumen zeugten gehäuft kretine Kinder. Die an großen Kröpfen leidenden Mütter können den Jodmangel durch die gewaltige Vergrößerung der Schilddrüse und die gesteigerte Aktivität ihrer Strumen für Jod kompensieren und bleiben euthyreot. Für den Fetus bleibt kein Jod übrig. Da das mütterliche Thyroxin nicht durch die Placentaschranke durchtritt und der Fetus kein Jod für die eigene Thyroxinsynthese zur Verfügung hat, fehlt diesem sowohl Jod wie Thyroxin, und es kommt zum Bild des ***endemischen Kretinismus.***
Solche Kinder haben ein greisenartiges Aussehen, sind *debil, schwerhörig* und bleiben *kleinwüchsig*. Endemische Kretine sind nach der Geburt meist euthyreot. Die vergrößerte Schilddrüse der Kretins kann nach der Geburt aus dem in der Nahrung aufgenommenen Jod knapp genügend Thyroxin synthetisieren. Im fetalen Stadium fehlt das Jod zur Thyroxinsynthese, da es dem Fetus von der Mutter vorenthalten wurde. Daß diese Entwicklungsstörungen im fetalen Stadium beim endemischen Kretinismus nicht allein auf den Thyroxinmangel, sondern auch auf den Jodmangel zurückzuführen sind, beweist die Tatsa-

Tabelle 56. Einige Zustände der Schilddrüsenunterfunktion

Krankheit	Pathogenetische Faktoren	Diagnostische Funktionstests	Pathologische Testergebnisse	Wichtigste Symptome	Therapie
Athyreose (fehlende oder falsche Anlage der Schilddrüse, sporadischer Kretinismus)	Fetale Mißbildung (selten vererbt)	TSH im Serum, ^{131}J-Speicherung und Szintigramm	TSH↑ Fehlende, evtl. ektope ^{131}J-Speicherung	Entwicklung nach Geburt verlangsamt (trinkfaul, adynam, geistig zurück)	Sofortige Substitution mit Thyroxin
Angeborene, vererbte Störungen der Thyroxin-Synthese und Sekretion (sporadischer Kretinismus)	Vererbte, angeborene Stoffwechselstörungen, ca. 6 verschiedene Enzymdefekte	TSH im Serum T4, T3 im Serum ^{131}J-Speicherung, Bestimmung der Ausscheidungsprodukte im Urin nach ^{131}J (Mono-, Dijodtyrosin, etc.)	TSH↑, T4↓, T3↓, fT3↓, ^{131}J-Speicherung erhöht, normal oder erniedrigt, je nach Defekt u.a. (s. Endokrinologiebücher)	Struma, verlangsamte Entwicklung nach Geburt	Sofortige Substitution mit Thyroxin
Endemischer Kretinismus (nur in Jodmangelgebieten, durch Jodierung des Kochsalzes verschwunden)	Jodmangel der Mutter (Mutter mit euthyreotem Kropf) - Thyroxin- und Jodmangel des Fetus	Keine	Normale Schilddrüsenfunktion, meistens Struma	Zwergwuchs, typisches „kretines" Gesicht, kleine, plumpe Hände, Debilität, Schwerhörigkeit	Keine
Hypothyreose, Myxödem	Autoimmun-Strumitis = Struma Hashimoto, Thyreoidektomie (chirurgisch, ^{131}J), u.a.	TSH im Serum, TRH-Test, T4, T3, fT3	T4↓, T3↓, fT3↓, TSH↑, TSH nach TRH stark erhöht	Gewicht↑, Haut trokken, verdickt, Verlangsamung, endokrines Psychosyndrom, Schlafbedürfnis↑, Konzentrationsfähigkeit↓	Thyroxinsubstitution

Folgen des Mangels an Schilddrüsenhormonen

- ***Ausfall der permissiven und direkt stimulierenden Wirkung von T3 auf β-adrenerge Rezeptoren von***
  - ***Myokard:***
    Herzfrequenz↓, Herzzeitvolumen↓,
    Durchblutung aller Organe↓
  - ***Nervenleitung und Muskulatur:***
    langsame Reflexe, Adynamie
- ***Ausfall der stimulierenden Wirkung auf ZNS (Mechanismus unbekannt):***
  Müdigkeit, Schlafbedürfnis↑,
  Libido↓, Potenz↓,
  Konzentrationsverlust, Verlangsamung, mnestische Funktionen↓
- ***Ausfall der T3-Wirkung auf*** Na^{+}/K^{+}***-ATPase der Zellmembranen, Thermogenese:***
  Grundumsatz↓, Thermogenese↓, Körpertemperatur↓,
  Adaptation an Kälte↓, Kälteüberempfindlichkeit, fehlendes Schwitzen
- ***Ausfall der T3-Wirkung auf Rezeptoren der glatten Muskulatur:***
  Obstipation
- ***Ausfall der Wirkung von T3 auf verschiedene Enzymsysteme:***
  Leber: vermindertes und verlangsamtes Ansprechen der Enzymsysteme auf Änderungen im Milieu intérieur und auf Hormone
  Haut: Änderung der Zusammensetzung der Proteoglykane
  Wassereinlagerung
  Myxödem

che, daß Kinder mit sporadischem Kretinismus (s.u.), welche kein Thyroxin synthetisieren können, jedoch über normal viel Jod während der fetalen Entwicklung verfügen, diese Entwicklungsdefekte nicht aufweisen. Falls Thyroxin sofort nach der Geburt substituiert wird, können sich sporadische Kretins intellektuell und somatisch normal entwickeln. Im Gegensatz dazu ist der endemische Kretin ein fetal schwer geschädigtes Individuum, dem mit Thyroxinbehandlung überhaupt nicht geholfen ist. Der endemische Kretinismus ist in der Schweiz und in den meisten westlichen Ländern seit der Einführung der ***Jodprophylaxe*** mittels Jodierung des Tafelsalzes vollständig verschwunden, besteht aber in Entwicklungsländern mit Jodmangel weiter.

Sporadischer Kretinismus. Streng zu trennen vom endemischen Kretinismus ist der *sporadische, unabhängig von Jodmangel* auftretende Kretinismus. Er findet sich bei zirka einer von 5000 Lebendgeburten. Die häufigste Ursache ist eine embryonale Anlagestörung der Schilddrüse mit Athyreose oder funktionell ungenügendem, ektopischem Gewebe,

z. B. mit Zungengrundschilddrüse. Seltenere Ursachen sind Enzymdefekte mit Störung der Thyroxinbiosynthese, am häufigsten ein Defekt der Peroxydase: Jodid wird zwar in die Zelle eingepumpt, kann aber nicht in organisches Jod umgewandelt werden. Blockiert man in dieser Situation mit Perchlorat zusätzlich die Jodidpumpe, so verläßt das Jodid die Zelle wieder (=pathologischer Perchlorattest). Andere Defekte betreffen die Jodidpumpe, die Kupplung von Dijodtyrosin zu Thyroxin, die Dejodierung von Mono- und Dijodtyrosin und andere Schritte der Hormonbiosynthese. Bei der Geburt sind diese Kinder meistens unauffällig, zeigen dann aber schon bald einen *Entwicklungsrückstand* mit Trinkfaulheit und Bewegungsarmut. Bei der ***Athyreose*** stellt man palpatorisch eine sog. nackte Trachea fest; bei den Enzymdefekten entwickelt sich wegen der starken TSH-Stimulation rasch ein großer *Kropf*. Je rascher die Substitutionsbehandlung mit Thyroxin einsetzt, desto besser ist die Prognose in bezug auf intellektuelle und körperliche Entwicklung, denn eine unbehandelte Hypothyreose im frühkindlichen Alter bedeutet eine *irreversible Schädigung des Gehirns*. Aus diesem Grund wird seit 1977 bei allen Neugeborenen in der Schweiz das TSH im Blut im Neugeborenenscreening bestimmt. Setzt die Substitutionsbehandlung mit Thyroxin innerhalb der ersten Lebenswochen ein, so ist die intellektuelle und körperliche Entwicklung später praktisch normal.

Hypothyreose des Erwachsenen. Die Hypothyreose des Erwachsenen wird auch als ***Myxödem*** bezeichnet, weil es bei schweren Fällen zu einer Verdickung und Schwellung der Haut kommt. Eine häufige Ursache der Hypothyreose ist heute die Radiojodbehandlung der Hyperthyreose, seltener die zu radikale Operation einer Hyperthyreose oder die totale Strumektomie bei Struma maligna. Die Ursache der ***idiopathischen primären Hypothyreose*** ist häufig ein *Autoimmunprozeß*, bei welchem im Gegensatz zum Morbus Basedow die Schilddrüse nicht stimuliert, sondern zerstört wird. Man findet dann eine verkleinerte, bindegewebig umgewandelte Schilddrüse. Manchmal beginnt der Prozeß mit einer kleinen, derben, schmerzlosen Struma, die dicht von Lymphozyten infiltriert ist (sog. Hashimoto-Thyreoiditis). Patienten mit Hypothyreose sind kälteempfindlich und manchmal übergewichtig. Die Haut ist verdickt, trocken und schuppend. Die Nägel sind brüchig, die Kopfbehaarung schütter. Leistungs- und Konzentrationsfähigkeit der Patienten sind vermindert, und das Schlafbedürfnis ist gesteigert. Die Patienten klagen meistens auch über chronische Verstopfung, Libido- und Potenzverlust sowie Menstruationsstörungen. Es findet sich eine meßbare Verlangsamung der Muskeleigenreflexe

(Test: sog. Achillessehnenreflexzeit). Die Labordiagnostik ergibt einen verminderten T4-Gehalt und bei primärer Hypothyreose zusätzlich einen massiv erhöhen TSH-Gehalt des Blutes.
Bei der selteneren ***sekundären (hypophysären) Hypothyreose*** ist das TSH tief und es finden sich häufig andere hypophysäre Ausfälle (Gonadotropine, ACTH etc.). Die Radiojodaufnahme der Schilddrüse ist vermindert und läßt sich bei primärer Hypothyreose durch TSH nicht stimulieren. Patienten mit primärer Hypothyreose erlangen durch eine endokrine Substitutionstherapie mit 0,1-0,2 mg L-Thyroxin täglich wieder einen normalen Lebensgenuß und eine normale Arbeitsfähigkeit.

9.3.7 Nebennierenrinden-Unterfunktion (Tabelle 57)

Nebennierenrindeninsuffizienz, Morbus Addison. Die NNR-Insuffizienz Es kann 10-20 Jahre nach der Primäraffektion zu einer *verkäsenden NNR-Tuberkulose* kommen. Heute ist die ***idiopathische NNR-Insuffizienz*** häufiger, bei welcher der Untergang des Gewebes durch eine *Autoimmunentzündung* erklärt wird. Die Pathogenese der sog. idiopathischen NNR-Insuffizienz ist indessen nicht geklärt. Patienten mit NNR-Insuffizienz leiden an *Symptomen* wie Gewichtsabnahme, Appetitlosigkeit, Erbrechen, Durchfall, orthostatischen Blutdruckbeschwerden, allgemeiner Müdigkeit und Adynamie. Bei der Untersuchung fällt der tiefe Blutdruck mit Tendenz zu orthostatischem Kollaps auf sowie eine dunkle Verfärbung der Haut im allgemeinen und Hyperpigmentation der Mamillen, Linea alba, Perianalregion, Handlinien und Druckstellen über den Gelenken (besonders Finger) sowie Pigmentflecken der Lippen und der Mundschleimhaut. Die Patienten sind dehydriert. Jede Infektionskrankheit, insbesondere gastrointestinale Affektionen führen zu Brechdurchfällen und zum Exitus im ***NNR-Koma*** (hypotone Dehydrierung, Hyperkaliämie, Hyponatriämie und Hypochlorämie, prärenale Niereninsuffizienz mit erhöhtem Kreatinin, leichte metabolische Acidose). Eine rasche Rehydrierung mit physiologischer Kochsalzlösung, welche ein wasserlösliches Cortisolpräparat enthält, ist die rettende Maßnahme aus diesem desperaten Zustand. Später erhalten Patienten mit NNR-Insuffizienz eine hormonelle Substitutionstherapie mit 25-50 mg Cortison per os sowie 0,1 mg Florinef bzw. Astonin per os pro Tag. Das physiologisch von der NNR gebildete Aldosteron wird peroral verabreicht kaum resorbiert. Synthetisches 9α-Fluorhydrocortison (Florinef, Astonin) ist pro mg gleich wirksam wie Aldosteron und ersetzt dieses vorzüglich.

Folgen des Mangels an Nebennierenrindenhormonen

Cortisol

Fehlende permissive Wirkung auf β-adrenerge Rezeptoren bzw. Postrezeptoren-Vorgänge:

- Peripherer Widerstand in den Arteriolen↓, Blutdruck↓, Orthostase
- Kontraktilität des Myokards↓, Ansprechen auf Schilddrüsenhormone und Katecholamine↓, Herzzeitvolumen↓
- Herzzeitvolumen↓, Blutdruck↓ führen zu:
  - Durchblutung der Organe↓
  - ZNS: Müdigkeit, Depression, Kollapsneigung, Libido↓ etc.
  - Niere: Glomeruläre Filtration↓, Nierendurchblutung↓, prärenale Niereninsuffizienz, Isosthenurie, Serum-Kreatinin↑

Fehlende Rückkoppelung auf Hypothalamus-Hypophyse führt zu:

- ACTH↑, MSH↑
- Hyperpigmentation

Aldosteron

Na^+-Verlust im Urin und vermehrte K^+-Rückresorption führen zu:

- Serum-Kalium↑, Plasmavolumen↓, hypotoner Dehydrierung, Blutdruck↓, Orthostase, prärenaler Niereninsuffizienz und anderen Symptomen der NNR-Insuffizienz (Müdigkeit, Depression etc.)

Androgene

Androgenmangel (Dehydroepiandrosteron, Androstendion) bei der Frau führt zu:

- Verlust der Pubes- und Axillarbehaarung, evtl. Libido↓

Die vielgestalte Symptomatik der Patienten mit NNR-Insuffizienz weist darauf hin, daß das Cortisol eine große Zahl von Wirkungen hat, die in ihren Einzelheiten noch nicht geklärt sind. Von besonderer Bedeutung scheint die permissive Wirkung des Cortisons auf die Arteriolen und das Myokard. Eine Tonisierung der Arteriolen (Vasokonstriktion) und des Myokards (Herzzeitvolumenerhöhung) durch Noradrenalin, bzw. Adrenalin ist nur in Anwesenheit von Cortisol möglich. Die stimulierenden Wirkungen des Cortisols auf das Zentralnervensystem sind nicht geklärt. Die Pigmentation der Patienten mit NNR-Insuffizienz ist auf eine vermehrte Ausschüttung von ACTH, bzw. MSH zurückzuführen. Bei der Behandlung mit Cortisol wird der Hypothalamus, bzw. die Hypophyse wieder gebremst, und die vermehrte Pigmentation verschwindet wieder. Die Substitutionstherapie

Tabelle 57. Einige Zustände primärer NNR-Unterfunktion

Krankheit	Pathogenetische Faktoren	Diagnostische Funktionstests	Pathologische Testergebnisse	Wichtigste Symptome	Therapie
Primäre NNR-Insuffizienz, Morbus Addison	Autoimmunerkrankung (idiopathisch); tuberkulöse Entzündung der NNR	Cortisol im Plasma, Steroide im Urin; beide nach Stimulation mit ACTH; Aldosteron in Serum und Urin	Cortisol im Plasma erniedrigt, ebenso Steroide im Urin, fehlender Anstieg nach ACTH; Aldosteron in Blut und Urin erniedrigt	Gewichtsverlust, Anorexie, Nausea, Erbrechen, orthostatische Hypotonie, Hyperpigmentation, braune Haut allgemein u. Pigmentflecken (Lippen, Schleimhaut, Falten der Hand, Druckstellen)	Cortison (oder anderes Glucocorticoid) + Mineralocorticoid (α-Fluorocortisol)
Kongenitales adrenogenitales Syndrom	Vererbte, angeborene Enzymdefekte der Steroidsynthese (21-Hydroxylase, 11β-Hydroxylase u.a.)	17-Ketosteroide im Urin, Hemmbarkeit durch Cortison per os. Bestimmung der verschiedenen Androgene im Urin	Cortisolsynthese gestört, Plasmacortisol erniedrigt, sek. erhöhte ACTH-Sekretion, 17-Ketosteroide und androgene Metaboliten im Urin erhöht, hemmbar durch Cortison per os	Vorzeitige Pubertät beim ♂ ohne entsprechende Vergrößerung der Hoden; Virilisierung bei der ♀. Rasches Wachstum und Epiphysenschluß – Großwuchs beim Kind, Erwachsenengröße vermindert	Cortison (bei der ♀ evtl. später Östrogene, wenn keine spontane Menarche)

mit Cortisol muß flexibel gehandhabt und insbesondere Streßsituationen angepaßt werden. Optimal eingestellte Patienten mit NNR-Insuffizienz sind in jeder Beziehung, auch körperlich, voll leistungsfähig.
Die Bestimmung des Plasmacortisols, der 17-Hydroxy- und 17-Ketosteroide im Urin erlaubt die Diagnose der primären NNR-Insuffizienz, wobei nach Stimulation mit ACTH bei dieser Affektion die Steroide nicht ansteigen. Patienten mit ***chronisch interstitieller Nephritis*** können ebenfalls grau-bräunlich pigmentiert sein. Bei Na^+-Verlust und renaler Acidose sind auch die klinisch-chemischen Blutbefunde ähnlich verändert wie bei der NNR-Insuffizienz. Die Nieren dieser Patienten sprechen auf Mineralcorticoide nicht an, und die Patienten müssen mit Na^+-Substitution behandelt werden.

Adrenogenitales Syndrom. Pathogenetisch verschieden von der primären NNR-Insuffizienz durch entzündliche Prozesse ist das autosomal recessiv vererbte, ***angeborene adrenogenitale Syndrom.*** Beim adrenogenitalen Syndrom besteht ein *Mangel* eines für die Cortisolsynthese in der NNR wesentlichen Enzymes, meistens der 21-Hydroxylase oder der *11β*-Hydroxylase. Durch das Unvermögen der NNR, Cortisol zu synthetisieren, wird die Hypophyse enthemmt und produziert vermehrt ACTH, welches zu einer ***NNR-Hyperplasie*** führt. Anstelle von Cortisol sezerniert die NNR vermehrt Steroide mit androgener Wirkung. *Mädchen* können schon bei der Geburt gewisse Zeichen der *Virilisierung* aufweisen, die sich im Verlaufe der ersten Lebensjahre verstärken. Die Kinder wachsen in den ersten Lebensjahren auffallend schnell, wobei es dann aber vorzeitig zu einem Wachstumsstillstand infolge Epiphysenschlusses kommt. Männlicher Körperbau, Hirsutismus, tiefe Stimme und vergrößerte Clitoris sind einige Zeichen der Virilisierung. Die androgenen Hormone unterdrücken die Gonadotropine der Hypophyse, so daß es nicht zu einer spontanen Menarche kommen kann.
Beim *Knaben* tritt eine *vorzeitige Pubertät* auf, allerdings ohne entsprechende Vergrößerung der Hoden und ohne daß die Spermatogenese in Gang käme. Diese Fehlentwicklung läßt sich vollständig normalisieren durch die Durchbrechung des Circulus vitiosus zwischen zu niedrigen Cortisolwerten im Blut und entsprechend vermehrter ACTH-Sekretion. Die Therapie der Wahl besteht in der Substitutionstherapie mit 25–50 mg Cortison pro Tag. Durch diese Cortisonmenge wird die Hypophyse stillgelegt und damit die vermehrte Stimulation der NNR und vermehrte Produktion der androgenen Steroide verhindert. Unter der Cortisonbehandlung verschwindet beim Mädchen die vermehrte Körperbehaarung, die Brüste entwickeln sich, und es kommt zu einer

normalen Menarche. Beim Knaben kommt es unter Cortison zur echten Pubertät mit Entwicklung der Leydig-Zellen, Testosteronproduktion der Leydig-Zellen und normaler Spermatogenese.
Beim ***21-Hydroxylasemangel*** synthetisiert die NNR u.a. auch zu wenig Aldosteron, so daß es in den ersten Lebenstagen zu einem Salzverlust kommen kann, der sich bei nicht rechtzeitigem Erkennen der Situation fatal auswirken kann. In der Regel genügt eine vorübergehende Salzzulage zur Behebung des Salzmangels und der Dehydrierung. Der ***11β-Hydroxylasedefekt*** führt im Gegensatz zum 21-Hydroxylasedefekt gehäuft zu einer *Hypertonie*, da neben den Androgenen *zuviel Substanz S* und *Desoxycorticosteron* gebildet werden, welche wie beim Conn-Syndrom eine *Na^+-Retention*, *K^+-Verlust* und eine *Dauerhypertonie* bewirken. Auch hier ist die Therapie der Wahl die Substitution mit Cortison, wodurch der Circulus vitiosus unterbrochen wird.
Das ***erworbene*** *adrenogenitale Syndrom* bei der Frau ist selten. Es wird durch autonome NNR-Adenome oder -Carcinome verursacht, welche vorwiegend androgene Steroide sezernieren. Symptome der *Virilisierung* mit *Mammahypoplasie, Clitorisvergrößerung und Tieferwerden der Stimme* stehen im Vordergrund. Differentialdiagnostisch kommen Testosteron-produzierende Ovarialtumoren, Arrhenoblastome und Leydig-Zelltumoren in Frage.

9.3.8 Unterfunktion des Nebennierenmarks

Bei der tuberkulösen Entzündung sind sowohl NNR wie auch Nebennierenmark verkalkt und zerstört. Trotzdem zeigen Addison-Patienten keine Ausfallserscheinungen, die auf ein Fehlen des Adrenalins zurückzuführen wären. Die Adrenalinausscheidung bei Patienten ohne Nebennierenmark beträgt ca. ¼ der gesunder Versuchspersonen. Adrenalin muß jedoch nie substituiert werden. Es gibt beim Erwachsenen also keine symptomatische Nebennierenmarkinsuffizienz. Hingegen ist es möglich, daß gewisse ***kindliche Hypoglykämien*** auf eine verminderte Gegenregulation durch das Nebennierenmark gegen die Insulinhypoglykämie zurückzuführen sind. Zetterström hat Kinder mit *Nüchternhypoglykämien* beschrieben, die im Gegensatz zum Normalen während der Hypoglykämie nicht vermehrt Adrenalin sezernieren. Orthostatische Hypotonien bei vegetativ Labilen und bei Neuropathien des vegetativen Nervensystems haben nichts mit dem Nebennierenmark zu tun.

9.3.9 Insuffizienz der Gonaden (Tabelle 58)

Die Testes erfüllen 2 Funktionen, die Hormonproduktion und die Spermatogenese. Das Testosteron ist beim Mann verantwortlich für Libido und Potentia coeundi. Während die Testosteron-produzierenden Leydig-Zellen relativ resistent sind gegenüber mechanischen und entzündlichen Schädigungen, ist das Spermatozyten produzierende Tubulusepithel äußerst empfindlich. Kinderlose Ehen sind oft die Folge einer *Schädigung des Tubulusepithels und der Spermatogenese nach Kryptorchismus, Entzündungen oder Hodentraumata* nach oder während der Pubertät. Auf solche Art geschädigte Hoden sind meistens normal groß (Volumen zwischen 12 und 25 ml) und die Funktion der *Leydig-Zellen* und somit Libido und Potentia coeundi erhalten. Nur die Spermatogenese ist mehr oder weniger schwer gestört und damit auch die *Potentia generandi.* Beim Verlust beider Hoden durch Kastration oder beidseitiger Hodentorsion fällt auch die endokrine Funktion des Hodens aus, und es kommt zu Libidoverlust und Impotenz. Bei fehlender Stimulation der Testes durch Gonadotropine der Hypophyse, beim ***hypogonadotropen Hypogonadismus,*** können die Leydig-Zellen durch LH stimuliert werden, während die Spermatogenese durch FSH zwar angeregt, aber selten normalisiert werden kann. Testosteron in niedriger Konzentration fördert die Spermiogenese; in hoher Konzentration wirkt es hemmend über die negative Rückkoppelung auf LHRH, bzw. LH und FSH. Beim ***Klinefelter-Syndrom mit XXY-Sexchromatin*** ist die Funktion der Leydig-Zellen fast normal, die *Tubuli* jedoch *atrophisch* und es besteht eine *Aspermie.* Die Testes sind sehr klein und bestehen aus Leydig-Zellnestern.

Funktionsstörungen des Ovars sind wesentlich komplexer als diejenigen der Testes. Bei Fehlen des Ovars, bei *Ovarialagenesie* oder *Dysgenesie* (***Turner-Syndrom,*** XO-Sexchromatin) kommen Mädchen mit einem normalen äußeren Genitale (Vagina, Uterus) zur Welt. Es treten aber keine Zeichen der Pubertät auf und die Mammaentwicklung und Menstruation bleiben aus. Es gibt indessen auch primäre Formen der Amenorrhoe bei vollständig normalem äußeren und inneren (Ovarien) Genitale mit Mammaentwicklung und *Pubarche* (Pubes- und Axillarbehaarung). Bei der ***primären Amenorrhoe*** fehlt in der Regel die *Ovulation,* und solche Frauen sind infertil. Die Ursache der primären Amenorrhoe ist nicht geklärt und wahrscheinlich zentral bedingt. Häufiger als die primäre Amenorrhoe ist die ***sekundäre Amenorrhoe,*** die nach durchgemachter Menarche auftritt. Ursächlich stehen *psychische* Faktoren im Vordergrund. Fast alle endokrinen Krankheiten können zu einer sekundären Amenorrhoe führen. Bei jeder Form von *Kachexie,*

Tabelle 58. Einige Zustände der primären Dysfunktion der Testes beim Mann (incl. Klinefelter-Syndrom)

Krankheit	Pathogenetische Faktoren	Diagnostische Funktionstests	Pathologische Testergebnisse	Wichtigste Symptome	Therapie
Primärer Hypogonadismus *ohne* eingeschränkte Potentia coeundi	Beidseitiger Kryptorchismus, Orchitis (Mumps), Traumata beider Hoden, Störungen der Spermiogenese unbekannter Genese	LH, FSH, Testosteron, Spermatogramm, evtl. Hodenbiopsie	Testosteron normal, LH, FSH normal, Aspermie, Oligospermie. Normale Leydig-Zellen, Spermatogenese gestört	Hoden normal, evtl. zu klein und verminderte Konsistenz. Kinderlose Ehe	Keine
Primärer Hypogonadismus *mit* eingeschränkter Potentia coeundi, Libido↓	Kastration, beidseitige Hodentorsion, Anorchie	Testosteron, LH, FSH	Testosteron erniedrigt. LH und FSH erhöht	Hoden nicht vorhanden oder ganz klein. Je nach Zeitpunkt der Hodeninsuffizienz Körperproportionen verändert	Testosteron per os oder i.m. (normalisiert Potentia coeundi, aber nicht generandi)
Klinefelter-Syndrom	Chromosomale Aberration, XXY-Sexchromatin	Testosteron, LH, FSH, chromosomales Geschlecht, Spermiogramm	Testosteron leicht erniedrigt, LH, FSH erhöht, chromosomales Geschlecht weiblich, Aspermie	± weibliche Körperform und -proportionen, ganz kleine Hoden, Gynäkomastie, verminderte Intelligenz	Testosteron, falls Potenz vermindert

sei sie durch Unterernährung oder schwere Krankheiten bedingt, kommt es in der Regel zur Amenorrhoe, die als Sparmaßnahme des Organismus aufzufassen ist. Häufig ist die Amenorrhoe bei der *Adipositas simplex* und relativ häufig ist die Kombination von *Adipositas, Hirsutismus und Amenorrhoe,* ein Syndrom, das von Stein-Leventhal beschrieben wurde und bei dem man in der Regel *polyzystische Ovarien* findet. Diese kleinen Ovarialzysten entsprechen Follikeln, welche bis zur Follikelreifung gelangten, ohne daß der Eisprung erfolgte.
Während beim Mann das Testosteron Vorbedingung für ein normales sexuelles Empfinden ist, sind bei der Frau Östrogene und Progesteron in dieser Beziehung nebensächlich. Die Sexualität der Frau ändert sich nach der Menopause, d.h. nach dem Aufhören der endokrinen Funktion des Ovars, nicht.
Die Pathogenese des ***Menopausesyndroms*** mit Wallungen, Schwitzen etc. ist nicht geklärt, kann aber durch Behandlung mit Östrogenen vollständig unterdrückt werden.

9.3.10 Gigantismus und Akromegalie (Tabelle 59)

Eosinophile Tumoren der Hypophyse führen zu einer unkontrollierten, ungesteuerten Wachstumshormonsekretion. Kinder mit solchen Tumoren wachsen übermäßig rasch und werden zu ***hypophysären Riesen oder Giganten.*** Der Körperwuchs der Giganten ist proportioniert. Nach Epiphysenfugenschluß hört das Wachstum auf. Von diesem Zeitpunkt an kommt es zu einer *selektiven Vergrößerung der Acren, des Kinns, der Nase, der Hände und Füße* durch periostale Knochenapposition. Eosinophile Tumoren der Hypophyse nach erfolgtem Epiphysenfugenschluß führen zu einer selektiven Vergrößerung der Acren. Anamnestisch geben solche Patienten an, daß sie immer größere Schuhe und Hausschuhe brauchen, daß der Ehering und der Hut nicht mehr passen. Nicht selten werden solche Patienten mit Akromegalie vom Zahnarzt überwiesen, weil sich eine *Prognathie* entwickelt hat und die früher in geschlossener Reihe nebeneinander stehenden Zähne auseinandergewichen sind. Beim Erwachsenen wird vor allem das ***periostale und enchondrale Knochenwachstum*** gefördert. Neben der übermäßigen Knochenapposition kommt es auch zu einer *Verdickung der Haut, der Lippen, der Zunge, einem Tieferwerden der Stimme* und zu einer *Vergrößerung innerer Organe* (Kardiomegalie, Hepatomegalie). Zur Akromegalie gehört auch eine Struma. Solange sich das Wachstumshormon in einem vermehrten epiphysären Wachstum auswirken kann, kommt es nicht zum Diabetes mellitus. Beim Erwachsenen hingegen führt die

Folgen der übermäßigen Wachstumshormon-Sekretion

Wachstumshormon↑ führt über eine vermehrte IGF I-Synthese zu:
- Stimulation der Matrix-Synthese und Zellteilung der Knorpel- und Knochenzellen:
  - enchondrales (Rippen) und periostales Wachstum↑
  - breite Füße und Hände (Schuhnummer, Handschuhe, Ehering, Hutnummer!)
- Stimulation anderer Zellen:
  Organomegalie, Struma, große Zunge, Splenomegalie, Hepatomegalie etc.

Wachstumshormon↑ führt wahrscheinlich direkt zu:
- H_2O-Retention der Haut (keine Ödeme), „dicke" Haut
- Stimulation der Lipase des Fettgewebes, Lipolyse↑, FFS↑, Insulinresistenz, verminderte Glucosetoleranz, Diabetes mellitus (nur teilweise reversibel)

Wachstumshormon↑ führt (via andere Hormone?) zu:
- endokrinem Psychosyndrom

massive Erhöhung der Wachstumshormonsekretion in ca. 25% der Fälle zu einem meist *reversiblen Diabetes mellitus* oder mindestens zu einer *verminderten Glucosetoleranz*. Im Gegensatz zur diabetischen Stoffwechsellage bei Phäochromozytom und Cushing-Syndrom ist diese bei der Akromegalie nach erfolgreicher Behandlung nicht mehr reversibel.

Von der echten Akromegalie zu unterscheiden ist die ***akromegaloide Konstitution***, die familiär konstitutionell gehäuft vorkommt und mit Wachstumshormon nichts zu tun hat. Bei der echten Akromegalie ist das Serumphosphat erhöht wie beim wachsenden Kind. Erhöhte Wachstumshormonwerte im Serum sind allein nicht beweisend für eine Akromegalie. Es muß ein Glucosehemmtest durchgeführt werden. Bei normalen Versuchspersonen führt die Glucosebelastung zu einem 1-2 h dauernden Abfall der Serum-Wachstumshormonkonzentration, während bei der Akromegalie die Hyperglykämie die Sekretion des autonomen Adenoms der Hypophyse nicht beeinflußt.

Eosinophile Adenome der Hypophyse wachsen langsam, können aber groß werden und sich suprasellär ausdehnen. Sie führen dann meist zu einer ***bilateralen Hemianopsie*** durch Druck auf das Chiasma opticum. Die Sella turcica umschließt normalerweise eine Fläche, die weniger als 120 mm^2 mißt. Bei der Akromegalie ist die Sella turcica meistens vergrößert und eine evtl. suprasellläre Ausdehnung des Tumors kann

Tabelle 59. Einige hypothalamisch-hypophysäre Überfunktionssyndrome

Krankheit	Pathogenetische Faktoren	Diagnostische Funktionstests	Pathologische Testergebnisse	Wichtigste Symptome	Therapie
Akromegalie, Gigantismus (beim Kind)	Eosinophiles Adenom der Hypophyse	Glucosebelastung mit HGH-Bestimmung, anorg. Phosphat, Hydroxyprolin, IGF I	Fehlende Hemmung des HGH bei Hyperglykämie, anorg. Phosphat↑, Hydroxyprolin↑, IGF I↑	Riesenwuchs (Kind), Vergrößerung der Hände, Füße, Nase, Kinn, Kopfschmerzen, Schwitzen, bitemporale Hemianopsie	Exstirpation des Hypophysenadenoms, Somatostatin-Analoge
Hypothalamisch-hypophysäres Cushing-Syndrom oder Morbus Cushing (basophiles Adenom der Hypophyse)	Fehleinstellung des hypothalamischen Zentrums, von dem CRH gebildet wird oder autonomes ACTH-sezernierendes Hypophysenadenom	Hemmtest mit hohen Dosen eines hoch wirksamen Glucocorticoids (z. B. Dexamethason, 2 mg tgl. bzw. 8 mg tgl.), ACTH im Plasma	Fehlende Hemmung des Plasmacortisols bzw. der Glucocorticoidausscheidung im Urin, partielle Hemmung bei noch höheren Dosen, ACTH↑. Seitenlokalisation des Hypophysenadenoms mittels selektiver Blutentnahme aus Sinus petrosus mit ACTH-Bestimmung	Abbau der Stützgewebe (Osteoporose, Muskelschwund), Vollmondgesicht, Rubeosis faciei, evtl. bitemporale Hemianopsie	Exstirpation des Hypophysenadenoms oder einzeitige beidseitige Adrenalektomie
Hypothalamisch-hypophysäre Hyperprolaktinämie, Prolaktinom	Unklare Prolactinhypersekretion, Prolactin-sezernierendes Hypophysenadenom	Prolactinbestimmung im Serum, LHRH-Test	Prolactin↑, fehlender Anstieg von LH und FSH auf LHRH	Amenorrhoe, Galaktorrhoe, evtl. bitemporale Hemianopsie	Medikamentöse Behandlung (Bromergocryptin), Exstirpation des Adenoms

mit dem Computertomogramm oder der Kernspinresonanz nachgewiesen werden. Bei beeinträchtigtem Visus durch Druck auf das Chiasma opticum ist eine ***Tumorexstirpation*** absolut indiziert. Die transnasale, transsphenoidale Tumorexstirpation hat nicht nur ein sehr kleines Risiko, sondern schont allfällig noch vorhandenes normales Hypophysengewebe. Diese Operation soll auch bei Jugendlichen möglichst früh durchgeführt werden, da es dann möglich ist, das Adenom selektiv zu entfernen unter Belassung von genügend normalem Hypophysengewebe.

9.3.11 Hyperthyreose (Tabelle 60)

Es gibt 2 prinzipiell verschiedene Schilddrüsenüberfunktionssyndrome, den *Morbus Basedow* und das *toxische Schilddrüsenadenom*. Beide sind durch eine ***Thyroxin- oder Trijodthyroninüberproduktion*** gekennzeichnet. Die Erhöhung des Grundumsatzes ist vielleicht Folge einer gesteigerten Energieleistung aller Zellen zur Aufrechterhaltung des Na^+/K^+-Quotienten. Die Patienten nehmen trotz guten Appetits in der Regel an Gewicht ab. Patienten mit Thyreotoxikose verspüren Herzklopfen und leiden an einer Tachykardie, häufig mit erhöhter Blutdruckamplitude. Herzzeitvolumen und Schlagarbeit des Herzens sind erhöht. Die Patienten schwitzen auch in Ruhe und bevorzugen kaltes Wetter. Häufig besteht Durchfall. Beim Händedruck fällt die warme, feuchte Haut und der feinschlägige Tremor auf. Die Patienten leiden unter Schlaflosigkeit und Nervosität. Die Muskelschwäche hat zur Folge, daß die Patienten nur mit Zuhilfenahme der Arme vom Stuhl aufstehen können (signe du tabouret).

Morbus Basedow, Graves-Disease. Beim schweren Morbus Basedow sind meistens sämtliche Hyperthyreose-Symptome vorhanden, leichtere Formen verlaufen oligosymptomatisch. Beim toxischen Adenom stehen häufig die kardialen Symptome, besonders das Herzklopfen im Vordergrund. Nur Patienten mit Morbus Basedow haben Augensymptome. Beim Blick nach unten folgen die Augenlider dem Bulbus nicht, so daß die Skleren oben zum Vorschein kommen (Graefe-Zeichen). Schwerwiegender für den Patienten ist der endokrine ***Exophthalmus,*** der vor, während und nach dem Ausbruch eines Morbus Basedow in Erscheinung treten kann. Es handelt sich um ein einseitiges oder häufiger beidseitiges Hervortreten des Augenbulbus aus der Orbita, das dem Patienten und der Umgebung auffällt. Bei schweren Formen tritt Doppelsehen sowie unvollständiger Augenlidschluß auf,

Tabelle 60. Schilddrüsenüberfunktion

Krankheit	Pathogenetische Faktoren	Diagnostische Funktionstests	Pathologische Testergebnisse	Wichtigste Symptome	Therapie
Autonomes Adenom der Schilddrüse mit Hyperthyreose	Gutartiges Adenom unbekannter Ursache (ganz selten maligne)	T4, T3, TSH, ^{131}J-Aufnahme mit Szintigramm, in Zweifelsfällen TRH-Test	T4↑, T3↑, TSH↓, ^{131}J-Aufnahme an der oberen Normgrenze, szintigraphisch oft in einem Knoten („heißer" Knoten). Nach TRH kein Anstieg des TSH	Oligosymptomatisch: Tachykardie, Nervosität, Diarrhoe, Hitzeüberempfindlichkeit u.a.	Radiojodresektion (mit therapeutischen Dosen ^{131}J), chirurgische Exstirpation, selten Chemotherapie mit Thyreostatikum
Morbus Basedow Graves-Disease	Autoimmunkrankheit, durch Antikörper (TSI) stimulierte Schilddrüse	T4, T3, TSH, evtl. ^{131}J-Aufnahme. In Zweifelsfällen TRH-Test	T4↑, T3↑, TSH↓, ^{131}J-Aufnahme erhöht. Nach TRH kein Anstieg des TSH	Gewicht↓, Nervosität, Schlaflosigkeit, Appetit↑, Tachykardie, Diarrhoe, Thermophobie, feiner Tremor, Muskelschwäche, endokrine Ophthalmopathie	Chemotherapie mit Thyreostaticum; partielle Exstirpation der Schilddrüse nach Vorbehandlung mit Thyreostatica, Radiojodresektion

Folgen des Überschusses an Schilddrüsenhormonen

- *Sensibilisierung der β-adrenergen Rezeptoren des Myokards*
  Herzfrequenz↑, HZV↑, systolischer Blutdruck↑, Blutdruckamplitude↑, Durchblutung aller Organe↑
- *Vermehrte Stimulation des ZNS* (Mechanismus unbekannt)
  Schlafbedürfnis↓, Nervosität, Erregtheit, Hunger↑, feinschlägiger Tremor
- *Vermehrte Funktion der Na^+/K^+-ATPase, Thermogenese*
  Grundumsatz↑, Körpertemperatur↑, Hitzeüberempfindlichkeit, Schwitzen
- *Stimulation der glatten Muskulatur*
  Diarrhoe
- *Stimulation von Enzymsystemen*
  Leber: übermäßige Reaktion auf Katecholamine, Glucagon, Tendenz zu Hyperglykämie
- *TSI bzw. andere Autoimmunglobuline*
  Vergrößerung der Schilddrüse (Struma)
  Endokrine Ophthalmopathie (Exophthalmus, Schwellung der Augenmuskeln, Augenmuskellähmungen)

so daß die Cornea nicht mehr befeuchtet wird. Das Auge ist dann entzündet, und der drohende Verlust des Auges kann nur durch sofortige therapeutische Maßnahmen (Glucocorticoide in hoher Dosierung, evtl. operative Entlastung der Orbitae) vermieden werden.
Der Morbus Basedow ist eine *Autoimmunkrankheit,* bei der die Lymphozyten des Patienten Antikörper der IgG-Klasse gegen den TSH-Rezeptor der Schilddrüsenzellen produzieren. Diese ***TSI (= Thyreoidea-stimulierenden Immunglobuline)*** zirkulieren nachweislich im Blut der Patienten. Sie „besetzen" den TSH-Rezeptor, worauf dieser gleich reagiert wie auf eine „Besetzung" durch TSH. Alle Schilddrüsenzellen werden dadurch gleichmäßig stimuliert, was in einer diffusen, übermäßigen Einlagerung von ^{131}J im *Szintigramm* nachweisbar ist (im Gegensatz zum autonomen Adenom, s.u.). Früher wurden die TSI wegen ihrer langen Wirkungsdauer nach Injektion in Versuchsmäuse auch *„long acting thyroid stimulator" (LATS)* genannt. Der Morbus Basedow kann durch Verschwinden der TSI aus dem Blut spontan heilen. Die Augensymptome des Morbus Basedow korrelieren nicht mit der Höhe der TSI-Titer im Blut. Ein Exophthalamus-produzierender Faktor im Blut von Patienten mit Morbus Basedow, möglicherweise ein Fragment des TSH-Moleküls, wurde mehrfach beschrieben. Seine Bedeutung ist jedoch noch umstritten und die Ursache der endokrinen Ophthalmopathie ist nicht geklärt.

Beim Morbus Basedow ist die TSH-Konzentration im Blut tief, weil der Rückkoppelungsmechanismus in den TSH-regulierenden Zentren des Hypothalamus und der Hypophyse normal funktioniert. Im TRH-Test bleibt das TSH unterdrückt.

Autonomes (toxisches) Adenom der Schilddrüse mit Hyperthyreose. Während beim Morbus Basedow ohne und mit vorbestehender Struma (Struma basedowificata) alle Schilddrüsenzellen gleichmäßig stimuliert sind, übernimmt beim autonomen Adenom (Adenom = gutartiger von einer Drüse ausgehender Tumor) ein kleiner Teil der Schilddrüse die gesamte Funktion des Organs und sezerniert *autonom, unabhängig von TSH und TSI Schilddrüsenhormon*. Das toxische Adenom kommt häufig bei älteren Leuten vor, während der Morbus Basedow kein Prädilektionsalter hat. Beide Formen der Schilddrüsenüberfunktion lassen sich durch geeignete *diagnostische Untersuchungen* unterscheiden:

- Beim autonomen Adenom fehlt die *endokrine Ophthalmopathie*, während sie beim Morbus Basedow häufig (jedoch nicht immer) vorhanden ist,
- Die Radiojodaufnahme ist zwar bei beiden Formen der Schilddrüsenüberfunktion gesteigert, beim Morbus Basedow in der ganzen Schilddrüse, beim *autonomen Adenom jedoch nur in einem kleinen runden Bezirk der Schilddrüse*, weil das übrige Schilddrüsengewebe via Hypophyse und gehemmte TSH-Produktion stillgelegt ist. Die endgültige Unterscheidung zwischen beiden Hyperthyreoseformen läßt sich also mit Sicherheit nur mit dem ***Szintigramm*** machen. Beim autonomen Adenom lassen sich durch TSH-Applikation die szintigraphisch stillgelegten Schilddrüsenteile wieder zu Radiojodspeicherung anregen. Da TSH bei beiden Formen der Schilddrüsenüberfunktion ursächlich nicht beteiligt ist und vermindert sezerniert wird, läßt sich die Radiojodspeicherung der beiden Formen durch eine Thyroxin- oder Trijodthyroningabe nicht hemmen (sog. ***Trijodthyroninhemmtest***).

Normalerweise wird die Diagnose einer Hyperthyreose ohne weiteres aufgrund der klinischen Symptome gestellt und durch die Bestimmung des Thyroxins oder des Trijodthyronins im Serum bestätigt. Bei klinischen und laborchemischen Grenzfällen zwischen Eu- und Hyperthyreose entscheidet der ***TRH-Test.*** Gibt man das hypothalamische Tripeptid TRH i.v. oder per os, so steigt beim Gesunden das TSH im Serum stark an. Bereits bei nur geringster Hyperthyreose ist jedoch dieser TSH-Anstieg durch Rückkopplung auf die Hypophyse blokkiert.

Therapie der Hyperthyreose. Die Behandlung des toxischen = autonomen Adenoms ist einfach. Die Therapie der Wahl besteht in der ***Radiojodelimination*** mit einer relativ hohen Dosis von ^{131}J. Da ^{131}J nur im autonomen Adenom gespeichert wird, erhält der Rest der Schilddrüse fast keine Strahlen, so daß nach der Therapie eine normale Schilddrüsenfunktion wieder in Gang kommen kann.
Schwieriger ist die Wahl der Therapie beim Morbus Basedow. Dort kommen prinzipiell 3 Methoden in Frage. Bei der ***Chemotherapie*** (Methimazol, Carbimazol, Propylthiouracil) wird auf pharmakologische Weise der Einbau von Jod in das Tyrosinmolekül verhindert, was bei genügender Dosierung nach einer gewissen Latenzzeit immer zur Euthyreose führt. Diese Medikamente wirken nur, solange sie verabreicht werden. Bei ca. 50% aller Patienten tritt aber nach Absetzen eine Dauerheilung ein, vermutlich weil im Rahmen des Spontanverlaufs der Krankheit die Thyreoidea-stimulierenden Immunglobuline verschwunden sind. Die andern 50% der Patienten erleiden früher oder später ein *Hyperthyreoserezidiv.* Bei älteren Patienten ist die ***Radiojodbehandlung*** die Therapie der Wahl. Die Schwangerschaft ist eine absolute Kontraindikation. Nachteil bei der Radiojodbehandlung ist die recht häufig beobachtete *Hypothyreose,* die kurze Zeit nach der Radiojodbehandlung, aber auch erst nach 10 Jahren oder später auftreten kann. Alle Patienten, die mit ^{131}Jod behandelt werden, müssen darauf aufmerksam gemacht werden, daß sie bei übermäßiger Gewichtszunahme, Konzentrationsunfähigkeit, Kälteempfindlichkeit etc. den Arzt wegen einer möglichen Hypothyreose aufsuchen müssen. Sie sollten sich deshalb mindestens einmal jährlich ärztlich kontrollieren lassen. Große hyperthyreote Strumen sollten bei Druck auf Trachea oder Oesophagus durch ***Operation*** behandelt werden. Der Chirurg läßt kleine Teile der Schilddrüse zurück, welche eine normale Funktion gewährleisten. Als Komplikation der chirurgischen Behandlung des Morbus Basedow sind die gleichzeitige ungewollte Entfernung der Nebenschilddrüse, welche zu einem *Hypoparathyreoidismus* führt, und die Durchtrennung der Nervi recurrentes mit *Lähmung der Stimmbänder* zu erwähnen. Häufig bessert sich die Ophthalmopathie nach der Therapie. Gelegentlich bleibt sie unbeeinflußt und selten verschlechtert sie sich. Die Therapie der Wahl des Exophthalmus nach Normalisierung der Schilddrüsenfunktin ist eine hochdosierte Stoßtherapie mit Glucocorticoiden, im Notfall bei malignem Verlauf eine operative Druckentlastung der Orbita.

Die thyreotoxische Krise. Der Morbus Basedow (äußerst selten auch das autonome Adenom) kann nach Operationen, Traumata, psychischen Belastungen, aber auch ohne ersichtliche Ursache zu einer Notfallsituation, zur thyreotoxischen Krise führen. Diese wird ausgelöst durch eine *Überschwemmung des Organismus mit Thyroxin oder Trijodthyronin*. Die thyreotoxische Krise ist gekennzeichnet durch Fieber bis zu 42°, extreme Tachykardie, schwere Dehydrierung, Erregung, Kollaps, Koma und schließlich Exitus. Beim Morbus Basedow darf eine Operation der Schilddrüse und sollen andere Operationen nicht durchgeführt werden, bzw. erst nach Vorbehandlung mit Methimazol und Kaliumjodid bis zur Euthyreose erfolgen. Die *Therapie* der Wahl besteht in Rehydrierung, hochdosierter intravenöser Therapie mit Thyreostatica (Methimazol, Kaliumjodid, welches paradoxerweise in pharmakologischen Dosen von 0,5–1 g pro Tag als sehr potentes Thyreostatikum wirkt). Die Tachykardie kann mit β-Rezeptorenblockern (Propranolol) sehr rasch gesenkt werden, wobei auf Zeichen der Herzinsuffizienz geachtet werden muß, da β-Rezeptorenblocker eine negativ inotrope Wirkung haben. Bei schwerer Hyperthermie muß der Patient gekühlt werden. Auf diese Weise gelingt es, mehr als 70% der Patienten aus der thyreotoxischen Krise zu retten.

9.3.12 Überfunktionssyndrome der Nebennierenrinde (Tabelle 61)

Cushing-Syndrom. Die übermäßige Produktion an Glucocorticoiden äußert sich klinisch in Form des Cushing-Syndroms. Glucocorticoide im Überschuß wirken antianabol und stören den Aufbau der Stützgewebe ganz generell. Dementsprechend finden wir beim Cushing-Syn-

Folgen des Hypercortisolismus

- Proteinkatabolismus↑, anabole Funktionen↓, Eiweißabbau↑, Muskelschwund, Muskelschwäche, Osteoporose, Gefäßresistenz↓, „easy bruising", Ekchymosen
- Gluconeogenese↑, Glucoseumsatz↑, Glucosetoleranz↓, Diabetes mellitus (reversibel)
- Permissive Wirkungen auf β- und α-adrenerge Rezeptoren (vermehrtes Ansprechen auf vasokonstriktorische Substanzen), Herzzeitvolumen↑, Blutdruck↑
- Vermehrte Na^+-Rückresorption durch Nieren, vermehrte K^+-Ausscheidung, Hypokaliämie, Tendenz zu Hypernatriämie, Hypervolämie, Blutdruck↑
- ZNS: endokrines Psychosyndrom: Aggressivität, Erregtheit, Depression, Psychosen (reversibel)

Tabelle 61. Primäre Nebennierenüberfunktionszustände

Krankheit	Pathogenetische Faktoren	Diagnostische Funktionstests	Pathologische Testergebnisse	Wichtigste Symptome	Therapie
Cushing-Syndrom bei NNR-Adenom, bzw. -Carcinom	Autonomes Glucocorticoid-produzierendes NNR-Adenom (Carcinom)	Hemmtest mit hoher Dosis Glucocorticoiden, ACTH im Plasma	Fehlende Hemmung (Plasmacortisol, Urinsteroide) durch hohe Dosis Glucocorticoide (8 mg Dexamethason/Tag), ACTH↓	Abbau der Stützgewebe, Muskelschwund, Adynamie, Osteoporose. Rotes Vollmondgesicht, Stammfettsucht, Striae rubrae	Exstirpation des Adenoms, bzw. der ganzen Nebenniere nach Seitenlokalisation
Primärer Aldosteronismus, Conn-Syndrom	NNR-Adenom mit Produktion von Aldosteron	Aldosteronbestimmung im Blut und Urin vor und nach Verabreichung eines Mineralocorticoids, K^+, Renin im Plasma	Aldosteron erhöht, fehlende Hemmung durch Mineralocorticoid (Florinef), K^+↓, Renin↓	Hypertonie, Hypokaliämie, Muskelschwäche, Kopfschmerzen, Parästhesien	Exstirpation des Adenoms, bzw. der ganzen Nebenniere nach Seitenlokalisation
Erworbenes adrenogenitales Syndrom bei der Frau	Autonomes, androgene Steroide-produzierendes NNR-Adenom (Carcinom)	17-Ketosteroide im Urin vor und nach Hemmung mit Glucocorticoiden. Differenzierung der 17-Ketosteroide	17-Ketosteroide erhöht, fehlende Hemmung nach Glucocorticoidverabreichung. Dehydroepiandrosteron erhöht	Virilisierung, Zunahme der Gesichts- und Körperbehaarung, Clitorisvergrößerung, Tieferwerden der Stimme, Kleinerwerden der Mammae	Exstirpation des Adenoms bzw. der ganzen Nebenniere nach Seitenlokalisation

drom regelmäßig eine mehr oder weniger stark *gestörte Glucosetoleranz,* eine *Verminderung der Muskelmasse* mit *herabgesetzter roher Kraft* und *Adynamie,* eine mehr oder weniger schwere *Osteoporose,* besonders im Bereiche der Wirbelsäule und eine verminderte Resistenz der Blutgefäße, welche sich besonders an der Haut in *großflächigen Suffusionen* bei kleinen Traumata äußert. Patienten mit Cushing-Syndrom haben eine *Stammfettsucht,* d.h. eine selektive Vermehrung des Unterhautfettgewebes im Bereiche des Abdomens, des Rückens, der Schulterpartie (Büffelhöcker) und des Gesäßes. Wegen der Dehnung der Haut in diesen Bereichen und wegen der Verminderung der elastischen Fasern in der Haut zerreißen die Stützelemente der Haut, und es bilden sich die sog. ***Striae rubrae.*** Es handelt sich um Striae, wie man sie auch bei der Schwangerschaft infolge übermäßiger Dehnung der Haut des Abdomens sieht, die jedoch beim Cushing-Syndrom eine auffallend purpurrote Farbe aufweisen. Typisch ist ferner das *Vollmondgesicht* mit auffallender dunkelroter Verfärbung. Das *endokrine Psychosyndrom* ist vorhanden, oft mit ausgeprägten Aggressionen, aber auch mit depressiver Verstimmung, so daß es gelegentlich als endogene Psychose verkannt wird. Die antianabole Wirkung des Cortisols führt beim Kinde zum sofortigen ***Wachstumsstillstand.*** Die Differentialdiagnose zwischen Adipositas simplex und Cushing-Syndrom beim Kinde ist deshalb sehr einfach, weil das adipöse Kind in der Regel rasch wächst, während beim Cushing-Syndrom das Wachstum stillsteht.

Hypothalamisch-hypophysäres Cushing-Syndrom mit beidseitiger Nebennierenrindenhyperplasie. Pathogenetisch sind 2 prinzipiell verschiedene Möglichkeiten gegeben. Bei vielen Patienten mit Cushing-Syndrom besteht eine *Fehleinstellung des hypothalamischen Zentrums,* welches die ACTH-Sekretion der Hypophyse reguliert. Dieses ist beim hypothalamisch-hypophysären Cushing-Syndrom auf ein höheres Niveau eingestellt und läßt sich durch eine normale Cortisolkonzentration im Blut nicht hemmen. Eine Hemmung tritt erst bei 4–5fach erhöhter Cortisolkonzentration ein. Der *Rückkoppelungsmechanismus funktioniert also noch, aber auf einem erhöhten Niveau.* Von der Pathogenese her wäre deshalb eine Behandlung des Hypothalamus bzw. der Hypophyse gerechtfertigt. Es hat sich indessen gezeigt, daß eine *gleichzeitige bilaterale Adrenalektomie* zum Ziele führt und nur den Nachteil hat, daß die Hypophyse dieser Patienten nach der Operation noch mehr ACTH bzw. MSH ausschüttet, so daß die Haut sich braun verfärbt wie beim Morbus Addison. Bei 30–50% der Patienten bildet sich nach bilateraler Adrenalektomie meist langsam ein hypophysäres basophiles Adenom, welches exstirpiert werden muß.

Diese enorme Häufung der basophilen Adenome nach bilateraler Adrenalektomie beim sog. hypothalamisch-hypophysären Cushing-Syndrom führt zur Auffassung, daß dieser Krankheit *primär* ein ***Hypophysenadenom*** zugrunde liegt. Deshalb wird heute in vielen Zentren primär die Hypophyse exploriert und das allenfalls vorhandene Microadenom exstirpiert. Viele Patienten mit Cushing-Syndrom sind so geheilt worden. Während und nach der bilateralen Adrenalektomie benötigen die Patienten eine sehr hohe Steroidsubstitution, die sukzessive im Verlaufe von 2 Wochen auf eine normale endokrine Substitutionsdosis von 25-50 mg Cortison zusammen mit einer kleinen Menge Mineralocorticoiden reduziert werden kann (0,1 mg Florinef täglich). Die Patienten lernen, die Glucocorticoiddosis dem Bedarf (Streß!) anzupassen und sind körperlich voll leistungsfähig.

Cushing-Syndrom bei autonomen Nebennierentumoren. 10% der Cushing-Patienten haben ein *autonomes NNR-Adenom,* das die *Hypothalamus-Hypophysen-NNR-Achse* hemmt. Das Nebennierenadenom produziert autonom, von ACTH unabhängig, zuviel Cortisol und führt auf diese Art und Weise zu einer Unterdrückung des ACTH und zum Cushing-Syndrom. Das NNR-Adenom läßt sich auch durch sehr hohe Glucocorticoiddosen nicht in seiner Funktion unterdrücken. Durch den 8 mg-Dexamethasontest läßt sich die bilaterale NNR-Hyperplasie (Hemmung) von NNR-Adenom (keine Hemmung) unterscheiden.

Die ACTH-Bestimmung im Plasma erlaubt in jedem Fall eine sichere Diagnose. Beim Nebennierenadenom ist das Plasma-ACTH tief, beim hypothalamisch-hypophysären Cushing-Syndrom mäßig, beim basophilen Hypophysenadenom stark erhöht. Das Adenom kann mittels selektiver Katheterisierung der Nebennierenvenen, Bestimmung der Hormonkonzentration links und rechts, Injektion von Kontrastmitteln und röntgenologischer Darstellung des Tumors lokalisiert werden.

Neuerdings gelingt die Tumorlokalisation mit der Ganzkörpercomputertomographie und der Sonographie, beides nichtinvasive, schonende Methoden. Der Chirurg entfernt nur die betroffene Nebenniere, so daß die andere NNR die gesamte endokrine Funktion übernehmen kann.

Dies ist allerdings nicht immer der Fall. Es hat sich gezeigt, daß nach vielen Jahren der Cortisolüberproduktion aus einer NNR die andere Seite atrophisch bleibt, sich durch ACTH zwar normal stimulieren läßt, aber das hypothalamische Zentrum seine regulierende Funktion nicht wieder aufnimmt und die übrig bleibende NNR nicht mehr stimuliert. Solche Patienten benötigen dann eine dauernde endokrine Substitutionstherapie.

Primärer Aldosteronismus (Conn-Syndrom). Gewisse Tumoren der NNR sezernieren selektiv Aldosteron. ***Aldosteronüberproduktion*** führt zur Na^+-Retention und positiver Na^+-Bilanz während einigen Tagen und dadurch zu einer Hypervolämie und Hypertonie. Später stellt sich wiederum ein Na^+-Gleichgewicht ein. Dieses kommt durch eine Adaptation ***(Escape-Phänomen)*** des Nierentubulus zustande, der nun Na^+ trotz Aldosteron ausscheidet, gleichzeitig aber K^+ abgibt. Die Kardinalsymptome des primären Aldosteronismus sind deshalb *Hypertonie bei Hypervolämie und Hypokaliämie*. Die Hypokaliämie geht mit *Adynamie* und *Muskelschwäche, Polyurie* und *Nykturie* einher. Da das NNR-Adenom autonom Aldosteron sezerniert, ist das *Plasmarenin* tief. Bei Hypertonie mit Hypokaliämie, Hyperaldosteronurie und tiefem Plasmarenin ist die Diagnose eines primären Aldosteronismus gesichert.
Bei der renovasculären Hypertonie sind die Befunde gleich, das Plasmarenin aber in den meisten Fällen erhöht. Als weiterer Test zum Zwecke der Unterscheidung des primären Aldosteronismus von anderen Hypertonieformen kann 9α-Fluorohydrocortison verabreicht werden. Dieses Mineralocorticoid führt zu Na^+-Retention, Erhöhung des Plasmavolumens, Abfall des Plasmarenins und der Aldosteronsekretion. Bei autonomen NNR-Adenom wird die Aldosteronsekretion durch zusätzliche Verabreichung von Mineralcorticoiden nicht beeinflußt.

Sekundärer Aldosteronismus. Der sekundäre Aldosteronismus ist keine endokrine Krankheit, sondern eine endokrine Adaptation an ein vermindertes Plasmavolumen. Alle Krankheiten, bei denen der sog. effektive renale Plasmadurchfluß vermindert ist, führen zum sekundären Aldosteronismus. Blutverlust, starkes Schwitzen führen zu einer *Abnahme des Plasmavolumens* und der Durchblutung des *juxtaglomerulären Apparates* der Nieren, wo Renin gebildet wird. Die dort vorhandenen Volumen- oder Durchflußrezeptoren reagieren auf verminderten Durchfluß (Spannung, Volumen?) mit einer vermehrten Reninsekretion. Renin spaltet aus dem im Plasma im Überschuß vorhandenen Angiotensinogen Angiotensin I ab, das nach Umwandlung in Angiotensin II die Aldosteronsekretion der Nebenniere stimuliert. Aldosteron führt zu einer vollständigen Rückresorption von Na^+ und via Rückresorption von Wasser (ADH) zu einer Normalisierung des Plasmavolumens.
Bei vielen chronischen Krankheiten, denen das Unvermögen gemeinsam ist, ein normales „effektives“ Plasmavolumen aufrecht zu erhalten, führt dieser sekundäre Aldosteronismus zu Ödemen (Na^+-Retention) anstatt zur Normalisierung des Plasmavolumens.

Bei der *Rechtsherzinsuffizienz* ist das Plasmavolumen im venösen Schenkel erhöht, und es bestehen periphere Ödeme. Bei der *Leberzirrhose, schwerer Unterernährung* und beim *nephrotischen Syndrom* ist der *onkotische Druck* des Plasmas *wegen Albuminmangels so stark erniedrigt,* daß Wasser ins Interstitium verloren geht und zu Ödembildung führt. Auch hier führt der Versuch der NNR, das Plasmavolumen zu normalisieren, lediglich zu vermehrten Ödemen. Der sekundäre Aldosteronismus bei diesen Krankheiten ist demzufolge ein fehlschlagender Versuch der NNR, das verminderte Plasmavolumen zu normalisieren.

Sekundärer Aldosteronismus bzw. durch Renin-Angiotensin ausgelöste Aldosteronsekretion

Ursache: Hypovolämie, Baro- oder Volumenrezeptoren des juxtaglomerulären Apparates

akut:
- Blutverlust, Schwitzen

chronisch:
- verminderter onkotischer Druck des Blutes (nephrotisches Syndrom, Leberzirrhose)
- Dehydrierung durch Na^+-Verlust (gewisse Formen der interstitiellen Nephritis, Diuretika)
- Verminderte Nierendurchblutung (Links- und Rechtsherzinsuffizienz; Nierenarterienstenose mit Hyperreninismus)

Folgen: Vermehrte Na^+-Rückresorption in der Niere und nachfolgende H_2O-Rückresorption

akut:
- Normalisierung des Plasmavolumens

chronisch:
- Ödeme bei Rechtsherzinsuffizienz, Leberzirrhose, Nephrose
- bei Nierenarterienstenose: arterielle Hypertonie und Tendenz zu Hypokaliämie

9.3.13 Überfunktionssyndrome des Nebennierenmarks

Phäochromocytom. Das Phäochromocytom ist ein meist benignes, solitäres, gelegentlich multiples Adenom ausgehend vom Nebennierenmark oder von Ganglien des sympathischen Nervensystems. Etwa 10% der Phäochromocytome sind außerhalb der Nebenniere gelegen, 10% sind multipel und weitere 10% sind maligne. Phäochromocytome produzieren vorwiegend ***Noradrenalin, Adrenalin*** oder beide Catecholamine zusammen. Das Hauptsymptom des Phäochromocytoms ist die

Hypertonie. Beim *Adrenalin*-sezernierenden Phäochromocytom steht die *anfallsweise Hypertonie* im Vordergrund, beim mehrheitlich *Noradrenalin*-sezernierenden Phäochromocytom eher die Dauerhypertonie, wobei sich Hypertoniekrisen auf die *Dauerhypertonie* aufpfropfen können.
Noradrenalin und Adrenalin führen vorwiegend über eine Konstriktion der peripheren Gefäße und Adrenalin außerdem über eine massive Erhöhung der Pulsfrequenz zur Hypertonie. Diese ***hypertonen Krisen*** werden vom Patienten als äußerst unangenehm empfunden. Die Patienten werden *blaß*, haben *kalte Schweißausbrüche, Herzklopfen, Hämmern im Kopf, Kopfschmerzen,* gelegentlich *Nausea* und *Erbrechen* und sind nach den Anfällen völlig erschöpft. Die Anfälle treten rasch, aber nicht so plötzlich wie paroxysmale Tachykardien auf und verschwinden allmählich. Viele Patienten geben an, daß gewisse Bewegungen - über einen Druck auf den Nebennierenmarktumor - den Anfall auslösen.
Catecholamine hemmen die Insulinsekretion und fördern Glykogenolyse und Lipolyse, so daß die Glucosetoleranz pathologisch ist. Die Bestätigung der Diagnose Phäochromocytom erfolgt durch ***Funktionstests.*** Bei Dauerhypertonie führt Regitin, ein α-Rezeptorenblocker, zu einem übermäßigen Abfall des Blutdrucks, der typisch ist für das Phäochromocytom. Wenn keine Dauerhypertonie besteht, kann beim Phäochromocytom *ein Anfall durch Histamin ausgelöst werden.* Der Histamintest ist jedoch gefährlich. Vor der Ausführung dieses Testes sollte Regitin bereitgestellt werden, damit hypertone Krisen blockiert werden können. Catecholamine werden zur Hauptsache als *Vanillinmandelsäure* im Urin ausgeschieden. Die Normalwerte pro 24 h betragen 2-6 mg. Die Vanillinmandelsäureausscheidung ist beim Phäochromocytom in der Regel erhöht, ebenso die Adrenalin- oder Noradrenalinausscheidung. Bei malignen Phäochromocytomen werden auch Vorstufen der Adrenalinsynthese, vor allem Dopamin vermehrt ins Blut abgegeben. Die Bestimmung des Dopamins im Urin hat eine gewisse Bedeutung für die Prognose, ob es sich um ein benignes oder malignes Phäochromocytom handelt.
Wenn die Diagnose Phäochromocytom gestellt ist, muß dasselbe *lokalisiert* werden. Dies geschieht am besten durch eine Katheterisierung der Vena cava, wobei Blut aus den verschiedenen Einmündungen der Nieren- und Nebennierenvenen entnommen wird und darin die Catecholamine bestimmt werden. Diese haben eine sehr kurze Halbwertszeit, so daß in Nähe der Produktionsstätte Adrenalin und Noradrenalin sehr stark erhöht sind. Nach der Blutentnahme wird Kontrastmittel injiziert und der Tumor röntgenologisch dargestellt. Neuerdings

lassen sich Phäochromocytome auch mit 2 nicht invasiven Methoden, der Ganzkörpercomputertomographie und der Sonographie darstellen.

Die Hypertonie beim Phäochromocytom geht oft mit einem verminderten Plasmavolumen einher. Das ***verminderte Plasmavolumen*** ist wahrscheinlich die Folge der dauernden Konstriktion der Arteriolen. Vor der Operation des Phäochromocytoms muß das Plasmavolumen normalisiert werden. Dies geschieht durch Verabreichung eines α-Rezeptorenblockers oder Dibenzylin während 1-2 Wochen und zusätzlich Blut- oder Plasmaersatz. Damit läßt sich der sehr gefährliche, übermäßige Blutdruckabfall unmittelbar nach der Entfernung des Phäochromocytoms vermeiden. Bei inoperablen, meist malignen Tumoren, die nicht total entfernt werden können, empfiehlt sich eine Dauertherapie mit α-Rezeptorenblockern, am ehesten Dibenzylin, womit der Blutdruck mehr oder weniger stabilisiert werden kann.

10 Stoffwechsel

10.1 Regulation des Glucose- und Fettstoffwechsels

10.1.1 Stoffwechsel während und nach der Nahrungsaufnahme. Substratspeicherung. Anabole Vorgänge

Der größte mit der Nahrung aufgenommene Teil der Glucose wird nicht unmittelbar oxidiert. Während des Anstiegs der Glucose- und Insulinkonzentration im Blut nehmen Leber und Muskulatur viel Glucose auf. Je größer die Glucoseaufnahme, desto größer wird der Anteil der Glucose, der als Glykogen gespeichert wird. Insulin wirkt antilipolytisch, so daß die Konzentration der freien Fettsäuren abnimmt und der Anteil der Glucose an oxidativen Prozessen tatsächlich zunimmt. Der ***respiratorische Quotient*** von annähernd 1 nach dem Essen bedeutet nicht, daß ausschließlich Glucose verbrannt, sondern vielmehr, daß sie zu Fett umgewandelt wird. Die ***Speicherung von Glucose*** in Form von Glykogen ist beschränkt. Die Leber kann maximal 10% ihres Gewichtes in Form von Glykogen speichern, d.h. ungefähr 150 g. Diese 150 g Glykogen stehen dem Organismus beim Übergang zum Fasten als Kohlenhydrate zur Verfügung. Die Leber wandelt das Glykogen zu Glucose um, gibt sie an das Blut ab und stellt sie damit dem Gehirn zur Oxidation zur Verfügung. Bis zu 50% der peroral oder intravenös verabreichten Glucose können von der Leber in Form von Glykogen gespeichert werden. Der Rest verschwindet vor allem in der Muskulatur, welche insgesamt auch ungefähr 150–200 g Glykogen speichern kann. Im Gegensatz zur Leber kann der Muskel wegen des Fehlens des Enzyms Glucose-6-Phosphatase keine Glucose an das Blut abgeben. Der Muskel kann Glykogen im anaeroben Zustand entweder zu Milchsäure umwandeln, oder aber oxidieren, wenn genügend Sauerstoff vorhanden ist. Der Muskel verwendet sein Glykogen also vorwiegend für eigene Zwecke. Bei hypoxämischer Muskelarbeit wird allerdings das vom Muskel abgegebene Lactat von der Leber wieder zur Glucose aufgebaut. Im Gegensatz dazu gibt die Leber als „altruistisches“ Organ das Glykogen als Glucose an das Blut ab, damit die Funktion des Gehirns erhalten bleibt.

Für die ***Regulation der Glykogenspeicherung*** spielt das Insulin eine entscheidende Rolle. Die Zellmembranen der Muskulatur und des Fettgewebes sind an und für sich für Glucose undurchlässig. Insulin aktiviert den Glucosetransport durch die Membran der Muskel- und der Fettgewebezelle. Es handelt sich hier nicht um eine Transportpumpe, welche gegen einen Konzentrationsgradienten Glucose in die Zelle befördert und Energie benötigt, sondern um einen Prozeß, den wir als ***erleichterte Diffusion*** oder ***Carriertransport*** bezeichnen. Mit Gegentransport-Versuchen konnte gezeigt werden, daß dieser Diffusionsprozeß nicht einseitig von extrazellulär nach intrazellulär abläuft. Es läßt sich experimentell nachweisen, daß Insulin auch den Transport von Zucker von intrazellulär nach extrazellulär beschleunigt. Dies ist allerdings unter physiologischen Bedingungen kaum je der Fall, da der Glucosetransport und die Fettsäuresynthese im Fettgewebe die *limitierenden Schritte* des gesamten Glucosestoffwechsels sind. Jedes Molekül Glucose, welches in die Zelle eindringt, wird sofort phosphoryliert. Da die Enzyme des Glucosestoffwechsels im Überschuß vorhanden sind, muß teleologisch gesehen der Transportschritt limitierend sein. Sonst würde dauernd Glucose vom Fettgewebe aufgenommen, gespeichert und es käme zur Obesitas und zur Hypoglykämie. Fettgewebe und Muskulatur nehmen deshalb nur unter dem Einfluß von Insulin Glucose auf, phosphorylieren diese sofort und speichern sie in Form von Glykogen oder wandeln sie in Triglyceride um. In der Muskulatur fördert Insulin die Oxidation von Glucose in Anwesenheit von freien Fettsäuren kaum. Am ***Fettgewebe*** wird die CO_2-Produktion aus Glucose durch Insulin zwar stark stimuliert, aber nicht etwa im Krebszyklus, sondern ausschließlich im ***Pentosephosphatweg.*** Im Pentosephosphatweg werden nämlich die für die Fettsäuresynthese aus Glucose bzw. Acetat notwendigen Reduktionsäquivalente, das $NADPH^+$ gebildet. Die unter Insulin beschleunigte Oxidation von Glucose im Fettgewebe dient also einem Synthesezweck in der Zelle, nämlich der Umwandlung von Glucose zu Fettsäuren und deren Speicherung in Form von Triglyceriden.

Eine ganz besondere Rolle in der Glucosehomöostase spielt die *Leber. Die Leberzellmembran ist beinahe frei permeabel für Glucose,* so daß die Glucosekonzentration intrazellulär ungefähr gleich hoch ist wie im Plasma. Im Gegensatz zur Muskulatur und zum Fettgewebe kann also Insulin nicht den Glucoseeintritt in die Zelle regulieren, sondern muß an einem anderen Schritt regulierend eingreifen. Der nächste Schritt nach dem Eintritt der Glucose in die Zelle ist deren Phosphorylierung, die in der Leber mittels des Enzyms Glucokinase erfolgt. Während die Hexokinase der Muskulatur und des Fettgewebes eine sehr hohe Affi-

nität zur Glucose besitzt ($K_M = 10^{-3} - 10^{-4}$M) und jedes in die Zelle eindringende Molekül sofort phosphoryliert wird, hat dei Glucokinase der Leber eine viel niedrigere Affinität zur Glucose ($K_M = 10^{-2}$M). Erst bei einer Glucosekonzentration von über 5-6 mmol/l beginnt die Glucokinase Glucose in größerem Ausmaße zu phosphorylieren, so daß Glucose als Glykogen gespeichert werden ***kann.*** Entscheidend für die ***Glykogensynthese*** in der Leber sind die Aktivitäten der Glucokinase und der Glykogensynthetase. Diese beiden Enzyme stehen unter dem Einfluß von Insulin. Die Glucokinaseaktivität der diabetischen Leber ist sehr stark erniedrigt, und es braucht mehrere Stunden Insulintherapie, bevor die Glucokinaseaktivität wieder zu steigen beginnt. Andererseits aktiviert Insulin die Glykogensynthetase akut u. a. über eine Hemmung der Adenylcyclase.
Insulin ermöglicht damit der Leber die Glykogensynthese aus Glucose und dem Organismus eine Glucosehomöostase zwischen 4 und 8 mmol/l.
Die wichtigste Ausnahme von der Regel, daß Insulin den Glucosetransport in die Zelle fördert, *ist neben der Leber das Gehirn.* Der Glucosetransport in die Hirnzellen wird durch Insulin nicht beschleunigt. Das entspricht auch ganz der klinischen Erfahrung. Die Hirnfunktion bleibt während der Hyperglykämie wegen Insulinmangels vollständig normal erhalten. Hingegen stellt sich ein cerebrales Koma ein, wenn der Glucosespiegel zu tief absinkt, einerlei ob mit oder ohne Insulin. Das Gehirn kommt ohne Insulin aus, und der *Glucosetransport in die Hirnzellen erfolgt Insulin-unabhängig.* Eine weitere Ausnahme von der Regel machen die Erythrocyten und Leukocyten. Auch in diesen Zellen ist die Konzentration an freier Glucose ungefähr gleich wie im Plasma. Alle diese Gewebe leiden denn auch nicht unter einem Insulinmangel. Hingegen gehen sie bei Glucosemangel zugrunde.
Neben der Speicherung von Glucose als Glykogen in Leber und Muskulatur und als Triglyceride im Fettgewebe *fördert Insulin auch die Speicherung des mit der Nahrung aufgenommenen Fettes.* Fett wird im Magendarmtrakt zu freien Fettsäuren und Glycerin zerlegt, in der Mucosa dann wieder zu Triglyceriden aufgebaut und von einer Eiweißhülle umgeben als Chylomikronen in die Lymphe abgegeben. Diese gelangen dann via Ductus thoracicus in das Blut. Die Chylomikronen und auch andere Lipoproteine werden entweder im Blut selbst (Klärung) oder aber an der Zelloberfläche, vor allem des Endothels der Gefäße und vielleicht auch der Fettgewebezellen, in Fettsäuren, Glycerin und den Proteinanteil gespalten. Die freien Fettsäuren werden vom Fettgewebe und der Leber zur Speicherung als Triglyceride und von der Muskulatur zur Oxidation aufgenommen. Das verant-

wortliche Enzym wird als Klärfaktor oder Lipoproteinlipase bezeichnet.

Es gibt mehrere Lipoproteinlipasen. Die klassische Lipoproteinlipase ist in mehreren Geweben nachweisbar, insbesondere im Fettgewebe und in der Muskulatur. Ob sie im Fettgewebe oder aber im Endothel der Gefäße gebildet wird, ist noch nicht gesichert. Ein zweites ähnliches Enzym stammt aus der Leber.

Die ***klassische Lipoproteinlipase*** wird durch Heparin aktiviert. Ihre Aktivität steht aber auch unter dem Einfluß von Insulin. Das diabetische Fettgewebe zum Beispiel hat eine stark verminderte Lipoproteinlipaseaktivität und kann deshalb nur wenig Chylomikronen spalten, aufnehmen und als Triglyceride speichern. Insulin scheint die Synthese der Lipoproteinlipase im Fettgewebe zu induzieren und damit die Speicherung von Chylomikronen als Triglyceride im Fett zu ermöglichen. Die im Blut geklärten Chylomikronen werden zum Teil als freie Fettsäuren von der Leber aufgenommen, von dieser dann wiederum als VLDL-Lipoproteine in das Blut abgegeben und schließlich vom Fettgewebe durch die Lipoproteinlipase gespalten, aufgenommen und als Triglyceride gespeichert. In Abb. 55 sind die wichtigsten Insulinwirkungen schematisch zusammengestellt.

Das ***Fettgewebe*** hat eine entscheidende Bedeutung für den Energiehaushalt (Abb. 56). Es ist das einzige Gewebe, welches beliebig viel Brennstoff in Form von Fett speichern kann. Ein Gramm Fett liefert bekanntlich 9 Kalorien. Fett ist somit die weitaus ökonomischste Form der Energiespeicherung. Während Insulin die Aktivität der Lipoproteinlipase steigert, hemmt es die Triglyceridlipase. Die hormonsensitive ***Triglyceridlipase*** ist das Enzym im Fettgewebe, welches Triglyceride zu freien Fettsäuren und Glycerin spaltet. Die freien Fettsäuren sind der hauptsächliche Energielieferant der Muskulatur. Dieses Enzym wird durch Insulin wahrscheinlich über eine Aktivierung der Phosphodiesterase bzw. Inaktivierung der Adenylcyclase gehemmt. Die Catecholamine, Glucagon und ACTH stimulieren die Adenylcyclase und damit die Bildung des zyklischen 3′,5′-Adenosin-Monophosphats, des sog. *„second messenger"*, aus ATP. cAMP überführt die inaktive Lipase in die aktive Form, so daß das Fettgewebe nun freie Fettsäuren abgeben kann. Durch die Hemmung der Lipolyse hilft Insulin dem Organismus die Fettspeicher zu erhalten.

Die bei der Verdauung aus Eiweiß entstehenden und vom Darm resorbierten Aminosäuren werden ebenfalls unter dem Einfluß von Insulin in die Zellen aufgenommen. Für die meisten Aminosäuren sind die Zellen des Organismus nicht frei durchlässig. Aminosäuren werden in das Zellinnere gepumpt. Diese Aminosäurenpumpen werden durch

• **Transport der Substrate in die Zellen:**

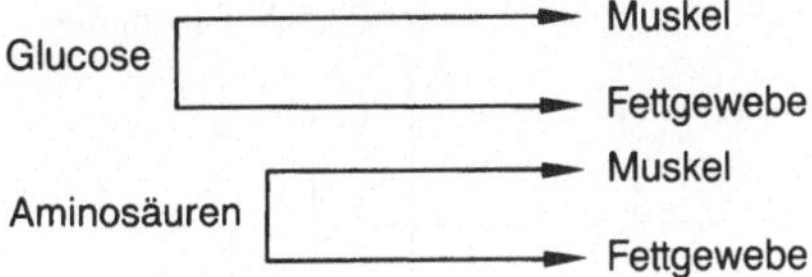

• **Induktion* bzw. Aktivierung von wichtigen Enzymen für die Energiespeicherung:**

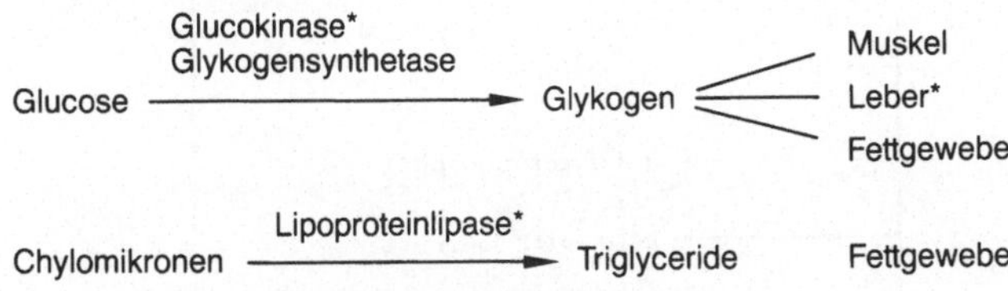

• **Hemmung von Enzymen, welche für die Mobilisierung von gespeichertem Substrat verantwortlich sind:**

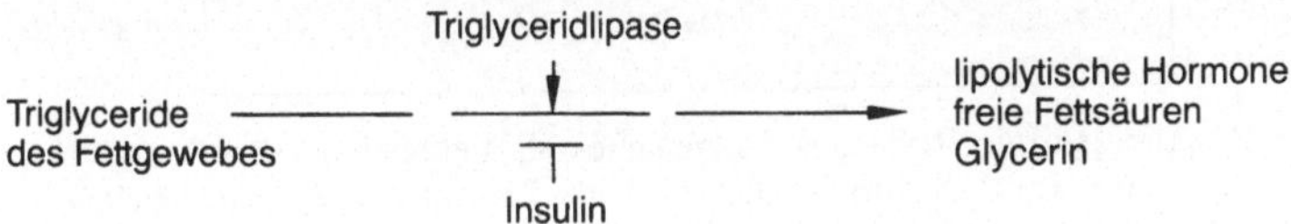

• **Wirkung auf den Translationsprozeß an den Ribosomen:**

Abb. 55. Wirkungen des Insulins

Insulin aktiviert, so daß der Aminosäurespiegel im Blut nach einer Insulininjektion akut abfällt. Insulin fördert die Eiweißsynthese einerseits durch diese Aktivierung des Aminosäuretransports, andererseits durch eine Wirkung auf den Translationsprozeß an den Ribosomen selbst.

Insulin wird durch alle diese Wirkungen zum eigentlichen Speicherhormon, ohne das anabole Vorgänge im Organismus nicht denkbar

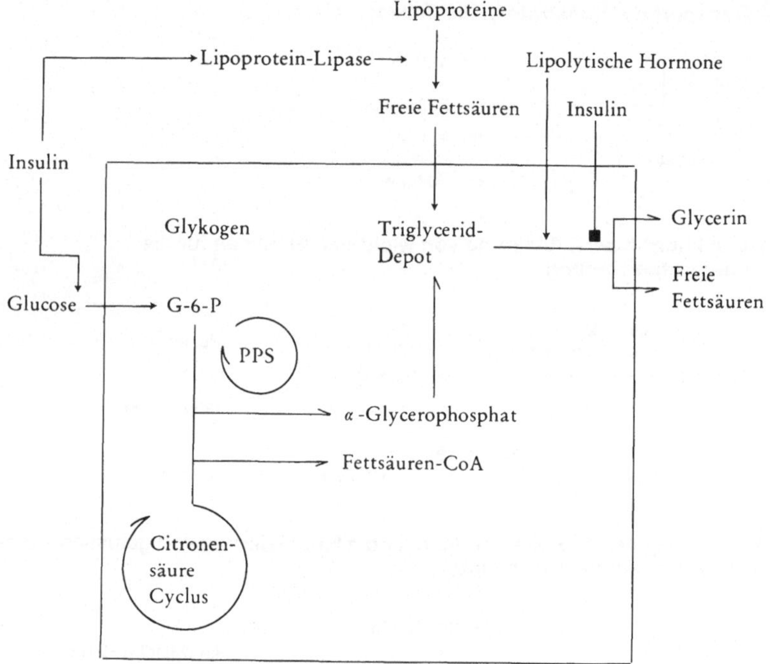

Abb. 56. Die zentrale Rolle des Fettgewebes als Fettspeicher im Energiehaushalt unter dem Einfluß von Insulin und als Lieferant von freien Fettsäuren unter dem Einfluß lipolytischer Hormone

sind. Wachstumshormon, ein extrem anaboles Hormon, ist unwirksam, ja sogar diabetogen, wenn nicht genügend Insulin vorhanden ist und damit die Eiweißsynthese nicht normal ablaufen kann. Jugendliche Diabetiker können trotz normalem Wachstumshormonspiegel nicht wachsen. Sie benötigen dazu Insulin. Auch die anabolen Sexualhormone wirken nur auf Knochenreifung, nicht aber auf Knochenwachstum, wenn Insulin fehlt.

10.1.2 Übergang des Organismus von der Energiespeicherung zur Mobilisierung der Energiereserven (Abb. 57)

Wie oben erwähnt, zirkulieren im Blut 2 hauptsächliche Energielieferanten, die ***freien Fettsäuren*** und die ***Glucose.*** Beide müssen während

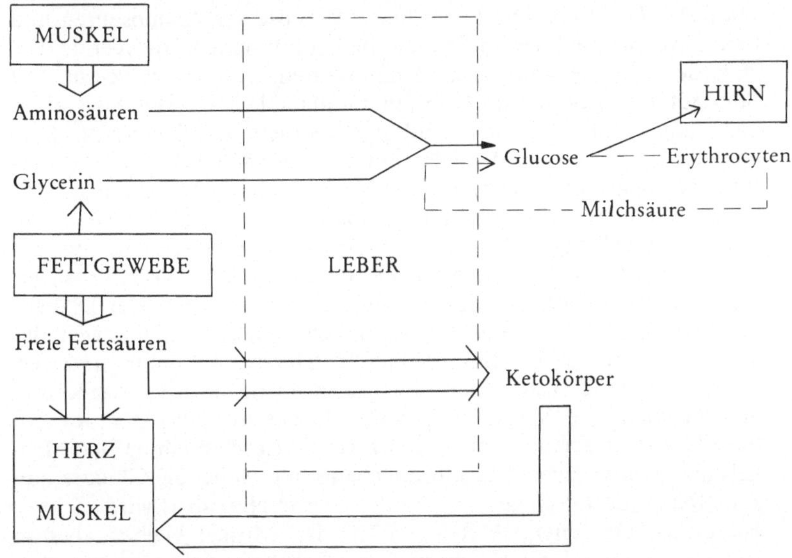

Abb. 57. Stoffwechsel während des Fastens

des Fastens vom Organismus selbst an das Blut abgegeben werden, *die Glucose von der Leber* und in geringerem Ausmaß von der Niere und der Dünndarmschleimhaut, *die freien Fettsäuren ausschließlich vom Fettgewebe.* Die Glykogenreserven der Leber genügen nur 12–24 h für die Aufrechterhaltung eines normalen Blutzuckers. Die Leber ist fähig, aus Aminosäuren und Glycerin Glucose über den Prozeß der Gluconeogenese herzustellen. Dieser Vorgang ist entscheidend für die Aufrechterhaltung des Blutzuckers während längeren Fastens. In diesem Zustand wird die Glucoseoxidation von den meisten Geweben auf ein Minimum reduziert, und Glucose steht nun fast ausschließlich dem Gehirn zur Verfügung. Alle anderen Organe und Gewebe stellen auf die Oxidation von freien Fettsäuren und Ketosäuren um. Sogar das Gehirn kann einen Teil seiner Energie aus Ketokörpern gewinnen, Ketokörper alleine garantieren eine normale Hirnfunktion jedoch nicht. Während des Fastens treten die Speichervorgänge und damit auch das Insulin in den Hintergrund. Eine gewisse Menge Insulin wird jedoch weiter sezerniert, damit die katabolen Stoffwechselprozesse nicht entgleisen. Von der Energiespeicherung während des Essens geht der Organismus nun über zur ***Mobilisierung der Energiereserven in Form***

von freien Fettsäuren. Die Leber bildet Glucose aus Aminosäuren und dem Glycerinanteil der im Fettgewebe hydrolysierten Triglyceride. Ca. 80% der Glucose stammt aus Aminosäuren, 20% aus Glycerin. Die Stickstoffausscheidung im Urin nimmt allmählich ab, weil das Gehirn nach längerem Fasten auch Ketokörper oxidiert, wobei allerdings Glucose für die Erhaltung der Hirnfunktion unerläßlich bleibt. Die Erythrocyten benötigen eine bestimmte Menge Glucose, welche sie in Lactat umwandeln, wobei das Lactat später von der Leber wieder zu Glucose aufgebaut werden kann. Muskulatur und Fettgewebe verbrennen während des Fastens fast keine Glucose mehr. Die Glucoseverbrennung wird allerdings durch Muskelarbeit gesteigert. Der Diabetiker benötigt bei Muskelarbeit wesentlich weniger Insulin, weil der arbeitende Muskel Insulin-unabhängig Glucose aufnimmt und verbrennt. Während Insulin den Glucoseeintritt in die Muskelzelle und ausschließlich die Speicherung von Glucose als Glykogen fördert, bewirkt Arbeit ebenfalls eine vermehrte Glucoseaufnahme des Muskels über den gleichen Transportmechanismus, wobei die Glucose nun zum Teil zu Lactat umgewandelt oder aber total oxidiert wird.
Hauptsächliche Energielieferanten für den Muskel bleiben aber in Ruhe wie während der Arbeit die freien Fettsäuren und zu einem kleineren Teil die Ketokörper. Der Übergang von der Speicherung zur Mobilisierung der Reserven erfolgt bei tiefen Insulinkonzentrationen unter dem Einfluß der sog. ***lipolytischen Hormone.*** Glucagon fördert Glykogenolyse und Gluconeogenese in der Leber, Cortisol nur die Gluconeogenese. Glucagon, Catecholamine und ACTH steigern die Lipolyse. Diese Hormone steigern die Aktivität der Adenylcyclase und damit die Bildung des cAMP, welches die Phosphorylase und Triglyceridlipase aktiviert. Beim Diabetes mellitus laufen diese Vorgänge in extremer, unkontrollierter Form ab, weil Insulin fehlt (Abb. 58).

10.1.3 Regulation der Insulinsekretion (Tabelle 62)

Die *Regulation* der Insulinsekretion erfolgt in erster Linie *durch den Blutzuckerspiegel.* Steigt der ***Blutzuckerspiegel*** an, so wird mehr Insulin sezerniert. Insulin fördert die Glucoseaufnahme der Muskulatur und des Fettgewebes sowie die Glykogensynthese in der Leber, so daß der Blutzucker abfällt und damit die Insulinsekretion wieder abnimmt. Außer der Glucose führen Aminosäuren ebenfalls zu einer Insulinausschüttung, wobei es seltsamerweise nicht zu einem Blutzuckerabfall kommt. Dies ist unter anderem wahrscheinlich dadurch zu erklären, daß die Aminosäuren von der Leber rasch zu Glucose umgewandelt

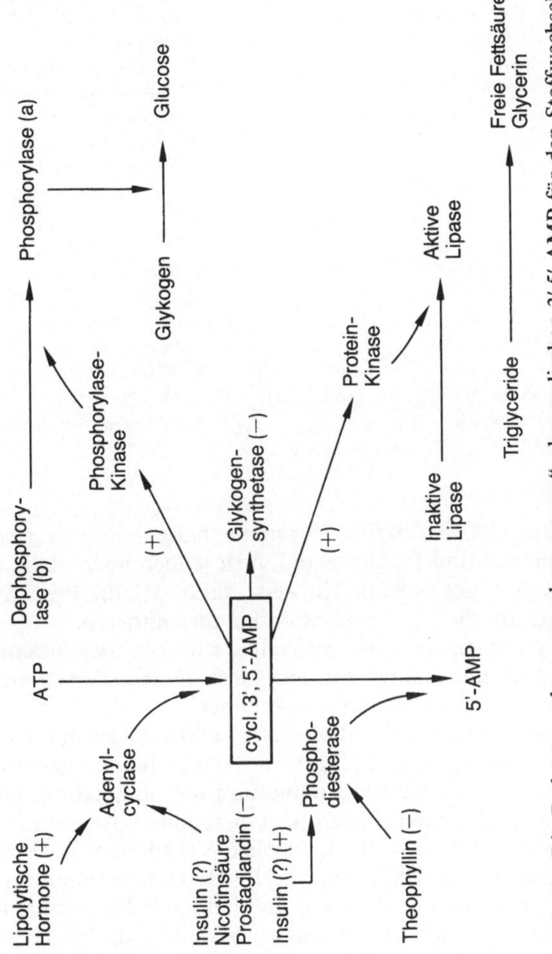

Abb. 58. Die Bedeutung des „second messenger", des cyclischen 3',5'-AMP für den Stoffwechsel (first messenger = Hormon)

werden und damit das vermehrte Verschwinden der Glucose in der Peripherie kompensiert wird. Leucin ist die einzige Aminosäure, welche zu einer Insulinsekretion und zu einem Blutzuckerabfall führt. Die alte Beobachtung, daß eine perorale Glucosebelastung zu einem höheren Insulinanstieg führt als eine gleich dosierte intravenöse Glucosebelastung, wird heute auf die Sekretion verschiedener Wirkstoffe wie gastric inhibiting peptide (GIP) und Glucagon zurückgeführt. Der

Tabelle 62. Regulation der Insulinsekretion

Stimulierung	***Hemmung***
Physiologische:	*Physiologische:*
• Glucose	• Adrenalin Noradrenalin
• Aminosäuren	• Hypokaliämie
• Glucagon	• Fasten (Ausnahme Diabetes mellitus)
• Gastric inhibiting peptide und evtl. andere Hormone des Dünndarms	• Nervöse Impulse via Sympathicus
• Nervöse Impulse von Mund- u. Rachenschleimhaut via N. vagus	• Somatostatin
Pharmakologische:	*Pharmakologische:*
• Sulfonylharnstoffe	• Diazoxid
• α-Rezeptorenblocker	• Mannoheptulose und andere Heptulosen
• β-Rezeptorenstimulatoren	• β-Rezeptorenblocker
• Theophyllin	

funktionelle, endokrine Zusammenhang zwischen gastrointestinalen Hormonen und Insulinsekretion ist jedoch noch völlig ungeklärt. Insbesondere gibt es keine Hinweise dafür, daß die Resektion von Magen und Darm die Insulinsekretion kompromittieren.

Von *pharmakologischer Bedeutung* sind die ***Sulfonylharnstoffe,*** die auf eine noch unbekannte Art und Weise die B-Zellen stimulieren und ihre Empfindlichkeit auf Glucose erhöhen.

Die ***Insulinsekretion*** wird *physiologischerweise* gehemmt durch ***Catecholamine,*** die in großen Mengen zur Glucoseintoleranz führen (Phäochromocytom). Die Catecholamine und die Stimulation des Sympathicus (Sympathicotonus) spielen bei Operationen, Anaesthesie und anderen Streßformen eine Rolle. In solchen Situationen ist der Blutzuckerspiegel regelmäßig erhöht und die Insulinkonzentration im Blut sehr tief. Eine abnorme Glucosebelastung bei einer Hypokaliämie ist nicht als essentieller Diabetes mellitus zu bewerten, da bei Hypokaliämie eine Insulinsekretionsstarre besteht, die nach Normalisierung des Kaliums reversibel ist. *Experimentell* kann die Insulinsekretion vorübergehend durch ***Mannoheptulose*** stillgelegt werden. Mannoheptulose wird von der Glucokinase der B-Inselzellen phosphoryliert, kann aber nicht weiter abgebaut werden und blockiert die Glucosephosphorylierung, so daß die Energie für die Insulinsekretion fehlt. Die Blockierung der Insulinsekretion durch Mannoheptulose ist reversibel. Experimentell kann bei der Ratte durch Injektion von Alloxan und Streptozotocin ein Diabetes erzeugt werden. Alloxan ist beim Menschen sehr toxisch. Streptozotocin zerstört beim Menschen die normalen B-Inselzellen nicht, kann aber beim Inselzellcarcinom als Cytostaticum gelegentlich mit einigem Erfolg eingesetzt werden.

10.2 Pathophysiologie

10.2.1 Diabetes mellitus

Akute diabetische Stoffwechselentgleisung (Abb. 59)

Die akute diabetische Stoffwechselentgleisung infolge schweren Insulinmangels kann tierexperimentell durch die akute Ausschaltung des Insulins mit Antiinsulinserum oder Pankreatektomie nachgeahmt werden. Alloxan und Streptozotocin zerstören die B-Inselzellen und führen ebenfalls zur Ketoacidose. Die ***Folgen des totalen Insulinmangels*** sind für den Organismus katastrophal. Glucose kann peripher nicht mehr aufgenommen und gespeichert werden. Der Blutzucker steigt deshalb an. Die Leber phosphoryliert Glucose nicht mehr, die gluconeogenetischen Enzyme und damit die Glucoseneubildung werden aktiviert. Die regulative Hemmung der Lipolyse durch Insulin fällt weg. Die Lipolyse erfolgt nun unkontrolliert und große Mengen freier Fettsäuren werden vom Fettgewebe abgegeben und überschwemmen den Organismus. Die Leber extrahiert aus dem Blut einen bestimmten Prozentsatz der anfallenden Fettsäuren. Je höher die freie Fettsäurekonzentration im Blut, desto mehr Fettsäuren werden von der Leber extrahiert. Die Möglichkeiten der Fettsäureverwertung der Leber sind jedoch beschränkt. Die Oxidation freier Fettsäuren ist limitiert und wird vom relativ fixen Energiebedarf bestimmt. Eine gewisse Menge wird zu Triglyceriden wiederverestert, die dann als Lipoproteine in das Blut abgegeben werden, ein Großteil wird jedoch zu Ketosäuren umgewandelt. *Die Überschwemmung des Organismus mit Ketokörpern führt schließlich zur metabolischen Acidose, die Hyperglykämie zur osmotischen Diurese und zum Wasserverlust.* Diese Vorgänge werden im nächsten Kapitel im einzelnen beschrieben.

Wasser- und Elektrolytstörungen bei der akuten diabetischen Stoffwechselentgleisung

Die tubuläre Rückresorption der Glucose ist beschränkt. Bis zu 200 mg Glucose können pro Minute aus dem Tubulus vollständig rückresorbiert werden. Von dieser Menge an erscheinen kleine Mengen von

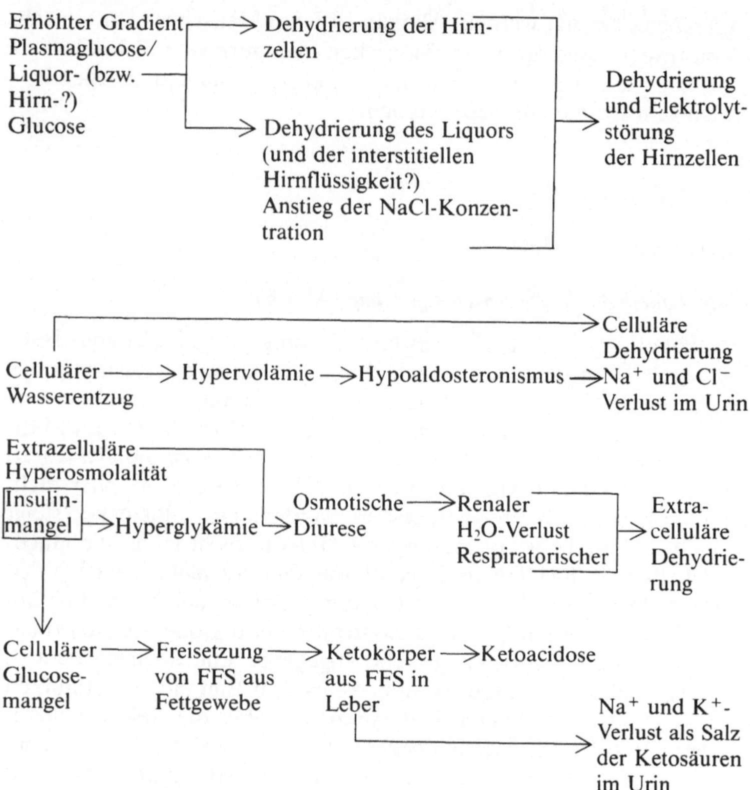

Abb. 59. Pathogenese des Coma diabeticum

Glucose im Urin. Die maximale Glucoserückresorptionskapazität, das TMG, beträgt 250–300 mg/min. Über diesem Grenzwert wird zusätzlich filtrierte Glucose vollständig im Urin ausgeschieden und führt zur osmotischen Diurese, denn die Möglichkeit der Nieren, den Urin zu konzentrieren, ist auf etwa 1000 mosmol/l beschränkt. Die ***Glucosurie*** führt automatisch zur ***osmotischen Diurese.*** So lange die verlorenen Wassermengen, die bis zu 10–15 Liter/Tag betragen können, durch Trinken ersetzt werden, dekompensiert der Wasser- und Elektrolythaushalt nicht. Im Moment aber, wo aus irgendeinem Grunde der Nachschub von Wasser- und Elektrolyten nicht mehr gewährleistet ist, muß es zu einer Dehydrierung und zum ***Coma diabeticum*** kommen. Wir wissen, daß der Wasserverlust zusammen mit einem sehr hohen

Blutzucker zum hyperosmolaren Coma diabeticum führt. Der Wasserverlust des Organismus wird außerdem noch durch die typische Kussmaul-Atmung bei der diabetischen Ketose gefördert. Durch die tiefen Atemzüge versucht der Organismus möglichst viel CO_2 abzuatmen. Das P_{CO_2} fällt bei schwerem Coma diabeticum auf Werte unter 15 mmHg ab.
Außer dem Wasserverlust besteht in der akuten diabetischen Stoffwechselentgleisung aber auch ein wesentlicher ***Mangel an*** Na^+ ***und*** K^+. Die Fähigkeit der Niere, einen sauren Urin auszuscheiden, ist beschränkt. Das pH des Urins fällt meistens nicht unter 4,5-4 ab. Dies bedeutet aber, daß bei einem massiven Verlust von Ketokörpern im Urin diese zum Teil als Salze ausgeschieden werden müssen. Ketokörper werden vor allem als Na^+- bzw. K^+-Salz ausgeschieden. Bei einem schweren Coma diabeticum kann ein Patient bis 15% seines Körpergewichtes und zwischen 300-600 mmol Na^+ und 300-600 mmol K^+ verlieren. Es handelt sich dabei immer um eine *hypertone* ***Dehydrierung,*** indem der Wasserverlust größer ist als der Salzverlust. Dementsprechend wird das Coma diabeticum mit hypotonen und nicht mit hypertonen Lösungen behandelt.
Ein weiterer Grund für den K^+-Verlust ist die Acidose, die zu einem Austausch intrazellulärer K^+ gegen interstitielle H^+ und Na^+ führt. Dadurch steigt die K^+-Konzentration im Blut vorübergehend an und K^+ wird vermehrt durch die Nieren ausgeschieden.

Klinische Symptomatologie des Präkoma und Coma diabeticum

Das Wasserdefizit dieser Patienten äußert sich in einer trockenen, roten Haut und trockenen Schleimhäuten und Zunge. Die angehobene Hautfalte verstreicht nicht, der Turgor der Haut ist vermindert. Die Augenbulbi sind als Ausdruck der Dehydrierung weich, der Druck im Liquor cerebrospinalis vermindert. Beim ketoacidotischen Koma ist die tiefe Kussmaul-Atmung typisch, und im Zimmer riecht es nach Äpfeln (Aceton).
Im Präkoma können die cerebralen Funktionen noch mehr oder weniger normal sein, während schon wenige Stunden später eine tiefe Bewußtlosigkeit eintreten kann. Die Ursache der Hirnstoffwechselstörung ist noch nicht genau geklärt. Die Acidose als solche führt nicht zu einem cerebralen Koma. Ketokörper werden vom Hirn oxidiert und führen an und für sich auch nicht zum Koma. Es scheint vielmehr, daß die Hirnzellen durch diese schwere Dehydrierung Schaden nehmen. Zudem wurde beobachtet, daß zwischen Liquorzucker und Blutzucker ein großer Gradient besteht. Der Liquorzucker beträgt nur etwa die

Hälfte des Blutzuckers. Die Osmolalität im Liquor wird durch einen übermäßigen Anstieg der NaCl-Konzentration aufrecht erhalten. Falls diese Liquorbefunde auch auf die Blut-Hirn-Schranke zu übertragen sind, so ließe sich unschwer vorstellen, daß die Funktion der Hirnzellen durch diese hohen Na^+-Konzentrationen schwer gestört wird. Intrazellulärer Wasserverlust, hohe Na^+-Konzentration um die Neuronen und schließlich verminderte Hirndurchblutung dürften die hauptsächlichen Ursachen der Hirnstoffwechselstörung sein.
Während der Hyperglykämie tritt Fructose und Sorbit im Liquor cerebrospinalis auf. Diese beiden Zucker bzw. Zuckeralkohole entstehen aus Glucose unter der Wirkung der Aldosereductase und Sorbitdehydrogenase, die in größerer Menge in Prostata und Samenblase vorkommen und die Spermien mit Fructose versorgen. Die Aldosereductase hat eine niedrige Affinität zur Glucose, so daß nur während eines Anstiegs der Glucosekonzentration größere Mengen Sorbit gebildet werden. Die Zellmembran kann Sorbit nur langsam transportieren, so daß dieses osmotisch aktive Molekül zur Hyperosmolalität in der Zelle beiträgt.

Diagnose des Coma diabeticum

Bei einem bewußtlosen Patienten mit Diabetes mellitus gilt es vor allem zwischen *hypo*glykämischem Schock und *hyper*glykämischem Coma diabeticum zu unterscheiden. Dies ist zum Teil möglich durch Befragung der Angehörigen. Der *hypoglykämische Schock* tritt *plötzlich* ein, während *dem hyperglykämischen Coma diabeticum* meistens *Stunden bis Tage* von Unwohlsein, Polyurie und Polydipsie *vorangehen.* Häufig sind aber keine anamnestischen Angaben erhältlich. In diesem Fall darf man sich heute nicht mehr auf den klinischen Eindruck allein verlassen, obwohl im allgemeinen ein hyperglykämisches Koma ohne weiteres vom hypoglykämischen Schock zu unterscheiden ist durch die oben erwähnten *Merkmale* beim Coma diabeticum: Zeichen der Dehydrierung, Kussmaul-Atmung, Acetongeruch. Man ist jedoch heute als Arzt verpflichtet, das Coma diabeticum mit einfachen Laboruntersuchungen definitiv zu diagnostizieren. Am einfachsten ist die Messung des Blutzuckers mit dem Dextrostix oder Hämoglucotest, der die Unterscheidung zwischen Hypoglykämien und Hyperglykämien eindeutig gestattet. Außerdem gehört zur Diagnostik die Ketostixreaktion, welche über das Vorhandensein von Ketokörpern Aufschluß gibt. Bei negativem Ausfall dieser Ketostixreaktion darf man nicht vergessen, daß das Coma diabeticum nicht immer mit einer schweren Ketoacidose einhergehen muß, sondern als hyperosmolares Koma ohne schwere Ketoacidose verlaufen kann. Eine schwere Hyperglykämie ohne Ketoacidose kann also auch zum Koma führen und eine intensive Therapie mit hypotoner Flüssigkeit und Insulin erfordern.

Therapie des Coma diabeticum

Ein Coma diabeticum ist immer ein medizinischer Notfall, und rasches Handeln entscheidet über das Schicksal des Patienten. Es werden sofort hypotone Lösungen oder isotones NaCl und Insulin verabreicht. Der Hausarzt kann 20 E Actrapid i.v. und 20 E i.m. spritzen. Wenn irgendwie möglich, soll er bereits eine intravenöse Infusion mit isotoner NaCl- oder besser einer hypotonen Lösung anlegen.

Tabelle 63. Therapie des Coma diabeticum

Therapieschema der Medizinischen Universitätsklinik Zürich:

- ***Hypotone Flüssigkeitszufuhr:*** Behebung der hypertonen Dehydrierung
- ***Insulin in der Dauertropfinfusion:*** Senkung von Blutzucker, Osmolalität, freien Fettsäuren, Ketokörpern und Besserung der Acidose
- ***Na^+-Zufuhr zur Hälfte als Bicarbonat*** oder als physiologische NaCl-Lösung: Ausgleich von Na^+-Verlust und Acidose
- ***K^+-Zufuhr:*** Ausgleich des K^+-Verlustes und der K^+-Verschiebung in die Zellen während der Insulintherapie

Coma-diabeticum-Infusionslösung:

⅓ physiologische NaCl-Lösung
⅓ physiologische Na-Bicarbonatlösung (⅙ molar, 14 g/l) (oder physiologische NaCl-Lösung)
⅓ H_2O

Bei unkompliziertem Koma:

1. h:	1 l mit 20–50 E Actrapid
2.–4. h:	1 l mit 20–50 E Actrapid
5.–12. h:	1–2 l mit 50–200 E Actrapid
13.–24. h:	1–2 l, Actrapid nach Bedarf

K^+-Ersatz: 20–40 mmol/h (1,5–3 g KCl), selten bis 60 mmol/h.

Glucose: Coma-diabeticum-Infusionslösung durch 5%ige Glucose ersetzen, wenn Blutzucker sich der 14 mmol/l-Grenze nähert.

Bei kompliziertem Koma:

Schocktherapie unter Kontrolle des zentralen Venendrucks mit Volumenersatz (Plasma, Plasmaersatzlösungen).
Monitor zur Erfassung von Herzrhythmusstörungen.

Tabelle 63 zeigt die Therapie der Wahl im Spital. Ein Liter Flüssigkeit wird in der ersten Stunde mit 20-50 E Insulin i. v. gegeben, ein weiterer in der 2. und 3. Stunde wiederum mit 20-50 E Insulin. Die heute vielfach empfohlene „Low-dose"-Insulintherapie mit weniger als 10 E/h bleibt unseres Erachtens den hochspezialisierten Diabeteszentren vorbehalten. Während des Blutzuckerabfalls in den ersten 2-6 h kommt es regelmäßig zu einer Hypokaliämie, die mit dem EKG oder der K^+-Bestimmung im Plasma sofort erfaßt werden muß, damit K^+ substituiert werden kann. Die intravenöse K^+-Substitution soll 40, maximal 60 mmol/h nicht übersteigen.
Im allgemeinen gilt beim Coma diabeticum das Prinzip, daß dem Patienten Flüssigkeit und K^+ peroral substituiert wird, sobald er wieder *bei Bewußtsein* ist und nicht mehr erbricht. Damit läßt sich eine Überhydrierung und eine iatrogene Hyperkaliämie vermeiden. Wichtig ist die konstante *Überprüfung der Diurese.* Wenn diese gut ist, kann mehr K^+ verabreicht werden als bei Oligurie und hohen Harnstoffwerten. Stark erschwert ist die Komatherapie bei Herzinsuffizienz, weil dort aus der Dehydrierung bei der Rehydrierung ein Lungenödem entstehen kann. Die *Prognose* des unkomplizierten Coma diabeticum ist gut, verschlechtert sich aber, wenn Komplikationen wie Herzinfarkt, Herzinsuffizienz oder schwere Infektionskrankheiten das Koma auslösen. Entscheidend für die Prognose des Coma diabeticum bei unkomplizierten Fällen ist die Dauer der Hirnstoffwechselstörung.

Ätiologie des Diabetes mellitus

Der Diabetes mellitus ist keine einheitliche Krankheit. Sowohl in der Erscheinungsform als auch von der Ätiologie her können 2 verschiedene Hauptformen des Diabetes mellitus unterschieden werden:

- der juvenile, (primär) Insulin-bedürftige oder ***Typ-1-Diabetes*** und
- der erwachsene, (primär) nicht Insulin-bedürftige oder ***Typ-2-Diabetes.***

Leider ist das Prädikat *primär* in der WHO-Definition nicht enthalten. Die Tatsache, daß viele Typ-2-Diabetiker im Laufe der Krankheit mit Insulin behandelt werden, führt zu Mißverständnissen.
Der Typ-1-Diabetes betrifft Kinder und Jugendliche, kann aber selten auch im hohen Alter auftreten. Der Typ-2-Diabetes wird meistens erst nach 30 Jahren manifest, kann aber in seiner subklinischen Form auch schon bei Kindern und Jugendlichen diagnostiziert werden.

Typ-1-Diabetes. Eine *erbliche Komponente* als pathogenetischer Faktor ist gesichert, aber schwer faßbar und nicht einheitlich. Die Typisierung der humanen Leukocyten-Antigene (HLA) bei Typ-1-Diabetikern hat eine Häufung gewisser HLA-Konstellationen ergeben (Tabelle 64). Die Human-Leukocyten-Antigene sind Ausdruck des HLA-Gens auf dem kurzen Arm des 6. Chromosoms und verantwortlich für die immunologische Antwort der weißen Blutkörperchen auf Invasion des Organismus mit Viren, Bakterien sowie für die Abstoßung fremden Gewebes. Diese vererbte Komponente ist indessen nur *eine* und auch wieder *keine absolute* Voraussetzung für den Ausbruch des Typ-1-Diabetes. Nur bei jedem zweiten eineiigen Zwilling eines Typ-1-Diabetikers bricht im Verlaufe des Lebens die Krankheit aus. Dies bedeutet, daß ein äußerer Faktor den genetisch prädisponierten Menschen im „richtigen" Zeitpunkt treffen muß. Verschiedene Viren, Chemikalien und Toxine, die indessen *nicht* identifiziert sind, scheinen beim genetisch prädisponierten Menschen eine *Autoimmunkrankheit* auslösen zu können, die zum spezifischen Untergang der B-Inselzellen führt. Am häufigsten findet man im Blut neuentdeckter Typ-1-Diabetiker Antikörper gegen zytoplasmatische Antigene und Oberflächenantigene von B-Inselzellen, gegen Insulin und Insulinrezeptoren. Aber auch andere Antikörper und Autoantikörper sind beim Typ-1-Diabetes gehäuft. Bei Angehörigen von Typ-1-Diabetikern werden B-Inselzellantikörper auch häufiger gefunden, ein Diabetes bricht aber nicht immer aus. Die kausale Verknüpfung zwischen Antikörpern und Zerstörung der B-Inselzellen ist noch nicht gesichert. Der Antikörpertiter sinkt in der Regel rasch ab. Bei vielen jugendlichen Diabetikern kommt es nach Ausbruch der Krankheit zu einer wenige Tage bis Monate lang dauernden Remission, während der ihr Insulinbedarf manchmal bis auf 0 sinkt. Diese Remission kann durch Messung des C-Peptides im Serum

Tabelle 64. Gehäuftes Auftreten bestimmter HLA-Genkonstellationen bei gesteigerter bzw. verminderter Anfälligkeit für Typ-1-Diabetes

HLA-Genloci auf Chromosom 6	D	B	C	A
Allele mit gesteigerter Anfälligkeit für Typ-1-Diabetes	DW3 DW4	B8 B15 B18 B40 BW22	CW3	A1 A2
Allele mit verminderter Anfälligkeit	DW2	B5 B7	A11	

als Ausdruck der endogenen Insulinsekretion vorausgesagt werden. Die immunologische Abwehrlage des Körpers ist wahrscheinlich verantwortlich für Vollständigkeit und Dauer der Remission, doch wissen wir noch viel zu wenig über dieses pathophysiologisch und immunologisch interessante Phänomen.

Typ-2-Diabetes. Die *erbliche Komponente* ist beim Typ-2-Diabetes viel *ausgeprägter* als beim Typ 1 und hat wahrscheinlich nichts mit dem HLA-System zu tun. Viren spielen keine Rolle, und eine Autoimmunkomponente ist sehr unwahrscheinlich. Die familiäre Häufung des Typ-2-Diabetes ist sehr ausgeprägt. Die Konkordanz des Typ-2-Diabetes bei eineiigen Zwillingen beträgt 100%! Kinder von einem Elternpaar mit Typ-2-Diabetes erkranken mit einer Wahrscheinlichkeit von 50% ebenfalls an einem Diabetes. Nur 7% aller Typ-1-Diabetiker geben andere Diabetiker in der Familienanamnese an, Typ-2-Diabetiker dagegen in über 30% der Fälle. Der Typ-1-Diabetes scheint in den letzten Jahrzehnten im Gegensatz zum Typ-2-Diabetes, der viel häufiger wird, nur wenig zuzunehmen.
Epidemiologische Studien zeigen, daß der Ausbruch des Typ-2-Diabetes durch Faktoren westlicher Zivilisation stark gefördert wird. Polynesier, Inder, Pima-Indianer, jemenitische Juden, die aus der Armut plötzlich in die westliche Wohlstandszivilisation versetzt wurden, erkrankten explosionsartig an Adipositas und Diabetes mellitus. Die *Adipositas gehört zum Typ-2-Diabetes.* Es scheint, als ob die zum Typ 2 prädisponierenden Gene früher, als Hungersnöte und Epidemien hauptsächlich Todesursachen waren, einen positiven Selektionsdruck ausübten. Vielleicht bewirken diese Gene, daß man mehr essen kann als andere Individuen und während Hungersnöten entsprechend besser überlebt. In der heutigen Zeit ist eine solche Veranlagung katastrophal und führt zu Adipositas und manifestem Typ-2-Diabetes.
Neuerdings wurden Insulinrezeptoren im Hirn, insbesondere im Hypothalamus gefunden, offenbar in Nachbarschaft der Morphinrezeptoren. Es ist denkbar, daß das besondere Eßverhalten von Typ-2-Diabetikern mit einer Besonderheit dieser Hormonrezeptoren im Hirn zu tun hat.
Der wichtigste ***Manifestationsfaktor*** beim Typ-2-Diabetes mellitus ist die ***Adipositas.*** Sie gehört dermaßen zum Altersdiabetes, daß die Frage gerechtfertigt ist, ob ein und dasselbe Gen nicht für die Adipositas und den Diabetes verantwortlich sein könnte. - Ca. 20% aller Patienten mit ***Überfunktionssyndromen endokriner Gegenspieler des Insulins*** haben einen Diabetes (Phäochromocytom, Akromegalie, Cushing-Syndrom), der außer bei der Akromegalie meist reversibel ist. Weitere wichtige

Manifestationsfaktoren sind Krankheiten, die mit „Streß" bzw. einer ***außergewöhnlichen Belastung des Organismus*** einhergehen (schwere Infektionskrankheiten, Herzinfarkt, etc.).

Der Schwangerschaftsdiabetes. Während der Schwangerschaft steigt der Insulinbedarf der Frau auf das Zwei- bis Dreifache der Norm. Es erstaunt deshalb nicht, daß eine verminderte Glucosetoleranz bzw. ein Diabetes erstmals in der zweiten Hälfte der Schwangerschaft auftreten kann, meist als Vorstufe eines ***Typ-2-Diabetes.*** Die Diagnose einer verminderten Glucosetoleranz während der Schwangerschaft ist wichtig für das Kind. Mütter mit einer Hyperglykämie in der zweiten Hälfte der Schwangerschaft gebären oft übergewichtige Kinder (>4 kg), die einen cushingoiden, aufgeschwommenen Habitus haben und nach der Geburt schwere Hypoglykämien durchmachen können und als Unreifezeichen der Lunge an hyalinen Membranen bzw. am Acute respiratory distress-Syndrom erkranken können. Solche Kinder benötigen eine intensive Überwachung bezüglich Atmung und Blutzucker, sind später, wenn sie die neonatologische Phase überbrückt haben, jedoch gesund und nicht häufiger diabetisch als Kinder von nicht diabetischen Müttern. Diese „big babies" sind typisch für den Schwangerschaftsdiabetes bzw. die Hyperglykämie in der zweiten Hälfte der Schwangerschaft. Wenn der Blutzucker dieser Mütter gut eingestellt ist, werden gesunde Kinder geboren.
Im Gegensatz zu dieser Komplikation in den letzten Monaten der Schwangerschaft führt die Hyperglykämie bei einer ***Typ-1-diabetischen Mutter*** in den ersten 6 Wochen der Schwangerschaft zu gehäuften Aborten und schweren Mißbildungen, die das Nervensystem und das Herz am häufigsten betreffen. Bei der Organogenese des Embryos ist die toxische Wirkung des hohen Blutzuckers besonders eindrücklich, indem es in diesem Zeitpunkt die massiv gehäuften Mißbildungen gibt. Durch eine optimale Blutzuckerregulation bei der diabetischen Schwangeren kann diese hohe Rate auf die normale Häufigkeit von Mißbildungen bei nicht-diabetischen Schwangeren reduziert werden.
Wichtig für die diabetische Schwangere ist das Wissen um den Insulinbedarf. In den letzten Monaten der Schwangerschaft beträgt der Insulinbedarf einer Typ-1-Diabetikerin das Zwei- bis Dreifache dessen, was sie vor der Schwangerschaft benötigte. Vor allem das „human placental lactogen" scheint für die Insulinresistenz in der Schwangerschaft verantwortlich zu sein. Im Moment, in dem die Plazenta ausgestoßen wird, reduziert sich die Insulinresistenz des Organismus akut, und die Diabetikerin ist nach der Geburt wieder gleich insulinempfindlich wie

vor der Schwangerschaft. Der Arzt muß daran denken, daß er unmittelbar nach erfolgter Geburt die Insulindosis auf ein Drittel bis die Hälfte reduziert.

Diabetes bei endokrinen Überfunktionssyndromen. Folgende endokrine Krankheiten gehen mit einer verminderten Glucosetoleranz bzw. einem Diabetes mellitus einher: Akromegalie, Phäochromozytom, Cushing-Syndrom, Glucagonom, selten auch die Hyperthyreose. Der Mechanismus der Hyperglykämie beim ***Phäochromozytom*** ist klar: Adrenalin bewirkt eine Glykogenolyse in der Leber, der Blutzucker steigt an und zweitens hemmt Adrenalin und Noradrenalin die Insulinsekretion, so daß bei einer hypertonen Phäochromozytom-Krise der Blutzucker über 1-2 Stunden massiv erhöht sein kann. Im anfallsfreien Intervall ist der Blutzucker jedoch meistens normal. Ein hoher Blutzucker bei einer Blutdruckkrise bei sonst normalen Blutzuckerwerten ist fast beweisend für das Vorliegen eines Phäochromozytoms. Nach Entfernung des Phäochromozytoms ist die Blutzuckerregulation immer wieder normal.

Bei der Akromegalie ist der Mechanismus der Hyperglykämie komplizierter. So steigt die Insulinkonzentration bei der Akromegalie auf sehr hohe Werte an bei noch normaler Blutzuckerregulation. Wachstumshormon führt wahrscheinlich zu einer Insulinresistenz, die ein normales Pankreas durch vermehrte Insulinsekretion über viele Jahre kompensieren kann. Die Insulinresistenz durch Wachstumshormon ist u.a. darauf zurückzuführen, daß Wachstumshormon freie Fettsäuren aus dem Fettgewebe mobilisiert und auf diese Weise die Muskulatur auf die Verbrennung von Fettsäuren umstellt, so daß mehr Insulin benötigt wird, damit Glucose in die Muskelzelle eindringen kann. Ob Wachstumshormon direkte Wirkungen auf Insulinrezeptor- und -postrezeptor-Funktionen hat, ist nicht bekannt. Wenn die Akromegalie sehr lange dauert, kann es zu einer permanent verminderten Glucosetoleranz kommen oder zu einem manifesten Diabetes mellitus, der nach Entfernung des Hypophysenadenoms und Normalisierung der Wachstumshormonsekretion verschwinden kann oder aber bestehen bleibt. Ein insulinbedürftiger Diabetes mellitus bei der Akromegalie bildet sich in der Regel nach erfolgreicher Exstirpation des Hypophysenadenoms nicht mehr vollständig zurück.

Die verminderte Glucosetoleranz bei der ***Nebennierenüberfunktion mit Hypercortisolismus*** ist auf eine vermehrte Glucoseneogenese aus Aminosäuren und einem dauernd gesteigerten Glucoseumsatz zurückzuführen. Patienten mit ***Cushing-Syndrom*** benötigen mehr Insulin zur Aufrechterhaltung der Glucosehomöostase, weil dauernd mehr Glucose im Organismus gebildet wird. Ein zweiter Faktor ist die atrophierte Muskulatur, die weniger Glucose aufnehmen kann. Die verminderte Glucosetoleranz beim Cushing-Syndrom ist reversibel. Beim seltenen ***Glucagonom*** führt das vermehrt gebildete Glucagon zu einer dauernden Stimulation der Glykogenolyse und der Gluconeogenese sowie der Lipolyse des Fettgewebes, so daß dauernd zu viel Glucose gebildet wird und freie Fettsäuren in erhöhtem Ausmaß zur Verbrennung bereitstehen. Patienten mit Glucagonom sind sehr insulinresistent. Diese Stoffwechselstörung ist im Prinzip reversibel, wenn es gelingt, das Glucagonom des Pankreas, das leider häufig bösartig ist und Metastasen in die Leber setzt, total zu entfernen.

Der tropische Diabetes. In Afrika ist eine Zuckerkrankheit gehäuft, die weder zum Typ-1- noch zum Typ-2-Diabetes zu zählen ist. Nosologisch ist die *Unter- und Mangelernährung* sowie *Pankreatitiden* für diese Zuckerkrankheit verantwortlich. Die Pankreatitis führt an und für sich relativ spät zum Darniederliegen der endokrinen Funktion des Inselzellapparates.
Die Pankreatitis alkoholischer Genese führt primär zu einem Ausfall der exokrinen Funktion und viel später zum Diabetes mellitus. Der Diabetes nach Pankreatitis bzw. Pankreatektomie ist sehr labil und hypoglykämieanfällig, da das zweite Hormon, das Glucagon, ebenfalls erniedrigt ist und bei einer allfälligen Hypoglykämie die Glykogenolyse in der Leber nicht stimuliert. Alle Krankheiten, die das Pankreas mitbefallen, können auch zu leichten oder schwereren Formen der verminderten Glucoseintoleranz führen, so vor allem die ***Hämochromatose.***

Definition der Diabetesstadien (Tabelle 65)

Die früher gebräuchlichen Ausdrücke Prädiabetes oder potentieller Diabetes, latenter Diabetes oder subklinischer bzw. chemischer Diabetes werden heute nicht mehr verwendet. Man unterscheidet nur noch eine ***normale Glucosetoleranz*** von einer sog. ***verminderten Glucosetoleranz*** und dem ***manifesten Diabetes mellitus.*** Die ***Blutglucosegrenzwerte*** für die Einteilung in die Gruppe der Patienten mit verminderter Glucosetoleranz bzw. manifestem Diabetes sind in Tabelle 65 festgelegt. Wie aus dieser Tabelle hervorgeht, zählen für die Diagnose Diabetes mellitus und verminderte Glucosetoleranz nur noch die Blutglucose nüchtern und 2 Stunden nach 75 g Glucose peroral. Eine normale Nüchternblutglucose ist $<6,7$ mmol/l, eine normale 2-Stunden-Blutglucose nach 75 g Glucose $<7,8$ mmol/l. Als diabetisch wird eine Blutglucose

Tabelle 65. Blutglucosegrenzen für Diabetes mellitus bzw. verminderte Glucosetoleranz nüchtern und 2 Stunden nach 75 g Glucose oral. (Nach WHO Expert Committee on Diabetes Mellitus, Geneva 1985)

	Glucosekonzentration in mmol/l (mg/dl)			
	Vollblut		*Plasma*	
	venös	capillär	venös	capillär
Diabetes mellitus				
nüchtern	≥6,7 (≥120)	≥6,7 (≥120)	≥7,8 (≥140)	≥7,8 (≥140)
2 Stunden nach 75 g Glucose	≥10,0 (≥180)	≥11,1 (≥200)	≥11,1 (≥200)	≥12,2 (≥220)
Verminderte Glucosetoleranz				
nüchtern	<6,7 (<120)	<6,7 (<120)	<7,8 (<140)	<7,8 (<140)
2 Stunden nach 75 g Glucose	6,7–10,0 (120–180)	7,8–11,1 (140–200)	7,8–11,1 (140–200)	8,9–12,2 (160–220)

von > 6,7 mmol/l bzw. Plasmaglucose > 7,8 mmol/l betrachtet. Beim 2-Stunden-Wert ist eine venöse Blutglucose > 10 mmol/l gleichbedeutend mit Diabetes, eine capilläre Blutglucose von > 11,1 mmol/l, eine venöse Plasmaglucose von > 11,1 und eine capilläre Plasmaglucose von > 12,2 mmol/l. Die Werte zwischen normaler Blutglucose und diesen diabetischen Grenzwerten werden als verminderte Glucosetoleranz bezeichnet.

Der ***Typ-1-Diabetes manifestiert sich*** in der Regel in einigen Tagen bis Wochen. Es handelt sich meistens um schlanke ***Kinder oder Jugendliche***, die aus völliger Gesundheit mit Polydipsie, Polyurie und Müdigkeit erkranken und relativ rasch in ein ***ketoazidotisches Coma diabeticum*** geraten, aus dem sie vor der Insulin-Ära innerhalb von Tagen bis Wochen gestorben sind. Bei rechtzeitiger Insulintherapie und guter Einstellung wird oft eine Periode der „Erholung" festgestellt. Während Wochen bis Monaten benötigt der Typ-1-Diabetiker weniger Insulin, manchmal gar kein Insulin mehr. Diese ***Remissionsphase*** oder partielle Remission wird auch als „Honey moon" bezeichnet und ist leider von beschränkter Dauer. Es ist von Interesse, aber vorläufig nicht von praktischem Nutzen, daß diese Honey-moon-Phase durch die Verabreichung eines Immunosuppressivums, nämlich von Cyclosporin A, verlängert werden kann. In der partiellen oder totalen Remission des

Typ-1-Diabetes ist die Sekretion des C-Peptids von den Inselzellen wiederum im tiefen Normbereich. Wenn die Patienten dann wieder glucoseintolerant werden, vermindert sich auch die Sekretion des C-Peptides und mit der Zeit ist der Insulinmangel total, d.h. es wird von den Inselzellen weder Insulin noch C-Peptid sezerniert.
Der Verlauf bzw. die ***Manifestation des Typ-2-Diabetes*** ist völlig verschieden. Bei diesen meist übergewichtigen Patienten liegt zwischen dem Stadium der normalen Glucosetoleranz und dem manifesten Diabetes eine mehr oder weniger lange Phase der verminderten Glucosetoleranz. Sie kann über Jahre, ja evtl. auch Jahrzehnte dauern, bis der Patient die klassischen Symptome der Polyurie, Polydipsie und Müdigkeit verspürt, d.h. bis es zu einer massiven Glucosurie kommt. Auch beim manifesten Typ-2-Diabetiker ist es durchaus möglich, daß durch eine Diät bzw. Gewichtsreduktion die Glucosetoleranz wieder normalisiert wird. Die ***Obesitas*** ist ja der *auslösende Faktor* für die verminderte Glucosetoleranz, so daß eine Reduktion des Körpergewichtes fast immer zu einer Verbesserung der Glucosetoleranz führt. Die *Therapie* der Wahl beim übergewichtigen Typ-2-Diabetiker ist denn auch eine Reduktionsdiät, während der Typ-1-Diabetiker immer mit Insulin behandelt werden muß.

Diabetische Spätkomplikationen

Die Toxizität der Glucose. Die ***nicht enzymatische Glykosylierung*** von Aminogruppen der Proteine spielt eine entscheidende Rolle für viele Alterungsprozesse und für die frühzeitig eintretenden degenerativen Veränderungen, die den Alterungsprozessen ähneln und für den Diabetes mellitus typisch sind. Diese Veränderungen an Eiweißstrukturen beginnen damit, daß eine Aldehydgruppe der Glucose eine freie Aminogruppe eines Proteins anzieht. Die Moleküle vereinigen sich dann zu einer sog. ***Schiffschen Base,*** die instabil ist, sich aber schnell stabilisiert unter Bildung eines sog. ***Amadori-Produktes.*** Wenn ein solches Protein monate- oder jahrelang im Körper verweilt, verlieren einige dieser Amadori-Produkte Wasser und bilden neue Strukturen, die sich alle im Prinzip aus Glucose herleiten. Diese Amadori-Produkte aus Glucose und freien Aminosäuren können sich dann mit anderen solchen veränderten Eiweißstrukturen vernetzen und sog. advanced glycosylation end products *(AGS)* bilden. Es entstehen neuartige Eiweißverbindungen mit anderen physikalisch-chemischen Eigenschaften, die u.a. auch die Permeabilität von Membranen verändern. Diese verzukkerten Eiweiße sind auch relativ geschützt vor dem Abbau durch die klassischen Proteasen, so daß sie nur noch schwer abgebaut werden können. Die Bildung solch stark vernetzter Proteine erklärt z. B. die veränderten Eigenschaften der Basalmembran beim Diabetes, die Veränderung der elastischen Eigenschaften der großen Arterien bzw. deren Verhärtung und vielleicht auch einen Teil der beim Diabetiker vorzeitig auftretenden Arteriosklerose. Es ist beschrieben, daß Makrophagen die AGS als Fremdkörper erkennen, in die Arterien eindringen, dort diese AGS phagozytieren, gleichzeitig dabei aber verschiedene Wachstumsfaktoren abgeben können, die zu einer Proliferation der glatten Muskulatur führen. Dies sind nur einige Veränderungen, die durch die Verzuckerung von Proteinen ausgelöst werden und mithelfen, die sog. Spätkomplikationen des Diabetes zu erklären. Die Glykosylierung von Eiweiß erfolgt vor allem in den Strukturen im Organismus, welche dem hohen Blutzucker ausgesetzt sind, klassischerweise den Plasmaproteinen und auch den Proteinen in den Erythrozyten, die ja fast frei durchlässig sind für Glucose. So wird das Hämoglobin glykosyliert und dient als HB A_1 bzw. HB A_{1c} als Gradmesser der Glykosylierung im ganzen Organismus und auch des mittleren Blutzuckers der vergangenen 2-3 Monate. Dieser kann auch abgelesen werden am Glykosylierungsgrad des *Serumalbumins,* das, als Fructosamin gemessen, den mittleren Blutzucker in den letzten 2-3 Wochen repräsentiert.

Ein zweiter Mechanismus, der die Schädigung der Gewebe durch den hohen Blutzucker erklärt, ist die ***Umwandlung von Glucose zu Sorbit und Fructose.*** Aldosereductase, die aus Glucose Sorbit herstellt und Sorbitdehydrogenase, die Sorbit in Fructose umwandelt, sind bestens bekannt als wichtige Enzyme der Samenblase und Prostata, welche aus Glucose Fructose als Substrat für die Samenzellen herstellen. In den letzten 20 Jahren wurde festgestellt, daß diese beiden Enzyme in den meisten Zellen des Organismus vorkommen. Die Aldosereductase hat eine sehr niedrige Affinität zur Glucose, d.h. sie beginnt mit der Umwandlung von Glucose zu Sorbit erst über Blutzuckerwerten von 6 mmol/l, die beim Stoffwechselgesunden nur selten erreicht werden. Bei höherem Blutzucker wird in den Zellen, die für die Glucose durchlässig sind, Sorbit hergestellt, das die Zelle nicht verlassen kann. Die Umwandlung von Sorbit zu Fructose ermöglicht der Zelle dann wieder, die Fructose abzubauen. Wenn sich nun Sorbit intrazellulär anhäuft, kommt es zu einem Anstieg der Osmolarität intrazellulär, welche nach einer Wasseraufnahme durch die Zelle ruft. Durch diese zelluläre Schwellung werden die Wege für den Sauerstoff bis zu den Mitochondrien länger, und die Zelle arbeitet unter leicht hypoxischen Bedingungen, die zu Schädigungen führen können.

Ein dritter Mechanismus, der zu diabetischen Spätschäden führt, hat mit dem ***Myoinositol-Stoffwechsel*** zu tun. So ist es bekannt, daß die Myoinositol-Konzentration der Zellen bei hohem Blutzucker und Insulinmangel erniedrigt ist und vermehrt Myoinositol im Urin ausgeschieden wird. Der gestörte Stoffwechsel des Myoinositols ist Ausdruck einer ***Veränderung des Phosphatidyl-Inositol-Stoffwechsels,*** der durch Diacylglycerol als second messenger an den Informationsübertragungen in der Zelle eine wichtige Rolle spielt.

Diabetische Mikroangiopathie. Die diabetische Mikroangiopathie betrifft Typ-1- und Typ-2-Diabetiker gleichermaßen. Sie ist somit nicht genetisch bestimmt, sondern eine *Folge der diabetischen Stoffwechselstörung*. Die Mikroangiopathie befällt heute noch fast alle Typ-1-Diabetiker, bei denen die Krankheit in früher Jugend ausbricht. Je älter der Typ-2-Diabetiker beim Ausbruch seiner Krankheit war, desto kleiner wird die Möglichkeit einer klinisch manifesten Mikroangiopathie, da er diese nicht mehr erleben wird.
Die diabetische Mikroangiopathie hat *2 Prädilektionsstellen,* die ***Retina*** und die Niere. In der Retina bilden sich *Mikroaneurysmen,* die platzen und zu Blutungen in der Retina führen. Blutungen aus proliferativ in den Glaskörper wachsenden Gefäßen führen zu Narben und zur *Erblindung*. In der ***Niere*** des Diabetikers bildet sich die *Glomerulosklerose* aus, die anfänglich zu einer diskreten Albuminurie und Erythrocyturie führt. Bei Befall vieler Glomerula kommt es zur schweren Hypoalbuminämie, zum klassischen *nephrotischen Syndrom,* später mit Azotämie und Hypertonie. Diese Komplikationen des Diabetes mellitus werden heute immer häufiger, da die Patienten mit Tabletten oder Insulinbehandlung nicht mehr wie früher im Coma diabeticum ad exitum kommen, sondern eine *fast normale Lebenserwartung* haben. Häufig, aber nicht immer ist die Retinopathie mit der Nephropathie kombiniert.
Es gibt Patienten, die ihre Erblindung viele Jahre lang überleben. Die *Pathogenese* der diabetischen Mikroangiopathie ist im Detail noch nicht geklärt. Die Korrelation mit der Dauer der Stoffwechselentgleisung einerseits und mit der Schwere derselben andererseits lassen es heute als sehr wahrscheinlich erscheinen, daß die Mikroangiopathie direkt mit der Hyperglykämie zusammenhängt. Das Endothel aller Gefäße wird durch die Änderung des Blutzuckers osmotisch bzw. mechanisch strapaziert. Diese Zellen verfügen über die Aldosereductase und Sorbitdehydrogenase, welche bei hohem Blutzucker aus Glucose Sorbit bzw. Fructose herstellen. Sorbit häuft sich in der Zelle an und führt osmotisch zur Wasseraufnahme. Bei stark oszillierendem Blutzucker schwankt der Wassergehalt und damit auch die Form der

Endothelzellen. Es ist denkbar, daß die nachgewiesene vermehrte Capillardurchlässigkeit beim Diabetiker durch dieses Phänomen bedingt ist. Sie verschwindet rasch bei optimaler Blutzuckereinstellung. Als zweites ist der Myoinositolstoffwechsel bei Hyperglykämie gestört. Myoinositol wird vermehrt im Urin ausgeschieden, und der Myoinositolgehalt der Zellen ist vermindert. Die vielleicht wichtigste direkt *schädliche* Wirkung des hohen Blutzuckers ist die nicht-enzymatische Glycosylierung von Proteinen. Proteine, die mit der erhöhten Blutglucose in Kontakt kommen (Basalmembranproteine, Myelin, Kollagen, Elastin) werden glycosyliert und vernetzt und verändern ihre Eigenschaften. Insbesondere kann der Abbau glycosylierter Proteine verändert sein (verdickte Basalmembran). Die einzig mögliche Vorsorgemaßnahme gegen die diabetische Mikroangiopathie ist demzufolge die möglichst gute Stoffwechselkontrolle.

Vor jeder strukturellen Veränderung an der Retina ist die Permeabilität der Capillaren der Retina verändert, was an der erhöhten Permeabilität für Fluoreszein erkennbar ist. Die erste strukturelle Änderung ist der Verlust der Perizyten der Capillaren. Später bilden sich Mikroaneurysmen im Verlaufe der Capillaren, die platzen können und dann als kleine retinale Blutungen imponieren. Mikroaneurysmen können in der ***Fluoreszenz-Angiographie*** dargestellt werden, kleine Netzhautblutungen sind mit dem Augenspiegel erkennbar. Die Zahl der Mikroaneurysmen und der Retinablutungen nimmt zu, und es entstehen schlecht durchblutete Bezirke auf der Retina, aus der in einer zweiten Phase der sog. ***proliferativen Retinopathie*** neu gebildete Gefäße von der Retina aus in den Glaskörper hineinwachsen. Auch diese Gefäße können platzen, so daß es zu Blutungen in den Glaskörper kommt, die den Visus beeinträchtigen. Mehrere Glaskörperblutungen führen zu einem völligen Visusverlust und zu einer Vernarbung des Glaskörpers, der die Retina nach vorne zieht und zu einer ***Amotio retinae*** führt. Wegen dieser schweren und zu Blindheit und Invalidität führenden Augenkrankheit muß der Diabetiker rechtzeitig zum Ophthalmologen zur Untersuchung geschickt werden. Dieser wird bei einer rasch fortschreitenden Retinopathie mit Mikroaneurysmen und Mikroblutungen auf der Retina eine Laserkoagulation vornehmen, wobei die Mikroaneurysmen koaguliert und weitere Blutungen verhindert werden und die Funktion der Retina für mindestens 5 Jahre erhalten bleibt. Zusätzlich hat die Laserkoagulation die vorteilhafte Wirkung, daß die Retina auf der Unterlage derart befestigt ist, daß es bei Glaskörperblutungen und Narbenbildungen im Glaskörper nicht mehr zu einer Amotio retinae kommt. Bei einer proliferativen Retinopathie und Blutungen in den Glaskörper kann später eine **Vitrektomie** durchgeführt werden, so daß der Pa-

tient in einem vorher blinden Auge wieder normal sehen kann. Auf diese Weise läßt sich ein normaler Visus 10 Jahre länger erhalten, als wenn keine spezifische ophthalmologische Therapie durchgeführt wird.
Die ***Nephropathie des Diabetikers*** beginnt mit einer *Hyperfiltration* und vergrößerten Nieren. Bei schlecht eingestellter Blutglucose ist die glomeruläre Filtrationsrate über viele Jahre erhöht, und die Nieren sind größer als normal. Das erste pathologische Zeichen der Nephropathie ist die *Proteinurie*, welche heute als Mikroalbuminurie mit Radioimmunoassays schon frühzeitig diagnostiziert werden kann. Der renale Eiweißverlust nimmt allmählich zu und kann zu einem nephrotischen Syndrom führen, wenn über 3 g Albumin pro Tag im Urin verloren gehen. Erst in einem späten Stadium der diabetischen Nephropathie nimmt die glomeruläre Filtration ab. Als Folge der Abnahme auf ein Viertel der glomerulären Filtration kommt es dann zu einem Anstieg des Kreatinins im Blut. Die Hypertonie gehört nicht zum Frühstadium der diabetischen Nephropathie, wird sich in einem späteren Stadium bei der Niereninsuffizienz aber einstellen. Da Diabetiker gehäuft eine Hypertonie haben und diese die Progredienz der diabetischen Nephropathie beschleunigt, ist eine sehr sorgfältige Hypertoniebehandlung beim Diabetiker angezeigt. ACE-Blocker, Calcium-Antagonisten und Betablocker scheinen für diese Hypertonietherapie des Diabetikers besonders geeignet zu sein, im Stadium der nephrotischen Ödeme natürlich auch Diuretika. Der niereninsuffiziente Diabetiker kann einer Dialysetherapie zugeführt werden oder besser nierentransplantiert werden. Nierentransplantate werden vom Diabetiker mindestens so gut angenommen wie vom Nichtdiabetiker.

Atheromatose bei Diabetes mellitus. Die Atheromatose der großen Gefäße ist beim Diabetes mellitus gehäuft. Ein Drittel oder sogar die Hälfte aller Patienten, welche im jugendlichen Alter einen Herzinfarkt durchmachen, haben eine verminderte Glucosetoleranz. Mehrere Faktoren scheinen die Atheromatose beim Diabetes mellitus zu fördern:

- das häufig beobachtete Übergewicht bei diesen Patienten, das allein einen Risikofaktor in bezug auf Atheromatose darstellt
- die häufig mit dem Diabetes mellitus assoziierte Hyperlipidämie und
- Stoffwechselfaktoren, die, wie oben beschrieben, die Glykosylierung, den Myoinositol- und Sorbitstoffwechsel betreffen.

Obschon die Ablagerung von Cholesterin in den Gefäßwänden noch nicht erklärt ist, ist es doch wahrscheinlich, daß Lipoproteine aus dem Blut zwischen den Endothelzellen eindringen. Lipoproteinlipase und

Triglyceridlipase spalten dort den Proteinanteil, die Fettsäuren und das Glycerin ab. Nur das Cholesterin bleibt dort liegen, da es in den Gefäßwänden kein Enzymsystem gibt, welches Cholesterin weiter verarbeiten könnte. Wir wissen andererseits, daß mechanisch besonders exponierte Stellen des Endothels zur Bildung atheromatöser Plaques neigen. Es ist deshalb durchaus denkbar, daß solche *osmotische Faktoren,* ähnlich wie *mechanische Reize,* zur Atheromatose führen können. Eine wichtige Rolle bei der Atheromatose spielen Makrophagen, die glykosylierte Proteine als Fremdkörper phagozytieren und abbauen, dabei aber Wachstumsfaktoren in die Umgebung abgeben, die zur Proliferation der glatten Muskulatur führen. Andere Wachstumsfaktoren, vor allem der Platelet-derived growth factor (PDGF) werden von Thrombozyten, die am geschädigten Endothel haften, freigesetzt und wirken ähnlich. Auch bei der Atheromatose der großen Gefäße gibt es keine Therapie, höchstens eine Prophylaxe. Diabetiker sollten angehalten werden, eine gute Einstellung durch regelmäßige Urinproben bzw. Blutzuckerproben zu erreichen, damit diese Stoffwechselstörungen nicht eintreten. Zweitens ist Übergewicht durch eine vernünftige Diät zu vermeiden und drittens sollte eine etwaige Hypertonie beim Diabetiker besonders sorgfältig behandelt werden.

Diabetische Neuropathie. Die diabetische Neuropathie tritt bei jedem Diabetiker früher oder später in Erscheinung. Am häufigsten sind die unteren Extremitäten befallen mit einem *Ausfall der Reflexe, der Sensibilität und der Tiefensensibilität*. Die diabetische ***Polyneuritis*** kann vorübergehend äußerst schmerzhaft sein. Sie äußert sich vielfältig (nächtliches Brennen der Füße, lanzinierende Schmerzen, Parästhesien u.a.). In späteren Stadien fehlt jede Hitze- und Schmerzempfindung an den unteren Extremitäten, so daß sich diese Patienten oft verletzen oder verbrennen, worauf sich bei vollständig erhaltener arterieller Durchblutung Infektionen an den Füßen aufpfropfen. Die chirurgische Inzision solcher Läsionen kann dann praktisch ohne Anästhesie durchgeführt werden.
Im Gegensatz zum „neuropathischen Fuß" des Diabetikers mit erloschener Schmerzempfindung sind *arterielle Verschlüsse* meistens sehr schmerzhaft. Der Fuß ist kalt und es blutet nicht. Die unteren Extremitäten sind die Prädilektionsstellen der Neuropathie beim Diabetes mellitus, jedoch keineswegs die einzige Lokalisation. Häufig ist das vegetative Nervensystem beteiligt. *Blasenlähmungen* werden vom Patienten oft nicht bemerkt, so daß sich eine Retentionsblase bildet, die 2-3 Liter Urin enthalten kann. Die Retentionsblase gefährdet insbesondere Diabetikerinnen bezüglich unerkannter Harnwegsinfektionen.

Häufig fehlt die normale *Regulation der Schweißdrüsensekretion.* Eine schwerwiegende Störung betrifft die *Blutdruckregulation,* die vollständig gestört ist und beim Aufstehen aus liegender Stellung zu schwersten *orthostatischen Beschwerden* führen kann. Selten ist die ebenfalls der vegetativen Neuropathie zuzuordnende ***diabetische Enteropathie,*** die zu Durchfällen und Malabsorption führt. Es gibt noch viele andere Manifestationen der diabetischen Neuropathie, die hier nicht im einzelnen aufgezählt werden können. In der *Pathogenese* der diabetischen Neuropathie spielen vermehrte Glykosylierung des Myelins und anderer Strukturproteine, Verminderung des Myoinositols und Sorbitanhäufung eine Rolle. Außerdem ist die Blutversorgung der Nerven durch die Mikroangiopathie der Vasa nervosum kompromittiert.

Therapie des Diabetes mellitus

Diät für den Typ-1-Diabetes. Das A und O der Therapie des Diabetes mellitus ist die Diät. Die Diabetesdiät unterscheidet sich von einer normalen Diät in 3 wesentlichen Punkten:

- ***Zuckerhaltige Süßigkeiten*** jeder Art sollen ***vollständig gemieden*** werden.
- Die Nahrung soll auf mindestens ***5-6 Mahlzeiten*** über den ganzen Tag verteilt werden (vor allem beim Insulin-spritzenden Diabetiker!).
- Die ***Nahrungsaufnahme*** soll von Tag zu Tag möglichst ***gleichmäßig*** und ***regelmäßig*** erfolgen.

Im übrigen entspricht die Diabetesdiät jedoch ganz der normalen Diät. Sie wird folgendermaßen errechnet:

- ***Sollgewicht in kg = cm über 1 m − 5-15 kg*** je nach Habitus
- ***Basalkalorienbedarf = kg Sollgewicht × 25 kcal***

Diese Kalorienzahl benötigt ein Mensch bei Bettruhe, um sein Sollgewicht zu erhalten. Man gibt zusätzlich zu diesem basalen Kalorienbedarf bei sitzender Tätigkeit (Büro etc.) eine Zulage von bis zu 30%, für mittelschwere körperliche Arbeit (Hausfrau mit Kindern, mittelschwere körperliche Aktivität in der Fabrik etc.) eine solche von 50%, bei schwerer Arbeit eine Zulage bis zu 100% (Bauarbeiter, Holzfäller, Spitzensportler etc.). Auf diese Weise errechnet sich

- der ***totale Kalorienbedarf,*** den wir individuell festlegen müssen. Diese Kalorien werden nun folgendermaßen auf Proteine, Kohlenhydrate und Fett verteilt:

- ***Protein:*** 1,2–1,5 g/kg Körpergewicht
- 50% der Gesamtkalorien als ***Kohlenhydrate***
- ***Rest als Fett*** (der Anteil an Fett nimmt mit dem Schweregrad der Arbeit zu!)

Dies entspricht der Zusammensetzung der normalen Diät in Europa und Amerika. Mit Hilfe der Austauschtabellen und unter Berücksichtigung der persönlichen Wünsche des Patienten wird nun ein ***Diätplan*** für den Patienten aufgestellt. Mit Insulin behandelte Patienten bekommen 6 Mahlzeiten, während mit Tabletten behandelte oder nur Diät benötigende Patienten auch mit 4–5 Mahlzeiten auskommen können. Neuerdings werden viele Typ-1-Diabetiker mit dem ***Basis-Bolus-Insulintherapieprinzip*** behandelt, d.h. sie spritzen vor der Bettruhe ein Depotinsulin und vor den 3 Hauptmahlzeiten rasch wirkendes Insulin. Dieses Therapieprinzip ermöglicht den Patienten mehr Freiheit bezüglich der Anzahl der Zwischenmahlzeiten, Größe und Zeitpunkt der Hauptmahlzeiten. Diabetiker mit dem Basis-Bolus-Prinzip müssen für eine gute Einstellung den Blutzucker zwei- bis dreimal täglich bestimmen.

Reduktionsdiät für Typ-2-Diabetes. Bei übergewichtigen Patienten ist eine Reduktionsdiät *absolut indiziert*, da nach Reduktion des Übergewichts oft wieder eine normale oder fast normale Stoffwechsellage erreicht wird. Es ist *falsch*, übergewichtige Patienten mit Sulfonylharnstoffen oder gar mit Insulin zu behandeln, da sie damit nur noch schwerer werden und sich ihre Prognose in bezug auf Spätkomplikationen dadurch verschlechtert. Eine vernünftige Reduktion des Gewichtes bei einem schwer Arbeitenden kann mit 1200 Kalorien erreicht werden, bei leichter körperlicher Aktivität mit 600 Kalorien pro Tag. Die ***Gewichtsabnahme*** läßt sich dabei mit folgender ***Formel*** ausrechnen:

$$\frac{\text{Gesamtkalorienbedarf} - \text{verabreichte kcal pro Tag}}{1000}$$
$$= \text{Gewichtsabnahme pro Woche (in kg)}$$

Medikamentöse Therapie. Biguanide verlangsamen die Glucoseresorption im Darm und fördern die Glykolyse bzw. Umwandlung von Glucose zu Milchsäure (vermehrte Milchsäurebildung aus Glucose in Leber, Dünndarm und eventuell anderen Geweben). ***Biguanide*** wirken nicht auf die B-Inselzellen. Zudem haben sie eine leicht anorexigene Wirkung, welche bei adipösen Altersdiabetikern durchaus erwünscht ist.

Viele Typ-2-Diabetiker sind unter Therapie mit Biguaniden in der Milchsäureazidose ad exitum gekommen. Biguanide sind bei Nieren- und Leberfunktionsstörungen sowie bei arterieller Verschlußkrankheit streng kontraindiziert. Da solche Störungen beim Typ-2-Diabetes sehr häufig sind, beschränkt sich die Indikation der Biguanide auf den „gesunden", übergewichtigen Typ-2-Diabetiker. ***Sulfonylharnstoffe*** bewirken unmittelbar eine Insulinsekretion und außerdem ein besseres Ansprechen der B-Inselzellen auf Glucose. Sie sollen deshalb nur bei Typ-2-Diabetikern verwendet werden, bei denen eine Insulinreserve in den B-Inselzellen vorhanden ist. Sie sind beim jugendlichen Diabetiker mit hyalinisierten Inselzellen nicht indiziert, weil unwirksam.

Insulintherapie. Typ-2-Diabetiker, die mit Diät allein oder in Kombination mit Biguaniden und Sulfonylharnstoffen nicht einzustellen sind und alle Typ-1-Diabetiker benötigen eine Insulintherapie. Schwer entgleiste Diabetiker werden mit gelöstem Insulin (Actrapid Novo, Velosulin Nordisk) eingestellt, welches 3mal am Tag ½ h vor den Mahlzeiten verabreicht wird. Später kann man auf einen Ein- oder Zweispritzenrhythmus mit einem anderen, weniger rasch wirkenden Insulin übergehen. Bei leichter Dekompensation des Stoffwechsels kann der Patient von Anfang an mit einem Depotinsulin eingestellt werden. Folgende Regeln gilt es zu beachten:
Der ***Typ-1-Diabetiker*** ist am Anfang seiner Krankheit oft noch relativ stabil bezüglich Blutzucker, weil er noch über eine eigene Restinsulinsekretion verfügt. Später wird der Blutzucker labil. Der Patient benötigt dann mindestens 2 Insulininjektionen, vor dem Frühstück eine Mischung von Depot- mit rasch wirkendem Insulin, vor dem Nachtessen ein Depotinsulin. Zwischenmahlzeiten schützen ihn vor Hypoglykämien. Die durchschnittliche, pro 24 Stunden benötigte Insulindosis ist 40 Einheiten/Tag, wovon zwei Drittel am Morgen, ein Drittel abends, zwei Drittel der gesamten Dosis als Depotinsulin, ein Drittel als rasch wirkendes Insulin verabreicht werden. Regelmäßige Blutzuckerkontrollen durch den Patienten selbst sind unerläßlich für eine gute Einstellung. Früher wurde der Urinzucker in 30 Minuten-Urinportionen vor dem Essen gemessen, wobei negative Resultate bedeuteten, daß der Blutzucker niedriger als 10-11 mmol/l ist. Damit wurde keine so gute Einstellung erreicht wie mit den genauen Blutzuckermessungen.
Mit dem ***Zweispritzen-Rhythmus*** ist der Diabetiker an einen sehr starren Tagesablauf gebunden, da er immer zur gleichen Zeit essen muß, um einen zu starken Abfall des Blutzuckers durch das am Morgen oder am Abend gespritzte Insulin zu verhindern. Ein neues Insulin-Spritz-

schema hat sich in den letzten Jahren als sehr nützlich erwiesen. Patienten spritzen vor dem Schlafen eine Dosis eines Depot-Insulins, basales Insulin genannt, und 3mal am Tag vor den Hauptmahlzeiten kurzwirkendes gelöstes Insulin. Dieses kurzwirkende Insulin wird mit einem Pen gespritzt, d.h. einer Füllfeder-ähnlichen Einrichtung, die vorgefüllt ist mit dem entsprechenden Insulin und die auf Druck 1 oder 2 Einheiten Insulin injiziert, womit jede Menge Insulin rasch und handlich injiziert werden kann. Mit dem ***Basis-Bolus-Prinzip (Pensystem)*** ist der Patient freier: Er kann am Sonntag sein Frühstück ohne weiteres 2 Stunden später einnehmen, die Essenszeiten mehr oder weniger variieren und auch die Größe der Mahlzeit mit mehr oder weniger Insulin vor der Mahlzeit kompensieren. Hingegen ist er gezwungen, mehrere Blutzucker pro Tag zu messen, minimal zwei, damit er nicht vermehrt Hypoglykämien erleidet.
Die ***Insulinpumpen,*** welche in den letzten Jahren entwickelt wurden, sind geeignet, eine ausgezeichnete Einstellung bei gut instruierten Typ-1-Diabetikern zu gewährleisten. Sie basieren auf dem Prinzip, daß eine flexible, vorprogrammierbare Basalrate von der Pumpe abgegeben wird und die Mahlzeiten mit einem Extrabolus, der vom Patient eingestellt wird, abgedeckt werden. Die Pumpen werden extern getragen und das Insulin durch einen Mikrokatheter, der zweimal wöchentlich umgesteckt werden muß, meistens am Abdomen subkutan infundiert. Es hat sich gezeigt, daß viele Patienten doch lieber das einfachere Pensystem benützen, mit dem sie sich gleich gut einstellen können. Wenn auch das Pensystem eine freiere Nahrungszufuhr ermöglicht, sollen Diabetiker angehalten werden, eine vernünftige Diät einzuhalten und ihr Sollgewicht beizubehalten, da sonst die Insulindosis erhöht werden muß und Übergewicht ja immer mit einer relativen Insulinresistenz assoziiert ist. Eine echte Insulinresistenz durch übermäßige Produktion von Antikörpern, welche das Insulin binden und unwirksam machen, ist selten.
Obschon der ***Typ-2-Diabetiker*** primär *nicht* insulinpflichtig ist, benötigt er einige bis viele Jahre nach der Manifestation ebenfalls Insulin, bzw. es geht ihm wesentlich besser mit Insulin. Ca. zwei Drittel des gesamten hergestellten bzw. verkauften Insulins geht an Typ-2-Diabetiker. Der hohe Blutzucker ist genau so toxisch für den Typ-2-Diabetiker wie für den Typ-1-Diabetiker. Die Wahl des Zeitpunkts der Umstellung von Diät plus oralen Antidiabetica auf Insulintherapie hängt ab von

- der Höhe des Blutzuckers bzw. vom Hb A_{1c}-Wert,
- vom Alter (je jünger desto eher Umstellung auf Insulin) und
- vom Ausmaß des Übergewichts (je weniger übergewichtig desto eher Umstellung auf Insulin).

10.2.2 Nicht-diabetische Melliturien

Renale Glucosurie

Die renale Glucosurie ist eine *angeborene* Stoffwechselstörung, die durch eine mangelhafte Glucoserückresorption im proximalen Tubulus gekennzeichnet ist. Es scheint sich um eine autosomal dominant vererbte Störung zu handeln, welche ohne jegliche Symptome einhergeht, nichts mit Diabetes mellitus zu tun hat und häufig als Zufallsbefund bei einer Urinuntersuchung entdeckt wird. Die im Urin ausgeschiedenen Glucosemengen variieren zwischen wenigen Gramm bis zu 50 g. Hypoglykämien gibt es nicht. Es scheint ***2 verschiedene Formen*** der renalen Glucosurie zu geben. Bei der ersten Gruppe ist die minimale und maximale Glucoserückresorption vermindert. Bei einer zweiten Gruppe von Patienten, die ebenfalls bei tiefem Blutzucker bereits Glucose im Urin ausscheiden (Tmin vermindert) ist die maximale Glucoserückresorption jedoch normal. Theoretisch ließe sich die erste Form mit einer einheitlichen Funktionsstörung aller Nephrone erklären, die zweite mit einer Funktionsstörung einzelner Nephrone bei guter oder übermäßiger Funktion anderer Nephronen, so daß die maximale Rückresorption normal ist. Diese theoretische Erklärung für die divergenten Befunde bei den beiden Formen der renalen Glucosurie ist jedoch experimentell nicht bewiesen.
Eine ***renale Glucosurie*** findet sich gelegentlich kombiniert mit einer Phosphatrückresorptionsstörung, dem ***renalen Phosphatdiabetes,*** der wiederum zusammen mit einer Rückresorptionsstörung der Aminosäuren vorkommen kann, dem ***Detoni-Debré-Fanconi-Syndrom.*** Interessanterweise ist bei allen diesen Störungen der renalen Glucoserückresorption die Glucoseresorption im Darm normal. Umgekehrt ist bei der ***hereditären Glucose-Galaktose-Malabsorption*** auch eine Glucosurie vorhanden, so daß man dort eine einheitliche Störung des Glucosetransportmechanismus im Darm und in der Niere annehmen muß.

Andere Melliturien

Neben diesen Defekten der renalen Glucoserückresorption gibt es andere Melliturien, die nicht auf einem renalen Defekt beruhen. Bei der ***Pentosurie*** z. B. fehlt das Enzym L-Xylulosedehydrogenase, so daß L-Xylulose im Urin ohne jegliche Symptome ausgeschieden wird.
Eine Fructosurie findet man bei 2 angeborenen Störungen des Fructosestoffwechsels. Einmal bei der ***essentiellen Fructosurie,*** bei der das erste Enzym des spezifischen Fructoseabbauweges in der Leber, die Fructo-

kinase fehlt. Es handelt sich um eine Anomalie ohne jegliche Krankheitserscheinungen. Fructose erscheint im Urin, weil nach fructosehaltigen Mahlzeiten ihre Konzentration im Blut hoch ansteigt und die Fructoserückresorptionskapazität ohnehin sehr niedrig ist. Anders bei der ***hereditären Fructoseintoleranz,*** bei der das 2. Enzym des Fructoseabbauweges der Leber, die Leberaldolase fehlt. Auch dort kommt es zu einer Rückstauung von Fructose im Blut, welche für die vielgestaltete Symptomatologie zwar nicht verantwortlich ist, aber ebenfalls zu einer Fructosurie führen kann. Diese Krankheit wird im folgenden Kapitel über Hypoglykämie diskutiert.
Galaktose wird im Urin ausgeschieden bei Kindern mit ***hereditärer Galaktosämie,*** bei denen die Uridyltransferase fehlt. Die Anhäufung von Galaktose-1-phosphat in den Geweben dieser Kinder führt zur Debilität und schweren Leberfunktionsstörungen. Eine zweite Störung des Galaktosestoffwechsels betrifft das ***Fehlen der Galaktokinase,*** bei der von der ganzen Symptomatologie der Galaktosämie nur die Linsentrübung übrig bleibt, weil der Galaktosespiegel im Blut ansteigt und Galaktose in der Linse zu Galaktikol umgewandelt wird, welches die Linsentrübung verursacht. Hingegen fehlen die Störungen des Leber- und Hirnstoffwechsels, da kein Galaktose-1-phosphat gebildet wird und sich diese toxische Substanz intrazellulär bei dieser Krankheit nicht anhäuft. Bei beiden Krankheiten erscheint Galaktose im Urin.

10.2.3 **Hypoglykämien** (Tabelle 66)

Die Symptomatologie der Hypoglykämien ist vielgestaltig. Langsam auftretende Hypoglykämien unterscheiden sich deutlich von akuten Hypoglykämien. Bei einem *raschen* Abfall des Blutzuckers wird vermehrt Adrenalin ausgeschüttet und das sympathische Nervensystem aktiviert. Dadurch kommt es zu Zittern, Schwitzen, Herzklopfen, Hungergefühl und Nausea. Bei einem *allmählichen* Blutzuckerabfall können diese Adrenalinsymptome vollständig fehlen. Ohne Vorwarnung kommt es dann plötzlich zu schwersten Störungen der Hirnfunktion. Langsam auftretende Hypoglykämien gehen deshalb häufig ohne Adrenalinwarnsymptome einher und führen neben der Bewußtlosigkeit oft zu bizarren neurologischen Bildern. Pathogenetisch ist jede Hypoglykämie die Folge einer gestörten Regulation zwischen Glucoseabgabe durch die Leber und Glucoseaufnahme in den peripheren Geweben. Wir unterscheiden prinzipiell 2 verschiedene Arten der Hypoglykämie je nach Zeitpunkt des Auftretens:

Tabelle 66. Pathogenetische Einteilung der Hypoglykämien

Nüchternhypoglykämien	
+ Hyperinsulinismus • Organischer Hyperinsulinismus bei Inselzelladenom (Carcinom) • Funktioneller Hyperinsulinismus bei Neugeborenen diabetischer Mütter	*– Hyperinsulinismus* Angeborene Stoffwechselkrankheiten mit Defekten glykogenolytischer Enzyme • Glykogenose Typ I (G-6-Phosphatase-Mangel) • Glykogenose Typ III (Debranching-enzyme-Mangel) • Glykogenose Typ VI (Leberphosphorylasemangel) Angeborene Stoffwechselkrankheiten mit Defekten gluconeogenetischer Enzyme • Fructose-1,6-diphosphatasemangel (schwer) Ausfall endokriner Insulinantagonisten • Kindliche Hypoglykämien (Zetterström, Adrenalin?) • Hypophysäre Zwerge mit Ausfall des Wachstumshormons • Panhypopituitarismus Paraneoplastische Hypoglykämie • Tumorhypoglykämie
Reaktive Hypoglykämien	
+ Hyperinsulinismus • Vegetative Dystonie (leicht) • Diabetes mellitus (leicht), verzögerte Insulinsekretion • Leucin-induzierte Hypoglykämie (angeborene Stoffwechselkrankheit)	*– Hyperinsulinismus* • Hereditäre Fructoseintoleranz • Fructose-1,6-diphosphatasemangel • Galaktosämie

- ***Nüchternhypoglykämien,*** welche in fastendem Zustand oder auch während körperlicher Arbeit auftreten und
- ***reaktive Hypoglykämien*** nach Mahlzeiten.

Beide Formen der Hypoglykämie können die Folge einer übermäßigen Insulinausschüttung sein.

Reaktive Hypoglykämien mit Hyperinsulinismus

Beim ***latenten Diabetes mellitus*** kommt es gelegentlich zu leichten reaktiven Hypoglykämien 3-4 h nach dem Essen. Diese Diabetiker verfügen noch über eine gewisse Insulinreserve, welche sie jedoch nicht rechtzeitig nach dem Essen mobilisieren können. Der Blutzucker steigt höher an als bei normalen Versuchspersonen, und die verzögerte Anstrengung des Inselzellapparates, den Blutzucker wieder zu normalisieren, kann zu einer übermäßigen Insulinsekretion und 3-4 h nach der Mahlzeit schließlich zu leichten Hypoglykämien führen.
Rasch nach dem Essen auftretende, Insulin-bedingte Hypoglykämien sind *bei vegetativ labilen Personen* und bei Patienten mit *Magengeschwüren* vor und nach Magenresektion gehäuft. Die Nahrung wird sehr rasch resorbiert und führt zu einer überschießenden Insulinsekretion, so daß der Blutzucker rasch von hohen auf relativ tiefe Werte absinkt. Dieser rasche Abfall des Blutzuckers von einem hohen auf einen tieferen Wert führt allein schon zu den typischen *Adrenalinsymptomen*, ohne daß es zu einer Hypoglykämie mit Blutzuckerwerten unter 70 mg/100 ml kommen muß. Alle diese Formen der reaktiven Hypoglykämie sind leichter Natur, führen nur zu Adrenalin-, nie aber zu neurologischen Symptomen oder gar zum hypoglykämischen Schock.
Beim Kind ist eine angeborene Stoffwechselkrankheit bekannt, die ***Leucin-induzierte Hypoglykämie,*** welche im Gegensatz dazu zu schweren Hypoglykämien führen kann. Es handelt sich um Kinder, deren B-Inselzellen auf Leucin überempfindlich sind. Schwere Hypoglykämien werden durch Eiweiß-, bzw. Leucin-haltige Mahlzeiten ausgelöst und treten 0,5-2 h nach der Mahlzeit auf. Kinder mit Leucin-induzierter Hypoglykämie müssen relativ eiweißarm und möglichst leucinarm ernährt werden.

Reaktive Hypoglykämien ohne Hyperinsulinismus

Das klassische Beispiel einer schweren reaktiven Hypoglykämie ohne Hyperinsulinismus ist die ***hereditäre Fructoseintoleranz*** (HFI). Bei diesen Kindern fehlt die normale Leberaldolase, welche Fructose-1-phosphat (F-1-P) spaltet. Nach der Einnahme von Fructose kommt es deshalb in den Leberzellen zu einer Anhäufung von Fructose-1-phosphat. F-1-P führt nun zu verschiedenen Enzymblockierungen:

- Die weitere Phosphorylierung von Fructose wird gehemmt, so daß die Fructosekonzentration im Blut sehr hoch ansteigt und Fructose im Urin verloren geht.

- F-1-P hemmt die Rekondensation der Triosen zu Fructose-1,6-diphosphat durch die in der Leber vorhandene Aldolase, so daß die Gluconeogenese blockiert ist.
- F-1-P hemmt in dieser Konzentration die Phosphorylase, d.h. die Glykogenolyse, so daß es insgesamt zu einer vollständigen Hemmung der Glucoseabgabe durch die Leber kommt.

Wir haben es bei der ***HFI*** also mit einer *rein hepatischen Hypoglykämie* zu tun, d.h. Glucose wird in der Peripherie normal aufgenommen und abgebaut, jedoch ist der Glucosenachschub durch die Leber vollständig gehemmt. Außer der Hypoglykämie haben diese Kinder nach Fructoseeinnahme Nausea und Erbrechen, weshalb sie frühzeitig einen Widerwillen gegen alles Süße sowie Früchte empfinden und schon nach wenigen Monaten die Einnahme fructosehaltiger Speisen verweigern. Das Erbrechen ist wahrscheinlich auf die Anhäufung von F-1-P in der Mucosa des Jejunums zurückzuführen. In der Mucosa des Jejunums ist eine Aldolase mit der gleichen F-1-P spaltenden Aktivität wie die Leberaldolase vorhanden. Bei Kindern mit HFI fehlt wie in der Leber auch in der Jejunummucosa die F-1-P spaltende Aldolaseaktivität, so daß sich F-1-P intrazellulär anhäuft.

Das Kind mit hereditärer Fructoseintoleranz schützt sich durch seinen Widerwillen gegen alles Süße gegen seine Krankheit und kann sich durchaus normal entwickeln. Entweder sterben sie in den ersten Monaten an der ihnen aufgezwungenen Fructose-haltigen Nahrung oder sie überleben ohne Dauerschäden. Ein Todesfall bei einem 8jährigen Knaben ist uns bekannt. Er erhielt während einer Operation Invertzucker, ein Hydrolysat von Saccharose, von dem die Verantwortlichen standhaft behaupteten, es enthalte keine Fructose, bis das Kind tot war. Gewisse elementare Kenntnisse der Chemie und Biochemie schaden auch dem Chirurgen und Anästhesisten nicht! An der Brust ernährte Kinder entwickeln sich früher vollständig normal bis zu dem Zeitpunkt, da Fruchtsäfte zugesetzt wurden, oder auf ein Milchprodukt mit Rohrzucker umgestellt wurde. Säuglingen, die von Anfang an rohrzuckerhaltige Nahrung erhalten, geht es im allgemeinen viel schlechter, da sie rasch an eine Exsiccose kommen und ad exitum kommen können, bevor die Diagnose hereditäre Fructoseintoleranz gestellt wurde.

Die ***Hypoglykämie bei der Galaktosämie*** ist weit weniger schwer als bei der hereditären Fructoseintoleranz. Bei der Galaktosämie häuft sich intrazellulär Galaktose-1-phosphat an, welches wahrscheinlich über ähnliche Mechanismen wie das F-1-P zu einer Hypoglykämie, aber selten zu schweren Hypoglykämien führt.

Alkohol hemmt die Gluconeogenese in der Leber und kann unter Umständen Hypoglykämien auslösen.

Nüchternhypoglykämien mit Hyperinsulinismus (organischer Hyperinsulinismus)

Wir sprechen dann von ***Nüchternhypoglykämie,*** wenn die hypoglykämische Symptomatologie sich am frühen Morgen vor Nahrungsaufnahme oder während körperlicher Arbeit äußert. Neugeborene diabetischer Mütter weisen in den ersten Lebenstagen häufig einen Hyperinsulinismus auf. Ihre Inselzellen sind hypertrophisch, wahrscheinlich als Reaktion auf die Hyperglykämie der Mutter. Bei Neugeborenen diabetischer Mütter sind deshalb Hypoglykämien in den ersten Stunden des Lebens sehr häufig. Der Neonatologe muß dies wissen, solche Kinder automatisch mit Glucose behandeln und den Blutzucker in regelmäßigen Abständen messen.
Die häufigste Ursache einer Nüchternhypoglykämie mit Hyperinsulinismus beim Erwachsenen ist ein *B-Inselzelladenom des Pankreas.* Beim Säugling und Kleinkind mit Hypoglykämie findet sich als Ursache oft nicht ein einzelnes Inselzelladenom sondern hypertrophe Inseln, anatomisch-pathologisch als Nesidioblastose bezeichnet. Inselzelladenome sezernieren unabhängig von der Glucosekonzentration Insulin meistens in mehr oder weniger konstanter Menge, sprechen gelegentlich aber auf Glucose wie normale Inselzellen an. Inselzelladenome lassen sich oft durch Leucin und in der Regel durch Sulfonylharnstoffe, die akut zu schweren und lang dauernden Hypoglykämien führen können, zu vermehrter Insulinsekretion anregen. Das vermehrt sezernierte Insulin führt zu einer dauernd leicht erhöhten Glucoseaufnahme der Muskulatur und des Fettgewebes und gleichzeitig zu einer Hemmung der Lipolyse. Dadurch allein ist die Hypoglykämie jedoch nicht erklärt, da die normale Leber die Möglichkeit hätte, die Hypoglykämie durch eine vermehrte Produktion an Glucose auszugleichen. Insulin hemmt nun aber gleichzeitig die Glucoseproduktion der Leber, so daß es allmählich zur Hypoglykämie kommen muß.
Die ***Glucosebelastungskurven*** bei Patienten mit organischem Hyperinsulinismus sind entweder flach, normal oder bei einem Drittel der Patienten sogar diabetisch. Die diabetischen Kurven werden unter anderem dadurch erklärt, daß die restlichen B-Inselzellen auf einen Glucosereiz nicht mehr adäquat reagieren, weil das Adenom ja die Funktion der Insulinsekretion übernommen hat und der Blutzucker häufig am Tag und während der Nacht abnorm tief ist, so daß kein Insulin von den normalen B-Inselzellen sezerniert werden muß.

Die *Diagnostik* des Inselzelladenoms gestaltet sich häufig schwierig, weil die Insulinwerte im Blut oft nicht stark erhöht sind. Wichtig für die Diagnostik des B-Inselzelladenoms ist nicht der absolute Insulinwert im Plasma, sondern der Insulinwert in Relation zum jeweiligen Blutzuckerwert. Während ein Insulinwert von 30 μE/ml Plasma bei einem Blutzucker von 6 mmol/l durchaus im Bereiche der Norm liegt, ist ein solcher Insulinwert bei einem niedrigen Blutzucker von 2 mmol/l eindeutig erhöht. So fällt die Insulinkonzentration im Blut unter 10 μE/ml ab, wenn der Blutzucker auf andere Weise auf 2 mmol/l gesenkt wird. Für die Diagnose müssen Patienten mit Verdacht auf Hyperinsulinismus während 72 h fasten, bis sie in einen hypoglykämischen Zustand geraten. Dieser ist dann zusammen mit tiefen Blutzucker- und relativ hohen Insulinkonzentrationen im Blut beweisend für eine organischen Hyperinsulinismus. Wenn ein hypoglykämischer Anfall während eines 72-stündigen Fastentests nicht auftritt, ist ein organischer Hyperinsulinismus unwahrscheinlich. Es kann dann mit einem negativ ausfallenden Belastungstest mit Tolbutamid (Sulfonylharnstoff) endgültig ausgeschlossen werden. Die *Therapie* der Wahl ist die *operative Exstirpation des Inselzelladenoms* nach Lokalisation des Tumors mittels Angiographie, Sonographie, Ganzkörpercomputertomographie und transhepatischen Venensampling mit Insulinbestimmung. Wenn dies mißlingt, können solche Patienten während Wochen und Monaten mit *Medikamenten* behandelt werden, insbesondere mit Diazoxid, welches die Insulinsekretion aus den normalen B-Inselzellen und aus dem Inselzelladenom leicht hemmt. Zusammen mit *häufigen, kleinen Mahlzeiten* können schwere Hypoglykämien über längere Zeit vermieden werden. Diazoxid darf nur zusammen mit Chlortalidon verabreicht werden (Na^+-Retention, Hypertonie).

Nüchternhypoglykämien ohne Hyperinsulinismus

Mangel an endokrinen Gegenspielern des Insulins. Für die Erhaltung eines normalen Blutzuckers im nüchternen Zustand sind die endokrinen Insulinantagonisten notwendig. Dazu gehören vor allem das ***Adrenalin,*** die ***Glucocorticoide*** und das ***Wachstumshormon.*** Ein Ausfall des Adrenalins beim Erwachsenen führt nie zu einer Hypoglykämie. Patienten mit NNR-Insuffizienz, welche nur einen Bruchteil der normalen Adrenalinsekretion aufweisen, leiden nur an Hypoglykämien, wenn nicht mit Cortisol adäquat substituiert wird, jedoch nie, wenn die Therapie mit NNR-Hormonen korrekt durchgeführt wird.
Im Gegensatz zum Erwachsenen gibt es beim Kleinkind eine Hypoglykämieform, die auf eine fehlende Reaktion des Nebennierenmarks

zurückgeführt wird. Diese Form der ***kindlichen Hypoglykämie*** wird nach ihrem ersten Beschreiber ***Zetterström*** genannt. Die große Gruppe kindlicher Hypoglykämien, die wahrscheinlich auf einer gestörten Gegenregulation beruhen, sind unter dem Namen ***McQuarrie-Hypoglykämien*** zusammengefaßt. Im einzelnen ist jedoch nicht bekannt, welche Hormone ausfallen. Besonders schwerwiegende Hypoglykämien treffen wir *bei hypophysären Zwergen* an. Es handelt sich um Kinder mit einem vererbten oder angeborenen Ausfall des Wachstumshormons, meistens kombiniert mit einem Ausfall der Gonadotropine. Solche Kinder neigen häufig zu leichten bis schweren Hypoglykämien.
Die schwersten Hypoglykämien kommen bei einem *Ausfall der gesamten Hypophyse* vor, weil dann das Wachstumshormon und die Glucocorticoide betroffen sind und auch die Ausschüttung von Nebennierenmarkhormonen nicht regelrecht erfolgt. Patienten mit totalem Ausfall der Hypophyse, mit sog. ***Panhypopituitarismus,*** sterben nicht selten im hypoglykämischen Koma. Bei diesen Patienten ist darauf zu achten, daß nicht zuviel Glucoselösung ohne entsprechenden NaCl-Gehalt verabreicht wird, weil sonst eine Wasserintoxikation auftritt. Bekanntlich besteht bei sekundärer und primärer NNR-Insuffizienz ein Unvermögen, Wasser prompt durch die Nieren auszuscheiden, so daß es bei Überhydrierung mit 1-2 l Wasser zu einer Wasserintoxikation und einer Hirnschwellung kommen kann, und solche Patienten dann vom hypoglykämischen Koma in eine Wasserintoxikation geraten können.
Bei der ***NNR-Insuffizienz,*** dem Morbus Addison, kommt es bereits bei noch relativ hohem Blutzucker um 60-70 mg/100 ml zu hypoglykämischen Symptomen, in der Regel aber nicht zu schwerem hypoglykämischem Schock.

Verminderte Glucoseabgabe der Leber in das Blut wegen angeborenen Enzymdefekten der Glykogenolyse und Gluconeogenese. Mehrere angeborene Stoffwechselkrankheiten, welche Enzymdefekte der Glykogenolyse und der Gluconeogenese betreffen, führen zu schweren Nüchternhypoglykämien. In erster Linie ist die ***Glykogenose Typ I,*** der ***Glucose-6-phosphatasemangel*** zu nennen. Solche Kinder mit hepatorenaler Glykogenose wandeln Glucose und gluconeogenetische Substrate normal zu Glykogen um, können aber wegen des Fehlens von Glucose-6-phosphatase Glucose-6-phosphat nicht als Glucose in des Blut abgeben. Es entwickelt sich bei diesen Kindern eine Nüchternhypoglykämie, welche nur durch häufige, kleine Mahlzeiten bekämpft werden kann. Da diese Kinder gluconeogenetische Substrate nicht als Glucose abgeben können, führt die Verabreichung von Fructose, Xylit,

Sorbit, Glycerin und ähnlichen Substraten, welche in großer Menge von der Leber phosphoryliert werden, zur Ausschüttung in Form von Milchsäure und damit zur Milchsäureacidose.
Eine weitere Form, die ***Glykogenose Typ III (Amylo-1,6-glucosidasemangel),*** führt ebenfalls zu allerdings leichteren Hypoglykämien. Solche Kinder können Glykogen an den Verzweigungsstellen nicht weiter abbauen und weisen während des Fastens einen erhöhten Gehalt an abnorm kurzkettigem Glykogen in Leber und Muskel auf. Andererseits können sie aber Glucose aus Lactat, Glycerin, Aminosäuren, Galaktose und Fructose herstellen, so daß die Hypoglykämien nicht so schwer sind, da die Gluconeogenese im Prinzip normal funktioniert. Solchen Kindern fehlt vor allem die prompte Reaktion auf einen Abfall des Blutzuckers, da nur die Phosphorylase, aber nicht das „debranching enzyme" einspringen kann. Ähnlich präsentiert sich auch die ***Glykogenspeicherkrankheit,*** die auf einem Fehler der Leberphosphorylase beruht (***Glykogenase Typ VI,*** Tabelle 66).
Eine kürzlich beschriebene kindliche Hypoglykämie betrifft die ***Fructose-1,6-diphosphatase.*** Wenn dieses Enzym *fehlt,* kann Fructose-1,6-diphosphat nicht zu Fructose-6-phosphat und damit keine Substrate der Gluconeogenese in Glucose umgewandelt werden. Substrate der Gluconeogenese induzieren eine ***Lactatacidose.*** Diese Kinder sprechen so lange normal auf Glucagon und Adrenalin mit einem Blutzuckeranstieg an, als Glykogen in der Leber vorhanden ist. Die Hypoglykämien treten erst 12–24 h nach der letzten Mahlzeit auf, nämlich dann, wenn der Glykogenvorrat in der Leber erschöpft ist und die Gluconeogenese für die Glucoseabgabe der Leber einspringen soll. Außer dieser Nüchternhypoglykämie haben diese Kinder auch eine Fructose-induzierte Hypoglykämie. Der Mechanismus dieser reaktiven Hypoglykämie ist noch nicht geklärt, wahrscheinlich aber auf eine Rückstauung von Fructose-1,6-diphosphat und F-1-P zurückzuführen, welche auf dem gleichen Wege wie bei der hereditären Fructoseintoleranz zu einer Hemmung der Phosphorylase und damit der Glykogenolyse führen. Klinisch steht die Lactatacidose im Vordergrund.

Tumorhypoglykämie

Die Tumorhypoglykämie gehört in den Bereich der sog. ***paraneoplastischen Syndrome,*** wobei allerdings diese Tumoren kein Insulin produzieren, sondern auf anderem Wege zur Hypoglykämie führen. Die Natur der für die Hypoglykämie verantwortlichen Substanzen ist nicht geklärt. Rasch wachsende, undifferenzierte Leberzellcarcinome führen meist erst kurz vor dem Tode, wenn die Patienten kachektisch sind, zu leichten Hypoglykämien. Gut differenzierte, langsam wachsende Leberzellcarcinome führen oft in einem viel früheren Stadium zu sehr schwer beeinflußbaren Hypoglykämien.

Häufiger führen große mesenchymale, meist semimaligne Tumoren wie Fibrome und Fibrosarkome zu Hypoglykämien. Diese Hypoglykämien können als erstes Symptom der Entdeckung des Tumors vorangehen, und bei rechtzeitiger operativer Entfernung kann eine vollständige Heilung erreicht werden. Die Hypoglykämien äußern sich genau gleich wie beim Hyperinsulinismus, frühmorgens oder während der Arbeit, fast ohne Adrenalinwarnsymptome.

Die *Pathogenese* der Tumorhypoglykämie ist noch nicht vollständig geklärt, und es ist sehr wohl möglich, daß verschiedene Mechanismen eine Rolle spielen. Sicher ist bei diesen Patienten der *Glucoseverbrauch* vor allem im Tumor, aber auch in den normalen peripheren Geweben erhöht, denn gewisse Patienten benötigen bis zu 800 g Glucose täglich, also wesentlich mehr als normale Menschen, die mit 100-150 g Glucose täglich auskommen können. Es scheint, daß diese großen Tumoren Glucose anstatt Fettsäuren oxidieren und Glucose auch zum Wachstum benützen. Der vermehrte Glucoseverbrauch der Muskulatur ist darauf zurückzuführen, daß bei diesen Patienten die *Lipolyse gehemmt* ist. Es wurde mehrfach beobachtet, daß die freien Fettsäuren im Blut während der Hypoglykämie trotz Adrenalinsymptomen nicht spontan ansteigen, wie dies bei normalen Menschen der Fall ist. Auch während der Hypoglykämie stehen dem Organismus deshalb keine freien Fettsäuren zur Oxidation zur Verfügung, was wiederum erklärt, weshalb der Glucosebedarf so viel höher ist als beim Hyperinsulinismus. Außerdem ist bei vielen dieser Patienten die Glykogenolyse gestört. Zwar steigt der Blutzucker auf Glucagon prompt an, was beweist, daß die Leber Glykogen enthält, doch scheint die Leber das Glykogen spontan nicht mobilisieren zu können. Diese Hemmung der Glykogenolyse und hepatischen Glucoseproduktion überhaupt sowie die Lipolyse könnte auf die vermehrte Bildung von Tryptophan und Tryptophanmetaboliten durch diese großen Tumoren zurückgeführt werden. Es handelt sich hier allerdings um eine Hypothese, die der experimentellen Bestätigung noch harrt. Es ist auffallend, daß diese Patienten trotz der großen Tumormassen meistens nicht in einer eigentlichen Kachexie sterben, sondern daß das Fettpolster bis zum Tode erhalten bleibt, weil eben die Mobilisierung der Triglyceridreserven als freie Fettsäuren nicht möglich ist.

Die *Therapie* besteht in der *häufigen Verabreichung von Glucose;* gelegentlich muß man die Patienten alle 2 h nachts wecken, um sie vor dem hypoglykämischen Schock zu bewahren, andererseits muß jeder mögliche Versuch unternommen werden, die *Tumormassen* möglichst bald *radikal* zu *entfernen*, da definitive Heilungen beschrieben worden sind, zumindest aber durch Entfernung eines Teils des Tumors eine Erleichterung der Hypoglykämie erreicht werden kann. Diese Tumoren sind oft wenig strahlensensibel.

10.2.4 Der Fettstoffwechsel und seine Störungen

Physiologie der Blutlipide

Plasmalipoproteine sind makromolekulare Komplexe aus einem Fett- und aus einem Proteinanteil (Tabelle 67). In dieser stabilen kolloidalen Form werden die Plasmalipide im Blut transportiert.
Mit der Nahrung aufgenommenes Fett bildet im Dünndarm zusammen mit Gallensäuren sog. ***Mizellen.*** Die pankreatische Lipase kann diese Mizellen in Fettsäuren und Glycerin zerlegen, welche vom Dünndarmepithel aufgenommen werden. Dort werden die Fettsäuren mit α-Glycerophosphat wieder zu Triglyceriden verestert, mit einer hydrophilen Eiweißhülle umgeben, und sie gelangen so via Chylus und Ductus thoracicus als Chylomikronen in das Blut. Die Klärung der Chylomikronen erfolgt teils im Blut, teils an den Endothelien der Gefäße sowie an der Fettgewebezellmembran selbst, wo die ***Lipoproteinlipase*** aktiv ist. Sie werden durch diese Enzyme aber nicht vollständig zu Fettsäuren und Glycerin zerlegt. Übrig bleiben kleinere, mit Cholesterin angereicherte Partikel, die in einer zweiten Phase von der Leberlipoproteinlipase geklärt werden. Die Lipoproteinlipasen werden unter dem Einfluß von Insulin im Fettgewebe gebildet und unter der Einwirkung von Heparin in das Blut abgegeben und aktiviert. Chylomikronen sind normalerweise im Blut einige Stunden nach fettreicher Mahlzeit nachweisbar und führen zu einer leichten Trübung des Serums. Letzteres sollte 12 bis spätestens 16 h nach dem Essen unter normalen Umständen von Chylomikronen vollständig geklärt sein.
Die ***Very-low-density-Lipoproteine (VLDL)*** transportieren endogen synthetisierte Triglyceride und enthalten neben den Chylomikronen am meisten Triglyceride (Tabelle 67). Sie werden vor allem in der Leber und in kleinerem Ausmaß auch im Darm gebildet. Die VLDL werden durch einen aktiven Sekretionsmechanismus von der Leber in das Blut ausgestoßen. Die ***Low-density-Lipoproteine (LDL)*** sind Abbauprodukte der VLDL (Abb. 60). Die LDL werden von den peripheren Geweben irreversibel verstoffwechselt. Der Fettanteil, insbesondere das Cholesterin, kann von den Zellen für die Membransynthese verwendet werden. Der Katabolismus der LDL ist eng verknüpft mit der Regulation

Tabelle 67. Einteilung der Serumlipoproteine

Bezeichnung (nach elektrophoretischen Eigenschaften)	Synonym (nach Dichte: Ultrazentrifugation im Dichtegradienten)	Zusammensetzung in %			
		Protein	Triglycerid	Cholesterin	Phospholipid
Chylomikronen	-	3	85	7	5
Prä-β-Lipoproteine	Very-low-density-Lipoproteine (VLDL)	10	50	20	20
β-Lipoproteine	Low-density-Lipoproteine (LDL)	21	12	45	22
α-Lipoproteine	High-density-Lipoproteine (HDL)	45	6	19	30
Lipalbumin	-	freie Fettsäuren gebunden an Albumin			

der Cholesterinsynthese in peripheren Geweben. Für die ***Cholesterinhomöostase*** ist es notwendig, daß Cholesterin von der peripheren Zelle wieder in die Leber zurücktransportiert wird, wo es durch die Galle ausgeschieden wird. Die Rolle dieses wichtigen Rücktransportes übernehmen die ***High-density-Lipoproteine (HDL),*** Proteine mit anderen Apoproteinanteilen, welche als Cholesterinakzeptoren dienen (Abb. 60). Die HDL enthalten weniger Fett als die anderen Plasmalipoproteine (Tabelle 67). Es gibt mehrere Apoproteine, welche die Hülle für die verschiedenen Lipoproteine des Plasmas darstellen. Die meisten dieser Apoproteine sind in den letzten Jahren gereinigt und ihre Struktur aufgeklärt worden.
Wenn Chylomikronen an der Muskulatur und am Fettgewebe hydrolysiert werden, werden die freiwerdenden Apoproteine von den HDL aufgenommen. Das Apoprotein der HDL steht für die Reutilisation während der Resorption von Fett zur Verfügung. Das Cholesterin spielt eine besondere Rolle als wichtige Komponente aller Membranen. Es stammt aus der Nahrung oder wird *de novo* im Körper synthetisiert. Wenn weniger Cholesterin in der Nahrung aufgenommen wird, erhöhen Leber und Darm die Cholesterinproduktion. Obwohl die meisten Zellen im Körper Cholesterin synthetisieren können, sind nur Leber und Darm an diesem Feedback-Mechanismus beteiligt. Für das Verständnis der essentiellen familiären Hypercholesterinämie ist der ***Stoffwechsel der LDL der peripheren Zelle*** von Bedeutung. LDL und VLDL werden durch einen Rezeptor an der Zelloberfläche erkannt und gebunden. Es handelt sich um eine Bindungsstelle mit hoher Affinität und Spezifizität. Der LDL-Rezeptor-Komplex wird in die Zelle aufgenommen, und es kommt zur Fusion mit Lysosomen. Dort wird das Apoprotein gespalten und Cholesterin durch eine lysosomale saure Lipase freigesetzt. Jetzt kann die Zelle das Cholesterin für die Membransynthese verwenden. Die Konzentration von freiem Cholesterin in der Zelle unterdrückt nun dort durch Hemmung des Schlüsselenzyms die Neusynthese von Cholesterin. Außerdem wird bei hohem LDL-Spiegel die Rezeptorenzahl für LDL vermindert ***(„down-regulation“)*** und damit die weitere Aufnahme von LDL reduziert. Die HDL können sich an den gleichen Rezeptor binden und als Akzeptoren von Cholesterin dienen. Sie sorgen so für den Abtransport von überflüssigem Cholesterin aus der Zelle (Abb. 60).
Stoffwechselgesunde synthetisieren bei Cholesterin-armer Diät aus Acetat pro Tag etwa 800 mg freies Cholesterin in Leber und Darm. Davon werden 250 mg als Gallensäuren und 550 mg als Cholesterin in der Galle via Darm ausgeschieden. Ein kleiner Teil des Cholesterins wird rückresorbiert (enterohepathischer Kreislauf des Cholesterins).

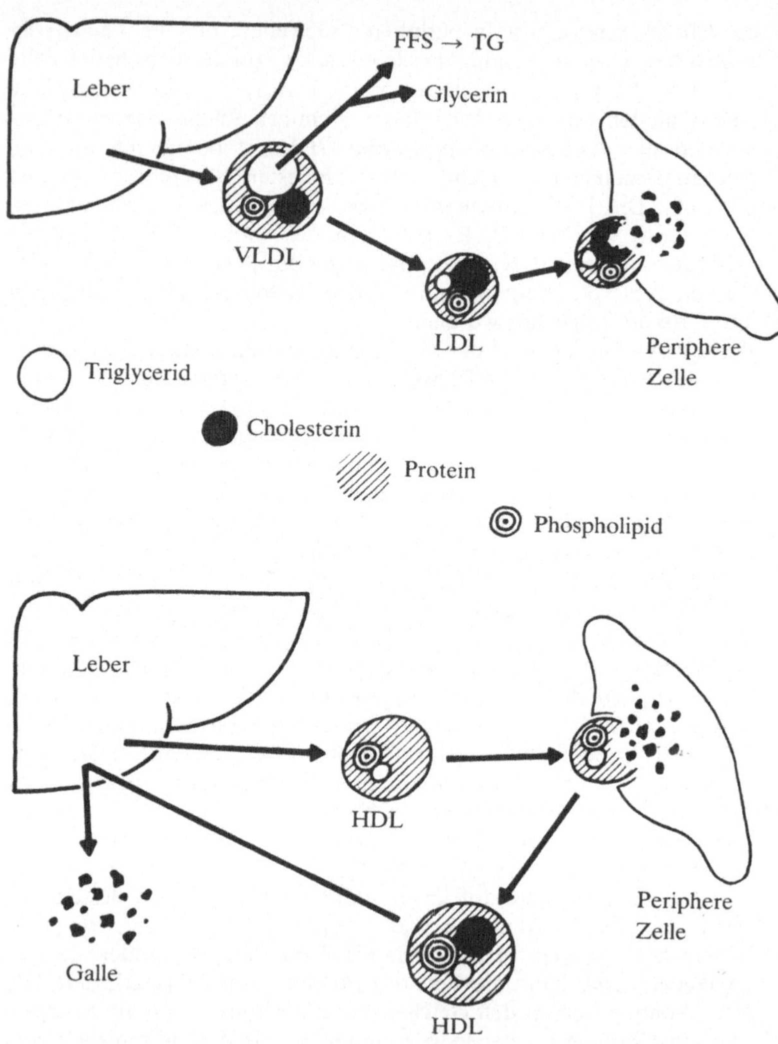

Abb. 60. Cholesterintransport von der Leber in die Peripherie und zurück

Die Leber gibt etwa 1,3 g Cholesterin in Form von VLDL ins Blut ab und nimmt etwa die gleiche Menge Cholesterin in Form von LDL und HDL wieder auf. Auf diese Weise kann der Cholesterinspiegel konstant gehalten werden.

Die ***Gesamtlipide im Blut*** betragen zwischen 400-700 mg/100 ml Plasma und ihr Gehalt steigt im Alter an. Sie setzen sich aus Phospholipiden, Cholesterin und Triglyceriden zusammen. Die ***Phospholipide*** üben wahrscheinlich vor allem eine Funktion als Detergentien aus und machen damit andere im Blut vorkommende Lipide löslicher. Der Cholesteringehalt des Blutes beträgt 150-250 mg/100 ml und steigt im Alter an.

Der größte Teil des ***Cholesterins*** kommt im Blut an langkettige Fettsäuren gebunden vor. Cholesterin hat in allen Steroid-produzierenden Drüsen eine wichtige physiologische Bedeutung. Der Cholesteringehalt des Serums kann nur mit sehr stark verminderter Cholesterineinnahme, die unter 300 mg/Tag liegen muß, wirksam beeinflußt werden. Die Leber verwandelt einen Teil des Cholesterins zu Gallensäuren und scheidet diese als solche durch die Galle aus. Die Gallensäuren ermöglichen die Mizellenbildung und damit die Resorption von Fett und Cholesterin. Die Resorption von Cholesterin kann durch Verabreichung gewisser Ionenaustauscher gehemmt werden, wodurch vermehrt Gallensäuren und Cholesterin im Stuhl ausgeschieden werden und der Cholesteringehalt im Serum gesenkt werden kann.

Das alimentäre Fett besteht zur Hauptsache aus ***Triglyceriden.*** Die Halbwertszeit der Chylomikronen ist beim Gesunden jedoch kurz, so daß die Triglyceride in den Chylomikronen nur während relativ kurzer Zeit nach dem Essen mengenmäßig von Bedeutung sind. Zusätzlich werden vor allem in der Leber aus Glucose Triglyceride gebildet, wobei α-Glycerophosphat aus Glucose für die Veresterung von freien Fettsäuren Verwendung findet, Glucose aber auch zur Fettsäuresynthese dient. Die Fettsäuren, welche in der Leber verestert werden, stammen aus dem Fettgewebe oder aus der intravasalen Klärung der Chylomikronen. Eine sehr kleine Menge Fett zirkuliert im Blut als freie Fettsäuren. Diese stammen im nüchternen Zustand ausschließlich aus dem Fettgewebe und haben einen enorm raschen Turnover. Ihre Konzentration variiert zwischen 0,3 und 0,7 mmol/l und steigt während längeren Fastens und beim Diabetes mellitus auf 2-3 mmol/l an. Die freien Fettsäuren sind normalerweise lose an Albumin gebunden. Ein Albuminmolekül kann 6 Moleküle Fettsäuren transportieren.

Es gibt verschiedene Methoden zur Trennung von Lipoproteinen: Je nach ihrer Dichte durch Ultrazentrifugation im Dichtegradienten (Tabelle 67), je nach ihrem Trägereiweiß und Eiweißgehalt mit verschiedenen elektrophoretischen Methoden (Tabelle 67) und je nach ihrer Partikelgröße mit Filtration und Nephelometrie. Die Chylomikronen bleiben in der Elektrophorese am Auftragungsort stehen. Sie haben wegen des geringen Proteingehaltes die niedrigste Dichte (Tabelle 67).

Essentielle familiäre Hyperlipidämien (Tabelle 68)

Fettinduzierte familiäre Hyperlipidämie (Typ I von Fredrickson). Es handelt sich um eine sehr seltene Form der Hyperlipidämie, welche durch das Unvermögen charakterisiert ist, Serum von Chylomikronen wegen eines angeborenen Mangels an Lipoproteinlipase zu klären. Fett wird jedoch normal resorbiert und in Chylomikronen umgewandelt. Diese Patienten haben häufig Xanthome der Haut, eine Hepatosplenomegalie und gelegentlich Bauchkrämpfe, wobei die Glucosebelastung und die Lebenserwartung normal sind. Diese Krankheit führt trotz äußerst hohem Gehalt an Triglyceriden 2-15 g/100 ml bei annähernd normalem Cholesterin im Serum nicht zur Atheromatose. Es ist anzunehmen, daß solche Chylomikronen auch zwischen die Endothelzellen gelangen, aber keine Plaquebildung verursachen, weil sie kein oder nur wenig Cholesterin enthalten.

Familiäre Hypercholesterinämie (Typ II von Fredrickson). Blutchemisch steht bei diesen Patienten eine *Erhöhung der LDL-Lipoproteine* und damit des Cholesterins im Vordergrund. Andere Fraktionen der Lipide im Blut sind normal. Bei der familiären Hypercholesterinämie scheint ein *Defekt der LDL-Rezeptoren an der Zellmembran* vorzuliegen. Homozygote Patienten mit familiärer Hypercholesterinämie binden keine LDL an der Zellmembran, nehmen sie nicht in die Zelle auf, so daß die zelluläre Cholesterinsynthese nie unterdrückt wird und immer auf vollen Touren läuft. Die heterozygoten Patienten mit familiärer Hypercholesterinämie haben etwa die Hälfte der normalen LDL-Bindungsstellen an ihren Zellen und der negative Feedback auf die endogene Cholesterinsynthese funktioniert in einem verminderten Ausmaß. Bei Homozygoten ist die Abbaurate der LDL stark vermindert, weil diese von den Zellen ja nicht aufgenommen werden. Außerdem sind die Bildung von Cholesterin intrazellulär und der Transport von Cholesterin in Form von HDL zur Leberzelle erhöht. Die Leber kann nur einen Teil dieses Cholesterins ausscheiden und gibt es teilweise in Form von VLDL ins Blut ab. Auf diese Weise sind die sehr hohen Cholesterinwerte beim Homozygoten mit Typ-II-Hyperlipoproteinämie erklärbar. Beim Heterozygoten sind diese Veränderungen weni-

Tabelle 68. Einteilung der Hyperlipidämien nach pathogenetischen Gesichtspunkten

Essentielle familiäre Hyperlipidämien

Krankheit	Pathogenese	Blutchemismus	Hervorstechende klinische Zeichen
Hyperchylomikronämie (Typ I v. Fredrickson)	Fehlen der Lipoproteinlipase (angeborener Enzymmangel)	Trübes Serum Chylomikronen erhöht Triglyceride erhöht	Hepatosplenomegalie Abdominalkoliken
Hyper-LDL-Lipoproteinämie, Hypercholesterinämie (Typ IIa v. Fredrickson)	„Fehlen“ der LDL-Rezeptoren Cholesterinsynthese der Zellen nicht gehemmt	Hyper-LDL-Lipoproteinämie, Hypercholesterinämie	Xanthome, Xanthelasmen, Coronarsklerose
Hyper-VLDL-Lipoproteinämie, kalorisch-induzierte Hyperlipidämie (Typ IV v. Fredrickson)	Erhöhte Triglyceridsynthese der Leber aus Kohlenhydraten und Bildung von VLDL, verminderte Clearance der VLDL	Hyper-VLDL-Lipoproteinämie, Induktion durch übermäßige Nahrungszufuhr	Xanthome Atheromatose Diabetes Coronarsklerose
Gemischte primäre Hyperlipidämien (Typ III und V v. Fredrickson)	Ein oder mehrere der o.g. Faktoren	Typ III: Hyper-LDL- und Hyper-VLDL-Lipoproteinämie; Typ V: Hyper-VLDL- und Hyperchylomikronämie	Xanthome Atheromatose Diabetes Abdominalkoliken

Tabelle 68 *(Fortsetzung)*

Sekundäre Hyperlipidämien

Krankheit	Pathogenese	Blutchemismus	Hervorstechende klinische Zeichen
Hereditäre, angeborene Analbuminämie (Synthesedefekt)	Produktion von β-Globulin zur Kompensation für erniedrigten onkotischen Druck	Hyper-LDL-Lipoproteinämie Hypercholesterinämie	Leichte Ödeme
Nephrotisches Syndrom (Albuminverlust durch die Niere)	Produktion von β-Globulin zur Kompensation für erniedrigten onkotischen Druck	Hyper-LDL-Lipoproteinämie Hypercholesterinämie	Massive Ödeme
Glykogenspeicherkrankheit, Glucose-6-phosphatasemangel	Umwandlung von Aminosäuren, Glycerin, Fructose, etc. in Glucose unmöglich, gesteigerter Einbau in Triglyceride	Hyper-VLDL-Lipoproteinämie Hypertriglyceridämie	Hepatomegalie, Hypoglykämie, Lactatacidose
Alkoholismus	Obligater Abbau des Alkohols zu Acetat, das nur oxidiert oder zu Fett aufgebaut werden kann	Hyper-VLDL-Lipoproteinämie Hypertriglyceridämie Fettleber	Fettleber Leberzirrhose Ascites
Adipositas	Vermehrte Fett- und Kohlenhydratzufuhr, Insulinresistenz	Hyper-VLDL-Lipoproteinämie (Hyper-LDL-Lipoproteinämie)	Adipositas, Atheromatose
Diabetes	Lipoproteinlipase vermindert, Fluß freier Fettsäuren vom Fettgewebe zur Leber erhöht → Triglyceridsynthese gesteigert	Hyperchylomikronämie Hyper-VLDL-Lipoproteinämie (Hyper-LDL-Lipoproteinämie) Fettleber	Mikro- u. Makroangiopathie
Hypothyreose	Verminderter Grundumsatz	Hyper-LDL-Lipoproteinämie (Hyper-VLDL-Lipoproteinämie)	Coronarsklerose

ger ausgeprägt, weil der Feedback-Mechanismus noch zum Teil funktioniert, allerdings nur bei stark erhöhten LDL-Werten im Blut, weil nur dann LDL in die Zelle aufgenommen werden.
Die gesamte endogene Cholesterinproduktion ist bei Homozygoten normal oder erhöht, bei Heterozygoten in der Regel im Bereich der Norm, wobei in beiden Fällen eine erhöhte Cholesterin- bzw. LDL-Serumkonzentration nachweisbar ist. Auch diese Patienten neigen nicht zum Diabetes mellitus. Ganz charakteristisch für sie ist die frühzeitige Atheromatose mit Prädilektion der Coronarien und vorzeitigem Myokardinfarkt. Homozygote Patienten mit Hypercholesterinämie sterben meistens vor dem 20. Altersjahr, während heterozygote Patienten gehäuft im Alter zwischen 30 und 50 Jahren Herzinfarkte durchmachen. Bei der reinen essentiellen Hypercholesterinämie finden sich weder Hepatosplenomegalie noch Bauchschmerzen, auch keine Pankreatitis und nur ganz selten eine Glucoseintoleranz. Hingegen sind Xanthome der Sehnen und der Haut und Xanthelasmen typisch. Bei den meisten Patienten mit familiärer essentieller Hypercholesterinämie finden sich erhöhte Cholesterinwerte im Blut bereits im Kindesalter.

Andere familiäre Hyperlipidämien (Typ II b, III, IV und V von Fredrickson). Die übrigen 4 essentiellen familiären Hyperlipidämien sind blutchemisch weniger genau charakterisiert. Die ***kombinierte familiäre Hyper-LDL- und Hyper-VLDL-Lipoproteinämie,*** Typ IIb von Fredrickson, ist charakterisiert durch eine Hypercholesterinämie und Hypertriglyceridämie. Letztere wird durch eine hyperkalorische Ernährung verstärkt. Diese Patienten haben in der Regel weder Bauchkrämpfe noch Pankreatitis, häufig jedoch eine diabetische Glucosebelastungskurve, Herzinfarkte, tendinöse Xanthome und Xanthelasmen. Die Patienten sind nicht selten übergewichtig und sollten mit einer hypokalorischen Fett- und Kohlenhydrat-armen Diät behandelt werden. Genetisch handelt es sich um eine genetisch und phaenomenologisch heterogene Gruppe.
Beim ***Typ III von Fredrickson*** ist das Apoprotein E strukturell und damit auch der Abbau der Lipoproteine verändert. Morphologisch findet man atypische LDL, welche in der Elektrophorese zwischen den Prä- und den Prä-β-Lipoproteinen laufen. Diese Bande ist breit, und diese Krankheit wird auch als ***„broad β-disease“*** bezeichnet. Wahrscheinlich funktioniert die Umwandlung der VLDL zu den LDL in der Leber nicht normal. Die Patienten sind oft übergewichtig und haben eine Neigung zu Diabetes mellitus. Ganz klassisch sind ihre tuberösen Xanthome.
Die ***familiäre Hyper-VLDL-Lipoproteinämie*** (Typ IV von Fredrickson) wird auch als ***kalorisch induzierte Hyperlipidämie*** bezeichnet. Choleste-

rin und Phospholipide sind im allgemeinen im Bereich der Norm, während die VLDL-Lipoproteine und Triglyceride erhöht sind. Bei massiver Erhöhung der VLDL-Lipoproteine steigen auch Cholesterin und Phospholipide an. Diese Patienten haben nur selten Xanthome, selten eine Hepatosplenomegalie, jedoch häufig eine abnorme Glucosetoleranz. Atheromatose und Arteriosklerose sind bei diesen Patienten gehäuft, obschon die Cholesterinwerte nicht auffallend hoch sind, was eher gegen die o.g. Hypothese der Entstehung der Atheromatose sprechen würde.
Die familiäre Hyperchylomikronämie kombiniert mit Hyper-VLDL-Lipoproteinämie (Typ V von Fredrickson) ist auch eine kalorisch induzierte, essentielle familiäre Hyperlipidämie. Die Patienten sind häufig übergewichtig, haben einen Diabetes und sprechen gut auf eine Reduktionsdiät an. Es ist nicht sicher, ob es sich hier um einen Diabetes mit einer sekundären Hyperlipidämie oder um eine Hyperlipidämie mit sekundärem Diabetes handelt. Auch diese Patienten haben Xanthome, Bauchschmerzen und neigen zu frühzeitiger Atheromatose.

Sekundäre Hyperlipidämien (Tabelle 68)

Als sekundäre Hyperlipidämien werden Krankheiten bezeichnet, bei denen der erhöhte Fettgehalt im Blut nicht die Folge einer primären Fettstoffwechselstörung ist. Der ***Diabetes mellitus*** ist häufig mit einer leichten bis schweren Hypertriglyzeridämie und Hypercholesterinämie verknüpft. Häufig sind Diabetiker mit hohen Lipidwerten adipös. Die Hypercholesterinämie wird dann u.a. durch die vermehrte Fettzufuhr erklärt. Bei schwerer Entgleisung des Diabetes mellitus und totalem Insulinmangel nimmt die Aktivität der Lipoproteinlipase im Fettgewebe und im Blut dermaßen ab, daß das Serum nicht mehr von Chylomikronen geklärt werden kann. Im Coma diabeticum ist das Serum oft trüb wegen einer Hyperchylomikronämie, die nach Einstellung mit Insulin durchaus reversibel ist. Bei schlecht eingestelltem Diabetes mellitus findet man nicht selten Xanthome. Wenn bei einem gut eingestellten, nicht adipösen Diabetiker eine Hyperlipidämie besteht, handelt es sich um das Zusammentreffen eines genetischen Diabetes mit einer primären Hyperlipidämie.
Auffallend ist die *Häufung von Diabetes mellitus bei den Typen III, IV und V der primären essentiellen Hyperlipidämien von Fredrickson.* Es scheint, daß hier neben den diabetischen Genen verschiedene Gene vererbt werden, die zur Hyperlipidämie führen. Nur gerade die Hyperchylomikronämie infolge Mangel an Lipoproteinlipase ist beim Diabetes mellitus als Folge eines Insulinmangels zu erklären. Die anderen

Formen der Hyperlipidämie beim Diabetes mellitus sowie der Diabetes mellitus bei essentiellen primären familiären Hyperlipidämien sind kausal miteinander höchstens durch eine nahe Beziehung der Gene verknüpft.
Die ***Adipositas simplex*** ist in der Regel die Folge einer vermehrten, übermäßigen Nahrungszufuhr. Die meisten adipösen Menschen essen zu viel Kohlenhydrate sowie Fett und damit vermehrt Cholesterin. Die Erhöhung der VLDL- und LDL-Lipoproteine bei der Adipositas wird auf eine erhöhte Fett- und Kohlenhydratzufuhr zurückgeführt. Die Lebenserwartung adipöser Menschen ist vor allem wegen der Neigung zu Atheromatose der großen Gefäße geringer als diejenige normalgewichtiger Menschen. Besonders ausgeprägt kann eine gemischte Hyperlipidämie mit Hyper-LDL-, Hyper-VLDL- und Hyperchylomikronämie beim Zusammentreffen von Adipositas und Diabetes sein. Viele Altersdiabetiker sind adipös und zeigen dann erhöhte Lipidwerte im Blut. Diese Hyperlipidämie spricht fast immer sehr gut auf eine Reduktionsdiät an, schon lange bevor die Patienten ihr Sollgewicht erreichen.
Bei der ***Hypothyreose*** ist eine Erhöhung des Cholesterins und der LDL-Lipoproteine im Blut die Regel. Die Hyper-LDL-Lipoproteinämie, die häufig zu einer frühzeitigen Atheromatose führt, ist auf eine Verminderung der LDL-Rezeptoren zurückzuführen.
Die ***Hypalbuminämie bei nephrotischem Syndrom*** führt regelmäßig zur Hypercholesterinämie, bzw. Hyper-LDL-Lipoproteinämie. Wahrscheinlich produziert die Leber zuviel β-Aporoteine im Bestreben, den Abfall des onkotischen Drucks durch den Albuminverlust in der Niere mit einer Erhöhung anderer Proteine im Serum wettzumachen, wobei die β-Aporoteine als Träger für Cholesterin besonders stark erhöht werden.

Therapie der Hyperlipidämien

Hyperlipidämien, die vor allem durch erhöhte Triglyceridwerte charakterisiert sind, gehen meistens mit einer mäßigen bis ausgeprägten Adipositas einher. Reduktionsdiäten führen oft zu einem raschen Absinken der Triglyceridwerte, doch fällt es dem Patienten schwer, eine Reduktionsdiät auf längere Zeit einzuhalten. Alkohol, der in der Leber direkt zu Acetaldehyd und Acetat umgewandelt wird, ist der beste Vorläufer für die Fettsäure- bzw. Triglyceridsynthese in der Leber. Ein Patient, der zu einer ***Hypertriglyceridämie*** neigt, sollte deshalb völlig abstinent sein. Die Hypertriglyceridämie beim übergewichtigen Typ-2-Diabetiker und beim schlecht eingestellten Typ-1-Diabeti-

ker läßt sich durch eine Reduktionsdiät bzw. gute Einstellung des Blutzuckers meist weitgehend normalisieren. Die Hyerplipidämie als Risikofaktor für die Atheromatose läßt sich also in den meisten Fällen durch Gewichtsreduktion mittels Reduktionsdiät vermindern.
Viel schwieriger ist die Beeinflussung der ***essentiellen familiären Hypercholesterinämie Typ IIa,*** die meistens schlanke Menschen betrifft. Eine Reduktionsdiät kommt primär schon nicht in Frage. Es gibt zwei Gruppen von Medikamenten, mit welchen es gelingt, das Cholesterin um 10–30% zu senken, wobei heute bewiesen ist, daß eine Senkung des Cholesterins auch schon um 10% die Progression der Atheromatose signifikant verlangsamt. Bei den einen Medikamenten handelt es sich um ***Ionenaustausch-Harze,*** von denen 10–20 g täglich eingenommen werden. Sie binden im Dünndarm die Gallensäuren, so daß diese nicht rückresorbiert werden können und der enterohepatische Kreislauf unterbrochen wird. Diese Medikamente sind zum Teil recht unangenehm einzunehmen, werden unverändert durch den Darm ausgeschieden und können zu Reizsymptomen der Schleimhaut des Anus führen. Die zweite Gruppe von Medikamenten sind ***Hemmstoffe der 3-Hydroxy-3-methylglutaryl-Coenzym-A-Reduktase,*** des Enzyms also, das die Cholesterinsynthese limitiert. Die Hemmstoffe der HMG-CoA-Reduktase sind nicht toxisch, werden gut ertragen und führen zu einer dauerhaften Senkung des Cholesterinspiegels. Bei schweren Hypercholesterinämien können HMG-CoA-Reduktase-Hemmer mit Harzen kombiniert werden, und damit kann eine eindeutige Lebensverlängerung erreicht werden. Alle anderen früher verwendeten Cholesterinsenkenden Medikamente werden in Zukunft von diesen zwei Stoffgruppen verdrängt werden.

Familiärer Lipoproteinmangel: A-β-Lipoproteinämie, Hypo-β-Lipoproteinämie und Tangier-Disease

Die familiären A-β- und Hypo-β-Lipoproteinämien sind auf einen *angeborenen Mangel des Apolipoprotein B (Apo B)* zurückzuführen. Das *Apo B* ist die hauptsächliche Proteinhülle der Chylomikronen und Very-low-density-Lipoproteine (VLDL), welche vor allem Triglyceride transportieren, sowie der Low-density-Lipoproteine, welche als Endprodukte des VLDL-Katabolismus vor allem Cholesterin transportieren.
Die A-***β-Lipoproteinämie*** ist klinisch charakterisiert durch Fettmalabsorption, Ataxie, Reginitis pigmentosa und Akanthose. Triglyceride werden nicht aus dem Darm resorbiert, und deshalb fehlen Chylomikronen, VLDL und LDL im Plasma. Bei der familiären Hypo-***β-Lipo-***

proteinämie sind die Symptome und Befunde ähnlich wie bei der A-β-Lipoproteinämie, nur die Ataxie ist milder. A-β-Lipoproteinämie und Hypo-β-Lipoproteinämie sind zurückzuführen auf eine defekte Synthese von Apo B bzw. strukturelle Defekte im Apo B. Es sind verschiedene molekulare Defekte nachgewiesen worden, und es handelt sich nicht um eine einheitliche Krankheit. Bei der ***Tangier-Krankheit*** fehlen die A-Apolipoproteine Apo A1 und Apo A2. Dies sind die Apoproteine für die High-density-Lipoproteine (HDL), welche als Transporter für das Cholesterin von der Peripherie zurück zur Leber verantwortlich sind. Diese Krankheit ist charakterisiert durch die Anhäufung von Cholesterinestern in retikuloendothelialem Gewebe, wie z. B. Mandeln, Milz, Lymphknoten, Knochenmark, Haut, Thymus und Darmmukosa. Die neuromuskulären Störungen bei der A-α-Lipoproteinämie sind auf einen Vitamin E-Mangel zurückzuführen. Die Myopathie und Neuropathie sind wenigstens zum Teil reversibel durch Vitamin E-Therapie.

10.2.5 Störungen des Purin- und Pyrimidinstoffwechsels

Primäre Gicht

Die Gicht ist eine seit dem Altertum gut bekannte, verbreitete Krankheit, die durch eine Hyperuricämie gekennzeichnet ist. *Pathogenetisch* scheinen bei der Hyperuricämie *2 Faktoren* eine Rolle zu spielen, die *oft kombiniert* vorkommen:

- die ***übermäßige Produktion von Harnsäure*** bei einem Teil der Gichtkranken,
- die ***verminderte Ausscheidung von Harnsäure*** bei einem anderen Teil der Gichtkranken.

Der genaue Mechanismus der Überproduktion von Harnsäure und die verminderte tubuläre Sekretion von Harnsäure sind nicht geklärt. Bei der Überproduktion von Harnsäure ist die täglich im Urin ausgeschiedene Harnsäuremenge erhöht. Bei der renalen Gicht ist sie normal, da sich ein neues Gleichgewicht bei erhöhter Blutkonzentration einstellt. Die ***Hyperuricämie*** dauert viele Jahre, bis sie zu Krankheitserscheinungen führt. Die häufigsten *Symptome* sind akute, sehr schmerzhafte arthritische Schübe und Nierensteine. Die akute Arthritis kann chronisch werden und der gelenknahe Knochen wird durch Anhäufungen von Uraten zerstört. Patienten mit Hyperuricämie können jahrelang ohne jegliche Symptome bleiben. Es scheint, daß es erst dann zu der akuten Arthritis kommt, wenn ein pH-Gradient zwischen Blut und

Gewebe zu einer Präzipitation von Harnsäure in der Gelenkflüssigkeit führt. Kleine Traumata der Gelenke können zu akuten Gichtanfällen führen, weil bei der Phagocytose durch die Leukocyten vermehrt Milchsäure gebildet wird, durch die vermehrte Milchsäureproduktion der pH-Wert abfällt, welcher dann zur Auskristallisation von Harnsäurekristallen in der Gelenkflüssigkeit führt. Die Gicht kann heute wirkungsvoll bekämpft werden mit Medikamenten, welche die Harnsäuresynthese blockieren und solchen, welche die Harnsäureausscheidung im Urin fördern. Bei Nierensteinen wird man sich davor hüten, die Harnsäureausscheidung zu fördern, weil damit die Gefahr von weiteren Nierensteinen heraufbeschworen würde.

Sekundäre Formen der Gicht

Von der primären Gicht sind sekundäre Formen der Gicht zu unterscheiden. Die Symptomatik der sekundären Gicht ist derjenigen der primären Gicht sehr ähnlich. Die sekundäre Gicht kommt bei allen hämatologischen Krankheiten mit massiver Überproduktion und rasch gesteigertem Zerfall von Blutkörperchen vor (myeloische Leukämien, Lymphosarkom, etc.).

Bei totalem Fasten kann es zur Hyperuricämie und Gichtanfällen kommen. Die Ketokörper, insbesondere β-Hydroxybutyrat, scheinen um die Ausscheidung mit Harnsäure zu konkurrieren, so daß es während der Ketose zu einem Anstieg der Harnsäure im Blut kommen kann. Alkohol kann zu einer Erhöhung der Ketosäuren und seltener der Milchsäure und damit auch zu einer Hyperuricämie führen.

Viele Patienten mit hepatischem Glucose-6-phosphatasemangel (Glykogenspeicherkrankheit) haben eine sekundäre Hyperuricämie. Hier scheint wiederum eine im Überschuß vorhandene organische Säure, die Milchsäure, um die Ausscheidung von Harnsäure zu konkurrieren, so daß es zur Hyperuricämie kommt.

11 Gastrointestinaltrakt

11.1 Oesophagus

Der Oesophagus verbindet den Pharynx mit dem Magen. Er besteht aus einer inneren zirkulären und äußeren longitudinalen Muskelschicht. Nach dem oberen Drittel wechselt die bisher quergestreifte Muskulatur in glatte Muskulatur über. Anfang und Ende des muskulären Oesophagus werden durch Sphincteren abgeschlossen. Der M. cricopharyngeus am pharyngo-oesophagealen Übergang bildet den oberen Oesophagussphincter (Oesophagus-Mund). Der untere Oesophagussphincter liegt im Bereiche des Zwerchfell-Hiatus; er ist anatomisch weniger eindeutig definiert. Der obere Sphincter hält einen Ruhedruck von 20-80 mmHg über eine Strecke von 2-3 cm Länge aufrecht, der untere einen Ruhedruck von 15-35 mmHg über eine Länge von 3-4 cm. In Ruhe sind die Sphincteren normalerweise geschlossen. Der obere kann beim Schluckakt durch willkürliche Innervation zum Erschlaffen gebracht werden, der untere erschlafft reflektorisch. Die Oesophagus-Länge von Pharynx bis Mageneingang beträgt 26-30 cm. Die mittlere Distanz von der vorderen Zahnreihe zum Oesophagusmund beträgt 16 cm, bis an die Cardia 40-45 cm.

Die Schleimhaut des Oesophagus besteht aus Pflasterepithel, das leicht durch Säure geschädigt wird. Die Oesophagusschleimhaut erscheint endoskopisch weißlich-blaß und geht im Bereiche des unteren Sphincters ungleichmäßig (Z-Linie) in die rote Magenmucosa über.

Das venöse Blut des mittleren Oesophagusabschnittes fließt in das System von V. azygos und hemiazygos, während dasjenige des unteren Drittels in die gastrischen Venen drainiert wird. Damit bilden die Oesophagusvenen eine Verbindung zwischen dem portalen und dem cavalen Venensystem, die bei Druckerhöhung im Gebiet der V. porta als Ausweichabfluß benützt wird und zur Ausbildung von Oesophagus-Varizen führen kann.

11.1.1 Physiologie

Der Oesophagus erfüllt seine Funktion, den Nahrungs- und Speicheltransport, mittels einer geordneten Peristaltik: Der Schluckakt löst eine Erschlaffung des oberen Sphincters aus, die nach Passieren des Nahrungsbissens von einer propulsiven Kontraktionswelle des Oesophagus gefolgt wird; diese bewegt sich mit einer - je nach Lokalisation verschiedenen - Geschwindigkeit von 2-5 cm/s fort ***(Primärperistaltik).*** Bevor die Kontraktionswelle den unteren Sphincter erreicht, erschlafft dieser für 5-10 s. Die ***Sekundärperistaltik*** wird nicht durch den Schluckakt, sondern durch lokale Dehnung oder chemischen Reiz irgendwo im Oesophagus ausgelöst und läuft von dieser Stelle an gleich wie die Primärperistaltik ab. Sie dient der Reinigung des Oesophagus v.a. von zurückgeflossener Säure oder Galle. Die propulsive Motilität wird vorwiegend vagal kontrolliert. Die Sphincteren des Oesophagus stehen unter nervöser und hormonaler Kontrolle und können chemisch beeinflußt werden (vgl. Tab. 69).

11.1.2 Untersuchungsmethoden

Morphologische Methoden

Radiologie. Die optische Verfolgung eines Barium-Breischlucks erlaubt die qualitative Beurteilung der Peristaltik sowie die Diagnose von Hiatushernie, Achalasie und Divertikeln; ungeeignet zur Diagnose von leichten und mittleren Graden der Refluxoesophagitis, von Erosionen, oberflächlichen Ulcera, Barrett-Oesophagus, leichteren Oesophagusvarizen, oberflächlichen Carcinomen.

Endoskopie. Ermöglicht die Diagnose aller, auch der diskreten Mucosaveränderungen sowie der Varizen. Weniger geeignet zur Diagnose von Hiatushernie, ungeeignet für Motilitätsstörungen und Achalasie; erlaubt die Entnahme von Biopsien und die Durchführung von zytologischen und mikrobiologischen Abstrichen.

Funktionelle Methoden

Manometrie. Messung der intraluminalen Drucke mittels flüssigkeitsperfundierter offener Sonden; ermöglicht die Messung der Druckveränderungen im unteren Oesophagus-Sphincter sowie der Peristaltikwellen im tubulären Oesophagus.

Tabelle 69. Beeinflussung der Oesophagus-Sphincteren

	Druckerhöhung, resp. -erhaltung	*Druck-Erschlaffung*
Oberer Oesophagus-Sphincter	Acetylcholin	Willkürliche Innervation
Unterer Oesophagus-Sphincter	Sympath. Stimulation	Vagale Stimulation
	α-Adrenergica	Anticholinergica
	Acetylcholin	β-Adrenergica
	Gastrin	Glucagon
	Histamin (H_1-Rezeptor)	Sekretin
	Pankreat. Polypeptid	Östrogen
	Bombesin	Progesteron
	Motilin	Dopamin
	Substanz P	Cholezystokinin
	Prostaglandin F_2	GIP
	Carbachol, Betanechol	VIP
	Metoclopramid	Fett
	Indometacin	Nikotin
	Cisaprid?	Alkohol
	Proteine, $NaHCO_3$	

Kontinuierliche pH-Messung mittels eingeführten Elektroden. Sie erlaubt die Bestimmung der Anzahl von Refluxepisoden sowie der Säure-Clearancezeit, bzw. der Totalzeit mit saurem pH.

Säureperfusionstest nach Bernstein. Durch abwechselnde, für den Patienten „blinde" Infusion von 0,9% NaCl oder 0,1 N HCl in den Oesophagus wird versucht, subjektive Empfindungen mit der Säureperfusion zu korrelieren.

11.1.3 Pathophysiologie

Symptome

- ***Dysphagie.*** Unter Dysphagie versteht man eine Passagestörung der geschluckten Nahrung. Da der obere Oesophagus-Sphincter am Schluckakt beteiligt ist, werden auch Schluckstörungen unter diesen Ausdruck subsummiert. Störungen des Schluckaktes mit Einbezug des oberen Oesophagus-Sphincters finden sich bei zentralvenösen Erkrankungen (cerebrovasculäre Leiden, multiple Sklerose, amyotrophe Lateralsklerose, M. Parkinson) und bei Muskelerkrankungen. Passagestörungen können funktioneller (Motilitätsstörung) oder organischer Natur (entzündliche oder tumoröse Stenose) sein. Sie äußern sich in der Regel zuerst für feste, erst später für flüssige Speisen.

- ***Odynophagie.*** Die schmerzhafte Nahrungsmittelpassage wird retrosternal empfunden, ähnlich dem Schmerz der Angina pectoris. Die Auslösung erfolgt durch abnorme Dehnung oder durch Spasmen, ferner durch infiltrative Prozesse.
- ***Sodbrennen.*** Das Sodbrennen wird primär im Epigastrium, unter Umständen aber retrosternal und im Jugulum verspürt. Es wird durch Reflux von Säure hervorgerufen und ist oft Zeichen einer manifesten Oesophagitis.
- ***Regurgitation.*** Das Regurgitieren von Geschlucktem deutet auf eine Passagehemmung funktioneller oder organischer Natur oder auf ein Divertikel hin.

Krankhafte Störungen der Motilität

Achalasie des M. cricopharyngeus. Die mangelhafte Erschlaffung des oberen Oesophagus-Sphincters äußert sich in meist intermittierenden Schluckstörungen. Ihre Ursache ist nicht bekannt und wenig erforscht. Ein mögliche Folge dieser Funktionsstörung ist das Zenker'sche Divertikel, welches in einem Bereich schwächer ausgebildeter Muskulatur zwischen dem M. constrictor pharyngis und M. cricopharyngeus auftritt. Es kann zu Dysphagie und Regurgitation führen.

Achalasie des unteren Oesophagus-Sphincters. Bei dieser als „Achalasie“ bezeichneten Krankheit unbekannter Genese findet sich eine unvollständige oder fehlende reflektorische Erschlaffung des unteren Oesophagus-Sphincters; sein Ruhetonus kann dabei normal oder erhöht sein. Primär- und Sekundärperistaltik des Oesophagus fehlen oder sind ineffizient. In selteneren Fällen, der ***hypermotilen*** (vigorous) ***Achalasie,*** kommen spastische, tertiäre Kontraktionen des Oesophagus vor. *Symptome* dieser Erkrankung sind Dysphagie, Regurgitation, evtl. krampfartige Schmerzen. Mit der Zeit kommt es zur Dilatation der Speiseröhre mit Stase der Nahrungsmittel. Der untere Oesophagussphincter erschlafft in der Regel erst, wenn der hydrostatische Druck im Oesophagus größer als der Sphincterdruck wird. Auf Cholinergica und Pentagastrin reagiert der Sphincter überschießend, auf Cholecystokinin entgegen dem Normalzustand auch mit einer Druckerhöhung. Pathologisch-anatomisch können Veränderungen im dorsa-

len Vagus-Kerngebiet, in den Vagus-Trunci sowie im Plexus myentericus des Oesophagus (Entzündung sowie Verlust von Ganglienzellen) gefunden werden. Eine sekundäre Achalasie entsteht nach Zerstörung des Plexus myentericus durch Infektion mit Trypanosoma cruzi (Chagas'-Krankheit) oder durch Tumor-Infiltration.
Die *Diagnose* der Achalasie wird gestellt durch die Klinik, die radiologisch nach Bariumschluck erkennbare fehlerhafte Peristaltik, mangelnde Sphinctererschlaffung, Erweiterung des Oesophagus und Stase des Kontrastmittels sowie durch die Manometrie (evtl. mit Gabe eines Cholinergicums). Der Endoskopie kommt diagnostisch geringere Bedeutung zu. Therapeutisch kann der untere Oesophagus-Sphincter durch eine oral eingeführte Ballonsonde aufgesprengt werden. Chirurgisches Vorgehen ist nur ausnahmsweise notwendig.

Diffuser oesophagealer Spasmus. Er ist charakterisiert durch spontane, an verschiedenen Orten simultan auftretende Kontraktionen der Oesophagusmuskulatur. Radiologisches Korrelat ist der sog. ***Korkzieher-Oesophagus.*** Diese Dysfunktion nimmt an Häufigkeit mit dem Alter zu, ist aber vergleichsweise selten symptomatisch (retrosternale Schmerzen, Dysphagie).

Diffuse progressive Sklerodermie. Die Sklerodermie führt zu Atrophie und Fibrose der glatten Muskulatur und dadurch zu einer Erlahmung der Peristaltik und Erschlaffung des unteren Oesophagus-Sphincters.

Reflux-Oesophagitis. Die Reflux-Oesophagitis kommt durch abnormen Reflux von Magen und/oder Duodenalinhalt sowie durch ungenügende Selbstreinigung des Oesophagus zustande. Der abnorme Reflux geht z. T. auf eine Inkompetenz (ungenügender Ruhedruck) des unteren Sphincters zurück. Bei der primären Refluxkrankheit sind die Ursachen dieser Störung nicht bekannt. Das Ansprechen des Sphincters auf exogen zugeführtes Gastrin, auf Cholinergica sowie auf eine Proteinmahlzeit ist ungenügend. Die mangelhafte Selbstreinigung oder Clearance des Oesophagus liegt in einer Störung der Sekundärperistaltik begründet und erlaubt eine längere Kontaktzeit des Refluxats mit der Oesophagusschleimhaut. Dies dürfte besonders nachts im Liegen von Bedeutung sein.
Fast alle Patienten mit Refluxoesophagitis haben eine ***axiale Hiatusgleithernie,*** welche wahrscheinlich einen weiteren permissiven Faktor für die Refluxkrankheit darstellt. Sie ist an und für sich sehr häufig (20–50% der Bevölkerung, je nach Alter und Nachweistechnik) und

führt für sich allein kaum zur Refluxkrankheit. Mit dem Bestehen einer Hiatusgleithernie fallen aber möglicherweise gewisse auxiliäre Anti-Reflux-Mechanismen wie Hisscher Winkel und phreno-oesophageale Membran weg.
Die Oesophagusschleimhaut wird durch Säure, deren Wirkung durch Pepsin verstärkt wird, sowie durch Galle geschädigt. Ist der Reflux relativ gering, kommt es nur zu Sodbrennen und saurem Aufstoßen. Mit zunehmender Häufigkeit und Dauer des Refluxes treten Erosionen und Ulcera im distalsten Oesophagus auf. Gelegentlich werden Narben von zylindrischem Magenepithel bedeckt; zuweilen wächst dieses zirkulär nach proximal und kleidet den distalen Oesophagus aus. Es entsteht damit der sog. ***„Endobrachy-Oesophagus"***, auch ***Barrett-Oesophagus*** genannt. Das sog. Barrett-Ulcus liegt inmitten von derartigem Zylinderepithel.
Eine ***sekundäre Refluxkrankheit*** kann in der Schwangerschaft (Oestrogen- und Gestageneinfluß) sowie bei der Sklerodermie auftreten.
Therapeutisch kann der untere Oesophagus-Sphincter noch ungenügend beeinflußt werden. Die Reflux-Oesophagitis muß deshalb indirekt, über die Reduktion der Säureproduktion im Magen, behandelt werden. Hilfsmaßnahmen sind Gewichtsabnahme und Höherstellen des Bett-Kopfendes. Gelegentlich ist eine chirurgische Anti-Reflux-Maßnahme notwendig.

Hiatushernie. Bei der ***axialen Hiatusgleithernie*** rutschen lage- und druckabhängig kleinere oder größere Anteile des Magenfundus zusammen mit Cardia und unterem Oesophagus-Sphincter in den Thoraxraum hinauf. Ursache ist ein weiter muskulärer Zwerchfell-Hiatus sowie eine zirkuläre Lockerung der phreno-oesophagealen Membran. Für sich allein ist diese häufige Variante symptomlos. Die ***paraoesophageale Hernie*** kommt durch eine Lockerung des dorsalen Anteils der phreno-oesophagealen Membran zustande. Die Cardia bleibt an normaler Stelle, hingegen herniert ein mehr oder weniger großer Anteil des Magens (bis zum ganzen Magen) in den Thoraxraum. Diese Anomalie ist erstaunlicherweise meist asymptomatisch, kann aber postprandiales Völle- und Blähungsgefühl, Schmerzen und vermehrtes Aufstoßen verursachen.

Oesophagus-Carcinom. Das Oesophagus-Carcinom manifestiert sich meist durch Dysphagie oder Dauerschmerzen, Gewichtsverlust und Anämie. Eine Achalasie, ein langdauernder Endobrachy-Oesophagus, Nikotin- und möglicherweise Alkohol-Abusus begünstigen die Entwicklung eines Oesophagus-Carcinoms.

11.2 Magen

Die ***Funktionen*** des Magens sind:

- Vorübergehende Speicherung der geschluckten Nahrung (Fundus, Corpus)
- Zerreibung und Durchmischung des Speisebreis mit den Magensekreten für die Digestion (Antrum)
- Langsame Entleerung der auf ca. 1 mm zerkleinerten Speisepartikel ins Duodenum (Antrum, Pylorus)
- Sekretion von HCl und Pepsinogen für die Verdauung (Corpus und Fundus)
- Sekretion von Gastrin und anderen Hormonen (Antrum)
- Sekretion von „Intrinsic Factor" (Corpus, Fundus)
- Minimalisierung der Bakterienzahl im Dünndarm

Der Magen setzt sich aus Cardia, Fundus, Corpus, Antrum und Pylorus zusammen. Klinisch bedeutsame Abschnitte sind Vorder- und Hinterwand, große und kleine Magenkurvatur sowie der Magenwinkel (Corpus-Antrum-Grenze). Die Mucosa der Cardia setzt sich weitgehend aus schleimbildenden, sog. Nebenzellen zusammen. Letztere finden sich reichlich in den Drüsenschläuchen und an der Oberfläche der ganzen Magenmucosa. Die Parietal- oder Belegzellen sezernieren HCl und Intrinsic Factor und finden sich vor allem im Corpus, weniger im Fundus, desgleichen die Pepsinogen sezernierenden Hauptzellen. An der Corpus-Antrum-Grenze, welche variabel ist und sich mit zunehmendem Alter nach proximal verschiebt, werden die HCl-bildenden Zellen immer seltener. Im Antrum finden sich neben schleimbildenden Zellen und Zellen unbekannter Funktion vor allem endokrine Zellen (G-Zellen). Hauptprodukte sind Gastrin, dazu Somatostatin und wahrscheinlich andere Polypeptide.
Pathophysiologisch von Bedeutung ist der Verlauf des ***Nervus vagus.*** Er verläuft in einem vorderen und hinteren Truncus (Stamm) entlang dem Oesophagus und durch den Zwerchfell-Hiatus. Der anteriore Stamm gibt einen Ast zur Leber ab und versorgt anschließend von der kleinen Kurvatur aus die Magenvorderwand und das Duodenum I. Entsprechend versorgt der hintere Stamm nach Abgabe eines Astes zum Ganglion coeliacum die Hinterwand des Magens.

11.2.1 Physiologie

Motilität

Am nüchternen Organ wird ein ***myoelektrischer Komplex*** beobachtet (migrating motor complex), der vom Magen bis zum Ileum abläuft. Im Magen werden vier verschiedene Phasen dieses Komplexes unterschieden, in welchen in den Extremen entweder Ruhe herrscht oder regelmäßige, vom Antrum ausgehende Kontraktionen (3 pro Minute) stattfinden. Ein Zyklus dauert 1-2 Stunden. Eine Mahlzeit unterbricht diesen Zyklus von Komplexen während 1-2 Stunden. Er wird abgelöst von regelmäßig ablaufenden Kontraktionswellen, die vor allem der Durchmischung und Verkleinerung der Speisen dienen. Der Pylorus verschließt den Magen in beiden Richtungen. Ob er in Ruhe eine Hochdruckzone bildet, ist noch unsicher. Er läßt Mageninhalt nur in kleinsten Portionen ins Duodenum, erschlafft also nicht automatisch beim Annähern einer antralen Kontraktionswelle. Die Magenperistaltik steht unter vagaler, wahrscheinlich auch hormoneller Kontrolle.

Sekretion

Säure, Elektrolyte. Das Parietalzellsekret besteht durchschnittlich aus:

H^+: 152 mAeq/L
Na^+: 4,2 mAeq/L
K^+: 12,7 mAeq/L
Cl^-: 171 mAeq/L.

Nüchtern sezerniert der Magen wenig HCl, da nur ein kleiner Teil der Parietalzellen in Funktion steht. Eine Mahlzeit, Gastrin, Histamin und der Nervus vagus stimulieren die Sekretion von HCl. Diese Erhöhung kommt sowohl durch Steigerung der H^+-Konzentration wie der Säuresekretion zustande. Die Parietalzelle hat Rezeptoren für Acetylcholin, Histamin und Gastrin. Alle stimulieren die HCl-Sekretion, in Kombination stärker als dem additiven Effekt zukommen würde. Der Rezeptor für Acetylcholin kann durch Atropin und Derivate, derjenige für Histamin durch Histamin-2-Antagonisten (Cimetidin, Ranitidin u.a.) blockiert werden. H2-Antagonisten blockieren teilweise auch die durch Acetylcholin und Gastrin stimulierte Salzsäuresekretion. Intrazellulär geht die Wirkung von Histamin über die Stimulierung von Adenylcyclase, welche ATP zu zyklischem AMP umwandelt. Im Falle der Acetylcholin-Stimulation ist Ca^{2+} der Übermittler, bei Gastrin ist er unbekannt. Prostaglandin E2 bremst die Stimulation von cAMP.

Omeprazol hemmt intrazellulär die HCl-Bildung durch Senkung der H^+-K^+-ATPase-Aktivität (Protonen-Pumpe).

Pepsinogen. Die Hauptzellen des Magens bilden mindestens 7 verschiedene Pepsinogene, die im Magensaft nachgewiesen werden können. Die Sekretion geht derjenigen von HCl im wesentlichen parallel und wird durch den Vagus, Cholinergica, Cholecystokinin und Sekretin, nicht aber durch Histamin oder Gastrin stimuliert. Durch Abspaltung von Aminosäuren unter Einfluß von HCl werden die Pepsinogene zu aktiven proteolytischen Fermenten (z. B. Pepsin, Aktivitätsoptimum bei pH 1.5).

Bicarbonat. Die oberflächlichen Epithelzellen sezernieren HCO_3^-. Cholinergica, Prostaglandine, Cholecystokinin und Glukagon fördern die Bicarbonat-Sekretion. Eine Hemmung erfolgt durch nichtsteroidale Antirheumatika (z. B. Indometazin), Salicylate und Taurocholat. Die Sekretionsrate beträgt ungefähr 10% der basalen Säuresekretion und wird teilweise durch letztere reguliert.

Mucus. Schleim bedeckt normalerweise die Mucosa des Magens in einer mittleren Schichtdicke von 180 μm. Er bildet ein visköses Gel, welches auf die polymere Struktur seiner hochmolekularen Glykoproteine ($2-15 \times 10^6$) zurückgeht. Er ist für Ionen und niedermolekulare Substanzen durchlässig, aber nicht mehr für Pepsin (MG 35000). Pepsin verflüssigt den Schleim der luminalen Seite kontinuierlich, so daß normale Schichtdicke und Struktur nur durch stete Neubildung bewahrt werden können. Der Mucus ist imstande, die Vermischung der luminalen HCl mit der über der Mucosa liegenden, dünnen Bicarbonatschicht zu verhindern und damit einen großen pH-Gradienten aufrecht zu erhalten. Salicylate und nichtsteroidale Antirheumatika hemmen die Schleimbildung, Vagusstimulation, Cholinergica und Prostaglandin E2 fördern sie. Alkohol (über 40%) zerstört die Mucusstruktur rasch.

Intrinsic factor. Der Intrinsic factor wird wie die HCl durch Parietalzellen sezerniert. Experimentell ist eine Stimulation der IF-Bildung durch Acetylcholin und Histamin möglich.

Gastrin. Gastrin wird in den G-Zellen des Antrums gebildet und in Granula gespeichert. Es wird sowohl in die Blutbahn wie ins Lumen des Magens abgegeben. Die Bedeutung des luminalen Gastrins ist unklar, während das Serum-Gastrin in den Parietalzellen die HCl-

Sekretion auslöst. Die Gastrin-Sekretion ins Blut wird gefördert durch vagale Reizung, durch Dehnung des Antrums und durch direkten Kontakt der Mucosa mit Peptiden, Aminosäuren und Ca^{2+}. Die G-Zelle registriert den pH des Antrums mittels Mikrovilli, die ins Drüsenlumen vorstehen. Ein luminaler pH kleiner als 2,5 bremst die Gastrin-Ausschüttung, während ein kontinuierlich fast neutraler pH sie erhöht (z. B. perniziöse Anämie).

Regulation der Magensekretion

Die Magensekretion wird einerseits hormonell, andererseits neural über die Nn. vagi gesteuert, welche mit dem Plexus myentericus (Auerbach) und dem Plexus submucosus (Meissner) in Verbindung stehen. Von diesem Gangliengeflecht führen postganglionäre Fasern zum Erfolgsorgan, den einzelnen Drüsenzellen. Auch die Gastrin-produzierenden Zellen des Antrums werden auf diese Weise innerviert. Acetylcholin ist die Überträgersubstanz der prä- und postganglionären Fasern. Die Ausschüttung von Gastrin wird aber auch direkt durch Dehnungsreiz und chemische Reize ausgelöst. Man unterscheidet 3 Phasen der Regulation:

- ***Cephale (vagale) Phase.*** Auslösend sind Sinnesreize wie Geruch und Geschmack, die über höhere Zentren via Hypothalamus den Vaguskern erreichen. Die vagale Phase kann durch den Insulintest (Hollander) untersucht werden. Dieser Test wird in praxi durchgeführt, um den Erfolg einer kurativen Vagotomie zu prüfen. Mit 0,1-0,2 E Insulin pro kg KG i. v. wird ein Blutzucker von etwa 40 mg/100 ml erreicht. Die Ganglienzellen des ZNS erfahren eine Glucoseverarmung, die zur Erregung hypothalamischer Zentren führt. Fällt diese Stimulation der Magendrüsen nach Vagotomie weg, so bleibt auch der Anstieg der Magensekretion gemessen an der HCl-Produktion über 2 Std. aus.
- ***Gastrale (antrale) Phase.*** Sie besteht in einem neurohumoralen Steuerungsmechanismus, der einsetzt, wenn die Nahrung den Magen erreicht hat. Gesteuert wird die Ausschüttung von Gastrin im Antrum. Die auslösenden Reize sind: Dehnung des Antrums und Direktkontakt der Schleimhautrezeptoren mit Spaltprodukten der Nahrung. Die Gastrinfreisetzung kann einerseits durch Vermittlung des N. vagus und andererseits direkt durch chemische Reize und Dehnungsreiz im Antrum erfolgen. Die Gastrinausschüttung wird wieder gestoppt, wenn HCl ins Antrum gelangt (Abb. 61; 1. Regelkreis).

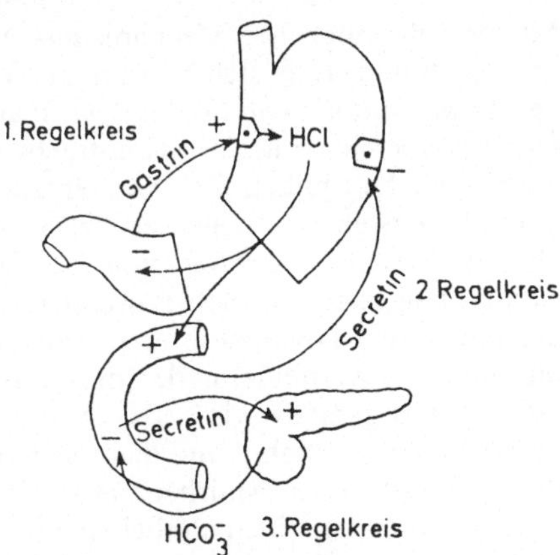

Abb. 61. Normale Steuerung der Magensekretion durch 3 Regelkreise.
1. Gastrinmechanismus
2. Sekretin - Magen
3. Sekretin - Bicarbonatausscheidung durch Pankreas;
+ Stimulierung; - Hemmung

- ***Die enterale Phase.*** Sie wird über das Duodenum gesteuert. Gelangt saurer Speisebrei ins Duodenum, so werden die Hormone Sekretin und Cholecystokinin freigesetzt, so daß durch Gastrinhemmung die Säuresekretion und zugleich die Magenperistaltik und -entleerung unterdrückt werden (Abb. 61; 2. Regelkreis). Gleichzeitig aber setzt unter der Wirkung derselben Hormone ein vermehrter Zufluß von Bicarbonat und Galle zur Neutralisation der Säure im Duodenum ein (Abb. 61; 3. Regelkreis).

Das Zusammenspiel motorischer und sekretorischer Vorgänge durch intestinale Hormone garantiert insgesamt im Magen einen sauren, im Duodenum aber einen neutralen pH-Wert. Damit ist die optimale Wirksamkeit von Pepsin einerseits und der Pankreasenzyme andererseits gewährleistet. So bilden Magen und Duodenum hinsichtlich ihrer hormonellen Steuerung eine Einheit, die durch *3 **Regelkreise*** erfolgt (Abb. 61).

Schutzmechanismen der Magenmucosa

Die Tatsache, daß der Magen Säure und Pepsinogene bilden und sezernieren kann, ohne selbst Schaden zu nehmen, setzt Schutzmechanismen voraus, die erst langsam verstanden werden. Ob die luminale Zellmembran der Mucosazellen gegen die Wirkung von HCl teilweise geschützt ist, ist unbekannt. Da ein Teil des Wasser- und Elektrolyttransports über die Interzellularräume geht, wurde die Rückdiffusion von H^+-Ionen durch undichte interzelluläre Abschlußleisten in die

Mucosa als möglicher Mechanismus einer Schädigung der Schleimhaut postuliert. Eine sichere Schutzwirkung übt das *Zusammenwirken von Bicarbonatfilm und Schleimschicht* aus, weil dadurch an der Mucosaoberfläche ein neutraler pH aufrecht erhalten werden kann. Defekte oberflächliche Epithelzellen können zudem innerhalb von 30 Minuten durch bereitstehende Zellen ersetzt werden. Diese Zellen haben einen überaus *schnellen „turnover"* von 2-3 Tagen (Parietal- und Belegzellen werden langsamer ersetzt). Prostaglandin E2 ist imstande, den Abfall der mucosalen Potentialdifferenz (als Ausdruck der H^+-Ionen-Rückdiffusion) zu verhindern, der durch Acetylsalicylsäure oder Gallensäure hervorgerufen wird. Es vermag ferner den Zellschaden, der durch 40%igen Alkohol und das Ausmaß von Mikroblutungen, welche durch Aspirin oder Antirheumatika verursacht sind, zu vermindern. Carbenoxolon hat einen ähnlichen Effekt, indem es den Katabolismus der endogen produzierten Prostaglandine bremst.

11.2.2 Untersuchungsmethoden

Morphologische Methoden

- Die Methode der Wahl ist die ***endoskopische Untersuchung*** der Magen- und Duodenalmucosa. Erosionen, Ulcera, Tumoren, Entzündung, Mißbildungen und Blutungen können leicht erkannt werden. Bei Bedarf können Schleimhautbiopsien oder Abstriche für zytologische und bakterielle Untersuchungen durchgeführt werden.
- Die ***radiologische Untersuchung*** mittels geschlucktem Barium wird heutzutage weniger häufig durchgeführt. Ihre Stärke ist die Beurteilung von Lageanomalien und Motilitätsstörungen, die exakte Lokalisation erkennbarer Läsionen und die Diagnose der Hiatushernie. Oberflächliche Mucosaveränderungen entgehen der radiologischen Untersuchung leicht.
- Für die Beurteilung intramuraler Prozesse kann die ***endoskopische Sonographie*** nützlich sein.

Funktionelle Untersuchungsmethoden (Tabelle 70)

Bestimmung der Basalsekretion. Sie erfolgt nach 12stündigem Fasten am folgenden Morgen. Mit einer röntgendichten Magensonde wird in linker Seitenlage des Patienten Nüchternsekret während einer Stunde kontinuierlich aspiriert, wobei die Sondenspitze am tiefsten Punkt des Magens zu liegen hat (Durchleuchtungskontrolle). Das Sekret wird in

Tabelle 70. Physiologische und pathologische Daten zur Magensäuresekretion

Säurewert (Total-HCl)	Basalsekretion		Max. Sekretion	
	Volumen	Total-HCl	Volumen	Total-HCl
Normal	♂ 65 ± 25 ml/h	3,0 ± 2,5 mmol/h	♂ 219,8 ± 58,4 ml/h	21,9 ± 4,1 mmol/h
	♀ 55 ± 25 ml/h	2,5 ± 2,0 mmol/h	♀ 181,7 ± 47,8 ml/h	17,1 ± 2,8 mmol/h
Ulcus duodeni	> 100 ml/h	> 6 mmol/h	> 250 ml/h	> 25 mmol/h
Zollinger-Ellison	> 200 ml/h	> 15 mmol/h	> 250 ml/h	> 30 mmol/h

15-min Portionen gesammelt und untersucht. Von jeder Portion werden bestimmt: Volumen in ml, HCl-Konzentration in mmol/l.
Die Titration der Säure auf den Neutralpunkt von pH 7,0 wird entweder elektrometrisch durchgeführt oder erfolgt mit dem Indikator Phenolrot durch Titration gegen 0.1 N NaOH. Der Farbumschlag von gelb in hellrot tritt bei pH 7,0 ein. Durch die Titration werden die H^+ und der nicht-ionisierte Wasserstoff als titrierbare Säure bestimmt (HCl).
Die Basalsekretion wird mit folgender Formel errechnet:

Total HCl (mmol/l) = Vol. des aspirierten Sekretes (ml/h) × titrierte Säure (HCl mmol/l).

Die Bestimmung der Basalsekretion ist indiziert:

- zur Untersuchung auf Zollinger-Ellison-Syndrom (gastrinsezernierendes endokrines Pankreasadenom)
- zur Verlaufskontrolle bei atrophischer Gastritis
- zur Untersuchung der Acidität bei Ulcus duodeni und ventriculi (relative Indikation).

Bestimmung der maximalen Sekretion. Sie erfolgt im Anschluß an die Untersuchung der Basalsekretion. Als Stimulans wird verwendet: Pentagastrin 6 µg/kg KG i.m. Der Magensaft wird während 1½–2 h nach der Injektion des Stimulans in 15-min-Portionen aspiriert. Die Total-HCl der 4 höchsten 15 min-Portionen werden zur Bestimmung der maximalen Sekretion pro Stunde addiert. Mit Pentagastrin (einem synthetischen Pentapeptid mit Gastrinwirkung) kann der Säuregipfel bereits aus Portion 2 und 3 ermittelt werden.
Beim Zollinger-Ellison-Syndrom steht der Magen unter anhaltender Maximalstimulation. Die Basalsekretion erreicht mindestens 60% des Säuregipfels.
Weitere funktionelle Untersuchungsmethoden (kontinuierliche pH-Metrie, intragastrische Titration usw.) sind der Forschung vorbehalten.

11.2.3 Pathophysiologie

Akute Gastritis

Eine akute Gastritis mit endoskopisch erkennbaren Hyperämiezonen, Petechien und Erosionen und histologisch nachweisbaren Epitheldefekten, Infiltraten und subepithelialen Blutungen findet man nach Alkoholexzeß, gewissen Medikamenten, Verätzungen, Bestrahlung und selten nach systemischen Infekten oder Nahrungsmittelintoxikationen mit Staphylokokken-Toxin. Die klinischen Zeichen Übelkeit und Erbrechen, welche viele bakterielle und virale Infekte begleiten, gehen meist nicht mit einer akuten Gastritis einher. Eine phlegmonöse Gastritis durch direkte Erreger-Invasion ist selten.

Chronische Gastritis

Die ***chronische Fundusgastritis*** kann in chronische Oberflächengastritis, chronisch-atrophische Gastritis und Magen-Atrophie eingeteilt werden. Alle Formen verursachen dem Patienten wenig Symptome. Ihr Vorkommen nimmt mit dem Alter zu, ebenso der Schweregrad. Ein Übergang der chronisch atrophen Gastritis in die Magen-Atrophie wurde beobachtet. Die endoskopische Erkennung der chronischen Gastritis ist mit Ausnahme der extremen Formen unzuverlässig. Die Ätiologie ist unbekannt. Im Rahmen der chronisch-atrophen Gastritis kommt es zur Entzündung der ganzen Mucosa mit Infiltration durch Lymphozyten und Plasmazellen. Die Drüsenschläuche atrophieren, die Parietalzellen und Hauptzellen nehmen an Zahl ab und können vollständig fehlen und durch Schleimzellen ersetzt werden. Säure-, IF- und Pepsinogensekretion werden parallel reduziert. Gleichzeitig kann es zu einer progredienten intestinalen Metaplasie der Schleimhaut kommen. Vor allem bei Patienten mit Magen-Atrophie lassen sich in einem hohen Prozentsatz Antikörper gegen Parietalzellen und gegen Intrinsic factor nachweisen. Die Patienten mit perniziöser Anämie weisen in 90% Antikörper gegen Parietalzellen in Serum, Magensaft und in den Lymphozyten des Fundus auf; man findet bei ihnen in 60% Antikörper gegen IF des Typs I (blockieren die Verbindung IF-B12) und in 30% solche des Typs II (inaktivieren den IF-B12-Komplex) im Serum und im Magensaft. Ob die Antikörper eine ätiologische Bedeutung haben oder nur ein Begleitphänomen darstellen, ob die Magenatrophie mit perniziöser Anämie nur den Endzustand einer langen krankhaften Entwicklung, ein eigenständiges Krankheitsgeschehen oder aber eine Kombination verschiedener Krankheiten darstellt, ist noch ungewiß.

Der Gastrinspiegel im Blut steigt mit der Schwere der chronisch-atrophen Fundusgastritis an. Ein hoher Gastrin- und tiefer Pepsinogen I-Spiegel im Serum sind spezifisch für eine schwere chronisch-atrophe Fundusgastritis.

Die ***chronische Antrumgastritis*** ist schwieriger zu definieren, da die Antrum-Mucosa normalerweise ausgeprägt durch mononukleäre Zellen infiltriert ist. Nur wenn mehr als ⅔ der Mucosa infiltriert sind, läßt sich diese Diagnose stellen. Zunehmende Drüsenveränderungen und

intestinale Metaplasie charakterisieren die Atrophie. Antikörper gegen G-Zellen, verbunden mit einem verminderten Gastrin-Anstieg nach einer Mahlzeit, lassen sich bei ca. 8% dieser Patienten finden.
Bei der chronischen Gastritis, aber auch bei Ulcus ventriculi und duodeni, wird neuerdings der häufige histologische und kulturelle Nachweis von Campylobacter pylori beschrieben, ohne daß dessen Bedeutung schon klar wäre. Der Erreger haftet an der Mucosa und findet sich in der Antrumregion, bei Ulcus duodeni auch im Duodenum.
Bei der ***chronisch-atrophen Gastritis*** mit stark reduzierter oder fehlender Säuresekretion ist der Bakteriengehalt des Magens oder des Dünndarmes erhöht.

Erosionen und Ulcera von Magen und Duodenum

Erosionen sind umschriebene Defekte der Mucosa; bei den Ulcera reicht die Läsion über die Muscularis mucosae hinaus.
Die Häufigkeit der ***Ulcera*** variiert stark nach geographischer, ethnischer und sozio-ökonomischer Situation und wandelt sich auch im Laufe von Jahrzehnten. Eine Häufung neuer Fälle oder von Rezidiven wird in gewissen Studien im Frühling und Herbst beschrieben, in anderen aber bestritten. In Westeuropa und Nordamerika sind Ulcera des Duodenums häufiger als solche des Magens. Ulcera können einzeln oder multipel, nur im Duodenum oder nur im Magen oder kombiniert vorkommen. Die Assoziation von Ulcera mit Nikotin- und Alkoholabusus sowie die entsprechenden pathogenetischen Zusammenhänge sind nicht klar. Der klinische Eindruck suggeriert eine positive Korrelation, statistisch-epidemiologische Untersuchungen geben aber ein widersprüchliches Bild. Die Einnahme von Corticosteroiden, Acetylsalicylsäure, sog. nichtsteroidalen Antirheumatika, sowie Reserpin ist mit einer erhöhten Inzidenz von Erosionen und Ulcera vergesellschaftet. Auch bei chronischer Urämie, Hyperparathyreoidismus und chronischen Leberkrankheiten kommen Ulcera vermehrt vor. Träger der Blutgruppe 0 haben häufiger Ulcera des Duodenums und des Antrums als Träger anderer Blutgruppen. Gewisse HLA-Antigene (B5, B12, BW35) scheinen das Risiko für ein Ulcus duodeni zu erhöhen, desgleichen ein erhöhter Serum-Pepsinogen I-Spiegel. Die Ursache von gastroduodenalen Ulcera ist letzten Endes noch nicht klar; man kennt zur Zeit nur *Faktoren,* die offensichtlich bei der Entstehung von Ulcera und Erosionen eine Rolle spielen, nicht aber die pathogenetische Ursache darstellen:

- ***HCl.*** In praktisch allen Fällen von benignen Ulcera sezerniert der Magen Salzsäure, beim Ulcus duodeni eher mehr, beim Ulcus ventriculi eher weniger als normal. Bei totaler Anazidität kommen Ulcera kaum vor, bei massiver kontinuierlicher Hypersekretion von Säure (Zollinger-Ellison-Syndrom) sind Ulcera die Regel. Patienten mit Ulcus duodeni oder pylorusnahen Ulcera ventriculi zeigen in 15-30% ein erhöhter PAO nach exogener Stimulation und/oder eine erhöhte Basalsekretion von Säure, besonders nachts. Die Mehrzahl der Patienten mit Ulcus duodeni unterscheidet sich aber bezüglich der Säuresekretion nicht von Kontrollpersonen; das gleiche gilt für Gastrin und Parietalzellmasse. Viele Patienten mit Ulcus ventriculi haben eine *verminderte* Säuresekretionskapazität. Es ist somit wahrscheinlich, daß der Säure nur eine permissive und keine entscheidende ätiologische Bedeutung für die Entstehung von Ulcera zukommt.

- ***Zusammenbruch der lokalen HCl-Abwehrmechanismen.***
  - Sekretion von Bicarbonat: Acetylsalicylsäure und nichtsteroidale Antirheumatika bremsen die Sekretion von Bicarbonat, möglicherweise über eine Hemmung der lokalen Prostaglandin-Synthese (Prostaglandine fördern die Bicarbonat-Sekretion). Eine verminderte Bicarbonat-Sekretion könnte die Entstehung von Schleimhautläsionen begünstigen.
  - Schleim: Eine qualitativ oder quantitativ pathologische Schleimsekretion würde das Vordringen von HCl und Pepsin auf die Mucosa sowie die rapide Neutralisation des sezernierten Bicarbonates begünstigen. Veränderungen der ***Schleimsekretion*** bei Patienten mit Ulcus ventriculi unter nichtsteroidalen Antirheumatika wurden beschrieben.
  - H^+-Ionen-Rückdiffusion: Experimentell wurde nachgewiesen, daß Gallensäuren und nichtsteroidale Antirheumatika die H^+-Ionen-Diffusion durch die interzellulären Abschlußleisten (tight junctions) fördern. Die klinische Relevanz dieser Befunde konnte bisher nicht bewiesen werden.
  - Prostaglandine: Obschon die Serum-Prostaglandin-Spiegel und die Prostaglandin-Konzentration in der Mucosa von Magen und Duodenum von Ulcus-Patienten normal sind, könnte eine lokale Störung des Prostaglandin-Metabolismus einen negativen Einfluß auf Bicarbonat-Sekretion, Schleimproduktion oder Dichtung der Abschlußleisten haben.
- ***Ulcus-Heilung.*** Über die Möglichkeit, daß die Zellmigration zur Abdeckung eines kleinsten Mucosadefektes und die Zellproliferation für die Heilung eines größeren Defektes gestört sein könnte, ist kaum etwas bekannt.

- *Mikrozirkulation.* Die Rolle der Mucosa-Mikrozirkulation für die Integrität der Schleimhaut und für die Pathogenese von Ulcera wurde noch wenig erforscht.

Ulcus-Komplikationen. Die wichtigsten Ulcus-Komplikationen sind Perforation, Blutung und narbige Stenose. Die ***Perforation*** kann gedeckt oder frei erfolgen. Eine freie Perforation führt zu einer Peritonitis und stellt eine fast absolute Operationsindikation dar.
Die ***Blutung*** ist meist eine akute, mehr oder weniger schwere Blutung, die zu Hämatemesis und/oder Melaena führt. Chronische, okkulte Blutungen sind die Ausnahme. Die Blutung entspringt entweder dem mikrozirkulatorischen Bereich aus dem Ulcusrand und hat in diesem Fall auch konservativ eine gute Prognose. Entspringt sie einem arrodierten größeren Gefäß, sind Rezidive häufig, und es muß aktiv eingegriffen werden (Unterspritzung mit sklerosierender Lösung, Laserstrahl- oder Hitze-Koagulation, Operation). Ulcus- und Erosionsblutungen des Duodenums sind statistisch significant mit der Einnahme von nichtsteroidalen Antirheumatika assoziiert.
Eine ***Stenosierung*** erfolgt nach chronisch rezidivierenden Ulcera, insbesondere im Bereich von Antrum, Pylorus und Bulbus duodeni.

Ulcus-Therapie

Die meisten Ulcera, insbesondere diejenigen, bei denen exogene Faktoren (z. B. Medikamente) eine permissive Rolle spielen, heilen spontan nach etwa 6 Wochen ab. Bei den Ulcera ohne erkennbare Ätiologie ist die Rezidivrate wahrscheinlich höher als bisher angenommen. Gewisse Patienten haben eine eigentliche Ulcus-Krankheit und leiden an immer wiederkehrenden Rezidiven. Therapeutisch wird vorab der permissive Faktor Säure angegangen. Dies kann erfolgreich durch die Einnahme von *säureneutralisierenden Substanzen* wie z. B. Aluminiumhydroxyd sowie durch die *Blockierung von Rezeptoren der Parietalzelle* geschehen. Die Histamin 2-Rezeptoren-Blocker Cimetidin, Ranitidin u. a. und der Blocker der Acetylcholin-Rezeptoren Gastrozepin sind imstande, die Heilungszeit und die Zeit der Beschwerden zu verkürzen. Ihre kontinuierliche Einnahme in niedrigerer als therapeutischer Dosierung ist auch geeignet, Rezidive zu verhüten. Neu wird z. Zeit der Wirkstoff Omeprazol in die Therapie eingeführt, der innerhalb der Parietalzelle die HCl-Bildung verhindert. Campylobacter pylori und mit dem Erreger verbundene Entzündung und Ulceration können mit *Wismuth* allein oder in Kombination mit H_2-Blockern erfolgreich therapiert werden.

Bei chronisch rezidivierenden Ulcera oder bei Komplikationen muß unter Umständen zur *Operation* geschritten werden.

Prinzipien der Operation sind:

- Verminderung des Vagusreizes durch Vagotomie,
- Beseitigung des Gastrinmechanismus durch Antrumresektion,
- Reduktion der Belegzellmasse durch ⅔-¾ Resektion.

Vagotomie. Die trunkale Vagotomie hat den Nachteil, daß der Öffnungsmechanismus des Pylorus gestört wird, was zu einer Stase im Antrum und damit zu vermehrter Gastrinfreisetzung führt. Eine trunkale Vagotomie wird deshalb in Kombination mit einer Pyloroplastik (Längsdurchtrennung aller Pylorusschichten mit Ausnahme der Mucosa und nachfolgende Quervernähung) oder einer Antrumresektion durchgeführt. Heute werden nur diejenigen Äste des Vagus durchtrennt, die zu Corpus und Fundus ventriculi führen. Diejenigen zum Antrum werden intakt belassen, so daß dessen Motilität nicht gestört wird ***(proximal selektive Vagotomie).***

Magenresektion nach Billroth I. Antrumresektion mit End-zu-End-Anastomose mit dem Duodenum. Nachteil: Die Magenresektion ist in ihrem Ausmaß relativ gering. Diese Methode wird deshalb nur bei Ulcus ventriculi oder zur Korrektur einer nicht adäquat durchgeführten Billroth II-Operation mit Ulcus pepticum jejuni angewendet.

Magenresektion nach Billroth II. Antrum-Corpus-Resektion mit End-zu-Seit-Anastomose zur obersten Jejunumschlinge. Nachteile: bei zu kleiner Resektion tritt ein Ulcus pepticum jejuni auf. Die Speicherfunktion des Magens wird gering.

Komplikationen der Magenresektion

- ***Ulcus pepticum jejuni.*** Das Jejunum ist säureempfindlich. Deshalb tritt bei zu kleiner Resektion (Belegzellmasse bleibt zu groß) ein Ulcus auf.
- ***Syndrom des zu kleinen Magens.*** Bei ausgiebiger Resektion fällt die Reservoirfunktion des Magens weg. Dies führt zu postprandialem Völlegefühl oder Erbrechen. Die Therapie besteht in der Einnahme häufiger, kleiner Mahlzeiten (Zwischenmahlzeiten).
- ***Syndrom der afferenten Schlinge.*** Es ist Folge einer zu langen zuführenden, duodeno-jejunalen Schlinge oder einer fehlerhaft angelegten Anastomose bei Magenresektion nach Billroth II. Es äußert sich mit Druck- und Schmerzgefühl im Oberbauch als Indizien der

Retention, zeitweise mit schwallartigem Galleerbrechen. Das Duodenum kann als blinde Schlinge wirken. Durch Stase tritt eine bakterielle Überwucherung der Schlinge auf.

- ***Dumping-Syndrom (postalimentäres Frühsyndrom).*** Es tritt besonders nach Magenresektion nach Billroth II auf. Die beiden wichtigsten pathogenetischen Faktoren sind:
  - Sturzentleerung des Magens,
  - Hyperosmolare Speisen (Suppen, bes. Fleischbrühe, Süßspeisen, Fruchtsäfte und Milch). Sie wirken wasseranziehend und führen dadurch zu momentaner Hypovolämie. Der „zentralisierte Kreislauf" führt zu postprandialen Kollapserscheinungen mit Schweißausbruch, Herzklopfen und Tachykardie. Die Symptome bessern sich im Liegen.
- ***Postalimentäres Spätsyndrom.*** Es tritt 1½–2 h nach dem Essen auf. Der Genuß reichlicher Kohlenhydrate führt zur Hyperglykämie. Durch überschießende Insulinausschüttung kommt es zur Hypoglykämie. Schwäche, Zittern und Unwohlsein sind die klinischen Manifestationen.
- ***Gewichtsverlust.*** Der Gewichtsverlust nach Magenresektion ist durch folgende Faktoren bedingt: zu geringe Nahrungsaufnahme, Maldigestion bei mangelnden Pankreasfermenten, die z.T. retiniert (besonders beim Syndrom der afferenten Schlinge), z.T. vermindert ausgeschieden werden, da der Sekretinreiz fehlt, ferner durch fehlende Durchmischung der Nahrung im Magen sowie Sturzentleerung.
- ***Störungen der Magenmotilität.*** Gelegentlich tritt längere Zeit nach ausgedehnter Billroth II-Resektion ein ***Vitamin B12-Mangel*** infolge ungenügender IF-Sekretion auf.

11.3 Dünndarm

Der Dünndarm – Duodenum, Jejunum und Ileum – dient der Absorption von Wasser, Elektrolyten, Vitaminen, Elementen, Kohlenhydraten, Oligopeptiden, Aminosäuren, Lipiden und Gallensäuren. Störungen der einzelnen Funktionen führen zu entsprechenden Mangelsymptomen. Für den Prozeß der Absorption vergrößert der Dünndarm seine Oberfläche mittels der ***Kerckringschen***-Falten, der Villi und der auf jedem Enterozyten ausgebildeten Mikrovilli. Die Krypten dienen der Zellgeneration und der Sekretion von Elektrolyten und Wasser ins Lumen. Der Dünndarminhalt ist als Folge der keimtötenden Magen-HCl nahezu steril ($<10^3$ Keime/ml).

11.3.1 Physiologie

Enteraler Elektrolyt- und Wasserhaushalt

Bei normaler Nahrungsaufnahme gelangen pro 24 Std. die folgenden Flüssigkeitsmengen in den Dünndarm:

- Nahrung	2000 ml
- Speichel	1000 ml
- Magensaft	2000 ml
- Galle	1000 ml
- Pankreassekret	2000 ml
- Dünndarmsekret	1000 ml
Total	9000 ml

Von den 9000 ml gelangen noch 5000 ml ins Ileum und 1500 ml ins Coecum. Der Dünndarm resorbiert also pro 24 Std. 7500 ml zurück. Er kann, wie auch das Colon, seine Absorptionsleistung vervielfachen, wenn die zusätzliche Flüssigkeit gleichmäßig über 24 Std. verteilt wird. Von den 1500 ml, die das Colon erreichen, werden nochmals mindestens 1300 ml absorbiert und somit max. 200 ml im Stuhl ausgeschieden.

Die ***Resorption von Elektrolyten und Wasser im Dünndarm*** geschieht in der oberen Hälfte der Villi auf mehrere Arten:

- Na^+ diffundiert vor allem passiv entlang einem Konzentrationsgradienten.
- Zum geringeren Teil erfolgt die Na^+-Absorption aktiv. Diese aktive Resorption wird durch eine Na^+-Pumpe (Na^+-K^+-ATPase) am laterobasalen Enterozytenanteil aufrecht erhalten. Sie erfolgt vor allem, wenn der Darminhalt isoton zum Plasma geworden ist.
- Bei der Aufnahme von Glukose, Galaktose, Fruktose und Aminosäuren wird die Aufnahme von Na^+ stimuliert.
- Na^+ kann bei der Verschiebung von Wasser infolge eines osmotischen Gradienten mitgeschleppt werden (sog. solvent drag). Möglicherweise spielt dieses Phänomen wesentlich beim vorher genannten Mechanismus mit.
- Na^+ kann entgegen einem elektrochemischen Gradienten im Austausch gegen H^+ resorbiert werden, desgleichen Cl^- gegen die Sekretion von HCO_3^-. Dieser Prozeß wird durch cAMP, Ca^{2+}, bakterielle Toxine und Hormone blockiert.
- Im Colon stimuliert die Resorption von Fettsäuren (Abbauprodukte von Stärke und Zellulose) die Aufnahme von Na^+.

Die Verschiebung von Elektrolyten, Glukose usw. zieht stets diejenige von Wasser nach sich. Die ***Sekretion von Wasser*** durch den Darm geht über die Ausscheidung von Cl^- in den Krypten von Dünndarm und Colon vor sich. Es besteht eine basale Sekretionsrate, die über eine Erhöhung des intrazellulären cAMP, cGMP und Ca^{2+} massiv gesteigert werden kann.

Kohlenhydrat-Absorption

Stärke wird durch die α-Amylase von Speichel, Magen und Pankreas im Darmlumen zu Maltotriose, Maltose und α-Dextrinen aufgespalten. Der Bürstensaum der Dünndarmenterozyten enthält die weiteren ***Fermente zur Kohlenhydrat-Verdauung:***

Kohlenhydrat	*Enzym*	*Produkt*
Laktose	Laktase	Glukose + Galaktose
Sukrose	Sukrase	Glukose + Fruktose
1,4 α-Dextrine	Sukrase	1,6-Oligo-Saccharide
1,6 α-Dextrine (Tetra)	Isomaltase	Glukose
1,6 α-Dextrine (Penta, Hexa)	α-Dextrinase	Glukose
Trehalose	Trehalase	Glukose

Die Laktase-Konzentration nimmt physiologischerweise nach der Muttermilchentwöhnung ab. Für die wichtigsten Monosaccharide der Nahrung (Glukose, Galaktose, Fruktose) bestehen aktive Transportsysteme durch die Enterozyten-Membran. Am geringsten ist die Transportkapazität für Fruktose.

Protein-Absorption

Proteasen des Magens spalten die Nahrungsproteine in Peptide und wenige Aminosäuren. Die Proteasen des Pankreas, als Proenzyme sezerniert, werden durch das Bürstensaumenzym Enterokinase aktiviert. Letzteres wird durch Trypsinogen stimuliert und durch Gallensalze aus dem Bürstensaum freigesetzt. Die Enterokinase aktiviert ihrerseits Trypsinogen zu ***Trypsin,*** welches die übrigen pankreatischen

Pro-Proteasen aktiviert zu: Trypsin, Chymotrypsin, Elastase sowie Carboxypeptidase. Diese produzieren schließlich im Jejunumlumen Aminosäuren und Oligopeptide. Tetra- und höhere Peptide werden extrazellulär durch Bürstensaum-Peptidasen gespalten. Tri- und Dipeptide werden sowohl durch Bürstensaum-Peptidasen wie intrazellulär durch zytoplasmatische Peptidasen aufgeteilt. Dies bedeutet, daß nicht nur einzelne Aminosäuren sondern auch Di- und Tripeptide in die Enterozyten aufgenommen werden können. Dies geschieht mittels aktiver Transportsysteme. Im Enterozyten können diese Proteinbausteine unverändert an die portale Blutbahn abgegeben oder aber abgebaut, umgebaut oder zu neuen Peptiden und Proteinen aufgebaut werden.

Lipid-Absorption

Triglyceride, Cholesterin, Phospholipide und fettlösliche Vitamine sind die wichtigsten Nahrungslipide.
Triglyceride sind wasserunlöslich und müssen für ihre Resorption Veränderungen eingehen, die ihre Wasserlöslichkeit erhöhen. Colipase und Lipase des Pankreas spalten die Triglyceride in Fettsäuren, Mono- und Diglyceride sowie Glycerol. Fettsäuren und Monoglyceride sowie Phospholipide sind polar, aber immer noch wasserunlöslich. Sie können in Wasser aber neben einer „Monolayer" zusätzlich sog. flüssige Kristalle bilden und in ***Gallesalz-Mizellen*** verhältnismäßig gut in Lösung gehalten werden. Die hydrophilen, polaren Gruppen der Gallesalz-Mizellen sind für die Löslichkeit in Wasser verantwortlich, während die hydrophoben, nicht polaren Gruppen die Lipide in Lösung halten. In den Mizellen werden die Lipide an die „unstirred layer" herangebracht, dort unter noch nicht genau bekannten Umständen aus dem Mizellenverband entlassen und über passive Diffusion durch die Lipidmembran in die Enterozyten aufgenommen. Die Gallensalze bleiben zurück und werden zum größten Teil aktiv als Glycin- oder Taurinkonjugate im Ileum resorbiert. Im Enterozyten werden wiederum Triglyceride, Phospholipide und Cholesterol synthetisiert und an Apoproteine gebunden. Diese Lipoproteine werden als Chylomikronen oder VLDL über eine umgekehrte Pinozytose von den Enterozyten in die Lymphkapillaren abgegeben.
Cholesterin muß ebenfalls in Gallesalz-Mizellen eingebettet an die Zellwand herangebracht werden, wo es passiv absorbiert wird. ***Phospholipide*** werden ebenso durch Gallesalz-Mizellen in wäßriger Lösung gehalten. Durch die Phospholipase A wird ihnen eine Fettsäure von der Position 2 abgespalten. Das resultierende Lysophospholipid wird

resorbiert. Der überwiegende Teil der Lipide wird im Jejunum absorbiert. Das Ileum kann sich aber beim Ausfall des Jejunums an die Fettabsorption adaptieren. Mittellangkettige Fettsäuren werden aktiv durch die Enterozytenmembran aufgenommen und über das Pfortadersystem abtransportiert.

Vitamin B12-Absorption

Vitamin B12 kommt in tierischem Eiweiß als Adenosyl-, Methyl- oder Hydroxykobalamin vor. Für die klinische Untersuchung und Forschung verwendet man Cyanokobalamin wegen seiner Stabilität. Der tägliche Bedarf beträgt 1-2 µg. Kobalamin wird in saurem pH des Magens rasch von den Nahrungsproteinen abgetrennt und sofort an das Protein R des menschlichen Speichels gebunden. Im proximalen Dünndarm befreien es pankreatische Proteasen aus dieser Bindung, worauf es erst mit dem Intrinsic-Faktor (IF) einen stabilen Komplex bildet. Im Ileum finden sich für den B12-IF-Komplex spezifische Rezeptoren, die weder freies Kobalamin noch den Kobalamin-Protein-R-Komplex binden. Über den Aufnahmemechanismus von Kobalamin (mit oder ohne IF) in den Enterozyten herrscht noch keine Klarheit.

11.3.2 Untersuchung des Dünndarms und seiner Funktionen

Morphologische Methoden

- ***Inspektion der Mucosa mittels flexibler Glasfiberendoskope.*** Routinemäßig möglich für die Mucosa des Duodenums, nur mit großem Aufwand für Jejunum und Ileum. Distale ca. 10 cm des Ileums anläßlich Colonoskopie einsehbar. Durch die Inspektion sind entzündliche Veränderungen, benigne und maligne Epitheldefekte und -neubildungen sowie Gefäßmißbildungen erkennbar.
- ***Mucosa-Biopsie.*** Anläßlich Endoskopie oder - aus dem ganzen Dünndarm - mittels spezieller Biopsie-Sonden. Die Biopsie läßt die folgenden Beurteilungen zu: Größe und Form der Villi und Krypten, entzündliche oder neoplastische Infiltrate, Lymphangiektasie, Invasion durch Lamblien, Diagnose des M. Whipple, immunhistologischer Nachweis endokrin aktiver Zellen.
- ***Radiologische Untersuchung mit oraler Bariumeinnahme.*** Beurteilung von Konfiguration und Kaliber der Dünndarmschlingen, des Schleimhautbildes und der Darmmotilität.
- ***Inspektion und Biopsie durch Laparotomie***

Funktionelle Methoden

- ***Motilitätsuntersuchungen*** sind der Forschung vorbehalten.
- ***Stuhluntersuchungen*** (messen z.T. auch die Colonfunktion)
  - Stuhlmenge (normal: < 200 g/24 Std.)
  - Stuhlfarbe
  - Stuhlfett-Bestimmung zur Feststellung eines enteralen Fettverlustes: Sammlung des Stuhles über 72 Stunden unter oraler Zufuhr von min. 100 g Fett/24 Std. Normalausscheidung: < 7 g/24 Std.
  - Feststellung eines enteralen Eiweißverlustes: Stuhlstickstoff pro 24 Std. (Norm: < 200 mmol/24 Std.); Radioaktive Markierung des körpereigenen Albumins mit intravenös verabreichten $^{51}CrCl_3$ und Sammlung des Stuhles über 96 Std.; Normalverlust im Stuhl: < 1% der applizierten Dosis.
- ***D-Xylose-Absorption.*** Der Pentosezucker Xylose wird im Jejunum absorbiert, aber unverändert im Urin ausgeschieden, da er nicht metabolisiert wird. Normalbefund: innerhalb 5 Std. Ausscheidung im Urin von mehr als 16% der oral zugeführten 25 g Xylose oder Serumkonzentration 25 mg% (1.67 mmol/l) 60 Min. nach der oralen Einnahme.
- ***Vitamin B 12-Absorption.*** Mittels des Schilling-Testes kann festgestellt werden, ob ein Intrinsic-Factor-Mangel oder eine Malabsorption von Vitamin B 12 im Ileum vorliegt.
- ***Gallensäuren-Dekonjugation.*** ^{14}C-Glycin-Cholat, oral verabreicht, macht normalerweise den enterohepatischen Kreislauf der Gallensäuren mit. Falls die Gallensäuren bakteriell im Dünndarm oder Colon dekonjugiert werden, entsteht $^{14}CO_2$ aus dem abgespaltenen ^{14}C-Glycin, welches in der Ausatmungsluft nachgewiesen werden kann.
- ***Serumspiegel-Bestimmungen.*** Vitamin B 12, Folsäure, Vitamin A (Karoten), Albumin.
- ***Laktosetoleranz.*** Laktose muß durch Laktase, einem Bürstensaum-Enzym der Enterozyten, in Glukose und Galaktose aufgespalten werden. Nach einer oralen Gabe von 50 g Laktose wird der Glukose-Anstieg im Serum gemessen. Er muß mindestens 20 mg% (1.11 mmol/l) betragen. Eine Verminderung kann einem isolierten Laktasemangel, einem Laktasemangel bei Reduktion der resorptiven Oberfläche oder der seltenen Glukose-Galaktose-Intoleranz entsprechen.
- ***H_2-Atem-Test.*** Können Kohlenhydrate nur unvollständig absorbiert werden, kommt es zu deren Abbau im Colon unter Bildung von H_2. Dieser diffundiert ins Blut und wird mit der Atmung ausgeschieden und dort nachgewiesen.

Bakteriologische Methoden

- ***Bakterienkulturen aus dem Dünndarm*** sind im allgemeinen wegen der technisch bedingten Verunreinigung wissenschaftlichen Zwecken vorbehalten. Mikroskopisch Nachweis von Lamblien im Duodenalaspirat. Kultur sowie mikroskopischer Nachweis von Campylobacter pylori aus Duodenum-Biopsien.
- ***Bakterien-Kulturen aus dem Stuhl*** zum Nachweis von Salmonellen, Shigellen, Campylobacter jejuni, Clostridium difficile, Vibrio cholerae usw.
- ***Virologische Kulturen*** aus dem Stuhl.
- ***Mikroskopischer Nachweis von Parasiten und/oder deren Eiern*** im Stuhl.
- ***Serologischer Infektionsnachweis,*** z. B. Yersinia enterocolitica, HIV.

11.3.3 Pathophysiologie

Durchfall

Die normalen täglichen Stuhlmengen sind in Tabelle 71 angegeben.
Unter ***Diarrhoe*** versteht man eine häufigere und flüssigere Stuhlentleerung als dem betroffenen Individuum normalerweise entspricht. Die Tagesmengen Stuhl betragen mehr als 200 g und können mehrere Liter betragen. Häufig ist Diarrhoe mit Abdominalschmerzen und unwiderstehlichem Stuhldrang verbunden.
Betrachtet man die enterale Flüssigkeitsbilanz, wird ersichtlich, daß kleine Veränderungen, die nicht kompensiert werden können, zu einer Veränderung der Stuhlmenge führen müssen.
Eine Diarrhoe kann pathophysiologisch zustande kommen durch:

- Osmose
- Aktive Sekretion
- Defekte Absorptionsfunktion
- Reduktion, Zerstörung und Entzündung der Mucosa
- Gesteigerte Motilität.

Tabelle 71. Durchschnittl. normales Stuhlgewicht

	(Gramm pro Tag)
Westliche Länder	90–140
Afrika (Stadt)	185
Afrika (Land)	470

Bei vielen Durchfallerkrankungen spielen mehrere der aufgeführten Faktoren zusammen. Bei anderen ist die Ursache noch unklar.
Die Medikamente, die zur symptomatischen Behandlung der Diarrhoe dienen (Loperamid, Codein, Tinctura opii), wirken hauptsächlich über die Stillegung der Darmmotilität. Ob auch eine antisekretorische Wirkung mitspielt, ist ungewiß.

Osmotische Diarrhoe. Substanzen, die natürlicherweise oder wegen eines pathologischen Zustandes nicht absorbiert werden können, lassen ein *osmotisches Gefälle zwischen Darmlumen und Plasma* entstehen. Es kommt deshalb zum Einstrom von Wasser aus dem Plasma ins Darmlumen und zum Durchfall. Der Durchfall sistiert im Fasten oder nach Elimination der verursachenden Substanz. Der Durchfall ist häufig von Krämpfen und Blähungen begleitet.

- ***Laktose-Intoleranz,*** Laktase-Mangel. Nach dem Abstillen tritt normalerweise eine mehr oder weniger ausgesprochene Reduktion der Laktase im Bürstensaum auf, so daß bei Genuß von Milch Durchfälle, Blähungen und Krämpfe auftreten können. Nicht resorbierte Kohlenhydrate werden im Colon bakteriell zu Monosacchariden, kurzkettigen Fettsäuren, CO_2, H_2 und CH_4 metabolisiert. Ein Teil der Fettsäuren kann im Colon absorbiert werden.
- Weitere Kohlenhydrat-Malabsorptionen kommen durch Saccharidase- und Trehalasemangel, mangelnde oder beschränkte Transportmechanismen für Glukose-Galaktose oder Fruktose und Überangebot an Mannit, Sorbit und Xylit sowie durch die nicht resorbierbare Laktulose zustande.
- Nicht resorbierbare Salze, die als ***Laxantien*** (Magnesiumsulfat, Natriumsulfat) oder Antacida (Magnesium-Hydroxyd) verwendet werden, sind osmotisch aktiv.
- Fehlende Reservoirfunktion des Magens, z. B. bei Status nach Billroth II, mit Überladung des Dünndarmes mit osmotisch aktiven Nahrungsbestandteilen, führt zu osmotischem Durchfall.
- Hyperosmolare Ernährung, insbesondere Sondenernährung bei Lage der Sondenspitze im Duodenum oder Jejunum, kann Ursache von Diarrhoe sein.

Aktive Sekretion. Grund des Durchfalles ist eine *aktive Sekretion von* Cl^- in den Krypten des Dünndarmes und des Colons, welche in der Regel von einer Blockierung der Na^+-Aufnahme in die Enterozyten begleitet ist. Diese Sekretion kann mehrere Liter/Tag betragen und zur Exsiccose des Patienten führen. Da die an Glukose und Aminosäuren gekoppelte Na^+Aufnahme von dieser Sperre nicht betroffen ist, kann durch orale Gabe einer entsprechend gemischten Lösung die Flüssigkeitsbilanz einigermaßen aufrecht erhalten werden. Die Elektrolyt- und Wassersekretion ist unabhängig von der Nahrungsaufnahme. Im Enterozyten sind es zyklisches AMP, z.T. zyklisches GMP oder Calcium, die diese Mechanismen vermitteln können. Eine Vielzahl von Substanzen ist imstande, diese Vorgänge in Gang zu setzen:

- Durch enterale Infektionen freigesetzte ***Toxine:***
  - Enterotoxine von Vibrio cholerae, Salmonella, Campylobacter jejuni, Pseudomonas aeruginosa, Shigella, welche über eine Aktivierung der Adenylcyclase das zyklische AMP erhöhen.
  - Enterotoxine von Escherichia coli, Yersinia enterocolitica, Klebsiella pneumoniae, die zyklisches GMP erhöhen.
  - Toxin von Clostridium difficile, dessen Wirkung Ca^{++}-abhängig ist.
  - Toxine von Bacillus cereus, Staphylococcus aureus, Entamoeba histolytica, deren Wirkungsweise nicht bekannt ist.

  Die Wirkung dieser Enterotoxine hält an, solange der Erreger vorhanden ist oder bis sich der Organismus an Erreger und/oder Toxin „adaptiert" hat (z.B. E.coli).
- ***Neurotransmitter, parakrine Substanzen, Prostaglandine:***
  VIP (vasoaktives intestinales Peptid), Serotonin, Substanz P, Cholecystokinin, Sekretin, Gastrin, GIP (gastrisches inhibitorisches Polypeptid), Calcitonin, Glucagon, Motilin, Vasopressin, Bradykinin, Neurotensin, Histamin.
  - ***VIP*** ist die Ursache von Durchfällen beim Verner-Morrison-Syndrom, dem ein endokriner, häufig maligner Tumor des Pankreas zugrunde liegt. Das Syndrom kann von einem Kalium- und Bicarbonat-Verlust im Stuhl begleitet sein.
  - ***Gastrin*** ist Mitursache der Durchfälle beim Zollinger-Ellison-Syndrom. Hauptursache ist aber die massiv gesteigerte HCl-Sekretion, die auf einem gastrinproduzierenden, meist im Pankreas liegenden Tumor beruht.
  - ***Calcitonin*** wird im Übermaß durch das medulläre Schilddrüsencarcinom gebildet.

  Beim malignen ***Carcinoid*** ist die Durchfall verursachende Substanz nicht bekannt. Zum Teil ist die gesteigerte Motilität für den Durchfall verantwortlich.
  Viele endokrine Tumoren bilden gleichzeitig mehrere Hormone und Neurotransmitter. Histamin, Bradykinin, Prostaglandin spielen vor allem bei entzündlichen Prozessen eine Rolle.

- ***Laxantien*** (Ricinolsäure, Bisacodyl) und Gallensäuren führen im Colon zu einer aktiven Sekretion von Cl^- und Wasser.

Defekte Elektrolyt-Absorption
- Vgl. auch „Aktive Sekretion"
- Bei der ***kongenitalen Chloridorrhoe*** kann Cl^- nicht aktiv resorbiert werden (normalerweise geschieht dies im Austausch gegen HCO_3^-); die Folge sind Diarrhoe und Alkalose. Da Cl^- passiv diffundieren kann, ist eine Therapie mit oralem NaCl und KCl möglich.

Bei der ***viralen Enteritis*** kommt es nach einer Schädigung der Enterozyten zu einer raschen Migration unreifer Zellen an die Villusspitze. Diese Zellen zeigen noch einen verminderten Enzymgehalt für die Zuckerspaltung und eine verminderte Na^+-stimulierende Glukose-Absorption.

Reduktion, Zerstörung und Entzündung der Mucosa. In diesen Fällen addieren sich verschiedene pathogenetische Aspekte: Reduktion oder Zerstörung der resorbierenden Oberfläche mit quantitativer und qualitativer Beeinträchtigung der Absorptionsmechanismen (Dünndarmresektion, M. Crohn, malignes Lymphom, einheimische und tropische Sprue).

- ***Defekte und Entzündung der Schleimhaut mit Verlust von Eiweiß, Blut, Schleim*** (M. Crohn, malignes Lymphom, Strahlenenteritis, ulceröse Jejunoileitis, bakterielle Mucosainvasion).
- ***Behinderung des Abtransports*** resorbierter Substanzen *durch Fibrose* (Kollagenosen, Strahlenschäden, M. Crohn), *Amyloid* (Amyloidose) und *Lymphabflußstörungen* (M. Whipple, Lymphangiektasie, malignes Lymphom).

Motilitätssteigerung. Die Steigerung der Motilität kann die Passagezeit der Nahrungsmittel so verkürzen, daß Durchfall entsteht: malignes Carcinoid, Hyperthyreose.

Malabsorption

Unter Malabsorption versteht man im allgemeinen jede *nicht* auf ungenügende Zufuhr zurückzuführende, *mangelhafte Aufnahme eines oder mehrerer Nahrungsbestandteile und die dazugehörigen Folge- und Mangelsymptome.* Die an sich korrekte Differenzierung in Malassimilation (Störung der im Darmlumen vor sich gehenden Prozesse) und Malabsorption (Störung der eigentlichen Aufnahmevorgänge) wird hier nicht beachtet.

Die Malabsorption einer Substanz kann isoliertes Krankheitsbild sein, bei mehreren Krankheiten vorkommen oder Teil eines ganzen Malabsorptionssyndromes sein. Anderseits kann sich die gleiche Krankheit unter Umständen in der Malabsorption einer einzelnen oder verschiedenen Substanzen manifestieren.

Lipid-Malabsorption. Im Prinzip kann jede Phase der Lipidabsorption gestört sein und zu einer Lipidmalabsorption führen:

- Ungenügender Kontakt zwischen Lipiden und Lipase: beschleunigte Passage; verzögerter Kontakt zwischen Lipase und Lipiden bei Billroth II-Anastomose.
- Mangelnde Aktivierung der Lipase: Hyperchlorhydrie mit saurem pH im Duodenum bei Zollinger-Ellison-Syndrom.
- Lipase-Mangel: chronisch verkalkende Pankreatitis, chronisch juvenile Pankreatitis, chronisch senile Pankreatitis; Mucoviscidose; Obstruktion des Pankreasganges; kongenitaler Mangel an Lipase oder Colipase (selten).
- mangelhafte Bildung von Gallensalz-Mizellen:
  - Reduzierte Gallensalzbildung: chronische Leberkrankheit
  - Reduzierter Gallensalzfluß in den Darm: intrahepatische Cholestase, extrahepatische Cholestase
  - Verminderung der intraluminalen Gallensalze: medikamentöse Bindung an Ionenaustauscher (Cholestyramin) oder Aluminiumhydroxyd
  - Dekonjugation der Gallensalze: bakterielle Besiedelung des Dünndarmes bei Hypomotilität, Dünndarmobstruktion mit Stase, bei enteralen Fisteln, Achlorhydrie oder idiopathisch
  - Gallensalz-Verlust mit ungenügender hepatischer Synthese: Erkrankung oder Resektion des Ileums über 100 cm, idiopathische Gallensalz-Malabsorption im Ileum (?)
- Störung der eigentlichen Resorption: Jejunum-Resektion, „Atrophie“ der Villi: Einheimische und tropische Sprue, Vitamin B12-Mangel, Folsäuremangel, Kwashiorkor.
- Transportstörungen innerhalb der Darmwand: A-β-Lipoproteinämie, Morbus Whipple, malignes intestinales Lymphom.

Pathogenetisch liegt der ***einheimischen Sprue (Zöliakie, Gluten-sensitive Enteropathie)*** eine immunologische Reaktion der Dünndarm-Mucosa auf den Kontakt mit Gliadin, dem alkohollöslichen Glykoprotein im Gluten von Weizen, Gerste und Roggen zugrunde. Als Folge der Gliadin-Einnahme kommt es zur Infiltration des Villus mit zytotoxischen T-Lymphozyten und Plasmazellen und danach zur beschleunigten

Abschilferung der Enterozyten, so daß die Migrationszeit der Epithelzellen von der Krypte bis zur Abschilferung an der Villusspitze von 4-5 auf 1-2 Tage sinkt. Die Enterozyten sind entsprechend unreif, ihre Funktion vermindert. Die Villi flachen ab und atrophieren. Klinisch resultiert im Prinzip ein generalisiertes Malabsorptionssyndrom mit Gewichtsverlust, Steatorrhoe, Mangel der fettlöslichen Vitamine A, D, E, K, Eisen- und Folsäuremangel, Hypalbuminämie. Nicht selten manifestiert sich die Krankheit trotz ausgeprägter Villusatrophie nur mit Einzelsymptomen wie Eisenmangelanämie oder Knochenschwund. Sie kann in jedem Lebensalter auftreten, meist bereits in der Kindheit. Die unkomplizierte Sprue kann durch Elimination des Gliadins aus der Nahrung geheilt werden. Die Diät muß lebenslang eingehalten werden; nach langjähriger Remission kann aber eine Toleranz eintreten. Eine der Sprue analoge Erkrankung, die manchmal nicht unbeschränkt auf den Gliadin-Entzug reagiert, ist mit der Dermatitis herpetiformis und mit einem Immunglobulin-Mangel assoziiert.

Eine flache, atrophe Dünndarm-Mucosa findet sich - insbesondere bei Kindern - gelegentlich bei akuter Gastroenteritis, Allergie auf Kuhmilch und Soja-Protein, eosinophiler Gastroenteritis, bakterieller Dünndarmbesiedelung, tropischer Sprue, Lambliasis und AIDS.

Auch eine übermäßige ***bakterielle Besiedelung des Dünndarmes*** kann zur Lipid-Malabsorption führen. Normalerweise beherbergt das Jejunum bis max. 10^4 Keime pro ml Darminhalt und keine Anaerobier. Im Ileum steigt die Keimzahl leicht an und enthält auch wenige Anaerobier. Bei erhöhter Keimzahl sind die Erreger weder an der Darmschleimhaut adhärent, noch penetrieren sie in die Mucosa. Hauptgrund für eine Keimvermehrung ist eine Hypomotilität des Dünndarmes (Diabetes, Hypothyreose, multiple Sklerose, Myopathien, Pseudo-Obstruktion) oder eine Stase, hervorgerufen durch eine Stenose (M. Crohn, Bride) oder Operation (zuführende Schlinge bei Billroth II, ausgeschaltete, sog. blinde Schlinge, Resektion der Bauhinschen Klappe, jejunoilealer Bypass, entero-enterale Fistel). Auch Patienten mit Achlohydrie und solche mit erworbener Hypogammaglobulinämie können eine bakterielle Besiedelung des Dünndarmes aufweisen. Diese kann insbesondere im Alter auch „idiopathisch" auftreten.

Die Folgen dieser pathologischen Besiedelung sind:

- Bakterielle Dekonjugation von Gallensäuren mit Erniedrigung der luminalen Konzentration konjugierter Gallensäuren unter die sog. kritische mizellare Konzentration. Daraus kann eine Malabsorption von Lipiden und fettlöslichen Vitaminen resultieren. Gallensäuren, die in das Colon gelangen, können dort die Sekretion von Cl^- und von H_2O verursachen und damit zur Diarrhoe beitragen.

- Während Pseudomonas und Klebsiella-Spezies Vitamin B12 synthetisieren können, binden andere Erreger, im besonderen Bacteroides, Cobalamin oder den Kobalamin-IF-Komplex in ausgesprochenem Maße. Clostridien, E. coli und Propioni-Bakterien metabolisieren Cobalamin zu inaktiven Cobamiden. Die bakterielle Besiedelung des Dünndarmes kann somit zur Vitamin B12-Malabsorption führen.
- Die sog. ***tropische Sprue***, auch tropische postinfektiöse Malabsorption genannt, stellt wahrscheinlich ein Sprue-ähnliches Syndrom bei bakterieller Besiedelung des Dünndarmes dar; die Erreger sind nicht bekannt. Das Syndrom tritt in Asien und Südamerika, nur selten in Afrika auf. Es läßt sich in der Regel durch Tetracycline heilen.
- Der ***Morbus Crohn*** kann den gesamten Gastrointestinaltrakt vom Mund bis zum Anus befallen. Bei 50% der Patienten ist das Ileum, vorab in seinem distalen Abschnitt, betroffen. Ulcerationen der Mucosa, entzündliche Reaktion und Fibrose der gesamten Darmwand können zu Blutungen, Exsudation von Eiweiß und Schleim, zu Malabsorption von Gallensäuren und Vitamin B12, zu Durchfall, Stenose, Stase und Ileus führen. Die Ursache dieser chronischen Erkrankung ist noch nicht bekannt.
- Beim ***Morbus Whipple***, der durch Fieber, Gelenkschmerzen, Steatorrhoe und Durchfall gekennzeichnet ist, lassen sich stäbchenförmige Bakterien in der Dünndarmmucosa nachweisen. Es ist noch unklar, welches ihre Natur ist und ob sie für die Krankheit verantwortlich sind. Zusätzlich finden sich PAS-positive Ablagerungen von Mucopolysacchariden in der Submucosa und den regionären Lymphknoten. Die Erkrankung ist selten, befällt fast nur Männer und ist durch Tetracycline behandelbar.
- Eine ***Hyperoxalurie*** kann eine Folge jeder Lipid-Malabsorption sein. Die erhöhte Konzentration langkettiger Fettsäuren im Colon führt zur Bindung von intraluminalem Calcium zu unlöslichen Calcium-Seifen. Dadurch fehlt Calcium zur Präzipitation von Oxalat aus der Nahrung, welches im Colon nun passiv absorbiert und über die Nieren wieder ausgeschieden wird. Oxalat-Nierensteine sind deshalb eine klassische, wenn auch nicht häufige Komplikation einer Steatorrhoe. Therapeutisch läßt sich die Hyperoxalurie (>50 g Oxalat/Tag) behandeln durch Elimination von Oxalat aus der Nahrung, durch Korrektur der Steatorrhoe, durch Bindung von Oxalat an zusätzliches orales Calcium (3–4 g/Tag) oder an einen Ionenaustauscher (Cholestyramin).

Protein-Malabsorption. Zu einer signifikant verminderten Absorption von Aminosäuren und Oligopeptiden kommt es bei diffusen Erkrankungen des Dünndarmes und des Pankreas. Aber auch nach totaler Pankreatektomie liegt diese Absorption nicht ganz darnieder. Die proteolytische Aktivität des Pankreas kann indirekt durch den seltenen ***Enterokinase-Mangel*** vermindert sein. Auch der isolierte ***Trypsinogen-Mangel*** ist sehr selten. Schließlich sind eine Reihe seltener kongenitaler Störungen des intestinalen Aminosäuren-Transportes bekannt, welche vor allem zentralnervöse und urologische Symptome verursachen.

Kohlenhydrat-Malabsorption. Obschon theoretisch die Möglichkeit der Stärke-Malabsorption besteht, ist ein isolierter Amylasemangel nicht bekannt. Auch bei schwerer Pankreasinsuffizienz wird noch genügend Amylase sezerniert.

- Die ***Laktose-Malabsorption*** (Laktase-Mangel) ist die häufigste Störung der Zuckerabsorption. Beim Erwachsenen ist die Laktasekonzentration im Bürstensaum physiologischerweise gegenüber derjenigen des Säuglings erniedrigt. Die Erniedrigung der Laktasekonzentration tritt verschieden schnell und in unterschiedlichem Ausmaß auf. Entsprechend unterschiedlich sind die Symptome. Mittel- und Nordeuropäer und ihre Abkömmlinge in Nordamerika zeigen in weniger als 20% eine Laktose-Malabsorption anläßlich einer oralen Laktose-Belastung (50 g), Afrikaner und Asiaten und ihre Nachkommen hingegen in über 65%. Die Symptome des Laktase-Mangels sind abhängig von der Laktase-Konzentration, der Laktose-Dosis, der Geschwindigkeit der Magenentleerung, der Kontaktzeit im Dünndarm und der Fähigkeit des Colons, entstandene Fettsäuren zu absorbieren und die H_2O-Resorption zu steigern. Joghurt verursacht keine Symptome, da die darin enthaltenen Laktobazillen ein Laktose spaltendes Enzym bilden, das bei Körpertemperatur aktiviert wird. Symptome der Laktose-Malabsorption sind Völlegefühl, Übelkeit, Blähung, Borborygmi, Flatulenz, Krämpfe und Durchfall. Die Laktase-Konzentration im Bürstensaum kann auch durch regelmäßigen Laktose-Konsum nicht erhöht werden. Diese physiologische, ***erworbene Laktose-Intoleranz*** muß unterschieden werden von der Laktose-Intoleranz bei diffusen Mucosa-Schäden (z.B. Sprue) und vom ***kongenitalen Laktase-Mangel,*** bei welchem die Laktase schon bei Geburt weitgehend oder ganz fehlt. Dies ist ein seltenes, autosomal rezessives Leiden.
- Die ***Sucrose-Malabsorption,*** bedingt durch einen Mangel an Sucrase-Isomaltase, betrifft weniger als 1% der kaukasischen Bevölkerung,

hingegen bis 10% der Eskimo. Die Isomaltose-Malabsorption macht sich kaum bemerkbar. Die Symptome sind die gleichen wie beim Laktase-Mangel und verschwinden beim Vermeiden von Sucrose in der Nahrung. Die Diagnose erfolgt durch die orale Sucrose-Belastung oder durch den H_2-Atem-Test.

- Der ***Mangel an Trehalase*** ist äußerst selten und manifestiert sich einzig nach Einnahme von frischen Pilzen.
- Die ***Fruktose-Malabsorption,*** zurückzuführen auf eine Störung der Fruktose-Absorption durch die Enterozytenmembran, ist wahrscheinlich häufiger als bisher angenommen.
- Die ***Glukose-Galaktose-Malabsorption*** manifestiert sich sofort beim Säugling, ob ihm nun Milch, Sucrose, Glukose oder Galaktose verabreicht werden. Es handelt sich um eine sehr seltene, autosomal-rezessiv vererbte Störung im Transportsystem für Glukose und Galaktose, die auch andere Organe betrifft. Fruktose wird normal aufgenommen und muß in der Nahrung alle anderen Kohlenhydrate ersetzen.
- Es ist wahrscheinlich, daß auch Manitol, Xylitol und Sorbitol, die z.T. als Zuckerersatz verwendet werden, nicht immer voll absorbiert werden können.
- Nicht spaltbare oder resorbierbare Zucker, wie z.B. Laktulose, werden u.a. als Laxantien verwendet.

11.4 Colon

Das Colon wird unterteilt in Coecum mit dem Appendix vermiformis, in Colon ascendens, transversum, descendens und sigmoides sowie Rectum und Anus. Colon transversum und sigmoides haben ein variabel langes Mesocolon und sind deshalb relativ frei in ihrer Beweglichkeit, während die übrigen Colonabschnitte straffer fixiert sind. Als Variante kann das Coecum ein längeres Mesenterium aufweisen. Bei abnorm langen Mesenterien besteht die Möglichkeit eines ***Volvulus*** von Coecum oder Colon sigmoides.

Die Schleimhaut ist flach und wird nur durch die Mündungen der Krypten unterbrochen. In den letzteren erfolgt die Zellneubildung sowie die Sekretion von Cl^- und H_2O; die Resorption geschieht an der oberflächlichen Mucosa. Die gesamte Mucosa enthält reichlich Schleimzellen, die Krypten auch endokrin aktive Zellen.

11.4.1 Physiologie

Das Colon absorbiert täglich ca. 1300 bis 1400 ml H_2O, kann diese Menge allerdings um das 3-fache steigern, falls sie kontinuierlich angeboten wird. Na^+ kann gegen einen aktiven Gradienten absorbiert werden. Das Colon sezerniert K^+ und Bicarbonat. Die Beeinflussung der Sekretion wurde in Kapitel II.3 (Dünndarm) besprochen. Das Colon ist imstande, freie Fettsäuren, welche aus dem bakteriellen Abbau von Zellulose stammen, zu absorbieren. Die bakterielle Flora des Colons produziert Vitamin K, Protein, Folsäure und Nikotinsäure, aber auch Ammoniak, welche ins Blut aufgenommen werden.

Untersuchung

- ***Endoskopie:*** Die Endoskopie des Colons ermöglicht die Erkennung und Biopsie aller Mucosa-Veränderungen: Entzündung, Ulcera, Polypen, maligne Neoplasien, Gefäßmißbildungen, Divertikel.
- ***Radiologie:*** mittels Barium-Einlauf und Luftinsufflation Erkennung von Mucosa-Veränderungen (Ulcera, Polypen, maligne Neoplasien), Divertikeln, Stenosen, Fisteln, Motilitätsstörungen.
- ***Manometrische Untersuchungen*** der Colon-Motilität sind im wesentlichen der Forschung vorbehalten.

11.4.2 Pathophysiologie

„Irritables" Colon (funktionelle Colonbeschwerden, spastisches Colon). Diese Patienten weisen eine progrediente Veränderung der Defäkationsgewohnheit auf, welche häufig in der Adoleszenz beginnt. In der Regel wechseln längere Perioden von schmerzhafter Obstipation mit kürzeren Durchfallphasen ab. Gelegentlich besteht nur eine intermittierende, schmerzlose Durchfalltendenz. Häufig empfinden die Patienten Blähungen und vermehrten Gasabgang. Die Untersuchung des Patienten bringt nichts Zusätzliches zum Vorschein. Wahrscheinlich stellt das „Irritable" Colon eine Motilitätsstörung dar. Der basale elektrische Rhythmus (sog. myoelektrische „slow waves"), der normalerweise 6 Zyklen pro Minute beträgt, wechselt in 40% der Zeit auf 3 Zyklen pro Minute. Zudem ist die Aktivität nach einer Mahlzeit bei diesen Patienten vermindert und verzögert.

Divertikulose. Bei der Colon-Divertikulose liegt eine Herniation der Mucosa und Submucosa durch die Tunica muscularis hindurch vor. Es handelt sich streng genommen um eine Pseudodivertikulose. Der

Durchtritt erfolgt an den Stellen, an welchen die Arterien durch die Colonwand dringen. Die Divertikel liegen deshalb meistens zwischen der mesenterialen und den beiden antimesenterialen Tänien; die Divertikulose betrifft vor allem das Colon sigmoides. Es können sich hunderte von Divertikeln bilden. Die Divertikulose ist bei Bewohnern der westlichen Zivilisationsländer ungleich häufiger als bei denjenigen der Entwicklungsländer. Ihr Ausmaß nimmt mit dem Lebensalter zu. Man findet bei der Divertikulose häufig eine Verdickung der Tänien und der zirkulären Muskulatur. Der intraluminale Druck kann erhöht, der Durchmesser des Lumens vermindert sein. Durch Erhöhung des Zellulosegehaltes der Nahrung (z.B. durch Weizenkleie) kann der Coloninhalt durch Quellung vergrößert und dadurch der intraluminale Druck gesenkt werden. Die Divertikulose ist häufig asymptomatisch. Gelegentlich treten ähnliche Beschwerden wie beim irritablen Colon auf. Eine Komplikation stellen Blutung oder Entzündung (Divertikulitis) mit Übergreifen der entzündlichen Reaktion auf die Umgebung dar.

Megacolon. Das congenitale Megacolon (Hirschsprungsche Krankheit) stellt eine chronische Colondilatation aufgrund einer funktionellen Stenose des Rectums dar. Diese ist auf ein angeborenes Fehlen intramuraler Ganglienzellen des myenterischen und submucösen Plexus zurückzuführen. Das aganglionäre Segment erstreckt sich über eine variable Strecke, beginnend vom Sphincter ani internus nach proximal ins Rectum oder Sigmoid. Dieses Segment ist konstant kontrahiert und erschlafft anläßlich der Defäkation nicht.

Polypen. Adenomatöse Polypen (tubuläre, tubulovillöse, villöse Adenome) stellen eine lokalisierte, primär benigne Wucherung epithelialer, unreifer Zellen dar. Man kann innerhalb des Polypen milde, mittelschwere und schwere Zellatypien finden. Letztere entsprechen einem Carcinoma in situ solange, als die Proliferation die Muscularis mucosae nicht durchbricht. Die maligne Entartungsrate geht der Größe des Polypen parallel. Adenomatöse Polypen gelten deshalb als potentiell präkanzerös und werden nach Möglichkeit endoskopisch entfernt. Bei der Colonpolypose ist die Schleimhaut mit Polypen übersät. Die maligne Entartung ist bei der familiären Colonpolypose obligat und tritt im Mittel 10-15 Jahre nach Auftreten der Polypen auf. Es muß deshalb eine prophylaktische, totale Colektomie durchgeführt werden.

Colitis ulcerosa. Chronische, entzündlich-ulceröse Erkrankungen des Colons, welche sich vom Rectum aus per continuitatem nach proximal ausbreitet. Histologisch liegen Kryptenabszesse und Ulcera der

Mucosa vor. Die Genese ist unbekannt. Die Krankheit beschränkt sich im Gastrointestinaltrakt auf das Colon, kann aber auch Haut, Augen, Gelenke und Leber betreffen. Hauptsymptome sind blutig-eitrige Durchfälle. Die Colitis ulcerosa kann eine Präkanzerose darstellen.

11.5 Abdominalschmerz

Man unterscheidet im Abdomen grundsätzlich folgende *Schmerztypen:*

Visceraler Schmerz. Er entsteht in den Hohlorganen durch Zerrung, Dehnung und intensive Kontraktion der glatten Muskulatur, aber auch durch thermische, chemische und entzündliche Läsionen des visceralen Peritoneums sowie Hypoxie und Zug am Mesenterium. Bei der Leber und der Milz ist nur die Kapsel sensibel innerviert. Schmerzen entstehen hier durch Kapselspannung bei akuter Volumenzunahme des Organes. Der nichtkontinuierliche viscerale Schmerz wird bilateral durch die sympathischen Fasern der Nn. splanchnici geleitet und in den entsprechenden Segmenten (Tab. 72) im Bereich der Mittellinie empfunden. Die Lokalisation ist aber äußerst unscharf. Der Schmerz wird häufig periumbilical angegeben. Die Schmerzqualitäten sind brennend, bohrend oder kolikartig. Der Patient ist ruhelos und sucht seine Schmerzen durch ständigen Lagewechsel zu lindern (er „windet sich vor Schmerz“). Nausea und Erbrechen sind häufige Begleiterscheinungen.

Somatischer Schmerz. Peritoneum parietale, Mesenterialwurzel, Mesocolon, Omentum minus und der Retroperitonealraum sind segmental

Tabelle 72. Segmentale Lokalisation von Eingeweideschmerzen. (Nach Bircher)

Organ	Segment	Dermatom
Zwerchfell (somatisch)	C 3–5	Hals-Deltoideusregion
Herz	C 5-Th 6	Arm-Xiphoid
Oesophagus	Th 1–6	Kleinfinger-Xiphoid
Oberbauchorgane	Th 6–8	Xiphoid-Epigastrium Schultergegend
Dünndarm und rechtes Hemicolon	Th 9–10	Periumbilical
Linkes Hemicolon	Th 11–12	Unterbauch

und seitengetrennt über die Intercostalnerven innerviert. Gewebeschädigungen, mechanische oder chemische Insulte, Entzündungen und tumoröse Infiltrationen lösen in den somatisch innervierten Organen den somatischen Schmerz aus. Er wird scharf und umschrieben, meist unilateral und kontinuierlich empfunden. Sein Charakter wechselt von dumpf bis schneidend. Ausgehend vom parietalen Peritoneum löst er eine Muskelspannung aus (Défense). Vom Retroperitoneum ausgehend strahlt er durchdringend in den Rücken aus und wird durch Sitzen in vorübergeneigter Position gemildert (z.B. Pankreascarcinom, chron. Pankreatitis). Der Patient mit somatischem Schmerz vermeidet jeden Lagewechsel und jede Erschütterung, weil sich dadurch die Schmerzen steigern würden.

Besondere Schmerzformen

- Dünndarm-Kolik: kurzer und heftiger, 30-60 Sekunden dauernder, sich wiederholender visceraler Schmerz
- Gallenblasen-Kolik: 30-60 Minuten dauernder visceraler Schmerz im Oberbauch.
- „Oberflächlicher" Schmerz: somatischer Schmerz, ausgehend von den Bauchdecken, der beim Anspannen der Bauchdecken bestehen bleibt. Intraabdominale, tief gelegene viscerale Schmerzpunkte können beim Anspannen der Bauchdecke nicht mehr palpiert werden.
- Radiculäre Schmerzen aus Th 8-L können in die Bauchdecken projiziert werden und zu Druckdolenz und Muskelspannung führen. Sie sind jedoch bewegungsabhängig und können durch Husten und Niesen verstärkt werden (Beispiel: Herpes zoster).

Am Beispiel der Appendicitis acuta läßt sich der Übergang eines visceralen in ein somatisches Schmerzsyndrom am besten aufzeigen: Der Beginn ist häufig kolikartig (Obstruktion des Appendixlumens) und wird als typisch viscerales Schmerzsyndrom im Mittelbauch, periumbilical empfunden. Nausea und Erbrechen deuten auf Drucksteigerung im Hohlorgan hin. Greift der Entzündungsprozeß über die Appendixwandstrukturen auf das parietale Peritoneum über, so wird im rechten Unterbauch der typische umschriebene, somatische Schmerz empfunden. Peritoneale Reizung bedingt Abwehrspannung, Entlastungsschmerz und Psoaszeichen.

12 Leber und Galle

Die Leber ist das zentrale Stoffwechselorgan des Organismus. Sie wiegt beim normalen Erwachsenen zwischen 1200 und 1500 g (~3% des Körpergewichtes) und erhält 25 bis 30% des Herzminutenvolumens (~⅓ durch Leberarterie, ~⅔ durch Portalvene). Über den Portalkreislauf nimmt die Leber die im Darm resorbierten Stoffe zu einem großen Teil auf, baut sie ab oder gibt sie nach Metabolisierung oder Speicherung wieder in die Zirkulation ab ***(Stoffwechselfunktion).*** Weitere wichtige Funktionen der Leber sind die Entgiftung und Ausscheidung körpereigener und körperfremder, für den Organismus toxisch wirkender Substanzen ***(Entgiftungsfunktion)*** und die Bildung und Ausscheidung der Galle ***(exkretorische Funktion).***

12.1 Allgemeine strukturelle und physiologische Grundlagen

12.1.1 Strukturelle und funktionelle Organisation des Leberparenchyms

Die *histologische Struktureinheit* der Leber bildet das ***Leberläppchen,*** welches von zum Teil anastomosierenden Leberzellbalken, die radiär auf die Zentralvene zulaufen, gebildet wird (Abb. 62). Die Peripherie der Leberläppchen wird von 5 bis 6 Periportalfeldern gebildet, die die Endaufzweigungen der Pfortader und der A. hepatica und kleine Gallengänge enthalten. Von den Periportalfeldern fließt das Blut in den zwischen den Leberzellbalken liegenden ***Sinusoiden*** zur Zentralvene ab. Die Lebersinusoide sind mit Endothel- und Kupfferzellen ausgekleidet. Die Sinusendothelzellen sind fenestriert, d. h. sie besitzen (in ihrer Größe regulierbare) Poren, die einen Durchtritt von Blutplasma in den subendothelialen, den sogenannten ***Disseschen Raum,*** erlauben (Abb. 63). Da zudem eine Basalmembran fehlt, werden die Hepatozyten direkt vom Blutplasma umspült.
Die *funktionelle Mikroeinheit* der Leber stellt der ***Leberazinus*** dar (Abb. 62). Ein Portalfeld versorgt mehrere Leberazini, die sich in verschiedene Leberläppchen ausdehnen und in denen das Blut zu verschiedenen Zentralvenen abfließt. Die Hepatozyten innerhalb eines

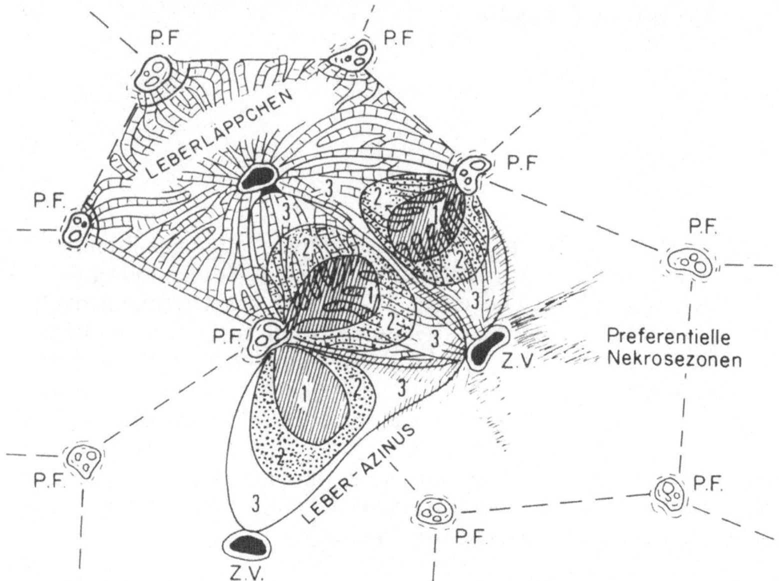

Abb. 62. Strukturelle und funktionelle Organisation des Leberparenchyms. *P. F.*, Periportalfelder; *Z. V.*, Zentralvenen

Leberazinus werden von Blut unterschiedlicher Oxygenierung und mit unterschiedlichem Gehalt an Nährstoffen und Hormonen versorgt. Die qualitativ beste Blutversorgung erhalten die Hepatozyten, die am nächsten der Gefäßaufzweigungen des Periportalfeldes liegen (Zone 1 in Abb. 62). Die vor allem zentral oder perivenös gelegenen Zellen der Zone 3 dagegen erhalten das sauerstoff- und nährstoffärmste Blut. Diese azinäre Organisation des Leberparenchyms erklärt die Tatsache, daß hypoxische und gewisse toxische (z. B. Tetrachlorkohlenstoff, Paracetamol) Leberzellschäden häuptsächlich zu *zentralen* (perivenösen) *Nekrosen* mit sternförmiger Ausbreitung in die Peripherie der Leberläppchen führen (Abb. 62). Die nachfolgende Regeneration geht ausschließlich von periportalen Hepatozyten aus.

Mit der azinären Mikrostruktur geht auch eine „metabolische Zonierung des Leberparenchyms" einher. Periportale Hepatozyten sind besonders aktiv bezüglich oxydativem Energiestoffwechsel (Fettsäureoxidation, Citratzyklus, Atmungskette), Gluconeogenese, Aminosäurestoffwechsel, Harnstoffsynthese und der Gallensäuren- und Bilirubinausscheidung. Dagegen findet die Entgiftung von Ammonium über den Glutaminzyklus (Einbau von Ammonium in Glutamat durch die Glutaminsynthetase) und die Biotransformation von Arzneimitteln (durch das Multienzymsystem Cytochrom P_{450}) vor allem in den zentralen, perivenösen Hepatozyten statt.

12.1.2 Die Leberzellen

Die Leberparenchymzellen ***(Hepatozyten)*** machen 80 bis 90% des gesamten Lebervolumens und 70% aller Leberzellen aus. Andere wichtige Zellen der Leber sind die Epithelzellen der Gallengänge, die ***Kupfferschen Sternzellen,*** die sinusoidalen Endothelzellen und einige spezialisierte Zelltypen wie ***Ito-Zellen*** (Vitamin A-Speicherung) und ***Myofibroblasten*** (Fibrogenese).
Die ***Hepatozyten*** sind polare Epithelzellen mit drei morphologisch abgrenzbaren Oberflächendomänen (Abb. 63):

- Die dem Disseschen Raum zugewandten ***sinusoidalen Mikrovilli*** (37% der gesamten Hepatozytenoberfläche) sind für einen intensiven Stoffaustausch mit dem Blutplasma spezialisiert.
- Die ***laterale Plasmamembran*** (50% der Hepatozytenoberfläche) begrenzt den Interzellularraum und besitzt spezielle Strukturen für die elektrische Kopplung und den interzellulären Ionenaustausch zwischen Hepatozyten („gap junctions").
- Die ***kanalikuläre Membran*** (13% der Hepatozytenoberfläche) begrenzt die Gallenkanalikuli, welche von 2 bis 3 benachbarten Hepatozyten gebildet werden und die proximalsten Gallenkanälchen darstellen.

Die Gallenkanalikuli sind vom Interzellularraum durch sogenannte „tight junctions" (Zonae occludentes) getrennt. Letztere erlauben den parazellulären Durchtritt von Natriumionen, H_2O und inorganischen Anionen (z. B. Chlorid) vom Blutplasma in die Galle. Dagegen verhindern die „tight junctions" im normalen Lebergewebe die Regurgitation von in die Galle sezernierten organischen Anionen (z. B. Gallensäuren, Bilirubindiglucuronid) ins Blut. Bei gewissen Formen von Cholestase geht die Barrierenfunktion der „tight junctions" verloren, was zu einer parazellulären Rückdiffusion von Gallenflüssigkeit ins Blut führt.
Die polare Oberflächenstruktur der Hepatozyten reflektiert die wichtige Funktion des Leberparenchyms als *sekretorisches und exkretorisches Transportepithel* (Abb. 63). Dabei ensprechen die sinusoidale und laterale Plasmamembran dem basolateralen Pol und die kanalikuläre

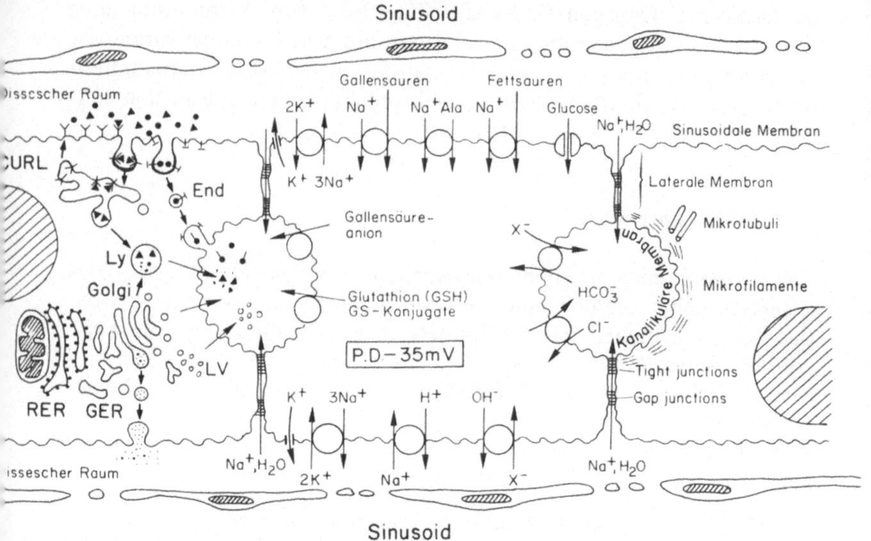

Abb. 63. Ultrastrukturelle Organisation und polare Verteilung von vektoriellen Transportprozessen im Hepatozyten. Hinweise auf die physiologische und mögliche pathophysiologische Bedeutung der verschiedenen Organellen und Transportsysteme finden sich im Text. *CURL*, „Complex of Uncoupling Receptor and Ligand"; *End*, Endosomen; *GER*, glattes, endoplasmatisches Retikulum; *Golgi*, Golgi Komplex; *Ly*, Lysosomen; *LV*, Lipidvesikel (Liposomen); *P. D.*, Extra- (OmV) zu intrazellulärer Potentialdifferenz; *RER*, rauhes endoplasmatisches Retikulum; X^-, durch Anionenaustausch transportierte Anionen wie z. B. Sulfat und Oxalat; ▲, Asialoglycoprotein und Rezeptor (Y); ●, IgA_2 mit Rezeptor, dem sog. „Secretory Component" (⊥); ○, Proteine-sezernierendes Vesikel

Membran der apikalen Domäne von sekretorischen Epithelzellen. Die ***basolaterale Membran*** lokalisiert die Na^+ K^+-ATPase, die für die Aufrechterhaltung der physiologischen Natrium- und Kaliumgradienten (extrazellulär: Na^+ 140 mM, K^+ 4 mM; intrazellulär: Na^+ 17 mM, K^+ 140 mM) und das intrazellulär negative Potential von zirka minus 35 mV verantwortlich ist (Abb. 63). Der außen-zu-innen-Natriumgradient treibt verschiedene sekundär aktive Transportsysteme, die die hepatozelluläre Aufnahme von beispielsweise Gallensäuren, Fettsäuren und der gluconeogenetischen Aminosäure Alanin vermitteln. Dagegen wird Glucose durch erleichterte Diffusion in die Leberzellen aufgenommen (Abb. 63). Der basolaterale Na^+/H^+-Austauscher ist für die Regulation des intrazellulären pH-Wertes verantwortlich. Schließlich können gewisse Anionen (z. B. Sulfat, Oxalat) mittels eines Anionenaustauschsystems durch die basolaterale Plasmamembran transportiert werden.

Die ***sinusoidale Plasmamembran*** ist besonders reich an Rezeptoren für Polypeptide wie Hormone (z. B. Insulin, Glucagon u. a.), Asialoglycoproteine, Apolipoproteine und IgA. Diese und andere Proteine werden nach ihrer Bindung an Rezeptoren durch ***Endozytose*** in die Leberzellen aufgenommen. Anschließend wird zum Beispiel IgA in endosomalen Vesikeln *direkt* zum Gallenkanalikulus transportiert und durch Exozytose in die Galle sezerniert ***(Transzytose)*** (Abb. 63). Andere Liganden werden zuerst in einem subsinusoidalen Kompartiment („Complex of Uncoupling Receptor and Ligand", CURL) vom Rezeptorprotein abgekoppelt. Die Rezeptoren werden wieder in die sinusoidale Membran eingebaut und die Liganden in den Lysosomen proteolytisch abgebaut. Die Abbauprodukte werden dann in die Gallenkanalikuli ausgeschieden *(indirekter Vesikeltransport)*. Schließlich werden alle in der Leberzelle synthetisierten sekretorischen Proteine (z. B. Albumin, Fibrinogen α_1-Antitrypsin, Haptoglobin) an der sinusoidalen Membran durch ***Exozytose*** ins Blutplasma ausgeschleust. Endo- und Exozytose sowie der intrazelluläre Transport endosomaler Vesikel werden durch die Mikrotubuli vermittelt.

Die ***kanalikuläre Membran*** ist spezialisiert für die Sekretion von Galle. Sie ist reich an bestimmten Enzymen (z. B. Alkalische Phosphatase, 5'-Nucleotidase, Leucinaminopeptidase, γ-Glutamyltranspeptidase) und besitzt spezielle Transportsysteme, die die biliäre Sekretion von organischen und anorganischen Anionen wie Gallensäuren, reduziertes (GSH) und oxydiertes (GSSG) Glutathion, konjugierte Steroide und Arzneimittel, Bikarbonat und Sulfat vermitteln (Abb. 63). Proteine werden durch Exozytose endosomaler Vesikel, Phospholipide und Cholesterin wahrscheinlich in Form kleiner Lipidvesikel ***(Liposomen)*** in die Galle sezerniert. Die Galle ist im Vergleich zum Blutplasma eine isoosmotische Flüssigkeit. Die Isoosmolarität und Elektroneutralität wird durch einen sekundären parazellulären (via „tight junctions") Einstrom von Natriumionen und Wasser in das kanalikuläre Lumen gewährleistet (Abb. 63). Die strukturelle und funktionelle Integrität der ***kanalikulären Mikrovilli*** wird durch Aktin-haltige Mikrofilamente, die im perikanalikulären Zytoplasma angereichert sind, aufrechterhalten.

Entsprechend ihrer vielfältigen metabolischen, sekretorischen und exkretorischen Funktionen sind die Hepatozyten reich an Zellorganellen wie Mitochondrien, Endoplasmatisches Retikulum, Lysosomen und Golgi-Apparat (Abb. 63). ***Mitochondrien*** machen zirka 20% des

Leberzellvolumens aus. Sie sind der Sitz der oxydativen Phosphorylierung (ATP-Synthese), der Oxidation von Fettsäuren, des Zitronensäurezyklus und Teilen der Harnstoff- und Hämsynthese.
Das ***Endoplasmatische Retikulum*** besteht aus einem vielfältig aufgegliederten und weit verzweigten System von Röhren und Schläuchen, das mit dem Zellkern einerseits und mit der Zelloberfläche im Bereiche der Sinusoide andererseits in Verbindung steht. Das *rauhe* Endoplasmatische Retikulum ***(RER)*** besitzt membrangebundene Ribosomen, die für die Synthese sekretorischer Eiweiße (z.B. Albumin, Lipoproteine [VLDL]), Gerinnungsfaktoren) und struktureller Membranproteine verantwortlich sind (Translation). Das *glatte* Endoplasmatische Retikulum ***(GER)*** ist in eine Vielzahl metabolischer Reaktionen involviert. Es ist beispielsweise verantwortlich für die Akkumulation von Glykogen, die Biosynthese von Cholesterin und Gallensäuren und die Biotransformation von endogenen und exogenen lipidlöslichen Substanzen wie Steroiden, Arzneimitteln und Karzinogenen (s. Kap. 12.5, „Arzneimittel und Leber“).
Die ***Lysosomen*** enthalten eine Vielzahl hydrolytischer Enzyme, deren maximale Aktivität im sauren pH-Bereich liegen. Sie dienen vor allem dem Abbau endozytosierter Liganden. Beim Morbus Wilson (s. Kap. 12.3.7) wird eine Akkumulation von Kupfer und bei der Hämochromatose (s. Kap. 12.3.8) von Eisen in den Lysosomen beobachtet.
Schließlich besteht der ***Golgi-Komplex*** aus 3 bis 5 dicht gepackten, glattwandigen Zisternen, die in enger Wechselbeziehung mit dem Endoplasmatischen Retikulum und den Lysosomen stehen. Im Golgi-Apparat werden neusynthetisierte Proteine glykosyliert und für den Transport in andere Organellen oder die Ausschleusung aus der Zelle sortiert. Golgi-Komplexe sind im kanalikulären Pol der Hepatozyten angereichert und scheinen auf noch nicht geklärte Weise in der Gallesekretion involviert.

12.2 Funktionelle und biochemische Lebertests

Die gebräuchlichen Lebertests unterscheiden sich in ihrer ***Sensitivität*** (= Wahrscheinlichkeit, daß ein Patient mit Leberkrankheit ein positives bzw. abnormes Testresultat aufweist) und ***Spezifität*** (= Wahrscheinlichkeit, daß ein Patient ohne Leberkrankheit ein negatives, d.h. normales Testresultat aufweist) erheblich. Bezüglich ihrer Aussagekraft müssen die eigentlichen Leberfunktionstests von den diagnostisch häufiger verwendeten hepatobiliären „Serummarker“ unterschieden werden.

12.2.1 Funktionelle Lebertests

Zu den empfindlichsten Leberfunktionen gehören die biliäre Sekretion von endogenen und exogenen organischen Anionen (z.B. Bilirubin, Gallensäuren, Bromosulfophthalein, Indocyaningrün), die metabolische Elimination von Galaktose und die Cytochrom P_{450}-abhängige Biotransformation einer Vielzahl lipophiler Arzneimittel (z.B. Antipyrin und Aminoantipyrin). Da diese Substanzen praktisch ausschließlich durch die Leber aus dem Körper eliminiert werden, kann die Messung ihrer *Plasmakonzentration* (Bilirubin, Gallensäuren) oder die Bestimmung ihrer *Eliminationsrate* (Galaktose, Bromosulfophthalein, Antipyrin u.a.) als Parameter für die funktionelle Transport- und/oder Stoffwechselkapazität der Leber verwendet werden. Für die richtige Beurteilung dieser Funktionstests ist es nützlich, sich die folgenden allgemeinen „pharmakokinetischen" Zusammenhänge zu vergegenwärtigen:

- Die ***Plasmakonzentration*** (C_{Pl}) einer Substanz zu einem gegebenen Zeitpunkt ist grundsätzlich abhängig von der ***Menge*** (A) und der ***Verteilung*** (Verteilungsvolumen; V_d) der Substanz im Körper.

  $$C_{Pl} = \frac{A}{V_d} \qquad (1)$$

  Für endogene Substrate hängt A von der Synthese- und Eliminationsrate und für parenteral verabreichte, exogene Substanzen von der applizierten Dosis und der Eliminationsrate ab.
- Die ***Eliminationsrate*** (ER) einer Substanz, d.h. die pro Zeiteinheit aus dem Körper absolut ausgeschiedene Substanzmenge, ist mit C_{Pl} über die sogenannte ***Clearance*** (Cl), d.h. das pro Zeiteinheit von der Substanz „geklärte" Plasmavolumen, verknüpft.

  $$ER = Cl \times C_{Pl} \qquad (2)$$

  Die hepatische Clearance bildet das direkte Maß für die in der Substanzelimination involvierten Leberfunktionen.
- Für ausschließlich hepatisch eliminierte Substanzen ist die ***Clearance*** das Produkt von ***Leberdurchblutung*** (Q) und hepatischer ***Extraktionseffizienz*** (E).

  $$Cl = Q \times E \qquad (3)$$

  Das heißt, bei vollständiger Extraktion einer Substanz während einer einzigen Passage durch die Leber (E gegen 1) wird die Clearance gleich dem Leberblutfluß, oder anders ausgedrückt, die Clearance ist *„flußlimitiert"*. Mit solchen Substanzen (z.B. Indocyaningrün) kann deshalb die *Leberdurchblutung* gemessen werden. Im Gegensatz dazu ist die Clearance von Substanzen mit niedriger Extraktionseffizienz ($E < 0{,}2$) praktisch unabhängig von der Leberdurchblutung. Hier bestimmt der enzymatische Abbauprozeß (s. Kap. 12.5) die Eliminationsgeschwindigkeit, d.h. die Clearance ist *„enzymlimitiert"*. Solche Substanzen (z.B. Antipyrin, Koffein) eignen sich deshalb für die Bestimmung der *metabolischen Reservekapazität* der Leber.

- Die hepatische Extraktionseffizienz bestimmt auch die ***biologische Verfügbarkeit*** (F) einer peroral verabreichten Substanz (z.B. Arzneimittel)

  $$F = 1 - E \qquad (4)$$

  Wenn E nahezu 1 ist, so erreicht nur ein geringer Prozentsatz der verabreichten Dosis die systemische Zirkulation, d.h. die Substanz unterliegt einem großen „first-pass" Effekt (z.B. Propranolol, Lidocain). Solche Substanzen können zur Schätzung des sogenannten ***Shuntflusses*** verwendet werden. Unter Shuntfluß versteht man den Anteil an hepatischem Blutfluß, der durch intrahepatische (z.B. Leberzirrhose) und extrahepatische (z.B. Oesophagusvarizen) Shunts an den Hepatozyten vorbeifließt.

Obwohl in der Hepatologie verschiedene *quantitative Leberfunktionstests* mit „fluß-" und/oder „enzymlimitierten" Testsubstanzen entwikkelt wurden, so bleibt deren Anwendung speziellen Situationen vorbehalten wie zum Beispiel der Abklärung des Schweregrades einer Leberzirrhose, da hier die funktionelle Leberzellmasse zwar reduziert, die hepatischen Indikatorenzyme aber oft normal sind. Für die klinische Routine genügt in den allermeisten Fällen die Plasmakonzentrationsbestimmung von Bilirubin und eventuell der Gallensäuren.

Bilirubin. Normalerweise ist im Plasma ausschließlich *unkonjugiertes Bilirubin* vorhanden (Normalwerte: 0,3-1,0 mg/dl = 5,1-17,1 µmol/l). Dieses wasserlösliche, in der Van den Bergh-Reaktion *indirekt* (d.h. erst nach Alkoholzugabe) reagierende Bilirubin wird in der Leber durch Konjugation mit Glucuronsäure in wasserlösliches, *direkt* reagierendes Bilirubin umgewandelt und in die Galle ausgeschieden (s. Kap. 12.3.6, „Bilirubinstoffwechsel"). Nach den Gleichungen (1) und (2) (s. oben) ist die Plasmakonzentration von unkonjugiertem Bilirubin bei konstantem Verteilungsvolumen hauptsächlich von seiner Syntheserate und der hepatischen Clearance abhängig. Der Plasmaspiegel von unkonjugiertem Bilirubin eignet sich deshalb als Leberfunktionstest nur, wenn die Syntheserate unverändert ist (z.B. keine Hämolyse). Dagegen zeigt ein Anstieg des *konjugierten Bilirubins* immer eine hepatische Dysfunktion an.

Gallensäuren. Gallensäuren werden in der Leber synthetisiert und unterliegen einem effizienten enterohepatischen Kreislauf (s. Kap. 12.3.4, „Gallensäurestoffwechsel"). Sie werden von der Leber mit hoher Effizienz aus dem Pfortaderblut extrahiert (E>0,8; s. oben). Entsprechend ist die Gallensäurekonzentration bei Fasten im Pfortaderblut etwa 5mal höher (~800 µg/dl = 20 µmol/l) als im peripheren Blut (120-200 µg/dl = 3-5 µmol/l). Die Serumkonzentration von Gallensäuren ist ein sehr empfindlicher (Sensitivität >90%) *Test für cholestatische Leberkrankheiten.* In der Abwesenheit von Cholestase sind die Gallensäuren im Serum wegen ihrer hohen Abhängigkeit vom hepatischen Blutfluß ein Indikator des Shuntflusses (s. oben). Ihre Erhöhung kann das einzige Zeichen einer asymptomatischen und inaktiven Leberzirrhose sein. Es ist zudem wahrscheinlich, daß der Gallensäurenkonzentration im Serum bei gewissen chronischen Leberkrankheiten (z.B. alkoholische und posthepatitische Leberzirrhose) eine prognostische Bedeutung zukommt.

Synthesefunktionstests. Albumin und die Gerinnungsfaktoren I, II, V, VII, IX und X werden ausschließlich in der Leber synthetisiert. Leberkrankheiten können deshalb mit einer Hypoalbuminämie und mit Gerinnungsstörungen (Erniedrigung der Quick-Wertes) einhergehen. Die differentialdiagnostische Bedeutung des Serumalbumins und der Prothrombinzeit bei akuten und chronischen cholestatischen oder hepatozellulären Leberkrankheiten ist im Kapitel 12.3.2 „Aminosäuren und Proteinstoffwechsel" und in Tabelle 73 zusammengefaßt.

12.2.2 Serummarker von hepatobiliären Krankheiten

Diese Tests werden in der klinischen Routine am häufigsten angewendet; sie prüfen aber nicht die Funktion der Leber. Vielmehr sind sie mehr oder weniger spezifische Indikatoren für das Vorliegen einer hepatozellulären (nekrotischen) und/oder cholestatischen (Störung der Gallesekretion) Leberschädigung (Tabelle 73), oder sie erlauben den spezifischen Nachweis der Ätiologie der Leberkrankheit.

Marker für Leberzellnekrosen (Tabelle 73). Am häufigsten werden die Transaminasen Aspartataminotransferase (AST oder SGOT) und

Tabelle 73. Klinische Biochemie bei den zwei Haupttypen von Leberkrankheiten

Serumtest	Leberkrankheit	
	Cholestatisch	Hepatozellulär
Bilirubin	No bis ↑↑↑	No bis ↑↑↑
Gallensäuren	↑↑ bis ↑↑↑	↑ bis ↑↑
Aspartataminotransferase (AST; SGOT)	No bis ↑	↑ bis ↑↑↑
Alaninaminotransferase (ALT; SGPT)	No bis ↑	↑ bis ↑↑↑
Alkalische Phosphatase	↑↑ bis ↑↑↑	No bis ↑
Gammaglutamyltranspeptidase (γGT)	↑↑↑	No bis ↑↑↑
5′-Nucleotidase	↑ bis ↑↑↑	No bis ↑
Albumin	No	↓ bis ↓↓↓
Quick-Test	No bis ↓[a]	↓ bis ↓↓↓

[a] Kann durch parenterale Verabreichung von Vitamin K normalisiert werden, wenn vermindert.

Alaninaminotransferase (ALT oder SGPT) bestimmt. Diese intrazellulären Enzyme werden bei Leberzelluntergang ins Serum freigesetzt. Die AST ist weniger spezifisch als die ALT, da die AST auch in Erythrocyten, Myokard, Skelettmuskel und Niere vorkommt. Die höchsten Serumwerte von AST und ALT werden bei viraler Hepatitis, toxischen Leberzellschäden und dem Kreislaufschock (ischämische Nekrosen) gefunden. Ein Quotient AST/ALT von größer als 2 ist charakteristisch für eine äthylische Leberschädigung.

Marker für Cholestase (Tabelle 73). Charakteristisch für vorwiegend cholestatische Leberkrankheiten ist die Serumerhöhung der kanalikulären Membranenzyme Alkalische Phosphatase, 5′-Nucleotidase, Leucinaminopeptidase und γ-Glutamyltranspeptidase (γ-GT). Eine Erhöhung der *Alkalischen Phosphatase* bedingt Neusynthese des Enzyms und kommt außer bei Cholestase auch bei granulomatösen Erkrankungen (z.B. Tuberkulose, Sarkoidose) und Metastasenleber vor. Neben der Leber kommt die Alkalische Phosphatase auch in Dünndarm, Knochen und Plazenta vor. Um die hepatische Genese einer erhöhten Alkalischen Phosphatase zu sichern, kann ein zweites „Cholestaseenzym“ (z.B. 5′-Nucleotidase, Leucinaminopeptidase oder γ-

GT) bestimmt werden. Die ***γ*-GT** ist sehr sensitiv, aber wenig spezifisch, weshalb sie als alleiniges Screening-Enzym ungeeignet ist. Neben der Cholestase ist die γ-GT auch bei Metastasen, Induktion des Cytochrom P_{450} und Alkoholabusus erhöht.

Krankheitsspezifische Marker. Diese betreffen die immunologische Differentialdiagnose der Virushepatitis (z. B. Hepatitis A: IgM und IgG anti-HAV; Hepatitis B: HBeAg, anti-HBc, anti-HBe, anti-HBs) (s. Kap. 12.7, „Virale Hepatitis), die Bestimmung von Autoantikörpern (z. B. antimitochondriale Antikörper bei primär biliärer Zirrhose), und die Messung der Konzentration und/oder des Funktionszustandes leberspezifischer Serumproteine, wie zum Beispiel α_1-Antitrypsin, Cäruloplasmin und Transferrin (s. Kap. 12.3.2, „Aminosäuren- und Proteinstoffwechsel“).

12.3 Stoffwechsel und Leber

12.3.1 Kohlenhydratstoffwechsel

Die Leber spielt eine Schlüsselrolle in der *Aufrechterhaltung der Glucosehomöostase.* Unabhängig von der Ätiologie gehen Leberzirrhose und chronische Hepatitiden häufig mit einer Glucoseintoleranz und einer, allerdings meist geringgradigen Hyperglykämie einher. Gleichzeitig besteht eine Hyperinsulinämie (Ausnahme: Diabetes mellitus bei primärer Hämochromatose) infolge vermindertem Insulinabbau in der kranken Leber. Die Konstellation „diabetische Stoffwechsellage und Hyperinsulinismus“ ist Folge einer Insulinresistenz, die sowohl durch eine Verminderung der Insulinrezeptoren („Down“-Regulation) als auch durch eine Störung von sekundären, der Rezeptoraktivierung nachfolgenden metabolischen Reaktionen („Postrezeptordefekt“) verursacht ist.
Viel seltener führen Leberkrankheiten zu einer symptomatischen Hypoglykämie. Diese wird vor allem bei akutem Leberversagen, terminaler Leberzellinsuffizienz und gewissen malignen Lebertumoren beobachtet.

12.3.2 Aminosäuren- und Proteinstoffwechsel

Aminosäuren werden in der Leber entweder zu Harnstoff abgebaut oder für die Proteinbiosynthese und Gluconeogenese (z. B. Alanin) verwendet. Die Leber baut vor allem die aromatischen Aminosäuren wie Phenylalanin, Tryptophan und Tyrosin ab, während verzweigtkettige Aminosäuren (Valin, Leucin, Isoleucin) in der Muskulatur verstoffwechselt werden. Der Katabolismus von Aminosäuren erfolgt über Transaminierungs- und oxidative Desaminierungsreaktionen. Das dabei freigesetzte Ammoniak (NH_3) wird über den Krebs-Henseleit-Zyklus irreversibel als Harnstoff fixiert und über die Nieren ausgeschieden. Bei terminaler Leberinsuffizienz steigt die Plasmakonzentration der aromatischen Aminosäuren und von Ammoniak bzw. Ammonium (NH_4^+) an. Dabei ist der Anstieg von NH_3/NH_4^+ bei fortgeschrittener Leberzirrhose weniger die Folge einer eingeschränkten Harnstoffsynthese, sondern vielmehr durch das portosystemische „Shunting" von im Colon gebildetem und resorbiertem Ammoniak bedingt.

Die Leber leistet pro Gramm Gewebe von allen Organen die *höchste Proteinsyntheserate.* Zu den in der Leber gebildeten Plasmaproteinen gehören Albumin, die Gerinnungsfaktoren I (Fibrinogen), II (Prothrombin), V, VII, IX und X, α_1-Antitrypsin, Haptoglobin, Cäruloplasmin und Transferrin.

Die größte Syntheserate hat mit etwa 12 g pro Tag das ***Albumin.*** Die Albuminsynthese entspricht etwa 25% der gesamten hepatischen Proteinsynthese und etwa 50% aller in der Leber synthetisierten Exportproteine. Albumin verteilt sich zu etwa 40% im Blutplasma und zu 60% im Interstitium. Die normale Halbwertszeit des Serumalbumins beträgt 17 bis 20 Tage. Infolge dieser langen Halbwertszeit entwickelt sich eine Hypoalbuminämie bei eingeschränkter Synthesekapazität der Leber nur langsam. Das Serumalbumin ist deshalb kein verläßlicher Parameter für akute Leberfunktionsstörungen. Bei chronischen Leberkrankheiten wie zum Beispiel der Leberzirrhose bedeutet bei Fehlen eines Aszites eine Hypoalbuminämie praktisch immer eine Verminderung der Albuminsynthese. Bei Patienten mit Leberzirrhose *und* Aszites aber kann trotz Hypoalbuminämie die Syntheseleistung der Leber normal oder sogar gesteigert sein, da neusynthetisiertes Albumin direkt in den Aszites übertreten kann (erhöhtes Verteilungsvolumen).

Ein besseres Maß für akute Synthesestörungen der Leber sind die ***Gerinnungsfaktoren,*** deren Halbwertszeit zwischen 1,2–6 Stunden (Faktor VII) und 4 Tagen (Fibrinogen) liegen. Die Synthese der Faktoren II, VII, IX und X ist abhängig von Vitamin K. Die Prothrombinzeit (Quick-Test) ist deshalb nicht nur bei verminderter Synthese der Gerinnungsfaktoren verlängert, sondern auch bei Vitamin-K-Mangel, wie er häufig bei Malabsorption, Cholestase (v.a. Verschlußikterus) und nach antibiotischer Darmsterilisation auftritt. In diesen Situationen kann die Gerinnungsstörung durch parenterale Verabreichung von

Vitamin K korrigiert werden. Dagegen korrigiert Vitamin K bei einem Parenchymausfall der Leber die Prothrombinzeit nicht oder lediglich partiell.
Fibrinogen, α_1-Antitrypsin, Haptoglobin, Cäruloplasmin und Transferrin können bei entzündlichen Leberkrankheiten im Rahmen einer akuten Phasereaktion unspezifisch erhöht sein. Ebenso können chronische Leberleiden (z. B. Leberzirrhose, chronische Hepatitis) zu einer Vermehrung der IgG, IgA und IgM-Fraktionen führen, was in der Serumproteinelektrophorese an einer Verschmelzung der β- und γ-Zacke ersichtlich ist. ***α_1-Antitrypsinmangel*** ist genetisch determiniert. ***Haptoglobin*** ist im Serum erniedrigt bei intravaskulärer Hämolyse und hepatozellulären Leberkrankheiten. Niedrige Serumkonzentrationen von ***Cäruloplasmin*** finden sich bei 95% der homozygoten und 10% der heterozygoten Genträger für Morbus Wilson. Das Eisentransportprotein ***Transferrin*** kann bei Leberzirrhose im Serum erniedrigt sein. Seine Sättigung mit Eisen (normal 10-45%) beträgt bei idiopathischer Hämochromatose über 90% (totale Eisenbindungskapazität < 10%).

12.3.3 Lipid-, Lipoprotein- und Cholesterinstoffwechsel

Die Leber spielt eine zentrale Rolle in der *Synthese und* im *Katabolismus von Lipoproteinen und Cholesterin.* Sie synthetisiert nicht nur Triglyceride, Phospholipide und Cholesterin, sondern auch verschiedene Apolipoproteine und Enzyme des Fettstoffwechsels wie zum Beispiel die Lecithin-Cholesterin-Acyltransferase (LCAT), die für die Veresterung von Cholesterin mit Fettsäuren im Serum verantwortlich ist. Die Leber sezerniert Triglyceride in Form der ***VLDL*** und gibt auch Vorstufen der HDL, die sog. ***nascent-HDL,*** ins Blut ab. Die Sekretion dieser Lipoproteine erfolgt via Exozytose (Abb. 63) und wird durch Hemmung der hepatischen Proteinsynthese vermindert. Eine verminderte Apoproteinsynthese, gefolgt von einer vermehrten intrazellulären Ablagerung von Triglyceriden (↓ Sekretion von VLDL), ist eine wichtige Ursache für die Entstehung einer Fettleber nach Alkoholmißbrauch und Verabreichung gewisser Medikamente (z. B. Tetrazykline). Dagegen stimulieren Östrogene die Bildung von VLDL in den Leberzellen. Die Leber baut Chylomikronen-Remnants (= Überreste), VLDL-Remnants, cholesterinreiches HDL und einen Teil (~40%) der gesamten Plasma-LDL ab. Diese Lipoproteine werden durch Rezeptor vermittelte Endozytose (Abb. 63) in die Leberzellen aufgenommen. Die Leber spielt die Schlüsselrolle in der ***Cholesterinhomöostase*** des Körpers. Neben der Eigensynthese nehmen Leberzellen Cholesterin in

Form der Chylomikronen-Remnants aus der Nahrung und in Form von HDL und LDL aus dem peripheren Gewebe und dem Plasma auf. Das intrazellulär freigesetzte Cholesterin reguliert die intrazelluläre Eigensynthese durch Hemmung des Schlüsselenzyms ***Hydroxy-Methylglutaryl-CoA-Reduktase*** (negative Rückkoppelung) (Abb. 64). Neben Synthese und Zufuhr wird die intrazelluläre Konzentration von freiem Cholesterin auch vor allem reguliert durch:

- seine Speicherung als Cholesterinester im Endoplasmatischen Retikulum,
- seine Ausscheidung in die Galle und
- seine Umwandlung in Gallensäuren (Abb. 64).

Die ***biliäre Sekretion von Cholesterin und Gallensäuren*** ist der wichtigste Mechanismus der Ausscheidung von Cholesterin aus dem Körper.

Aus der zentralen Rolle der Leber im Lipoproteinstoffwechsel ergeben sich bei Lebererkrankungen qualitative und quantitative Veränderun-

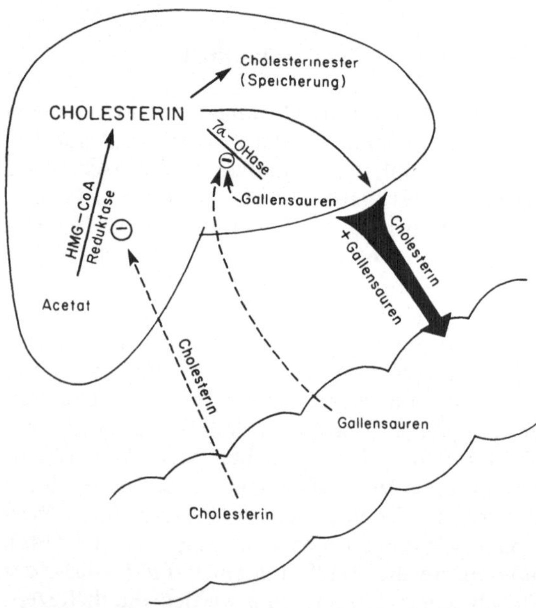

Abb. 64. Beziehungen zwischen dem Cholesterin- und Gallensäurestoffwechsel in der Leber. *HMG-CoA Reduktase*, Hydroxy-Methylglutaryl-CoA-Reduktase; *7α-OHase*, 7α-Hydroxylase

gen der Plasmalipide. Bei *cholestatischen Leberkrankheiten* ist das totale Cholesterin im Serum erhöht. Diese *Erhöhung* betrifft *ausschließlich* das *nicht-veresterte freie Cholesterin,* während der Cholesterinesterspiegel meistens vermindert ist. Die ***Hypercholesterinämie*** ist Folge

- einer verminderten Ausscheidung von Cholesterin in die Galle,
- einer verminderten Umwandlung von Cholesterin in Gallensäuren (Hemmung der 7α-Hydroxylase durch intrazelluläre Akkumulation von Gallensäuren),
- einer gesteigerten hepatozellulären Cholesterinsynthese infolge einer verminderten intestinalen Lipidresorption (Abb. 64) und
- einer Regurgitation von cholesterinreicher Galle ins Serum (v.a. bei Verschlußikterus).

Die *Verminderung des Cholesterinesterspiegels* ist durch eine Abnahme und Hemmung der LCAT bedingt, die ausschließlich in der Leber synthetisiert wird. Schließlich erscheint bei Cholestase ein *abnormes Lipoprotein X im Serum,* das in der Serumelektrophorese mit der β-Fraktion wandert. Neben cholestatischen Leberkrankheiten gehen *akute und chronische Hepatitiden* sowie *alkoholische Fettleber* und die *Alkoholhepatitis* meist mit einer *Hypertriglyzeridämie* einher. Diese tritt nach akutem Konsum größerer Alkoholmengen allerdings auch bei normaler Leberfunktion auf. Mäßiger Alkoholkonsum über längere Zeit führt zu einer Erhöhung der HDL im Serum. Obwohl mehrmals postuliert, haben die Veränderungen des Lipid- und Lipoproteinmusters im Serum bei Leberkrankheiten keine differentialdiagnostische Bedeutung.

12.3.4 Gallensäurestoffwechsel

Gallensäuren liegen bei physiologischem pH hauptsächlich in dissoziierter Form vor, weshalb man korrekterweise von Gallensalzen sprechen sollte. Der Begriff „Gallensäure“ hat sich aber für die ganze Substanzklasse allgemein eingebürgert und wird deshalb auch hier ausschließlich verwendet.

Physiologie

Gallensäuresynthese. Die Leberzellen synthetisieren aus unverestertem Cholesterin die ***primären Gallensäuren*** Chol- und Chenodeoxycholsäure (Abb. 65). Dabei ist der erste und gleichzeitig geschwindigkeits-

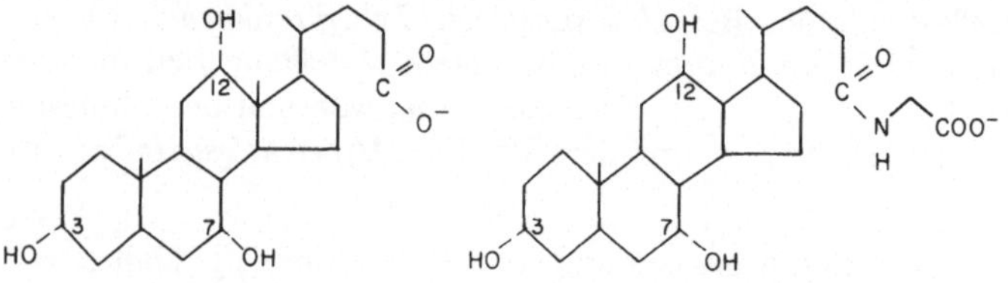

Cholsaure

Glycocholsaure

	Substitution am Steroidring		
	3α	7α(β)	12α
Chenodeoxycholsaure Glycochenodeoxycholsaure	--OH	--OH	
Deoxycholsaure	--OH		--OH
Lithocholsaure	--OH		
7-Ketolithocholsaure	--OH	=O	
Ursodeoxycholsaure	--OH	(-OH)	

Abb. 65. Wichtigste Gallensäurederivate des Menschen

bestimmende Schritt die 7α-Hydroxylierung des Steroidringes im Endoplasmatischen Retikulum. Die Aktivität dieser 7α-Hydroxylase wird durch Gallensäuren im Sinne einer negativen Rückkopplung reguliert (Abb. 64). Je nach Spezies werden die primären Gallensäuren nach ihrer Synthese vor allem mit Glycin (z. B. Mensch) oder aber mit Taurin (z. B. Ratte) konjugiert. Die tägliche Neusynthese an Gallensäuren beträgt ca. 0,5 g. Diese Syntheserate ersetzt die fäkalen Verluste und hält den Gallensäurepool innerhalb des enterohepatischen Kreislaufes zwischen 3 und 6 g (Abb. 66).

Enterohepatischer Kreislauf der Gallensäuren. Beim Menschen sezernieren die Hepatozyten pro Tag total zwischen 18 bis 36 g Gallensäuren (v. a. konjugierte) in die Gallenkanalikuli (Abb. 66). Diese kanalikuläre Exkretion von Gallensäureanionen ist ein carriervermittelter Transportprozeß, der wahrscheinlich durch das physiologische, intrazellulär negative Membranpotential (ca. −35 mV; Abb. 63) getrieben wird. Im Kanalikulus (und zu einem geringeren Teil wahrscheinlich auch intrazellulär) vereinigen sich die amphipathischen Gallensäuren mit Cholesterin- und Phospholipidvesikeln (sog. *Liposomen*), die über einer bestimmten Gallensäurekonzentration (sog. *„kritischen Mizellar-*

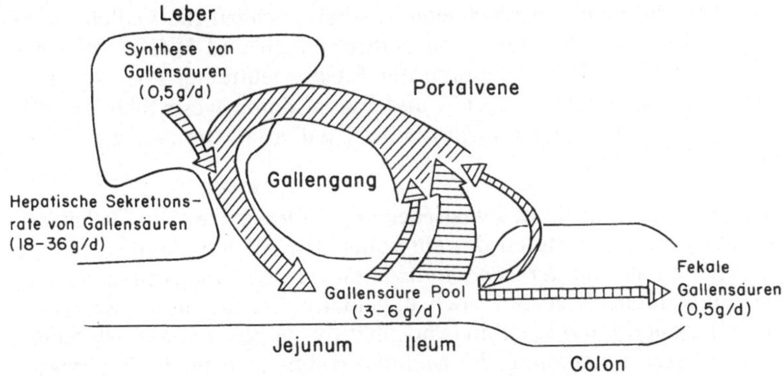

Abb. 66. Enterohepatischer Kreislauf der Gallensäuren beim Menschen

konzentration") in gemischte Mizellen umgewandelt werden. Letztere weisen einen hydrophoben Kern und eine hydrophile Außenschicht auf und halten dadurch Lipide in wässeriger Lösung transportfähig. Beim Fasten werden die in die Lebergalle sezernierten Gallensäuren vorwiegend in der Gallenblase gespeichert und konzentriert (verstärkte Mizellenbildung). Nach einer Mahlzeit dagegen zirkuliert der Gallesäurepool 2 bis 3mal im enterohepatischen Kreislauf.

Im Darm werden die ***Gallensäuren*** durch passive Diffusion im oberen Dünndarm und durch einen Natrium-abhängigen, sekundär aktiven Transportprozeß im terminalen Ileum rückresorbiert. Nur ein kleiner Teil der Gallensäuren gelangt in das Colon, wo sie durch bakterielle Enzyme dekonjugiert werden. Zudem werden die primären Gallensäuren, Chol- und Chenodeoxycholsäure, zu den *sekundären Derivaten,* Deoxy- und Lithocholsäure (Abb. 65), reduziert. Chenodeoxycholsäure wird zum Teil auch zu 7-Ketolithocholsäure oxydiert, die dann anschließend in der Leber in die *tertiäre Gallensäure* Ursodeoxycholsäure (Abb. 65) umgewandelt wird. Cheno- und Ursodeoxycholsäure werden bei gewissen Patienten zur medikamentösen Auflösung von Cholesterin-Gallensteinen eingesetzt (s. Kap. 12.4, „Galle und Gallensteine").

Die aus dem Intestinum ***resorbierten Gallensäuren*** werden im Pfortaderblut *in die Leber zurücktransportiert.* Dort werden sie zu über 80% (E > 0,8; s. Kap. 12.2, „Funktionelle und biochemische Lebertests") durch ein effizientes, Natrium-abhängiges Transportsystem (Abb. 63) aktiv in die Hepatozyten aufgenommen. In den Leberzellen werden die im Darm dekonjugierten Gallensäuren wieder konjugiert und erneut in die Galle ausgeschieden. Dabei erzeugen die Gallensäuren einen sekundären Einstrom von Natriumionen und H_2O in die Gallenkanalikuli (Aufrechterhaltung der Elektroneutralität und Isoosmolarität der Lebergalle; Abb. 63) und tragen damit wesentlich zur Bildung des ***kanalikulären Galleflusses*** bei („gallensäureabhängiger Gallefluß").

Wichtigste physiologische Funktionen der Gallensäuren. Die Gallensäuren üben auf allen Stufen des enterohepatischen Kreislaufes wichtige Funktionen aus. *In der Leber* induzieren sie den kanalikulären Gallefluß und unterstützen auf noch ungeklärte Art die biliäre Sekretion von Cholesterin und Lecithin (Phosphatidylcholin). *In der Galle* halten sie Cholesterin in Lösung. *Im Dünndarm* aktivieren sie die Pankreaslipase (Spaltung von Triglyceriden) und vermitteln die Löslichkeit und Resorption von Lipiden und lipidlöslichen Vitaminen (A, D, E, K). *Im Dickdarm* hemmen sie die Natrium- und Wasserresorption, wirken laxierend und haben eine bakteriostatische Wirkung.

Nicht cholestatische Störungen des Gallensäurestoffwechsels

Verlust von Gallensäuren durch eine äußere Gallenfistel. Sie führt zu einer Gallensäuresynthesesteigerung um das 2-3fache. Bei Verlusten von mehr als einem Drittel des physiologischen Gallesäurepools (Abb. 66) tritt infolge der reduzierten Mizellenbildung eine *Steatorrhoe* auf.

Ausfall des Ileums durch Erkrankung oder Resektion. Fällt die Rückresorption der konjugierten Gallensäuren im Ileum aus, so kommt es zu einem Verlust von Gallensäuren, der durch gesteigerte Synthese in der Leber nicht kompensiert werden kann. Folgen davon sind *Diarrhoe* (laxierende Wirkung der Gallensäuren) und *Steatorrhoe.*

Blinde Schlinge. Das Syndrom der „blinden Schlinge" führt zu einer Stase des Darminhaltes (Stagnation durch Striktur, Ausschaltung einer Dünndarmschlinge, z. B. die afferente Schlinge bei Magenresektion nach Billroth II oder eine innere Fistel). Die gestaute Schlinge wird durch die Darmflora überwuchert. Die bakterielle Reduktion und Dekonjugierung der Gallensäuren erfolgt nun bereits im Dünndarm. Infolge gestörter Mizellenbildung kann eine *Steatorrhoe* auftreten.

Medikamentöse Bindung der Gallensäuren im Darm. Das Austauschharz Cholestyramin bindet Gallensäuren im Darm und unterbricht damit den enterohepatischen Kreislauf. Auf diese Weise werden dem

Körper Gallensäuren entzogen. Cholestyramin wird zur Behandlung des Pruritus bei cholestatischen Leberkrankheiten (z. B. unvollständige extra- und intrahepatische biliäre Obstruktion) angewendet.

Cholestase

Cholestase kann allgemein als eine *Störung der Gallesekretion* definiert werden, wobei jede Stufe der Gallesekretion, angefangen von der Gallebildung an der kanalikulären Membran der Hepatozyten ***(intrahepatische Cholestase)*** bis zum Austritt der Galle durch die Papille in das Duodenum ***(extrahepatische Cholestase)*** eingeschlossen ist. Als Folge der Gallesekretionsstörung kommt es zu einer Akkumulation von Gallebestandteilen in den Hepatozyten und im Blut und zu einer verminderten Elimination gallepflichtiger Substanzen im Stuhl. Dabei wiegt die Retention der Gallensäuren und deren Regurgitation ins Blut in ihren Konsequenzen schwerer als zum Beispiel die Ausscheidungsstörung von konjugiertem Bilirubin (s. Kap. 12.3.6, „Konjugierte Hyperbilirubinämien").
Klinisch ist das ***cholestatische Syndrom*** gekennzeichnet durch einen Ikterus (Hyperbilirubinämie), der häufig mit einem Pruritis einhergeht. Bei einer Hypercholesterinämie von >450 mg/dl (11,6 mmol/l) während mindestens 3 Monate können Hautxanthome auftreten. Proportional zur Schwere des Ikterus entfärbt sich der Stuhl (z. B. acholicher Stuhl bei komplettem Gallengangsverschluß). Dagegen wird der Urin infolge der konjugierten Bilirubinurie dunkler (s. Kap. 12.3.6). Der intestinale Mangel an Gallensäuren vermindert die Resorption von Lipiden und lipidlöslichen Vitaminen und verursacht eine Steatorrhoe. Als Folge dieser Resorptionsstörungen können Nachtblindheit (Vitamin-A-Mangel), Osteomalazie und Osteoporose (Vitamin-D- und Calcium-Mangel) und vor allem Gerinnungsstörungen (Vitamin-K-Mangel) auftreten. Eine vorwiegend cholestatische Gerinnungsstörung kann charakteristischerweise durch parenterale Verabreichung von Vitamin K (z. B. Konakion® 2 bis 10 mg) innerhalb 24 Stunden normalisiert oder um mindestens 30% gebessert werden. Ist das nicht der Fall, so liegt proportional zur Verminderung des Vitamin K resistenten Quick-Wertes eine zunehmende hepatozelluläre Schädigung (Nekrosen, zirrhotischer Umbau) mit schlechter Prognose vor.
Biochemisch kommt es neben der Retention von Bilirubin, Gallensäuren und Cholesterin im Blut zu einem Anstieg kanalikulärer Membranenzyme wie Alkalische Phosphatase, 5′-Nucleotidase, Leucinaminopeptidase und γ-GT (Tabelle 73). Je nach Ausmaß der Leberzellschädigung können die Transaminasen ebenfalls leicht erhöht sein.

Der *histologische* Ausdruck der Cholestase sind Gallepfröpfe in den Kanalikuli und Speicherung von Gallepigment in den Leberzellen und Kupfferschen Sternzellen. Die Zeichen der Cholestase sind vor allem in den Läppchenzentren ausgeprägt. Elektronenmikroskopisch sind die Gallenkanalikuli erweitert und die kanalikulären Mikrovilli atrophieren. Der Golgi-Apparat zeigt Vakuolisierung. Im perikanalikulären Zytoplasma der Hepatozyten akkumulieren gallehaltige Vesikel, die Lysosomen proliferieren, und das Endoplasmatische Retikulum hypertrophiert. Diese morphologischen Zeichen sind Ausdruck einer unspezifischen Zellschädigung und kommen bei allen Formen der Cholestase vor. Ebenso führen alle Cholestaseformen bei langer Dauer zu einem zirrhotischen Umbau des Leberparenchyms.
Eine ***extrahepatische Cholestase*** kann durch einen mechanischen Verschluß des Ductus hepaticus communis oder des Ductus choledochus bedingt sein. Es kommt zu einem Rückstau der Galle und die Leber schwillt an. Die hepatozelluläre Gallesekretion versiegt, sobald der Druck in den proximalen Gallengängen 30-35 cm H_2O übersteigt. Die intrahepatischen Gallengänge sind erweitert und können rupturieren (Bildung von intrahepatischen ***Gallenseen***). Gallensäuren und konjugiertes Bilirubin regurgitieren durch die geschädigten „tight junctions" (Abb. 63) ins Blut. Zudem kommt es zu Aufnahme- und Konjugationsstörungen dieser organischen Anionen und zu einer Umkehr der Sekretionspolarität der Hepatozyten (sinusoidale statt kanalikuläre Sekretion von Gallekomponenten). Die Folge ist die Bildung von Gallensäuren und Bilirubin freier, sog. ***weißer Galle.*** Die Toxizität der Galle kann zu fokalen Leberzellnekrosen führen. Weitere Folgen einer anhaltenden extrahepatischen Störung des Galleabflusses sind eine Proliferation der intrahepatischen Gallenduktuli, eine periportale Fibrose und schließlich eine sekundär biliäre Zirrhose.
Eine ***intrahepatische Cholestase*** kann ihre Ursache in einer mehr oder weniger selektiven Störung des hepatozellulären Gallesekretionsmechanismus und/oder in einer Schädigung und Obstruktion der Gallenduktuli („intrahepatische biliäre Obstruktion") haben. ***Hepatozelluläre Cholestasen*** können durch Arzneimittel (z. B. Östrogene, Neuroleptika, Sulfonamide) und andere exogene Toxine (z. B. Alkohol), Gewebs- oder bakterielle Toxine (postoperativer Ikterus, ausgedehnte Verbrennungen, bakterielle Infekte z. B. durch E. coli, Leptospiren, Salmonellen) sowie durch virale Infekte (Virushepatitis) bedingt sein. Meistens liegen dabei multiple Leberzelläsionen vor, und nur in wenigen Fällen ist die Art des primär für die Cholestase verantwortlichen Zellschadens bekannt. So verändern beispielsweise Östrogene die Lipidzusammensetzung der sinusoidalen Plasmamembran und vermindern dadurch

die Aktivität der membranständigen Transportsysteme (Abb. 63). Die Hemmung der Na^+-K^+-ATPase führt zu einer Erhöhung des intrazellulären Potentials und damit zu einer verminderten Triebkraft der kanalikulären Gallensäureausscheidung. Ob die gleichen Mechanismen auch für die meist im 3. Trimenon auftretende ***benigne idiopathisch rezidivierende Schwangerschaftscholestase*** verantwortlich sind, ist nicht bekannt. Eine primäre Schädigung der intrahepatischen Gallengänge liegt bei der ***primär biliären Zirrhose*** vor. Diese Krankheit kommt vor allem bei Frauen im Alter zwischen 30 und 70 Jahren vor. Die Ätiologie ist unbekannt. Auf Grund immunologischer Störungen kommt es zu einer ***chronisch destruierenden Cholangitis.*** Charakteristisch ist das Auftreten von antimitochondrialen Antikörpern. Die Prognose der Krankheit korreliert mit dem Bilirubinspiegel im Serum (< 35 µmol/l, Überlebensdauer 8-13 Jahre; 35-100 µmol/l, Überlebensdauer 2-7 Jahre; > 100 µmol/l, Überlebensdauer unter 2 Jahre). Die primär biliäre Zirrhose muß von der ***primär sklerosierenden Cholangitis*** unterschieden werden, die zweimal häufiger bei Männern (Alter zwischen 25-45 Jahren) als bei Frauen auftritt. In über 50% der Fälle tritt die Krankheit in Verbindung mit einer Colitis ulcerosa auf.

12.3.5 Hämstoffwechsel - Hepatische Porphyrien

Häm (Eisen - Protoporphyrin IX) ist die prosthetische Gruppe von Hämoglobin, Myoglobin und zahlreichen weiteren intrazellulären Hämoproteinen (z. B. Cytochrom P_{450}, Tryptophanpyrrolase, Katalase, mitochondriale Atmungsfermente). Nach dem Knochenmark besitzt die Leber die zweithöchste Syntheserate von Häm. Etwa 70% des in den Leberzellen gebildeten Häms wird für die Biosynthese des Cytochroms P_{450} im Endoplasmatischen Retikulum gebraucht (s. Kap. 12.5, „Arzneimittel und Leber"). Die einzelnen Syntheseschritte mit den verschiedenen Porphyrin-Zwischenprodukten sind in Abb. 67 dargestellt. Die geschwindigkeitsbestimmende Reaktion ist die durch die ***Aminolävulinsäure-Synthetase*** katalisierte Kondensation von Glycin und Succinyl-CoA zu Aminolävulinsäure ***(ALS).*** Menge und Aktivität der ALS-Synthetase werden im Sinne einer negativen Rückkopplung durch das Endprodukt Häm reguliert. Ein erhöhter Hämbedarf (z. B. Induktion des mikrosomalen Cytochrom P_{450} durch lipidlösliche Arzneimittel, Steroide und andere Chemikalien) hat eine rasche Neusynthese und Aktivitätszunahme der ALS-Synthetase zur Folge. Diese *enge Kopplung zwischen Hämsynthese und Induktion des Cytochrom P_{450}* ist eine wichtige Ursache für die Auslösung von Symptomen durch Arzneimittel bei gewissen hepatischen Porphyrien. Andererseits wird die Tatsache, daß eine Vermehrung des intrazellulären freien Hämpools und/oder Zufuhr von Kohlenhydraten (Glucose) die ALS-Synthetaseaktivität vermindert, zur Therapie akuter Porphyrieschübe ausgenutzt. ***Hepatische Porphyrien*** sind vererbte oder erworbene *Störungen der Hämbiosynthese in der Leber.* Die ***hereditären Formen*** sind durch spezifische, autosomal dominant vererbte Enzymdefekte mit typischem Ausscheidungsmuster von Hämvorstufen im Urin und/oder den Fäces charakterisiert (Abb. 67). Die Expressivität der metabolischen Defekte ist sehr variabel, d.h. die hepatischen Porphyrien können dauernd oder zumindest während längeren Lebensphasen lediglich *latent* (symptomlos) vorhanden sein. *Akute* Manifestationen umfassen *Abdominalkoliken, neurologische Ausfälle* (z.B. autonome Neuropathie mit Tachykardie, labiler Hypertonie, Harnretention und Schweißausbrüchen; Polyneuropathie; Paresen bis zur Paraplegie; Delirien; Koma;

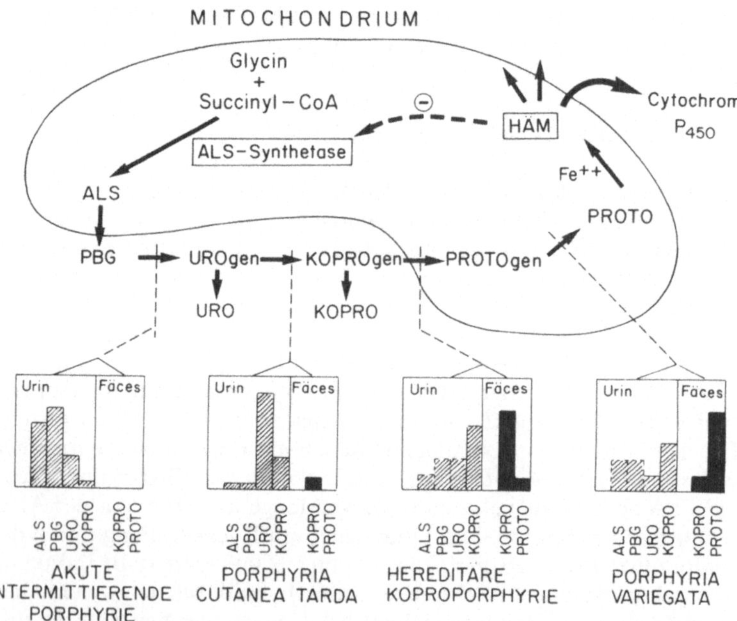

Abb. 67. Physiologie und Pathophysiologie des hepatischen Hämstoffwechsels. *ALS,* Aminolävulinsäure; *PBG,* Porphobilinogen; *URO,* Uroporphyrin; *KOPRO,* Koproporphyrin; *Proto,* Protoporphyrin

Krämpfe), *psychische Störungen* (z.B. Depression; organisches Psychosyndrom) und *Hautsymptome* (z.B. Photosensibilität; leichte Lädierbarkeit). Rezidivierende Abdominalkoliken und neuropsychiatrische Symptome kommen nur bei jenen Porphyrieformen vor, die mit einer Akkumulation von ALS und Porphobilinogen im Urin einhergehen (Abb. 67). Dagegen sind Hautläsionen von einer Anhäufung von Porphyrinen (Uroporphyrin, Koproporphyrin oder Protoporphyrin) im Gewebe abhängig.

Erworbene Störungen der Porphyrin- und Hämsynthese kommen bei Lebertumoren und Intoxikationen mit polychlorierten Kohlenwasserstoffen oder Blei vor. Eine leicht erhöhte Porphyrinausscheidung (v.a. Koproporphyrin) im Urin kommt unspezifisch bei vielen Leberkrankheiten vor.

12.3.6 Bilirubinstoffwechsel

Physiologie

Bilirubin ist das *wichtigste Endprodukt des Hämstoffwechsels.* Es stammt bis zu 80% aus dem Hämoglobin alternder Erythrocyten, die im Retikuloendothelialen System der Milz, des Knochenmarks und der Leber (v.a. Kupffer-Zellen) abgebaut werden (Abb. 68). Fünfzehn bis 20% der gesamten Bilirubinproduktion stammen aus dem vorzeitigen Abbau unreifer Erythrozyten im Knochenmark (ineffektive Erythropoese) und aus der Degradation von konstitutiven Hämoproteinen der Leberzellen (Cytochrom P_{450}, Tryptophanpyrrolase, Katalase u.a.). Die tägliche Bilirubinproduktion beträgt beim Erwachsenen total zwischen 250 bis 300 mg.

Bildung von Bilirubin. Der erste Schritt in der Bilirubinbildung ist die Freisetzung von Häm aus dem Hämoglobin bzw. den Hämoproteinen. Anschließend wird der Protoporphyrinring des Häms durch die membrangebundene ***Hämoxygenase*** des Endoplasmatischen Retikulums aufgebrochen und das Häm in einen Biliverdin-Eisenkomplex umgewandelt. Diese Reaktionen verlaufen unter Verbrauch von je einem Molekül O_2 und NADPH und unter Bildung eines Moleküls Kohlenmonoxid (CO). Nach Abspaltung des Eisens wird schließlich das Biliverdin durch die zytosolische ***Biliverdinreduktase*** zu Bilirubin IXα reduziert. Unkonjugiertes Bilirubin IXα ist wasserunlöslich und muß in der Leber mit Glucuronsäure konjugiert werden, damit es in die Galle (Gallepigment) ausgeschieden werden kann.

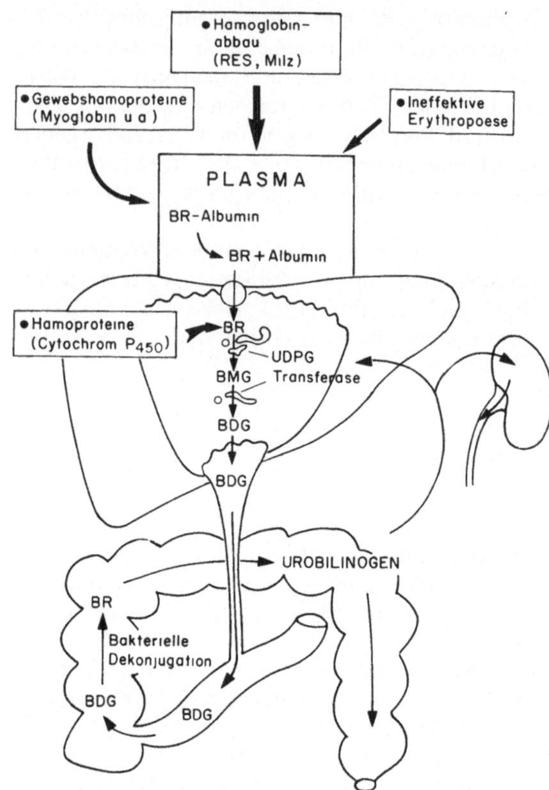

Abb. 68. Schema von Bildung, Transport, Metabolismus, Exkretion und enterohepatischem Kreislauf des Bilirubins. *BR*, unkonjugiertes Bilirubin; *BMG*, Bilirubinmonoglucuronid; *BDG*, Bilirubindiglucuronid; *RES*, ***R***etikulo-***E***ndotheliales-***S***ystem; *UDPG-Transferase*, Bilirubin-Uridin-diphosphatglucuronyl-Transferase

Plasmatransport von Bilirubin (Abb. 68). *Unkonjugiertes Bilirubin* wird im Plasma stark, aber *reversibel* (nicht-kovalent) an Albumin gebunden (Bindungskapazität: 2 mol Bilirubin pro mol Albumin). Wegen den großen Mengen Albumin ist unter normalen Bedingungen im Kreislauf und Interstitium kein freies unkonjugiertes Bilirubin vorhanden. Medikamente wie Sulfonamide und Salicylsäure können unkonjugiertes Bilirubin von der Albuminbindung verdrängen, so daß es durch nichtionische Diffusion in gewisse Organe wie zum Beispiel das Zentralnervensystem diffundieren kann (Gefahr des Kernikterus bei Neugeborenen).

Hepatische Biotransformation und biliäre Ausscheidung von Bilirubin (Abb. 68). In der Leber wird das extrahepatisch gebildete unkonjugierte Bilirubin vom Albumin abgekoppelt und in die Leberzellen aufgenommen. Die *hepatozelluläre Aufnahme* von Bilirubin wird wahrscheinlich durch ein Transportprotein vermittelt und kann durch andere organische Anionen wie Bromosulfophthalein, Indocyaningrün und Röntgenkontrastmittel, aber nicht durch Gallensäuren kompetitiv gehemmt werden. Der genaue molekulare Mechanismus des Aufnahmeprozesses (z. B. Energetisierung) ist noch nicht bekannt. Im Zytoplasma wird das Bilirubin an Proteine wie z. B. Ligandin und Z-Proteine gebunden.

In einem zweiten Schritt wird das Bilirubin, ob aus dem Plasma aufgenommen oder in den Hepatozyten aus Hämoproteinen selbst gebildet, mittels der membrangebundenen *Bilirubin-Uridin-diphosphatglucuronyl (UDPG)-Transferase* im Endoplasmatischen Retikulum in *Bilirubinmono (BMG)-* und *Bilirubindiglucuronid (BDG)* umgewandelt. Diese Konjugate sind wasserlöslich und können in die Galle ausgeschieden werden.

Die *kanalikuläre Exkretion* stellt den Engpaß der Bilirubinausscheidung dar und wird wahrscheinlich ebenfalls durch ein membrangebundenes Transportprotein vermittelt. Normalerweise wird nur konjugiertes Bilirubin in die Galle ausgeschieden. Dabei beträgt das Verhältnis BMG : BDG etwa 1 : 9.

Intestinale Phase des Bilirubinmetabolismus (Abb. 68). BDG kann wegen seiner Polarität im Dünndarm nicht mehr resorbiert werden. Dagegen wird es im Colon bakteriell dekonjugiert und oxydiert, wobei verschiedene unstabile Metabolite (Mesobilirubinogen, Stercobilinogen u. a.), welche allgemein als ***Urobilinogen*** bezeichnet werden, entstehen. Die tägliche Ausscheidung von Urobilinogen im Stuhl beträgt zwischen 50 und 280 mg. Ein Teil des Urobilinogens wird von der Darmmucosa absorbiert und teils von der Leber in die Galle, teils von den Nieren im Urin (max. 4 mg/d) ausgeschieden. Bei Überproduktion von Bilirubin (z. B. hämolytische Anämie) ist die Ausscheidung von Urobilinogen im Stuhl und Urin erhöht. Bei Versiegen der Gallesekretion wird der Stuhl zunehmend acholisch (grau-weiß) und die Urobilinogenprobe im Urin negativ.

Renale Exkretion von Bilirubin. Normalerweise enthält der Urin kein Bilirubin, da einerseits unkonjugiertes Bilirubin vollständig an Albumin gebunden ist und *nicht* tubulär sezerniert werden kann und andererseits praktisch kein konjugiertes Bilirubin im Plasma vorhanden ist. Da konjugiertes Bilirubin nur unvollständig an Albumin gebunden wird, erscheint es bei konjugierter Hyperbilirubinämie (z. B. Cholestase) im Urin und verfärbt diesen dunkel. Ein Teil des konjugierten Bilirubins bindet allerdings irreversibel (kovalent) an Albumin und kann deshalb nach Rückbildung einer cholestatischen Leberkrankheit im Serum länger als im Urin nachgewiesen werden (Hyperbilirubinämie ohne Bilirubinurie).

Hyperbilirubinämien (Ikterus)

Eine Hyperbilirubinämie wird klinisch als Ikterus an den Skleren, Schleimhäuten und Haut sichtbar, wenn der Bilirubinspiegel im Plasma über 2 bis 2,5 mg/dl (34,2-42,5 μmol/l) ansteigt. Eine Hyperbilirubinämie ist grundsätzlich immer ein Mißverhältnis zwischen Bilirubinanfall und Bilirubinausscheidung (s. Kap. 12.2.1, „Funktionelle Lebertests"). Pathophysiologisch und klinisch ist es zweckmäßig, erhöhte Serumbilirubinspiegel in *unkonjugierte* und *konjugierte Hyperbilirubinämien* einzuteilen.

Unkonjugierte Hyperbilirubinämien. Die wichtigste Ursache eines erhöhten Bilirubinanfalles ist eine erhöhte extra- und intravaskuläre Hämolyse ***(hämolytischer Ikterus).*** Bei gewissen hämolytischen Anämien kann der tägliche Hämoglobinabbau auf das 6 bis 7fache der Norm (6,3 g/d) gesteigert sein. Beim Erwachsenen vermag eine gesunde Leber eine derartige Überproduktion von Bilirubin weitgehend zu bewältigen, so daß das Gesamtbilirubin nicht über 5 mg/dl (85 μmol/l) ansteigt. Durch die vermehrte Bilirubinelimination wird der enterohepatische Kreislauf des Urobilinogens aber überlastet; Urobilinogen wird sowohl im Stuhl als auch im Urin vermehrt ausgeschieden. Übersteigt das Gesamtbilirubin im Serum bei einem hämolytischen Ikterus Werte von 5 mg/dl, so muß mit einem gleichzeitg bestehenden Leberschaden gerechnet werden, was sich auch in einem Anstieg des konjugierten Bilirubins und evtl. in einer Bilirubinurie äußert.
Auch eine gesteigerte, ineffektive Erythropoese und ausgedehnte Hämatome können zu einem Anstieg des nicht konjugierten Bilirubins im Serum führen.
Eine ***verminderte Aufnahme von Bilirubin in die Leberzellen*** spielt bei gewissen Arzneimittel-induzierten (z. B. Novobiocin, Röntgenkontrast-

mittel) Ikterusformen und beim Gilbert-Syndrom (s. unten) eine Rolle.
Eine ***Störung der Bilirubinkonjugation in den Leberzellen*** infolge verminderter Bilirubin-UDPG-Transferase-Aktivität kommt physiologisch beim Neugeborenen und pathologisch als vererbte oder erworbene Enzymdefekte vor.
Der ***physiologische Neugeborenenikterus*** beruht auf einer transienten Unreife der Bilirubin-UDPG-Transferase, die das bei der Umstellung auf das extrauterine Leben vermehrt in die Leber flutende Bilirubin nicht zu bewältigen vermag. Der Ikterus tritt typischerweise zwischen dem 2. und 5. Tag auf. Außer bei gleichzeitiger Hämolyse steigt das unkonjugierte Bilirubin selten über 5 mg/dl (85 μmol/l). Bei Konzentrationen um 20 mg/dl (340 μmol/l) droht der Kernikterus (Bilirubin-Encephalopathie) und die Säuglinge müssen mit weißem oder blauem Licht bestrahlt werden. Diese Phototherapie wandelt das Bilirubin in wasserlösliche Isomere um, die ohne Konjugation in die Galle ausgeschieden werden können.
Beim sog. ***Gilbert-Syndrom*** handelt es sich um einen benignen *hereditären* Defekt der Bilirubinkonjugation, der zudem oft mit einer verminderten hepatozellulären Bilirubinaufnahme kombiniert ist. Das Syndrom kommt bei etwa 5% der Bevölkerung vor. Gewisse Patienten zeigen zusätzlich eine verstärkte Hämolyse. Die milde unkonjugierte Hyperbilirubinämie ($\leq$5 mg/dl = 85 μmol/l) äußert sich meist erst nach dem 2. Lebensjahrzehnt. Sie wird durch Fasten, Operationen, Fieber, Infektionen, Streß und starke körperliche Beanspruchung, Alkoholexzeß und intravenöse Verabreichung von Nikotinsäure verstärkt. Dagegen senken Barbiturate den Bilirubinspiegel (Induktion der UDPG-Transferase). Typischerweise ist der Gallensäurespiegel im Serum normal, wodurch das Syndrom einfach von wirklichen Lebererkrankungen abgegrenzt werden kann. Leberbiopsien sind *nicht* angezeigt und eine Therapie *nicht* notwendig.
Ein seltener, aber schwerwiegender hereditärer Defekt der Bilirubin-UDPG-Transferase ist das ***Crigler-Najjar-Syndrom,*** das in 2 Formen vorkommt. ***Typ I*** ist charakterisiert durch ein autosomal-rezessiv vererbtes, komplettes Fehlen der Bilirubin-UDPG-Transferase. Die Folge ist ein therapierefraktärer Ikterus (Anstieg des unkonjugierten Bilirubins im Serum über 20 mg/dl = 340 μmol/l) und Tod im Kleinkindesalter an Kernikterus. Beim ***Typ II*** des Crigler-Najjar-Syndroms besteht „lediglich" eine autosomal-dominant vererbte Verminderung der Bilirubin-UDPG-Transferase. Das unkonjugierte Serumbilirubin steigt kaum über 20 mg/dl (340 μmol/l) und neurologische Komplikationen treten nicht auf.

Erworbene (sekundäre) Störungen der Bilirubinkonjugation können infolge toxischer Hemmung der Bilirubin-UDPG-Transferase oder im Rahmen von Lebererkrankungen auftreten.
Konjugierte Hyperbilirubinämien. Eine konjugierte Hyperbilirubinämie kann hereditär bedingt sein, tritt aber am häufigsten bei erworbenen Lebererkrankungen auf.
Hereditäre (autosomal-rezessiv vererbte) Störungen sind das Dubin-Johnson- und das Rotor-Syndrom. Beim ***Dubin-Johnson-Syndrom*** handelt es sich um einen milden, benignen, chronisch-intermittierenden Ikterus mit vorwiegend (aber nicht ausschließlich) konjugierter Hyperbilirubinämie, Bilirubinurie und Ablagerung eines schwarzen Pigmentes in den Leberzellen. Der Sekretionsdefekt erstreckt sich auch auf andere organische Anionen wie zum Beispiel das Glutathionkonjugat von Bromosulfophthalein und Röntgenkontrastmittel, nicht aber auf Gallensäuren. Wahrscheinlich handelt es sich um einen primären Defekt eines oder mehrerer kanalikulärer Transportsysteme. Das ***Rotor-Syndrom*** ist ebenfalls durch eine chronisch fluktuierende, milde konjugierte Hyperbilirubinämie mit Beginn im jugendlichen Alter charakterisiert. Im Gegensatz zum Dubin-Johnson-Syndrom ist die Leber nicht schwarz verfärbt. Die Ursache der Sekretionsstörung ist nicht bekannt.
Alle *erworbenen* Lebererkrankungen, die mit diffusen Veränderungen des Leberparenchyms einhergehen (z. B. akute und chronische Hepatitidien,Leberzirrhose), bewirken vorwiegend eine Erhöhung des konjugierten Bilirubins im Plasma, da die kanalikuläre Sekretion von Bilirubindiglucuronid (Abb. 68) der empfindlichste Schritt in der Bilirubinausscheidung überhaupt ist. Sekundär steigt infolge der verminderten hepatischen Clearance das unkonjugierte Bilirubin allerdings auch an. Hyperbilirubinämie und Bilirubinurie sind besonders ausgeprägt bei cholestatischen Leberkrankheiten (s. Kap. 12.3.4, „Cholestase"). Charakteristisch für eine vollständige intra- und/oder extrahepatische Obstruktion (Verschlußikterus) ist die Kombination acholischer Stuhl (kein Urobilinogen) und dunkler Urin (Urobilinogen negativ; Bilirubin positiv).

12.3.7 Kupferstoffwechsel - Morbus Wilson

Kupfer ist ein *essentielles Spurenelement* und in jeder Zelle als *prosthetischer Bestandteil zahlreicher Enzyme* (z. B. Cytochromoxidase, Tyrosinase, Superoxiddismutase) vorhanden. Der Körper des Erwachsenen enthält 75-150 mg (0,002%) Kupfer. Besonders reich an Kupfer sind

Leber und Gehirn. Die Leber nimmt Kupfer aus dem Pfortaderblut auf und scheidet es in die Galle aus. Im Serum ist über 90% des totalen Kupfers an Cäruloplasmin (normale Konzentration: 27-37 mg/dl = 1,8-2,5 μmol/l) gebunden. Eine Cäruloplasmin-Serumkonzentration unter 20 mg/dl kommt typischerweise beim ***Morbus Wilson*** vor. Bei dieser autosomal-rezessiv vererbten Krankheit ist die hepatische Exkretion von Kupfer in die Galle vermindert. Das überschüssige Kupfer wird zuerst in den Lysosomen der Leberzellen (Abb. 63) gespeichert und später auch in anderen Geweben wie Gehirn, Kornea (Kayser-Fleischer-Ring) und Nierenepithelzellen abgelagert. Klinisch stehen die Leberschädigung (perakute Hepatitis, chronisch aktive Hepatitis oder Leberzirrhose) und neuropsychiatrische Symptome im Vordergrund.

12.3.8 Hämochromatose

Die Leberzellen nehmen Eisen als Transferrin-Eisen-Komplex (Transferrinrezeptoren) aus dem Blutplasma auf und speichern überschüssiges Eisen in Form von Ferritin im Zytoplasma oder als Hämosiderin (= Aggregate von Ferritinmolekülen) in den perikanalikulären Lysosomen (Abb. 63). Eine vermehrte Eisenspeicherung ohne strukturelle und/oder funktionelle Organläsion wird als ***Hämosiderose*** bezeichnet. Führt die Eisenüberlastung des Organismus dagegen zu Gewebsläsionen, so spricht man von einer ***Hämochromatose.*** Dabei muß die *primär idiopathische* oder *genetische* Hämochromatose von den *sekundären* oder *erworbenen* Hämochromatosen abgegrenzt werden.
Die ***genetische Hämochromatose*** ist eine autosomal-rezessiv vererbte Krankheit, bei der es infolge einer *chronisch gesteigerten intestinalen Eisenresorption* (4 mg anstatt 1 mg pro Tag) zu einer allmählichen Eisenüberlastung des Organismus kommt. Das überschüssige Eisen wird vor allem in den Parenchymzellen der Leber, Haut, Pankreas und Herz abgelagert. Entsprechend sind die wichtigsten Symptome: Hepatomegalie (96% der Fälle), Hautpigmentierung (90%), Diabetes mellitus (65%), Herzinsuffizienz (15%). Zusätzlich kommen typischerweise Arthropathien und Hypogonadismus (testikuläre Atrophie) vor. Am frühesten wird die Leber geschädigt, in der sich zuerst eine *Fibrose,* dann eine *Zirrhose* entwickelt. In 30% der Fälle tritt ein hepatozelluläres Karzinom auf. Die Diagnose wird gesichert durch die *Laborbefunde:* erhöhtes Serumeisen, Transferrinsättigung >90% (normal <45%), erhöhtes Serumferritin und eine vermehrte Eisenspeicherung mit Gewebeschaden in der Leberbiopsie.

Sekundäre Hämochromatosen können als Folge von multiplen Transfusionen, chronischer Hämolyse (z.B. Sichelzellanämie, Thalassämie), sideroachrestischen Anämien, Einnahme von eisenreicher Nahrung und Getränken (Bantuneger) oder alkoholischer Leberzirrhose auftreten. Allerdings ist in diesen Fällen die Eisenüberlastung deutlich geringer als bei der idiopathischen Hämochromatose.

12.4 Galle und Gallensteine

12.4.1 Physiologische Grundlagen

Bildung und Zusammensetzung der Galle

Das Gallensekret ist eine wäßrige, isotone Flüssigkeit, die primär von den Hepatozyten gebildet wird ***(hepatozelluläre oder kanalikuläre Galle).*** Die Entstehung des kanalikulären Galleflusses hängt dabei von der aktiven Sekretion inorganischer und organischer Anionen in die Gallenkanalikuli ab (s. Kap. 12.3.4). Diese aktiven Sekretionsprozesse sind von einem passiven Einstrom von Wasser und Natriumionen gefolgt, wodurch die Isoosmolarität und Elektroneutralität der kanalikulären Galle aufrechterhalten wird (siehe Abb. 63). Wegen ihrer Menge spielen die Gallensäuren die wichtigste Rolle in der ***osmotischen Induktion*** des kanalikulären Galleflusses. Diesem sog. ***„Gallesäure-abhängigen Gallefluß"*** wird traditionsgemäß ein ***„Gallensäure-unabhängiger Gallefluß"*** gegenübergestellt, welcher hauptsächlich von der kanalikulären Sekretion anderer organischer (z.B. Glutathion, Glutathionkonjugate, Aminosäuren) und/oder inorganischer (z.B. Bicarbonat) Anionen abhängt. Die primäre Lebergalle wird in den abführenden Gallenwegen durch Reabsorption und/oder Sekretion von Elektrolyten weiter modifiziert ***(duktuläre Galle).*** So stimuliert beispielsweise Sekretin die duktuläre Sekretion von Bikarbonat, welches zur Neutralisation des Magensaftes im Duodenum beiträgt.

Die wichtigsten Komponenten der Lebergalle sind in Tabelle 74 zusammengefaßt. Die in der Bildung des kanalikulären Galleflusses am stärksten involvierten Anionen werden in der Galle konzentriert (Konzentrationsverhältnis Galle/Plasma >1; Tabelle 74). Daneben ist die Galle reich an Phospholipiden (v.a. Lecithin) und freiem Cholesterin. Diese ***Lipide*** werden von den Hepatozyten wahrscheinlich in Form von kleinen *Vesikeln* (Durchmesser 50 bis 100 nm) in die Gallenkanalikuli ausgeschieden, ein Prozeß, der durch Gallensäuren stimuliert wird, aber nicht absolut von der Gallensäuresekretion abhängig ist (s. Kap. 12.3.3 u. 12.3.4). Im abführenden Gallengangssystem (v.a. in

Tabelle 74. Zusammensetzung der Lebergalle

	Konzentration	Verhältnis Galle/Plasma
Elektrolyte	(mmol/l)	
Na^+	141 -165	~1
K^+	2,7- 6,7	~1
Cl^-	77 -117	~1
HCO_3^-	12 - 55	≥1
Ca^{2+}	2,5- 6,4	~1
Mg^{2+}	1,5- 3,0	~1
SO_4^{2-}	4 - 5	>1
PO_4^{3-}	1 - 2	~1
Organische Anionen	(mmol/l)	
Bilirubin	1 - 2	>100
Gallensäuren	3 - 45	>100
Lipide	(mg/dl)	
Cholesterin (frei)	97 -320	<1
Lecithin	140 -810	<1
Schwermetalle		
Cu, Mn, Fe, Zn		>1
Proteine	(mg/dl)	
Total Protein	2 - 20	
- Albumin		<1
- Haptoglobin, Transferrin		>1
Peptide	(mmol/l)	
Glutathion, reduziert (GSH)	3 - 5	>1
Glutathion, oxydiert (GSSG)	0 - 5	>1
Aminosäuren	(mmol/l)	
Glutamat	0,8- 2,5	>1
Aspartat	0,4- 1,1	>1
Glycin	0,6- 2,6	>1

Zusätzlich enthält die Galle: Glykoproteine aus den Gallenwegen (Mucussubstanzen), kanalikuläre Plasmamembranenenzyme (z. B. alkalische Phosphatase, γ-GT), lysosomale Enzyme, Vitamine (z. B. 25-Hydroxyvitamin D, 1,25-Dihydroxyvitamin D, Folsäure, Pyridoxin), Steroide und Hormone (z. B. Östrogene, Thyroxin) und Porphyrine.

der Gallenblase) bilden die Gallensäuren mit den Cholesterin/Lecithin-Vesikeln sogenannte „gemischte Mizellen" (Durchmesser 4 bis 8 nm), in deren hydrophoben Kern Cholesterin in Lösung gehalten wird. Es ist somit der Gehalt an Gallensäuren und Lecithin, der die *Löslichkeit von Cholesterin in der Galle* bestimmt. Oder anders ausgedrückt, die maximale Löslichkeit von Cholesterin ist weniger von seiner absoluten Menge in der Galle als vom molaren Verhältnis Cholesterin zu Gallensäuren und Lecithin abhängig. Dieses Verhältnis wird üblicherweise im sog. Phasendiagramm dargestellt (Abb. 69). Liegt der Cholesteringehalt außerhalb des mizellaren Bereichs, so ist die Galle mit Cholesterin übersättigt, und es kann zur Ausfällung von Cholesterin-Mikrokristallen kommen.

Schließlich sei darauf hingewiesen, daß die Galle eine Reihe von ***Proteinen*** enthält einschließlich Plasmaproteine (z. B. Albumin, Haptoglobin, Transferrin, Apolipoproteine), kanalikuläre Membranenzyme (z. B. alkalische Phosphatase, 5'-Nukleotidase, γ-GT), lysosomale Enzyme und Mucusproteine aus den Gallenwegen.

Speicherung und Abgabe der Galle

Die Leberzellen sezernieren insgesamt zwischen 500 und 600 ml primäre Galleflüssigkeit pro Tag. Rhythmische Kontraktionen der Gal-

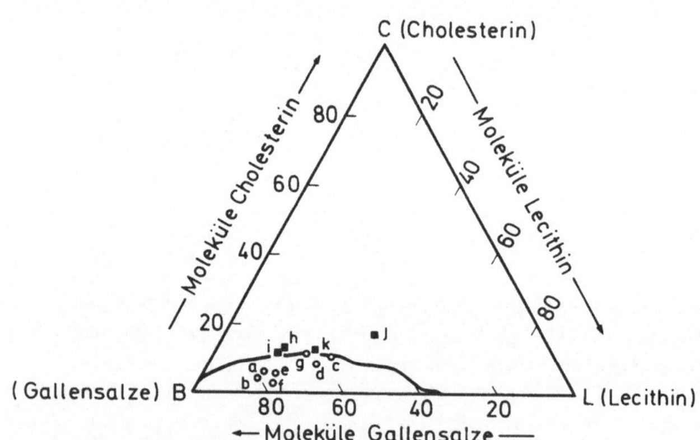

Abb. 69. Phasendiagramm für Cholesterin, Gallensalze und Lecithin in wäßriger Lösung. Die *ausgezogene Linie* an der Basis des Dreiecks umschließt den micellaren Bereich, in welchem das Cholesterin in Lösung gehalten wird. Die *Kreise* bezeichnen die Gallezusammensetzung von Normalpersonen ***(a–f)***, die *Quadrate* diejenige von Gallensteinträgern ***(h–k)***

lenkanalikuli unterstützen den Abfluß der Galle in die mit einem einschichtigen Epithel ausgekleideten ***Gallenwege.*** Diese umfassen die intralobulären Cholangiolen, die Gallengänge der Portalfelder, den rechten und linken Ductus hepaticus und den Ductus hepaticus communis, der sich nach Einmündung des Ductus cysticus zum Ductus choledochus vereinigt. Der Ductus choledochus mündet in 80-90% der Fälle gemeinsam mit dem Ductus pancreaticus an der Papilla duodeni major (Papilla Vateri) in das Duodenum. Dabei ist als letzte Widerstandsschwelle der Sphincter Oddi zu überwinden.

Der Druck, mit dem die Galle von der Leber und den Gallengangsepithelzellen sezerniert wird, liegt bei etwa 25 cm H_2O. Die Galleproduktion sistiert, wenn der Druck im Gallenwegssystem 30-35 cm H_2O überschreitet. Der ***Sphincter Oddi*** widersteht einem Druck von 15-25 cm H_2O. Damit ermöglicht der Sphincter Oddi einerseits die Füllung der Gallenblase im Nüchternzustand und verhindert andererseits ein zu starkes Ansteigen des intrabiliären Druckes bei postprandialer Gallenblasenentleerung oder starker Cholerese.

Die ***Gallenblase*** hat ein Fassungsvermögen von 30 bis 75 ml. Die Galle wird in der Gallenblase durch aktive und passive Rückresorption von inorganischen Anionen (v.a. Bicarbonat und Chlorid) und Wasser eingedickt. Dadurch werden die Konzentrationen von Gallensäuren, Cholesterin und Phospholipiden erhöht, was die Bildung von gemischten Mizellen fördert. Der wichtigste Stimulator der Gallenblasenkontraktion ist das Peptidhormon ***Cholecystokinin,*** das nach Einnahme einer fett- und proteinhaltigen Mahlzeit von speziellen Zellen (sog. ***I-Zellen***) des oberen Dünndarms freigesetzt wird. Gleichzeitig bewirkt Cholecystokinin eine Erschlaffung des Sphincter Oddi, was für eine koordinierte Regulation des Gallenblasen- und Sphinctertonus spricht. Opiate hemmen die Gallenblasenkontraktion und erhöhen den Sphinctertonus. Letzterer kann durch Atropin und Nitrate gehemmt werden. In der Schwangerschaft ist die Gallenblasenkontraktion träge und verlangsamt. Beim Fasten kontrahiert sie sich überhaupt nicht.

Funktion der Galle

Die wichtigsten physiologischen Funktionen der Galle sind:

- die Ausscheidung von Cholesterin aus dem Körper (s. Kap. 12.3.3),
- die Ausscheidung von Stoffwechselendprodukten (z. B. Bilirubin; s. Kap. 12.3.6) und von Xenobiotika und deren Metabolite (incl. Arzneimittel) mit einem Molekulargewicht >400,
- die Ausscheidung von Schwermetallen (z. B. Kupfer),

- die Emulgierung und Resorptionsvermittlung von Lipiden und lipidlöslichen Substanzen (z. B. Vitamine, Arzneimittel) im Dünndarm und
- die Neutralisierung des Duodenalinhaltes nach Magenentleerung (zusammen mit Pankreassekret).

12.4.2 Gallensteine

Unter den Gallenwegserkrankungen spielen die ***Gallensteine*** die größte Rolle. Aufgrund ihrer chemischen Zusammensetzung werden im wesentlichen ***Cholesterin-*** und ***Pigmentsteine*** unterschieden. Erstere bestehen zu über 80% aus Cholesterin und enthalten nur wenig Kalziumsalze, weshalb sie meistens röntgennegativ sind. Pigmentsteine werden in sog. schwarze und braune Pigmentsteine unterteilt. ***Schwarze Pigmentsteine*** bestehen hauptsächlich aus Kalziumbilirubinat und inorganischen Kalziumsalzen und enthalten nur wenig Cholesterin (~3%). ***Braune Pigmentsteine*** enthalten als Hauptkomponente ebenfalls Kalziumbilirubinat, sie sind aber reicher an Cholesterin (~10%) als schwarze Pigmentsteine.

Häufigkeit und Vorkommen

In den westlichen Ländern sind 80-85% aller Gallensteine Cholesterinsteine und 15-20% Pigmentsteine (v. a. schwarze Pigmentsteine). Autoptisch werden in Deutschland bei 26% der Männer und 55% der Frauen Gallensteine gefunden. Die Inzidenz von Gallensteinen nimmt mit zunehmendem Alter deutlich zu. Sie ist bei beiden Geschlechtern kleiner als 5% bei unter 20-jährigen und steigt stetig auf 40% bei über 80-jährigen Männern und auf 60% bei über 80-jährigen Frauen.

Pathogenese und prädisponierende Faktoren

Cholesteringallensteine. Die Bildung von Cholesterinsteinen setzt eine Cholesterinübersättigung der Galle mit Ausfall des Cholesterins in Form von Mikrokristallen voraus (s. Abb. 69). Der wichtigste Mechanismus der Bildung einer an Cholesterin übersättigten, sog. ***lithogenen Galle*** ist eine gesteigerte biliäre Sekretion von Cholesterin, welche beispielsweise bei Adipositas, hochkalorischer Diät und nach Einnahme gewisser Arzneimittel (z. B. Clofibrat und seine Derivate) als Folge einer gesteigerten Aktivität der Hydroxy-Methylglutaryl-CoA-Reduktase (s. Kap. 12.3.3) vorkommt. Lithogene Galle resultiert auch aus

einer verminderten hepatozellulären Sekretion von Gallensäuren und Phospholipiden. Dies kommt vor bei längerer parenteraler Ernährung, verminderter Gallensäureresorption im Ileum (z.B. Erkrankungen oder Resektion des Ileums) und unter Einnahme von oralen Kontrazeptiva oder von anderen Östrogen-haltigen Präparaten. Schließlich zeigen die meisten Patienten mit Cholesteringallensteinen eine reduzierte Aktivität der hepatozellulären Cholesterin-7α-Hydroxylase, dem Schlüsselenzym der primären Gallensäuresynthese (s. Kap. 12.3.4).
Nicht alle Patienten mit lithogener Galle entwickeln auch Gallensteine. Dies bedeutet, daß die Aggregation (Nukleation) und das „Wachstum" von Cholesterinkristallen von zusätzlichen Faktoren abhängt. Tatsächlich fördern Glykoproteine des Gallenblasenmucus die Nukleation von Cholesterinkristallen. Andere Gallenproteine (z.B. Apolipoproteine) wirken als Antinukleationsfaktoren und hemmen die Gallensteinbildung. Schließlich weisen neuere Befunde darauf hin, daß Cholesterin in der Galle nicht nur in „gemischten Mizellen", sondern auch in Phospholipidvesikeln gelöst ist. Diese Cholesterin-reichen Vesikel können zu „Flüssigkristallen" aggregieren und bilden bei verzögerter Gallenblasenentleerung einen möglichen Ausgangspunkt für Gallensteine. Welche Mechanismen letztlich für die Gallensteinbildung entscheidend sind, ist noch unklar. Die verschiedenen für Gallensteine prädisponierenden Faktoren sind in Tabelle 75 zusammengefaßt.

Pigmentsteine. Kalziumbilirubinatsteine kommen häufiger in östlichen als in westlichen Ländern vor. Sie sind Folge einer erhöhten Gallekonzentration an unkonjugiertem, unlöslichem Bilirubin. ***Schwarze Pigmentsteine*** treten gehäuft bei Hämolyse (gesteigerte Bilirubinproduktion) und Leberzirrhose (verminderte Sekretion von Bilirubin solubilisierenden Faktoren) auf (Tabelle 75). Wahrscheinlich spielt pathogenetisch auch eine Änderung der Konzentration des ionisierten Kalziums eine wichtige Rolle. ***Braune Pigmentsteine*** treten praktisch immer als Folge von bakteriellen oder parasitären Infektionen der Galle auf. Dabei bewirkt die bakterielle β-Glucuronidase eine Dekonjugation der löslichen Bilirubinmono/diglucuronide. In unseren Breitengraden findet man braune Pigmentsteine vor allem in prästenotisch (Steinleiden, Operationen am Gallengangssystem) oder kongenital (Caroli's Syndrom) dilatierten Gallenwegen.

Tabelle 75. Prädisponierende Faktoren für Cholelithiasis

Cholesteringallensteine
- Geschlecht
  - Frauen : Männer 2 : 1
  - Schwangerschaft
  - exogene Östrogene
- Adipositas, hochkalorische Diät
- Zunehmendes Alter
- Malabsorption von Gallensäuren (Krankheiten oder Resektion des Ileums)
- Diabetes mellitus
- Hyperlipoproteinämien (Typen IIb und IV)
- Clofibrat-Therapie

Pigmentsteine
- Chronische Hämolyse
- Leberzirrhose
- Bakterielle Gallenwegsinfektionen
- Parasiten (Clonorchis sinensis, Fasciola hepatica u. a.)
- Zunehmendes Alter
- Kongenitale Erkrankungen (Caroli's Syndrom)

Diagnose, Verlauf und Therapie

Die Gallensteinkrankheit verläuft in der Mehrzahl der Fälle symptomlos. Die Wahrscheinlichkeit, daß asymptomatische Gallensteinträger eine Kolik oder andere Komplikationen entwickeln, beträgt etwa 15% über 15 Jahre. Eine prophylaktische Cholecystektomie ist deshalb nicht indiziert.

Gallensteine entwickeln dann Symptome, wenn sie zu einer lokalen Entzündung (Cholecystitis) oder zu einer Obstruktion des Ductus cysticus oder des Ductus choledochus ***(Choledocholithiasis)*** führen. Das Kardinalsymptom ist die ***biliäre Kolik („Gallenkolik")***, die mit Übelkeit und Erbrechen einhergehen kann. Der intensive viscerale Schmerz kann Minuten bis Tage dauern. Er wird am häufigsten in die Dermatome Th8-10 projiziert und kann in die rechte Schulter ausstrahlen. Die Schmerzen verschwinden, wenn das Gallekonkrement den Ductus cysticus und/oder die Papilla Vateri passiert hat oder wieder in die Gallenblase oder den Ductus choledochus zurückgleitet, ohne einen weiteren Verschluß zu verursachen. Auftreten einer Gallenkolik ist eine Indikation zur ***Cholezystektomie***, da die Wahrscheinlichkeit von Rezidiven oder anderer Komplikationen 5 bis 20% pro Jahr beträgt.

Verschluß des Ductus cysticus durch ein Gallenkonkrement ist die häufigste Ursache einer ***akuten oder chronischen Cholecystitis.*** Die akute Cholecystitis ist durch Schmerzen im rechten Oberbauch, Fieber und Leukocytose charakterisiert. Infolge der Gallenstase kann es zu einer bakteriellen Superinfektion mit der Gefahr des *Gallenblasenempyems* kommen. Ischämische Schleimhautnekrosen können zur *Gallenblasenperforation* führen. Die Therapie der akuten Cholecystitis ist die Cholecystektomie, nachdem die akute Infektion unter Kontrolle ist. Totale Obstruktion des Ductus choledochus führt zum *Verschlußikterus* (s. Kap. 12.3.6). Durch aufsteigende Infektion kann es zu einer eitrigen *Cholangitis* mit Beteiligung der intrahepatischen Gallenwege kommen. Diese Patienten sind oft septikämisch und erscheinen toxisch. Biochemisch besteht neben Leukocytose mit Linksverschiebung, Hyperbilirubinämie und Erhöhung der alkalischen Phosphatase eine oft beträchtliche Transaminasenerhöhung. Cholangitis als Folge eines Steinverschlusses ist ein chirurgischer Notfall. Schließlich bewirken Gallensteine durch Verschluß des pankreatischen Hauptganges oft eine *akute Pankreatitis*.

Gallensteine werden nur in der Minderzahl der Fälle durch ein abdominales Röntgenbild erfaßt (~10% der Cholesterinsteine; ~50% der Pigmentsteine). Ein guter Screeningtest für das Vorliegen von Gallensteinen ist die ***orale Cholecystographie.*** Die Darstellung der Gallenblase bedingt allerdings eine intakte Transportkapazität der Leberzellen und eine genügende Konzentrierungsfähigkeit der Gallenblase. Dies gelingt bei einem Serumbilirubin über 34 μmol/l oder bei Vorliegen einer akuten oder chronischen Cholecystitis in der Regel nicht. Die orale Cholecystographie ergibt in etwa 10% der Fälle falsch positive und in etwa 15% falsch negative Resultate. Die sensitivste Methode, um Steine in der Gallenblase oder eine Erweiterung der intrahepatischen Gallenwege darzustellen, ist die ***Sonographie.*** Bei adipösen Patienten oder Vorliegen eines Aszites ist die ***Computer-Tomographie*** vorzuziehen. Eine akute Cholecystitis kann mittels ***scintigraphischer Darstellung*** der Gallenblase mit ^{99m}Tc-markierten Iminodiazetatverbindungen nachgewiesen werden. Der Test ist positiv bei intakter Ausscheidung des Indikators ins Duodenum und fehlender Darstellung der Gallenblase. *Spezialmethoden* zum Nachweis und zur Lokalisation von Gallenwegsstenosen sind die transhepatisch, perkutane Cholangiographie und die endoskopisch retrograde Cholangiopankreatographie (ERCP). Diese Methoden werden auch zur Entlastung gestauter Gallenwege (Einlegen von Drains) und zur Steinextraktion und Papillotomie (ERCP) therapeutisch eingesetzt.

Die *Therapie* der Wahl der *symptomatischen* Cholelithiasis ist nach wie vor die ***Cholezystektomie.*** Alternative Verfahren sind, wie bereits erwähnt, die ***endoskopische Steinextraktion, Papillotomie*** und ***transhepatische Drainage.*** Eine *medikamentöse Auflösung* von Gallenblasensteinen mit Cheno- oder Ursodeoxycholsäure kommt nur bei einer Minderheit von Patienten in Frage (z.B. Kontraindikation zur Laparotomie). Voraussetzungen für eine erfolgreiche Gallensteinauflösung sind:

- keine Adipositas,
- röntgennegative (radioluzide) Cholesterinsteine,
- Steingröße unter 1,5 cm Durchmesser und
- normale Darstellung und Kontraktion der Gallenblase im oralen Cholecystogramm.

Die Erfolgsrate beträgt bei sorgfältiger Patientenselektion zwischen 20 und 70%, wobei zur kompletten Steinauflösung die Therapie über ein Jahr fortgesetzt werden muß. Cheno- und Ursodeoxycholsäure sind gleich wirksam, wobei Ursodeoxycholsäure den Vorteil einer fehlenden Hepatoxizität aufweist und nicht zu Durchfall führt. Eine neue und vielversprechende Therapiemöglichkeit ist die Steinzertrümmerung mittels hochenergetischer Stoßwellen ***(Stoßwellenlithotripsie)*** analog der Nierensteinzertrümmerung. Die Methode wurde bislang besonders erfolgreich bei solitären, radioluziden Gallenblasensteinen mit einem Durchmesser von weniger als 3 cm angewendet. Voraussetzung ist eine normal funktionierende Gallenblase (positive Darstellung mittels oraler Cholecystographie) und eine gute Lokalisation des Konkrementes mittels Ultraschall. Bei gewissen Patienten kann es bis zu 6 Monaten dauern, bis die zerkleinerten Steinfragmente aus der Gallenblase verschwunden sind. Fragmentabgang kann zu einer Gallenkolik führen. Neuerdings wurde die Stoßwellenlithotripsie auch erfolgreich zur Zerkleinerung von großen Choledochussteinen, die endoskopisch nicht entfernt werden konnten, angewendet.

12.5 Arzneimittel und Leber

Biotransformation von Arzneimitteln. Viele Arzneimittel sind lipidlösliche Substanzen, die in der Leber in wasserlösliche Produkte umgewandelt werden müssen, bevor sie via Galle und/oder Urin aus dem Körper ausgeschieden werden können. Diese sogenannte Biotransformation geschieht in zwei Schritten. In der ***Phase I*** werden die *lipophilen Xenobiotika durch das gemischtfunktionelle Oxidasesystem des Endoplasmatischen Retikulums,* das *Cytochrom P_{450}, oxidiert* (Abb. 70). Dabei wird ein Sauerstoffatom in das Substrat eingebaut, das andere Atom des Sauerstoffs wird zu Wasser reduziert. Diese Reaktionen brauchen

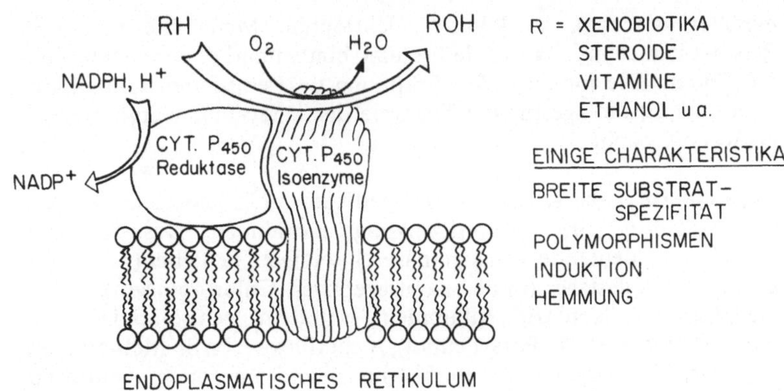

Abb. 70. Eigenschaften des arzneimittelmetabolisierenden Enzymsystems der Leber

als Kofaktor NADPH. Typische Eigenschaften des hepatischen Arzneimittel-metabolisierenden Enzymsystems sind seine ***breite Substratspezifität*** und das Vorkommen von multiplen molekularen Formen von Cytochrom P_{450}-Isoenzymen (sog. ***Polymorphismen***) (Abb. 70). Etwa 10% der Schweizer Bevölkerung haben einen Defekt in der Hydroxylierung gewisser Arzneimittel wie zum Beispiel Betablocker und gewisse Antidepressiva („Debrisoquin-Polymorphismus"; Debrisoquin ist die Standardtestsubstanz zur Entdeckung des Biotransformationsdefektes im Urin). Schließlich kann das Cytochrom P_{450} durch gewisse Arzneimittel und Umweltgifte (z. B. Barbiturate, Phenytoin, Rifampicin, orale Kontrazeptiva, chronischer Alkoholkonsum und Rauchen) induziert werden, d. h. die Enzymkonzentration in der Membran und damit die Gesamtaktivität in der Zelle nehmen zu. Andere Substrate wiederum hemmen das Cytochrom P_{450} (z. B. Cimetidin, Disulfiram, Isoniazid, Phenylbutazon, virale Infekte, akute Alkoholeinnahme). Induktion und Hemmung des Cytochrom P_{450} sind die Ursachen vieler unerwünschter Arzneimittelwechselwirkungen in der praktischen Pharmakotherapie.

In der ***Phase II*** der Biotransformation werden *lipophile Substanzen* (z. B. Steroidhormone) und/oder *oxydierte Phase-I-Produkte mit Glucuronsäure, Acetat, Glutathion oder Sulfat konjugiert*. Die Konjugation mit Glutathion durch zytosolische Glutathiontransferasen ist besonders wichtig für die Inaktivierung von reaktiven (elektrophilen) Intermediärprodukten des Arzneimittelstoffwechsels. Wird der intrazelluläre Glutathionpool erniedrigt (z. B. Fasten, Alkoholkonsum, Paracetamolüberdosierung), so können elektrophile Metabolite von zum Beispiel Paracetamol an vitale Proteine binden und dadurch zum Zelltod führen. Die intrazelluläre Erhöhung des reduzierten Glutathions bildet die Grundlage für die Therapie der Paracetamolvergiftung mit N-Acetyl-Cystein.

Hepatotoxizität von Arzneimitteln. Medikamentöse Leberschäden können praktisch jede Lebererkrankung nachahmen. Das Spektrum schließt unbedeutende Transaminaseerhöhungen, Fettleber (z. B. Tetrazykline), Cholestase (orale Kontrazeptiva, Chlorpromazin), akute Hepatitis (z. B. Isoniazid, Rifampicin, Halothan), zentrolobuläre toxische Nekrosen (z. B. Paracetamol), Leberfibrose (z. B. Methotrexat), vaskuläre Störungen (z. B. Budd-Chiari-Syndrom; orale Kontrazeptiva) und Lebertumoren (z. B. Adenome; orale Kontrazeptiva) ein. Pathogenetisch kann man die *direkten*, vorhersagbaren, *dosisabhängigen Leberschäden* (z. B. Paracetamol, Methotrexat) von den *indirekten*, nicht vorhersagbaren, dosis*un*abhängigen Leberschäden (z. B. Isoniazid, Halothan) unterscheiden. Hinweise auf indirekte allergische Leberschädigung bildet eine gleichzeitige Eosinophilie und/oder eine Anreicherung von Eosinophilen in der Leberbiopsie.

12.6 Alkohol und Leber

12.6.1 Metabolismus und Hepatotoxizität von Alkohol

Alkohol (Ethanol) wird zu 90–95% durch die Leber aus dem Körper ausgeschieden. Dabei wird Alkohol zuerst zu Acetaldehyd und dann zu Acetat aufoxidiert. Diese Reaktionen verbrauchen Sauerstoff und reduzieren $2NAD^+$ (Nikotin-Adenin-Dinucleotid) zu 2NADH. Die Bildung von Acetaldehyd wird zu 80% durch die ***Alkoholdehydrogenase*** (ADH) und zu 10–20% durch ein spezielles Isoenzym des mikrosomalen Cytochrom P_{450} (sog. *M*ikrosomales *E*thanol *O*xidierendes *S*ystem = ***MEOS***) katalysiert. Die Umwandlung von Acetaldehyd in Acetat wird durch die ***Acetaldehyddehydrogenase*** (ALDH) bewerkstelligt. Alle diese Enzyme kommen in multiplen molekularen Formen (sog. Polymorphismen) vor, die für die teilweise ausgeprägten interindividuellen Unterschiede in der Alkoholoxidationsrate (z. B. Alkoholintoleranz vieler Japaner und Chinesen) verantwortlich sind.
Alkohol und seine Oxidationsprodukte haben bei zu hoher intrazellulärer Akkumulation vielfältige direkte und indirekte *toxische Wirkungen* (Abb. 71):

- Die Oxidation von Alkohol führt akut vor allem zu einer Störung des zellulären Redoxzustandes (Abnahme des NAD^+/NADH-Quotienten). Direkte Folgen davon sind eine verminderte Gluconeogenese (Hypoglykämiegefahr), eine verstärkte Lactat- und Ketokörperproduktion und eine verminderte Oxidation von Fettsäuren.
- Das intrazellulär gebildete Acetaldehyd ist sehr ***zelltoxisch.*** Es bindet z. B. kovalent an Zellproteine, stört die Funktion der Mikrotubuli und vermindert die zelluläre Konzentration von reduziertem Glutathion, dem wichtigsten Schutzfaktor der Leberzellen gegenüber oxydierenden hepatotoxischen Substanzen (s. Kap. 12.4, „Arzneimittel und Leber"). Acetaldehyd (und Alkohol?) erhöht auch die peroxidative Schädigung von Zellmembranen, z. B. der Mitochondrien. Durch Stimulierung der Kollagensynthese und Beeinflussung immunologischer Prozesse spielt Acetaldehyd möglicherweise auch eine direkte Rolle in der irreversiblen fibrotischen Umwandlung des Lebergewebes.
- Alkohol selbst hat direkte ***membrantoxische*** Eigenschaften. Auf dem Niveau der Plasmamembran vermindert Alkohol die Aufnahme wichtiger Zellsubstrate wie zum Beispiel Aminosäuren, Glucose und Gallensäuren. Auf dem Niveau des Endoplasmatischen Retikulums hemmt eine akute Alkoholeinnahme das Cytochrom P_{450}, wäh-

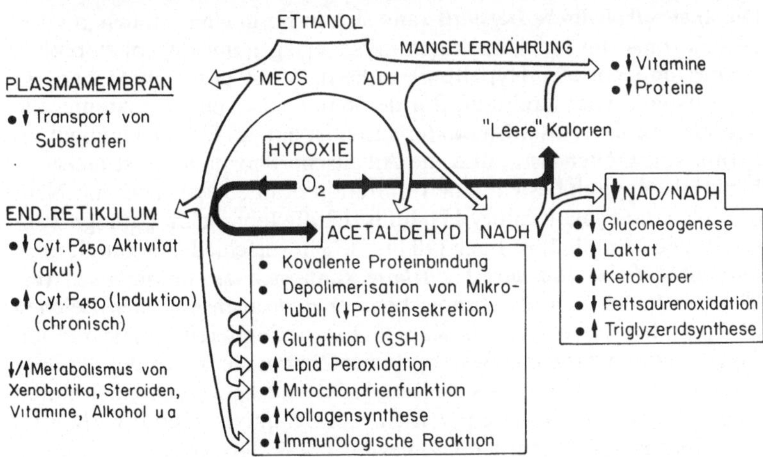

Abb. 71. Metabolische und toxische Konsequenzen des Alkoholmetabolismus in der Leber. *ADH,* Alkoholdehydrogenase; *MEOS,* Mikrosomales Ethanol Oxidierendes System; *NAD,* Nikotin-Adenin-Dinukleotid; *NADH,* reduziertes NAD

rend chronischer Alkoholkonsum das Cytochrom P_{450} induziert. Diese *Alkoholeffekte verändern die metabolische Elimination lipophiler Arzneimittel* und müssen deshalb in der Dosierung von Arzneimitteln bei Alkoholpatienten berücksichtigt werden.

- Die Oxidation von Alkohol erhöht den Sauerstoffverbrauch der Leberzellen. Wegen des lobulären Sauerstoffgradienten besteht dabei die größte Gefahr einer hypoxischen Zellschädigung in den zentrolobulären Bezirken der Leberläppchen, also dort, wo die irreversiblen fibrotischen und schließlich fatalen zirrhotischen Leberveränderungen ihren Ausgang nehmen.

12.6.2 Alkoholische Lebererkrankungen

Die mildeste Form der alkoholischen Leberschädigung, die ***Fettleber,*** ist Ausdruck der Fettstoffwechselstörungen (↓Oxidation der Fettsäuren; ↑Triglyzeridsynthese; ↓VLDL-Sekretion). Die intrazelluläre Akkumulation von Lipiden äußert sich klinisch in einer *Hepatomegalie* und histologisch in einer *grobtropfigen Verfettung der Leberzellen.* Im Serum sind die γ-GT, oft auch die Alkalische Phosphatase und manchmal auch leicht die Transaminasen erhöht. Die alkoholische Fettleber ist bei Alkoholabstinenz voll reversibel.

Die ***akute alkoholische Hepatitis*** kann sich in Form eines milden „Fettlebersyndroms" bis hin zum akuten Leberversagen mit Encephalopathie, Aszites und portaler Hypertonie äußern. Meist bestehen Fieber, ein hyperdynamischer Kreislauf, floride Spinnennävi, eine Hepatomegalie und eine Leukocytose. Charakteristisch ist ein AST/ALT-Quotient im Serum von größer als 2, und die Alkalische Phosphatase ist meist erhöht. Histologisch besteht eine Infiltration des Lebergewebes mit Neutrophilen, und sog. Mallory-Hyalin ist häufig (aber nicht pathognomonisch).Die Mortalität ist hoch (10 bis 70% in verschiedenen Studien).

Die ***alkoholische (Laennec-) Zirrhose*** kann sich asymptomatisch (ca. 60% der Fälle) oder als chronisches Leberversagen mit allen Zeichen der portalen Hypertonie (s. Kap. 12.9.2) präsentieren. Im symptomfreien Stadium kann das Bestehen einer Zirrhose lediglich durch quantitative Leberfunktionstests (s. Kap. 12.2.1) nachgewiesen oder durch eine Leberbiopsie bewiesen werden. Bei Symptomen sind die häufigsten klinischen Zeichen: Hepatomegalie (75-95%), Ikterus (65%), Aszites (65-75%), Spinnennävi (15-50%), Splenomegalie (45%), Hodenatrophie (50%) und Palmarerythem (35%). Histologisch besteht eine Zirrhose und perizentrale Sklerose. Die Prognose kann durch Alkoholabstinenz wesentlich gebessert werden.

12.7 Virale Hepatitis

Die häufigsten viralen Hepatitiden sind ***Hepatitis A, B*** und ***NonA-NonB.*** Es kommt zu einer akuten Entzündung der ganzen Leber mit vor allem periportal ausgeprägter entzündlicher (histiozytärer und leukozytärer) Infiltration und zentrolobulären Nekrosen. Der klinische Verlauf aller drei Hepatitisformen ist ähnlich. Einem ***Prodromalstadium*** mit Übelkeit, Erbrechen, Fieber, Anorexie und Malaise (bei B-Hepatitis können auch Symptome einer Serumkrankheit auftreten) folgt die ***hepatische Phase.*** Der Stuhl entfärbt sich und der Urin wird dunkler. Ein sichtbarer Ikterus tritt auf, und das Fieber verschwindet. Bilirubin und Transaminasen im Serum sind erhöht. Gelegentlich tritt eine ***cholestatische Hepatitis*** mit starker Erhöhung der Alkalischen Phosphatase im Serum auf. Die meisten Patienten erholen sich innerhalb 6-12 Wochen. Selten kommt es zu einer ***fulminanten Hepatitis*** mit akutem Leberversagen und einer Mortalität von 50-100%.

Hepatitis A. Das Hepatitis-A-Virus (HAV) ist ein RNS-Picornavirus (27 nm), das durch die fäkal-orale Route übertragen wird. Die Inkubationszeit beträgt 15-50 Tage. HAV wird 2 Wochen vor bis 1 Woche nach Auftreten des Ikterus im Stuhl ausgeschieden (Abb. 72). Die meisten Infektionen verlaufen klinisch milde und können während der Erholungsphase durch IgM-Antikörper (IgM-anti HAV) und nach der Erholung durch IgG-Antikörper (IgG-anti HAV) nachgewiesen werden (Abb. 72). Exposition verleiht lebenslängliche Immunität. Mit Ausnahme der seltenen fulminanten Verlaufsformen ist die Prognose ausgezeichnet. Eine chronische A-Hepatitis kommt nicht vor.

Hepatitis B. Das Hepatitis-B-Virus (HBV) ist ein doppelsträngiges, zirkuläres DNS-Virus (Dane-Partikel; 42 nm), das meist parenteral übertragen wird. Einem erhöhten Infektionsrisiko ist das medizinische Personal, Drogenabhängige, Dialysepatienten und Homosexuelle ausgesetzt. Das Krankheitsrisiko kann heute durch aktive Schutzimpfung verringert werden. Die Inkubationsdauer beträgt 2-6 Monate. Das HBV besteht aus einem Kern („core"), in dem das ***HBcAg*** („core" Antigen), das ***HBeAg*** und die ***DNS-Polymerase*** sitzen, und einer Hülle, dem ***HBsAg*** („surface" Antigen). Der Serumtiterverlauf dieser Antigene und der entsprechenden Antikörper ***(anti-HBc, anti-HBe, anti-HBs)*** bei unkomplizierter akuter B-Hepatitis ist in Abb. 72 dargestellt. In den meisten Fällen verschwindet das HBsAg im Serum innerhalb 3 Monate. Seine Persistenz für mehr als 6 Monate charakterisiert den chronischen HBV-Träger. Die Präsenz von HBeAg bedeutet aktive

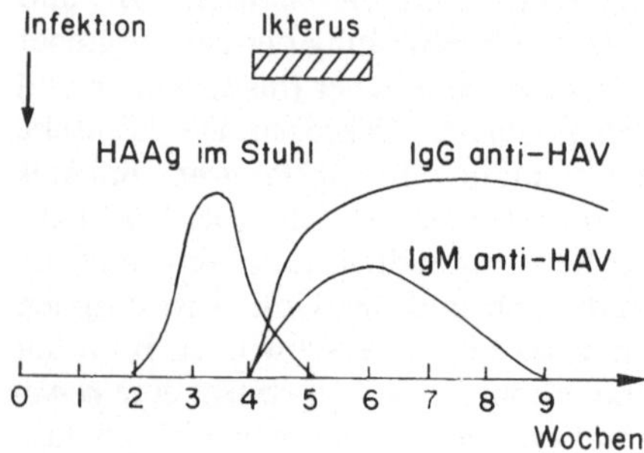

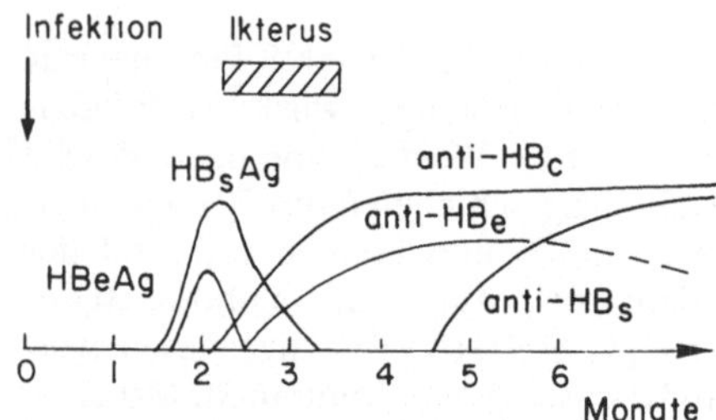

Abb. 72. Verlauf der immunologischen Serummarker bei akuter Hepatitis A und B

Virusreplikation und Infektiosität des Patienten. Der sensitivste Virusreplikationstest ist der direkte Nachweis von HBV-DNS im Serum. Anti-HBe ist ein Marker für niedrige Infektiosität. Anti-HBs zeigt Erholung und Immunität an und ist ein Marker für HBV-Infektion in der Vergangenheit. - In etwa 10% der Fälle führt die B-Hepatitis zu einer chronischen Hepatitis (HBsAg-Positivität >6 Monate). Die ***chronisch persistierende Hepatitis*** bleibt auf das Periportalfeld beschränkt; eine Erholung ist möglich. Bei der ***chronisch aktiven Hepatitis*** breitet sich die Zellschädigung in das Leberparenchym aus mit vorerst periportalen („piece-meal necrosis") und schließlich translobulären („binding necrosis") Nekrosezonen. Das Endstadium der chronisch aktiven B-Hepatitis ist häufig die Zirrhose.

Das ***Delta-Antigen*** ist ein sehr kleines RNS-Partikel, das nur in Gegenwart von HBsAg „überleben" kann. Es kann zur Exazerbation einer akuten oder chronischen B-Hepatitis führen.

NonA-NonB Hepatitis. Diese Diagnose kann nur per exclusionem gestellt werden (z. B. Absenz aller Marker für HAV, HBV, Cytomegalievirus, Epstein-Barr-Virus u. a.), da die ursächlichen Viren (mindestens 4 Typen) noch unbekannt sind. Die NonA-NonB Hepatitis ist heute für die meisten Fälle von ***Transfusionshepatitis*** verantwortlich. Sie verläuft oft protrahiert und chronisch, scheint allerdings eine bessere Prognose als die chronische B-Hepatitis zu haben.

12.8 Leberzirrhose

Die Leberzirrhose ist das gemeinsame *Endresultat ätiologisch unterschiedlicher Leberschäden* wie zum Beispiel der viralen Hepatitis (B und NonA-NonB), des Alkoholmißbrauchs, metabolischer Störungen (z. B. Hämochromatose, M. Wilson, α_1-Antitrypsinmangel), anhaltender intra- und extrahepatischer Cholestase, venöser Abflußstörungen (z. B. Budd-Chiari-Syndrom, konstriktive Perikarditis) und Arzneimittel-induzierter Leberschäden (z. B. Methotrexat). Die nekrotischen Leberzellen werden durch Bindegewebe ersetzt (Fibrose), und es kommt zu einer nodulären Regeneration der Leberzellen (Knotenbildung). Die lobuläre Architektur des Leberparenchyms geht verloren. Das portale Blut fließt durch die fibrösen Septen mehr und mehr an den Hepatozyten vorbei (intrahepatische Shunts). Der Schwund der Sinusoide sowie die Einengung noch vorhandener Sinusoide durch Ablagerung von Kollagen im Disseschen Raum führt zu einer Erhöhung des sinusoidalen Widerstandes (s. Kap. 12.9, „Portale Hypertonie“). Die klinischen und biochemischen Zeichen der Leberzirrhose variieren je nach Ausmaß des funktionellen Leberzellverlustes und der zirrhotischen Umwandlung des Leberparenchyms. Im Frühstadium kann eine Zirrhose lediglich durch funktionelle Lebertests (s. Kap. 12.2.1) oder durch eine Leberbiopsie nachgewiesen werden. In späteren Stadien kommt es zur *portalen Hypertonie* (s. Kap. 12.9), *Aszitesbildung* (s. Kap. 12.10) und schließlich zur *Leberinsuffizienz* mit manifester Encephalopathie (s. Kap. 12.11).

12.9 Portale Hypertonie

Unter normalen Verhältnissen ist der Portalkreislauf ein Niederdrucksystem mit einem portalvenösen Druck von 5-10 mm Hg. Da auch die arterielle Blutversorgung vor ihrem Eintritt in die Lebersinusoide durch Sphinkter auf niedrigen Druck heruntergebracht wird, liegt der hämodynamische Druck in den Lebersinusoiden wahrscheinlich nur gering höher als in den Lebervenen (3-6 mm Hg in waagrechter Lage des Körpers). Der tatsächliche ***Sinusoidaldruck*** kann nicht direkt gemessen werden. Dagegen kann der ***Pfortaderdruck*** entweder direkt durch transhepatische Feinnadelpunktion oder Kanülierung einer Umbilicalvene oder indirekt als Milzpulpadruck gemessen werden. Ebenso kann der ***Lebervenendruck*** über einen Ballonkatheter, der durch den rechten Vorhof über die V. cava inferior in eine periphere Lebervene eingeführt wird - entweder als Lebervenen-Verschlußdruck (WHVP = wedged hepatic vein pressure; normal 4-10 mm Hg) oder als freier Lebervenendruck (FHVP = free hepatic vein pressure; normal 2 mm Hg) - gemessen werden. Durch Messung des ***Lebervenen-Veschlußdruckes*** kann die Lokalisation eines Strömungshindernisses, das zu einer portalen Hypertonie führt, angegeben werden (Abb. 73; Tabelle 76).

Bei der ***prähepatischen Obstruktion*** ist der Lebervenen-Verschlußdruck normal, während der Pfortaderdruck erhöht ist. Eine prähepatische Obstruktion kommt vor allem bei Milzvenen- und/oder Pfortader-

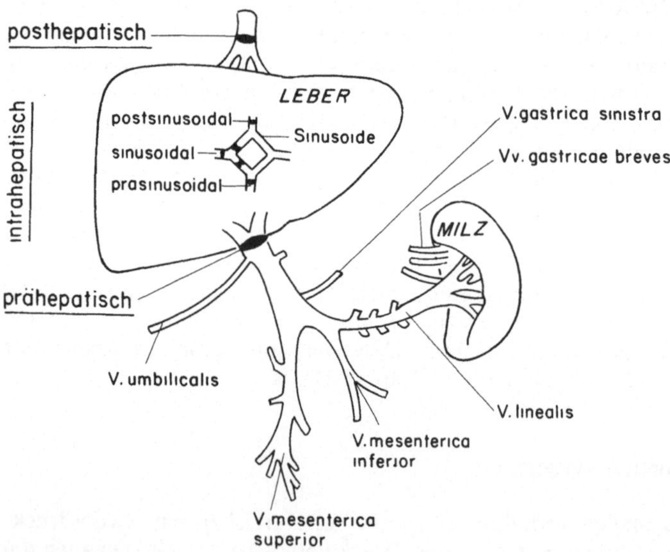

Abb. 73. Formen der portalen Hypertonie nach Lokalisation des Strömungshindernisses. (Nach Matern)

Tabelle 76. Ursachen der portalen Hypertonie

Lokalisation der Obstruktion		*Beispiele*
Prähepatisch		Pfortaderthrombose Milzvenenthrombose A-V Fisteln
Intrahepatisch	*Präsinusoidal*	Schistosomiasis Kongenitale Leberfibrose Myeloproliferative Erkrankungen Lebermetastasen Arsen- und Kupferintoxikation Vitamin A-Intoxikation
	Sinusoidal	Alkoholische Leberzirrhose
	Postsinusoidal	Venookklusive Erkrankung Budd-Chiari-Syndrom
Posthepatisch		Obstruktion der V. cava Konstriktive Perikarditis Rechtsherzversagen

thrombose vor, die durch Infektionen, Pankreatitis, Tumoren und/oder Hyperkoagulopathien bedingt sein können.

Intrahepatische Strömungshindernisse können durch Verlegung der präsinusoidalen Venen (z. B. Schistosomiasis), der Sinusoide selbst (z. B. alkoholische Leberzirrhose) oder der postsinusoidalen Verzweigungen der Lebervenen bedingt sein (Abb. 73; Tabelle 76). Bei einer ***präsinusoidalen Obstruktion*** ist der Lebervenen-Verschlußdruck ebenfalls normal und der Pfortaderdruck erhöht. Paradebeispiel einer *sinusoidal bedingten portalen Hypertonie* ist die *alkoholische Lebererkrankung*. Dabei kann infolge Schwellung der Hepatozyten und Kollagenisierung des Disseschen Raumes eine sinusoidal bedingte portale Hypertonie bereits im Stadium der Fettleber und der alkoholischen Hepatitis auftreten. Da diese Krankheiten reversibel sind, kann Alkoholentzug auch die portale Hypertonie bessern. Bei zirrhotischem Umbau dagegen kommt es zusätzlich zu einem irreversiblen Schwund der Sinusoide und zur Ausbildung von rigiden (fibrotischen) intrahepatischen portovenösen Kurzschlußverbindungen (Shunts). Infolge dieser direkten Gefäßverbindungen zwischen kleinen Pfortadervenen und den hepatischen Venen entspricht der Lebervenen-Verschlußdruck bei alkoholi-

scher Leberzirrhose dem Pfortaderdruck. Beide sind gleichermaßen erhöht. Bei der ***postsinusoidalen portalen Hypertonie*** schließlich ist der Blutabfluß durch Okklusion der intrahepatischen Venen beeinträchtigt. Diese Form der Obstruktion kommt zum Beispiel bei Thrombose der hepatischen Venen, dem sog. ***Budd-Chiari-Syndrom*** vor, das bei Frauen unter oraler Kontrazeption, bei Patienten mit Polycythämie sowie bei Tumorkompression der hepatischen Venen auftreten kann. Bei der postsinusoidalen intrahepatischen Obstruktion kann der Lebervenen-Verschlußdruck niedriger sein als der Pfortaderdruck, da bei Aufblasen des Katheterballons über intersinusoidale Verbindungen ein Druckausgleich erfolgen kann.
Eine ***posthepatisch bedingte portale Hypertonie*** liegt bei Thrombose der V. cava inferior proximal des Eintrittes der hepatischen Venen, einer Pericarditis constrictiva, einer schweren Trikuspidalinsuffizienz und bei einer Rechtsherzinsuffizienz vor. Es kommt zu einer Stauung und Erweiterung der Zentralvenen der Leberläppchen. Bei gleichzeitig vermindertem Herzminutenvolumen können infolge reduzierter Sauerstoffzufuhr zentralvenöse Nekrosen und bei anhaltender Stauungsleber eine sog. „Stauungszirrhose" auftreten.

Folgen der portalen Hypertonie. Bei einem Anstieg des Pfortaderdrukkes über 10 mm Hg kommt es zur *Ausbildung eines portocavalen Kollateralkreislaufes,* über den im Extremfall bis zu 90% des Pfortaderblutes an der Leber vorbei „geshuntet" werden können. In 70% der Fälle entstehen *Oesophagusvarizen,* die endoskopisch oder durch Bariumbreipassage nachgewiesen werden können. Oesophagusvarizenblutungen stellen die folgenschwerste Komplikation des Pfortaderhochdruckes dar. Das Blutungsrisiko korreliert ungefähr mit der Höhe des Pfortaderdruckes und der Größe der Oesophagusvarizen. Während Patienten mit Druckwerten unter 12 mm Hg und einer Varizengröße unter 5 mm Durchmesser kaum je bluten, besteht bei höheren Druckwerten und/oder größeren Varizen eine erhöhte Blutungsneigung. Absolut verläßliche Kriterien für die Vorhersage einer Oesophagusvarizenblutung fehlen allerdings. Seltener führt der portocavale Umgehungskreislauf zu einem *Caput medusae* (über eine rekanalisierte V. umbilicalis zu den Vv. epigastricae inf. und sup.) und zu *Hämorrhoiden* (über V. mesenterica inf. in die V. cava inf.).
Eine zweite Komplikation des Pfortaderhochdruckes ist die *Splenomegalie* mit den Zeichen des *Hypersplenismus* wie Thrombocytopenie, Leukopenie und hämolytischer Anämie. Schließlich ist die portale Hypertonie ein pathogenetischer Mechanismus für die Entstehung eines *Aszites* (s. unten).

12.10 Aszites

Aszites ist eine *Flüssigkeitsansammlung in der Bauchhöhle.* Aszites kann im Rahmen einer Peritonitis oder einer Peritonealcarzinose zwar als eiweißreiches Exsudat auftreten, bei chronischen Leberkrankheiten mit portaler Hypertonie weist er aber meist den Charakter eines Transsudates (<1-2 g Eiweiß pro 100 ml) auf. Die häufigste Ursache eines Aszites ist die *dekompensierte Leberzirrhose.* Dabei tragen vor allem *3 Hauptfaktoren* zur Aszitesbildung bei (Abb. 74):

- ein erhöhter Pfortaderdruck
- ein verminderter kolloidosmotischer Druck im Blut
- eine renale Natrium- und Wasserretention

Die wichtige pathogenetische Rolle des erniedrigten onkotischen Druckes in der Pathogenese des Aszites geht daraus hervor, daß allei-

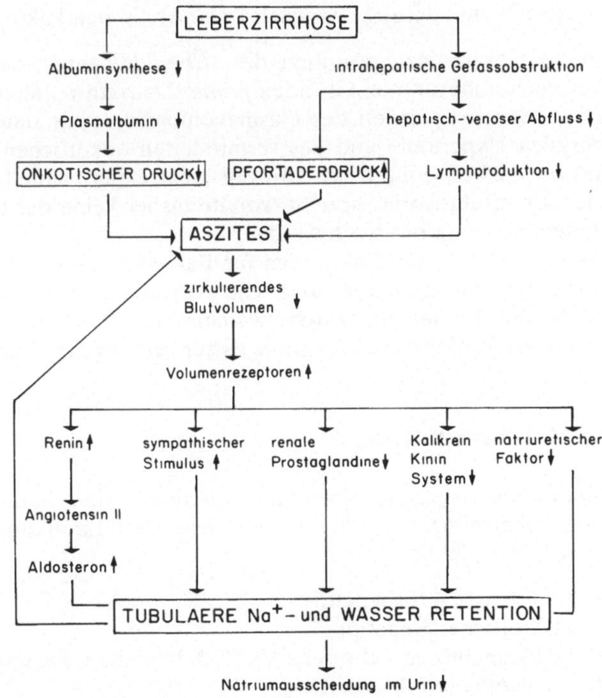

Abb. 74. Wahrscheinliche Mechanismen der Aszitesbildung bei dekompensierter Leberzirrhose. (Nach Sherlock)

niger Pfortaderhochdruck ohne Leberschädigung bei der Pfortaderthrombose nicht zu einem Aszites führt. In der Regel muß die Albuminkonzentration im Plasma unter 3 g/dl (30 g/l) fallen, damit eine portale Hypertonie einen Aszites hervorrufen kann.
Bei der Ausbildung eines Aszites bei Leberzirrhose retinieren die Nieren Natriumionen und Wasser, so daß die Natriumausscheidung im Urin auf unter 5 mmol/Tag absinken kann. Nach der sog. *„Unterfüllungshypothese"* ist diese ***renale Natrium- und Wasserrückresorption*** eine *sekundäre Folge* eines verminderten effektiven Plasmavolumens mit

- einer Aktivierung des Renin-Angiotensin-Aldosteronsystems (sekundärer Hyperaldosteronismus),
- einer Stimulation des sympathischen Nervensystems (renale Vasokonstriktion und Minderdurchblutung),
- einer Beeinträchtigung des renalen Prostaglandin- und/oder Kallikrein-Kinin-Metabolismus und
- einer Verminderung des atrialen natriuretischen Faktors (Abb. 74).

Im Gegensatz dazu postuliert die *„Überflußtheorie"*, daß die Nieren aus noch unbekannten Gründen *primär* Natrium retinieren. Die damit verbundene Expansion des Plasmavolumens würde dann infolge der portalen Hypertonie und des verminderten onkotischen Plasmadrukkes im Aszites sequestriert. Obwohl mehr experimentelle Evidenz für die „Überflußtheorie" spricht, konnte bisher keine der beiden Hypothesen eindeutig bewiesen werden.
Aszites ist ein guter Nährboden für Bakterien, und es kann zu Spontaninfektionen (spontane bakterielle Peritonitis; Leukocyten im Aszites $>250/mm^3$) kommen. Durch mechanische Effekte kann die Atmung behindert werden, und oft kommt es zur Bildung von Nabelhernien.

12.11 Leberinsuffizienz

Akutes Leberversagen. Eine akute Leberinsuffizienz kann infolge massiver Leberzellnekrosen bei den meisten Lebererkrankungen auftreten, so zum Beispiel bei

- fulminanter Virushepatitis
- alkoholischer Hepatitis
- medikamentösen Leberschäden (z. B. Halothan, Paracetamol)
- Knollenblätterpilzvergiftung
- akuter Schwangerschaftsfettleber
- Kreislaufschock (mit oder ohne Gram-negative Sepsis)

Die rasche Lebereinschmelzung führt zu einem sich rasch verstärkenden ***Ikterus mit schwerer Beeinträchtigung des Allgemeinzustandes wie*** Inappetenz, Meteorismus, Mattigkeit, Schwäche und Muskelzittern. Diese Symptome sind begleitet von Fieber, einer Leukozytose und einem *Foetor hepaticus,* d.h. einem süßlich-fäkulanten Geruch, der auf Substanzen wie Methylmercaptan im Darm zurückgeführt wird. Infolge der hepatischen Encephalopathie (s. unten) kommt es zu Bewußtseinsstörungen mit zeitlicher und örtlicher Desorientierung und schließlich zum ***Coma hepaticum.*** Die Progredienz des Hirnschadens ist durch Zunahme der Amplitude bei gleichzeitiger Abnahme der Frequenz der EEG-Potentiale gekennzeichnet. Das Auftreten von langsamen, triphasischen Deltawellen bedeutet eine schlechte Prognose. Im ***Endstadium*** entwickelt sich ein Hirnödem mit Decerebrationssymptomen. Als weitere Komplikationen treten häufig eine Niereninsuffizienz, diffuse Schleimhautblutungen (v.a. im Gastrointestinaltrakt) und schließlich eine kardiopulmonale Insuffizienz (Atemstillstand, Schock) auf. Biochemisch sind die Transaminasen im Serum in der Frühphase sehr hoch und fallen mit zunehmender Leberschädigung wieder ab. Ein Serumbilirubin über 23 mg/dl (=391 μmol/l) korreliert mit einer schlechten Prognose. Der beste prognostische Index ist allerdings die Prothrombinzeit. Ein Abfall des Quick-Wertes unter 20% ist in der Regel mit einem Überleben nicht vereinbar.

Chronisch-hepatozelluläre Insuffizienz. Bei der chronisch-progredienten Leberzirrhose kann es infolge des langsamen Krankheitsverlaufes neben den Zeichen einer portalen Hypertonie (s. Kap. 12.9) und der Aszitesbildung (s. Kap. 12.10) zu weiteren pathologischen Organveränderungen kommen, die bei perakutem Leberversagen nicht im Vordergrund stehen. Beispiele dafür sind Hautveränderungen wie Spinnennävi, Palmarerythem und Weißverfärbung der Fingernägel. Bei alkoholischer Leberzirrhose tritt zudem infolge komplexer Störungen des Hormonhaushaltes ein Hypogonadismus mit Libido- und Potenzverlust auf. Bei Männern kommt es zu einer Feminisierung mit Gynäkomastie. Das sog. ***hepatorenale Syndrom*** äußert sich in einer funktionellen Niereninsuffizienz, die bei Überwindung der primären Lebererkrankung voll reversibel ist. Schließlich ist der zunehmende Leberzellverlust charakterisiert durch progrediente neuropsychiatrische Funktionsstörungen, die sog. hepatische (portosystemische) Encephalopathie.

Hepatische Encephalopathie. Dieses neuropsychiatrische Syndrom tritt ***akut*** bei fulminantem Leberversagen (s. oben) und ***chronisch*** bei langsam progredienter Leberzirrhose mit porto-systemischem Kollateralkreislauf auf. Bei chronischem Leberschaden kann das Syndrom durch verschiedene Faktoren ausgelöst oder verstärkt werden, so zum Beispiel durch zu rasche Ausschwemmung eines Aszites, gastrointestinale Blutungen, eiweißreiche Diät, Operationen und/oder Infektionen. Die hepatische Encephalopathie ist charakterisiert durch *Veränderungen der Persönlichkeit*, mit Affektlabilität und verminderter Gedächtnisleistung, einer *Beeinträchtigung der Bewußtseinslage* (örtliche oder zeitliche Desorientierung; nächtliche Verwirrungs- und Dämmerungszustände), einem *gestörten Schlaf-Wach Rhythmus* und *Störungen der Motorik*. Letztere äußern sich in einer veränderten Muskelerregbarkeit, die von Hyperreflexie bis zur Areflexie reichen können. Besonders typisch (aber nicht leberspezifisch) ist der *„flapping tremor"*, der sich bei ausgestreckten dorsal flektierten Händen mit gespreizt gehaltenen Fingern in einem „Flügelschlagen" äußert. Das EEG ist durch eine Abnahme der Potentialfrequenz und im präkomatösen Stadium durch das anfallsweise Auftreten von langsamen hohen Deltawellen charakterisiert. Der Verlauf der hepatischen Encephalopathie kann in *5 Stadien* eingeteilt werden:

- *Grad 1:* Geringe Verwirrtheit, Verstimmungszustände, Verhaltensstörungen, psychometrische Defekte
- *Grad 2:* Dämmerzustände, starke Verhaltensstörungen
- *Grad 3:* Grobe psychische und motorische Störungen mit zeitlicher und örtlicher Desorientierung
- *Grad 4:* Koma mit Hypo- und Areflexie
- *Grad 5:* Tiefes Koma mit fehlender Reaktion auf Schmerzreize.

Die *pathogenetische Ursache* der hepatischen Encephalopathie ist wahrscheinlich multifaktoriell. *Erstens* kommt es zu einer verminderten hepatischen Elimination von im Colon gebildeten bakteriellen Neurotoxinen wie zum Beispiel Ammoniak und Mercaptane. Letztere werden durch bakteriellen Abbau der Aminosäure Methionin gebildet. *Zweitens* bedingt die Leberinsuffizienz einen Anstieg der aromatischen Aminosäuren (Tyrosin, Phenylalanin, Tryptophan im Blut (s. Kap. 12.3.2, „Aminosäuren- und Proteinstoffwechsel"), die im Gehirn zu den „falschen" Neurotransmittern Phenyläthanolamin und Octopamin umgewandelt werden. *Drittens* kommt es bei Leberinsuffizienz zu einer Aktivierung und Vermehrung des wichtigsten neuroinhibitorischen Transmittersystems, nämlich der γ-Aminobuttersäure-abhängigen Neurotransmission.
Insgesamt führen diese komplexen metabolischen Störungen zu einer Verminderung der exzitatorischen und zu einer Verstärkung der inhibi-

torischen Neurotransmission im ZNS. Welche Mechanismen die primäre Ursache der hepatischen Encephalopathie darstellen, ist noch nicht bekannt. Die Tatsache aber, daß die neuropsychiatrischen Symptome durch Stop der oralen Eiweißzufuhr und durch bakterielle Dekontamination des Dickdarmes (Lactulose, Neomycin) wesentlich gebessert werden können, stützt die wichtige pathogenetische Bedeutung von intestinal gebildeten, bakteriellen Eiweiß- und/oder Aminosäurenabbauprodukten.

13 Exokrines Pankreas

13.1 Anatomie

Das Pankreas besteht aus Kopf, Hals, Körper und Schwanz. Es liegt vollständig retroperitoneal. Sein Kopf schmiegt sich in die Duodenalschleife, das Corpus liegt der Magenhinterwand an, der Schwanz endet in der Nähe des Milzhilus. Die Milzvene verläuft in einer Grube entlang der dorsalen Pankreasfläche und vereinigt sich im Bereich des Halses mit der Vena mesenterica superior zur Vena portae. Der Ductus choledochus dringt von cranial her in den Pankreaskopf ein und verläuft rechts des Ductus pancreaticus major (Wirsungi) zur Papilla Vateri, wo beide Gänge in 80% miteinander ins Duodenum münden. Die Strecke, welche beide Gänge zu einem Lumen vereint durchlaufen, ist sehr variabel. Es wurden aber sonstige, feine Verbindungen zwischen beiden Gängen beschrieben, so daß wahrscheinlich bei der Mehrzahl der Menschen eine größere oder kleinere Verbindung zwischen Ductus choledochus und Ductus pancreaticus major bestehen. Der Ductus pancreaticus minor (Santorini) drainiert Teile des Kopfes und mündet in der Papilla minor proximal der Papilla Vateri ins Duodenum. Die mikroskopische Einheit des exokrinen Pankreas ist der Acinus, dessen Zellen Enzyme bilden und als Zymogen-Granula speichern. Ein Gangsystem leitet Enzyme, H_2O, Bicarbonat und Cl^- aus den Acini ab. Die hormonproduzierenden Inseln liegen zwischen den Acini verstreut. Die intrapankreatische Blutversorgung ist in der Regel in Serie geschaltet, und zwar in der Reihenfolge Inseln - Acini - Ductuli, was die parakrine Beeinflussung der exokrinen Sekretion suggeriert.

13.2 Physiologie

13.2.1 Enzyme

Das Pankreas bildet pro Tag 6–20 g Enzyme (oder Zymogene). Die sog. Serin-Proteasen oder Endoproteasen Trypsin, Chymotrypsin, Elastase und Kallikrein sind durch die Reaktivität eines Serin-Restes charakterisiert. Man kennt drei verschiedene Trypsinogene (1, 2, 3), zwei verschiedene Chymotrypsinogene (A, B) und zwei verschiedene Proelastasen (1, 2). Die Trypsinogene werden durch die duodenale Enterokinase (Enteropeptidase) zu Trypsin aktiviert. ***Trypsin*** ist das Schlüsselenzym des Pankreas, indem es selbst nicht nur Trypsinogen, sondern vor allem alle anderen Endo- und Exopeptidasen aktiviert und somit das ***Triggerenzym der pankreatischen Enzymkaskade*** darstellt (Abb. 75). Diese Aktivierung kommt wohlgemerkt erst im Duodenum in Gang und ist abhängig von der Konzentration von Trypsin, Zymogenen und pH. Die Exopeptidasen Carboxypeptidase A und B bauen Proteine und Peptide weiter ab, die bereits von den Endoproteasen angegangen

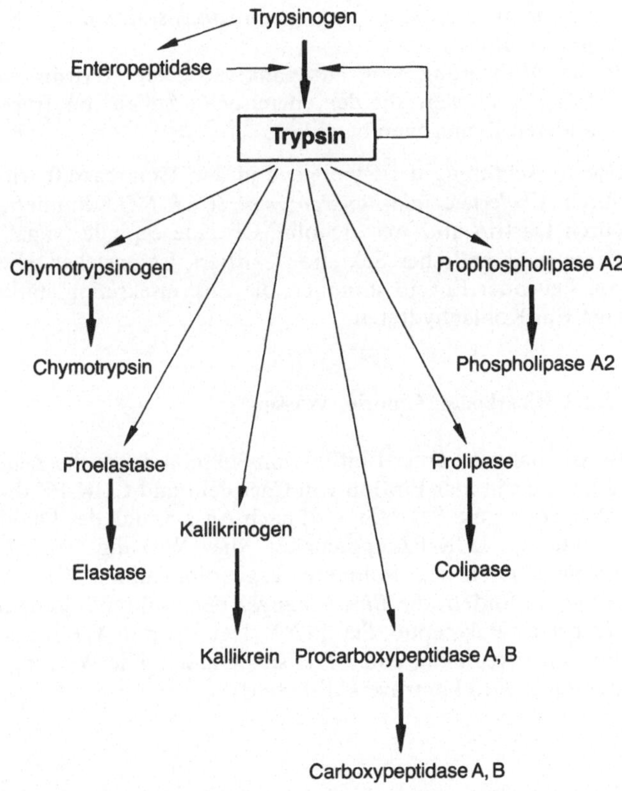

Abb. 75. Wechselwirkungen pankreatischer Enzyme, pankreatische Enzymkaskade

wurden. Die Phospholipase A kann unter anderem die Bildung von zytotoxischen Substanzen katalysieren, z. B. von Lysolecithin aus Lecithin. Die Bedeutung von Lipase, Colipase und α-Amylase wurde früher erwähnt. Um eine intrapankreatische Aktivierung des Fermentsystems mit verheerenden Folgen zu verhindern, sind folgende *Schutzmechanismen* eingebaut:

- Die Enzyme werden als inaktive Vorstufen synthetisiert und, umgeben von einer Lipoprotein-Membran, als Zymogen-Granula in den Acinuszellen gelagert und durch Exozytose aus der Zelle entlassen.
- Zur Aktivierung der Vorstufen braucht es Trypsin, welches selbst erst extrapankreatisch aus seiner Vorstufe gebildet wird.
- Das Pankreas enthält einen Inhibitor, der erhebliche Mengen Trypsin inaktivieren kann (sog. ***pankreatisch-sekretorischer Trypsin-Inhibitor*** von Kazal).
- Bei Aktivierung von intrapankreatischem Trypsin werden auch Enzyme aktiviert, die den chemischen Abbau von Trypsinogen und anderen Zymogenen bewirken.

Die Ausschüttung der Zymogene in den Pankreassaft wird vor allem durch ***Cholecystokinin-Pankreozymin (CCK-PZ)*** stimuliert, aber auch durch Gastrin und Acetylcholin. Ob eine cephale (vagal vermittelte) Phase pankreatischer Sekretion existiert, ist unsicher. Die Einnahme von Fett oder Eiweiß stimuliert die Enzymsekretion stärker als diejenige von Kohlenhydraten.

13.2.2 Bicarbonat, Chlorid, Wasser

Bicarbonat wird unter Einfluß von Sekretin durch die Zellen der Ductuli, Chlorid unter Einfluß von Caerulein und CCK-PZ durch Acinuszellen sezerniert. Sekretin wird nach Ansäuerung des Duodenums ausgeschüttet. CCK-PZ potenziert die Wirkung von Sekretin (s. Tabelle 77), ebenso indirekte Vagusstimulation. VIP, Acetylcholin, Serotonin fördern die ***Bicarbonatsekretion,*** während Somatostatin, pankreatisches Polypeptid, Peptid YY, Neuropeptid Y, Glucagon, Calcitonin, Metenkephalin, und ADH sie hemmen. Die Wirkung von Prostaglandin E wird kontrovers diskutiert.

13.3 Untersuchungsmethoden

Morphologische Methoden

- Mittels ***Ultraschall*** kann das Pankreas gut von seiner Umgebung abgegrenzt werden, vorausgesetzt daß es nicht zu stark von Luft und Darminhalt überlagert wird. Ein Ödem, ein erweitertes Gangsystem, Pseudozysten sowie ein Carcinom sind dem Ultraschall zugängliche pathologische Strukturen.
- Das ***Computertomogramm*** ist dem Ultraschall nur in gewissen Fällen überlegen, z.B. im Erkennen von Nekrosen.
- Die ***endoskopisch-retrograde Pankreatographie:*** Die Papilla Vateri wird endoskopisch kanüliert und das pankreatische Gangsystem mit röntgendichtem Kontrastmittel injiziert. Auf den Röntgenaufnahmen lassen sich Veränderungen des Gangsystems (Schlängelung, Einengungen, Verschlüsse, Erweiterungen), mit dem Gangsystem in Verbindung stehende Pseudozysten sowie Ganganomalien erkennen. Gleichzeitig wird in der Regel das Gallenwegsystem dargestellt, das unter Umständen Rückschlüsse auf den Pankreaskopf (z.B. Pankreaskopf-Carcinom) zuläßt.
- Die ***Röntgen-Leer-Aufnahme*** des Abdomens läßt die Diagnose von Pankreasgangverkalkungen zu. Vereinzelte stehende Dünndarmschlingen bei akutem Abdomen (sentinel loop) können als Ausdruck eines lokalen paralytischen Ileus Zeichen einer akuten Pankreatitis sein.
- ***Ultraschall- oder CT-gezielte Feinnadelpunktion*** zur zytologischen oder bakteriellen Untersuchung des Punktates.
- ***Zytologische und biochemische Untersuchung*** des Pankreassekretes, das durch endoskopische Kanülierung gewonnen wurde.
- ***Inspektion und Biopsie des Pankreas*** anläßlich einer Laparotomie.

Funktionelle Methoden (Tabelle 77)

- Bestimmung der ***Pankreas-Isoamylase*** in Serum und Urin: Leichte Erhöhungen finden sich im Serum bei Leber- und Nierenerkrankungen. Für die Wahrscheinlichkeitsdiagnose einer akuten Pankreatitis muß im Serum ungefähr das dreifache der Norm, im Urin das Doppelte überschritten werden. Für die Diagnose der chronischen Pankreatitis ist die Bestimmung der Pankreas-Isoamylase ungeeignet.
- Bestimmung der ***Serum-Lipase:*** Werte, die um über das Doppelte erhöht sind, sprechen für eine akute Pankreatitis.

Tabelle 77. Normwerte für die Funktion des exokrinen Pankreas		
Sekretion:	Volumen	117- 392 ml/80 min.
	Bicarbonat-Konzentration	88- 137 mAeq/l
	Bicarbonat-Ausstoß	16- 33 mAeq/80 min.
	Amylase-Ausstoß	439-1921 E/80 min.
Sekretion + CCK:	Volumen	111- 503 ml/80 min.
	Bicarbonat-Konzentration	88- 114 mAeq/l
	Bicarbonat-Ausstoß	10- 86 mAeq/min.
	Amylase-Ausstoß	441-4088 E/80 min.
CCK Test:	Trypsin-Ausstoß	25- 54 kE/Std.
	Lipase-Ausstoß	77- 322 kE/Std.

(Nach: E.P. Di Magno, J.E. Clain: Chronic Pancreatitis, in The Exocrine Pancreas: Biology, Pathobiology, and Diseases; Hrsg.: V.L.W. Go et al.; Raven Press New York 1986.)

- Bestimmung der ***Chymotrypsin-Konzentration im Stuhl:*** Norm: >120 µg/g Stuhl oder >7,5 mg/24 Std. Erniedrigte Werte sprechen für eine Einschränkung der exokrinen Pankreasfunktion.
- ***Sekretin-Cholecystokinin-Test:*** Sammlung und Analyse des Pankreassekretes (und der Galle) im Duodenum unter Basalbedingungen sowie nach intravenöser Stimulation mit Sekretin und CCK-PZ. Einlegen einer Doppelsonde, um Duodenalinhalt und Magensekret getrennt abzusaugen.
- ***NBT-PABA-Test:*** Das synthetische Tripeptid N-Benzoyl-L-Tyrosyl-p-Aminobenzoesäure (PABA) wird peroral eingenommen und im Dünndarm durch Chymotrypsin hydrolysiert. PABA wird resorbiert, in der Leber konjugiert und im Urin ausgeschieden. Die Konzentration von PABA und seinen Metaboliten in Urin oder Plasma dient als Maß für das im Dünndarm vorhandene Chymotrypsin. Die Sensitivität bei schwerer Pankreasinsuffizienz liegt bei 80%. Verschiedene Medikamente interferieren mit der PABA-Bestimmung.
- ***Fettbestimmung im Stuhl*** (Norm: <7 g/Tag).

Chymotrypsin-, Sekretin-CCK- und Fettwerte sind nur bei schwerer Pankreasinsuffizienz pathologisch und zur Diagnose einer leichten Insuffizienz ungeeignet.

13.4 Pathophysiologie

Die beiden wichtigsten, nicht malignen Erkrankungen des Pankreas sind die ***akute*** und die ***chronische Pankreatitis.*** Wenn auch die wichtigsten assoziierten Ursachen für beide Krankheiten bekannt sind, ist die eigentliche Pathogenese dieser Leiden noch unklar.

13.4.1 Akute Pankreatitis

In Fällen, in denen kein übermäßiger Alkoholkonsum vorliegt, ist die akute Pankreatitis meist mit einer Cholelithiasis verbunden. Der Durchtritt eines Konkrementes durch die Papilla Vateri mit vorübergehender Einklemmung scheint ätiologisch die akute Pankreatitis auszulösen. Dafür spricht, daß in einer Studie 94% der Patienten mit Cholelithiasis und akuter Pankreatitis Gallensteine im Stuhl aufwiesen, gegenüber 11% von Patienten mit Cholelithiasis ohne akute Pankreatitis. Führt man ferner bei Diagnose einer akuten Pankreatitis eine sofortige Endoskopie durch, können häufig der Stein in der Papille oder die Zeichen eines eben erfolgten Steindurchtritts erkannt werden.

Die genauen pathophysiologischen Vorgänge, die zur akuten, ödematösen oder hämorrhagisch-nekrotisierenden Pankreatitis führen, sind allerdings nicht bekannt. Allgemein wird die akute Pankreatitis als Reaktion auf eine intrapankreatische Aktivierung der Fermentkaskade aufgefaßt, die zur Autodigestion des Organes führen kann.

Experimentell kann durch Druckerhöhung im Duodenum, welche einen Reflux von Duodenal- und Pankreassekret (nach vorheriger Ableitung der Galle) nach sich zieht, innerhalb von Stunden eine hämorrhagische Pankreatitis erzeugt werden. Unter Druck ins Pankreasgangsystem injizierte Galle führt ebenfalls zu einer hämorrhagischen, akuten Pankreatitis, nicht aber die Ableitung der Galle über das Pankreasgangsystem bei physiologischen Drucken. Desgleichen hat die Infusion von Trypsin unter erhöhtem Druck in das Pankreasgangsystem eine hämorrhagische Pankreatitis zur Folge. Die intraductale Instillation von Phospholipase A führt zu geringen histologischen Veränderungen, diejenige eines Gemisches von Phospholipase A mit Lecithin enthaltender Galle aber zur hämorrhagischen Pankreatitis. Es ist denkbar, daß so entstehendes zytotoxisches Lysolecithin zu einer Freisetzung von Fermenten führt. Die Ligatur des Ductus pancreaticus major führt für sich allein nicht zu einer typischen akuten Pankreatitis. Von klinischer Seite ist wiederum bekannt, daß ein langes T-Drain, das durch die Papilla Vateri ins Duodenum reicht, sowie die Einlage einer

Endoprothese in den Ductus choledochus, die beide mindestens teilweise zu einer *Einengung der Abflußverhältnisse im Pankreasgang* führen, von einer akuten Pankreatitis gefolgt sein können. Schließlich ist auch die endoskopisch retrograde Pankreatographie in vielen Fällen von einer *Fermenterhöhung im Blut*, bei stärkerer *Druckerhöhung im Gangsystem* auch von einer klinisch manifesten, akuten Pankreatitis begleitet.

Physiologischerweise ist der Druck im Pankreasgangsystem 3-4 mal höher als im Gallenwegsystem. Trotz der gemeinsamen Mündung oder den übrigen möglichen Verbindungen zwischen den beiden Gangsystemen sind die Verhältnisse nur bei etwa 20% der Menschen so, daß signifikante Flüssigkeitsmengen von einem Gangsystem ins andere gelangen können. Alle diese Daten erschweren deshalb eine Erklärung, warum die Passage eines Gallekonkrementes durch die Papilla Vateri eine akute Pankreatitis auslösen kann. Notwendig ist offensichtlich eine Druckerhöhung sowie eine Aktivierung des Fermentsystemes im Pankreas. Wodurch und wo diese Aktivierung erfolgt, ob im Gangsystem oder im Parenchym, ist unbekannt. Die akute Pankreatitis, die in Zusammenhang mit Alkoholabusus gesehen wird, stellt wahrscheinlich eine Exazerbation einer chronischen Pankreatitis dar und wird dort besprochen.

Weitere Ursachen akuter Pankreatitiden

- ***Medikamente.*** Corticosteroide, Furosemid, Thiaziddiuretica, Östrogene, Azathioprin, L-Asparaginase, 6-Mercaptopurin, α-Methyldopa, Tetracycline, Pentamidin, Sulfonamide, Procainamid. Mit Ausnahme von Azathioprin und L-Asparaginase sind Medikamente eine sehr seltene Ursache einer akuten Pankreatitis. Umstritten sind H2-Rezeptorenblocker.
- ***Infekte.*** Parotitisvirus, Coxsackievirus, Mycoplasma pneumoniae, möglicherweise Hepatitis B-Virus
- ***Obstruktion.*** Gangobstruktion durch Ascaris und Clonorchis sinensis. Pankreas-Carcinom. Endoprothese im Ductus choledochus
- ***Reflux (?) und Druckerhöhung (?).*** Syndrom der zuführenden Schlinge bei St. nach Billroth II (selten). Endoskopisch retrograde Pankreatographie
- ***Metabolische Ursachen.*** Hyperparathyreoidismus (selten). Hyperlipidämie Typ I und V. Skorpionstich (Trinidad)
- ***Operative Ursachen.*** Nach Pankreas-nahen und -fernen Operationen
- ***Trauma***
- ***Idiopathische Ursachen.*** Ca. 5% aller akuten Pankreatitiden

Die pathophysiologischen Vorgänge, die in all diesen Fällen zur akuten Pankreatitis führen, sind nicht bekannt.
Klinisch manifestiert sich die akute Pankreatitis mit *Dauerschmerzen* im Oberbauch, die gürtelförmig oder direkt in den Rücken ausstrahlen können. In Serum und Urin sind die meßbaren Pankreas-Enzyme erhöht. Den selteneren, ***schweren akuten Pankreatitiden*** liegt meist eine hämorrhagische Pankreatitis mit Nekrosen zugrunde. Komplizierend findet man in diesen Fällen häufig einen *Schock,* der teilweise durch Plasmaverlust in den Retro- und Intraperitonealraum bedingt ist, eine *Peritonitis* und ein *Multiorganversagen.* Etwa 2-4% der Patienten mit akuter Pankreatitis kommen ad exitum. Eine mögliche Komplikation stellt die Ausbildung von Pseudozysten dar, die sich sekundär infizieren oder in ein anderes Organ perforieren können. Häufig bilden sich aber Pseudozysten spontan zurück. Nach einer akuten Pankreatitis ist die Pankreasfunktion vorübergehend für eine variable Zeit eingeschränkt, erholt sich aber stets wieder, auch nach mehreren Schüben. Die frühere Unterscheidung in akute und akut rezidivierende Pankreatitis wird nicht mehr gebraucht.

13.4.2 Chronische Pankreatitis

Die chronische Pankreatitis ist definiert durch eine Persistenz und - meistens - Progredienz der exokrinen Funktionseinbuße und der histologischen, entzündlich-narbigen Veränderung des Organs. Radiologisch erkennbare intraductale Verkalkungen sowie endokrine Insuffizienz treten in der Regel spät im Verlaufe der Erkrankung auf. Da eine histologische Untersuchung zu Lebzeiten des Patienten in den meisten Fällen nicht möglich ist, müssen Diagnose und Differentialdiagnose der chronischen Pankreatitis durch Anamnese, Klinik, Laboruntersuchungen, endoskopisch retrograde Pankreatographie und Radiologie gestellt werden. Da auch eine akute Pankreatitis eine vorübergehende Funktionseinbuße nach sich ziehen kann und da eine chronische Pankreatitis sich anfänglich durch akute Schübe manifestieren kann, ist die Diagnose einer chronischen Pankreatitis unter Umständen nur durch Beobachtung einer längeren Verlaufszeit möglich.

Obstruktive chronische Pankreatitis

Diese Form der chronischen Pankreatitis betrifft nur eine kleine Minderheit der Fälle. Sie ist durch eine lange bestehende Obstruktion des Ductus pancreaticus bedingt: chronisch-entzündliche Stenose der

Papilla Vateri, Tumoren im Bereiche des Pankreaskopfes oder der Papille, Pankreas divisum, fehlender Ductus pancreaticus major, Pseudozyste, narbige Gangstenose, Traumafolgen. Intraductale Verkalkungen sind selten, die entzündlichen Veränderungen regelmäßig über das Pankreas verteilt.

Chronisch verkalkende Pankreatitis

Diese Form der chronischen Pankreatitis ist weitaus die häufigste. Die Verkalkung tritt im Laufe der Erkrankung auf und betrifft *kalzifizierte Proteinniederschläge in den Pankreasgängen*. In der westlichen Welt, Japan, Südamerika und einigen Staaten Afrikas ist die chronisch verkalkende Pankreatitis mit der Einnahme von Alkohol assoziiert.

Alkohol-assoziierte chronische Pankreatitis. Obschon es keine sichere untere, d.h. unschädliche Grenze der Alkoholeinnahme für die Entwicklung einer chronischen Pankreatitis gibt, nehmen diese Patienten meistens Alkohol im Übermaß über viele Jahre ein (in Marseille durchschnittlich 179 g täglich über 17 Jahre). Eine frühe Veränderung bei den meisten Formen der chronischen Pankreatitis ist die Verminderung des ***Pankreatischen Stein-Proteins PSP*** im Pankreassekret. Sie ist aber unabhängig von der Alkoholeinnahme. PSP wird in den Acinuszellen gebildet und verhindert die Ausfällung des Calciumcarbonates im Pankreassekret und könnte bei der Entstehung der chronischen Pankreatitis eine Rolle spielen. Bei Patienten mit chronisch verkalkender Pankreatitis, nicht aber bei Alkoholikern ohne Pankreaserkrankung oder Patienten mit akuter Pankreatitis ist die Sekretion von ***Laktoferrin*** in das Pankreassekret erhöht. Laktoferrin wird nicht in allen Acinuszellen gefunden. Seine Ausfällung in den kleinsten Gängen könnte zu Stase und Entzündung führen. Später im Verlaufe der chronischen Pankreatitis findet man eine Erhöhung der Calcium- und Proteinsekretion. Weitere Veränderungen der Pankreasfunktion unter Alkoholeinfluß sind eine Verminderung der Bicarbonat-Konzentration sowie der Konzentration und Sekretion von Citrat im Sekret. Desgleichen findet man eine Erniedrigung der Sekretion von sekretorischem Trypsin-Inhibitor. Möglicherweise spielen somit erhöhte Protein- und Laktoferrin-Konzentration im Pankreassekret sowie Erniedrigung von pankreatischem Steinprotein, Citrat und Bicarbonat eine Rolle bei der Eiweißausfällung in einzelnen Ductuli; diese Eiweißpfropfen können zur Läsion der Ductuli, zu Stase, Läsion der Acinuszellen, Entzündung und Fibrose führen. Sekundär verkalken und wachsen diese Eiweißpfropfen zu Konkrementen. Ob diese Vorstellung über die Pathoge-

nese der chronischen Alkoholpankreatitis stimmt, ist nicht bewiesen. Auch ist nicht klar, ob sich damit die Schübe akuter Pankreatitis bei den Alkoholikern erklären lassen, welche der Diagnose der chronisch verkalkenden Alkoholpankreatitis vorausgehen können.
Alkohol hat wahrscheinlich auch eine *direkte Wirkung auf die Acinuszell-Strukturen.* Man beobachtet eine Verminderung der Zymogengranula und eine Vermehrung des rauhen endoplasmatischen Reticulums, welches Lipidtröpfchen enthält. Wahrscheinlich ändert Alkohol auch die Struktur der Zellmembran und beeinflußt damit Rezeptoren, Transportmechanismen und Barrierefunktionen der Zellmembran.

Idiopathische chronische Pankreatitis. Bei dieser Gruppe ist die Ätiologie unbekannt, Alkohol spielt keine Rolle. Man findet in ihr juvenile und vor allem sog. senile chronische Pankreatitiden. Letztere manifestieren sich besonders häufig als schmerzloses Malabsorptionssyndrom.

Tropische chronische Pankreatitis. In Asien und gewissen Ländern Afrikas werden fast ausschließlich Kinder und Jugendliche von einer chronisch verkalkenden Pankreatitis betroffen, deren Ursache in einer *Malnutrition* gesucht wird. Wahrscheinlich ist eine Kombination von verschiedenen Mangelzuständen verantwortlich: Ein Mangel an Protein, Zink, Selen, Kupfer, Vitaminen und essentiellen Fettsäuren wurde dokumentiert, aber nicht in allen untersuchten Kohorten in gleichem Maße.
Eine seltene Form der ***chronisch verkalkenden Pankreatitis*** unbekannter Ätiologie ist die ***hereditäre Form,*** welche mit einer Aminoacidurie kombiniert sein kann. Ein früh auftretendes Pankreas-Carcinom ist in diesen Fällen gehäuft, entgegen den anderen Formen der verkalkenden Pankreatitis.
Selten ist die ***chronische Pankreatitis bei Hyperparathyreoidismus.***
Klinisch manifestiert sich die chronische Pankreatitis meist durch immer wiederkehrende *Schmerzschübe;* der Schmerz dauert in der Regel über Stunden oder Tage an und hat die gleiche Lokalisation und Ausbreitung wie bei der akuten Pankreatitis. Die Fermente in Blut und Urin sind bei länger dauernder chronischer Pankreatitis gelegentlich im akuten Schub nicht mehr erhöht. Schmerzlose Formen der Erkrankung kommen besonders bei der idiopathisch-senilen, chronischen Pankreatitis vor. Mit der Progression des Leidens, d.h. mit Zunahme der Pankreasinsuffizienz, haben die Schmerzen die Tendenz, abzunehmen und zuletzt zu verschwinden. *Steatorrhoe* und *Diabetes* sind Spätmanifestationen der Erkrankung, treten aber bei alkoholbedingter

chronischer Pankreatitis früher auf als bei chronischer Pankreatitis anderer Genese. In früheren Stadien muß die Diagnose aufgrund der radiologisch erkennbaren Verkalkungen, der Gangveränderungen in der endoskopisch-retrograden Pankreatographie, wiederholt pathologisch ausgefallener Funktionsprüfungen (Chymotrypsin im Stuhl, PABA-Test, ev. Sekretin-CCK-PZ-Test) oder des intraoperativ festgestellten Befundes gestellt werden. Nicht zu vergessen ist, daß letztere nicht mit der Klinik zu korrelieren braucht und daß die Fermentsekretion um ca. 90% reduziert sein muß, bevor eine Malabsorption auftritt.

Eine ***exokrine Pankreasinsuffizienz*** ohne Vorliegen einer eigentlichen Entzündung findet sich bei der Mucoviscidose.

Die ***Mucoviscidose*** oder cystische Pankreasfibrose ist eine genetisch determinierte Stoffwechselerkrankung, die durch eine abnorme Zusammensetzung von Glykoprotein-reichen Sekreten, die zur Eindikkung dieser Sekrete und zur Obstruktion des betreffenden Gangsystems führt sowie durch einen abnorm hohen Na^{+}-, Cl^{-} und K^{+}-Gehalt der Schweißdrüsen charakterisiert ist. Weder die Ätiologie noch die Art der pathologischen Zusammensetzung der Drüsensekrete ist bekannt. Bestimmend für die Prognose ist in der Regel der Befall der Lungen. Das Pankreas geht bei homozygoten Jugendlichen in der Regel vollkommen zugrunde. Die Gänge sind obstruiert, erweitert und fibrosiert, das acinäre Parenchym ist weitgehend verschwunden. Es besteht eine mehr oder weniger vollkommende Achylie des Pankreassekretes, welche zu einer Stearrhoe und Malabsorption führt. Da auch die übrigen Drüsensekrete des Gastrointestinaltraktes befallen sein können, sind weitere Komplikationen der Erkrankung: Meconiumileus, hartnäckige Obstipation mit Invagination, Ileus und Volvulus sowie eine Form der biliären Zirrhose.

Die ***Nicht-B-Zellen*** des Pankreas können durch diffuse Hyperplasie, Adenom- oder Carcinombildung beginnen, ***Gastrin*** zu produzieren. Dies führt zu einer maximalen Säuresekretion des Magens, zu rezidivierenden Ulcera des Magens, Duodenums und Jejunums und/oder zu Durchfällen (Zollinger-Ellison-Syndrom). Dieses Syndrom kann allein oder in Kombination mit Adenomen anderer endokrinen Organe vorkommen (sog. multiple endokrine Neoplasien; Parathyreoidea, Hypophysenvorderlappen, Nebenniere, Schilddrüse). Das Verner-Morrison-Syndrom (pankreatische Cholera) ist auch durch eine Hyperplasie, Adenome oder ein Carcinom der Nicht-B-Zellen bedingt. Es ist gekennzeichnet durch kaum beeinflußbare, wäßrige Durchfälle, eine Hypokaliämie und eine Hypo- bis Achlorhydrie. Man findet bei diesen Patienten im Serum eine starke Erhöhung des Hormones VIP (vasoaktives intestinales Hormon), das durch diese Nicht-B-Zellen sezerniert wird. Viele dieser endokrinen aktiven Pankreastumoren bilden neben dem Hormon, das für die Symptome verantwortlich ist, andere Hormone, die evtl. im Serum, sonst aber immunhistochemisch nachweisbar sind.

Pankreascarcinome machen ca. 3% der Spitaltodesfälle aus. Bei der Diagnose ist der größte Teil dieser Carcinome bereits inoperabel. Die chronische Pankreatitis begünstigt die Entstehung eines Pankreascarcinomes nicht besonders.

14 Nervensystem

14.1 Einleitung

Die Entwicklung des Nervensystems in der Tierreihe geht parallel zur Differenzierung des Verhaltens. Sie hat zu einer Hierarchie funktioneller Ebenen der senso-motorischen Kontrolle vom Rückenmark bis zur Großhirnrinde geführt und dort schließlich die Voraussetzungen für kognitive Leistungen geschaffen. Funktionsstörungen können sich dadurch nicht nur negativ als Ausfall, sondern auch positiv durch Freisetzung der Eigendynamik niederer Ebenen (z.B. Spastik) oder als Kontrollverlust in der gleichen Ebene (z.B. Epilepsie) bemerkbar machen. Allgemein gilt, daß der neuronale Aufwand leistungsabhängig ist. Für einen monosynaptischen Eigenreflex genügen zwei Neurone. Differenziertere motorische und höhere Hirnleistungen benötigen riesige Mengen kooperierender Nervenzellen in neuronalen Subsystemen vieler Bereiche des Cortex, der Stammganglien, des Hirnstammes und des Cerebellums.

Im Vergleich zu Rechenmaschinen arbeitet das Nervensystem mit Zugriffszeiten von >100 ms sehr langsam. Trotzdem ist das Nervensystem den heutigen Computern weit überlegen, da es nicht nur iterative Algorithmen seriell, sondern parallel in vielen Kanälen simultan benützt. Die *Kon- und Divergenz von Signalen,* d.h. die Erregung eines Neurons von vielen anderen, und die Verbindungen eines Neurons zu vielen anderen spielen dabei eine entscheidende Rolle.

Obwohl das Gehirn keine erkennbare Arbeit leistet, verbraucht es 20% des gesamten *Energieumsatzes.* Etwa 15% davon werden für die Erhaltung der Struktur, der Rest für die Signalverarbeitung, d.h. vor allem für die Stabilisierung des Membranpotentiales, benötigt. Der gleiche neurologische Defekt kann daher sowohl durch eine ungenügende Energieversorgung bei intakter Struktur wie durch eine Gewebsschädigung bedingt sein. Die prognostische Beurteilung neurologischer Ausfälle hat dies zu berücksichtigen. Eine Hemiplegie infolge einer vasculären Hypoxie, aber ohne Gewebsläsion ist voll reversibel, der klinisch identische Ausfall infolge einer strukturellen Läsion dagegen nur partiell kompensierbar.

Neurone sind sekretorische Zellen und auf Grund unterschiedlicher Membranrezeptoren sehr heterogen. Die große Variabilität der Erkrankungen des Nervensystems wird daher durch Schädigung biochemisch unterschiedlicher Zellsysteme und die neurotrope Spezifität mancher Viren verständlich.

Die Nervenzellen liegen in einem Netz von Gliazellen verschiedener Art, deren Anzahl die der Neurone um das Neunfache übertrifft. Während der Entwicklung des Nervensystems bilden die radialen Gliazellen die Leitschienen für die Migration der Neurone von der ventrikulären Zone des Neuralrohres nach außen. Danach übernehmen Gliazellen unterschiedliche Funktionen. Die ***Oligodendrogliazellen*** sind für die Markscheidenbildung zuständig. Sie sind aber keine einfachen Analoge der Schwann-Zellen der peripheren Nerven. Denn im Gegensatz zu peripheren Nerven wachsen Axone nach Durchtrennung zentraler Trakte nicht aus. Zentrale Axone können aber auswachsen, wenn ihr proximaler Stumpf nach Durchtrennung an ein peripheres Nerventransplantat angeschlossen wird. Die Oligodendroglia muß daher entweder Hemmfaktoren produzieren, die das Wachstum der Axone hemmen oder die Schwannschen Zellen müssen Wachstumsfaktoren herstellen, über die die Oligodendroglia nicht verfügt.

Die ***astrocytäre Glia*** hat trophische und exkretorische Funktionen und ist an der Regulation der Ionenverteilung im interzellulären Raum und an der Blut-Hirn-Schranke beteiligt. Die ***mesenchymale Mikroglia*** entspricht phagocytären Histiocyten. Entartete Gliazellen verursachen die verschiedenen Formen intracerebraler Gliome.

Die ***Vernetzung des Nervensystems*** erfolgt auf Grund eines genetischen Grundplanes, der für die Etablierung der Konnektivität im Detail funktionelle Interaktionen benützt. Bei diesem Prozeß werden zunächst Neurone im Überschuß angelegt, von denen etwa die Hälfte im Laufe der frühen Entwicklung keine Verbindungen entwickeln können und wieder verloren gehen. In dieser Phase besteht eine außergewöhnliche ***Plastizität,*** weshalb cerebrale Läsionen in der prä- und postpartalen Periode durch Umorganisation der Verbindungen erstaunlich kompensiert werden können. Die Symptomatik einer Läsion ist daher nicht nur von ihrer Lokalisation, sondern auch vom Zeitpunkt ihres Auftretens abhängig.

14.2 Allgemeine Neurophysiologie

14.2.1 Ruhe- und Aktionspotential

Die ***Nervenzellen*** sind *signalverarbeitende, signalleitende und signalübertragende Einheiten*. Voraussetzung hierzu ist das ***Ruhepotential*** der Zellmembran (ca. −90 mV). Es entsteht durch die unterschiedliche Ionen-Permeabilität und Ionen-Konzentration im intra- und extrazellulären Raum, wodurch an der Innenseite der Membran eine Anionen-, an der Außenseite eine Kationenanreicherung entsteht.
Nach der ***Nernst-Gleichung***

$$E_K = 61 \text{ mV} \log \frac{K_i^+}{K_a^+}$$

ergibt sich für K^+ ein ***Gleichgewichtspotential*** von −87,5 mV. ($K_i^+ = 150$ mmol/l, $K_a^+ = 5{,}5$ mmol/l). In den Faktor 61 gehen die universelle Gaskonstante R, die absolute Temperatur und die Faraday-Zahl F als $\frac{R \times T}{F}$ ein. Analog errechnet sich für Cl^- ein Wert von ~ −70 mV. Für Na^+ ($Na_i^+ = 15$ mmol/l, $Na_a^+ =$ ca. 150 mmol/l) ergibt sich dagegen ein Gleichgewichtspotential von etwa 60 mV in umgekehrter Richtung. Das Ruhepotential ist also in erster Näherung ein K^+- und Cl^--Potential. Die Konzentrationsdifferenz dieser Ionen bleibt daher trotz guter Permeabilität unverändert. Dagegen müssen die passiv einströmenden Na^+-Ionen gegen einen erheblichen elektrochemischen Gradienten und damit unter Energieaufwand aus der Zelle herausgepumpt werden. Das Ruhepotential wird dadurch zu einem jederzeit verfügbaren *Energiespeicher für die Signalbildung*. Wird es bis zum Schwellenniveau (ca. −50 mV) depolarisiert, so bricht es durch Öffnung *spannungsabhängiger* Na^+-Kanäle zusammen, und es kommt zu einer ungefähr 0,8 ms dauernden, positiv gerichteten Potentialänderung, d.h. zum ***Aktionspotential.*** Das Aktionspotential ist daher zunächst ein Na^+-Potential. Erst verzögert trägt das K^+ nach Inaktivierung des Na^+-Systems und Öffnung ebenfalls spannungsabhängiger K^+-Kanäle zur Repolarisation und Wiederherstellung des Ruhepotentials bei. Dabei erfolgt die Repolarisation überschießend, weshalb es zu einem positiven Nachpotential kommt, dessen Dauer in verschiedenen Zellen variiert und damit deren Entladungsfrequenz unterschiedlich begrenzt (Abb. 76). Während der Inaktivierung des Na^+-Systems, d.h. für mindestens 1 ms, ist der Nerv refraktär, d.h. nicht erregbar. Die postsynaptische Erregung erfolgt über *rezeptorgesteuerte* Ionenkanäle der subsynaptischen Membran. Die postsynapti-

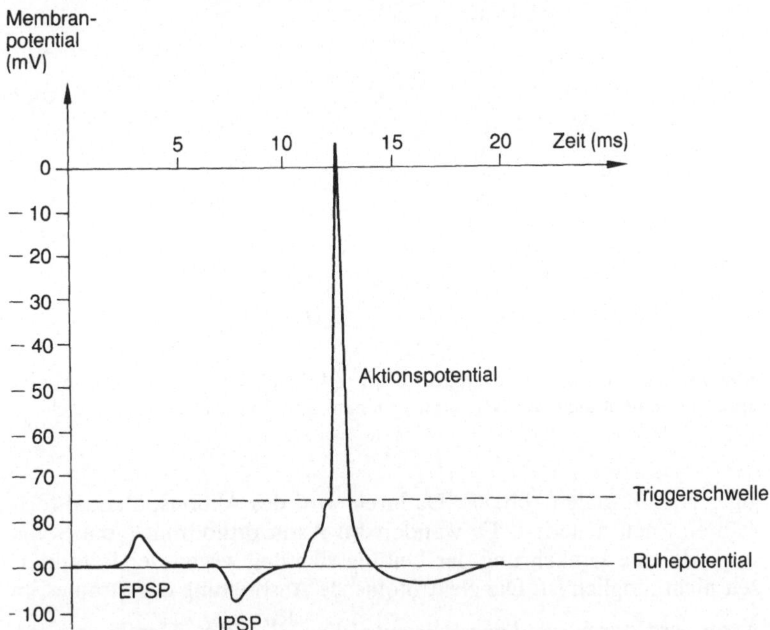

Abb. 76. Aktionspotential ausgehend von einem Ruhepotential von −90 mV. *EPSP*, excitatorisches; *IPSP*, inhibitorisches postsynaptisches Potential. Intracelluläre Registrierung

schen Potentiale breiten sich elektrotonisch aus und verursachen bei Erregung am Axonkegel einen Auswärtsstrom. Während Motoneurone nur eine Triggerzone am Axonkegel besitzen, wurden an Neuronen des Cerebellums und Hippocampus auch Triggerzonen in den Dendriten wahrscheinlich gemacht, die Ca^{++}-abhängige Dendritenspikes generieren und den Effekt distaler Synapsen auf die Zellentladung verstärken sollen.

14.2.2 Signalleitung

Führt die zeitliche und räumliche Summation der (erregenden) postsynaptischen Potentiale zur Depolarisation bis zur Triggerschwelle des Axonkegels, so verursacht der plötzliche Na^{+}-Einstrom eine Potentialumkehr mit Stromfluß ins Axon und Aktivierung spannungsabhän-

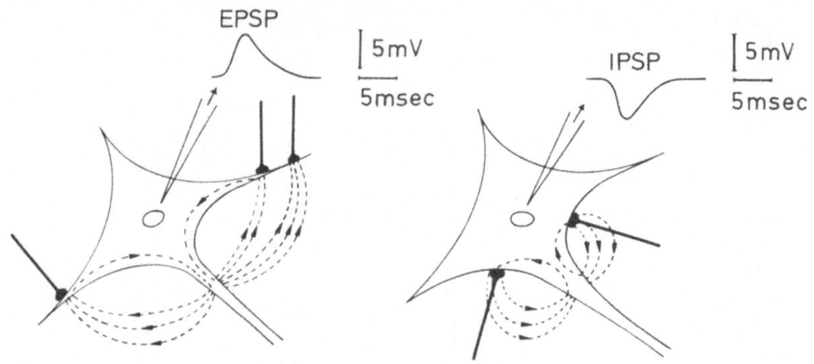

Abb. 77. Stromverlauf bei excitatorischen *(EPSP)* und inhibitorischen postsynaptischen Potentialen. *EPSP* führen zu einem Stromaustritt am Axonhügel

giger Na^+-Kanäle (Abb. 77). Dadurch wird das Aktionspotential fortwährend neu generiert. Es wandert im Axon orthodrom (vom Soma weg), da eine Umkehrung der Leitungsrichtung wegen der Refraktärzeit nicht möglich ist. Die elektrotonische Ausbreitung des Stromes im Axon wird durch die ***Längskonstante*** $LK = \frac{R_M}{R_I}$ (R_M = Membranwiderstand, R_I = Innenwiderstand) und die Membrankapazität bestimmt. Der Strom breitet sich umso weiter aus, je geringer die Membrankapazität und je höher der Membranwiderstand, d. h. je geringer die Leck-Ströme und je niedriger der Innenwiderstand sind. Da die ***Leitungsgeschwindigkeit*** davon abhängt, wie rasch das Membranpotential in Leitungsrichtung bis zur Triggerschwelle depolarisiert wird, läßt sich durch Verminderung des Innenwiderstandes die Leitungsgeschwindigkeit erhöhen. Der Innenwiderstand ist umgekehrt proportional zum Querschnitt, weshalb dicke Fasern schneller leiten. Die Längskonstante und damit die Leitungsgeschwindigkeit kann aber auch durch Steigerung des Membranwiderstandes erhöht werden, was durch die Ausbildung von Myelinscheiden ermöglicht wird.

Die ***Myelinisierung der Axone*** ist Folge einer mehrfachen Umwicklung durch die Membran der Schwannschen Zellen oder die der Oligodendroglia, was elektronenmikroskopisch an periodischen Verdichtungen alle 15-18 nm erkennbar ist. Die Zahl dieser Lamellen nimmt mit dem Axonumfang zu. Zwischen zwei Schwann-Zellen liegt jeweils ein ***Ranvier-Schnürring,*** eine komplexe Struktur, in deren Bereich die Markscheide unterbrochen und das Axon nur durch fingerähnliche Zellfort-

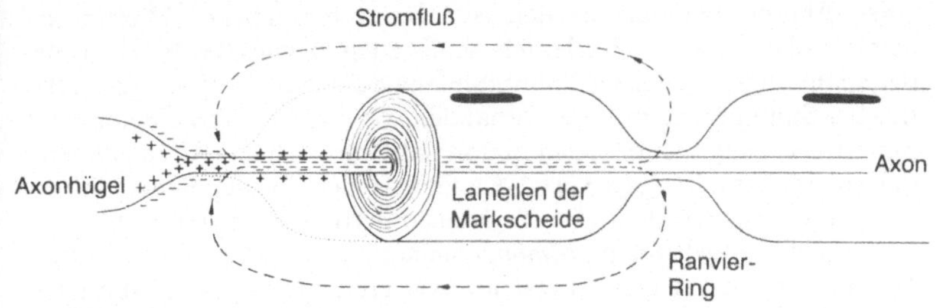

Abb. 78. Stromverlauf bei fortgeleitetem Aktionspotential im bemarkten Axon (s. Text)

sätze geschützt ist. Auch der Abstand zwischen zwei Ranvier-Schnürringen vergrößert sich mit zunehmendem Axondurchmesser. Er beträgt 0,5-1,5 mm. Da der Membranwiderstand im Bereich der Ranvier-Schnürringe kleiner ist als im stark isolierten Internodium, kommt es bei Fortleitung eines Aktionspotentials nur dort zu einem zur Depolarisation genügenden Stromaustritt. Das Aktionspotential wird daher im Ranvier-Ring jeweils nach Art eines Zwischenverstärkers neu generiert und die *Signalleitung* dadurch *saltatorisch* (Abb. 78). Die Vergrößerung der Internodalabstände bei dickeren Fasern trägt zusätzlich zum verminderten Innenwiderstand zur schnelleren Leitung bei. Defekte der Markscheide ohne Axonschädigung verlangsamen die Leitungsgeschwindigkeit. Axonale Läsionen verursachen eine Leitungsunterbrechung.

14.2.3 Signalübertragung

Die Signalübertragung erfolgt überwiegend an ***chemischen Synapsen*** durch Freisetzung von ***Transmittersubstanzen*** (Acetylcholin, Adrenalin, Noradrenalin, Dopamin, GABA, Glycin, exzitatorische Aminosäuren, Peptide). Elektrische Synapsen (gap junctions) treten dagegen in den Hintergrund.
Je nach Lokalisation werden axodendritische, axo-axonale, dendritodendritische und somato-somale Synapsen, je nach Funktion exzitatorische und inhibitorische Synapsen unterschieden. Die letzteren liegen bevorzugt somanah. Terminale Axonendigungen sind elektronenmikroskopisch durch eine Anhäufung von Bläschen erkennbar, in denen man sich die Transmitter verpackt vorstellt. Ihr Inhalt wird nach Fusion mit der Innenseite der präsynaptischen Membran bei Ankunft

eines Aktionspotentials in den Synapsenspalt entleert. Hierfür ist extrazelluläres Ca^{++} erforderlich, da es nach chemischer Blockierung der spannungsabhängigen Membrankanäle für Na^{+} und K^{+} bei elektrischer Stimulierung nur bei Vorhandensein von Ca^{++} zu einer Transmitterfreisetzung kommt. Man nimmt daher an, daß das Aktionspotential spannungsabhängige Ca^{++}-Kanäle an der Axonendigung öffnet und das einwandernde Ca^{++} die Transmitterfreisetzung reguliert.

Die nicht fortgeleiteten ***Miniaturendplattenpotentiale*** der ruhenden Muskelendplatte zeigen unterschiedlich große Amplituden, die stets ein Mehrfaches des kleinsten spontanen Potentiales sind. Man erklärt die Amplitudendifferenz daher durch zufällig gleichzeitige Sekretion einer unterschiedlichen Anzahl von Synapsenbläschen und nimmt an, daß Acetylcholin in Quanten freigesetzt wird. Ca^{++} beeinflußt die Packungsdichte des Acetylcholins in den einzelnen Bläschen nicht. Es ermöglicht lediglich ihre Freisetzung und erhöht damit die Effektivität der Synapse. Die ***posttetanische Potenzierung,*** d.h. die über Minuten und länger anhaltende Vergrößerung eines postsynaptischen Potentiales nach einer frequenten Reizserie, wird auf eine intrazelluläre Sättigung mit Ca^{++} durch hohen Calciumeinstrom zurückgeführt.

Nach der Freisetzung besetzen die Transmitter ***Rezeptoren der postsynaptischen Membran,*** verändern deren Konfiguration und öffnen dadurch *Liganden-abhängige* Ionenkanäle. Im Gegensatz zu der sequentiellen Öffnung der spannungsabhängigen Membrankanäle für das Aktionspotential wird dabei die Permeabilität von Natrium und Kalium gleichzeitig erhöht, da die Kanäle der postsynaptischen Membrane nicht Ionen-, sondern lediglich Kationen-selektiv sind.

14.2.4 Signalverarbeitung

Signalleitung und Signalübertragung sind Voraussetzung der Signalverarbeitung. Zusätzlich spielen bei der Signalverarbeitung auch die Vorgeschichte des Systems, d.h. Speicher- oder Gedächtnismechanismen durch andauernde Veränderungen der Übertragungscharakteristik von Synapsen eine Rolle. Die synaptische Übertragung erfolgt nah am Soma. Da die Entscheidung, ob und wie eine Empfängerzelle ein Signal weitergibt, von der zeitlichen und räumlichen Summation aller synaptischen Signale abhängt, ist die graue Substanz der Träger der Signalverarbeitung.

An ***exzitatorischen Synapsen*** kommt es zu einem Überwiegen des Na^{+}-Einstroms und damit zur Depolarisierung. Bei ***inhibitorischen Syn-***

apsen überwiegt der K^+-Ausstrom und der Cl^--Einstrom, was umgekehrt eine Hyperpolarisation, d.h. eine Stabilisierung des Membranpotentials verursacht. ***Axonale präsynaptische Synapsen*** können durch eine Vermehrung oder Verminderung des Ca^{++}-Einstroms die Transmitterfreisetzung kontrollieren. Sie können sowohl inhibitorisch wie exzitatorisch wirken, ohne die Aktivität des präsynaptischen Neurons zu verändern.

Neben den ***klassischen Transmittern*** (Acetylcholin = ACh, GABA, Glycin, Glutaminsäure und Katecholamine) wird in den letzten Jahren eine immer größere Zahl von kleinen ***Peptiden mit Transmitterfunktion*** beschrieben. Im Gegensatz zu den klassischen Transmittern werden sie im Soma als direkte Genprodukte und nicht präsynaptisch synthetisiert und in die Peripherie transportiert. Die Komplexität der chemischen Signalverarbeitung wird dadurch erheblich gesteigert. Bei starker Aktivität kann zum einen eine Transmitterverarmung die Übertragung über Stunden und mehr vermindern. Zum andern koexistieren häufig verschiedene Peptide im gleichen Neuron. Ein Neuron kann daher je nach Art der postsynaptischen Rezeptoren verschiedene Zellen hemmend oder erregend beeinflussen. Da die Peptidsynthese selbst wiederum durch präsynaptische Neurone spezifisch angeregt wird, die Syntheserate für koexistierende Peptide damit nicht konstant ist, werden die Übertragungseigenschaften dieser Zellen laufend modifiziert. Die ***peptidergen Synapsen*** erhalten daher eine bis heute nicht überschaubare Eigendynamik. Darüberhinaus besitzen manche dieser Neurone, vor allem im Bereich des Hypothalamus, nicht nur neuronale, sondern auch humorale Ausgänge ***(Release-Faktoren)*** und sind auch sowohl neuronal wie humoral beeinflußbar.

Normalerweise ist die Bilanz zwischen Erregung und Hemmung ausgeglichen. Wird die Erregung nicht mehr ausreichend kontrolliert, so kommt es zu einer ungeordneten Erregungsausbreitung, d.h. zu einem cerebralen Anfall (s. S. 520). Bleibt die Signalverarbeitung lokal geordnet, aber ohne Beziehung zu sensorischen Informationen, so entstehen psychotische Zustände (Halluzinationen). Dabei scheinen ***monoaminerge und zentrale cholinerge Systeme*** von großer Bedeutung zu sein, die erst durch neue immunhistochemische und molekularbiologische Techniken (Fluoreszenz, Immunhistochemie, in-situ-Hybridisierung) nachweisbar wurden. Sie gehen jeweils von wenigen Neuronen aus, die über en passant-Kontakte in weite Bereiche des Großhirns, Cerebellums und Rückenmarks projizieren (Nucleus coeruleus = noradrenerge Verbindungen zum Großhirn, Cerebellum, Rückenmark; Raphé-Kerne = serotonerge Verbindungen zum Großhirn, Hirnstamm, Rückenmark; Substantia nigra und ventrales Tegmentum = dopaminerge

Verbindungen zum Striatum, cingulären, präfrontalen und piriformen Cortex; basale Septumkerne: cholinerge Verbindungen zum olfaktorischen System, Hippocampus, Amygdala und Cortex). Mit der klassischen diskreten Schalterkonzeption der Transmitterwirkung sind diese systemüberschreitenden diffusen Projektionen nicht mehr zu vereinbaren, da eine differenzierte Signalverarbeitung durch sie nicht vorstellbar ist. Man nimmt daher an, daß sie ähnlich wie manche Hormone *modulatorische Funktionen* haben, d.h. die Erregbarkeit ausgedehnter Zellsysteme global verändern.

14.2.5 Axonaler Transport

Neben der raschen Signalübermittlung übernehmen die Axone auch den Transport der im Soma synthetisierten Vorstufen der Transmitter, Enzyme und Zellorganellen. Dieser Transport kann rasch (etwa 400 mm/d) oder langsam (etwa 3 mm/d) erfolgen. Daneben ist auch ein retrograder Transport (etwa 200 mm/d) nachgewiesen. Energetik und Mechanik der Transportvorgänge sind noch ungeklärt. Man nimmt an, daß Transport-Filamente aus Aktin an den Mikrotubuli entlang gleiten, die Mikrotubuli also eine Art Myosinfunktion besitzen. Ein Teil der Transportsubstanzen besitzt trophische Funktion und gelangt in die postsynaptische Zelle. Manche Viren (Polio, Herpes) und Toxine scheinen den ***retrograden Transport*** zum Zellkörper zu benützen. Transportstörungen wurden bei toxisch ausgelösten Neuropathien und bei spinalen Atrophien tierexperimentell nachgewiesen.

14.2.6 Motoneuron, Muskelspindel, Muskelkontraktion, Reflexe

Das Aktionspotential einer Vorderhornzelle führt normalerweise immer zu einer Kontraktion der von ihr versorgten Muskelfasern. Man bezeichnet daher das Motoneuron und die ihm zugeordneten Muskelfasern als ***motorische Einheit,*** deren Größe unterschiedlich ist. Bei den fein regulierten Augenmuskeln versorgt ein α-Motoneuron lediglich 6-8, bei den grob regulierten stammnahen Muskeln bis ~2000 Muskelfasern. Physiologisch und histochemisch lassen sich zwei funktionell verschiedene Muskelfasersysteme (Typ I und Typ II) differenzieren. Fasern des gleichen Typs werden alle von einer Vorderhornzelle versorgt (Abb. 79). Die roten, mitochondrienreichen ***Typ-I-Fasern*** benützen den oxydativen Metabolismus. Sie arbeiten mit relativ niederen Frequenzen, erreichen schon bei etwa 10/s bis zu 50% der maxi-

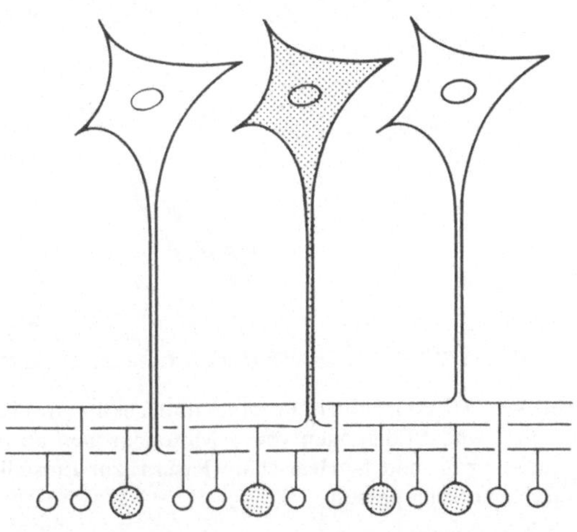

Abb. 79. 3 motorische Einheiten = 3 Motoneurone mit zugehörigen Muskelfasern vom Typ I und II *(gerastert)*

malen Spannung, zeigen eine langsame Kontraktionszeit (30–45 ms) und sind relativ ermüdungsresistent. Die blassen, ***Typ-II-Muskelfasern*** besitzen nur wenig Mitochondrien, einen hohen Phosphorylasegehalt und holen ihre Energie aus der Glykolyse. Ihre Kontraktionszeit ist kürzer (15–25 ms). Sie werden meist intermittierend durch frequente Erregungssalven aktiviert und sind rasch ermüdbar. Die Rekrutierungsschwelle der Vorderhornzellen nimmt mit der Größe zu. Kleine α-Motoneurone werden leichter aktiviert als große. Da große Motoneurone mehr Muskelfasern versorgen, ist dadurch eine feinere Graduierung der Muskelkontraktion vorgegeben. Der *Fasertyp* ist *innervationsabhängig,* was durch die Konversion von Typ-I- in Typ-II-Fasern und umgekehrt nach Transplantation von Nerven von vorwiegend tonischen zu vorwiegend phasischen Muskeln gezeigt wurde.

Die Muskulatur verfügt afferent über funktionsspezifische Rezeptor-Organe (Muskelspindeln, Golgi-Organe) und freie Nervenendigungen. ***Muskelspindeln*** sind den Muskelfasern parallel geschaltete Dehnungsrezeptoren, deren Empfindlichkeit und Längenanpassung über γ-Motoneurone zu zwei verschiedenen intrafusalen Muskelfasertypen, den dickeren „nuclear bag"- und den dünneren „nuclear chain"-Fasern, geregelt wird (Abb. 80). Die rasch leitenden Typ-IA-Afferenzen der primären Endigungen stammen vom Zentrum sowohl

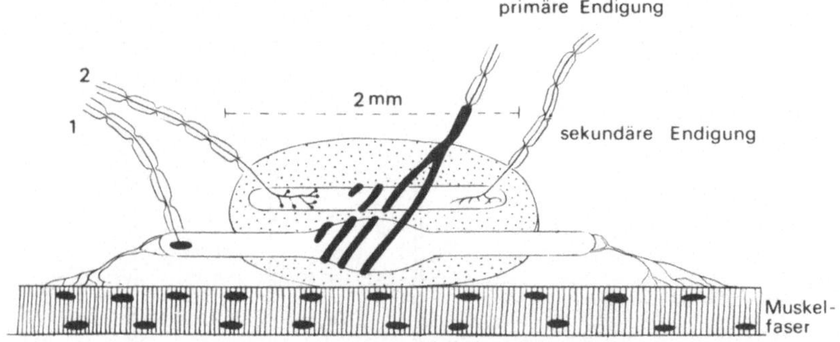

Abb. 80. Muskelspindel. Primäre und sekundäre Endigungen sind afferent. 1 und 2 sind Endigungen von γ-Motoneuronen an intrafusalen Muskelfasern (Nuclear-bag- und Nuclear-chain-Fasern) zur Einstellung des Arbeitsbereiches durch Längenanpassung

der „nuclear bag"- wie der „nuclear chain"-Fasern. Sie erregen *monosynaptisch* die α-Motoneurone des gleichen und synergistischer Muskeln und hemmen über Interneurone die Antagonisten. Die sekundären Spindelafferenzen sind langsamere Nervenfasern der Gruppe II und gehen nur von Endigungen an nuclear-chain-Fasern aus. Sie erreichen teilweise ebenfalls monosynaptisch homonyme Motoneurone, wirken aber zusätzlich über Interneurone auf Flexoren aktivierend und auf Extensoren inhibitorisch. Über Kollaterale der Muskelspindelafferenzen zu den Hintersträngen wird die sensomotorische Rinde, über die zu den spino-cerebellären Bahnen das Cerebellum erreicht. Die primären Endigungen reagieren mit niederer Schwelle während der dynamischen Dehnungsphase. Die sekundären Endigungen mit höheren Schwellen arbeiten kontinuierlich auch während der anhaltenden Dehnungsperiode als Längenanzeiger. Entsprechend ist auch die Innervation der intrafusalen Muskelfasern differenziert. Die dynamischen γ-Fasern innervieren die „nuclear bag"-Fasern und erhöhen die Geschwindigkeitsempfindlichkeit, die statischen fusimotorischen Fasern innervieren die „nuclear chain"-Fasern und passen die Spindeln Längenveränderungen an. Die ***Golgi-Organe*** sind in Serie geschaltete Spannungsmesser in den Sehnen. Sie haben eine höhere Schwelle und hemmen über 1B-Fasern und Interneurone den homonymen Muskel bei starker Spannung ***(autokinetische Hemmung).*** α- und γ-Motoneurone werden koaktiviert, so daß die Muskelspindelempfindlichkeit bei Muskelkontraktion erhalten bleibt.

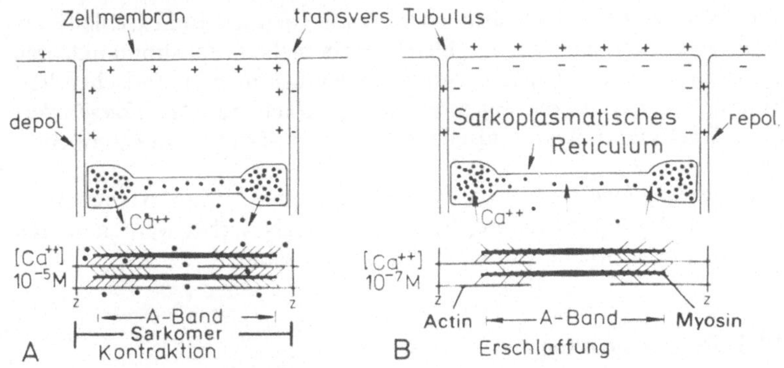

Abb. 81. Elektromechanische Koppelung. (Nach R. F. Schmidt, 1974) (s. Text)

Die ***Muskelkontraktion*** erfolgt durch Verkürzung der Sarcomere durch Hineingleiten der Aktin- über die Myosin-Filamente (Abb. 81). Man bezeichnet den Prozeß vom Aktionspotential der Faser zur Kontraktion als ***elektromechanische Koppelung.*** Er wird durch die Ausbreitung des Aktionspotentiales an den Öffnungen der transversalen Tubuli in das Faserinnere eingeleitet. Diese intrazelluläre Erregung springt auf das longitudinale tubuläre System des sarcoplasmatischen Reticulums über und setzt in den Terminalcisternen Ca^{++} frei. Ca^{++} aktiviert über eine zyklische Reaktion der Myosin- mit den Aktinfilamenten die Kontraktion. Die Erschlaffung erfolgt nach Rückresorption des Ca^{++} in das sarcoplasmatische Retikulum durch Aufbrechen der Aktin-Myosin-Bindung. Die durch die Kontraktion ausgelöste Kraft wird durch die Frequenz der Motoneuronentladungen mit Verschmelzen vieler Einzelkontraktionen und die Zahl der rekrutierten Motoneurone bestimmt.

Rasche Dehnung der Muskelspindel durch Beklopfen der Sehne führt über eine Aktivierung der IA-Afferenzen zu einer synchronisierten Erregung der α-Motoneurone und damit zu einer Muskelzuckung. Da die Zuckung in den gedehnten Muskeln auftritt, wird sie als Eigen- oder ***monosynaptischer Dehnungsreflex*** bzw. bei elektrischer Auslösung als ***H-Reflex*** (nach P. Hoffmann) bezeichnet. Die primären Endigungen der Muskelspindeln, ihre zugeordneten IA-Fasern und die α-Motoneurone sind also das Substrat des ***Eigenreflexes.*** Jede Läsion zwischen Muskelspindel-Hinterhorn-Vorderhornzelle-motorischen Axon-Endplatte-Muskel führt zu einer Eigenreflexabschwächung. Der Eigenreflex wird damit zu einem wichtigen diagnostischen Parameter. Sein

Ausfall zeigt stets eine Läsion der entsprechenden Reflexschleife an, kann aber ohne motorischen Defekt einhergehen. Bei supranukleären Defekten, d.h. bei Unterbrechung deszendierender motorischer Verbindungen, nimmt die Eigenreflexerregbarkeit zu. Als ***Fremdreflexe*** bezeichnet man polysynaptische Reflexe von der Haut zu Motoneuronen.
Die sog. ***long loop-Reflexe,*** die bei Dehnung eines vorinnervierten Muskels nach 90-140 ms elektrophysiologisch registrierbar werden, laufen über den motorischen Cortex und das Cerebellum.

14.3 Pathophysiologie

14.3.1 Störungen der Motorik

Voraussetzung jeder *Willkürbewegung* ist die Projektion einer räumlich und zeitlich geordneten Signalfolge von den Pyramidenzellen der motorischen Rinde über die Vorderhornzellen zu den Muskeln. Schon etwa 700 ms vor einer Bewegung läßt sich aber über frontalen und parietalen Rindenregionen der Aufbau eines negativen Bereitschaftspotentiales erkennen, das in den letzten 100 ms vor der Bewegung sein Maximum erreicht. Entsprechend steigert sich auch die regionale cerebrale Durchblutung, vor allem in den oberen präfrontalen corticalen Regionen vor Durchführung einer Bewegung. Bewegungen werden also lange vorbereitet. Dies ist notwendig, da vor oder gleichzeitig mit der Bewegungsausführung Signale zur Körperstabilisierung erforderlich sind.
An der *Vorbereitung von Bewegungen* ist die ***parietale Rinde*** durch Selektion von Bewegungszielen auf Grund sensorischer Informationen und der ***präfrontale Cortex*** vermutlich durch Einbringung von Erfahrung beteiligt. Das gleiche Bewegungsziel erfordert je nach motorischer Ausgangslage die Aktivierung unterschiedlicher Muskelgruppen. Die Programmierung dieser automatischen Muskelsynergien erfolgt auf Grund extra- und propriozeptiver Meldungen über die aktuelle motorische Gesamtsituation im prämotorischen und parietalen Cortex, den Basalganglien und dem Cerebellum. *Bewegungsstörungen* können daher auftreten:

- bei Kontraktionsdefekten des Muskels ***(Myopathien)***
- bei Überleitungsstörungen der Endplatte (***Myasthenien,*** s. S. 478)
- bei nukleärer oder peripherer Schädigung des Motoneurons (***nukleäre und periphere Paresen,*** s. S. 480)

- bei Leitungsunterbrechungen der cortico- und cortico-reticulospinalen Verbindungen (***supranukleäre Paresen,*** s. S. 486)
- bei Läsionen im Basalganglienbereich (***extrapyramidale Bewegungsstörungen,*** s. S. 490)
- bei cerebellären Läsionen (***Störung der Muskelsynergien, Ataxie,*** s. S. 494)
- bei Ausfall der vestibulären Funktion ***(Gleichgewichtsstörungen)*** (s. S. 517)
- bei Unterbrechung der propriozeptiven Afferenzen im Nerven oder Rückenmark (***periphere und spinale Ataxie,*** s. S. 498)
- bei corticalen Ausfällen außerhalb der motorischen Rinde mit Programmierungsstörungen für Handlungsabläufe (***Apraxie,*** Kap. 14.3.5)
- bei unkontrollierter Erregungsausbreitung in der motorischen Rinde (***fokale Epilepsie,*** Kap. 14.3.4)

Neuromuskuläre Erkrankungen

Die unter den ersten 3 Punkten genannten Defekte werden als neuromuskuläre Erkrankungen zusammengefaßt. Bei diesen Erkrankungen kann also der Muskel, die Endplatte, der periphere Nerv oder die Vorderhornzelle betroffen sein. Lähmungen auf Grund von Vorderhornzellausfällen werden als ***nukleäre Paresen*** bezeichnet.

Muskelerkrankungen. Myopathien sind ätiologisch unterschiedliche Erkrankungen mit Muskelschwäche oder rascher Ermüdung und Belastungsintoleranz ohne Zeichen einer Nervenbeteiligung oder Endplattenstörung. ***Myopathien*** kommen vor:

- bei einer Verminderung der kontraktilen Substanz, d.h. der Myofibrillen mit Degeneration der Muskelfasern,
- bei Energiestoffwechselstörungen und Enzymdefekten,
- bei Veränderungen der Membranpermeabilität,
- bei Störung der elektromechanischen Koppelung.

Eine Verminderung der kontraktilen Substanz durch zunehmenden Muskelabbau durch Fehlen von bestimmten Proteinen (Dystrophin) scheint die Ursache der ***hereditären progressiven Muskeldystrophien*** zu sein. Ebenso sind manche kongenital benignen Myopathien (z. B. central core-Erkrankung, multicore-Krankheit, nemaline Myopathie) wahrscheinlich durch eine Störung des Kontraktionsmechanismus verursacht. ***Metabolische Myopathien*** mit rascher Ermüdbarkeit sind kongenitale Erkrankungen mit mitochondrialen Anlagestörungen, Carnithin-Defizienzen, Enzymdefekten der Glyco- und Glycogenolyse, aber auch ***endokrine Myopathien*** bei Thyreotoxikosen, Hyperparathyreoidismus und Nebennierenüber- und -unterfunktion. *Veränderungen der Permeabilität der Muskelfasermembran* werden für die paroxysmalen hypo-, normo- und hyperkaliämischen Lähmungen verantwortlich gemacht. Für die hyperkaliämische, oft mit einer Kältemyotonie assoziierte Lähmung wird eine temperaturabhängige Störung der Na^+- und Cl^--Kanäle der Muskelfasermembran angenommen. Sie ist durch Belastung und Insulin auslösbar und zeigt nach Belastung vor Auftreten der Lähmung ein Absinken der Glukose im Blut. Bei ***entzündlichen Myopathien (Myositiden)*** werden die Muskelfasern offenbar durch interstitielle Lymphozyten-Infiltrationen funktionsunfähig und schließlich nekrotisch. Das Ausmaß des Muskelabbaus ist an der *Erhöhung der Kreatinphosphokinase* (CK) erkennbar. Ausfälle im Bereich der elektromechanischen Koppelung wurden bisher nur vereinzelt als *Relaxationsstörungen* durch verzögerte Rückresorption des Calciums beschrieben.

Elektromyographisch sind primäre Muskelerkrankungen durch eine Verkleinerung und Verkürzung sowie häufig auch durch eine Polyphasie der Aktionspotentiale erkennbar. Dies wird auf den Ausfall einzelner Fasern innerhalb einer motorischen Einheit zurückgeführt. Außerdem soll die Verkleinerung des Membranpotentials durch die Verminderung des intrazellulären K^+ in noch funktionierenden, aber schon geschädigten Fasern begünstigt werden. Die Interferenz, d.h. die Überlagerung von Aktionspotentialen mehrerer motorischer Einheiten, ist bei nicht fortgeschrittenen Prozessen erhalten. Dabei fällt die trotz guter Interferenz nur geringe Kraftentwicklung auf. Bei entzündlichen Myositiden kann es durch Läsion motorischer Fasern vor der Endplatte im Muskel zusätzlich zu neurogenen Zeichen (fibrilläre Potentiale, seltener auch zu großen, verlängerten Aktionspotentialen) kommen. Fibrilläre Potentiale findet man ferner als Folge von Regenerationsphänomenen bei beginnenden Muskeldystrophien und bei Muskelfaserspaltung (Abb. 82).

Myotonien sind dadurch charakterisiert, daß elektrisch, mechanisch oder durch Willkürinnervation ausgelöste Kontraktionen unkontrolliert andauern (Myotonia congenita, dystrophische Myotonie). Das EMG zeigt dabei, repetierende Potentiale mit an- und abschwellender Amplitude und hoher Frequenz (bis über 50/s) (Abb. 83). Die myotonen Entladungen sind durch Verschiebung der Nadelelektrode auszulösen. Sie werden auf repetierende Entladungen einzelner Fasergruppen infolge einer Membranübererregbarkeit durch verminderte Cl^--Permeabilität zurückgeführt. Bei der ***kongenitalen Myotonie*** ist die grobe Kraft nicht reduziert. Das EMG bei Kontrakturen infolge

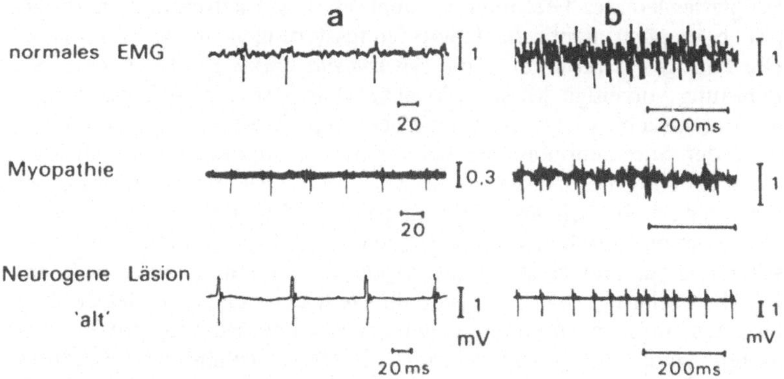

Abb. 82 a, b. Aktionspotentiale einzelner motorischer Einheiten bei geringer (**a**) und starker (**b**) Willkürinnervation. Verkleinerte und verkürzte Aktionspotentiale bei Myopathie. Fehlende Interferenz bei starker Innervation nach alter neurogener Läsion (**b**). Vergrößerte und verlängerte Potentiale nach neurogenen Läsionen

Myasthenische Reakt.

1
mV

100 ms

Myotone Entladungen

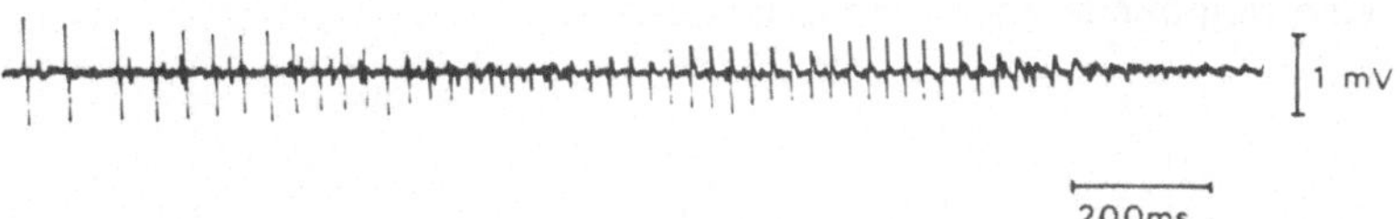

Abb. 83. Amplitudenverringerung des Summenpotentials bei repetierender Reizung der motorischen Nerven bei Myasthenie. Nadelregistrierung myotoner Entladungen.

Phosphorylasemangels (McArdle-Syndrom) ist elektrisch stumm. Die ***maligne Hyperthermie*** mit raschem Temperaturanstieg und Muskelrigidität nach Allgemeinnarkose wird ätiologisch auf einen Defekt der intrazellulären Calcium-Regulation zurückgeführt und kommt in muskeldystrophischen Familien gehäuft vor.

Endplattendefekte. Hierunter versteht man Muskelschwächen durch prä- oder postsynaptische Übertragungsstörungen an der Endplatte. Die häufigste Erkrankung, die ***Myasthenia gravis,*** ist durch eine bei Belastung vorzeitige Muskelschwäche charakterisiert und *post*synaptisch verursacht. Elektromyographisch zeigt sie eine rasche Verkleinerung der Summenpotentiale bei repetitiver supramaximaler elektrischer Reizung des Nerven (Abb. 83). Bei Einzelfaserregistrierung ist der Jitter erhöht. Mit ***Jitter*** wird die zeitliche Streuung der Faserpotentiale einer motorischen Einheit bezeichnet. Er liegt normalerweise zwischen 5-50 µs und steigt bei Störungen im Endplattenbereich stark an. Durch Isolierung von Acetylcholinrezeptoren aus den elektrischen Organen von Fischen konnten nach Injektion der Rezeptorproteine bei Tieren Antikörper erzeugt werden, die ein myasthenisches Syndrom verursachten. In der Folge wurden auch bei Myasthenikern Antikörper gegen Acetylcholinrezeptoren nachgewiesen. Die Mehrzahl der Myasthenien wird daher auf eine *Blockierung der Acetylcholinrezeptoren durch Autoantikörper* zurückgeführt (Abb. 84). Durch die Antikörperbildung im Thymus wird die gute Wirkung der frühen Thymektomie erklärbar. Auch der Effekt der klassischen Behandlung mit Cholinesterasehemmern und die Wirksamkeit immunosuppressiver Therapien oder des Plasmaaustausches wird dadurch verständlich. Die Konzentration von Acetylcholinrezeptorantikörper in der IgG-Fraktion ist mit dem klinischen Zustand jedoch nur schwach korreliert. Man führt das darauf zurück, daß die Blockade der Acetylcholinrezeptoren nur ein Teil des gesamten Pathomechanismus ist. Zusätzlich wurde bei Myasthenikern ein beschleunigter lysosomaler Abbau der Acetylcholinrezeptoren nach Endozytose nachgewiesen, und elektronenmikroskopisch zeigte sich eine Abflachung der postsynaptischen Falten und eine vergrößerte intersynaptische Distanz.

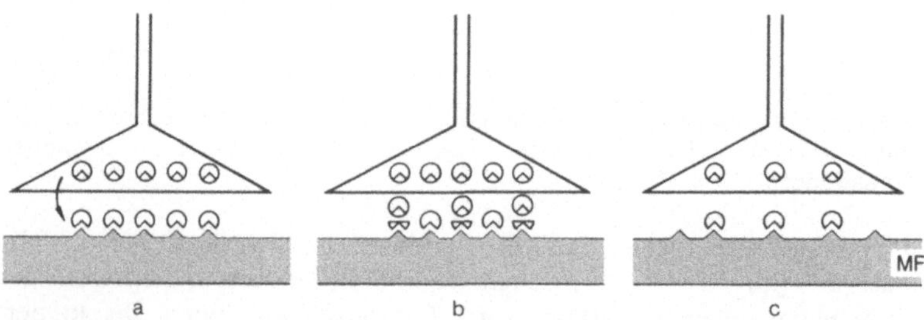

Abb. 84. Transmitterfreisetzung an der Endplatte. **a** normal, **b** Myasthenia gravis, **c** Botulismus

Die therapeutisch bei der Myasthenie verwandten Cholinesterase-inhibitoren erhöhen das verfügbare ACh und damit den Sicherheitsfaktor der Übertragung. Bei Überdosierung kann es zu einer Dauer-Depolarisation der postsynaptischen Endplattenmembran, d.h. zu cholinergischen Krisen, kommen. Dabei bestehen zusätzlich Zeichen einer Acetylcholinintoxikation (enge Pupillen, Schwitzen, Diarrhoe, Magen-Darm-Krämpfe). Im Zweifelsfall kann die Differenzierung von einer myasthenischen Krise durch kurz wirksame Cholinesterasehemmer (Tensilon) erfolgen, sofern die Möglichkeit zur artifiziellen Beatmung besteht.

Ebenfalls postsynaptisch wird das ***slow-channel-Syndrom*** mit bei einmaliger Nervenreizung repetitiven Muskelpotentialen erklärt. Die Endplattenpotentiale sind deutlich verlängert und kleiner, was durch eine verlängerte Öffnungszeit der durch ACh-Rezeptoren gesteuerten Ionenkanäle interpretiert wird. Postsynaptisch wirken ferner D-Tubocurarin durch reversible Blockierung der Acetylcholinbindungsstellen und manche Schlangengifte, die allerdings teilweise irreversibel binden, sowie Muskelrelaxantien wie Suxamethonium und Verwandte. Sie werden ebenfalls an Acetylcholinrezeptoren gebunden und blokkieren dadurch die Übertragung. Auch die ***kongenitale Acetylcholinesterase-Defizienz*** mit Dekrement der Summenpotentiale nach repetitiver Stimulation wirkt postsynaptisch.

Eine Minderheit von Myasthenikern spricht auf Cholinesterasehemmer schlecht an und zeigt keine ACh-Rezeptorantikörper. Beim häufigsten Syndrom dieser Art, der ***Lambert-Eaton-Myasthenie,*** kann sich die Muskelschwäche nach Belastung kurzzeitig bessern. Die Endplattenpotentiale nach elektrischer Reizung sind verkleinert, ihre Frequenz ist aber nicht reduziert. Man nimmt an, daß eine *präsynaptische Störung der Calcium-abhängigen Freisetzung des ACh* vorliegt, was die Vergrößerung der Summenpotentiale nach tetanischer Reizung durch Zunahme der präsynaptischen Calcium-Aufnahme erklären kann. Das Lambert-Eaton-Syndrom wird ebenfalls auf einen IgG-Antikörper zurückgeführt, da es durch Serum-IgG von Patienten auf Mäuse übertragbar ist.

Die ***Muskelschwäche bei Botulinus*** wird ebenfalls auf eine präsynaptische, Toxin-induzierte Blockierung der Acetylcholinfreisetzung zurückgeführt (Abb. 84). Präsynaptisch wirken ferner Hemicholin durch Störung der ACh-Synthese und Amino-Glykoside durch Kompetition mit der Ca^{++}-induzierten ACh-Freisetzung. Das Gift der *Schwarzen Witwe* führt zur Entleerung der präsynaptischen Transmitterspeicher mit kurzer Muskelkontraktion und anschließender Lähmung.

Ausfall im Bereich des peripher-motorischen Neurons. Gehen Vorderhornzellen und damit ihre Axone und Endplatten zu Grunde, so kommt es zu einer Atrophie der Muskelfasern, die in den Typ-II-Fasern schneller abläuft. Das gleiche gilt auch bei peripherer Durchtrennung des motorischen Axons nach Auftreten der Wallerschen Degeneration mit Zerfall der Axone und der distalen Myelinscheiden. Klinisch führt jeder Ausfall im Bereich der Motoneurone zu einer ***schlaffen Parese*** und bei Auftreten einer Endplattendegeneration zur ***Muskelatrophie*** (spinale Muskelatrophie, amyotrophe Lateralsklerose, Myelitis, Neuropathien) (Abb. 85, Abb. 86). Bei chronischen Vorderhornerkrankungen oder akuten partiellen Läsionen bilden sich an Endverzweigungen benachbarter gesunder Axone Sprossen, die die Reinnervation der denervierten Muskelfasern übernehmen. Die neu innervierten Fasern passen ihre metabolische Charakteristik der versorgenden Zelle an, was bioptisch durch Fasergruppierungen erkennbar und ein guter Indikator für eine neurogene Denervation ist (Abb. 86b). Die motorischen Einheiten werden dadurch größer. Elektromyographisch zeigt sich dies durch eine Zunahme der Amplitude und der Dauer und eine Abnahme der Interferenz der Aktionspotentiale (Abb. 82). Bei der üblichen Nadelableitung wird nicht das Aktionspotential einer Muskelfaser, sondern das summierte Potential mehrerer benachbarter Fasern einer motorischen Einheit registriert. Bei stärkerer Innervation interferieren die Potentiale mehrerer motorischer Einheiten, deren Fasern nicht gebündelt, sondern durchmischt sind. Die *Vergrößerung der motorischen Einheiten* durch Sprossung erklärt daher die Amplitudenzunahme und die Verminderung der Interferenz. Die Verlängerung der Potentialdauer und ihr oft polyphasischer Ablauf wird durch die verlangsamte Leitung in den Axonsprossen erklärt.

Nach Denervation und Untergang der Endplatte sinkt das Ruhemembranpotential um etwa 15 mV ab. Gleichzeitig breiten sich die Acetylcholinrezeptoren, die normalerweise subsynaptisch lokalisiert sind, über die ganze Fasermembran aus. Die denervierte Muskelfaser wird dadurch elektrisch instabil und beginnt intermittierend spontan zu entladen. Dies führt zum Auftreten fibrillärer Potentiale, d.h. kleiner Aktionspotentiale einzelner Muskelfasern mit Kontraktionseffekt. ***Fibrilläre Potentiale*** zeigen stets eine Denervation (Abb. 87) an. Ein weiteres Denervationszeichen, die ***unipolaren positiven Potentiale,*** werden auf nicht fortgeleitete lokale Faserdepolarisationen zurückgeführt.

Klinisch ist ***Fibrillieren*** lediglich im Bereich der Zunge sichtbar, da dort die einzelnen Muskelfasern in die Subcutis einstrahlen und ihre Kontraktion an der Zungenoberfläche erkennbar wird. Fibrillieren ist nicht

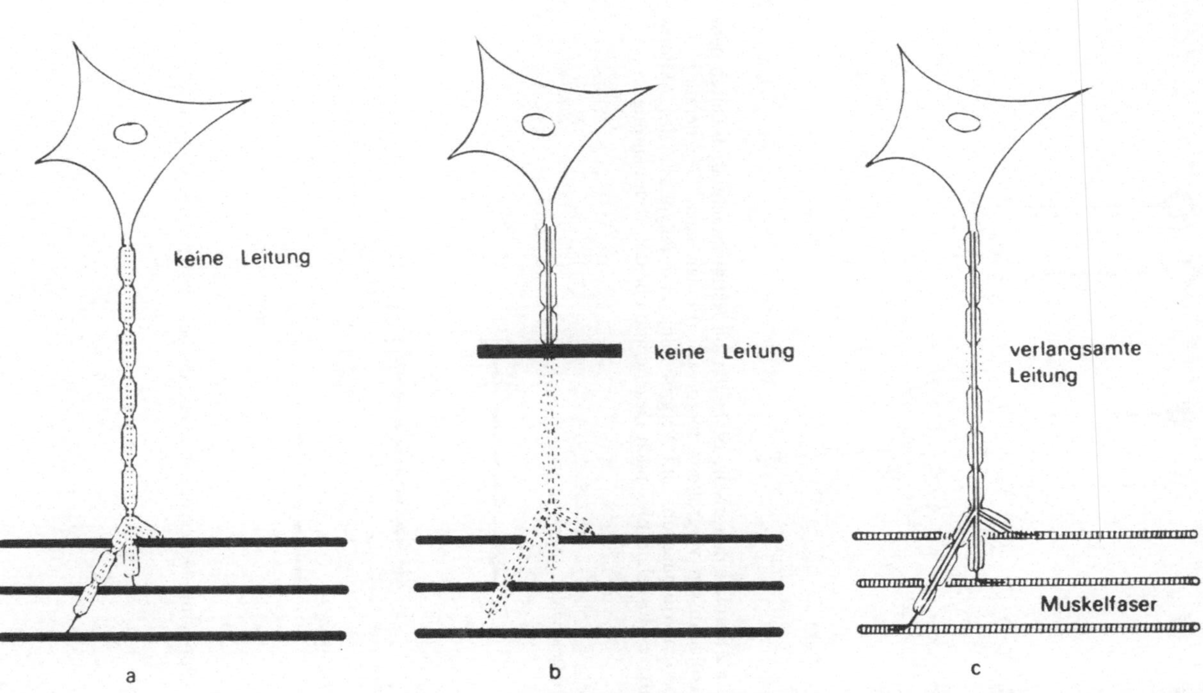

Abb. 85 a–c. Axonale (**a**) und Waller-Degeneration (**b**) mit Muskelfaseratrophie *(schwarz)*. Segmentale Demyelinisation (**c**) mit verlangsamter Leitung, aber unveränderten Endplatten und Muskelfasern

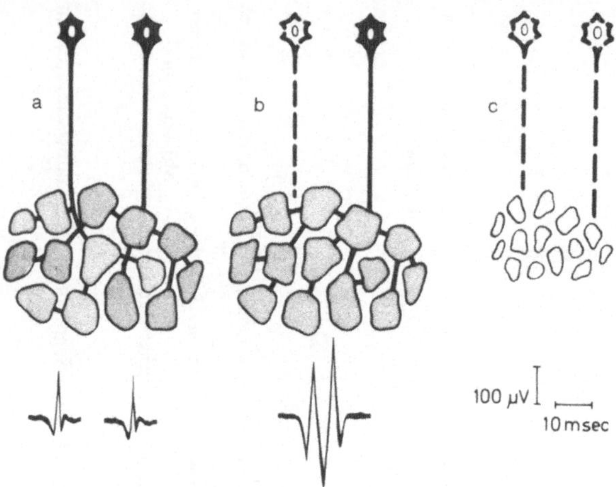

Abb. 86. **a** 2 normale motorische Einheiten mit Aktionspotential; **b** Durch periphere Axonsprossen vergrößerte motorische Einheit nach Degeneration des benachbarten Motoneurons mit Vergrößerung und Polyphasie des Aktionspotentials; **c** Muskelatrophie nach Degeneration beider Motoneurone

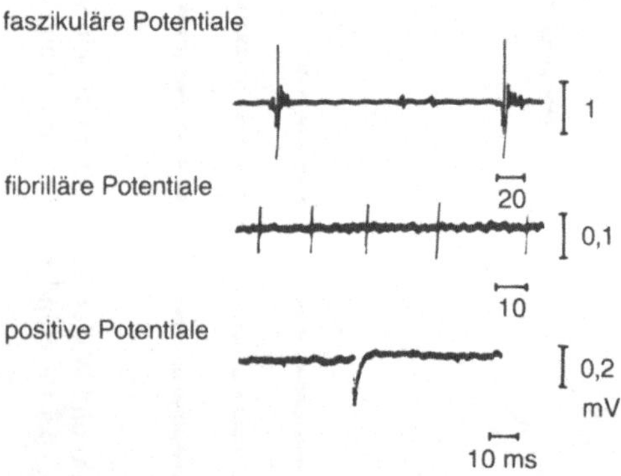

Abb. 87. Spontane Denervationspotentiale bei akuter neurogener Läsion in Ruhe

mit ***Faszikulieren*** zu verwechseln, was durch umschriebene sichtbare Muskelzuckungen ohne Bewegungseffekt charakterisiert ist und elektromyographisch einem vergrößerten Aktionspotential einer motorischen Einheit entspricht (Abb. 87). Faszikulieren tritt bevorzugt *bei Erkrankungen im Motoneuronbereich (amyotrophe Lateralsklerose)* auf, kommt seltener aber auch bei peripheren Neuropathien vor. Seine Pathogenese ist vieldeutig. Bei Erkrankungen der Vorderhornzellen ist anzunehmen, daß diese ihr Membranpotential nicht mehr ausreichend zu stabilisieren vermögen, so daß schon eine geringe synaptische Anregung zur Auslösung eines Aktionspotentiales genügt, während bei Neuropathien nach Zerstörung der Markscheide spontane Depolarisationen zu Faszikulationen führen können. Fehlen Muskelatrophien oder zusätzliche Denervationszeichen (fibrilläre und positive Potentiale im EMG), so handelt es sich um benignes Faszikulieren, ein Phänomen ungeklärter Ätiologie ohne pathologische Bedeutung. Die meisten ***isoliert motorischen Ausfälle*** sind *Folge einer primären Vorderhornzellschädigung* (amyotrophe Lateralsklerose, spinale Muskelatrophie, Poliomyelitis). Sie zeigen zunächst eine axonale Degeneration und erst sekundär eine Beteiligung der Markscheide. Die Leitungsgeschwindigkeit im peripheren Nerven ist daher unverändert und lediglich das Summenpotential vermindert.

Neuropathien. Neuropathie ist ein ätiologisch neutraler Sammelbegriff für *Funktionsstörungen des peripheren Nerven*. Er umfaßt damit hereditäre, metabolische, toxische, entzündliche und Kompressionssyndrome, d. h. sowohl ***primär axonale Degenerationen*** wie ***primäre Myelinschädigungen.*** Da das Axon keine Ribosomen und granuläres endoplasmatisches Retikulum enthält, müssen Zellsubstanzen vom Pericarion kontinuierlich in die Peripherie transportiert werden. Störungen des axonalen Transportsystems für Proteine, skeletale Komponenten und der Transport fehlerhafter Syntheseprodukte sind wahrscheinlich bei vielen Neuropathien involviert. Sie sind am unterschiedlichen Neurofilamentgehalt und an axonalen Kaliberschwankungen bei degenerativen, metabolischen und toxischen Neuropathien erkennbar und wirken sich besonders bei der ***Waller-Degeneration,*** d. h. dem Zerfall der distalen Teile eines unterbrochenen Axons, aus (Abb. 85). Die Waller-Degeneration führt darüberhinaus auch zu einem Zerfall der Myelinscheide, während die Schwann-Zellen selbst innerhalb der Basilarmembran überleben. Sie führt ferner zu einer retrograden axonalen Atrophie mit Veränderungen im Zellsoma. Letztere können vor allem bei somanaher Unterbrechung zum Zelluntergang führen. Schon vorher ziehen sich die präsynaptischen Kontakte an geschädigten Zellen zurück. Bei vielen axonalen Neuropathien wandert die Degeneration von der Peripherie nach zentral (dying back), wobei die distale Degeneration oft mit umschriebenen Anhäufungen von Axonorganellen verbunden ist.

Die peripheren Axone zeigen eine *hohe Regenerationspotenz* und wachsen bei nur vorübergehender Schädigung und ohne strukturelle Nervenunterbrechung entlang der durch Schwann-Zellen gebildeten Büngner-Bänder aus. Die Auswachsgeschwindigkeit beträgt etwa 1 mm/Tag. Gelangen dabei Axone in die falschen Kanäle, so kommt es zu einer fehlerhaften Reinnervation, die eine alte Nervenläsion noch nach Jahren leicht erkennen läßt (z. B. Facialislähmung mit Regeneration der Fasern für den M. zygomaticus zum M. orbicularis oculi durch Augenschluß beim Lächeln). Die Schwann-Zellen remyelinisieren das Axon. Die Myelinisierung ist aber geringer und durch kurze Internodien charakterisiert, da die Schwann-Zellen bei Demyelinisierung proliferieren.

Fleckförmige ***Demyelinisierungen*** entstehen durch Schädigung mehrerer benachbarter Schwann-Zellen, vor allem bei Druckschädigung (Carpaltunnelsyndrom u. a., Bell-Facialislähmung, Amyloidose und Lepra). Eine *segmentale* Demyelinisation tritt beim Guillain-Barré-Syndrom, bei der Diphtherie-Neuropathie, bei Periarteriitis nodosa und einer Reihe degenerativer Neuropathien auf. Bei primären Erkrankungen der Markscheide ist die Leitungsgeschwindigkeit stets vermindert. Die internodale Leitungszeit kann auf über 500 μs im Vergleich zu 20 μs in normalen Fasern verlängert sein. Die Verlangsamung wird zum Teil durch die verlängerte Zeit für die Aufladung der erhöhten Membrankapazität der demyelinisierten Fasermembran zurückgeführt. Zusätzlich kann es in manchen demyelinisierten Zonen zu einer kontinuierlichen Leitung mit hochgradig reduzierter Leitungsgeschwindigkeit kommen. Bei *wurzelnahen* Demyelinisierungen ist die periphere motorische und sensible Leitungsgeschwindigkeit normal. In diesem Falle läßt sich elektromyographisch eine proximale Leitungsverzögerung durch Messung der Latenz der F-Welle nachweisen. Die ***F-Welle***, die nach peripherer Nervenreizung nach den direkten Muskelaktionspotentialen registrierbar und vom H-Reflex (= elektrisch ausgelöster Eigenreflex) zu unterscheiden ist, soll durch eine antidrome Erregung in der Vorderhornzelle selbst ausgelöst werden. Da längerdauernde Demyelinisationsprozesse zu axonalen Schädigungen und umgekehrt axonale Degenerationen sekundär zu Markscheidenbeteiligungen führen, ist eine strenge Trennung der beiden Neuropathieformen auch histologisch häufig nicht mehr möglich.

Tritt bei einer Myelinschädigung *zusätzlich* eine axonale Degeneration auf, so wird die *Prognose* entscheidend verändert. Solange eine Druck- oder andere Schädigung nur zu einer axonalen Blockierung, d.h. zu einer Leitungsunterbrechung ohne Axonzerstörung und ohne Denervation des Muskels führt, ist eine rasche und völlige Wiederherstellung sicher. Tritt eine axonale Degeneration ohne Schädigung der Basilarmembran und des endoneuralen Gewebes hinzu, so wird die Erholungszeit durch die Auswachsstrecke und Auswachsgeschwindigkeit (1-2 mm/Tag) bestimmt und damit verlängert. Die Prognose bleibt aber gut. Ist der gesamte Nerv durchtrennt, so ist die Reinnervation auch nach Nervennaht limitiert. Die Auswachsgeschwindigkeit sensibler Nerven kann durch das ***Hoffmann-Tinnel-Klopfzeichen*** kontrolliert werden, da die Endkolben auswachsender Nervenfasern wie Mechanorezeptoren reagieren. *Beklopfen der Endkolben* führt daher zu Dysästhesien im Versorgungsbereich des Nerven. Bestimmt man in Abständen von 2-3 Wochen die distalste Region, von der aus Mißempfindungen auslösbar sind, so läßt sich die Auswachsgeschwindigkeit berechnen.
Elektromyographisch lassen sich axonaler Block und sekundär axonale Degeneration durch Fehlen oder Auftreten von ***Denervationszeichen*** (fibrilläre und positive Potentiale) (Abb. 87) differenzieren. Dies ist für die Beurteilung der Prognose entscheidend. Nicht nur die von der Auswachsstrecke abhängige Dauer der Reinnervationsphase, sondern auch der Reinnervationsgrad ist auf Grund der Ausprägung der Denervation abzuschätzen. Fleckförmige Demyelinisierungen nach umschriebenen Druckschädigungen führen zur lokalen Verminderung der Leitungsgeschwindigkeit, was die Lokalisation von Einklemmungsneuropathien erlaubt (Carpal-, Tarsal-, Pronator teres-Syndrom u.a.).
Je nach Beteiligung der verschiedenen Fasergruppen unterscheidet man small- und large fiber-Neuropathien. Bei den ***small fiber-Neuropathien*** sind vor allem die Schmerz- und Temperatur- und häufig auch autonome Fasern betroffen. Sie gehen in der Regel mit schmerzhaften Dysästhesien einher, lassen die Reflexe und die motorische Funktion aber ungestört. Umgekehrt sind bei den ***large fiber-Neuropathien*** die Reflexe frühzeitig abgeschwächt oder erloschen, und es kommt zu Muskelatrophien und zur Beeinträchtigung des Lagesinnes und der Vibrationsempfindung und damit auch zu peripheren Ataxien.

Mechanische und chemische Empfindlichkeit der Nerven. Druckschädigungen mit axonaler Blockierung wurden häufig als einfache Hypoxiefolge interpretiert. Dies gilt jedoch nur, wenn sich der Nerv nach Entlastung rasch binnen Stunden wieder erholt. Längere, über Tage und

Wochen anhaltende axonale Blockierungen ohne Auftreten von Denervationszeichen scheinen durch mechanisch bedingte Invaginationen der Ranvier-Schnürringe verursacht zu werden, deren Restitution Zeit benötigt. Der axonale Fluß scheint dabei intakt zu bleiben, weshalb es zu keiner axonalen Degeneration kommt.
Bei Druckschädigungen werden dickere Fasern stärker geschädigt als dünne. Dies kann mit dem ***Laplace-Gesetz*** erklärt werden, nachdem die Wandspannung (T) in einem Zylinder nicht nur vom Druckunterschied Δ P zwischen innen und außen, sondern auch vom Radius (R) abhängt ($T = \Delta P \times R$). Bei gleichem mechanischem Druck ist danach die Membranbelastung dicker Fasern im Vergleich zu dünnen bis zwölfmal größer. Dünne Fasern sind dagegen auf chemische Einflüsse empfindlicher als dicke, weshalb bei Lokalanästhesie die Leitung in den dünnen Schmerzfasern vor der der dickeren Fasern für die Oberflächenempfindung unterbrochen wird. Man führt dies auf die bei dünnen Fasern verminderte oder fehlende Bemarkung und das ungünstigere Verhältnis zwischen Oberfläche und Axoninhalt zurück.

Supranukleäre Paresen

Die cortico-spinalen und cortico-reticulo-spinalen motorischen Verbindungen gehen von den motorischen Rindenfeldern des agranulären Cortex aus (Abb. 88). In der agranulären Rinde lassen sich der ***motorische Cortex*** (*MC*, Area 4), der ***prämotorische Cortex*** (*PMC* = laterale Area 6) und die ***supplementär-motorische Area*** (*SMA* = mediale Area 6) differenzieren. Vereinfacht läßt sich sagen, daß die Aktivität der Pyramidenzellen im MC der der Motoneurone bestimmter Muskeln entspricht und die im PMC und in der SMA mit Bewegungsprogrammen korreliert ist. In der SMA finden sich außerdem Neurone, die schon bei der Vorstellung einer Bewegungssequenz aktiviert werden. Dieses einfache Konzept, nach dem die SMA durch bilaterale Projektionen zum MC Bewegungsentwürfe erstellt, der PMC Bewegungsprogramme nach MC projiziert, die dort auf die Pyramidenzellen der verschiede-

Abb. 88. Der motorische Cortex *(MC)* als gemeinsamer Ausgang der über die ▷ ventro-lateralen Thalamuskerne von den Basalganglien und dem Cerebellum angeregten prämotorischen Arealen *(SMA, PMC)* projiziert gekreuzt zu den Motoneuronen der Hirnnerven und des Rückenmarks *(TCS)*. Der PMC projiziert auch zu Kernen der Formatio reticularis und von dort nach spinal *(TRS)*. *CS*, Corpus striatum (Nucleus caudatus und Putamen); *HW*, Hinterwurzel; *HSK*, Hinterstrangkerne; *HHK*, Hinterhornkerne; *LM*, Lemniscus medialis; *MC*, Motorischer Cortex; *NR*, Nucleus ruber; *NS*, Nucleus subthalamicus;

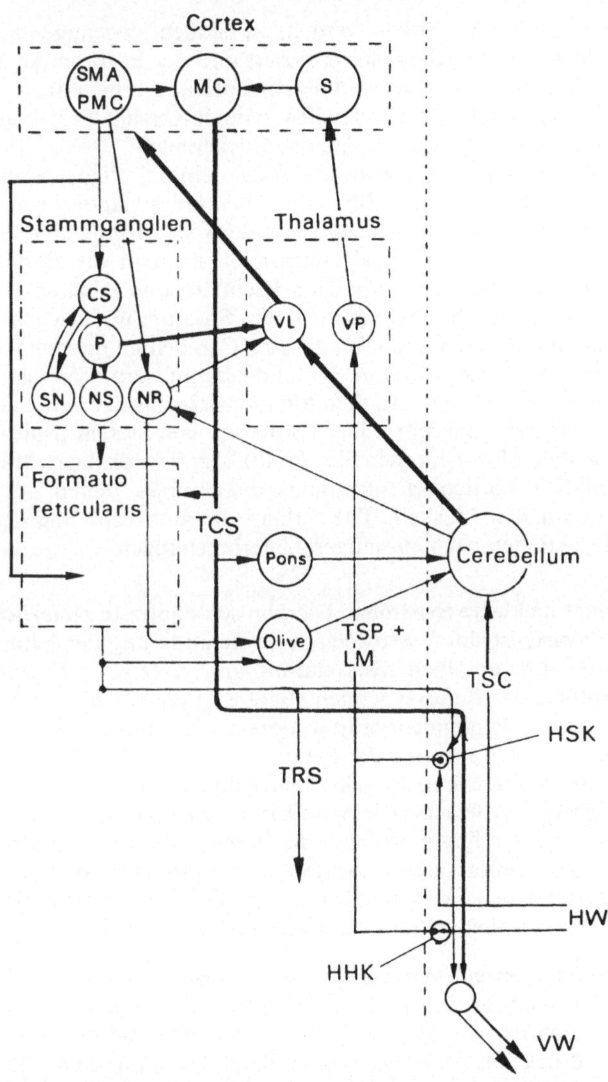

Abb. 88 *(Fortsetzung).* *P,* Pallidum; *PMC,* Prämotorischer Cortex; *S,* Sensorischer Cortex I; *SMA,* Supplementär-motorische Area; *SN,* Substantia nigra; *TCS,* Tractus corticospinalis; *TRS,* Tractus reticulospinalis; *TSC,* Tractus spinocerebellaris; *TSP,* Tractus spinothalamicus; *VL,* Nucleus ventrolateralis; *VP,* Nucleus ventralis posterior; *VW,* Vorderwurzel

nen Muskeln verteilt werden, ist jedoch ungenügend, da auch die SMA direkt nach spinal projiziert und der PMC starke Verbindungen zu Kernen der pontomedullären Formatio reticularis besitzt. Von der Formatio reticularis erreichen reticulo-spinale Projektionen bilateral über ventro-mediale Trakte das Rückenmark.
Die ***motorische Kontrolle*** erfolgt also einmal oligosynaptisch über den Pyramidentrakt vom MC und über polysynaptische reticulo-spinale Verbindungen, die von der prämotorischen Rinde angesteuert werden. Alle motorischen Areale projizieren auch in die Basalganglien und über die pontinen Kerne zum Kleinhirn und erhalten von dort Rückmeldungen. Die Projektionen zum Striatum überwiegen die nach spinal um das Hundertfache, die zum Cerebellum um das Fünfzehnfache. 50% der etwa 1 Million Pyramidenbahnfasern (Tractus cortico-spinalis) stammen nicht aus dem MC, sondern aus der parietalen Rinde und enden im Hinterhorn. Das cortico-spinale System projiziert vor allem zu den Motoneuronen der kontralateralen distalen Muskulatur, das mediale cortico-reticulo-spinale bilateral zu denen der axialen und proximalen Muskeln. Dies erklärt die gute Erholung der proximalen Funktionen nach einseitigen Unterbrechungen.

Supranukleäre Syndrome. Die klinisch häufigste ***motorische Halbseitenlähmung*** ist durch Schwäche und Behinderung der Feinmotorik, Spastik, d.h. erhöhten Muskeltonus und gesteigerte Eigenreflexe sowie enthemmte Reflexsynergien (Babinski) charakterisiert. Sie wird meist noch als Pyramidensyndrom bezeichnet, obwohl die sehr seltene isolierte Unterbrechung der Pyramiden in der Medulla nach Abgang der cortico-reticulären Projektionen lediglich eine Schwäche, aber keine Spastik, verursacht. Die ***Spastik*** ist daher Folge der cortico-reticulo-spinalen Schädigung, weshalb die Bezeichnung supranukleäres Syndrom (upper motor neuron syndrome) zutreffender ist. Die Symptomatik umschriebener supranukleärer Schädigungen des motorischen Systems ist unterschiedlich und zum Teil noch kontrovers.

- ***Supplementär-motorische Area (SMA).*** Nach einseitiger Läsion kommt es zunächst zu kontralateral betonter Verminderung der motorischen Aktivität inkl. der Sprache und des emotionalen Ausdrucks bis zur völligen kontralateralen Akinesie mit Besserung über Wochen. Bilaterale Läsionen führen zu bleibender Akinesie und Mutismus.
- ***Prämotorischer Cortex (PMC).*** Läsionen des PMC verursachen eine leichte bis mäßige kontralaterale Tonuserhöhung und Reflexbetonung sowie eine Schwäche, vor allem der proximalen Muskeln, mit

Störung von zeitlichen Bewegungsabfolgen bei komplexen Bewegungen korrespondierender Muskelgruppen beider Seiten.

- ***Syndrome des motorischen Cortex (MC).*** Schädigungen des MC gehen mit Monoparesen und leichter Reflexbetonung mit Babinski einher. Wenn, was die Regel ist, zusätzlich der PMC mitbetroffen ist, nehmen Spastik und Reflexbetonung zu.
- ***Capsula interna.*** Läsionen der Capsula interna sind die häufigste Ursache supranukleärer Paresen mit kontralateraler, distal betonter Lähmung, Reflexsteigerung, Babinski und Spastik.
- ***Hirnschenkelschädigung.*** Kontralaterale spastische Hemiparesen, wie bei Kapselschädigungen, und zusätzlich homolaterale Oculomotoriuslähmung.
- ***Isolierte Pyramidenläsion.*** Kontralaterale Paresen, Babinski, keine Reflexbetonung.
- ***Spinale Läsion.*** Spastische Mono- oder Halbseitenparese mit starker Spastik, Reflexsteigerung, Babinski und Enthemmung der Beugereflexe.

Die Zunahme der ***Spastik*** bei Schädigung des MC und des PMC und der inneren Kapsel wird dadurch erklärt, daß die fehlende Kontrolle der Kerne der medianen Formatio reticularis durch Ausfall der Projektionen vom PMC die Spastik fördert und in der Kapsel beide Systeme gemeinsam geschädigt werden. Ob die starke Spastik bei spinalen Läsionen durch Übernahme der nach Degeneration der deszendierenden Verbindungen freiwerdenden Synapsenplätze durch segmentale Afferenzen verursacht wird, ist noch offen. Neuerdings wird auch eine Veränderung der mechanischen Eigenschaften der Muskelfasern nach supranukleärer Denervation als Teilursache der Spastik diskutiert. Nach spinalen Läsionen mit Unterbrechung auch der reticulo-spinalen Kontrolle werden die Flexorreflexe enthemmt und durch somatische und vegetative Stimulation von der Haut oder der Blase ausgelöst, was das Auftreten von Flexionskontrakturen begünstigt.
Nach einer ***akuten Kapselhemiplegie*** können die Eigenreflexe zunächst vermindert sein. Die Reflexsteigerung entwickelt sich oft erst im Laufe von Stunden oder Tagen zusammen mit der spastischen Tonuserhöhung. Sie ist durch Zunahme des Muskeltonus bei rascher Dehnung und mit plötzlichem Zusammenbruch des Muskelwiderstandes bei stärkerer Dehnung infolge einer Inhibition des tonischen Streckreflexes charakterisiert. Durch Überwiegen der Spastik an den Armen in den Beugern, an den Beinen in den Extensoren kommt es zur ***Wernicke-Mann-Haltung.*** Die Spastik ist durch eine erhöhte Erregbarkeit der α-Motoneurone bedingt, da die Spindelafferenz nicht vermehrt ist.

Sie hat Kompensationsfunktion, da Hemiplegiker vor Entwicklung der Spastik gangunfähig sind, danach das paretische Bein aber als passive Stütze beim Gehen benützen können. Bei plötzlicher Unterbrechung aller supranukleären Verbindungen im Bereich des Rückenmarks (traumatische Querschnittslähmung) kommt es zur Areflexie mit nur langsamer Erholung der Reflexe und Entwicklung der Spastik über Wochen ***(spinaler Schock).*** Langsam progrediente supranukleäre Paresen auf spinaler Genese zeigen dagegen eine zunehmende Eigenreflexbetonung mit Spastik.
Im Gegensatz zu den Eigenreflexen sind Fremdreflexe (Bauchhautreflexe, Cremaster-, Cornealreflex) bei supranukleären Läsionen vermindert. Man nimmt an, daß die polysynaptischen Reflexe deszendierend gebahnt werden. Synergistische Mitbewegungen in paretischen Gliedern bei Innervation der gesunden Seite sind durch ungenügende Hemmung phylogenetisch alter Bewegungsautomatismen zu erklären.

Extrapyramidale Bewegungsstörungen

Anatomie und Physiologie. Zum ***extrapyramidal-motorischen System*** gehören das Corpus striatum (Caudatum und Putamen), das Pallidum, der Nucleus subthalamicus, die Substantia nigra sowie nachgeschaltete Systeme des Thalamus und deszendierende Verbindungen zum Tectum und zur Formatio reticularis. Den *Haupteingang* bilden Axone zum Corpus striatum aus der gesamten Rinde, wobei das Putamen vorwiegend von den motorischen und postzentralen senso-motorischen Arealen, das Caudatum aus dem assoziativen Cortex versorgt wird. Vom Striatum bestehen Verbindungen über das Pallidum zu den ventro-lateralen und retikulären Kernen des Thalamus. Die ventro-lateralen Kerne bilden den *Hauptausgang* des Systems durch Projektionen zur SMA und zum PMC. Die ***große Basalganglienschleife*** (Cortex - Striatum - Pallidum - Thalamus - Cortex) wird über mehrere systeminterne Schleifen kontrolliert (Substantia nigra - Striatum - Substantia nigra, Striatum - Pallidum - retikulärer Thalamus - Striatum, Pallidum - N. subthalamicus - Pallidum u. a.).
Neben diesem klassischen extrapyramidalen System sind limbische Strukturen (N. amygdalum und Hippocampus) über das ventrale „Striatum" (N. accumbens) und das ventrale „Pallidum" (Substantia innominata) und den Nucl. thal. dorso-medialis mit Projektionen in die cinguläre Rinde in ähnlicher Weise verschaltet.
Die cortico-striären Fasern sind exzitatorisch und glutaminerg, die nigro-striären Verbindungen inhibitorisch und dopaminerg, die strionigralen und strio-pallidären und pallido-thalamischen inhibitorisch

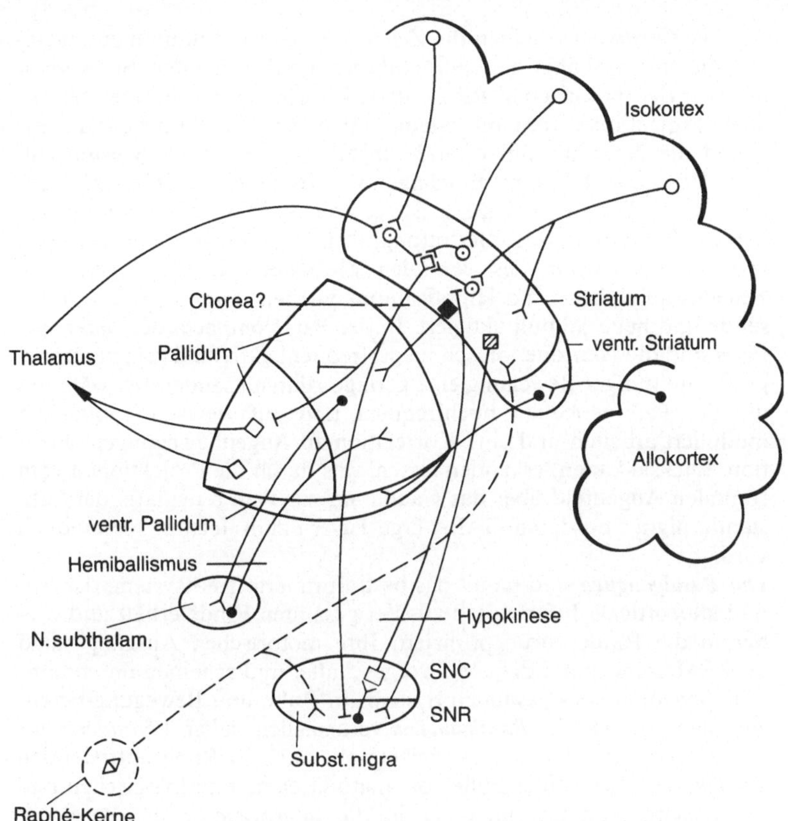

Abb. 89. Basalganglienverbindungen und ihre Transmitter. ○, glutaminerg; □, dopaminerg; ⬦, serotoninerg; ⊙, cholinerg; ■, enkephalinerg; ▨, Substanz P; ◇, gabaminerg; •, ?; ⅄, exzitatorisch?; ⊤, inhibitorisch?;
SNC, Zona comp. } Subst. nigra
SNR, Zona retic.

GABA-erg. Daneben bestehen enkephalinerge strio-pallidäre und strio-nigrale Substanz-P-Projektionen (Abb. 89).
Registrierungen der Neurone im ***Putamen und Pallidum*** zeigen eine Korrelation zu Bewegungen, vor allem zu Richtung und Amplitude und weniger zu der jeweils erforderlichen Kraft. Die neuronale Aktivierung folgt überwiegend nach der der motorischen Rinde und ist auch durch passive Bewegungen bestimmter Körperregionen auszulö-

sen. Im ***Caudatum*** scheinen die Zellen vermehrt auf Stimuli zu reagieren, die eine Verhaltensreaktion vorbereiten oder einleiten. Sie werden also vor der motorischen Rinde aktiv. Im Caudatumschwanz, der vor allem Projektionen vom infero-temporalen visuellen Cortex erhält, reagieren die Neurone auf Veränderungen eines visuellen Musters, im Kopf des Caudatums mit Eingängen von frontalen assoziativen Arealen auf konditionierte Reize, z. B. bei visuellen Diskriminationsaufgaben für Belohnung oder Bestrafung, d. h. auf signifikante Verhaltensreize. Die Neurone des ventralen ***Striatums*** mit Eingängen vom Nucleus amygdalae und Hippocampus werden durch emotionsauslösende und neue Stimuli aktiviert. In der Pars compacta der ***Substantia nigra*** sind die Neurone tonisch niederfrequent aktiv und zeigen nur bei großamplitudiger Bewegung eine geringe Aktivitätsänderung, während die der Pars reticulata hochfrequent und auf Bewegung phasisch moduliert arbeiten und eine Korrelation zu Augenbewegungen (Fixation, Blicksakkaden) erkennen lassen, was durch die Projektionen vom frontalen Augenfeld über das Caudatum zur Pars reticularis der Substantia nigra und deren GABA-erge Fasern zum Tectum verständlich wird.
Die ***Basalganglien*** sind damit das bestinformierte Kernsystem, das iso- und allocorticale Information aus der gesamten Rinde erhält und wieder in die Rinde zurückprojiziert. Ihre motorischen Ausgänge sind über SMA und PMC dem MC vorgeschaltet und scheinen die motorische Schablone des gesamten Systems in Ruhe und Bewegung bereitzustellen. ***Defekte der Basalganglien*** verursachen daher *Veränderungen der Körper- und Extremitätenstellung* mit auch in Ruhe auftretenden *Dyskinesien.* Trotz einer Fülle von anatomischen, physiologischen und neurochemischen Informationen ist die Interpretation der Basalgangliensymptome aber nach wie vor spekulativ. Dopamin und dessen Interaktion im Striatum mit cholinergen und GABA-ergen Neuronen scheint jedoch eine Schlüsselrolle für die motorischen Störungen und möglicherweise über vermehrte Dopaminrezeptoren vom D2-Typ im limbischen System auch für komplexere Verhaltensstörungen (Schizophrenie) zu spielen.

Symptomatologie. Läsionen im Basalganglienbereich können sowohl Hyperkinesen wie Akinesen verursachen. Zu den ***Hyperkinesen*** gehören Athetosen, dystone und choreatische Bewegungen, Tremor und Rigor. *Athetosen* sind langsame, abnorme Stellungsveränderungen vor allem der distalen Extremitätenmuskulatur infolge unkontrollierbarer Tonusveränderungen. Ähnliche Tonusstörungen im rumpfnahen Bereich führen zu Verdrehung um die Körperachse (Dystonie und Tor-

ticollis). Schnelle, blitzartige Bewegungen wechselnder Lokalisation werden als *Chorea* oder bei ausfahrenden Schleuderbewegungen des Armes aus der Schulter heraus als *Ballismus* bezeichnet. Periodische spontane Aktivierungen von Synergisten und Antagonisten verursachen *Tremor.* Der Basalganglientremor ist ein Ruhetremor und verschwindet im Schlaf. Er wird durch Intentionsbewegungen im Gegensatz zum cerebellären und essentiellen Tremor vermindert. *Myoklonien,* d.h. unkontrollierte Zuckungen einzelner Muskeln oder Muskelgruppen, werden bei Basalganglienläsion ebenfalls beobachtet, kommen aber auch bei anderer Lokalisation (Cortex, Kleinhirn, mesencephale Läsionen) vor. Die Tonuserhöhung bei Basalganglienschädigung wird als *Rigor* bezeichnet. Sie ist im Gegensatz zur Spastik durch starke Dehnung nicht zu blockieren und paßt sich plastisch jeder Bewegung an. Bei rascher Dehnung spürt man häufig einen ruckartig wechselnden Widerstand (Zahnradphänomen), was auch bei Fehlen eines manifesten Tremors auf eine Synchronisierung der Vorderhornzellaktivität durch eine latente Tremortendenz zurückgeführt wird.
Die ***Hypokinese*** ist durch eine allgemeine Bewegungsverarmung sowohl der Willkür- wie der Affektmotorik ohne Lähmung charakterisiert. Sie reicht von einer Verminderung der Mitbewegungen der Arme beim Gehen bis zur völligen ***Akinese.*** Alle Basalgangliensymptome werden emotional gebahnt. Das häufigste extrapyramidale Syndrom ist der ***Morbus Parkinson,*** der mit Hypokinese, Rigor und Ruhetremor einhergeht, wobei der Tremor und selten auch der Rigor fehlen kann. Bei einem Drittel der Erkrankten kommt es außerdem zu einer dementiellen Entwicklung. Der M. Parkinson ist Folge einer Degeneration der dopaminergen Zellen der Substantia nigra (Pars compacta) mit konsekutiver Dopaminverarmung des Striatums. Bis vor kurzem wurde lediglich die Hypokinese als ein direktes Symptom des dopaminergen Systems interpretiert. Nachdem sich aber herausstellte, daß Verunreinigungen in synthetischem Heroin mit MPTP (1-Methyl-4-Phenyl-1-2-3-6-Tetrahydropyridin) binnen Tagen zum Vollbild eines Morbus Parkinson infolge einer isolierten Degeneration der dopaminergen Neurone der Substantia nigra führen, ist der Morbus Parkinson als ***Syndrom der Substantia nigra*** etabliert. Der Morbus Parkinson ist daher die erste Erkrankung des ZNS, die sich auf einen spezifischen *Transmitterdefekt* zurückführen und durch Dopaminvorstufen, - Dopamin passiert die Blut-Hirn-Schranke nicht - behandeln läßt. Medikamente, die die präsynaptischen Dopaminspeicher entleeren (Reserpin) oder die postsynaptischen Dopaminrezeptoren blockieren (Butyrophenon, Phenothiazin), verursachen daher ein Parkinson-Syndrom. Überdosierungen von Dopamin und seinen Synergisten

führen entsprechend zu Hyperkinesen, was die Therapie in Spätzuständen erschwert. Der Effekt der Anticholinergica wird dadurch erklärt, daß der Wegfall der striären Hemmung durch die dopaminergen Neurone zu einer vermehrten Aktivität der cholinergen Interneurone führt, die durch Anticholinergica vermindert werden kann. Da sich Störungen des Basalgangliensystems über die motorische Rinde auswirken, lassen sich Rigor, Tremor und Ballismus durch stereotaktische Läsionen im ventro-lateralen Thalamus bessern.
Ballistische Hyperkinesen zeigen stets eine Läsion des kontralateralen Nucleus thalamicus an. Athetosen, Dystonien, choreatische Zuckungen können dagegen bei verschieden lokalisierten Läsionen entlang der strio-pallido-thalamischen Verbindungen auftreten (z. B. Chorea-Huntington bei Degeneration des Striatums). Die nach längerem Neuroleptica-Gebrauch nicht seltenen Hyperkinesien, bevorzugt der Gesichtsregion, werden mit einer Supersensitivität der striären Dopaminrezeptoren erklärt, da sie durch postsynaptische Dopaminantagonisten oder durch Drogen, die die präsynaptischen Dopaminspeicher entleeren, gebessert werden können.

Cerebelläre Koordinationsstörungen

Die ***Kleinhirnrinde*** ist aus 5 Zelltypen (Purkinje-Zellen, Körner-, Golgi-, Stellatum- und Korbzellen) aufgebaut und erhält zwei afferente Fasersysteme: Moosfasern von den Ponskernen und dem Tractus spino-cerebellaris, die die Körnerzellen und Kletterfasern aus der unteren Olive, die die Purkinje-Zellen erregen. Den Ausgang des Kleinhirnes bilden die Projektionen der Kleinhirnkerne (Nucleus dentatus, Nuclei globosus und emboliformis und Nuclei fastigii) (Abb. 90, 91). Zusätzlich bestehen aminerge Verbindungen zur Kleinhirnrinde von den Raphé-Kernen und dem Locus coeruleus.
Die ***lateralen Hemisphären,*** das „cerebrale Cerebellum", werden über die Pons-Kerne von den kontralateralen präfrontalen und den parietalen Assoziationsarealen versorgt und projizieren über den Nucleus dentatus und die ventro-lateralen Thalamuskerne zum prämotorischen Cortex. Das *intermediäre „spinale" Cerebellum* zwischen Wurm und Hemisphäre erhält im Bereich des Lobulus anterior spinale Afferenzen und über Kollaterale der Pyramidenbahnfasern zu den Ponskernen Informationen aus der kontralateralen motorischen Rinde und projiziert über die Nuclei emboliformis und globosus und die ventro-lateralen Thalamuskerne zum motorischen Cortex sowie über den Nucleus ruber nach spinal. Der *mediane Kleinhirnwurm* wird im oberen Teil von spinal, im mittleren vom Tectum (visuell und akustisch) und im

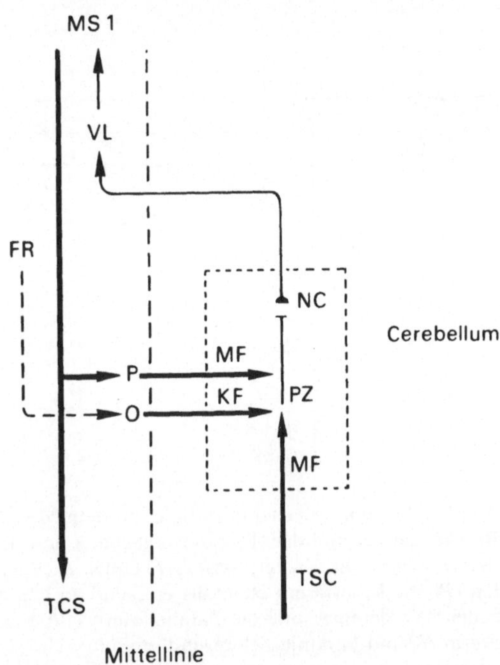

Abb. 90. Ein- und Ausgänge des Cerebellums. *FR,* Formatio reticularis; *KF,* Kletterfasern; *MF,* Moosfasern; *MS 1,* Motorisch-sensorische Rinde 1; *NC,* Nuclei cerebelli (Kleinhirnkerne); *O,* Oliva inferior; *P,* Nuclei pontis (Brückenkerne); *TCS,* Tractus corticospinalis (oberhalb Kreuzung); *TSC,* Tractus spinocerebellaris; *VL,* Nucleus ventrolateralis thalami

unteren vestibulär versorgt. Zu diesem „vestibulären" Kleinhirn gehört auch der Lobulus flocculo-nodularis. Die Ausgänge erfolgen über die Nuclei fastigii und den Nucleus vestibulo-lateralis überwiegend nach spinal.

Mit Ausnahme der Körnerzellen, die neben den Purkinje-Zellen auch die Korb-, Stellatum- und Golgi-Zellen erregen, sind alle anderen ***Neuronentypen der Kleinhirnrinde*** *inhibitorisch.* Die Korb- und Stellatumzellen hemmen die Purkinje-Zellen, die Golgi-Zellen wirken inhibitorisch auf die Körnerzellen zurück und die GABA-ergen Purkinje-Zellen hemmen die Kleinhirnkerne. Da die Kleinhirnkerne durch Kollaterale der Moos- und Kletterfasern angetrieben werden, erfolgt eine Aktivitätssteigerung des Kleinhirnausgangs durch Dysinhibition, wobei die kollateral über Moos- und Kletterfasern aktivierten Kleinhirn-Kern-

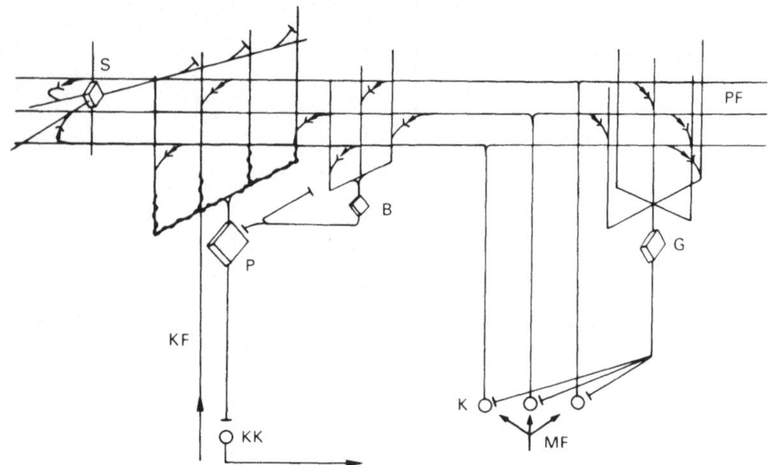

Abb. 91. Schema der Kleinhirnrinde mit dem Moosfasereingang *(MF)* von den Brückenkernen und den Tr. spinocerebellaris und dem Kletterfasereingang aus der Oliva inf. Die Kletterfasern *(KF)* enden excitatorisch an den Purkinje-Zellen *(P)*, die Moosfasern ebenfalls erregend an den excitatorischen (↑) Körnerzellen *(K)*, deren Axone die Parallelfasern *(PF)* bilden. Golgi- *(G)*, Korb- *(B)*, Stern- *(S)* und Purkinje-Zellen sind inhibitorisch *(⊤)*. *KK*, Kleinhirnkerne

Neurone jeweils durch die von den gleichen Stammfasern versorgten Purkinje-Zellen kontrolliert werden. Der Kletterfasereingang hat eine hohe Übertragungssicherheit und verursacht einen komplexen Spike mit längerdauernder Depolarisation, während die Moosfasererregung sich graduiert auswirkt. Die untere Olive wird sowohl spinal wie deszendierend über den medialen Tractus tegmentalis versorgt. Die olivocerebellären Verbindungen von der Spinalregion projizieren in das spinale, die der deszendierend angeregten in das „cerebrale" Kleinhirn.

Auf Grund dieser Konnektivität ist anzunehmen, daß das cerebrale Cerebellum zur Vorbereitung von Bewegungen beiträgt, das intermediäre spinale Cerebellum Bewegungsabläufe kontrolliert und das vestibuläre mediale Kleinhirn für die Haltung und Gleichgewichtsmotorik und die Kontrolle der Augenbewegungen von Bedeutung ist. Dies läßt sich auch durch Registrierung der neuronalen Aktivität wahrscheinlich machen. Aktivitätsänderungen der Purkinje-Zellen der Kleinhirnhemisphäre gehen einer Bewegung bis 400 ms voraus und scheinen Richtung, Amplitude und Sequenz der Muskelsynergien festzulegen. Bei

Kühlung des Nucleus dentatus erfolgt der Bewegungsbeginn und die Entladung der Pyramidenzellen im motorischen Cortex verzögert. Die Neurone des intermediären Cerebellums und damit auch des Nucleus interpositus werden bewegungsabhängig ungefähr gleichzeitig wie die des motorischen Cortex, d.h. 30–40 ms vor Bewegungsbeginn, moduliert. Da außerdem die späte Komponente des long-loop-Reflexes nach plötzlicher Muskeldehnung bei Läsionen des Lobulus anterior deutlich verzögert und desynchronisiert ist, ist anzunehmen, daß das spinale Cerebellum eine Art Comparatorfunktion übernimmt. Es wird über die Bewegungsintention durch Kollaterale der Pyramidenzellen und über das Bewegungsergebnis durch schnelle spino-cerebelläre propriozeptive Signale informiert, kann damit Bewegungsintention und -ergebnis vergleichen und je nach Übereinstimmung Korrekturen über die motorische Rinde einleiten. Das mediale System des Wurmes und insbesondere des Flocculus nodularis ist neben der Haltungsregulation vor allem bei der Kontrolle der vestibulo-oculomotorischen Funktion beteiligt.
Das Kleinhirn verfügt über eine große ***plastische Kapazität*** und scheint für das *Erlernen von motorischen Fertigkeiten* von Bedeutung. Bei Verfolgen eines gleichförmig bewegten Objektes mit den Armen vermag es die Bewegungsvorgabe rasch so zu speichern, daß auch bei kurzem Abdecken des Bewegungszieles keine Störung der Folgebewegung auftritt, was nach cerebellären Läsionen nicht mehr der Fall ist. Es wird angenommen, daß solche Lernvorgänge durch eine Selektion der Parallelfasererregung an den Purkinje-Zellen dadurch möglich werden, daß bei einer Koinzidenz von Kletter- und Moosfasererregung die Übertragungscharakteristik der Synapsen verändert wird. Ein Hinweis für eine derartige Veränderung der synaptischen Funktion ist die Umkehrung des vestibulo-oculären Reflexes, der bei Kopfbewegung das Abweichen der Augen in Gegenrichtung verursacht. Nach Tragen von Umkehrbrillen mit Rechts-Links-Vertauschung wird der vestibulo-okuläre Reflex invertiert, und Augen- und Kopfbewegungen erfolgen gleichsinnig. Bei Läsion des Flocculus oder der unteren Olive ist dies nicht mehr möglich.

Symptomatologie. Klinisch zeigen Hemisphärenläsionen eine Verlangsamung und Verzögerung der Bewegungseinleitung und -unterbrechung (Dysdiadochokinese, überschießender Rebound, Intentionstremor und Ataxie). Das spinale Cerebellum verursacht bei Defekten im vorderen Anteil eine Ataxie der Beine mit entsprechender Gangbehinderung. Bei Läsionen der mittleren Wurmregion kommt es zu Defekten von visuell und auditiv ausgelösten Kopf- und Augenbewegungen

und einer Dysmetrie der Sakkaden. Schädigungen im vestibulären Kleinhirn verursachen eine Rumpfataxie oft schon im Sitzen und ebenfalls Störungen der Blickmotorik und der vestibulo-okulären Reflexe. Klinisch sind Kleinhirnsymptome verschiedener Provenienz meist durchmischt, da sich Läsionen nicht an anatomische Grenzen halten. Im Gegensatz zu Basalgangliendefekten machen sich *Kleinhirnläsionen nur bei Bewegung bemerkbar.* In Ruhe ist der Kleinhirnkranke asymptomatisch.
Die klinische Symptomatik wird durch eine Vielzahl teils phänomenologischer, teils interpretativer Termini bezeichnet (Ataxie, Dyssynergie, Dysdiadochokinese, Tremor, Dysmetrie, Dyschronometrie, Hypotonie, Asthenie, überschießender Rebound, Dysarthrie, Dysprosodie usw.). Abgesehen von der Hypotonie und Asthenie, die man auf eine Unterbrechung exzitatorischer Verbindungen zu den statischen und dynamischen γ-Motoneuronen zurückführt, handelt es sich stets um einen *Zerfall der Muskelsynergien beim Ablauf von komplexen Bewegungen.* Die Aktivierung der an einer Bewegung beteiligten Muskelgruppen wird dadurch inkohärent und deren Fehlerkorrektur ungenügend. Dies zeigt sich besonders gut durch die Zunahme des cerebellären Tremors bei Zielannäherung. Da Kleinhirnhemisphären mit der kontralateralen Großhirnhemisphäre zusammenarbeiten, wirken sich Kleinhirnläsionen stets homolateral aus. Auf Grund seiner Plastizität verfügt das Cerebellum über ein gutes Kompensationsvermögen, weshalb selbst ausgedehnte Ablationen funktionell gut kompensiert werden können und langsam wachsende Kleinhirntumoren sich häufig erst spät manifestieren.

Bewegungsstörungen bei Ausfall der sensorischen Kontrolle

Die Trennung von Motorik und Sensibilität ist artifiziell, da jede Bewegung sowohl die Vorgabe eines Bewegungszieles wie die Kontrolle der Bewegungsausführung und damit afferente Informationen voraussetzt. Werden daher propriozeptive Signale durch periphere Nervenläsionen oder Unterbrechung der spino-cerebellären und spino-lemniscalen Bahnen nicht mehr zum Kleinhirn und Cortex projiziert, so wirkt sich dies auch auf die Motorik aus. Die Folge ist bei peripheren oder spinalen Unterbrechungen eine ***spinale oder periphere Ataxie.*** Da die spino-cerebelläre Afferenz klinisch durch Sensibilitätsprüfung nicht erfaßt wird, kann die Beurteilung ataktischer Störungen bei fehlenden zusätzlichen sensiblen Ausfällen gelegentlich schwierig sein. Das intakte Kleinhirn kann bei fehlender spino-cerebellärer Afferenz den Ausfall *visuell* partiell *kompensieren.* Augenschluß führt daher bei nicht cerebellär bedingten Ataxien zu einer Zunahme der Stand- und Gangunsicherheit. Bei corticalen Läsionen außerhalb der motorischen Rindenfelder, vor allem im Bereich des parietalen Cortex, kommt es ebenfalls zu motorischen Störungen mit Bewegungsverarmung, ungewöhnlichen Gliederstellungen, Schlaffheit der Muskulatur und häufig auch zu einer Indifferenz gegenüber der Behinderung. Bei parieto-occipitalen Läsionen ist die visuo-motorische Kontrolle beeinträchtigt.

14.3.2 Somato-sensible Störungen

Mit ***Sensibilität*** bezeichnet man die Wahrnehmung verschiedener Empfindungsqualitäten der Haut (Oberflächensensibilität), der Gelenke (Tiefensensibilität) und der Organe. Sie beruht auf einer Transformation physikalischer Reize durch Rezeptoren mit für spezifische Energieformen unterschiedlicher Schwelle und unterschiedlicher Adaptation in Nervenimpulse und deren Verarbeitung in mehreren Ebenen des zentralen Systems. Die bewußte Wahrnehmung als Endresultat macht nur einen kleinen Teil des afferenten Informationsflusses aus. Der größere bleibt *unbewußt* und dient der *Kontrolle motorischer und autonomer Funktionen*. Umgekehrt benützt aber auch das afferente System efferente Projektionen zur Eingangsüberwachung in den verschiedenen Ebenen. Die Eingangserregung wird also nicht nur durch die Rezeptoren, sondern in jeder weiteren Verarbeitungsebene gefiltert, wobei der Zustand des Gesamtsystems die Filtercharakteristik bestimmt. Damit sind keine konstanten Reizreaktionsbeziehungen zu erwarten.

Oberflächen- und propriozeptive Empfindung

Periphere Fasersysteme. Die peripheren Nerven enthalten myelinisierte und nicht-myelinisierte Fasern verschiedenen Querschnitts mit unterschiedlicher Leitungsrichtung, Erregungsschwelle, Leitungsgeschwindigkeit und Refraktärzeit (Tabelle 78). Die Somata der ***afferenten Fasern*** liegen in den Spinalganglien. Ihre Axone zweigen sich T-förmig in die Peripherie und in die Hinterwurzeln auf und enden in den Kernen des Hinterhornes und der Hinterstränge.

Die afferenten Fasern werden in 4 Gruppen unterteilt. Die Gruppen I-III gehören zu den Fasertypen A, die Gruppe IV entspricht den C-Fasern. Die schnellsten IA-Fasern stammen von den primären Endigungen der ***Muskelspindeln,*** die IB-Fasern von den ***Golgi-Sehnen-Orga-***

Tabelle 78. Charakterisierung peripherer Fasertypen

Fasertyp	Durchmesser	Leitungsgeschwindigkeit
A α, β, γ	6 -20 µm	30 -120 m/s
A δ	1 - 5 µm	12 - 30 m/s
B	3 µm	3 - 15 m/s
C (marklos)	0,3- 1,5 µm	0,4- 2 m/s

nen. Signale für Druck, Berührung, Lagesinn und Vibration sowie von den sekundären Endigungen der Muskelspindeln werden über II-Fasern, nociceptive und thermische Reize über III und IV (Aδ und C)-Fasern geleitet. Als B-Fasern bezeichnet man dünne, sympathische präganglionäre Fasern. Die Aktivierung der Afferenzen erfolgt teils durch abgekapselte Rezeptoren ***(Paccini-, Meissner-Körperchen),*** teils über geordnete ***(Merkel-Tastscheiben),*** teils auch durch ungeordnete ***freie Endigungen*** in der Haut. Die Anzahl von Rezeptoren pro Hautareal bestimmt dessen Auflösungsvermögen.

Zentrale Leitungssysteme

Im ***Hinterhorn*** erfolgt mit Ausnahme der Kollaterale von I- und II-Fasern für die Hinterstrangkerne eine *Umschaltung auf Inter- und Projektionsneurone* und eine *Konvergenz der Erregung* verschiedener Fasern. Die Weiterleitung übernehmen der Tractus spinothalamicus und spinoreticularis sowie intersegmentale propriospinale Verbindungen. Die Hinterhornzellen und Hinterstrangkerne werden deszendierend inhibitorisch kontrolliert. Schmerz- und Temperatursignale werden im ***Tr. spinothalamicus,*** Berührung, 2-Punkt-Diskrimination und kinesthetische Reize in den ***Hintersträngen*** geleitet. Die Projektionen für den Tr. spinothalamicus kreuzen segmental, die für die Hinterstränge erst in der Medulla nach Umschaltung in den Hinterstrangkernen. Die Fortsätze der Hinterstrangkernzellen bilden den Lemniscus medialis, der wie der Tr. spinothalamicus somatotopisch und modalitätsspezifisch im Nucleus ventralis posterior des Thalamus endet. Von dort projiziert ein drittes Neuron zum Gyrus postzentralis (SI) und zu SII. Die Signale für die Vibrationsempfindung werden teilweise ebenfalls in die Hinterstränge geleitet. Daneben scheinen sie dorsal des Tr. cortico-spinalis übertragen zu werden, was die häufig isolierte Beeinträchtigung der Vibrationsempfindung bei spinalen Läsionen erklärt. SI erhält nur kontralaterale Information, SII wird bilateral versorgt.

Die ersten afferenten Neurone verzweigen sich im Bereich des Lissauer-Traktes nach oben und unten und erreichen das Hinterhorn in verschiedenen Segmenten. Die komplette Kreuzung ist daher erst 5-6 Segmente über der Eintrittszone abgeschlossen. Inkomplette Querschnittsläsionen sind daher 3-5 Segmente höher zu lokalisieren als ihr sensibles Niveau anzeigt.
Hinterstränge und Tr. spino-thalamicus bilden das spezifische oligosynaptische, ***somato-sensible oder lemniscale System.*** Es wird durch das entwicklungsgeschichtlich ältere polysynaptische ***spino-reticulo-thalamische System*** ergänzt, in dem die Orts- und Modalitätsspezifität infolge ausgedehnter Erregungskonvergenz nicht erhalten bleibt und das vor allem für die Nociception von Bedeutung ist. Retikuläre Neurone dieses Systems besitzen große rezeptive Felder, die sich auf beide Körperseiten ausbreiten können, und reagieren auf verschiedene Reizmodalitäten. Sie werden über den Tr. spino-reticularis oder paleo-spino-thalamicus, der auch somatoviscerale Signale überträgt, erreicht und projizieren in die retikulären thalamischen Kerne. Das retikuläre System verfügt zusätzlich über Projektionen in den Hypothalamus und in das limbische System.

Lokalisation sensibler Ausfälle

Mechanische Schädigungen peripherer Nerven betreffen alle Empfindungsqualitäten ihres Versorgungsbereiches. Bei Neuropathien sind die Ausfälle häufig distal betont und bestimmte Faserpopulationen unterschiedlich betroffen (Vibrationsempfindung bei diabetischer Polyneuropathie). Die erhöhte mechanische Empfindlichkeit dicker Fasern erklärt den gelegentlich isolierten Reflexausfall bei radikulären Kompressionssyndromen (Bandscheibenvorfall) durch Schädigung der schnellen IA-Afferenzen von den Muskelspindeln.
Dissoziierte Empfindungsstörungen, z. B. intakter Lagesinn, aber defekte Temperatur- und Schmerzwahrnehmung, sind Zeichen einer Rückenmarksläsion mit Unterbrechung nur des Tr. spinothalamicus, aber noch intaktem Hinterstrang. Entsprechend führt eine halbseitige Rückenmarkschädigung wegen der verschiedenen Kreuzungsebenen zu Lagesinn- und Vibrationsempfindungsstörungen sowie supranukleären Paresen auf der Läsionsseite und Temperatur- und Schmerzabschwächung auf der Gegenseite (Brown-Séquard-Syndrom).
Dissoziierte Empfindungsstörungen mit Schmerz- und Temperaturausfall im Gesicht und auf der gegenüberliegenden Körperseite zeigen eine Unterbrechung nur des Tr. spino-thalamicus und der absteigenden Fasern des 5. Hirnnerven für den Nucleus spinalis trigemini in der

Medulla bei intaktem Lemniscus medialis und pontinem sensiblem Hauptkern des Trigeminus an. Thalamische Läsionen verursachen in der Regel einen Ausfall aller Qualitäten. Bei ***corticalen Empfindungsstörungen*** ist die Lagesinnstörung, die Verminderung der 2-Punkt-Diskrimination und der Reizlokalisation häufig besonders ausgeprägt und die Schmerzwahrnehmung erhalten. Wird bei unilateraler Sensibilitätsprüfung keine Empfindungsstörung angegeben, bei simultaner Prüfung beider Körperseiten aber immer nur eine Seite gemeldet, so liegt ein sog. ***Neglekt*** vor. Der sensible Neglekt ist oft Zeichen einer beginnenden Läsion der kontralateralen Parietalregion. ***Zentrale Leitungsstörungen,*** z. B. auf Grund von Entmarkungsherden bei der *multiplen Sklerose,* verursachen häufig subjektive Empfindungsstörungen, die sich bei der Sensibilitätsprüfung nicht verifizieren lassen. Man kann dies durch die Annahme erklären, daß die Leitungsverlangsamung in umschriebenen Faserbereichen das spontane zentrale Erregungsmuster verändert, bei Prüfung isolierter Berührungs- und Schmerzreize für die zentrale Verarbeitung aber keine Rolle spielt.

Schmerz

Schmerz ist die klinisch wichtigste und bis heute am wenigsten verstandene Wahrnehmung. Er ist als protektiver Sinn normalerweise das Resultat der Aktivierung von Nociceptoren zur Vermeidung von Gewebsschädigungen. Seine Bedeutung als *Warnsignal* zeigen die Mutilationen, frühe Arthrosen und perforierende Appendiciten bei kongenitalen Analgesien. Schmerz tritt aber auch als Folge einer *Irritation schmerzleitender Verbindungen* vom peripheren Nerven bis zum Thalamus auf. Er wird dann im jeweiligen Repräsentationsgebiet wahrgenommen.

Bei Gewebsschädigung werden die freien Nervenendigungen durch ***Schmerzsubstanzen*** (Histamin, Acetylcholin, Bradykinin, H^+- und K^+-Ionen) chemisch stimuliert oder durch Prostaglandine oder 5-Hydroxytryptamin sensibilisiert. Schmerzsubstanzen sind gleichzeitig vasoaktiv, steigern die Durchblutung und Gefäßpermeabilität und sensibilisieren die Nociceptoren schon in geringer Konzentration. Da man im Tr. spino-thalamicus nur wenig schmerz- und temperaturempfindliche Neurone findet, nimmt man an, daß ein Großteil der Schmerzinformation im *unspezifischen spino-reticulo-thalamischen System geleitet* wird. Hierfür spricht, daß alle chirurgischen Unterbrechungen der spezifischen „Schmerzbahnen“ unbefriedigend geblieben sind. Auch die bei akutem Schmerz assoziierte Aktivierung des sympathischen Systems mit Tachykardie, Blutdruck- und Atemfrequenzsteigerung,

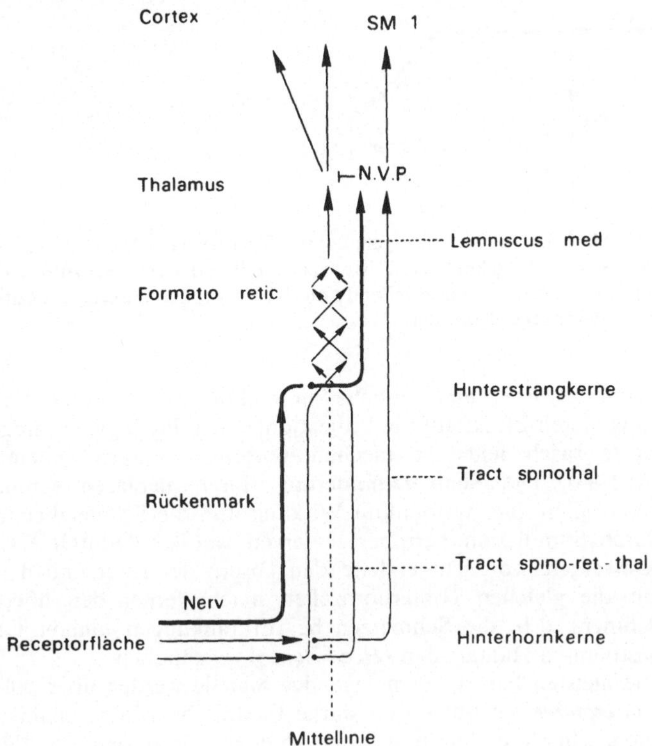

Abb. 92. Afferente Leitungswege des spezifischen (Tract. spinothal. und Lemniscus med.) und unspezifischen (Tract. spinoret.-thal.) Systems. Der Tract. spinothal. kreuzt im Rückenmark, die Fasern für den Lemniscus medialis verlaufen gleichseitig in den Hintersträngen und kreuzen erst nach Umschaltung in den Hinterstrangkernen in der Medulla oblongata. Der Tract. spinoret.-thal. erhält in der Formatio reticularis Informationen von der Gegenseite. Seine Umschaltstelle im Thalamus steht unter inhibitorischer Kontrolle (⊢) des spezifischen Systems über den Nucleus ventralis posterior (N. V. P.) (*SM 1*, Sensomotorische Rinde 1)

Hemmung der Darmmotilität, Pupillenerweiterung, acraler Hyperhydrosis und vermehrter Glykogenfreisetzung zeigt die Beteiligung des retikulären Systems. Die Projektionen ins limbische System machen die starke affektive Schmerzwirkung verständlich (Abb. 92).
Der scharf lokalisierte Schmerz wird peripher über Aδ-Fasern, der dumpfe irradiierend über C-Fasern geleitet. Die Umschaltung im Hin-

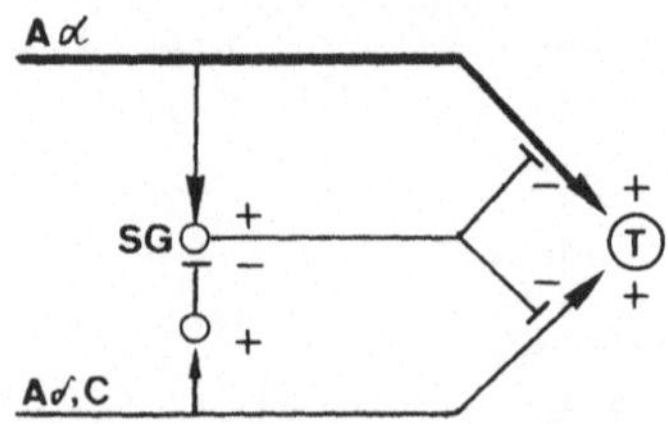

Abb. 93. Schema der Input-gate-control-Theorie nach Melzack und Wall 1965 (*SG*, Substantia gelatinosa; *T*, Transmitterzellen des Hinterhornes; *Aδ, C*, nociceptive Fasern; *Aα*, rasch leitende mechanoreceptive Fasern; ↑, exzitatorische; ⊤, inhibitorische Synapsen)

terhorn erfordert eine zeitliche Summation der Aδ- und C-Faser-Erregung, deren Effekt auf die Projektionszellen durch gleichzeitige Stimulation rasch leitender mechano-rezeptiver Fasern gehemmt wird (Abb. 93). Die Schmerzminderung durch Beblasen schmerzhafter Hautstellen, die Akupunktur-Wirkung und die Schmerzbeeinflussung durch Stimulation peripherer Nerven werden dadurch erklärt. Die Konvergenz von schmerzleitenden Fasern der Haut und der Viscera auf die gleichen Hinterhornzellen macht ferner den übertragenen Schmerz, d.h. die Schmerzen bei Erkrankungen innerer Organe in bestimmten Hautarealen ***(Head-Zonen)*** verständlich.

Die meisten Fasern für nociceptive Signale werden über polymodale ***Nociceptoren*** sowohl durch starke thermische wie mechanische oder chemische Stimulation aktiviert. Sie enden in den oberflächlichen Schichten des Hinterhorns und benützen wahrscheinlich ***Substanz P*** als Transmitter. Im Hinterhorn wird die nociceptive Übertragung aber nicht nur durch schnelle afferente Fasern, sondern auch durch das deszendierende nociceptive System gehemmt. Dies läßt sich durch elektrische Stimulation, vor allem im zentralen Grau des Mittelhirnes, zeigen, in dem eine Anreicherung von ***Opioidrezeptoren*** für Enkephaline, β-Endorphine u.a. festgestellt wurde. Die Opoidneurone projizieren zu den Raphé-Kernen, deren Stimulation ebenfalls antinociceptiv wirkt. Man nimmt daher an, daß die *analgetische Wirkung der Opiate* über die Aktivierung des antinociceptiven Systems durch serotonerge Projektionen in das Hinterhorn zustande kommt. Opoidrezeptoren sind aber auch im Hinterhorn reichlich, und der starke analgetische Effekt geringer intrathekaler Opiatdosen macht antinociceptive Interneurone auch dort wahrscheinlich. Die Beteiligung der serotonergen Raphé-Kerne für die *Schmerzkontrolle* macht die analgetische Wirkung trizyklischer Antidepressiva verständlich, die die Wiederaufnahme bio-

gener Amine nach Freisetzung erschweren und dadurch deren postsynaptische Wirkung verstärken.
Biologisch nützlich ist der nociceptive Schmerz auf Grund lokaler Gewebsschädigungen. Der Wert des ***neuropathischen Schmerzes*** ist dagegen häufig (Neuralgien, Deafferentationsschmerz) nicht ersichtlich. Gerade dieser Schmerz ist jedoch therapeutisch besonders undankbar. Nociceptive Schmerzen verschwinden nach Beseitigung der Ursache, beim neuropathischen Schmerz ist dies dagegen oft nicht der Fall.
Der neuropathische Schmerz kann unter verschiedenen Bedingungen auftreten. Im Bereich fokaler Demyelinisationen, beispielsweise bei ***Einklemmungsneuropathien,*** kann es zum Auftreten von Aktionspotentialen kommen, die ephaptisch auf die benachbarte Faser überspringen. Das gleiche ist nach Depolarisation von Axonen durch ***Druckhypoxien*** möglich, wie beispielsweise die irradiierenden Dysästhesien bei Belastung des Beines nach einer kurzdauernden Druckhypoxie des Nervus peronaeus zeigen. *Nach Nervendurchtrennung* bilden sich dünne, unmyelinisierte Sprossen aus, die zum großen Teil von Aδ- und C-Fasern ausgehen. Sie neigen zu Spontanentladungen mit wiederum schmerzhaften Parästhesien. Wird das Auswachsen behindert, so bilden sie Konvolute, d.h. Neurome mit großer mechanischer Empfindlichkeit. Periphere Nerven besitzen ferner viele postganglionäre sympathische Fasern. Die ***Kausalgie,*** d.h. ein brennender Schmerz mit gleichzeitig dystrophischen Veränderungen nach partiellen Nervendurchtrennungen, tritt vor allem an Nerven mit hohem Anteil sympathischer Fasern auf (N.tibialis, N.medianus). Sie wird darauf zurückgeführt, daß die sympathische Erregung im Bereich der auswachsenden Sprossen auf nociceptive Fasern überspringt, zumal axonale Sprossen adrenerge Rezeptoren besitzen und für Katecholamine sehr empfindlich sind. Die Kausalgie kann entsprechend durch Sympathicusblockade gebessert werden.
Die Schädigung eines peripheren Nerven verursacht auch eine Degeneration der Endigungen im Hinterhorn und den Hinterstrangkernen, und nach wurzelnahen Unterbrechungen kommt es häufig zu Schmerzen im anästhesierten Hautbereich (Deafferentationsschmerz, Anaesthesia dolorosa). Tierexperimentell wurde gezeigt, daß dabei die Hinterhornneurone, besonders in der Region der spino-thalamischen Projektionen, binnen Wochen unregelmäßig spontan entladen und gleichzeitig eine Neigung zur Selbstmutilation des anästhetischen Gliedes auftritt. Die pathologische Hinterhornaktivität verschwindet nach Monaten wieder. Das abnorme Verhalten persistiert jedoch, und im Thalamus wurden weiter andauernde Aktivitätsveränderungen beschrieben.

Da eine Unterbrechung zentraler Schmerzbahnen zu entsprechenden Veränderungen im Thalamus führt, kann zentraler Schmerz bei Läsionen auf jedem Niveau der nociceptiven Verbindung bis zum Thalamus auftreten. Man nimmt an, daß zwischen dem ***spezifischen und unspezifischen Schmerzsystem*** im Thalamus eine Interaktion besteht und daß das spezifische das unspezifische inhibitorisch kontrolliert. Hierfür sprechen die anhaltenden brennenden Schmerzen nach Zerstörung der spezifischen Thalamuskerne (Déjérine-Syndrom) und ihre Besserung nach stereotaktischer Läsion in den medialen Thalamuskernen. Stereotaktische Läsionen in den spezifischen Kernbereichen führen zwar zu einer Verminderung der Sensibilität, beeinflussen aber Deafferentationsschmerzen nicht. Der corticale Beitrag zur Schmerzwahrnehmung ist unklar. Man findet cortical nur *wenig* nociceptive Neurone, und lokale Stimulation führt normalerweise nicht zu Schmerzen, sondern lediglich zu Parästhesien und Taubheitsgefühl. Dagegen ließ sich bei chronischen Schmerzpatienten durch Stimulation des zugeordneten sensiblen Repräsentationsgebietes Schmerz auslösen. ***Chronische Schmerzen*** modifizieren danach die Funktion des gesamten Systems und können offenbar *eingelernt* werden, wie aus dem häufigeren Auftreten von Phantomschmerzen nach Amputationen mit langen Schmerzvorgeschichten im Vergleich zu traumatischen Gliederverlusten hervorgeht.

Voraussetzung für Schmerzwahrnehmungen ist also nicht nur eine Aktivierung von Nociceptoren, sondern eine Verschiebung des afferenten Signalangebotes zugunsten *langsamerer* Leitungssysteme, eine Verminderung der antinociceptiven, inhibitorischen Kontrolle und eine Veränderung der Interaktion zwischen den spezifischen und unspezifischen Systemen.

14.3.3 Störungen der spezifischen Sinne

Sehen

Nahezu 60% aller afferenten Fasern stammen beim Menschen aus dem Nervus opticus, den Axonen der retinalen Ganglienzellen. Die Retina selbst ist ein vorverlagerter Hirnteil. Der Sehnerv ist daher kein Nerv, sondern eine *Hirnbahn.*

Licht verursacht in den Photorezeptoren (Zapfen für photopisches und Farbsehen, Stäbchen für skotopisches Sehen) ein intensitätsabhängiges positives Rezeptorpotential, das über ein Netz von horizontalen, bipolaren und amakrinen Zellen auf die ableitenden Ganglienzellen übertragen wird. An den 1 Mio. Ganglienzellen konvergiert die Erregung von etwa 130 Mio. Photorezeptoren. Aktionspotentiale werden über den Sehnerven zum Corpus geniculatum laterale geleitet, dort umgeschaltet und über die Radiatio optica zur Großhirnrinde (Area 17) übertragen. Retinale Ganglienzellen projizieren ferner in die Prätectalregion und retinotopisch in die Colliculi superiores. Vom Prätectum erreichen die Signale nach Umschaltung die Edinger-Westphal-Kerne des Nervus oculomotorius beider Seiten zur Steuerung der Lichtreaktionen der Pupille. Die Verbindungen zum Colliculus superior, der cortifugale Signale aus der Area 17 sowie auditive und sensomotorische Signale erhält, sind für die okulomotorische Kontrolle wichtig (Abb. 94).

Sehschärfe und Farbdifferenzierung entsprechen der Zapfendichte, die entsprechend in der Fovea am größten ist. Die hohe foveale Diskriminationsleistung kommt auch in der zentralen Repräsentation zum Ausdruck. Der foveale Bereich der Area 17 ist nahezu so groß wie das restliche retinale Repräsentationsgebiet zusammen. In der Netzhautperipherie ist die Lichtempfindlichkeit durch Zunahme der empfindlicheren Stäbchen, sowie durch die Vergrößerung der rezeptiven Felder und damit der räumlichen Summation an einzelnen retinalen Ganglienzellen am größten.

In der zentralen Retina wird durch ***Mikrooszillationen*** mit einer Frequenz von bis 80 Hz und ***Mikrosakkaden*** mit Amplituden von ~10′ (fovealer Zapfendurchmesser ~½′) eine *Lokaladaptation verhindert*. Stabilisiert man das Netzhautbild artifiziell, so wird es nach wenigen Sekunden nicht mehr wahrgenommen. In der Netzhautperipherie reichen die geringen Bildverschiebungen angesichts der großen rezeptiven Felder zur Verhinderung der Adaptation offenbar nicht aus. Im peripheren Gesichtsfeld werden daher nur *bewegte* Reize wahrgenommen.

Funktionsdefekte. Die Photopigmente der Rezeptoren bestehen aus einem für jedes Pigment spezifischen Protein (Opsin) und einer aktiven prosthetischen Gruppe aus Aldehyden des Vitamin A_1 oder A_2 (Retinen$_1$ oder Retinen$_2$). Licht verursacht eine Transformation des Retinen von einem cis- in einen transisomeren Zustand. Man weiß seit langem, daß die Stäbchen Rhodopsin, ein Vit.-A-abhängiges Pigment, enthalten und Vit.-A-Mangel ***Nachtblindheit*** verursacht. ***Hereditäre Farbsehschwächen*** sind wahrscheinlich durch Fehlen oder fehlerhafte Anlage eines oder mehrerer der 3 Zapfenpigmente mit unterschiedlichen Absorptionseigenschaften im Rot-, Grün- und Blaubereich bedingt.

Im Sehnerv selbst liegen die zahlreichen Fasern aus der Fovea meist, aber nicht ausschließlich, zentral. Sie werden daher sowohl bei Läsio-

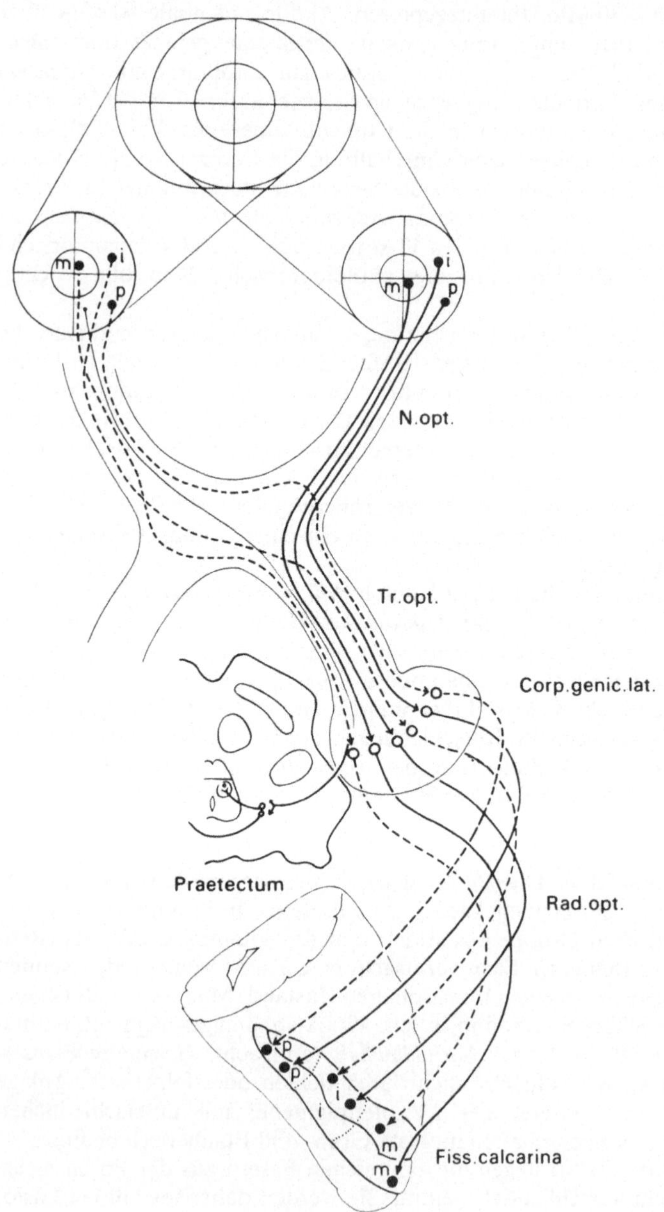

m
i
p
m
i
p
N.opt.
Tr.opt.
Corp.genic.lat.
Praetectum
Rad.opt.
p
p
i
i
m
m
Fiss.calcarina

nen durch Kompression von außen wie bei solchen im Sehnerv geschädigt. Bei Schädigungen der Sehnerven kommt es daher zu zentralen Skotomen mit entsprechender Sehschärfenminderung und Störung des Farbsehens. ***Skotome,*** d.h. fleckförmige Gesichtsfeldausfälle, die nicht bis in die Peripherie reichen, sind fast immer durch retinale oder Sehnervenläsionen verursacht und werden dann als *positives Skotom,* d.h. als dunkle Flecken, wahrgenommen. Seltenere corticale Skotome treten in der Regel subjektiv nur als Leerstelle im Gesichtsfeld in Erscheinung *(negative Skotome)* und werden in der Peripherie meist nicht bemerkt.

Sehnervenneuritiden mit Zerstörung der Markscheide führen infolge des Ausfalles zentraler Fasern rasch zur Sehminderung und bei unmittelbar retrobulbärer Lokalisation zum Papillenödem. Ophthalmoskopisch ähnliche Stauungspapillen führen dagegen abgesehen von einer Vergrößerung des blinden Fleckes infolge der Querschnittszunahme der Papille erst protrahiert zu Sehstörungen. Hält eine Stauungspapille lange an, verursacht eine Sehnervenneuritis irreversible axonale Schädigungen oder wird der Sehnerv mechanisch durchtrennt, so kommt es zu einer retrograden irreversiblen Schädigung der Ganglienzellen mit Papillenatrophie. Akute und abgelaufene Markscheidenerkrankungen des Sehnerven, wie bei der multiplen Sklerose, führen zur Verlangsamung der Leitungsgeschwindigkeit und lassen sich auch nach subjektiv voller Wiederherstellung des Sehvermögens durch eine verlängerte Latenz der visuellen evozierten Potentiale über der Sehrinde nachweisen (Abb.95). Flüchtige Sehminderungen bei ***Glaukom*** und ***Stauungspapillen*** (Nebelsehen) sind wahrscheinlich durch Leitungsstörungen auf hypoxischer Grundlage verursacht. ***Transitorische monokuläre Amaurosen*** oder Sehminderungen (Amaurosis fugax) sind häufig Folge einer von ulcerierenden Wandveränderungen bei Carotisstenosen ausgehenden Mikroembolie. Die Mikroembolien können gelegentlich als helle Partikel in den Arteriolen ophthalmoskopisch nachgewiesen werden.

Die Hälfte aller Sehnervenfasern kreuzt im Chiasma opticum zur Gegenseite. Diese partielle Kreuzung ermöglicht eine Konvergenz der Signale korrespondierender Netzhautpunkte von beiden Augen. Die ***binokulare Konvergenz*** spielt an den Neuronen des Corpus geniculatum laterale noch keine wesentliche Rolle. Corticale Neurone der Area 17 werden dagegen in unterschiedlichem Ausmaß von beiden Augen

◁**Abb.94.** Sehsystem (*m,* maculärer; *i,* intermediärer; *p,* peripherer Gesichtsfeldbereich). Eine Faser für die Lichtreaktion der Pupille ist zur Prätectalregion des Mittelhirnes durchgezeichnet. Sie erreicht nach Umschaltung den Edinger-Westphal-Kern des N. oculomotorius beider Seiten

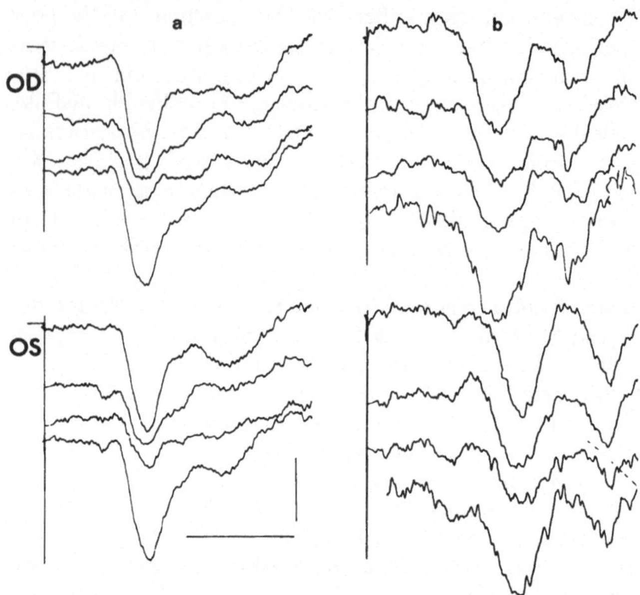

Abb. 95a, b. Gemittelte EEG-Potentiale (n = 110) evoziert durch monoculäre Schachbrettmuster-Inversion. **a** Normale Vp; **b** MS-Patient. *OD*, rechtes Auge; *OS*, linkes Auge stimuliert. Ableitungen zu Referenz in Mittellinie, gegen hoch occipital Mitte jeweils 1. Zeile, rechts occipital 2. Zeile, links occipital 3. Zeile, tief occipital Mitte 4. Zeile. Kalibrierung: 100 ms, 5 μV. Occipitale Positivität = Kurve geht nach unten. - Beachte gleiche Latenzen in **a** für rechtes und linkes Auge, verlängerte und ungleiche Latenzen in **b**. (Nach Lehmann u. Mir, 1975)

erregt. Dabei werden Informationsunterschiede in den beiden Augen durch den etwas veränderten Blickwinkel (Parallaxe) von einzelnen Neuronen für die Stereoskopie im Nahbereich ausgenutzt.

Chiasmanahe Läsionen der kreuzenden Fasern (Hypophysen- und paraselläre Tumoren, Aneurysmen) manifestieren sich durch bitemporale ***Hemianopsien.*** Schädigungen des Tractus opticus zeigen eine oft inkongruente Hemianopsie nach der Gegenseite, da die Fasern im Tractus opticus noch nicht streng geordnet sind. Läsionen der Radiatio optica führen dagegen in der Regel zu einem kongruenten Gesichtsfeldausfall auf beiden Augen. Farbsinnstörungen wie bei retinalen und Opticuserkrankungen werden dabei nicht beobachtet, da foveale und parafoveale Fasern auf der Gegenseite intakt bleiben. Da die Radiatio-

fasern von der unteren Retinahälfte in einer zunächst zum Temporalpol gerichteten Schleife verlaufen, verursachen Prozesse im Temporalpol eine contralaterale Quadrantenanopsie nach oben (Abb. 94).
Tierexperimentell ist nachgewiesen, daß die neuronale Organisation des visuellen Systems bis in die Area 17 mit der Geburt abgeschlossen ist. Zur *Stabilisierung* ihrer Konnektivität ist aber erforderlich, daß vor allem in der ersten Entwicklungsphase das System unter Normalbedingungen benutzt wird. Wird ein Auge verschlossen oder werden junge Tiere im Dunkeln erzogen und nur repetierend täglich für kurze Zeit in eine monotone optische Umgebung gebracht, in der sie beispielsweise nur vertikale Streifen sehen können, so kommt es zu Veränderungen des Systems. Bei *monokulär deprivierten Tieren* lassen sich zugeordnete degenerative Zellveränderungen im Corpus geniculatum laterale nachweisen. Corticale Neuronen verlieren nach monokulärer Deprivation ihre binokuläre Aktivierbarkeit und reagieren nur noch auf Belichtungsänderungen im offen gebliebenen Auge. Bei Tieren, die nur eine monotone optische Exposition erhalten haben, reagieren die corticalen Neurone bevorzugt auf Kontrastgrenzen entsprechender Orientierung. Diese Umprägung ist nur bei jungen Tieren möglich und nimmt mit zunehmendem Alter rasch ab.
Es ist anzunehmen, daß diese funktionell ausgelöste morphologische Veränderung die Grundlage der sog. ***Schielamblyopie*** ist. Damit ist die irreversible Sehverminderung bei Strabismus oder hochgradiger Anisometrie gemeint, die vor allem im ersten, aber auch noch in den folgenden 3-4 Lebensjahren auftritt. Da hierbei keine Netzhautkorrespondenz besteht oder die Signale beider Augen durch optische Fehler sehr unterschiedlich sind, wird das bessere Auge synaptisch führend. Die Erregungen des anderen werden unterdrückt, und es wird amblyop. Durch *abwechselndes Verschließen eines Auges* läßt sich die Amblyopie vermeiden. Dagegen wird das stereoskopische Sehen hiermit nicht gebessert, da durch das Occludieren keine binokulare Korrespondenz hergestellt wird. Auch nach späterer Korrektur eventueller Stellungsanomalien bleiben solche Kinder auf die Dauer stereoblind und für bestimmte Berufe benachteiligt. Wenn durch ***Astigmatismus*** in einem Netzhautmeridian die Bildfokussierung ungenügend ist, wird auch die Konnektivität der hierzu gehörenden zentralen Neuronen nicht ausreichend gebahnt. Bei genauer Untersuchung läßt sich daher auch nach Korrektur des Astigmatismus noch im Erwachsenenalter im Bereich des betreffenden Meridianes eine Sehminderung nachweisen. Es ist anzunehmen, daß auch die Occlusion von Doppelbildern nach Augenmuskellähmungen, die mit zunehmendem Alter weniger gut gelingt, durch ähnliche Mechanismen verursacht wird.

Occipitale Läsionen im Bereich der Area 17 führen zu einer ***zentralen kontralateralen Hemianopsie,*** bei der die Macula meist ausgespart ist. Bilaterale Läsionen verursachen ***corticale Blindheit.*** Unter diesen Umständen ist über das retinotectale System für die Optomotorik lediglich noch eine rudimentäre visuelle Information über Ort bzw. Richtung eines Sehobjektes möglich, die dem Patienten selbst nicht bewußt wird. Beim ***Flimmerskotom der Migräne*** kommt es wahrscheinlich zu einer hypoxischen Übererregbarkeit mit Spontanerregung der occipitalen Neurone. Die langsame Ausbreitung des Flimmerskotoms und das Skotom selbst wurden mit der spreading depression - eine vorübergehend nach chemischer oder elektrischer Reizung auftretende und sich langsam ausbreitende völlige corticale Unerregbarkeit -, die eigentümliche Fortifikationsstruktur der Flimmerskotome mit der Funktionscharakteristik corticaler Neurone in Verbindung gebracht. Ausfälle im Bereich der peristriären visuellen Areale (Area 18, 19 und andere) gehen mit optischen Erkennungsstörungen ***(Agnosie)*** einher. Objekte werden dabei gesehen, aber nicht erkannt und entsprechend nicht bezeichnet.
Die Korrelation zwischen visuellen und motorischen Raumkoordinaten ist nicht absolut festgelegt, sondern auch beim Erwachsenen noch modifizierbar. Verschiebt man beispielsweise durch Prismenbrillen die retinale Abbildung, so greift der Brillenträger zunächst daneben. Nach wenigen Stunden wird dieser Fehler aber voll korrigiert, so daß keine Störung der visuomotorischen Korrespondenz mehr erkennbar ist. Voraussetzung hierzu ist lediglich, daß der Prismenträger sich aktiv bewegen und damit einen Abgleich zwischen Ein- und Ausgang durchführen kann. Wird er z.B. auf einem Rollstuhl nur passiv im Raum bewegt, so bleibt die Zuordnung fehlerhaft.

Vestibulo-okulomotorisches System

Das „visuo“-vestibulo-okulomotorische System ist eine phylogenetisch alte Funktionseinheit zur *Stabilisierung des Netzhautbildes bei Kopf- und Körperbewegungen.* Dies setzt neben visuellen auch propriozeptive und vor allem vestibuläre Signale voraus, die die Augen bei einer Kopfbewegung in Gegenrichtung ablenken und damit das Netzhautbild stationär halten. Die Korrespondenz der Netzhautabbildung erfordert ferner, daß *Augenbewegungen binokular koordiniert* sind. Für diese komplexe Steuerung der raschen und langsamen konjugierten Divergenz- und Konvergenzbewegungen sind neuronale Systeme in den Hemisphären und den Basalganglien sowie im Colliculus superior, im Hirnstamm und Cerebellum verantwortlich. *Willkürliche* Augenbe-

wegungen sind nur als Sakkaden, d.h. schnell durchführbar, und dienen der Fovealisierung von Blickzielen. *Langsame* Augenbewegungen erfordern stets eine visuelle oder vestibuläre Vorgabe. Konvergenzbewegungen ermöglichen die foveale Abbildung von Objekten bei Fixation in unterschiedlicher Sehdistanz. Die Steuerung der schnellen und langsamen Augenbewegungen erfolgt über physiologisch und anatomisch getrennte Systeme, weshalb sie isoliert ausfallen können.
Langsame und rasche Augenbewegungen in schneller Folge werden als Nystagmus bezeichnet, der sowohl vestibulär wie optokinetisch ausgelöst werden kann. Zum ***optokinetischen Nystagmus*** kommt es, wenn nach Erschöpfung des Drift-Bereiches der langsamen Folgebewegungen die Augen durch repetierende Sakkaden auf ein neues Blickziel zurückspringen. Der ***vestibuläre Nystagmus*** tritt auf, wenn vestibulär ausgelöste Driftbewegungen durch sakkadische Rückstellungen unterbrochen werden. Beide Nystagmusformen benutzen die gleichen Generatorsysteme und stimmen daher in Amplitude, Frequenzbereich und Sakkadengeschwindigkeit überein.
Die Steuerung der insgesamt 12 motorischen Augenmuskeln und der Pupillenmuskulatur erfordert wegen der hohen retinalen Auflösung zur Vermeidung von Doppelbildern große Präzision. Die ***Blickmotorik*** ist daher das bestkontrollierte motorische System mit den *kleinsten motorischen Einheiten* (5-7 Augenmuskelfasern pro Motoneuron). Es benötigt einen großen neuronalen Aufwand und ist entsprechend störanfällig. Dies erklärt die Bedeutung der Okulomotorik für die Hirnstammdiagnostik.

Nukleäre und infranukleäre Augenmuskellähmungen. Schädigungen der Motoneurone, der Axone oder der Endplattenfunktion, seltener auch der Muskeln, führen stets zu Paresen und damit durch Zerfall der Netzhautkorrespondenz zu Doppelbildern. Lediglich bei früh aufgetretenen oder langsam progressiven Paresen bei okulären Muskelerkrankungen werden Doppelbilder zentral unterdrückt. Frühkindlicher Strabismus verursacht eine ***Amblyopie*** des nichtführenden Auges, da zentral die Konvergenz der Signale von beiden Augen nicht synaptisch etabliert wird. Abgesehen von den Endplattenstörungen bei der Myasthenie oder Augenmuskelerkrankungen betrifft die Parese meist nur ein Auge. Beginnende Paresen der Nn. oculomotorius und trochlearis sind klinisch oft schwer zu differenzieren. Paresen des N. abducens (horizontal ungekreuzte Doppelbilder) sind dagegen stets leicht zuzuordnen. Der Doppelbildabstand nimmt bei Blick in die Zugrichtung des betroffenen Muskels und mit der Entfernung des Fixationspunktes zwangsläufig zu.

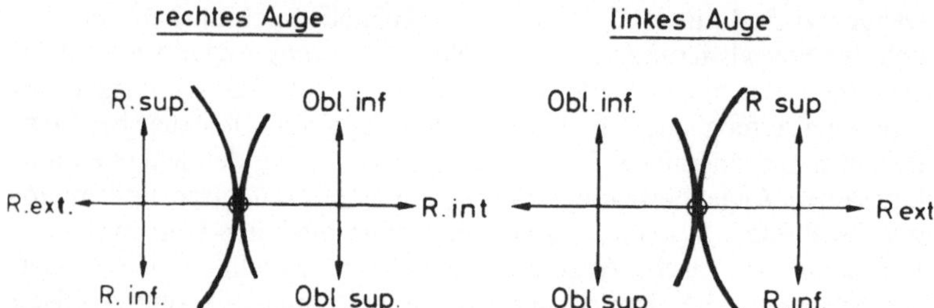

Abb. 96. Zugrichtung der Augenmuskeln. In Mittelstellung wirken bei der Hebung die Mm. rectus superior und obliquus inferior, bei der Senkung die Mm. rectus inferior und obliquus superior zusammen

Senker (Mm. rectus inferior und obliquus superior) und Heber (Mm. rectus superior und obliquus inferior) besitzen je nach Augenstellung zusätzlich Abduktor- (Mm. obliquus superior und obliquus inferior) und Adduktorfunktionen (Mm. rectus superior und rectus inferior). Die schrägen Augenmuskeln und in geringerem Maße auch die Mm. recti werden außerdem noch als Außen- (Mm. obliquus inferior und rectus inferior) und Innenrotatoren (Mm. obliquus superior und rectus superior) benützt. Da die reine Heber- und Senkerfunktion für die Mm. recti in Abduktions-, für die schrägen Augenmuskeln in Adduktionsstellung am größten ist, *prüft* man die Funktion der Mm. recti in Abduktions-, die der schrägen Augenmuskeln in Adduktionsstellung. Durch Änderung der Kopfhaltung kann die Auswirkung einer Augenmuskellähmung partiell kompensiert werden, weshalb stets auf die Kopfhaltung zu achten ist (Abb. 96).

Supranukleäre Blicklähmungen. Mit Blicklähmung bezeichnet man *Störungen der binokularen Augenbewegungen in der Horizontalen oder Vertikalen.* Blicklähmungen sind damit stets *supranukleär,* d.h. durch eine Läsion vor den Augenmuskelkernen verursacht, betreffen stets beide Augen und verursachen daher mit wenigen Ausnahmen auch keine Doppelbilder. Nur bei supranukleären Störungen auch der binokularen Koordination kommt es zum Doppeltsehen. Dies ist bei Unterbrechung der Projektionen von dem pontinen horizontalen Blickzentrum um den Abducenskern zu den Motoneuronen des M. add. oculi, im medialen Längsbündel der Adduktorseite der Fall. Bei dieser *„internukleären Ophthalmoplegie"* bleibt beim Blick zur Seite das adduzierende Auge zurück. Konvergenzbewegungen sind dagegen über tektale Verbindungen noch möglich. Bei der Hertwig-Magendie-

Schielstellung steht ein Auge tiefer, das andere höher als normal, was ebenfalls zu Doppelbildern führt. Supranukleäre Blicklähmungen sind mittels des ***vestibulo-okulären Reflexes*** von Augenmuskelparesen zu differenzieren. Bei Vorliegen einer Blicklähmung wandern die Augen bei passiven Kopfbewegungen gegensinnig ab, bei Augenmuskelläsionen ist diese vestibuläre Korrektur nicht mehr möglich.

Die raschen *willkürlichen* ***Blicksprünge (Sakkaden)*** dauern 30-120 ms und erfolgen mit Geschwindigkeiten um 350°/s. Sie werden in der Regel visuell auf Grund einer Verrechnung des Abstandes des Blickzieles von der Fovea gesteuert. Da nach dem sakkadischen Blicksprung das Auge tonisch am neuen Blickziel gehalten werden muß, unterscheidet man im Sakkadensystem eine Puls-(Sprung) und Stufenfunktion. Sakkadische Bewegungen werden von verschiedenen Regionen des Cortex, vor allem vom frontalen Augenfeld, aber auch von den parietalen Rindenarealen und vom Colliculus superior, angesteuert und in der paramedianen pontinen retikulären Formatio organisiert (PPRF). Störungen der Blicksakkaden treten daher bei Läsionen in verschiedenen Regionen auf.

Die tonische Aktivität der Motoneurone und damit die Haltefunktion nimmt normalerweise nach 20-30 s ab. Die Augen driften daher langsam zur Mittelstellung zurück. Bei Läsionen des vestibulären Kerngebietes und des vestibulären Cerebellums oder bei toxischen Einflüssen (Alkohol, Sedativa) wird die Dauer der *Haltefunktion* stark verkürzt, weshalb die Augen repetierend durch Blicksakkaden wieder zum Blickziel zurückgeführt werden müssen, was klinisch dem Blickrichtungsnystagmus entspricht. Sakkadenstörungen selbst treten auf, wenn die phasische Motoneuronentladung verlangsamt oder die gesamte Entladung reduziert oder verstärkt wird. Es kommt dann zu einer Verlangsamung der Sakkade mit hypo- oder hypermetrischen Blicksprüngen. Blicksakkaden sind natürlich auch verlangsamt, wenn das periphere Motoneuron oder die Augenmuskeln defekt sind.

Die ***langsamen Folgebewegungen*** werden visuell durch geringe retinale Bildverschiebungen (retinaler Slip) gesteuert. Das Folgesystem wird über visuelle Verbindungen angeregt, die über corticale Sehareale und auch direkt zur Prätectalregion projizieren. Von dort werden sie über die Vestibulariskerne und den Flocculus auf die Okulomotorik geschaltet. Entsprechend wird die langsame Phase des optokinetischen Nystagmus nach ipsilateral bei Läsionen der Vestibulariskerne und des Flocculus gestört. Läsionen der cortico-mesencephalen Verbindungen verursachen dagegen meist nur einen kurzzeitigen Ausfall der langsamen Phase des optokinetischen Nystagmus.

Lokalisation blickparetischer Defekte. Bei Läsionen cortico-fugaler Verbindungen zur Brückenhaube oberhalb ihrer Kreuzung kommt es zu einer *sakkadischen Blickparese* zur Gegenseite, bei Läsionen unterhalb der Kreuzung im Mittelhirn und darunter zur Herd-Seite (Abb. 97). Läsionen der oberen PPRF führen zu einer starken und bleibenden *Verlangsamung der Blicksakkaden*, aber vestibulär noch auslösbaren langsamen Augenbewegungen. Bei Schädigungen der Brückenhaube in Höhe des Abducenskernes sind sowohl Sakkaden wie langsame Folgebewegungen ausgefallen und keine Augenbewegungen nach ipsilateral mehr möglich. Wahrscheinlich werden auch die Signale für vertikale Augenbewegungen über die Brückenhaube geleitet und von dort zur retikulären mesencephalen Formatio zurückprojiziert, da bilaterale Brückenhaubenläsionen auch zum Ausfall der vertikalen Sakkaden und langsamen Bewegungen führen. Das eigentliche *vertikale sakkadische Blickzentrum* liegt jedoch im rostralen interstitiellen Kern des MLF, bei dessen Zerstörung die vertikalen Sakkaden

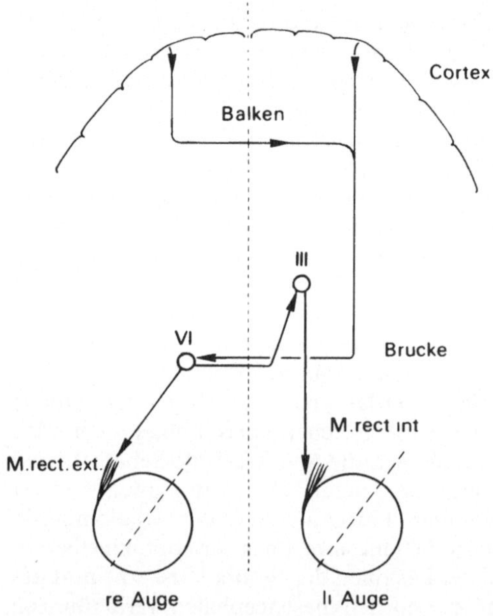

Abb. 97. Zentrum für die horizontale Blickbewegung nach rechts in der rechten Brücke und seine Verbindung vom Cortex und zum Kern des M. rect. int. über das hintere Längsbündel

ausgefallen, langsame Folgebewegungen aber wiederum noch möglich sind. In der Regel treten die vertikalen Blickparesen nach oben sehr viel häufiger und isoliert auf, während isolierte vertikale Blickparesen nach unten selten und meist in Kombination mit Blickparesen nach oben vorkommen. Im Gegensatz zu horizontalen treten vertikale Blickparesen nur nach bilateralen Herden auf.

Nystagmus. Der optokinetische und vestibuläre Nystagmus, d.h. langsame Augenbewegungen über 20-40° und repetierende, entgegengerichtete Sakkaden, sind *Mechanismen zur Verbesserung der visuellen Wahrnehmung bei Eigen- und Fremdbewegung.* Sie benützen das langsame Folge- und das rasche sakkadische System. Die Richtung des Nystagmus wird durch die rasche Phase angegeben. Während der langsamen, vestibulär gesteuerten Nystagmusphasen bleibt bei Kopf- und Körperbewegungen die Umwelt auf der Retina stabil und subjektiv unbewegt.

Vestibulärer Spontannystagmus ist dagegen stets *pathologisch* und kann sowohl peripher durch Läsionen des Labyrinthes oder des N. vestibularis wie zentral durch Defekte im Bereich der Vestibulariskerne oder des vestibulären Cerebellums verursacht werden. Von den Bogengängen und den Maculae der Statolithen werden die Vestibulariskerne tonisch erregt und zusätzlich bei Änderung der Kopfhaltung moduliert. Die Neurone von den horizontalen Bogengängen werden bei ipsilateraler Beschleunigung aktiviert, bei kontralateraler Winkelbeschleunigung gehemmt. Fällt ein Labyrinth plötzlich aus, wie beim *Menière-Syndrom,* so tritt eine Erregungsasymmetrie auf, die zentral nicht von einer starken Winkelbeschleunigung zur intakten Seite differenziert werden kann. Dies verursacht eine Augenabweichung in Richtung des ausgefallenen Labyrinthes mit rascher Rückführung zur Gegenseite, d.h. einen Nystagmus zur gesunden Seite. Da der Augenbewegung keine Kopfbewegung entspricht, kommt es zu einer Verschiebung des Netzhautbildes, die als eine Bewegung der Umwelt in Gegenrichtung interpretiert wird, was Drehschwindel und eine kompensatorische Falltendenz zur Läsionsseite verursacht. Bei Andauern des Ausfalles gleicht sich der zentral-vestibuläre Apparat neu ab. Schwindel und Nystagmus bilden sich zurück und sind nach 2-3 Wochen gut kompensiert. Bei langsam progressivem Ausfall (z.B. Akustikusneurinom) geht der Abgleichprozeß dem Ausfall parallel, so daß oft keine vestibuläre Symptomatik auftritt.

Läsionen im Vestibulariskerngebiet können, wenn sie umschrieben sind, Spontannystagmus in allen Richtungen hervorrufen. Bei ausgedehnten Läsionen besteht meist ein Spontannystagmus zur Gegenseite mit

Gangabweichung und Falltendenz nach homolateral. Zentral-vestibuläre Läsionen gehen meist nicht mit Drehschwindel, sondern mit einem unspezifischen Schwankschwindel einher. Zur Differenzierung zwischen peripheren und zentralen Vestibularisschädigungen ist eine *kalorische Untersuchung* (Spülung der äußeren Gehörgänge mit Wasser verschiedener Temperatur und Registrierung des Nystagmus) erforderlich. Ausfall oder Verminderung der Erregbarkeit eines Labyrinthes spricht für eine periphere Übererregbarkeit mit Seitenasymmetrie oder Verminderung des Nystagmus nur in einer Richtung bei Spülung beider Ohren für eine zentrale Läsion.

Bei visuellen Folgebewegungen wird das stationäre Netzhautbild bewegt und das über die Netzhaut wandernde Bild des Hintergrundes stationär gesehen. Fehlen stabile visuelle Bezugspunkte, so entstehen Falschinterpretationen mit dem Gefühl der Eigenbewegung (Zirkular- oder Linearvektion), z. B. beim Anfahren eines Zuges auf dem Nebengeleise. Stimmen vestibuläre und visuelle Informationen nicht überein, besteht also ein ***sensorischer Konflikt,*** so kommt es über eine Erregungsausbreitung in benachbarte vegetative Kerne zur ***Kinetose*** (z. B. Seekrankheit bei visuell stabiler, vestibulär aber im Raum instabiler Kabine).

Da der optokinetische und der vestibuläre Nystagmus über gemeinsame zentrale Generatoren gesteuert werden, wird der peripher bedingte, vestibuläre Spontannystagmus visuell stark vermindert, der zentral bedingte bei offenen Augen dagegen nicht oder nur gering abgeschwächt. Nystagmus ist daher stets *im Dunkeln* unter der Frenzelbrille oder *bei geschlossenen Augen* elektronystagmographisch zu prüfen. Beim ***Elektronystagmogramm*** wird der Dipol des retinalen Bestandpotentiales (negativ gegen die Cornea) zur Registrierung der Augenbewegungen ausgenutzt.

Klinisch ist ein rein horizontaler Nystagmus *nie,* ein vertikaler Spontannystagmus *stets* zentral bedingt. Ebenso wird der ***dissoziierte Nystagmus,*** bei dem die Nystagmusamplitude beider Augen unterschiedlich und am abduzierten Auge meist größer ist, *zentral* verursacht (partielle Läsion des hinteren Längsbündels, z. B. bei MS). Das gleiche gilt für den ***kongenitalen Nystagmus,*** der in der Regel durch abnorme Schlagformen (Pendelnystagmus, Girlandennystagmus, Umkehrung des optokinetischen Nystagmus und Zunahme bei Fixation oder Abdekken eines Auges [latenter Nystagmus]) charakterisiert ist.

Pupillomotorik. Die pupillokonstriktorischen Fasern aus dem Edinger-Westphal-Kern des Nucleus oculomotorius (Abb. 94) werden im Ganglion ciliare umgeschaltet und erreichen über die Ciliarnerven den

Sphincter der Iris. Die Dilatation wird über den N. sympathicus kontrolliert, dessen zentrale Fasern vom Hypothalamus über die laterale Haubenregion von Mesencephalon und Brücke zur Medulla und weiter bis zu den Zellen des N. intermediolateralis in Höhe C8–T2 absteigen. Sie erreichen aus C8 und T1 das obere Cervicalganglion. Die postganglionären Fasern treten mit der A. carotis interna in den Schädel und gelangen zum M. dilatator der Pupille. Ausfall der sympathischen Innervation führt zum ***Horner-Syndrom*** (Miosis, Ptosis, leichter Enophthalmus und Hypohidrose der homolateralen Gesichtshälfte). Ausfall der Licht- bei erhaltener Konvergenzreaktion und intaktem Visus entsteht durch Unterbrechung retinaler Verbindungen in der Prätectalregion ***(Robertson-Pupille).*** In diesem Falle werden die Pupillokonstriktoren nicht mehr vom Lichtsignal erreicht. Sie werden jedoch im Rahmen der Konvergenzsynergie noch aktiviert (Innervation beider Mm. rectus int., der Mm. ciliares zur Erhöhung der Brechkraft der Linse und des M. sphincter pupillae zur Verbesserung der Tiefenschärfe).

Gehör

Einseitige Hörstörungen sind stets auf eine Schädigung peripher der Acusticuskerne zurückzuführen, da danach die mehrfache Kreuzung der Acusticusafferenzen einseitige Hördefekte verhindert. Bei Defekten des Gehörganges oder des Mittelohres kommt es zu einer Höreinschränkung infolge einer *mechanischen Schalleitungsstörung.* Sie betrifft in der Regel den ganzen Frequenzbereich, ist aber meist in den höheren, seltener in den unteren Frequenzen betont. Da der Rezeptor und neurale Leitungsmechanismus und damit auch die Knochenleitung ungestört ist, ist die Luftleitung gegenüber der Knochenleitung (Rinne-Versuch) verkürzt oder aufgehoben. Beim Weber-Versuch wird zum kranken Ohr lateralisiert. ***Neuronale Transmissionsstörungen*** sind Folge eines Defektes des Sinnesepithels oder des Nervus acusticus. Sie gehen ebenfalls mit einer Schwellenerhöhung vor allem für hohe Frequenzen und zusätzlich mit Verminderung auch der Knochenleitung einher. ***Läsionen des Sinnesepithels*** zeigen häufig isoliertes Frequenzsenken und das Phänomen des Recruitment. Beim ***Recruitment*** nimmt trotz deutlicher Schwellenerhöhung für eine bestimmte Frequenz die subjektive Lautheit bei langsamer Intensitätszunahme oberhalb der Schwelle im kranken Ohr schneller zu als auf der normalen Seite. Auch Tinnitus ist häufig, wie beispielsweise bei der Ménière-Erkrankung, Folge einer peripheren Läsion im Rezeptorbereich. Hörminderungen infolge Übertragungsstörungen im N. acusticus zeigen eine gesteigerte Ermüdbarkeit mit raschem Hörausfall bei kontinuierlicher Belastung. Ein überschwelliger Ton, der normalerweise unlimitiert gehört wird, wird nach einiger Zeit (~30 s) wieder unterschwellig. Man führt dies auf eine verminderte Übertragungssicherheit im Bereich des geschädigten Nerven zurück.

Ausfälle der corticalen Hörregionen (Heschl-Gyrus) können vorübergehend bilaterale oder kontralaterale Hörschwierigkeiten verursachen, die aber in der sprachdominanten Hemisphäre wegen der meist gleichzeitigen Läsion der sekundären akustischen Areale gegenüber den Störungen des Sprachverständnisses im Hintergrund stehen. Bei bilateralen Ausfällen der primären Hörareale wurden corticale Ertaubungen beschrieben. Affen mit bilateralen Ablationen haben noch eine rudimentäre Schalldetektion, können aber auditiv soziale Signale nicht mehr differenzieren. Trotz der mehrfachen Kreuzungen der zentralen Hörbahnen läßt sich bei Verwendung dichotischer Reize, die sich gegenseitig ausschließen oder ergänzen, zeigen, daß jedes Ohr dominant zur *kontralateralen* Hemisphäre projiziert.

14.3.4 Cerebrale Anfälle (Epilepsien)

Neuronale Grundlagen

Ein cerebraler Anfall ist Ausdruck eines *paroxysmalen Defektes der zentralen Signalverarbeitung* und damit Symptom einer Funktionsstörung der grauen Substanz. Wie jeder große Krampfanfall zeigt, bleibt die Signalübertragung dabei intakt. Potentiell ist jedes Gehirn krampffähig. Es ist lediglich eine Frage der Schwelle, wann es zum Zusammenbruch der Erregungsbegrenzung mit *unkontrollierter Erregungsausbreitung,* d.h. zum ***Krampf,*** kommt. Eine spezifische Pathologie der „Epilepsie" ist daher nicht zu erwarten.

Normalerweise modulieren excitatorische und inhibitorische Synapsenpotentiale das Ruhemembranpotential der Zellen so, daß das Gleichgewicht zwischen Erregung und Hemmung insgesamt erhalten bleibt. Aktivierung wird stets von Hemmung begleitet, wodurch eine ungeordnete Erregungsausbreitung vermieden wird. Alle Faktoren, die das Gleichgewicht zwischen Erregung und Hemmung stören, d.h. das Membranpotential vermindern und damit die Erregungsausbreitung begünstigen, sind daher krampffördernd. Formal ist zu erwarten, daß es bei Überwiegen der Hemmung durch Hyperpolarisation der Membran zu einer Art Negativ eines Krampfanfalles, d.h. einem akinetischen Anfall, kommen muß. Bis heute ist aber noch nicht gesichert, ob die seltenen akinetischen Anfälle auf diese Weise zu interpretieren sind.

Die bioelektrische Aktivität im Elektroencephalogramm (EEG) ist im Krampf um das 10-50fache gesteigert. Es war daher schon auf Grund von EEG-Registrierungen angenommen worden, daß im Krampf eine ***Hypersynchronie,*** d.h. eine gesteigerte simultane Aktivität vieler Neuronen, vorliegt. Extrazelluläre Registrierungen der Aktivität einzelner corticaler Neuronen während elektrisch oder chemisch ausgelöster Krämpfe haben dies bestätigt. Die corticalen Neuronen zeigen dabei nicht nur längere Entladungsserien mit Frequenzen bis über 300/s, wie sie normalerweise nur kurzfristig über 6-12 Entladungen vorkommen, sondern eine gleichzeitige Aktivitätssteigerung ganzer Zellpopulationen.

Im epileptischen Krampffokus entladen die Neurone häufig nicht mit einzelnen Aktionspotentialen, sondern in Form frequenter repetierender Entladungen, den *bursts.* Intrazelluläre Registrierungen haben gezeigt, daß die Repolarisation dieser Neurone verlangsamt ist und mit Depolarisationen über 100 ms einhergeht, was die frequenten Entladungen unterhält. Die *paroxysmale Depolarisation mit verzögerter Hyperpolarisation* ist ein Charakteristikum von Krampfherden. Ihre Entstehung ist im einzelnen noch ungeklärt. Man diskutiert eine Summation postsynaptischer exzitatorischer Potentiale, eine Veränderung des extrazellulären Elektrolytmilieus mit K^+-Anreicherung, eine Abschwächung der postsynaptischen Inhibition und neuerdings auch Veränderungen der Membraneigenschaften durch zellinterne Prozesse. Wahrscheinlich sind in Krampfherden verschiedener Genese diese Prozesse in unterschiedlicher Weise beteiligt.

Bei ***fokalen Epilepsien*** ist die paroxysmale Funktionsstörung häufig ohne klinisches Korrelat und nur im EEG als intermittierende Krampfspitze erkennbar. Die Krampfspitzen zeigen einen aktiven Fokus an, der zellulär durch paroxysmale Depolarisationen im Zentrum des Fokus charakterisiert ist. In den umgebenden Arealen überwiegt dagegen die Hemmung, wodurch die Erregungsausbreitung *begrenzt* bleibt. Erst wenn diese Hemmung durchbrochen und eine größere Zahl von Neuronen synchronisiert werden kann, wird der Krampf klinisch manifest.

Anfallsursachen

Das Ruhepotential ist ein dynamisches Gleichgewichtspotential und erfordert Energie, weshalb Störungen des intrazellulären Energiestoffwechsels zur Verminderung des Ruhepotentials führen und daher krampffördernd wirken können. Dabei ist es gleichgültig, ob das ***Ener-***

giedefizit durch einen Mangel an energieliefernden Substraten (Hypoxie, Hypoglykämie), durch Fehlen von Enzymen des oxydativen Stoffwechsels (Vitamin B_1, B_6 u. a.), durch toxische Blockierung der Oxydationssysteme (z. B. Cyanid) oder Mangel an Enzymaktivatoren (z. B. Mg^{2+}) entsteht. Eine Depolarisation des Membranpotentials ist ferner auch bei Entgleisung der normalen synaptischen Mechanismen, beispielsweise durch Mangel an inhibitorischer bzw. durch Überschuß an excitatorischer Transmittersubstanz (z. B. Strychninblockierung inhibitorischer Synapsen im Rückenmark, Acetylcholinkrämpfe), möglich. Anfälle auf der Grundlage eines Transmitterdefektes sind klinisch bis heute aber nicht bekannt.
Dagegen können sich ***Elektrolytstoffwechselstörungen*** auf die Membranstabilisierung auswirken und zu Anfällen führen (z. B. große cerebrale Anfälle bei primärer Tetanie, Alkalose). Gliazellmembranen besitzen eine hohe K^+-Permeabilität, und es wurde gezeigt, daß der Stromfluß zwischen Gliazellen kontinuierlich erfolgt. Dies bedeutet, daß die Glia eine extrazelluläre K^+-Anreicherung bei starker neuronaler Aktivität, die zu einer Depolarisation führen würde, durch passiven K^+-Transport verhindert *(spatial buffering)*. Man diskutiert deshalb, ob Narbenepilepsien verschiedener Genese (posttraumatisch, postoperativ) durch einen ***Verlust der Transportfunktion der Glia*** verursacht werden. Neuerdings wurde außerdem an Dendriten von Hippocampuszellen ein von Ca^{++} abhängiger Spike-Mechanismus festgestellt und mit der dort großen Krampfbereitschaft in Verbindung gebracht.
Fehlerhafte Verbindungen mit insuffizienter Erregungskontrolle kommen neben genetisch bedingten Anomalien des Zellstoffwechsels (Speicherkrankheiten) als Ursache *anlagebedingter* Anfälle in Betracht. Ob die Anfälle bei Meningoencephalitiden durch direkte Membranschädigungen mit K^+-Verlust oder toxische oder ödematös bedingte Störungen des Energiestoffwechsels verursacht werden, ist ungeklärt.

Fokale und generalisierte Anfälle

Obwohl vereinzelte Mitteilungen über spinale und untere Hirnstammepilepsien vorliegen, bestimmen vor allem die Hirnrinde, die Basalganglien und der obere Hirnstamm die klinische Symptomatik. Ist die Störung der Erregungsverarbeitung klinisch oder hirnelektrisch sofort diffus über beide Hemisphären verteilt, so spricht man von ***primär generalisierten Anfällen*** (z. B. primär generalisierter großer Krampfanfall, Absenzen). Bleibt die Störung der Erregungsverarbeitung lokalisiert, so kommt es zu einem ***fokalen Anfall,*** dessen Symptomatik vom Ort der Funktionsstörung abhängt, z. B. focaler motorischer (Jack-

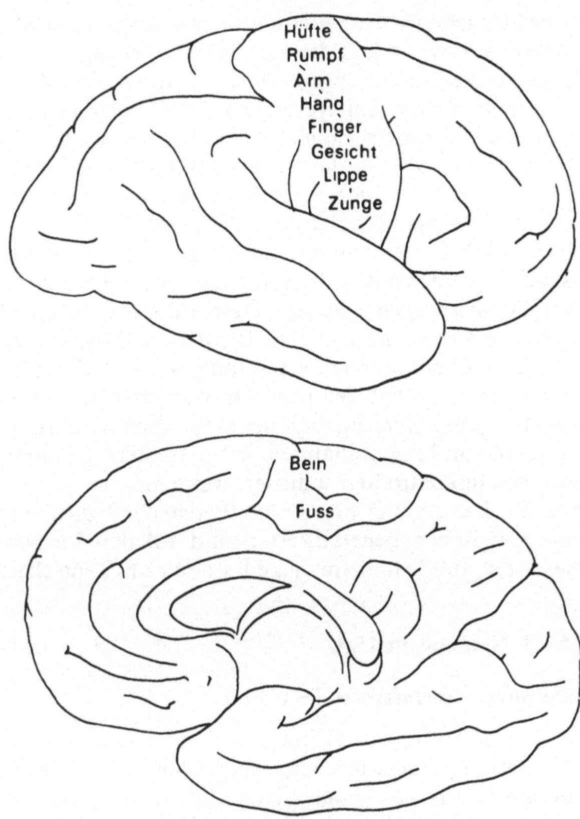

Abb. 98. Körperrepräsentation in der motorischen und sensorischen Rinde (MS 1 und SM 1) im Gyrus prae- und Gyrus postcentralis

son-)Anfall, fokaler sensibler Anfall, fokale Anfälle mit komplexer Symptomatik (psychomotorische Anfälle oder Dämmerattacken, vegetative Anfälle, Adversivanfälle u.a.) (Abb. 98). Jeder fokale Anfall kann sich *sekundär generalisieren,* wenn er die abschirmenden Hemmungsmechanismen erschöpft. Häufig kommen daher fokale Anfälle abwechselnd als isoliertes Äquivalent und als Aura eines großen Anfalles vor. Eine Aura wird nicht erinnert, wenn sie zu kurz ist, um vor Auftreten des generalisierten Anfalles ins Langzeitgedächtnis überführt werden zu können oder wenn der Anfall sofort generalisiert auftritt.
Für die ***Lokalisation eines Krampffokus*** ist klinisch der Krampfbeginn

ausschlaggebend. Eine unkontrollierte Erregungsausbreitung *im motorischen Cortex* verursacht klonische Zuckungen oder tonische Verkrampfungen in der zugeordneten Körperregion. Gesicht- und Handbereich umfassen ein wesentlich größeres Repräsentationsgebiet als die übrigen Körperregionen. Außerdem erfolgt die corticale Kontrolle der Motoneuronen in diesem Bereich im Unterschied zur Rumpf- und Beinmuskulatur zum Teil direkt ohne Zwischenneuronen. Das relativ häufige Auftreten fokaler Anfälle dieser Regionen ist daher einleuchtend. Bei Auftreten von Krampferregungen *im sensiblen Cortex* kommt es zu entsprechenden Parästhesien und Mißempfindungen. Fokale Anfälle *im visuellen Eingangsbereich* führen zu ungeordneten optischen Wahrnehmungen und so fort. Betrifft die Erregungsstörung ein Hirnareal mit schon integrierter Leistung, wie z. B. den Temporallappen, so kommt es zu komplexen psychomotorischen Symptomen. Dabei ist es angesichts der Geordnetheit der szenischen Erfahrungen möglich, daß sie nicht im Temporallappen selbst entstehen, sondern von dort aus lediglich unkontrolliert induziert werden.
Für die Beurteilung der Krampfbereitschaft und zur Differentialdiagnose zwischen generalisierten und fokalen kleinen Anfällen (z. B. Absenzen und Dämmerattacken) ist das EEG entscheidend (Abb. 99).

14.3.5 Neuropsychologie

Allgemeine Organisation des Cortex

Die Erweiterung der Hirnleistung mit zunehmender Evolution geht anatomisch parallel mit einer Vergrößerung der Großhirnrinde. Sie ist vor allem aus der progressiven Entwicklung des parietotemporalen und, bei Primaten, auch des frontalen Assoziationscortex ersichtlich (Abb. 100). Zwischen die primär-sensorischen und die motorischen Cortexareale (Abb. 98) schieben sich Rindenregionen, in denen die Signale der verschiedenen Sinnessysteme immer differenzierter verarbeitet werden und schließlich aufeinander konvergieren. Erst die Konvergenz der verschiedenen Sinneskanäle erlaubt die Bildung amodaler Konzepte. Sie ist daher die Voraussetzung zur Objekterkennung unabhängig davon, über welche Sinnesmodalität das Objekt wahrgenommen wird und damit auch für jede Art cognitiver Leistung. Das vergleichend-anatomisch späte Auftreten des frontalen Assoziationscortex macht wahrscheinlich, daß er dem perceptiven und cognitiven parietotemporalen Cortex übergeordnet ist. Er scheint für die Prägung der Persönlichkeitsstruktur und das prognostische Verhalten verantwortlich zu sein.

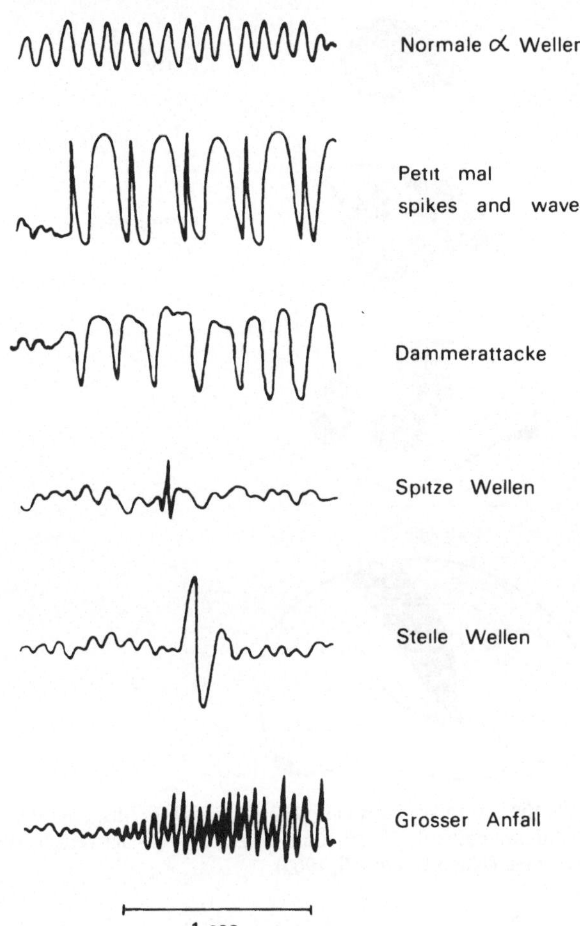

Abb. 99. Normale α-Wellen und paroxysmale Potentiale des Elektroencephalogrammes

Das neuronale Netzwerk des 6schichtigen Cortex und die Interaktion der verschiedenen Pyramiden- und Stellatumzellen ist immer noch unbekannt. Trotz der unterschiedlichen Cytoarchitektonik verschiedener corticaler Areale lassen anatomische und neurophysiologische Untersuchungen jedoch eine erstaunliche Uniformität und gemeinsame Grundprinzipien erkennen. Zahl und Verhältnis von Stellatum-

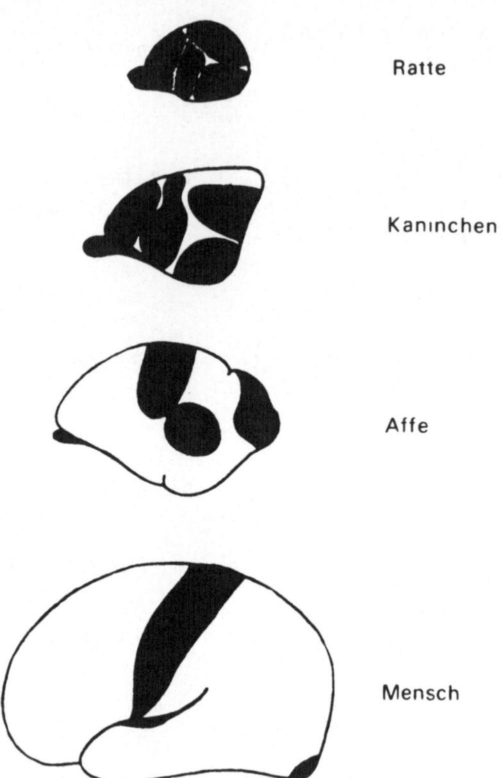

Abb. 100. Primäre corticale Eingangs- und Ausgangsareale *(schwarz)* und sekundäre corticale Verarbeitungsbezirke *(weiß)* bei verschiedenen Vertebratengehirnen. (Nach Campbell, 1965)

und Pyramidenzellen sollen in einer Säule von 30 µm Durchmesser orthogonal zur Cortexoberfläche in verschiedenen Arealen und, soweit untersucht, verschiedenen Tierarten konstant sein. Lediglich im primären visuellen Cortex (Area 17) wurden 2-3mal soviel Zellen gezählt. Einzelzellableitungen haben gezeigt, daß Neurone verschiedener Schichten, die säulenartig untereinander liegen, ähnliche Eigenschaften haben. Die Lokalisation der rezeptiven Felder und die Modalität der Zellen einer Säule sind identisch. Die Funktionscharakteristik dieser Zellsäulen bleibt innerhalb cytoarchitektonisch homogener Areale ebenfalls gleich, weshalb sie als kleinste funktionelle Einheit des Cor-

tex aufgefaßt werden. Im *visuellen Cortex* wurde wahrscheinlich gemacht, daß eine Serie solcher „Mikromodule" mit der gleichen retinalen Repräsentation zu größeren Modulen (hypercolumns) zusammengefaßt werden. Eine solche hypercolumn soll alle Information erhalten und alle neuronalen Voraussetzungen zur Verarbeitung der Signale aus dem zugeordneten Retinaareal besitzen. Größe und Organisation dieser Makromodule scheinen wiederum über die ganze Area 17 gleich zu sein. Die Unterschiede der Auflösung in verschiedenen Gesichtsfeldbereichen hängen daher lediglich von der Zahl der Module pro Gesichtsfeldareal und nicht von Unterschieden bei der Datenverarbeitung ab. Die Module überlappen sich kontinuierlich und ermöglichen so eine kontinuierliche Repräsentation. Man hatte zunächst angenommen, daß die Signalverarbeitung in den corticalen Modulen und entlang der corticalen Projektionsketten seriell hierarchisch erfolgt. Später wurde aber zusätzlich eine Parallelverarbeitung nachgewiesen. Daten, die für bestimmte Funktionen genügend vorverarbeitet sind, können offenbar weitere Verarbeitungsareale überspringen und direkt zu Regionen projiziert werden, wo sie notwendig sind. Submodalitäten, wie beispielsweise Farbe, Form, Bewegung, scheinen dabei getrennt in verschiedenen corticalen Arealen verarbeitet zu werden.
Die ***vertikale Organisation des Cortex*** in Zellsäulen ist bis heute nur physiologisch definiert. Daneben besteht anatomisch auf Grund unterschiedlicher Konnektivität eine ***horizontale Gliederung*** in den verschiedenen Schichten. Die Pyramidenzellen der 3. Schicht projizieren intra- und interhemisphärisch, die der 5. Schicht zum Hirnstamm und Rükkenmark, die der 6. zu den thalamischen Kernen. Schicht 4 erhält die meisten thalamischen Projektionen und ist deshalb besonders in den primär-sensorischen Arealen gut entwickelt. Nur ~20% der Synapsenfläche corticaler Neurone wird durch extrinsische Verbindungen besetzt, was die Bedeutung der intrinsischen corticalen neuronalen Interaktion zeigt.

Asymmetrie der Hemisphärenfunktion

Angesichts der bilateralen Symmetrie des Körpers war die Gliederung des Großhirns in 2 symmetrische Hemisphären zunächst nicht erstaunlich. Sie wurde aber zunehmend zum Problem, als sich herausstellte, daß ihre Funktionen nicht identisch sind. Bei mehr als 90% aller Personen und in etwa 55% auch aller Linkshänder und Ambidexter sind die *Sprachfunktionen* in der ***linken Hemisphäre*** angeordnet. Man hat deshalb die sprachlich führende Hemisphäre, d.h. in der Regel die

linke, als die sprachdominante bezeichnet. Dieser verbalen Dominanz entspricht bei 70% der Gehirne eine *anatomisch* deutliche Asymmetrie mit Vergrößerung des linken Planum temporale.
Die Problematik der ***funktionellen Hemisphärendichotomie*** ist durch Untersuchungen an Patienten, bei denen wegen therapierefraktärer Epilepsie das Corpus callosum durchtrennt wurde, neu entfacht worden. Nach den ersten Publikationen verhielten sich diese Patienten nach kurzer Zeit im Alltag weitgehend unauffällig. Dieses anscheinend ungestörte Verhalten nach Durchtrennung der mächtigsten Verbindungen des Zentralnervensystems überhaupt (2×10^8 Fasern) war nicht verständlich. Eine Forschergruppe mit großer Erfahrung in der Untersuchung von *split brain*-Tieren, d. h. Tieren, bei denen der Balken und oft auch das Chiasma opticum und die tiefen Commissuren durchtrennt wurden, hat deshalb Nachuntersuchungen durchgeführt. Dabei ging man davon aus, daß nach Balkendurchtrennung kein Informationsaustausch zwischen den Hemisphären mehr möglich ist und zur Charakterisierung ihrer Leistungen Informationen so anzubieten sind, daß sie jeweils nur in eine Hemisphäre gelangen können. Visuelle Signale wurden daher immer nur kurz in eine Gesichtsfeldhälfte projiziert, damit der Untersuchte keine Möglichkeit hatte, durch Augenbewegungen das Signal in die andere Hirnhälfte zu leiten. Taktile Signale wurden ebenfalls nur der linken oder rechten Hand angeboten und gleichzeitig eine optische Kontrolle verhindert. Unter diesen Bedingungen zeigte sich, daß die Diskriminationsleistung auch der nichtsprachdominanten Hemisphäre ganz erheblich ist. Die Bezeichnung eines Gegenstandes kann z. B. mit der rechten Hemisphäre gelesen und der bezeichnete Gegenstand kann mit der zugeordneten linken Hand ohne Sichtkontrolle aus verschiedenen angebotenen Objekten herausgesucht werden. Trotz dieser offenbar eindeutigen Diskrimination und des Transfers der visuellen auf die taktile Afferenz vermag der Patient mit einer Balkendurchtrennung aber nicht zu sagen, was er gelesen und herausgesucht hat. Wird dem Patienten im linken Gesichtsfeld ein Wort in Druckschrift projiziert und fordert man ihn auf, das Wort niederzuschreiben, so gelingt auch dies zumindest in Ansätzen und in Normalschrift. Fragt man ihn, was er geschrieben hat, so weiß er zwar auf Grund der vermutlich über die Körperproprioceptivität übertragenen Bewegungsinformationen, daß er irgendetwas getan, evtl. auch, daß er geschrieben hat. Er ist aber nicht in der Lage, das Geschriebene zu nennen.
Patienten mit links temporo-parietalen Läsionen können nicht mehr lesen, Handschriften aber noch zuordnen, während bei rechtsseitigen Läsionen noch gelesen, aber öfters auch die eigene Schrift nicht mehr

erkannt werden kann. Die ***rechte Hemisphäre*** hat daher offenbar diskriminatorisch alle Eigenschaften der linken und ist bei gewissen *Diskriminationsleistungen* (z.B. Gesicht- und Musikerkennen) der linken überlegen. Sie ist aber zu keiner bewußten sprachlichen Zuordnung fähig. Ohne Signaltransfer zur sprachdominanten Hemisphäre bleibt die nicht-dominante stumm und das, was in ihr vorgeht, zumindest sprachlich nicht ausdrucksfähig.

Sprache und höhere Hirnleistungen

Die hervorragendste Leistung des Gehirnes ist neben der Bewußtseinsbildung die Sprache mit den ihr zugeordneten Funktionen. Ihr afferenter Bereich besitzt keinen spezifischen Rezeptor. In ihm werden vielmehr die Afferenzen integriert. Er wird also zu einer Art ***„master sensor"***, in dem die Signale aller Sinne konvergieren. Wenn immer eine vollständige Objektzuordnung als Voraussetzung einer Begriffsbildung erfolgt, dann geschieht sie mit Hilfe aller möglichen Sinnesmodalitäten. Die Zuordnung ist erst vollständig, wenn alle potentiellen Modalitäten erfaßt sind. Erst dann liegt ein physiologisches Äquivalent des Objektes als Voraussetzung der grundlegenden sprachlichen Operation, der *Symbolisation,* vor. Die Symbolisation leitet die Klassifikation der physikalischen Umwelt ein und ermöglicht damit ein Sprachverständnis erster Ordnung. Auf Grund der klinischen Erfahrung ist anzunehmen, daß sich das physiologische Äquivalent eines Objektes distributiv in der räumlich und zeitlich strukturierten Aktivität einer größeren Anzahl von Neuronen ausdrückt.

Die *Einführung abstrakter Symbole,* d.h. ein Sprachverständnis höherer Ordnung, hat wahrscheinlich wiederum afferente Voraussetzungen. Man kann sich vorstellen, daß durch Wahrnehmen regelhafter Beziehungen zwischen Objekten die Formulierung abstrakter Begriffe induziert wird. Durch das Auftreten von Mengen bei ständigem Wiederholen von Gleichem kann man sich weitere extreme Verallgemeinerungen und damit die Einführung der Zahl denken.

Integrierte Afferenz ist aber nur eine Voraussetzung der Symbolisation, denn Symbolbildung ist nur nach Lösung des Invarianzproblems möglich. Jedes Objekt hat in den verschiedenen Sinnesafferenzen eine fast unendliche Zahl von Erscheinungsvarianten. Wenn trotz all dieser verschiedenen Erscheinungsweisen die Objektdefinition nicht in Frage gestellt werden soll, so ist dies nur möglich, weil auf Grund einiger in der jeweiligen Situation invarianter Merkmale die Zuordnung eindeutig bleibt. Macht man dem Nervensystem die Entscheidung schwer, indem man die Afferenz ambivalent gestaltet, so wird die Zuordnung instabil, wie beispielsweise bei dem altbekannten Necker-Würfel. Ein Katalog invarianter Merkmale kann aber nur erstellt werden, wenn die aus den verschiedenen Sinneskanälen einlaufenden Signale gespeichert werden können. Mit andern Worten und um den Begriff *Gedächtnis* zu vermeiden: die verschiedenen Signale müssen Spuren hinterlassen, die bei Wiederholung eine ***Re-Identifikation*** erlauben. Signalaufnahme, -zuordnung und Symbolisation sind die perzeptiven Voraussetzungen und wahrscheinlich gleichzeitig der Generator der expressiven Komponente, des eigentlichen Sprechens.

Wir wissen immer noch nichts über die neuronalen Mechanismen der Sprachverarbeitung. Es ist jedoch augenfällig, daß das Gehirn in der Lage ist, die Redundanz der einlaufenden Information zu reduzieren (Filtereffekt) und sie nach offenbar bestimmten „grammatischen" Regeln zu recodieren. Die Existenz allgemeiner Regeln ist wahrscheinlich, wenn es richtig ist, daß der Vielzahl der Sprachen eine allgemeine syntaktische Struktur zu Grunde liegt. Es ist anzunehmen, daß solche Leistungen die Interaktion weiter Regionen des Cortex und zugeordneter tiefer Strukturen erfordern. Man muß daher erwarten, daß im Gegensatz zu Symptomen nach Läsionen der primären corticalen sensorischen und motorischen Areale, die qualitativ durch die Funktion des Systems, quantitativ durch ihre Ausdehnung bestimmt werden, die Lokalisation komplexer Funktionen weit ungenauer und ausgedehnter ist. Benötigt eine Leistung die Interaktion größerer distribuierter Neuronpopulationen, so sind ähnliche Symptome bei Läsionen verschiedener Lokalisation zu erwarten.

Sprache muß gelernt werden. Die Tatsache, daß sie mit einigen Einschränkungen unabhängig vom Alter gelernt werden kann, zeigt eine ***dauernde Plastizität*** höherer corticaler Funktionen. Mit Plastizität ist hier lediglich die anhaltende Modifizierbarkeit der Datenverarbeitung in neuronalen Netzwerken gemeint. Es ist möglich, daß die andauernde Plastizität im cognitiven Bereich eine Folge der Diversifikation der synaptischen Beziehungen ist. Zumindestens ist diese im Vergleich zu den primär-sensorischen Arealen der einzige augenscheinlich variable Parameter der corticalen Assoziationsgebiete. Es ist daher denkbar, daß die Variabilität der synaptischen Konstellationen an Neuronen des assoziativen Cortex das Einlernen rigider Programme verhindert, wie sie innerhalb der primär afferenten und efferenten Systeme nachgewiesen wurde. In diesen einfachen Systemen mit dominanter Konnektivität und damit geringer synaptischer Varianz ist die Plastizität zeitlich auf die frühen Lebensperioden limitiert.

Aphasie, Apraxie, Agnosie. Bei Läsionen der Hirnrinde in der sprachdominanten, meist linken Hemisphäre kommt es, je nach Ort und Ausdehnung, zu Aphasien, die die rezeptiven und expressiven Funktionen unterschiedlich stark betreffen können. Mit ***expressiver oder motorischer Aphasie*** meint man die Unfähigkeit zur sprachlichen Äußerung trotz intakter Verbindungen von der motorischen Region zur Sprachmuskulatur. ***Rezeptive oder sensorische Aphasien*** sind durch Störung des Sprachverständnisses bei intakter akustischer Afferenz charakterisiert. Läsionen der Sprachregion vom frontalen Operculum über den oberen Temporallappen bis in die temporoparietale Übergangsregion führen stets zu Sprachstörungen. Bei Herden im Fuß der Stirnwindung (Broca-Region) ist die expressive, bei temporalen (Wernicke-Region) die rezeptive Funktion, d.h. das Sprachverständnis, mehr betroffen. Bei kleineren temporoparietalen Läsionen oder auch diffuseren corticalen Ausfällen kommt es zur isolierten amnestischen Aphasie. ***Expressive Aphasien*** gehen mit verlangsamtem Sprachfluß und phonematischen Paraphasien einher. Bei rezeptiven Aphasien ist der Sprachfluß oft enthemmt und von phonematischen und semantischen Paraphasien durchsetzt. Bei allen Aphasien ist auch das Schreiben gestört (Dysgraphie, Agraphie).

Bei Läsionen im Bereich des Gyrus supramarginalis der sprachdominanten Hemisphäre können je nach Ausdehnung bilaterale motorische Störungen auftreten, die nicht durch eine Lähmung bedingt und dadurch charakterisiert sind, daß einfache Bewegungsfolgen (z.B. Winken) nicht mehr gelingen. Man bezeichnet sie als ***ideomotorische Apraxie.*** Ausgedehnte Läsionen im vorderen Parietalbereich oder generalisierte bilaterale Hirnerkrankungen führen zur ***ideatorischen Apraxie.*** Dabei ist die Ausführung komplexer Handlungen (z.B. Ankleiden) unmöglich. Schädigungen der hinteren Parietalregion können sowohl links wie rechts zur sog. ***konstruktiven Apraxie*** und zu räumlichen Orientierungsstörungen führen. Die Patienten sind dabei nicht mehr in der Lage, einfache geometrische Figuren oder Gegenstände zu zeichnen, haben auch beim Kopieren Mühe und können sich keine räumlichen Zusammenhänge vorstellen.

Werden die um die primäre Sehrinde liegenden sekundären und tertiären optischen Areale im Occipitallappen geschädigt, so kommt es zu Störungen des visuellen Erkennens. Dabei wird ein Gegenstand nur noch taktil oder akustisch, aber nicht mehr visuell erkannt. Man spricht dann von einer ***visuellen Agnosie.*** Werden die Areale um den Gyrus angularis der dominanten Hemisphäre zerstört, in dessen Bereich optische, akustische und taktile Signale konvergieren, so können Rechenstörungen (Akalkulie), Lesestörungen (Alexie), Störungen

des Körperschemas (Fingeragnosie) oder auch auditive Agnosien auftreten. Ausfälle im Bereich der vorderen parietalen Rinde können zu einer Stereoagnosie führen.
Aphasie, Apraxie und Agnosie sind definitionsgemäß *Störungen höherer Hirnleistungen im Bereich der Ausführung oder der Erkennung* bei intakten efferenten oder afferenten Systemen *ohne* schwerere intellektuelle Defizite. Auf der afferenten Seite bedeutet diese Definition eine Trennung zwischen Wahrnehmen und Erkennen, die nicht sehr wahrscheinlich ist. Agnosien im strikten traditionellen Sinne treten deshalb kaum auf. Die Dissoziation zwischen perzeptiven Defiziten und Erkennen ist aber oft so eindrucksvoll, daß der Terminus „Agnosie" gerechtfertigt ist.
Bei reiner Wortblindheit, Worttaubheit, Farbanomie, Leitungsaphasien und einigen Apraxien sind die Symptome auf eine Unterbrechung der Verbindungen zu den entsprechenden Verarbeitungsregionen von den sensorischen Eingangsarealen zurückzuführen. Wenn beispielsweise der linke Occipitallappen geschädigt ist und die Läsion gleichzeitig die Balkenfasern vom rechten Occipitallappen betrifft, die linke Parietotemporalarea aber unbeteiligt bleibt, kommt es zu einer Hemianopsie nach rechts und zusätzlich zu einer Alexie im sonst intakten linken Gesichtsfeld. Unter diesen Bedingungen kann die Information vom linken Gesichtsfeld nicht mehr in die verbalen Verarbeitungsareale der linken Hemisphäre transferiert werden. Da das akustische Sprachverständnis dabei intakt bleibt, läßt sich wahrscheinlich machen, daß durch die Diskonnektion der rechten Hemisphäre von den Spracharealen eine reine ***Wortblindheit*** auftritt.
Hemianopsien corticaler Ursache werden ebenso wie andere Syndrome bei corticalen Läsionen oft subjektiv nicht bemerkt. Man spricht dann von ***Anosognosie*** und führt sie auf eine Läsion corticaler Strukturen zurück, die für die Wahrnehmung des Defektes verantwortlich ist. Anosognosien treten besonders leicht bei rechtsseitigen parietooccipitalen Läsionen auf. Bei bilateralen occipitoparietalen Läsionen kommt es zu einer kompletten corticalen Blindheit, die gelegentlich von den Patienten verneint wird (Anton-Syndrom).
Isolierte Störungen verbaler und höherer visueller Funktionen der Praxis und räumlichen Orientierung usf. können, wie man sieht, auf relativ umschriebene corticale Areale bezogen werden. Sie tragen zwar alle individuell unterschiedlich zur intellektuellen Gesamtaktivität bei, lassen aber den Eindruck der Gesamtpersönlichkeit relativ unverändert. Ausgedehnte corticale Dysfunktionen interferieren dagegen mit allen Funktionen partiell und führen zu einer intellektuellen Leistungsminderung, die sich in einer verminderten Urteilskraft, reduziertem

Abstraktionsvermögen, erschwerter Adaptation auf neue Umstände und Persönlichkeitsveränderungen bemerkbar macht.

Gedächtnis und Gedächtnisstörung

Erst die Fähigkeit zur Informationsspeicherung macht das Gehirn zu einem plastischen und lernfähigen Organ. Speichervorgänge allein sind in allen Bereichen des Nervensystems Voraussetzung jeder Art adaptiven Verhaltens und daher im Nervensystem wahrscheinlich ubiquitär. Das eigentliche Gedächtnis setzt aber nicht nur Speicherung, sondern auch die Möglichkeit voraus, gespeicherte Information abzurufen und wiederzugeben (Ekphoration, Retrieval). Die Grundlagen hierzu sind noch kontrovers, sowohl was ***Speicherung*** wie ***Wiedergabe*** anbelangt. Diskutiert werden selektive Synapsenveränderungen mit verbesserter Übertragung nach repetierenden identischen Signaldurchgängen, Stimulation der DNS in bestimmten Nervenzellen mit anschließender Veränderung der Proteinsynthese und Bildung von Gedächtnissubstanzen u.a. Man ist sich lediglich einig, daß das Gedächtnis *strukturell,* d.h. in Engrammen, niedergelegt sein muß. Versuche, das Gedächtnis durch Ablationsexperimente zu lokalisieren, machen wahrscheinlich, daß die Formierung des Gedächtnisses von der Funktion beider *Hippocampiformationen* in den medialen Schläfenlappenregionen beeinflußt wird. Unabhängig vom Ort der Ablation wird das Gedächtnis in Abhängigkeit von der Masse der entfernten Hirnsubstanz reduziert, was dem Nachlassen des Gedächtnisses mit zunehmender Altersinvolution entspricht. Je nach Lokalisation der Ablation werden aber unterschiedliche Gedächtnismodalitäten (visuell, auditiv, räumlich) stärker betroffen.

Die klinische und experimentelle Erfahrung zeigt, daß das Gedächtnis zur Entwicklung Zeit benötigt und 2 funktionell verschiedene Mechanismen (Kurzzeit- und Langzeitgedächtnis) unterschieden werden können. Man hat daher angenommen, daß das über wenige Sekunden reichende ***Kurzzeitgedächtnis*** durch eine vorübergehend anhaltende Aktivität bestimmter Neuronenkreise zustande kommt, die die Überführung in den Langzeitspeicher induziert.

Bilaterale Läsionen der medialen Temporallappenanteile, insbesondere der Hippocampus- und umgebenden Formationen, führen zu einer schweren *anterograden globalen Amnesie.* Das Kurzzeitgedächtnis scheint hierbei noch funktionsfähig, die Langzeitspeicherung fällt aber aus. Patienten mit derartigen Läsionen können sich aktuell geordnet verhalten, wissen aber Sekunden später über die unmittelbar vorausgehende Zeit nicht mehr Bescheid, sofern sie abgelenkt werden und

das Repetieren unmöglich gemacht wird. Ihr Lernvermögen ist aufgehoben. Alte Gedächtnisinhalte bleiben erhalten, so daß vor der Läsion Gelerntes noch ausgenützt werden kann, eine Einstellung auf neue Situationen aber nicht mehr möglich ist.
Die medialen Temporallappenanteile scheinen nach diesen Erfahrungen bei der Überführung aktueller Information in den ***Langzeitspeicher*** mitzuwirken. Da sie über das *limbische System* gleichzeitig an der Steuerung der Affektivität beteiligt sind, wird verständlich, weshalb Lernen stark von der affektiven Beteiligung und Motivation abhängt. Die medialen Temporallappenregionen gehören zum Endversorgungsbereich der A. basilaris. Transitorische amnestische Episoden werden daher auf Durchblutungsstörungen im Vertebrobasilarisbereich zurückgeführt.
Wird der Vorgang der Speicherung unterbrochen, wie z. B. bei einem Kopfunfall mit Bewußtlosigkeit oder bei einem epileptischen Anfall, so kommt es zur *retrograden Amnesie,* d. h. zu einer Amnesie, die sich über einen in der Regel kurzen Zeitraum von Sekunden bis Minuten vor dem Trauma bzw. dem Anfall erstreckt. Längerdauernde retrograde Amnesien sind seltener, kommen aber vor. Sie scheinen durch eine Störung der Ekphoration verursacht zu sein, wie das langsame Schrumpfen der retrograden Periode mit zunehmendem Traumaabstand zeigt.

14.3.6 Bewußtsein

Schlaf

Der Schlaf ist eine physiologische *Bewußtseinseinschränkung.* Die jederzeitige Weckbarkeit zeigt, daß keine echte Bewußtlosigkeit vorliegt, sondern die Schwelle der Perzeption lediglich reduziert ist. Elektrophysiologisch geht der Schlaf mit einer progressiven Verlangsamung der EEG-Potentiale in 4 Stadien einher (θ- und δ-Aktivität). Dazwischen schieben sich sog. ***REM-Phasen*** (Rapid-eye-movement-Phasen). In diesen Phasen treten rasche Augenbewegungen und im EEG niedergespannte rasche Wellen ähnlich wie beim Wach-EEG auf, weshalb man auch von *paradoxem Schlaf* spricht. Traumwahrnehmungen erfolgen meist, aber nicht ausschließlich, in den REM-Phasen.
Es ist wahrscheinlich, daß serotonerge Neurone der Raphé-Kerne im Hirnstamm für die Steuerung des Schlafrhythmus von Bedeutung sind. Bei Zerstörung der Raphé-Kerne kommt es bei Katzen zur Insomnie. Die Ursache pathologischer Schlafsyndrome (Narkolepsie, Kleine-Levin-Syndrom) ist unbekannt.

Bewußtseinsstörungen bei Erkrankungen des Gehirns und metabolischen Entgleisungen

Volles Bewußtsein mit ungestörter Perzeption und Aufmerksamkeit ist sowohl an eine intakte Rinden- wie Hirnstammfunktion, vor allem der Substantia reticularis, diencephaler und medialer frontobasaler Strukturen gebunden. Schädigungen in diesem Bereich können fließend von vollem Bewußtsein über eine Somnolenz mit allgemeiner psychomotorischer Verlangsamung bis zum Koma mit fehlender Reaktion auf Schmerz und aufgehobenen Spontanbewegungen übergehen. Leichtere Bewußtseinstrübungen auf exotoxischer, metabolischer oder vasculärer Grundlage sind meist mit hochgradigen Merkstörungen und entsprechender räumlicher und zeitlicher Desorientierung verknüpft. Bewußtseinsstörungen bei bilateralen Läsionen der mesencephalen Formatio reticularis, des Diencephalons und des Thalamus oder ausgedehnte Rindenschädigungen gehen mit einer allgemeinen *Verlangsamung der EEG-Aktivität* einher. Sie kommen bei intrakraniellen Gefäßverschlüssen oder Blutungen, Tumoren, Meningoencephalitiden, degenerativen Hirnerkrankungen, Traumen und transitorisch-postictal vor und begleiten häufig allgemeine metabolische Erkrankungen (Hyper- und Hypoglykämie, Urämie, schwere Hepatopathie, Hypercalcämie, Hyper- und Hyponatriämie, Myxödem u.a.) und Vergiftungen.

Traumatisch bedingte Bewußtseinsstörungen

Akute Bewußtlosigkeit nach stumpfen Kopftraumen mit kurzer retrograder Amnesie, fehlenden neurologischen Ausfällen, nur während der Bewußtlosigkeit desorganisiertem EEG und einer Dauer von nicht über 2 h sind charakteristisch für eine *Commotio cerebri.* Da ***Hirnerschütterungen*** besonders leicht auftreten, wenn der Kopf nicht fixiert und durch das Trauma hyperflexiert bzw. -extendiert wird, wird eine mechanisch ausgelöste Unterbrechung der Hirnstammfunktion für den plötzlichen Bewußtseinsausfall verantwortlich gemacht. Kommt es im Zusammenhang mit einem Kopftrauma zu ***morphologischen Hirnschädigungen,*** so handelt es sich um eine *Contusio cerebri.* Bewußtlosigkeit ist hierfür nicht obligat. Die Hirnschädigung entsteht dabei entweder durch relative translatorische oder rotatorische Bewegungen der Hemisphären gegenüber der Schädelkalotte oder durch Kalottendeformationen. Die häufigen *Contre-coup*-Läsionen, d.h. eine Hirnschädigung an der dem Traumaimpakt gegenüberliegenden Seite, werden auf einen vorübergehenden Unterdruck durch die Bewegung des Gehirnes infolge seines gegenüber dem Liquor etwas höheren spezifischen Gewichtes verursacht. Scherbewegungen durch gleichzeitige Rotation

des Gehirnes im Schädel spielen dabei zusätzlich eine Rolle. Contrecoup-Läsionen sind oft schwerwiegender als die Läsionen an der Aufschlagstelle.
Die unmittelbaren Traumafolgen können bei schweren Hirnkontusionen durch ***posttraumatische Komplikationen*** unkontrollierbar werden (Hirnödem mit intrakranieller Drucksteigerung bis zur Blockierung der arteriellen Blutversorgung, isoelektrischem EEG und bei artefizieller Beatmung Autolyse des Gehirnes).
Bilaterale Läsionen in der rostralen Formatio reticularis und diencephaler Strukturen führen zum ***akinetischen Mutismus*** (z. B. nach Verschluß mesencephaler Gefäße aus der oberen A. basilaris, bei Tumoren des 3. Ventrikels oder Infarkten der Aa. cerebri posteriores). Die Patienten liegen bewegungslos im Bett und reagieren auf Ansprache nicht. Sie wirken jedoch dadurch, daß sie die Augen geöffnet haben, oder auf starke Reize öffnen und gelegentlich spontane Blickfolgebewegungen in allen Richtungen zeigen, in einer eigentümlichen Weise wach (= Coma vigile).
Durch Unterbrechung der corticobulbospinalen Verbindungen nach bilateralen Brücken- oder Hirnschenkelläsionen kann ein klinisch ähnliches Syndrom auftreten. Hierbei sind die Patienten aber wach und über Augenbewegungen noch kommunikationsfähig (Locked-in-Syndrom). Das EEG ist unauffällig, während es beim echten akinetischen Mutismus verlangsamt ist.

14.3.7 Vegetative Innervationsstörungen

Schweißsekretion

Die Schweißsekretion wird *cholinergisch* über das sympathische System gesteuert, dessen zentrale Neuronen im Zwischenhirn wahrscheinlich nach sofortiger Kreuzung auf den Nucl. intermedius lateralis der Segmente C8-L2 projizieren. Nach Umschaltung erreichen sympathische Fasern über die Vorderwurzeln das periphere Neuron in den Grenzstrangganglien und über die Rami communicantes grisei die peripheren Nerven. Bei Läsionen des peripheren Nerven mit Unterbrechung und Degeneration der sympathischen Fasern kommt es zu einer ***Anhidrose*** im betreffenden Versorgungsbereich, die auch pharmakologisch nicht durchbrochen werden kann. Zentrale Läsionen vom Zwischenhirn bis ins Rückenmark führen zu einer ***thermoregulatorischen Anhidrose.*** Pharmakologisch (z. B. Pilocarpin 0,01 g subcutan) läßt sich die Schweißsekretion dagegen auslösen, da die peripheren Axone und die Rezeptoren an den Schweißdrüsen funktionsfähig bleiben. Wurzelläsionen führen zu keinen Störungen der Schweißsekretion, da die vegetative Innervation sich stark überlappt und in den am meisten betroffenen Wurzeln (C5-C7 und L4-S1) keine sympathischen Fasern verlaufen. Dies wird zur Differentialdiagnose Plexus- und Nerven- versus Wurzelläsionen ausgenutzt.

Neurogene Blasenstörungen

Die Blase wird sympathisch über Neurone aus D12-L2 über den N. hypogastricus und parasympathisch über Neurone aus S2-S4 über die Nn. pelvici versorgt. Zusätzlich erhält sie eine somatische Innervation für den M. sphincter ext. und die Harnröhrenschleimhaut über den N. pudendalis (S2-S3). Der spinale Blasenapparat wird descendierend von Bahnen aus dem Lobulus paracentralis und den Stammganglien kontrolliert, die in der Nachbarschaft der Tr. corticospinalis verlaufen. Nur bilaterale Läsionen der descendierenden Bahnen werden klinisch manifest.
Werden die afferenten Nerven der Blase oder die sacralen Blasenzentren zerstört (z. B. Tabes dorsalis, Cauda- oder Conusläsion), so wird die Blase hypoton überdehnt. Bei größeren Füllungsgraden kommt es zu einer Aktivierung der intramuralen Ganglien mit meist unvollständiger Kontraktion des M. detrusor und partieller Entleerung (autonome Blase). Akute Querschnittsverletzungen führen im Rahmen des spinalen Schocks zu einer völligen Blasenatonie. Bei zunehmender Füllung kommt es zu einer passiven Öffnung des Blasenausganges ***(Überlaufblase).*** Bei Läsionen oberhalb des Lumbalmarkes wird die Blase nach Tagen bis Wochen hyperton mit häufiger reflektorischer Entleerung ***(Reflexblase)*** und ev. Entwicklung einer Schrumpfblase mit auch nach Besserung anhaltender Pollakisurie. Die Entleerung einer Reflexblase kann durch sensible Reize im Bereich der Beine und des Unterbauches eingeleitet werden, was zu einer einigermaßen regelmäßigen Entleerung ausgenutzt werden kann. Die partielle Unterbrechung der zentralen Blasenkontrolle führt zum imperativen Harndrang, wobei der Miktionsdruck nicht lange willkürlich inhibiert werden kann. Da die Willkürinnervation der spinalen Blasenzentren aber nicht nur inhibitorisch, sondern auch excitatorisch reduziert ist, ist die Harnmenge bei der Entleerung gering, weshalb auch hier eine Pollakisurie auftritt.

14.3.8 Störungen des Energiestoffwechsels, der Hirndurchblutung und der Liquorzirkulation

Energiestoffwechsel

Das Gehirn macht etwa 2-3% des Körpergewichtes aus, benötigt bei körperlicher Ruhe etwa 15% der gesamten Kreislaufleistung und verbraucht bis zu 25% der gesamten Glucose sowie 20% des Sauerstoffes. Dieser hohe Energiebedarf wird hauptsächlich für den Ionentransport zur Stabilisierung des Membranpotentiales sowie für die Synthese von Transmittersubstanzen und Proteinen benötigt. Nur etwa 10-20% des Energieverbrauches sind für die Aufrechterhaltung der strukturellen Ordnung erforderlich. Der venöse P_{O_2} kann daher bis 10 mm Hg absinken, ohne daß es zu Gewebsveränderungen kommt. Der hohe Funktionsstoffwechsel erklärt, weshalb bei cerebralen Durchblutungsstörungen flüchtige Paresen auftreten und sich ohne strukturellen Ausfall voll zurückbilden können.
Unter Normalbedingungen ist Glucose der einzige Energielieferant. Sie wird über die Glykolyse, den mitochondrialen Krebs-Zyklus und das Elektronentransportsystem zur ATP-Bildung ausgenutzt. Das Gehirn ist auf eine kontinuierliche Versorgung mit O_2 und Glucose über den cerebralen Kreislauf angewiesen, da seine Glucose- und O_2-Reserven vernachlässigbar gering sind. Bei ***totaler Anoxie*** reicht der lokale Sauerstoffspeicher mit insgesamt etwa 7-10 ml für nur 10 s normaler Funktion. Danach tritt Bewußtlosigkeit auf. Irreversible Zellschädigungen stellen sich nach 4-5 min totaler Anoxie ein. Funktionell ausreichende Erholung ist aber bei bis etwa 8 min Anoxie und bei guten Perfusionsbedingungen auch danach noch möglich.
Die Energieversorgung des Gehirnes ist durch ***Stoffwechselstörungen*** verschiedenster Art (Hypo- und Hyperglykämie mit Acidose, Urämie, Hepatosen, Hypercalcämie) gefährdet. Sie führen alle über eine diffuse Hirnleistungsminderung mit Somnolenz zum Koma und gehen mit einem verminderten O_2-Verbrauch (normal ~3,5 ml/min/100 g Hirnsubstanz) bei häufig normaler Perfusionsrate (~50-60 ml/min/100 g) einher, obwohl abgesehen von der Hypoglykämie *kein* Energiesubstratdefizit und *kein* O_2-Mangel besteht. Man nimmt deshalb an, daß toxische Metaboliten bei Hepatosen, z.B. NH_3, den O_2-Stoffwechsel blockieren, oder die Aktivität des gesamten Systems durch Störung von Synapsen- und Membranfunktionen vermindert wird und dadurch der O_2-Bedarf absinkt. Die reduzierte corticale Aktivität wird unter diesen Voraussetzungen durch eine zunehmende Allgemeinveränderung und Verlangsamung im EEG erkennbar.

Cerebrale Durchblutung

Die Hirndurchblutung wird bei intaktem Gefäßsystem in einem weiten Bereich zwischen etwa 80 und 180 mm Hg unabhängig vom Systemdruck autoreguliert. Im Wachzustand wird eine Perfusionsrate von 50-60 ml/min/100 g aufrecht erhalten. Als ***Autoregulation*** wird die automatische Anpassung des peripheren Gefäßwiderstandes an Änderungen des arteriellen Druckes durch Vasokonstriktion und Dilatation, gesteuert durch lokale metabolische Faktoren, pH-Veränderungen infolge Lactatverschiebungen und Schwankungen des P_{CO_2}, bezeichnet. Erhöhungen des P_{CO_2} führen zu einer Steigerung der lokalen Durchblutung. Ob über eine direkte Wirkung auf die glatte Gefäßmuskulatur, über eine Verschiebung des pH oder neurogen über spezifische P_{CO_2}-Sensoren ist jedoch noch offen. Eine primär myogene Komponente (Bayliss-Effekt) durch Reaktion der glatten Gefäßmuskulatur auf Vermehrung oder Verminderung des intravasalen Druckes ist nicht nachgewiesen. Infolge der Autoregulation wirkt sich eine Verminderung des Minutenvolumens erst dann auf die Hirndurchblutung aus, wenn der arterielle Blutdruck unter 80 mm Hg, d. h. unter die autoregulatorische Grenze, sinkt. Viscositätsänderungen (Polycythämie) werden nicht kompensiert.

Die Autoregulation ist in ischämischen oder hypoxischen Gefäßbereichen aufgehoben. CO_2-Beatmung zur Verbesserung der cerebralen Perfusion kann daher durch zusätzlichen Steal-Effekt (Erweiterung der Gefäße in der gesunden Umgebung) zu einer Intensivierung cerebraler Gefäßkomplikationen führen. Man hat daher die hyperbare O_2-Beatmung bei cerebrovasculären Insulten vorgeschlagen, um durch Verminderung des arteriellen P_{CO_2} eine Vasokonstriktion im Bereich der gesunden Areale und damit eine vermehrte Durchblutung der erkrankten Bereiche zu erzwingen.

Die gesamte Hirnversorgung erfolgt über die beiden Arteriae carotides und die Arteriae vertebrales, die in einem Verteilerring, dem Circulus Willisii, kommunizieren. Im Idealfall ist die Kommunikation so gut, daß selbst ein Verschluß beider Aa. carotides und einer A. vertebralis ohne focalen Ausfall toleriert wird. Anlageasymmetrien des Circulus Willisii sind jedoch fast die Regel. Sie bestimmen häufig die klinische Symptomatik bei Ausfall eines der großen zuführenden Gefäße. Bei fehlender oder stenotischer Arteria communicans posterior und schlechter Ausbildung der Arteria communicans anterior kann ein Carotisverschluß zu einem ausgedehnten ***Hemisphäreninfarkt*** führen. Bei guter Anlage der Arteria communicans anterior dagegen kann der gleiche Verschluß symptomlos bleiben, da die kontralaterale Carotisarterie die Versorgung beider Hemisphären übernehmen kann. Bei der Beurteilung eines cerebralen Gefäßinsultes ist dies stets zu berücksichtigen. Die klinische Symptomatik erlaubt lediglich die *Lokalisation* des gestörten Hirnareals, vermag aber den Ort der ursächlichen Stenose häufig nicht zu bestimmen. Hierzu ist eine erweiterte Diagnostik mittels Dopplersonographie und Angiographie notwendig.

Liquorzirkulation und intrakranielle Drucksteigerung

Der Liquor dient nicht nur als Wasserkissen zum ***mechanischen Schutz*** des Gehirns, sondern auch zum ***Abtransport von Stoffwechselprodukten.*** Seine Zusammensetzung unterscheidet sich vom Plasma (s. S. 216). Ferner ist er für die Konstanz der Homöostase im liquorähnlichen extrazellulären Milieu verantwortlich. Während P_{CO_2}, Chloride, Na^+, Bicarbonat und Mg^{++} im Liquor leicht erhöht sind, sind Harnstoff, Glucose, K^+ und Ca^{++} gegenüber dem Plasma leicht und der Proteingehalt mit etwa 15-30 mg/100 ml erheblich vermindert. Trotzdem bleiben Liquor und Plasma in einem osmotischen Gleichgewicht. Die Liquorzusammensetzung wird durch die ***Blut-Hirn-*** und ***Blut-Liquor-Schranke*** garantiert, welche durch dichte Verbindungen (tight junction) der kapillären Endothelzellen des ZNS ermöglicht wird. Zusätzlich schirmt die dichte Besetzung der Kapillaraußenfläche mit Astrozytenfortsätzen den Interzellulärraum ab. Die ***Permeabilität der Schranke*** ist von der Molekülgröße, der Lipidlöslichkeit und von speziellen Transportsystemen für Glukose und Aminosäuren abhängig. Viele Medikamente passieren die Liquorschranke nicht. Dopamin beispielsweise ist nicht liquorgängig, weshalb zur Parkinson-Therapie der Precursor Dihydroxyphenylalanin (DOPA) gegeben wird. Bei manchen Erkrankungen bricht die Liquorschranke zusammen, was die Anwendung von Penicillin bei Meningitiden ermöglicht und für die Tumordiagnose durch die lokale Anreicherung von jodmarkiertem Albumin nach i. V.-Injektion ausgenützt wird.

Die Liquormenge des gesunden Erwachsenen beträgt etwa 130 ml. Der Liquor wird im wesentlichen über die Plexus chorioidei mit einer Sekretionsrate von 0,3-4 ml/min abgeschieden. Über die Foramina Monroi, Luschkae und Magendi gelangt er in den Subarachnoidalraum und von dort über die Arachnoidalzotten in den Sinus sagittalis. Die Liquorpassage in den Sinus beginnt bei 68 mmH_2O und steigt darüber bei gesteigertem Liquordruck linear an, sofern keine venöse Rückstauung besteht. Wird die Liquorzirkulation von den Ventrikeln zum Subarachnoidalraum blockiert, so kommt es über einen prästenotischen Druckanstieg zur Ventrikeldehnung und damit zum ***Hydroce-***

phalus obstructivus. Neben der Obstruktion der Liquorwege führen venöse Rückstauungen, Ödeme und vor allem eine intrakranielle Massenzunahme zu ***Hirndrucksteigerungen.*** Dabei geht die Größe des Tumors der Liquordrucksteigerung nicht parallel. Kleine aquäduktnahe Tumoren oder Tumoren des 4. Ventrikels können frühzeitig über eine Liquorzirkulationsstörung zu Hirndruck führen, während Hemisphärentumoren oft durch langsames Verdrängen des Gehirnes in die Zisternenräume relativ lange kompensiert bleiben.

Bleibt mechanisch die Liquorzirkulation frei, so daß keine intrakraniellen Druckgradienten entstehen, wie beispielsweise bei Meningoencephalitiden, so kommt es nicht zu Massenverschiebungen. Bei Ausbildung von Druckgradienten, z.B. bei aquäduktnahen Tumoren zwischen dem 3. und 4. Ventrikel, entwickelt sich dagegen eine Axialverschiebung des Hirnstammes nach unten. Dadurch kann es am Tentorium zu oberen ***mesencephalen*** und im Bereich des Foramen magnum zu unteren ***medullären Einklemmungssymptomen*** kommen. Massenverschiebungen ähnlicher Art treten auch bei mittelliniennahen frontalen Tumoren auf. Dagegen verursachen temporooccipitale Tumoren Lateralverschiebungen mit Herniation des medialen Temporallappens in den Tentoriumschlitz, was ebenfalls zu mesencephalen Einklemmungssymptomen führen kann. Bei einseitigen frontalen und parietalen Läsionen tritt dagegen zunächst eine supracallosale Hernie durch Verschiebung des Gyrus cingulus unterhalb der Falx zur Gegenseite auf. Da die Mechanik der Hirndrucksteigerung im Einzelfall schwer zu beurteilen ist, und eine poststenotische Druckentlastung durch Lumbalpunktion zu einer akuten Verschiebung des Hirnstammes nach unten mit lebensbedrohlicher Einklemmung führen kann, sind Punktionen bei Hirndruck zu unterlassen.

Beim ***Hydrocephalus „e vacuo“*** infolge Parenchymschwund tritt keine Störung der Liquorzirkulation auf. Dagegen besteht beim ***Hydrocephalus internus*** ohne intrakranielle Drucksteigerung und ohne Rindenatrophie (Hydrocephalus malresorptivus) eine Störung der Liquordynamik. Dies läßt sich durch Injektion von aktiviertem Serumalbumin (RISA) in den zisternalen oder lumbalen Liquorraum nachweisen. Die Aktivität reichert sich dabei intraventriculär und nicht, wie normalerweise, über den Hemisphären an. Man stellt sich vor, daß dieser Hydrocephalus durch eine Absorptionsstörung infolge Blockierung der Arachnoidalzotten eingeleitet wird und sich danach ein neues Gleichgewicht zwischen Sekretion und Absorption ausbildet. Durch Anlegen einer atrioventriculären Drainage kann das klinische Syndrom, das nach Subarachnoidalblutungen, Traumen oder Operationen auftreten kann und mit schweren psychischen Veränderungen, spastischer Paraparese und Blasenstörungen einhergeht, rasch gebessert werden. Die Ursache dieser raschen Rückbildung, vor allem der psychischen Alteration, ist bisher unklar. Sie läßt sich verstehen, wenn man annimmt, daß durch die Drainage des Ventrikelraumes über dem Cortex angereicherte Metaboliten rasch abtransportiert werden.

Literatur

Sammelwerke

Ganong WF (1987) Review of medical physiology, 13th edn. Appleton & Lange, Norwalk San Mateo

Harper HA, Martini DW, Mayes PA, Rodwell VW (1986) Medizinische Biochemie. Springer, Berlin Heidelberg New York

Jungermann K, Möhler H (1980) Biochemie. Springer, Berlin Heidelberg New York

Löffler G, Petrides PE (1988) Physiologische Chemie, 4. Aufl. Springer, Berlin Heidelberg New York

Meyer PH (1983) Physiologie humaine, 2ème ed. Flammarion Médecine-Sciences, Paris

Schmidt RF, Thews G (1987) Physiologie des Menschen, 23. Aufl. Springer, Berlin Heidelberg New York

Siegenthaler W (1987) Klinische Pathophysiologie, 6. Aufl. Thieme, Stuttgart

Sodeman WA Jr, Sodeman TM (1979) Sodeman's pathologic physiology: mechanisms of disease, 6th edn. Saunders, Philadelphia London

Lunge und Atmung

Bachofen H (1979) Atemphysiologie. In: Ulmer WT (Hrsg) Atmungsorgane. Springer, Berlin Heidelberg New York (Handbuch der inneren Medizin, Bd IV/2)

Ulmer WT (1979) Störungen der Lungenfunktion und ihre Meßmöglichkeiten. In: Ulmer WT (Hrsg) Atmungsorgane. Springer, Berlin Heidelberg New York

West JB (1985) Respiratory pathophysiology - the essentials. Williams & Wilkins, Baltimore

Herz und Kreislauf

Braunwald E (1988) Heart disease, 3rd edn. Saunders, Philadelphia London Toronto Montreal Sidney Tokyo

Harris P, Heath D (1977) The human pulmonary circulation, 2nd edn. Churchill Livingstone, Edinburgh London New York

Hurst JW (1978) The heart, arterie and veins, 4th edn. McGraw-Hill, New York

Marshall RI, Shepherd JT (1968) Cardiac function in health and disease. Saunders, Philadelphia London

Rushmer RF (1976) Cardiovascular dynamics, 4th edn. Saunders, Philadelphia London Toronto

Blut

Begemann H (1982) Praktische Hämatologie, 8. Aufl. Thieme, Stuttgart
Bessis M (1977) Blood smears reinterpreted. Springer, Berlin Heidelberg New York
Biggs R, Rizza CR (1984) Human blood coagulation, haemostasis and thrombosis, 3rd edn. Blackwell, Oxford
Gunz FW, Henderson ES (1983) Leukemia, 4th edn. Grune & Stratton, New York
William WJ, Beutler E, Erslev AJ, Lichtman MA (1983) Hematology, 3rd edn. McGraw-Hill, New York
Wintrobe MM (1981) Clinical hematology, 8th edn. Lea & Febinger, Philadelphia

Niere, Elektrolyt- und Wasserhaushalt, Säure-Basen-Gleichgewicht

Brenner B, Rector F (1986) The kidney, vol I and II. Saunders, Philadelphia London
Seldin DW, Giebisch G (1985) The kidney, vol I and II. Raven Press, New York

Endokrinologie und Stoffwechsel

Bergsma D (1979) Birth defects: compendium, 2nd edn. Alan R. Liss Inc., New York
Deck KA (1976) Endokrinologie. Thieme, Stuttgart
Ellenberg M, Rifkin H (1983) Diabetes mellitus, theory and practice, 3rd edn. Medical Examination Publishing Co., New York
Felig P, Baxter JD, Broadus AE, Frohmann LA (1987) Endocrinology and metabolism, 2nd edn. McGraw-Hill, New York
Frehner HU, Froesch ER (1984) Diabetes, 4. Aufl. Thieme, Stuttgart New York
Greep RO, Astwood EB (eds) (1987) Handbook of physiology, Section 7 Endocrinology, vols 1-7. Am. Physiol. Soc, Washington DC
Labhart A (1986) Clinical Endocrinology, Theory and Practice, 2nd edn. Springer, Berlin Heidelberg New York
Litvack G (1970-1987) Biochemical actions of hormones, vol 1-14. Academic Press, New York London
Marble A, Krall LP, Bradley RF, Christlieb AR, Soeldner JS (1985) Joslin's diabetes mellitus, 12th edn. Lea & Febinger, Philadelphia
Mehnert H, Schöffling K (1984) Diabetologie in Klinik und Praxis, 2. Aufl. Thieme, Stuttgart New York
Stanbury JB, Wyngaarden JB, Fredrickson DS, Goldstein JL, Brown MS (1983) The metabolic basis of inherited disease, 5th edn. McGraw-Hill, New York
Wilson JD, Foster DW (1985) William's textbook of endocrinology, 7th edn. Saunders, Philadelphia London

Verdauungsorgane

Gerok W (1987) Hepatologie. Urban und Schwarzenberg, München

Gitnick G, Hollander D, Kaplowitz N, Samloff IM, Schoenfield LJ (1988) Principles and Practice of Gastroenterology and hepatology. Elsevier Science Publishing Co. Inc. New York

Nervensystem

Delgado-Escueta AV, Ward AA Jr, Woodbury DM, Porter RJ (eds) (1986) Basic Mechanisms of Epilepsy. Advances in Neurology 44. Raven Press, New York

Iggo A, Iverson LL, Cervero F (1985) Nociception and Pain. The Royal Society, London

Kandel ER, Schwarz JH (eds) (1985) Principles of Neural Science, 2nd edn. Elsevier, Amsterdam New York

King JS (ed) (1987) New Concepts in Cerebellar Neurobiology. Neurology and Neurobiology 22. Alan R. Liss, New York

Leigh RJ, Zee DS (1983) The Neurology of Eye Movements. F. A. Davis, Philadelphia

Poeck K (ed) (1982) Klinische Neuropsychologie. G. Thieme, Stuttgart New York

Schmidt RF, Thews G (eds) (1987) Physiologie des Menschen, 23. Aufl. Springer, Berlin Heidelberg New York Tokyo

Schneider JS, Lidsky TI (eds) (1987) Basal Ganglia and Behavior: Sensory Aspects of Motor Functioning. H. Huber, Toronto Lewiston New York Bern Stuttgart

Waxman SG (ed) (1988) Functional Recovery in Neurological Disease. Advances in Neurology 47. Raven Press, New York

Wieser HG, Speckmann EJ, Engel J Jr (1987) The Epileptic Focus. John Libey, London Paris

Zimmermann M, Handwerker HO (eds) (1984) Schmerz. Springer, Berlin Heidelberg New York Tokyo

Sachverzeichnis

H.-H. **Wellhöner**, Hannover

Allgemeine und systematische Pharmakologie und Toxikologie

1988. 48 Abbildungen, 41 Tabellen.
XII, 498 Seiten (Springer-Lehrbuch).
Broschiert DM 32,–. ISBN 3-540-19193-3

Die vorliegende 4. Auflage wurde grundlegend überarbeitet und auf den Entwurf des neuen GK2 abgestimmt. Viele neue Abbildungen und Tabellen machen den Text noch anschaulicher.

Sämtliche Präparatenamen wurden auf den neuesten Stand gebracht und an die Rote Liste angepaßt. Außerdem wurden neue Entwicklungen auf vielen Gebieten (Calciumantagonisten, Virostatica, Gyrasehemmer, Immunpharmaka etc.) berücksichtigt.

Auch die 4. Auflage vermittelt dem Studierenden in knapper Form das bei der Vor- und Nachbearbeitung der pharmakologischen Lehrveranstaltungen und bei der Vorbereitung auf das 1. Staatsexamen geforderte Wissen. Darüberhinaus ist das Buch von großem Wert für den Arzt, der in einer akuten Situation schnell pharmakologische Daten benötigt. Ein ausführliches Literaturverzeichnis versetzt den Leser in die Lage, das Buch als ergiebige Quelle für ein weitergehendes Literaturstudium zu benutzen.

Springer-Verlag Berlin
Heidelberg New York
London Paris Tokyo
Hong Kong

Springer